Automobil Wörterbuch
& Motorrad

Automotive Dictionary
including Motorcycles

Deutsch • Englisch
English • German

Schrader-Motor-Technik Bd. 8

Das Werk einschließlich aller seiner Teile ist urheberrechtlich geschützt. Jede Verwertung außerhalb der engen Grenzen des Urheberrechtsgesetzes ist ohne Zustimmung des Verlags unzulässig und strafbar. Das gilt insbesondere für Vervielfältigungen, Übersetzungen, Mikroverfilmungen und die Einspeicherung und Verarbeitung in elektronischen Systemen.

Copyright Schrader Verlag GmbH
Hinter den Höfen 7, D-3113 Suderburg-Hösseringen
© 1991

Verantwortlich für den Inhalt: Mila Schrader
Lektorat: Ursula Platten
Satz, Druck und buchbinderische Verarbeitung
Bosch Druck GmbH, Landshut-Ergolding

Schrader-Motor-Technik vol. 8

All rights reserved. No part of this book may be reproduced or transmitted in any form or by any means, electronic or mechanical, including photocopying, recording or by any information storage or retrieval system, without permission of the publisher.

Published by Schrader Verlag GmbH
Hinter den Höfen 7, D-3113 Suderburg-Hösseringen
© 1991

Editor and Publisher: Mila Schrader
Editorial Assistant: Ursula Platten
Typesetting, printing and bookbinding by
Bosch Druck GmbH, Landshut-Ergolding

ISBN 3-922617-80-8
Printed in Germany

SCHRADER-MOTOR-TECHNIK

Automobil & Motorrad Wörterbuch

KAUF • TECHNIK • RESTAURIERUNG

Automotive Dictionary
including Motorcycles

PURCHASE • MECHANICS • RESTORATION

Deutsch • Englisch   English • German

Schrader Ⓢ Verlag

Inhalt / Contents

Automobil- und Motorrad Wörterbuch Deutsch – Englisch		6
Vorwort		7
Zum Aufbau und Gebrauch dieses Wörterbuches		8
Stichwörter Deutsch – Englisch in alphabetischer Reihenfolge		10
Schlagwörter Deutsch – Englisch nach Sachgebieten		93
A	Antrieb, Getriebe, Kupplung	94
B	Bremsen	96
C	Karosserie, Verglasung	98
E	Elektrik, Elektronik, Zündung	101
F	Fahrwerk, Lenkung, Reifen	105
G	Generelle Begriffe und Bauteile	109
H	Handel, Kauf, Klassifizierung	118
I	Interieur	121
K	Kraftstoffsystem, Auspuff und Abgase	122
L	Lack, Oberflächenbearbeitung, Rostschutz	125
M	Motor, Kühlung, Heizung	127
R	Rennen und Rallies	134
T	Fahren, Verkehr, Zubehör	135
W	Werkstatt und Fabrikation	138
Z	Zweirad, Fahrrad, Motorrad	143

Automotive Dictionary including Motorcycles English – German		147
Preface		148
How to use this dictionary		149
Glossary English – German in alphabetical order		150

Keywords English – German in systematical order		241
A	drivetrain, gearbox, clutch	242
B	brakes	244
C	bodywork, glazing	246
E	electrical and electronic systems, ignition	249
F	suspension, steering, wheels, tyres	253
G	general terms and parts	257
H	trade, purchase, classification	266
I	interior	269
K	fuel system, exhaust, exhaust gases	270
L	paintwork, surface treatment, rust prevention	273
M	engine, cooling, heating	275
R	racing and rallying	282
T	traffic, driving, accessories	283
W	workshop, manufacture	286
Z	motorcycle, bicycle	291

Appendix		295
1	Deutsche Maße und Gewichte / German measures and weights	296
2	Britische und amerikanische Maße und Gewichte / British and American measures and weights	297
3	Umrechnungsformeln und Tabellen / Conversion formulas and tables	298
	3.1 Umrechnung Dezimalzoll – Millimeter / Conversion decimal inch – millimetres	298

3.2	Umrechnung Zollbrüche in Millimeter / Conversion of fractions of an inch in millimetres	299	
3.3	Umrechnung von Arbeit und Energie / Conversion of kinetic and potential energy	300	
3.4	Umrechnung von Leistung / Conversion of power	300	
3.5	Umrechnung SAE- und DIN-PS – kW / Conversion SAE and DIN hp – kW	300	
3.6	Umrechnung von Drücken Conversion of pressure	301	
3.7	Umrechnung von Kräften / Conversion of forces	301	
3.8	Umrechnung von Geschwindigkeit / Conversion of velocity	301	
3.9	Umrechnung von Kraftstoff-Verbrauch / Conversion of fuel consumption	302	
3.10	Umrechnung Kubikzoll in cm^3 Hubraum und umgekehrt / Conversion cubic-inches in cm^3 engine capacity and vice versa	302	
3.11	Umrechnung von Drehmomentwerten / Conversion of torque	302	
3.12	Umrechnung von Temperaturen / Conversion of temperatures	303	
3.13	Umrechnung gebräuchlicher Unter- und Übermaße Zoll – Millimeter / Conversion of usual under- and oversizes inches – millimetres	303	
3.14	Umrechnung gebräuchlicher Bolzendurchmesser Zoll – Millimeter / Conversion of usual pin diameters inch – millimetres	304	
3.15	Umrechnung von Materialstärken / Conversion of material thickness	304	
3.16	Umrechnung Schrauben-schlüssel-Maulweiten / Conversion of spanner openings	305	
4	Gebräuchliche Abkürzungen im deutschen Sprachraum / Commonly used abbreviations in German speaking countries	306	
5	Gebräuchliche Abkürzungen im englischen Sprachraum / Commonly used abbreviations in English speaking countries	308	

Automobil & Motorrad Wörterbuch

Deutsch · Englisch

Vorwort

Die mehrsprachige Beschäftigung mit dem Automobil in technischer und historischer Hinsicht ist neben dem Arbeitsgebiet von Ingenieuren, Kraftfahrzeugmechanikern und Mitarbeitern internationaler Automobilkonzerne zunehmend auch zu einem Thema für Sammler, Automobilliebhaber, Hobbyrestaurateure und Händler geworden.

Das vorliegende Wörterbuch mit seinen 8400 Stichwörtern wendet sich an alle Benutzer, die im Bereich von Automobil und Motorrad technische Bauteile definieren und Begriffe und Tätigkeiten beim Kauf sowie bei der Restaurierung beschreiben wollen oder sich mit Geschichte und Gegenwart des Kraftfahrzeugwesens beschäftigen.

Die bisher erschienenen technischen Wörterbücher waren in der Mehrzahl von Ingenieuren für Ingenieure und Techniker geschrieben; das Spezialvokabular der Märkte und Auktionen, der Restaurierung und Reparatur, des Handels und der Kleinanzeigen, der Besonderheiten von Rennen, Rallies und technischen Entwicklungen fehlte in der Regel ebenso wie eine Hilfestellung für diejenigen, die bei der Benutzung eines englischen Werkstatthandbuches oder bei der Beschaffung von Ersatzteilen für ihr Fahrzeug sich erst einmal über die Begriffssystematik der Bauteile und der gesuchten Teile einen Überblick verschaffen wollten.

Dieses Wörterbuch soll daher einerseits die wichtigsten technischen Bauteile von Automobil und Motorrad zweisprachig in Deutsch und Englisch definieren, darüber hinaus aber praxisnah Sammlern und Liebhabern die Lektüre fremdsprachiger Zeitschriften, Werkstatt- und Markenbüchern ihres Spezialgebietes ermöglichen. Mit diesem Wörterbuch füllt der Schrader Verlag gewiß eine Lücke, die viele Leser bei der Benutzung vorhandener Spezialwerke immer wieder verspürt haben. Die jahrzehntelange Beschäftigung mit der Lektüre, Bearbeitung und Übersetzung von technischen und historischen Publikationen aus und für den englischen und amerikanischen Sprachraum haben dieses Buch entstehen lassen, wobei viele in- und ausländische Spezialisten der Branche unsere Arbeit unterstützten. Computer und Datenbankprogramme haben die Realisierung ermöglicht und einige Besonderheiten mit sich gebracht, die bei der Benutzung zu beachten sind.

Und so wie auch kein einziges fahrbares Mobil in der heutigen Zeit alle Wünsche seiner Benutzer zu erfüllen vermag – nicht umsonst gibt es Zweit-, Dritt- und Mehrfachfahrzeuge –, so wird auch dieses Wörterbuch mit Sicherheit nicht sämtliche Fragen beantworten. Aber damit es sich der internationalen Sprachentwicklung anpassen und laufend ergänzt und überarbeitet werden kann, bitten wir um Ihre Mitarbeit. Schreiben Sie uns, am besten mit der zum Sacheintrag zugehörigen Identnummer, eventuelle Ergänzungen und Anregungen. Wir werden diese in einer späteren Auflage gern berücksichtigen.

Hösseringen, im September 1991

Dipl. Volkswirt Mila Schrader

Zum Aufbau und Gebrauch dieses Wörterbuches

Alle Stichwörter dieses Wörterbuches wurden mit Hilfe eines einheitlichen Datenblattes gleichzeitig für beide Sprachen Deutsch und Englisch erfaßt. Jeder Datensatz hat eine Identnummer, die stets am Ende eines Wörterbucheintrages vermerkt ist und einen schnellen und unverwechselbaren Zugriff in die Datenbank ermöglicht.

Im ersten Teil des Wörterbuches Deutsch – Englisch sind alle Stichwörter alphabetisch nach dem deutschen Eintragungsbegriff sortiert, im Wörterbuch Englisch – Deutsch alphabetisch nach dem englischen Stichwort.

Im zweiten Teil, bei den Schlagwörtern, werden noch einmal Stichwörter, die als Oberbegriffe eingestuft wurden und daher keine Verweise auf andere Stichwörter beinhalten, nach Sachgebieten zusammengestellt und innerhalb dieser Gruppen alphabetisch sortiert. Jedes Stichwort ist einem von 15 Sachgebieten zugeordnet, die durch einen Buchstaben hinter dem Oberbegriff gekennzeichnet sind, wobei folgende Kennbuchstaben verwendet wurden:

 Antrieb, Getriebe, Kupplung (A)

 Bremsen (B)

 Karosserie, Verglasung (C)

 Elektrik, Elektronik, Zündung (E)

 Fahrwerk, Lenkung, Reifen (F)

 Generelle Begriffe und Bauteile (G)

 Handel, Kauf, Klassifizierung (H)

 Interieur (I)

 Kraftstoffsystem, Auspuff und Abgase, (K)

 Lack, Oberflächenbearbeitung, Rostschutz (L)

 Motor, Kühlung, Heizung (M)

 Rennen und Rallies (R)

 Fahren, Verkehr und Zubehör (T)

 Werkstatt und Fabrikation (W)

 Zweirad, Fahrrad, Motorrad (Z)

Sowohl im Deutschen als auch im Englischen kann es für einen Fachbegriff identische oder sinnähnliche Begriffssynonyme geben, die die Sprachvielfalt, die Unterschiede zwischen dem englischen und amerikanischen Sprachbereich oder unterschiedliche technische Entwicklungen und Anwendungsmöglichkeiten dokumentieren. Ein Beispiel hierzu:

Lenkspiel, F, Totgang am Lenkrad / steering free travel, steering play, lost motion, lost motion of steering. *01656*

Hierbei sind Lenkspiel und steering free travel die deutschen bzw. englischen Oberbegriffe, die mit den Synonymen Totgang am Lenkrad, steering play, lost motion, lost motion of steering deckungsgleich oder in der Anwendung sinnähnlich sind. Bei den Synonymen wird dann jeweils auf diese Oberbegriffe verwiesen.

Der Schrägstrich trennt die beiden Sprachbereiche voneinander.

Die Ziffer am Textende ist die Identnummer des Datensatzes und sollte bei jeder Zuschrift an den Verlag mit angegeben werden.

Sofern ein Begriff in der anderen Sprache zwei verschiedene Bedeutungsinhalte hat, werden diese nacheinander aufgeführt. Ein Beispiel hierzu:

Luft, G / air. *08394*
und
Luft, G → Spiel. *06062*.

Der Verweis auf einen anderen Oberbegriff wird durch einen Pfeil dargestellt.

Darüber hinaus gibt es Stichwörter, die nur im Zusammenhang mit einem bestimmten Bereich aussagefähig sind. Sofern notwendig, wird dieses Umfeld in Klammern angegeben. Ein Beispiel hierfür:

Luftkanal, L, (Spritzpistole) / airway. *08165*

Was von den Stichwörtern als Oberbegriff und was als Synonym gelten sollte, ist manchmal nur schwer zu entscheiden. Letztendlich kann diese Entscheidung nur individuell im Hinblick auf eine bestimmte Zielsetzung und Anwendungsweise gefällt werden. Bei allen Stichwörtern werden auch alle Synonyme vollständig angegeben. Jedes Synonym wird ebenfalls als Stichwort aufgenommen, und mit einem Pfeil wird dann auf den Oberbegriff verwiesen. Hierdurch konnte der Umfang des Wörterbuches überschaubar gehalten werden.

Gebräuchliche Tätigkeiten, Wortbegriffe und übliche Redewendungen werden als Worteinheit alphabetisch mit den dazugehörenden fremdsprachlichen Übersetzungen aufgeführt, nicht nach dem Alphabet des Hauptbegriffs. Ein Beispiel hierzu:

mangelnde Schmierung, W / under lubrication. *07784*

Die Sortierung erfolgte daher unter M und nicht unter S wie Schmierung.

Branchenübliche Abkürzungen wurden wie Synonyme behandelt; so findet sich beim Stichwort UT einen Verweis auf den unteren Totpunkt.

Die Zusammenfassung aller Schlagwörter nach Sachgebieten ist ein weiteres Kapitel in diesem Wörterbuch und soll dem Benutzer eine zusätzliche Hilfe beim Auffinden von wichtigen Begriffen sein. Diese Schnellübersicht umfaßt nur Oberbegriffe mit ihrer Übersetzung. Sie ist insbesondere dann nützlich, wenn der genaue Terminus nicht bekannt ist und dadurch die alphabetische Zuordnung nicht festgestellt werden kann. Wer also eine Kaufanzeige aufgeben oder lesen will, findet im Bereich „Handel" sehr schnell die branchenüblichen Fachausdrücke, wie z.B. erstklassiger Zustand / mint condition oder freibleibend / freehold. Und wer die Bezeichnung für ein spezielles Ersatzteil für die Bremsanlage seines Fahrzeugs sucht, findet diese im Bereich „Bremsen" mit Sicherheit schneller, als wenn er das gesamte Wörterbuch durchsucht.

Automobil & Motorrad Wörterbuch

Deutsch • Englisch

Stichwörter in
alphabetischer Reihenfolge

A

A-Säule, C, Windschutzscheibensäule, Scharniersäule / A-pillar, hinge post, windscreen pillar. *03178*
abblättern, F, (Reifen) / flake. *04643*
abblendbarer Rückspiegel, I / dipping mirror, dipping rear mirror. *04115*
abblenden, E / dim, dip. *04110*
Abblendhaube, C / dimming cap, anti-dazzle cap. *04111*
Abblendlicht, E / low beam, dipped beam, passing light, dimmed beam, lower beam, meeting beam, anti-dazzle light, anti-glare light, dimmed light, dim beam, passing beam. *01071*
Abblendschalter, E / dip switch, headlight dip control. *04742*
abbremsen, B / decelerate, slow down. *04032*
Abdeckblech, C / panel. *02076*
Abdeckhaube, T / car cover. *08995*
Abdeckkappe, G / cap. *08733*
Abdeckleiste, C / molding, coverstrip. *05991*
Abdeckleiste, C → Zierleiste. *05992*
Abdeckpapier, L / masking paper. *10103*
Abdeckung, G / cover. *03774*
ABE (Allgemeine Betriebserlaubnis), H → Typzulassung. *10337*
Abflußhahn, G → Ablaßhahn. *02516*
Abgaskontrolle, K, Auspuffgasanalyse / exhaust gas analysis. *00686*
Abgasreinigung, K / emission control. *04324*
Abgasreinigungsanlage, K / anti-pollution device. *03176*
Abgasrückführung, K / exhaust gas recirculation, EGR. *04446*
Abgasrückführungsleitung, K / exhaust gas recirculation pipe. *04448*
Abgasrückführungsventil, K / exhaust gas recirculation valve. *04449*

Abgasschalldämpfer, K, Schalldämpfer, Auspufftopf / exhaust silencer, silencer, exhaust muffler, muffler. *00694*
Abgasturbine, K, (Turbolader) / exhaust gas turbine. *04451*
Abgasturbolader, K / exhaust turbocharger, exhaust gas turbocharger. *00699*
Abgaszusammensetzung, K / exhaust gas composition. *04441*
abgeblätterter Lack, L / loose paint, flaking paint. *08258*
abgefahrener Reifen, F / bald tyre, worn tyre. *03214*
abgeknickt, G / bent. *08714*
abgenutzt, G → verschlissen. *08097*
abgewinkelt, G / angled. *08685*
abhängen, G, lösen / disconnect, disengage. *04140*
Abkantwerkzeug, W, (Blechprofil) / folder. *09990*
Abkleben, T, (Lackierung) / masking off. *08273*
Ablagerung, G, Bodensatz, Schlamm / sediment, deposit. *06864*
Ablageschale, I / shelf. *06924*
Ablaßhahn, G, Abflußhahn / bibcock, drain cock, drain tap. *00015*
Ablaßschraube, G / drain plug. *02034*
Ablaufbacke, B → Sekundärbacke. *07649*
Ablaufblech, C / water-drain channel. *07956*
ablaufende Backe, B → Sekundärbacke. *01837*
Ablenkung, G, (Licht) / deviation. *08759*
abnehmbare Felge, F / demountable rim. *02035*
abnehmbarer Zylinderkopf, M / detachable cylinder head. *02036*
Abnutzung, G → Verschleiß. *07976*
abreiben, L, reiben / rub. *08260*
Abrieb, F, (Reifen) / abrasion. *03075*
abriebfest, G / wear resistant. *07977*

ABS, B → Antiblockiersystem. *03072*
absaufen, K, ersaufen, (Motor) / flood. *00744*
Abscheider, E → Separator. *06886*
abschirmen, E, (Zündung) / screen. *06825*
Abschleppdienst, W / wrecking service. *08101*
abschleppen, T / haul, towaway, tow. *05049*
Abschleppfahrzeug, H / recovery vehicle, wrecker. *08100*
Abschleppöse, C / towing eye, towing lug. *01825*
Abschleppseil, T / towing rope. *07610*
Abschleppstange, T / tow bar. *07607*
abschließbar, G / lockable. *05770*
abschließen, G, absperren / lock. *05766*
abschmieren, W, schmieren, ölen / lubricate. *05820*
Abschmierintervall, W / lubrication interval. *05826*
Abschmierplan, W, Schmierplan / lubrication chart. *05825*
abschrägen, G / bevel. *08715*
Abschreibung, H / degression, depreciation, amortization. *04064*
Absichtserklärung, H / letter of intend. *09250*
absperren, G → abschließen. *05767*
Abspritzdruck, K, (Einspritzdüse) / opening pressure. *06211*
Abstand, G / space. *10304*
Abstandslehre, W → Fühlerlehre. *04553*
Abstandsring, G / spacer ring, distance ring. *07072*
Abstechmaschine, W / cropping machine. *08740*
Abwärtsbewegung des Kolbens, M / downward movement of piston. *02596*
Abzeichen, G / emblem. *08786*
Abzeichnungen, L → Einsinken. *09642*
Abziehbild, L / decal. *08750*

Abzugsbügel

Abzugsbügel, G, (Spritzpistole) / trigger. *08140*
Achsabstand, F → Radstand. *01999*
Achsantrieb, A / final drive. *04595*
Achse, F, Radachse / axle. *00109*
Achseinheit mit Getriebe, Kupplung und Differential, F → Transaxle. *09464*
Achsgeometrie, F / wheel alignment. *10117*
Achshals, F, (Zapfen) / journal, bearing neck. *01036*
Achslast, G / maximum axle weight. *09540*
Achslast nach Angabe des Herstellers, G / maximum manufacturer's axle weight. *09541*
Achslastverteilung, F / axle load distribution, axle weight distribution. *03207*
Achsmeßgerät, W, Spurmeßgerät / wheel alignment unit. *00055*
Achsschenkel, F / steering knuckle, stub axle, spindle, steering swivel, steering stub axle, steering stub, steering knuckle spindle. *01659*
Achsschenkelbolzen, F, Vorderradlenkzapfen / steering pivot pin, steering knuckle pin, king pin support, steering swivel pin, king pin, steering pin, pivot pin, steering swivel bolt, swivel pin. *01032*
Achsschenkelbuchse, F / steering pivot bush, steering knuckle bush, journal bush, steering swivel bush, king pin bush, king pin bushing. *02864*
Achsschenkeldrehachse, F / swivel axle. *07349*
Achsschenkelfederbein, F → McPherson-Federbein. *01104*
Achsschenkellenkung, F → Lenktrapez. *03062*
Achsschenkelspreizung, F, Spreizung / king pin inclination, king pin set, inclination. *03996*
Achsstrampeln, F / axle tramping. *10549*
Achsstumpf, G / stub shaft. *07286*
Achsuntersetzung, A / final drive ratio. *04596*

Achswelle, F, Halbwelle, Halbachse, geteilte Achse / axle shaft, half shaft, axle driving shaft, wheel shaft, half axle, output shaft, split axle. *02854*
Achswellenkegelrad, A → Achswellenrad. *00522*
Achswellenrad, A, Achswellenkegelrad / differential side gear. *00521*
Achtzylinder-Reihenmotor, M / straight-eight engine, eight-in-line engine. *02040*
Achtzylinder-V-Motor, M, V8-Motor / Vee-eight engine, V8 engine. *02042*
Ackerschlepper, H, landwirtschaftlicher Traktor, Traktor / agricultural tractor, farm tractor. *03136*
Acryl-Lack, L / acrylic lacquer, acryl lacquer. *00023*
Adapter, E, Zwischenstück / adapter. *03100*
Additiv, G, Zusatz, (Kraftstoff, Öl) / additive, agent. *03104*
Additiv, K → Inhibitor. *05352*
Ader, E, Kabelader / core, wire. *06771*
Adhäsionsfett, G / adhesive grease. *00308*
Adsorptionsmittel, K, (Reinigung) / adsorbent. *06510*
aerodynamisch, C, windschlüpfrig / aerodynamic. *03130*
Agent, H, Vermittler / agent. *09261*
Aggregat, G, Einheit / unit, assembly. *07792*
Airbag, I → Luftsack. *10615*
Akkumulator, E → Batterie. *00121*
Akkumulatorzündung, E → Batteriezündung. *09793*
Aktivkohlering, M / activated carbon ring. *03099*
Alfin-Zylinder, M / alloy barrel with liner. *09795*
alkalische Batterie, E, alkalischer Sammler, Laugenbatterie, Stahlakkumulator / alkaline accumulator, Edison storage battery, Edison accumulator, iron-nickel accumulator, nife-accumulator. *00057*

Anbauteil

alkalischer Sammler, E → alkalische Batterie. *00058*
Alkoholmotor, M / dope engine, alcohol burning engine. *09796*
Alkoholprobe, T / alcotest. *09353*
Allgemeine Betriebserlaubnis, H → Typzulassung. *09759*
Allradantrieb, A → Vierradantrieb. *02462*
Allradlenkung, F / all-wheel steering. *03163*
Allzweckreifen, F / all-purpose tyre. *03161*
alter Kutschenlack, L / old style coach paint. *08197*
Alternator, E → Wechselstromlichtmaschine. *00061*
alterungsbeständiges Finish, L / durable finish. *08220*
Altlack, L / old paint. *08257*
Altöl, W / used oil. *07823*
Aluminium, G / aluminium, aluminum. *10553*
Aluminium-Chrom-Zylinder, M / aluminium-chromium-cylinder. *02624*
Aluminium-Guß, G / aluminium casting. *00012*
Aluminium-Legierung, G, Aluminium-Verbindung / aluminium alloy, aluminum alloy. *00013*
Aluminiumflitter, L, (Metalliclackierung) / flakes of aluminium. *08225*
Aluminiumfolie, G / aluminium foil. *08683*
Amerikabügel, C → Stoßstangenbügel. *09419*
Ampel, T → Verkehrsampel. *07633*
Ampèremeter, E / ammeter. *00064*
Ampèrestunde, E / ampere-hour. *00065*
Amphibienfahrzeug, H → Schwimmwagen. *09550*
amtliches Kennzeichen, H → Zulassungsnummer. *05700*
Analoganzeiger, G / analog indicator. *08684*
Anbauteil, M, (Motor) / ancillary. *10453*

12

Anbauvorrichtung   Anschlag

Anbauvorrichtung, G → Halterung. *06022*
Andrehklaue, M / cranking jaw, starting dog, starter clutch. *00444*
Andrehkurbel, T / starting crank, crank handle, cranking handle. *01647*
Andrückfeder, M, (Ringdichtung beim Kreiskolbenmotor), expander. *04471*
Andruckfeder, A → Kupplungsdruckfeder. *00349*
aneinander kleben, G / stick. *08387*
anfahren, T / drive away. *08327*
anfahren, T → anstoßen. *05147*
anfänglich, G / initital. *05354*
Anforderungen, G / requirements. *06646*
angegossener Zylinderkopf, M / integral cylinder head. *05486*
angelötet, G / soldered on. *09064*
angetriebenes Rad, F / power wheel. *06442*
Anhängelast, G / towed weight. *09543*
Anhänger, H → Gepäckanhänger. *04945*
Anhänger-Zugvorrichtung, C / towing bracket. *07390*
Anhängerachse, F / trailer axle. *07641*
Anhängerbremse, F / trailer brake. *07642*
Anhängerbremskupplung, B / trailer brake coupling, hose coupling. *07643*
Anhängerbremsventil, B / trailer brake valve. *01835*
Anhängerkupplung, C, (Zugfahrzeug/Anhänger) / hitch. *05149*
Anhängerkupplung, F / coupling device. *03768*
Anhängersteckdose, C / trailer plug box. *07645*
anheben, G, heben / lift. *05704*
Anker, E, (Lichtmaschine) / armature. *00096*
Anlage, G → Aggregat. *05442*
Anlage, G → System. *07258*
Anlageberater, H / investment consultant. *03932*
Anlagen, H, (Brief) / enclosures. *04351*

Anlagentechnik, W / plant engineering. *08980*
Anlaßdruckknopf, E, Starter-Druckknopf / starter button, starter push-button. *02044*
Anlaßgeschwindigkeit, M / cranking speed. *02746*
Anlaßlichtmaschine, E, Lichtanlaßzünder, Start-Zünd-Generator, Dynastarter / combined lighting and starting generator, dynastart, starter-generator-ignition unit. *00359*
Anlaßmagnet, E / starter solenoid. *07206*
Anlaßmoment, M → Anzugsdrehmoment. *01649*
Anlaßmotor, E → Anlasser. *01634*
anlassen, M, anspringen, starten / start, start up. *07193*
Anlasser, E, Starter, Anlaßmotor / starter, starter motor, cranking motor. *01632*
Anlasserkabel, E / starter cable. *07196*
Anlasserprüfstand, W, Starterprüfstand / starter test bench. *01645*
Anlasserritzel, E, Starterritzel / starter pinion. *01639*
Anlasserschalter, E / starter switch. *07203*
Anlasserschlüssel, E / starter key. *07198*
Anlasserwelle, E / starter shaft. *01644*
Anlaßvergaser, K → Startvergaser. *01637*
Anlaßzahnkranz, M, Schwungradzahnkranz, Starterzahnkranz / starter ring gear, flywheel ring gear. *01641*
Anlaufscheibe, G → Ausgleichscheibe. *09505*
Anlötteil, G / solder-on part, soldering part. *09062*
Anmeldeformular, R / entry form. *09272*
Annonce, H → Anzeige. *08329*
Anpreßfeder, A → Kupplungsdruckfeder. *00350*
Anpreßplatte, A → Kupplungsdruckplatte. *01360*

Anpunkten, W, (Schweißen) / tacking. *10039*
Anreicherungsdüse, K / enrichment jet. *04413*
Ansatz, G → Stutzen. *06089*
Ansaugdämpfer, M, Ansauggeräuschdämpfer / silencer filter. *01550*
Ansaugdruck, M / intake pressure. *05480*
ansaugen, M / intake, draw in. *07292*
Ansaugfilter, K / suction screen. *02045*
Ansauggeräusch, M / intake noise. *05478*
Ansauggeräuschdämpfer, M → Ansaugdämpfer. *01551*
Ansaughub, M → Ansaugtakt. *05337*
Ansaugkanal, M → Einlaßkanal. *05385*
Ansaugkrümmer, M, Saugrohr, Ansaugrohr / intake manifold, inlet manifold, induction manifold, inlet line, induction pipe, inlet pipe. *05477*
Ansaugleitung, M, Einlaßleitung / intake line. *05476*
Ansaugluft, M / intake air, induction air, induced air. *05080*
Ansauglufttemperatur, M / intake air temperature. *05468*
Ansaugluftvorwärmer, M / intake air heater. *05467*
Ansaugquerschnitt, M / intake cross-section. *05472*
Ansaugrohr, M → Ansaugkrümmer. *09677*
Ansaugschlauch, M, Luftsaugschlauch / intake hose. *05474*
Ansaugseite, M / intake side, suction side. *05482*
Ansaugtakt, M, Einlaßtakt, Ansaughub, Einlaßhub / intake stroke, induction stroke, suction stroke. *02597*
Ansaugtrichter, M / intake trumpet, inlet trumpet, inlet horn. *05483*
Ansaugtrichter, Z / velocity stack. *10346*
Anschlag, F → Lenkanschlag. *05769*

13

Anschlagstift   Auflader

Anschlagstift, G / stop pin. *07255*
anschleifen, L, beischleifen / flat, sand down. *08190*
Anschluß, G / connection. *02048*
Anschlußflansch, G / connecting flange. *03688*
Anschlußklemme, E / terminal. *07453*
Anschlußstutzen, G / connecting tube. *03686*
anschnallen, T → Gurt anlegen. *04538*
anschweißen, W / weld on. *09121*
anspringen, K, (Katalysator) / light off. *05727*
anspringen, M → anlassen. *07194*
anstoßen, T, anfahren / hit. *05146*
Antenne, E / aerial, antenna. *03129*
Antibeschlagbeschichtung, G / anti-damp coating. *08686*
Antiblockiersystem, B, ABS, Blockierregler, Blockierschutz, Bremsschlupfregler / anti-block system, ABS, brake slip control drive, skid-control system. *00076*
Antidröhnmittel, L / body deadener, sound deadener. *03250*
antikes Automobil, H / antique automobile. *02866*
Antiklopfmittel, K, Klopfbremse, Gegenklopfstoff, OZ-Verbesserer / anti-knock additive, knock suppressor, knock inhibitor, fuel inhibitor, detonation suppressant, anti-knock agent, anti-detonant agent. *00085*
Antriebsachse, F / driving axle, power axle. *04249*
Antriebseinheit, A / drive train. *09223*
Antriebsgelenk, F / halfshaft joint. *05015*
Antriebsgelenkgehäuse, A / halfshaft joint housing. *05016*
Antriebskette, A / drive chain. *10295*
Antriebsnocken, M / actuating cam. *02799*
Antriebsrad, A / drive wheel. *00602*
Antriebsstoßdämpfer, A / transmission shock absorber. *10347*
Antriebswelle, F, (Achse) / drive shaft. *01370*
Antriebswelle, A → Getriebeantriebswelle. *04892*
Antriebszahnrad der Antriebswelle, A / clutch gear. *00328*
anwärmen, M / warming up. *07941*
Anwendungsbereich, G / scope. *06817*
Anzahlung, H / deposit, first instalment. *09266*
Anzeige, G / indication. *05321*
Anzeige, H, Annonce, Inserat / advertisement, ad. *02936*
Anzeigefenster, G / display. *08763*
Anzeigeleuchte, E / indicator lamp. *03077*
Anzeigenbereich, G / indicating range. *05320*
Anziehdrehmoment, G → Anzugsdrehmoment. *07516*
Anzugsdrehmoment, M, Anlaßmoment / starting torque. *01648*
Anzugsdrehmoment, G, Anziehdrehmoment / tightening torque. *07515*
Anzugswerte, W → Drehmomentwerte. *10566*
Apfelsinenhaut, L → Orangenhaut. *09657*
Aquaplaning, F, Wassergleiten / aquaplaning, hydroplaning. *00095*
Arbeitshub, M, Arbeitstakt / expansion stroke, expansion cycle. *02600*
Arbeitstakt, M → Arbeitshub. *04474*
Archiv, H / archive. *02916*
Armaturen, I / instruments. *02050*
Armaturen, A → Beschlagteile. *04632*
Armaturenbrett, I, Instrumententafel, Instrumentenbrett / dashboard, facia, instrument panel, instrument board. *00470*
Armaturenbrettoberteil, I / dashboard top roll. *09968*
Armlehne, I → Armstütze. *03187*
Armstütze, I, Armlehne / arm rest, arm support. *03185*
Armstütze mit Türgriff kombiniert, I / combined arm rest-

handle. *03613*
Artillerieräder, F / artillery wheels. *02052*
Asbestband, G / asbestos tape. *03190*
Asbestschnur, G, (Wärmeschutz) / asbestos line. *09801*
Asbeststaub, W / asbestos dust. *10487*
Aschenbahn, R → Sandbahn. *04132*
Aschenbahnrennen, R / ash-track racing. *08687*
Aschenbecher, I / ash tray. *03189*
asymmetrisches Abblendlicht, E / asymmetric low beam. *00097*
AT-Motor, H → Austauschmotor. *09568*
Atemgerät, T / breathing apparatus, respirator. *03299*
Atemschlauch, T / breathing hose. *03300*
Atemschutzmaske, L / breathing mask. *08221*
Attrappe, W / mock-up. *05980*
auf das Kraftfahrzeug bezogen, G / automotive. *08698*
aufarbeiten, W / work up. *09131*
Aufbau, C → Karosserie. *00148*
aufblasbar, G / inflatable. *05344*
aufbohren, W / bore, ream. *02660*
aufbohren, M → nachbohren. *06610*
aufbrüllen, M, (Motor) / roar. *06703*
Auffangschale, G / catch pan. *03431*
auffrischen, G / purify. *06512*
Auffrischung, G / purification. *06511*
auffüllen, G / refill. *06621*
aufgeladen, M, mit Kompressor / supercharged, s/c. *02440*
aufgerollt, G / stowed. *07259*
Aufhängeöse, G / lifting lug, lifting eye. *05709*
Aufhängung, G → Befestigung. *04380*
Aufhängung, F → Radaufhängung. *01726*
Auflademotor, M → Ladermotor. *01716*
Auflader, M → Kompressor. *01718*

Aufladeverhältnis, M / supercharging ratio. *07306*
Aufladung, M / supercharging. *07302*
Auflaufbacke, B / leading brake shoe, leading shoe. *01046*
Auflaufbremse, B, (Anhänger) / overrun brake. *01235*
Aufleger, H, Hänger / semi-trailer. *09366*
aufleuchten, E / flash up. *08812*
Aufprall, W, Verformung / crash, impact. *03820*
Aufprallprüfung, W / crash test. *03827*
Aufprallverhalten, W, Verformungsverhalten / crash behavior. *03823*
aufpumpen, F / inflate. *05345*
Aufrollautomatik, I, (Sitzgurt) / belt retractor. *03231*
aufschrumpfen, G / shrink on. *06958*
auftanken, K → tanken. *04578*
Aufwärmrunde, R / warm-up-lap. *09280*
Aufwärtshub des Kolbens, M / up-stroke of piston. *02595*
Aufwendungen, H, Ausgaben, Kosten / costs, expenses. *02964*
Augenschutz, W / eye protection. *10005*
Auktion, H, Versteigerung / auction. *02925*
Auktionshaus, H / auction company. *02934*
ausbauen, W / remove. *02099*
Ausbesserung, W / spot repair. *08182*
Ausbeulen von kleinen Dellen, W / dinging operation. *10067*
Ausbildung, W / instruction. *10424*
Ausbluten, L, (Spritzbild) / bleeding. *08291*
ausbrechen, T, (Fahrverhalten) / breakaway. *03294*
ausbuchsen, W / bush a bearing, line a bearing. *02710*
Ausdehnungskoeffizient, G / coefficient of expansion. *02695*
auseinandernehmen, G → zerlegen. *04147*

Außenbackenbremse, B / external shoe brake, external contracting block brake. *04491*
Außenbandbremse, B / external contracting band brake. *04490*
Außenkoffer, T / detachable boot, trunk. *02059*
Außenmischdüse, L, (Spritzpistole) / external mix air cap. *08142*
Außenrückspiegel, von innen einstellbar, C / inside adjustable outside mirror. *05420*
Außenspiegel, C / outside mirror, driving mirror, side mirror. *04726*
Außenverzahnung, M / external teeth. *02744*
äußerer, G / exterior. *04487*
außermittig, G → exzentrisch. *04316*
Ausfall, G, Defekt / failure. *04519*
ausfallen, G, versagen / fail. *04517*
Ausfuhr, H / export. *09255*
Ausfuhrhafen, H / port of embarcation. *09256*
Ausführung, W → Design. *04068*
Ausgaben, H → Aufwendungen. *02965*
Ausgang, G / exit. *09508*
ausgelaufenes Lager, M / run out bearing, run bearing. *01496*
ausgeschäumt, G / foam filled. *04703*
ausgewuchtete Kurbelwelle, M / counterbalanced crankshaft. *02700*
ausgießen, W, (Kolben, Lager) / re-metal. *02712*
ausgleichen, G / compensate. *03623*
Ausgleichhebel, B / equalizer lever. *04417*
Ausgleichluftdüse, K, Luftkorrekturdüse, (Vergaser) / air correction jet. *00044*
Ausgleichsbehälter, B → Bremsflüssigkeitsbehälter. *00181*
Ausgleichsbehälter, K / equalizing tank, expansion tank. *04419*
Ausgleichsbohrung, B, Ausgleichsloch, (hydraulische Bremse) / expansion port, expansion hole. *00704*
Ausgleichscheibe, G, Anlauf-

scheibe, Distanzstück / shim, spacer. *09504*
Ausgleichsgehäuse, A, Ausgleichskorb, (Differentialgetriebe) / differential case, differential housing. *00506*
Ausgleichsgetriebe, A, Differential, Differentialgetriebe / differential, differential gear unit, differential gearing, differential gears. *00502*
Ausgleichsgetriebe - Einfüllschraube, A / differential filler plug. *04101*
Ausgleichsgetriebebremse, A, Differentialbremse / differential brake. *04097*
Ausgleichsgetriebeöl, A, Differentialöl / differential oil. *04104*
Ausgleichsgetriebesperre, A → Ausgleichssperre. *04102*
Ausgleichsgewicht, M → Gegengewicht. *03762*
Ausgleichskegelrad, A, Ausgleichsrad, Differentialzwischenrad, Ausgleichszwischenrad / differential bevel gear, star pinion, differential pinion, differential bevel pinion, bevel drive pinion. *00516*
Ausgleichskorb, A → Ausgleichsgehäuse. *00507*
Ausgleichsloch, B → Ausgleichsbohrung. *00705*
Ausgleichsmasse auf Schwungrad, M / balancer. *09708*
Ausgleichsrad, A → Ausgleichskegelrad. *00517*
Ausgleichsradachse, A / differential pinion shaft. *04106*
Ausgleichssperre, A, Sperrdifferential, Differentialsperre, Ausgleichsgetriebesperre / limited-slip differential, lockable differential gear, differential lock. *01058*
Ausgleichstirnrad, A / differential spur gear. *04107*
Ausgleichszwischenrad, A → Ausgleichskegelrad. *00519*
auskleiden, I, (Fahrgastraum) / line. *05735*
Auskleidung, I, Verkleidungspappe / trim panels. *07703*

auskuppeln   Autovermietung

auskuppeln, A / declutch. *01901*
Ausladung, G → Überhang. *06253*
ausländisches Fahrzeug, H / foreign car. *04748*
Auslaß, G / outlet. *06239*
Auslaßkanal, M, Auslaßschlitz, (Zylinderkopf) / exhaust port, exhaust duct. *04440*
Auslaßnocken, M / exhaust cam, exhaust valve cam. *00681*
Auslaßnockenwelle, M / exhaust camshaft. *06242*
Auslaßschlitz, M → Auslaßkanal. *01219*
Auslaßventil, M / exhaust valve, outlet valve. *10233*
Auslaßventilaufsatz, M, Auslaßventilverschraubung / exhaust valve cap. *04465*
Auslaßventilfeder, M / exhaust valve spring. *04470*
Auslaßventilführung, M / exhaust valve guide. *04467*
Auslaßventilsitz, M / exhaust valve seat. *04468*
Auslaßventilverschraubung, M → Auslaßventilaufsatz. *04466*
Auslegefeder, F, Cantilever-Feder / cantilever spring. *02053*
Ausleger bei Stützrädern, Z / bracket. *08463*
Auslegung, G / layout. *05653*
Auspuff, K / exhaust. *04433*
Auspuff-Hauptschalldämpfer, K, Hauptschalldämpfer / main muffler, main silencer. *01096*
Auspuffanlage, K / exhaust system, exhaust piping. *00698*
Auspuffanlage aus rostfreiem Stahl, K / stainless steel exhaust system. *07186*
Auspuffaufhängung, K → Auspuffhalterung. *04463*
Auspuffendrohr, K / tailpipe. *07410*
Auspuffgasanalyse, K → Abgaskontrolle. *00687*
Auspuffgase, K, Abgas / exhaust gases, exhaust fumes, emission. *00678*
Auspuffhalterung, K, Auspuffaufhängung / exhaust support, exhaust suspension. *04460*

Auspuffhub, K / exhaust stroke. *00697*
Auspuffkrümmer, K / exhaust manifold, exhaust branch, exhaust header. *00690*
Auspuffleitung, K → Auspuffrohr. *00691*
Auspuffreinigung, K / exhaust decarbonisation. *00682*
Auspuffrohr, K, Auspuffleitung, (Auspuffsammelrohr) / exhaust pipe, exhaust tube. *02056*
Auspuffschlauch, K / exhaust hose. *04456*
Auspufftakt, K / exhaust cycle. *04437*
Auspufftopf, K → Abgasschalldämpfer. *00696*
Ausrichtung, F / alignment. *03159*
ausrollen, T, im Leerlauf fahren, im Schiebelauf fahren / coast, coastdown. *03575*
Ausrückgabel, A → Kupplungsausrückgabel. *07395*
Ausrücklager, A → Kupplungsdrucklager. *01443*
Ausrüstung, G, Ausstattung / equipment. *04326*
ausschalten, G / switch off. *02057*
Ausscheidungsrennen, R / elimination trial. *09330*
ausschlachten, W / break up for spares, break, part out, cut up for spares. *09500*
Ausschnitt, G / section. *06861*
Ausstattung, G → Ausrüstung. *04422*
Ausstellfenster, C / quarter vent, vent window, vent, ventipane, ventilator window, hinged window, slipper window (AUS). *04007*
Ausstellungsfläche, H / exhibition space. *08796*
austauschbar, G / exchangeable. *08794*
Austauschmotor, H, AT Motor / replacement engine, exchange engine. *02508*
Austrennen von Roststellen, W / cutting out rust parts. *10164*
Austritt, K → Emission. *03974*
auswechseln, G, wechseln / replace, change. *06545*

auswuchten, W / counterbalance. *02701*
Auswuchtgewicht, F / balance weight. *08701*
Auswuchtung, F / balancing. *00117*
Auszubildender, W / trainee. *10423*
Autobahn, T / express highway, express motor road, express way, freeway, motor highway. *04484*
Autobahnkreuz, T / turnpike. *09380*
Autobahnpolizei, T / highway patrol. *09352*
Autobahnzubringer, T / approach road. *03180*
Autobus, H → Bus. *03330*
Autofriedhof, H → Schrottplatz. *02946*
Autogenschweißen, W, Gasschmelzschweißen / oxy-acetylene welding. *10048*
Autolackierer, L / car sprayer. *08144*
Automatikgurt, I / inertia reel seat belt, inertia reel belt. *10129*
automatisch, G, selbsttätig / automatic, self-acting. *03196*
automatischer Einspritzregler, K, (Dieselmotoren) / automatic injection governor. *00099*
automatischer Fensterheber, E → elektrischer Fensterheber. *08051*
automatisches Einlaßventil, M, Schnüffelventil / automatic inlet valve, suction valve. *10349*
automatisches Getriebe, A, Getriebeautomat / automatic gearbox, automatic transmission. *02063*
Automobil aus der Kutschwagenzeit, H / brass era vehicle. *03027*
Autopflegemittel, L / car polish. *03412*
Autoradio, E / car radio, radio. *03413*
Autosalon, H, Fahrzeugausstellung / motor show. *06017*
Autoschlosser, W → Mechaniker. *05960*
Autovermietung, T, Leihwagen

16

Autoverwertung

service / car rental service, rent-a-car service. *03418*
Autoverwertung, H → Schrottplatz. *09596*
Axialdrucklager, G → Drucklager. *07508*
Axialkugellager, A → Kugeldrucklager. *10407*
Axiallager, M, Längslager / axial bearing. *00106*
Axialschub, G → Schub. *07506*
Axialspiel, M / end play. *04354*
Axialspiel an der Kurbelwelle, W / crankshaft end-float. *10454*
Azetylen, G, (Gas für Kompressor), acetylene. *10016*
Azetylenbeleuchtung, G → Karbidbeleuchtung. *10369*
Azetylenlampe, G / acetylene lamp. *02065*

B

B-Säule, C, Mittelpfosten, Schloßsäule / B-pillar, center pillar, B-post, lock pillar. *03266*
Backenbremse, B / shoe brake, block brake. *00146*
Bahnmotor, Z / truck engine. *09805*
Bahnrennen, R / track-racing. *09091*
Bahnübergang, T / railway crossing, railway level crossing, level crossing. *06565*
Bajonettfassung, E / bayonet socket. *03225*
Balkendiagramm, W / bar chart. *08706*
Ballhupe, T / bulb horn. *02066*
Ballonreifen, F / baloon tyre. *08703*
Band, G / tape. *10305*
Band, G → Riemen. *07270*
Bandbremse, B / band brake. *03217*
Bank, I / bench. *03232*
Bankett, T → Seitenstreifen. *06955*
Bankverbindung, H / bank account, giro account. *02907*
Barriere, T / barrier. *03218*
Batterie, E, Akkumulator, Sammler / battery, storage battery, accumulator. *00120*
Batterie aufladen, W / charge the battery. *02067*
batteriebetrieben, E / battery powered, battery-operated. *08709*
Batteriegehäuse, E, Batteriekasten / battery box, battery case, battery container. *00126*
Batteriehauptschalter, E / main switch, main power cut-off. *05893*
Batteriekasten, E → Batteriegehäuse. *00127*
Batterieladeanzeige, E / battery discharge indicator. *08708*
Batterieladegerät, W, Ladegerät, Ladeaggregat / battery charger, charging set. *00129*
Batteriemassekabel, E / battery ground lead. *03221*
Batteriesäure, E, Füllsäure, Akkumulatorensäure, Elektrolyt / battery acid, accumulator acid, battery liquid, electrolyte. *00123*
Batterieschnelladegerät, W, Schnelladegerät / battery quick charger, quick charger. *03223*
Batteriespannung, E / battery voltage. *00136*
Batteriezündung, E, Accumulatorzündung / battery ignition, coil ignition, battery-and-coil ignition. *00134*
Baueinheit, W / modular unit. *08935*
Baukastenprinzip, W / assembly of prefabricated parts. *08690*
Baukastenwagen, H / kit car. *09346*
Baureihe, W / line of products. *08906*
Bausatz, W / kit, assembly kit. *08888*
Baustellenfahrzeug, H / building site truck, construction site truck. *03304*
Bauteil, G / component. *03628*
Beckengurt, I, Hüftgurt / lap belt. *05632*
Bedienung, G / handling, control. *05039*
Bedienungsanleitung, W, Betriebsanleitung / owner's manual. *05919*
Bedienungshebel, G / operating lever. *01211*
Bedienungsknopf, G / control

beleuchten

knob. *03720*
befestigen, G / fix. *08809*
Befestigung, G, Aufhängung / mounting, fastening, attachment. *02070*
Befestigungsloch, G / pilot hole. *10185*
Befestigungsschraube, G / fastening screw, fixing screw. *02555*
Begrenzungsleuchte, E, Begrenzungslicht / side light, side lamp, marker light, corner marker lamp. *03528*
Begriff, G / term. *07452*
Behälter, G, Container / container. *09258*
beheizbare Heckscheibe, E / heated rear window, backlight heater. *03210*
behindert, G / handicapped. *08856*
Behörde, H / authority. *09249*
bei niedriger Drehzahl, M / at low speeds. *08691*
Beifahrer, T / front seat passenger. *04816*
Beilagscheibe, G, Unterlegscheibe / washer. *07070*
Beinarbeit, Z / leg-work. *08898*
Beinschild, Z / leg-guard. *08636*
Beinschutzschild, Z / leg-shield. *08899*
beischleifen, L → anschleifen. *09666*
Beiwagen, Z → Seitenwagen. *06961*
Belag, G → Überzug. *03578*
Belastung, G, Spannung / strain. *07262*
Belastung, G → Last. *08907*
Belastungsprobe, W, Ermüdungsprüfung / fatigue test, endurance test. *04542*
beleuchten, E / illuminate. *05288*

17

Beleuchtung   Blutprobe

Beleuchtung, E / illumination, lighting. *04941*
Belüftung, G, Entlüftung / ventilation, venting. *04668*
Belüftungsventil, G / vent valve. *04669*
Bendix-Anlasser, E, Schraubtriebanlasser / Bendix-type starter, inertia-drive starting motor. *00138*
Benzinhahn, K → Kraftstoffhahn. *10325*
Benzinkanister, T, Kraftstoffkanister / fuel can. *04824*
Benzintank, K → Kraftstoffbehälter. *00805*
Benzinuhr, K → Kraftstoffanzeige. *04833*
Benzol, K / benzene. *03233*
Bereifung, F / tyres. *07553*
Bergrennen, R / hillclimb. *05131*
Bergsteigefähigkeit, T, Steigfähigkeit / climbing ability. *08546*
Bergstütze, T / dog-type sprag. *02074*
Beschädigung, H → Schaden. *04013*
Beschaffenheit, H → Zustand. *03669*
Beschlag, G → Kondensierung. *03667*
Beschläge, I, (Sitzgurt) / hardware. *05047*
beschlagen, G, (Verglasung) / misting, fog. *05974*
Beschlagteile, G, Armaturen / fittings. *04630*
beschleunigen, T, Gas geben / accelerate. *03078*
Beschleunigerpumpe, K → Beschleunigungspumpe. *03081*
Beschleunigungsloch, M / flat spot. *04660*
Beschleunigungspumpe, K, (Vergaser) / accelerator pump, accelerating pump. *03080*
Beschleunigungsrennen, R, / drag-racing, drag-strip race. *09831*
Beschriftung, G / labelling. *05610*
Besitzer, H, Halter / owner. *02913*
Bestätigung, H / confirmation. *09253*
Bestimmung, H / regulation. *06631*

Bestzustand für Schönheitswettbewerbe, H / concours condition. *03047*
Betätigung, G / operation. *06213*
Betätigungshebel, G, Verstellhebel / control lever. *00424*
Betätigungsseil, G / control cable. *08560*
Betonbelag, T / concrete pavement. *03664*
Betriebsanleitung, W → Bedienungsanleitung. *10613*
betriebsbereit, G / ready for use, serviceable. *06588*
Betriebsbremse, B / service brake. *06896*
Betriebsdauer, W / working time. *09133*
Betriebsstoffe, K / operating agents. *06212*
Beule, C / bump. *04060*
bewährt, G / proved. *08996*
Bewässerungsanlage, T, (Versuchsfahrbahn) / watering system. *07964*
Bewerber, R / entrant. *09274*
Bezeichnung, G, Kennzeichnung / identification. *05225*
biegsam, G → elastisch. *04664*
biegsame Welle, G / flexible cable. *08819*
Biluxlampe, E, Zweifadenlampe, Zweidrahtlampe / bilux bulb, double filament bulb, double filament incandescent lamp, twin-filament bulb. *00139*
Bimetallkolben, M, Zweimetall-Kolben / bimetal piston. *00142*
Bimetallstreifen, E, (Thermostat, Blinkanlage, Startautomatik) / bimetal strip. *00144*
Bindemittel, L, Trägermittel / binder, vehicle. *08127*
blankes Metall, G / bare metal. *10167*
Bläschenbildung, L, (Spritzbild) / blistering, micro blistering. *08290*
Blattfeder, F / leaf spring, laminated spring. *01048*
Blechbearbeitung, W / panel beating, sheet metal working. *06450*
Bleche überlappend zusam-

mensetzen, W / join panels by an overlap. *09973*
Blechpreßteil, W / sheet metal stamping. *06921*
Blechschere, W, Knabberschere / sheet metal cutter. *09999*
Blechschneidewerkzeug, W / tool for cutting out sheet steel. *09989*
Blechverkleidung, Z / steel panelling. *10351*
Blei, G / lead. *05656*
Bleiablagerung an der Zündkerze, E / spark plug lead deposit. *07105*
Bleibatterie, E / lead battery. *05660*
bleifreies Benzin, K, unverbleites Benzin / unleaded fuel, leadfree fuel. *05663*
Bleimennigegrundierung, L / red lead primer. *08125*
Bleitetraäthyl, K, Tetraäthylblei / tetraethyl lead, TEL. *01767*
Bleitetramethyl, K / tetramethyl lead, TML. *01769*
Blende, G, Zierring / bezel, vane. *10127*
blenden, E / glare. *04926*
Blendenrotor, E, Impulsgeberrad, (Transistorzündanlage mit Hallgeber), trigger wheel, timer core. *01859*
Blinker, E → Fahrtrichtungsanzeiger. *00544*
Blinkfrequenz, E / flash rate. *04654*
Blinkleuchte, E → Fahrtrichtungsanzeiger. *00545*
Blinkzeichen, E / flash signal. *08811*
blockieren, G, klemmen, festklemmen / jam. *02078*
Blockierregler, B → Antiblokkiersystem. *00077*
Blockierschutz, B → Antiblokkiersystem. *00079*
blockierte Lenkung, F / locked steering. *05774*
Blockmotor, M / block engine. *02079*
Blockpedal, G / block pedal. *08720*
Blutprobe, T / blood test. *03245*

BMX

BMX, Z / bicycle moto cross. *10390*
BMX-Fahrer, Z / BMX-rider. *08443*
BMX-Rad, Z / BMX-cycle. *08442*
BMX-Sport, Z / BMX-sport. *08444*
bocken, Z / buck, lurch. *08727*
Boden, I → Fußboden. *04679*
Bodenabstand, C, Bodenfreiheit / ground clearance. *00853*
Bodenbelag, I → Fußraumauskleidung. *04684*
Bodenblech, C / floor pan, floor panel. *04687*
Bodenblechaufnahme, C / floor bearer. *10162*
Bodenfreiheit, C → Bodenabstand. *00854*
Bodengruppe, C / body platform. *09970*
Bodenhaftung, T → Straßenlage. *06696*
Bodenmitte, M, (Kolben) / head center. *05053*
Bodensatz, G → Ablagerung. *06865*
Bodensteg, M → Feuersteg. *04606*
Bodenteppich, I / floor carpet, floor mat. *04682*
Bodenventil, B / bottom valve. *09162*
bohren, W, (Löcher) / drill, perforate. *02652*
Bohrer, W, Spiralbohrer / drill. *02658*
Bohrmaschine, W, elektrische Bohrmaschine / electric drill machine. *05859*
Bolzen, G / bolt, pin, pivot. *04178*
Bolzenschneider, W / bolt-cutter. *08721*
Bordcomputer, I / econometer. *00634*
Bördelwerkzeug, W / flaring tool. *09161*
Bordkante, T → Bordstein. *05570*
Bordstein, T, Randstein, Bordkante / curbstone, kerb, curb. *05572*
Bordwerkzeug, W / on-board tool kit. *08668*

Bougierrohr, E → Isolierschlauch. *09441*
Bowdenzug, G / bowden cable, Seilzug. *00153*
Box, R / pit. *06362*
Boxenstop, R / pit stop. *06366*
Boxenstraße, R / pit road, pit lane. *06365*
Boxermotor, M / flat engine, opposed engine. *00733*
Brandgefahr, G / fire risk, fire hazard. *04609*
Breitfelge, F / wide base rim. *08034*
Breitreifen, F / wide base tyre. *08035*
Breitstrahler, E → Breitstrahlscheinwerfer. *02016*
Breitstrahlscheinwerfer, E, Breitstrahler / wide beam headlight, wide beam headlamp, wide range headlamp, broad beam headlight. *02015*
Bremsankerplatte, B → Bremsträger. *00159*
Bremsanlagenentlüftung, W / brake system bleeding. *00209*
Bremsanschlag, B / brake buffer. *03270*
Bremsbacke, B, (Trommelbremse) / brake shoe, shoe. *00204*
Bremsbackenrückzugfeder, B / brake return spring, brake release spring. *00201*
Bremsband, B / brake band. *02083*
Bremsbelag, B, (Trommelbremse) / brake lining, brake facing. *00187*
Bremsbelagkleber, W / brake lining adhesive, brake lining bond. *03275*
Bremsbelagschleifmaschine, W / brake lining grinder. *00189*
Bremsbelagverschleißanzeige, B, (Scheibenbremse) / brake pad warning light. *00190*
Bremsbelagwechsel, W / brake lining change. *03277*
Bremsbügel, B / brake arm. *08722*
Bremsdruckregler, B, Druckregler / pressure governor. *01351*
Bremse, B / brake. *00156*
Bremse belegen, W / line the

Bremsleitung aus Metall

brake. *02085*
Bremseneinstellung, W / brake adjustment. *00157*
Bremsenergie, B / braking energy. *03283*
Bremsenerhitzung, B / brake warming. *03278*
Bremsenkontrolleuchte, B / brake warning lamp. *03279*
Bremsentspanner, Z / cable release, release device. *08482*
Bremsentspannerhalter, Z / cable release carrier. *08483*
Bremsfading, B → Bremsschwund. *00215*
Bremsfallschirm, R / braking parachute. *09306*
Bremsfederzange, W / brake spring pliers. *00206*
Bremsfläche, B / braking area. *03280*
Bremsflüssigkeit, B, Bremsöl / brake fluid, fluid for brakes, hydraulic brake fluid. *00175*
Bremsflüssigkeitsbehälter, B, Ausgleichsbehälter, Nachfüllbehälter / brake fluid reservoir, brake fluid container, brake supply tank. *00180*
Bremsfußhebel, B → Fußbremshebel. *00195*
Bremsgestänge, B / brake linkage. *03054*
Bremshauptzylinder, B → Hauptbremszylinder. *09167*
Bremshebel, B / brake lever, brake rod. *02087*
Bremsklotz, B / brake block. *01047*
Bremskolben, B / brake piston. *09155*
Bremskraft, B / braking power, braking force. *03284*
Bremskraftverstärker, B / power booster. *06433*
Bremskraftverteiler, B / brake power distributor. *00199*
Bremsleistung, B / brake horse power, bhp. *01003*
Bremsleitung, B, (Lkw) / brake line. *00186*
Bremsleitung aus Metall, B, (Personenkraftwagen) / brake pipe. *02088*

Bremsleuchte, E → Stoplicht. *01688*
Bremslicht, E → Stoplicht. *01689*
Bremslichtschalter, E → Stoplichtschalter. *02387*
Bremslüftspiel, B / brake clearance. *00169*
Bremsmanschette, B / brake cylinder cup, brake cup. *09152*
Bremsmoment, B / braking torque. *03287*
Bremsmontagepaste, W → Bremszylinderpaste. *09154*
Bremsnippel, B / brake pipe fitting, brake pipe nut. *09159*
Bremsnocken, B / brake cam. *00167*
Bremsnockenlager, B / brake cam bushing. *03272*
Bremsöl, B → Bremsflüssigkeit. *00177*
Bremspedal, B → Fußbremshebel. *00196*
Bremspedalspanner, B / brake pedal depressor. *00197*
Bremssattel, B / brake caliper, caliper, calliper, disc brake caliper. *00165*
Bremsscheibe, B / brake disc, disc, rotor. *00172*
Bremsscheibentopf, B / disc chamber. *04136*
Bremsschild, B → Bremsträger. *00161*
Bremsschlauch, B / brake hose, flexible brake pipe. *00183*
Bremsschlupfregler, B → Antiblockiersystem. *00078*
Bremsschuh, T, Unterlegkeil / wheel chock, chock. *03478*
Bremsschwund, B, Bremsfading, Fading / brake fading, fading, fade. *00213*
Bremsschwund durch Überhitzung, B / heat fade. *05091*
Bremsschwund infolge Wasser, B / water fade. *07959*
Bremsseil, B / brake cable. *02089*
Bremsseilzug, B / brake cable assembly. *03271*
Bremsspur, T / skid mark. *07006*
Bremstest, W / braking test. *03286*
Bremsträger, B, Bremsankerplatte, Bremsträgerplatte, Bremsschild / brake anchor plate, brake backing plate, brake back plate, brake-shield, carrier plate. *00158*
Bremsträgerplatte, B → Bremsträger. *00160*
Bremstrommel, B / brake drum, drum. *00173*
Bremstrommel abziehen, W / pull off the drum brake. *10488*
Bremstrommelnabe, B / brake drum hub. *04264*
Bremsverzögerung, B / braking deceleration. *03281*
Bremsverzögerungsmesser, W / decelerometer. *00474*
Bremsweg, B / braking distance, stopping distance. *00212*
Bremswirkung, B / braking effect. *03282*
Bremszeit, T / stopping time. *07256*
Bremszughalter, Z / Kabelhalter. *08468*
Bremszylinder, B / brake cylinder. *02090*
Bremszylinder-Reparatursatz, W / brake cylinder repair kit, brake cylinder overhaul kit. *09156*
Bremszylinderpaste, W, Bremsmontagepaste / brake cylinder paste, brake grease. *00171*
brennbar, G / combustible. *03614*
brennbares Gemisch, K / combustible mixture. *03615*
Brennbarkeit, G → Feuergefährlichkeit. *05343*
brennen, G, verbrennen / burn. *03323*
Brennraum, M, Verbrennungsraum / combustion chamber, combustion space. *00362*
Brennraumablagerung, M / combustion chamber deposit. *03617*
Brennraumform, M / combustion chamber shape. *03618*
Brennraumtiefe, M / depth of combustion chamber. *04066*
Brennraumwand, M / combustion chamber wall. *03619*
Brennrohr, M / burner tube. *03325*
Brennstoff, K → Kraftstoff. *04821*
Brennzeit, M / burning time. *03328*
Brief, H → Kraftfahrzeugbrief. *02973*
Britisches Renngrün, R / British racing green, BRG. *09326*
Bronze, G / bronze. *08370*
Bronzebuchse, G / bronze bushing. *08371*
Bronzekopf, M, (Zylinderkopf) / bronze head. *09818*
Brooklands-Topf, Z, (Auspuffanlage) / Brooklands can. *09819*
Bruch, G / fracture, rupture. *04780*
Brückenüberfahrt, T → Überführung. *09358*
Brustschutz, Z / chest protector. *08528*
Buchse, G / bush, bushing. *02091*
Büchse, G, Hülse / sleeve, liner. *03121*
Bügel, G / bow. *08457*
Bügelmeßschraube, W → Mikrometer. *10571*
Bügelsäge, W / junior hacksaw. *10159*
Bügelschloß, T / long-shackle lock. *08913*
Bürgersteig, T → Gehweg. *06977*
Bürste, G / brush. *02092*
Bürste, E → Kohlebürste. *00229*
Bus, H, Autobus, Omnibus / bus, omnibus. *03329*
Busbahnhof, T / terminal. *08363*
Bußgeldbescheid, T / endorsement. *09344*
Bushaltestelle, T / bus stop. *03332*
Bypass, G, Umleitung / bypass. *03339*
Bypassbohrung, K, Übergangsbohrung, Teillastbohrung, (Vergaser) / bypass bore. *00237*

C

C-Säule, C, Heckscheibensäule / C-pillar, C-post. *03780*
Cabrio, H → Cabriolet. *10593*
Cabriolet, H, Cabrio, Kabriolett / cabriolet, convertible, cvt, drophead, drophead coupe, dhc, rag top. *02923*
Cabrioletverdeck, C, Verdeck, Klappverdeck / hood, soft top. *03273*
Cantilever-Feder, F → Auslegefeder. *09468*
CaZ, K → Cetanzahl. *00294*
Cetanzahl, K, CaZ, (Dieselkraftstoff) / cetane number. *00293*
Chassis, C → Fahrgestell. *02857*
Chassisnummer, W → Fahrgestellnummer. *10271*
Choppersattel, Z / banana saddle. *08414*
Chrom, G / chrome. *02096*
Chrombuchstaben, C / chrome letters. *10401*
Chromleiste, C / chrome molding. *09969*
Chromnickelstahl, G / nickel chromium steel. *08945*
Club, H / club. *08384*
Cockpit, C / cockpit. *10395*
Cockpit-Abdeckung, C / tonneau cover. *10396*
Computer-Zündung, E → vollelektronische Batteriezündung. *00582*
Container, G → Behälter. *09260*
Copilot, R / team-mate, co-driver. *07429*
Coupé, H / coupe, fixed head coupe, fhc. *02922*
Coupédach, H → Hardtop. *05046*
Cross-Maschine, Z / crosser. *08743*

D

Dach, C / roof. *03381*
Dach niedriger gelegt, H / chopped. *09583*
Dach niedriger gelegt und Karosserie modifiziert, H / chopped and channeled. *09584*
Dachhimmel, I, Himmel / headlining, headliner. *02267*
Dachrinne, C / drain, drip moulding. *04230*
Dachträger, C / roof rack. *10797*
Damenpokal, R / lady's cup. *09329*
Damenrahmen, Z / lady's frame. *08892*
Dämmstoff, G → Isoliermaterial. *05457*
Dampfblase, B, (Bremsleitung) / vapour lock. *10393*
Dampfblasenbildung, K, (Benzinzufuhr) / vapour lock. *01969*
Dämpfe, G, (chemisch) / fumes. *10010*
Dämpfer, F → Stoßdämpfer. *03303*
Dämpferbein, F / damper strut, shock absorber strut. *04020*
Dampfstrahlreinigen, W / steam cleaning. *10080*
Dampfwagen, H / steam car. *02098*
Dauereingriff, A, (Getriebe) / constant mesh. *00402*
Dauergeschwindigkeit, T → Reisegeschwindigkeit. *03859*
Dauerschmierung, G / lifetime lubrication. *08903*
De-Dion-Achse, F / de-Dion-axle. *00476*
Decke, F → Reifen. *01893*
Deckel, G / lid. *04937*
Deckenleuchte, E / ceiling lamp. *03433*
Decklack, L / final coat, finish paint, topcoat. *04594*
Deckleiste, C, (zwischen Kotflügel und Innenblech) / wing beading. *10155*
Defekt, G → Ausfall. *04520*
Defroster, G, Entfroster / defroster. *04043*
Dehnmeßstreifen, W / strain gauge. *07264*
Deichsel, C, Zugstange, (Anhänger) / drawbar. *04235*
Dekompressionshebel, Z → Ventilauzheber. *10431*
Delle, C / dent. *04061*
demontieren, W / zerlegen. *08762*
den Motor vom Getriebe abflanschen, W / pull the engine off the gearbox. *10437*
Design, W, Ausführung / design. *04067*
Designabteilung, W / design department. *04070*
desmodromische Ventilsteuerung, M / desmo valve gear. *09826*
destilliertes Wasser, G / distilled water. *04152*
Detailzeichnung, W / detail drawing. *04075*
Detergentzusatz, G, Dispergiermittel, (Öle), detergent additive. *00487*
Diagonal - Zweikreisbremsanlage, B / diagonal twin circuit braking system. *00490*
Diagonalkarkasse, F / diagonal casing. *04077*
Diagonallenker, F → Schräglenker. *01528*
Diagonalreifen, F / cross-ply tyre, conventional tyre, diagonal tyre. *00456*
Diagramm, G → Schaubild. *04081*
Dichte, G / density. *04059*
Dichtemesser, W → Säureprüfer. *10430*
Dichtlippe, G, (Gummiprofil) / lip. *10202*
Dichtmittel, G / sealing compound. *01506*
Dichtring, G / sealing ring, sealing washer, seal. *06836*
Dichtung, G / sealing. *06834*
Dichtung, G → Wellendichtung und Flachdichtung. *03060*
Dichtungsspray, W, (Reifen) / sealing spray. *09037*
Dichtwirkung, G / joint. *04559*
Diebstahlsicherung, G / theft protection, thief protection, anti-theft device. *07471*

Diebstahlversicherung — Drahtsprengring

Diebstahlversicherung, H / theft insurance. *02996*
Dieselkraftstoff, K, Dieseltreibstoff, Dieselöl / diesel fuel, diesel oil. *00497*
Dieselmotor, M, Schwerölmotor / diesel engine, automotive diesel engine, C.I. engine, compression-ignition engine, compression-ignition oil engine, diesel oil engine, injection oil engine. *00495*
Dieselmotor mit Strahleinspritzung, M, Direkteinspritzmotor / solid injection diesel engine, direct injection diesel engine, open-chamber diesel engine. *01582*
Dieselmotor mit Vorkammer, M → Vorkammermotor. *00074*
Dieselnageln, M, Nageln / diesel knock. *04089*
Dieselöl, K → Dieselkraftstoff. *00499*
Dieselqualm, K / diesel smoke. *04091*
Dieseltreibstoff, K → Dieselkraftstoff. *00498*
Differential, A → Ausgleichsgetriebe. *00503*
Differentialbremse, A → Ausgleichsgetriebebremse. *04098*
Differentialgetriebe, A → Ausgleichsgetriebe. *00504*
Differentialöl, K → Ausgleichsgetriebeöl. *04105*
Differentialsperre, A → Ausgleichssperre. *01059*
Differentialzwischenrad, A → Ausgleichskegelrad. *00518*
Diffusion, E → Streuung. *04109*
Diodengehäuse, E, Diodenplatte, Diodenträger, (Drehstromlichtmaschine) / diode housing, diode plate. *00528*
Diodenplatte, E → Diodengehäuse. *00529*
Diodenträger, E → Diodengehäuse. *00530*
Direktbremsung, B / direct braking. *00537*
direkte Einspritzung, K / direct injection. *00540*
direkte Lenkung, F / direct steering, low ratio steering. *04130*
Direkteinspritzmotor, M → Dieselmotor mit Strahleinspritzung. *01583*
direkter Gang, A, (Wechselgetriebe) / direct drive, direct gear. *00538*
Dirt-Track Rennen, R → Speedway-Rennen. *10379*
Dispergiermittel, G → Detergentzusatz. *00488*
Disqualifikation, R / disqualification. *09284*
Distanzrohr, G / spacer tube. *02789*
Distanzstück, G → Ausgleichscheibe. *07071*
DKM, M → Drehkolbenmotor. *02390*
Do-it-Yourselfer, W → Hobbybastler. *08362*
Doppelachse, F → Tandemachse. *07415*
Doppelachsfederung, F / tandem axle suspension. *07416*
Doppelauspuff, K / dual exhaust. *04277*
Doppelbackenbremse, B / double shoe brake. *04217*
Doppelbereifung, F → Zwillingsbereifung. *04284*
Doppeldecker, H / double-decker. *04207*
Doppeldickendspeiche, Z / double butted end spoke. *08579*
Doppeldruckmesser, W, (Bremsdruck) / dual air pressure gauge, twin pressure gauge. *00618*
Doppelfallstromvergaser, K / dual throat downdraft carburetor. *00623*
Doppelgelenk, F / double universal joint. *02197*
Doppelgelenkachse, F / double-jointed driveshaft. *10476*
Doppelgelenkschwinge, Z / double joint swinging arm. *08580*
Doppelkolbenmotor, M / double piston engine, twin piston engine, split-single engine. *02492*
Doppelport-Zylinderkopf, Z / twin port head, double port head. *09829*
Doppelquerlenker-Hinterachse, F / twin-wishbone rear axle. *07753*
Doppelregistervergaser, K → Vierfachvergaser. *00773*
Doppelriemenantrieb, A / twin belt drive. *07744*
Doppelrohrrahmen, Z / double tube frame. *08581*
Doppelscheinwerfer, E / twin headlamps. *07748*
Doppelschleifenrahmen, Z, Doppelschleifenrohrrahmen / double loop frame, tubular double cradle frame. *04215*
Doppelschleifenrohrrahmen, Z → Doppelschleifenrahmen. *10434*
Doppelsitzbank, Z / twin seat. *09099*
doppelt wirkend, G / double acting. *04205*
doppelte Schrägverzahnung, A → Pfeilverzahnung. *00888*
doppeltwirkender Stoßdämpfer, F / double acting shock absorber. *00583*
Doppelvergaser, K / dual carburetor, duplex carburetor, double carburetor, dual barrel carburetor, twin choke carburetor. *00620*
Doppelzündung, E, Zweifachzündung / dual ignition, double ignition. *02198*
Dorn, W → Treibdorn. *10119*
Dose, G / can. *03377*
Draht, G / wire. *08074*
Drahtbürste, W / wire brush. *09127*
Drahtdurchmesser, G / wire diameter. *08076*
Drahteinlage, F, (Reifen) / wire insertion. *09128*
Drahtgeflecht, G / wire gauze. *08077*
drahtlose Funkfernsteuerung, G → Fernsteuerung. *10303*
Drahtreifen, F / wired-on tyre. *09832*
Drahtseil, G / wire cable. *05853*
Drahtspeiche, F, Radspeiche / wire spoke. *08078*
Drahtsprengring, G / wire retaining ring, wire circlip. *02022*

Drahtzange

Drahtzange, W / cutting pliers. *03997*
Dralleinlaßkanal, M → Drallkanal. *01736*
Drallkanal, M, Dralleinlaßkanal / swirl duct. *01735*
Drehbank, W / lathe, turning machine. *05650*
Drehgeschwindigkeit, G / rotational velocity. *07142*
Drehgriff, Z / twist grip. *09097*
Drehgriffschaltung, Z, Wickelgriffschaltung / twist grip control. *09833*
Drehkolben, M, (Wankelmotor) / rotary piston. *01485*
Drehkolbenmotor, M, DKM, Rotationskolbenmotor / rotary piston engine, rotary engine. *02391*
Drehmoment, G / torque. *02723*
Drehmoment des Motors, M → Motordrehmoment. *02717*
Drehmomentkurve, M / torque curve. *07593*
Drehmomentschlüssel, W / torque wrench. *01821*
Drehmomentverlust, M / torque loss. *07594*
Drehmomentwandler, A, Strömungswandler, hydrodynamisches Getriebe, Wandler / torque converter, converter. *01817*
Drehmomentwerte, W, Anzugswerte / torque specifications. *10564*
Drehpunkt, G / pivot. *05583*
Drehrichtung, G / direction of rotation. *02585*
Drehschalter, G / rotary switch. *06736*
Drehschemel, F / center pivot. *02199*
Drehschemellenkung, F → Lenktrapez. *02406*
Drehschieber, M / rotary valve. *02805*
Drehschiebermotor, M → Schiebermotor. *09188*
Drehstab, F, Torsionsstab / torsion bar. *07338*
Drehstabfeder, F, Torsionsfeder / torsion bar spring, torsion spring. *01823*
Drehstabfederung, F / torsion bar

suspension. *07603*
Drehstabstabilisator, F, Panhardstab / torque stabiliser, lateral tie rod, lateral tie bar, lateral track bar, torsion bar stabilizer, track bar, transverse tie bar, transverse tie rod, panhard rod. *01820*
Drehstrom, E, Dreiphasenstrom / three-phase current. *01863*
Drehstrom-Dreiecksschaltung, E → Dreiecksschaltung. *00486*
Drehstrom-Sternschaltung, E → Sternschaltung. *01630*
Drehstromgenerator, E, Drehstromlichtmaschine / three-phase generator, three-phase dynamo. *01777*
Drehstromlichtmaschine, E → Drehstromgenerator. *01778*
Drehung entgegen den Uhrzeigersinn, G / counterclockwise, left-handed, anticlockwise, ccw. *02581*
Drehzahl, M / speed. *04533*
Drehzahl, G → Umdrehungen pro Minute. *10410*
Drehzahl - Schließwinkelmeßgerät, W → Schließwinkelmeßgerät. *00631*
Drehzahlbegrenzer, M, Drehzahlregler / overspeed governor, speed governor. *06265*
Drehzahlbereich, M / speed range, range of revolution. *02722*
Drehzahlmesser, G, Tourenzähler / revolution counter, rev counter, tachometer. *01467*
Drehzahlregler, M → Drehzahlbegrenzer. *06266*
Dreiachsfahrzeug, H / six-wheeler. *07001*
Dreiarmflansch, F, (Kreuzgelenk) / three-armed flange. *07481*
Dreibett-Katalysator, K / three-bed catalyst. *07484*
Dreiecksbock, W / triangular stand. *10019*
Dreiecksfenster, C / quarter window, quarter light. *05140*
Dreiecksschaltung, E, Drehstrom-Dreiecksschaltung, (Drehstromlichtmaschine) / delta connection, delta circuit. *00485*
dreifach gelagerte Kurbelwelle,

Drosselklappeneinstellung

M / three-bearing crankshaft. *07483*
Dreifachvergaser, K / three-barrel carburetor. *07482*
Dreikanal-Zweitaktmotor, M, Motor mit Querstromspülung / three-port two-stroke engine. *01783*
Dreikanalmotor, Z, (Zweitaktmotor) / three port engine. *09834*
Dreiphasenstrom, E → Drehstrom. *01864*
dreiphasig, E / three-phase, triphase. *10267*
Dreipunktaufhängung, M, Dreipunktlagerung, (Motoraufhängung) / three-point suspension, three point mounting. *01781*
Dreipunktgurt, I / three-point safety belt, lap-sash belt. *01780*
Dreipunktlagerung, M → Dreipunktaufhängung, (Motor) / *05333*
Dreiradwagen, H, Threewheeler / threewheeler, three wheeled vehicle, tricycle, tricar. *02280*
dreiteiliger Zylinderkopf, M / three-piece cylinder head. *07488*
Dreiviertelachse, F / three quarter floating axle. *01785*
Dreizylinder-Sternmotor, Z / three cylinder radial engine. *09824*
Dreizylindermotor, M / three-cylinder engine. *07485*
Drift, T / power glide. *06436*
driften, T / drift. *09338*
dringend, G / urgent. *07820*
Dröhngeräusch, C / drumming noise. *08245*
Drosseldüse, K → Drosselzapfendüse. *01793*
Drosselklappe, K / throttle valve, butterfly valve. *01790*
Drosselklappenanschlagschraube, K, Leerlauf-Anschlagschraube / throttle stop screw, idle stop screw, throttle valve stop screw, idle speed adjustment screw. *01788*
Drosselklappendämpfer, K / throttle dashpot. *07496*
Drosselklappeneinstellung, W / throttle setting, throttle adjust-

23

Drosselklappengehäuse

ment. *07501*
Drosselklappengehäuse, K / throttle body. *07492*
Drosselklappengestänge, K / throttle control linkage. *01787*
Drosselklappenhebel, K / throttle control lever, throttle lever. *01786*
Drosselklappenöffnungswinkel, K / throttle opening angle. *07499*
Drosselklappensteuerung, K / throttle control. *07493*
Drosselklappenstutzen, K / throttle housing. *07497*
Drosselklappenwelle, K / throttle shaft. *07502*
Drosselring, K / throttle ring. *07500*
Drosselschieber, K, Flachschieber / throttle slide. *07503*
Drosselzapfendüse, K, Drosseldüse / throttling pintle nozzle. *01792*
Druck, G / pressure. *01350*
Druckabfall, G / pressure drop. *06454*
Druckanzeige, G → Manometer. *05916*
Druckausgleich, G / pressure balance. *06452*
Druckbecher, L, (Spritzpistole) / pressure feed. *08147*
Druckbecherpistole, L / pressure feed gun. *08134*
Druckbegrenzungsventil, G / pressure limiting valve. *06457*
Druckbehälter, G / pressure feed tank. *06455*
Druckbolzen, K / nozzle holder spindle, pressure spindle. *01155*
Druckentlüfter, B, Entlüftgerät / brake bleeder unit. *00163*
Druckfeder, K, (Düsenhalter) / nozzle spring. *01160*
Druckfeder, G, Spannfeder / pressure spring, compression spring, tension spring. *06462*
Druckgefälle, G → Druckunterschied. *02646*
Druckgußrad, Z / diecast wheel. *08576*
Druckkessel, G / pressure vessel. *06464*
Druckknopf, G / press-stud clip,

push-button, dot fastener. *10203*
Drucklager, G, Axialdrucklager / thrust bearing. *02203*
Druckleitung, K → Einspritzleitung. *00481*
Druckluft-Bremsanlage, B / air pressure brake, air-brake system, compressed air-brake. *00050*
Druckluftbehälter, G / compressed air reservoir. *03633*
Druckluftbremse, B / pneumatic brake. *06400*
Drucklufterzeuger, W → Druckluftkompressor. *10283*
Druckluftkompressor, W, Drucklufterzeuger / air compressor. *08137*
Druckluftschlauch, G / compressed air hose. *03630*
Druckluftverteiler, G / compressed air distributor. *03631*
Druckluftwagenheber, W, Luftpolsterwagenheber / air jack. *03152*
Druckluftwerkzeug, W / air tool. *09991*
Druckmesser, G → Manometer. *05915*
Druckminderventil, G / pressure reducing valve. *06460*
Druckölleitung, G / pressure oil pipe. *06458*
Druckölpumpe, M / oil pressure pump, oil delivery pump, pressure pump. *06185*
Druckplatte, A → Kupplungsdruckplatte. *01359*
Druckregelventil, M → Ölüberdruckventil. *01450*
Druckregler, B → Bremsdruckregler. *01352*
Druckrohr, K → Einspritzleitung. *00480*
Druckrohrstutzen, K, (Düsenhalter) / pressure pipe tube. *01356*
Druckschalter, G / pressure switch. *06468*
Druckschlauch, G / pressure hose. *06456*
Druckschmierung, M, Druckumlaufschmierung, Preßschmierung / pressure lubrication, forced-feed lubrication. *02204*
Druckseite, M, (Kolben/Motor) /

Düsenkopf

major thrust face. *05907*
Druckspeicher, G / pressure accumulator. *06451*
Drucksteuerventil, G / pressure control valve. *06453*
Druckumlaufschmierung, M → Druckschmierung. *02418*
Druckunterschied, G, Druckgefälle / pressure differential, difference of pressure. *02645*
Druckventil, K, Entlastungsventil / delivery valve, pressure valve. *00700*
Druckverlust, G / loss of compression. *02683*
Dummy, W, Testpuppe / dummy, test dummy. *03255*
Dünnblechschweißen, W / weld thin metals. *09988*
Duplexbremse, B / duplex brake. *00624*
Duplexkette, G / duplex chain, twin-row chain. *09512*
durchbrennen, E, (Sicherung) / blowout, blow. *03248*
durchdrehen, T, (Reifen) / spin. *07140*
Durchdrehen der Räder, T / wheel spin. *08026*
Durchmesser, G / diameter. *04085*
Durchrostung, L / rust breakthrough, rust penetration. *09454*
Durchschnitt, G → Mittelwert. *03203*
Durchschnittsgeschwindigkeit, T / average speed. *08697*
Durchstiegsrahmen, Z / open frame. *08952*
durchstoßen, G / poke. *08168*
Düse, K, (Vergaser) / jet, carburetor jet. *02205*
Düse, G → Sprühdüse. *03989*
Düse, G → Strahldüse. *03988*
Düsenaustrittsöffnung, K / jet orifice. *05557*
Düsenbohrung, K / jet bore. *05554*
Düsendruck, K / jet pressure. *05558*
Düsenhalter, K, Düsenträger / jet holder. *01154*
Düsenhebel, K / jet lever. *01030*
Düsenkaliber, K / jet size. *05559*
Düsenkopf, K, Düsenspitze, (Einspritzanlage) / nozzle tip. *06129*

Düsenkörper   Einlaßtakt

Düsenkörper, K / nozzle body. *01153*
Düsenmantel, K, (Einspritzdüse) / injector bushing. *05378*
Düsennadel, K / jet needle. *05556*
Düsenöffnung, K / spray hole. *01626*
Düsenöffnungsdruck, K, Einspritzdruck / nozzle opening pressure, valve opening pressure, nozzle-valve opening pressure. *01158*
Düsenprüfvorrichtung, W / nozzle tester. *06128*
Düsenreinigungsnadel, W / nozzle cleaning reamer. *10052*
Düsenspitze, K → Düsenkopf. *06130*
Düsenstock, K / jet carrier. *05555*
Düsenträger, K → Düsenhalter. *09631*
Düsenzapfen, K, (Einspritzdüse) / pintle. *06343*
Dynamohalter, Z / dynamo bracket. *08773*
Dynastarter, E → Anlaßlichtmaschine. *02403*

E

Earles-Gabel, Z, geschobene Langarm-Vorderradschwinge / Earles forks, leading link forks. *09837*
Ebonit, G → Hartgummi. *08861*
ECE-Norm für Helme, Z / ECE-standard for helmets. *08584*
Eckblech, C / corner plate. *03746*
Ecknaht, W, (Schweißen) / corner weld. *10024*
Edelmetallkatalysator, K / noble metal engine catalyst. *06112*
Ehrenrunde, R / lap of honour. *09279*
Eigeninduktion, E → Selbstinduktion. *01520*
Eigentumsübertragung, H / title or logbook transfer. *09221*
Eigenzündung, E → Selbstzündung. *09679*
Ein-Aus, I, (Schalterstellung) / on-off. *08951*
Einachsanhänger, H / two-wheel trailer. *07765*
Einachsschlepper, H / two-wheel tractor. *07764*
einadriges Kabel, E / single core cable. *06987*
Einarmschwinge, Z / monolever, single sided swing arm. *08650*
Einbahnstraße, T / one-way street. *06206*
Einbahnverkehr, T / one-way traffic. *06207*
Einbau, G / installation. *05441*
einbauen, W / fit in. *08805*
Einbaumotor, W / proprietary engine. *09782*
Einbereichsöl ohne Zusätze, G → Premiumöl. *10373*
Einbrennkabine, L / low bake spray booth. *08223*
Einbrennlack, L / low bake paint. *08222*
Einbruchversicherung, H / burglary insurance. *02994*
Eindringung, G / penetration. *06327*
Einfachbereifung, H / single tyres. *06996*
Einfachstecker, E / single conductor plug. *06986*
einfachwirkend, G / single-acting. *06983*
einfachwirkender Stoßdämpfer, F / single-acting shock absorber. *01553*
Einfahren, T / breaking-in, running-in. *03297*
Einfahröl, M / break-in oil. *03298*
Einfederung, F, Radeinfederung, (Radaufhängung) / jounce, compression. *05562*
Einfederungsanschlag, F → Gummianschlag. *03309*
Einfingerhebel, G / one-finger lever. *08669*
Einfuhr, H / import. *09254*
Einfuhrformalitäten, H / import formalities. *02962*
Einfüllschlauch, K, Einfüllrohr / filler pipe, fill pipe, fuel filler pipe, filler tube. *09632*
Einfüllstutzen, K / filler inlet, filler. *04566*
Einfüllstutzenansatz, K / filler neck. *09633*
Einfüllverschluß, K → Tankdeckel. *00720*
Eingang, G → Einstieg. *04415*
Eingangsdrehmoment, A / input torque. *05418*
Eingelenk-Pendelachse, F / single-pivot swing axle. *06991*
eingeschwungene Schwingung, F / steady state vibration. *07210*
Einhandbedienung, I, (Sitzgurt) / single-hand operation. *06990*
Einhebelvergaser, Z / single lever carburetor. *09838*
einheimisches Fahrzeug, H / domestic car. *04172*
Einheit, G → Aggregat. *07793*
Einkammerbremszylinder, B / single chamber brake cylinder. *06984*
Einkaufspreis, H, Preis / buying price, price. *02967*
Einkreisbremsanlage, B / single-circuit brake system. *06985*
einkuppeln, A, einrücken der Kupplung / engage the clutch. *04358*
Einlaß, G / inlet, intake. *05380*
Einlaß gegen Auslaß, M / intake opposite exhaust. *02619*
Einlaßhub, M → Ansaugtakt. *05338*
Einlaßkanal, M, Ansaugkanal, (Zylinderkopf/Viertaktmotor) / inlet port, induction port, inlet duct. *05393*
Einlaßkanal (Kreiskolbenmotor), M / inlet passage (rotary engine). *05390*
Einlaßnocken, M / inlet cam, intake cam. *00993*
Einlaßnockenwelle, M / inlet camshaft, intake camshaft. *00994*
Einlaßseite, M, Saugseite / induction side. *05334*
Einlaßtakt, M → Ansaugtakt. *02599*

25

Einlaßtrichter — Einzelsitz

Einlaßtrichter, M, Ansaugtrichter / inlet horn, inlet trumpet. *05386*
Einlaßunterdruck, M / inlet depression, intake depression. *05383*
Einlaßventil, M, Saugventil, (Zylinderkopf) / inlet valve. *05399*
Einlaufgehäuse, M, (Abgasturbine) / inlet housing. *05388*
Einlauföl, A, (Hypoidgetriebe) / run-in oil. *01497*
Einlaufstutzen, M, (Kühler, Wasserpumpe) / inlet connection. *05382*
Einleitungs-Bremsanlage, B / single-pipe brake system. *01556*
Einlochdüse, K / single-hole nozzle, one-hole nozzle. *01555*
Einmotten, W → Langzeitkonservierung. *09749*
einölen, W / oil. *08173*
einpolig, E / single pole. *06992*
einpolige Stabglühkerze, E → Glühstiftkerze. *01538*
Einrohrstoßdämpfer, F / single-tube shock absorber. *01559*
einrücken der Kupplung, A → einkuppeln. *04359*
Einrückhebel, A / engaging lever. *00662*
Einrückrelais, E → Magnetschalter. *00158*
Einsatz, G → Patrone. *03427*
einschalten, G / switch on. *07346*
Einscheibenkupplung, A / single-disc clutch. *06989*
Einscheibentrockenkupplung, A / dry single-disc clutch, dry single-plate clutch. *01554*
Einschicht-Sicherheitsglas, C → Sekurit-Glas. *07441*
Einschlagwinkel der Vorderräder, F / angle of lock. *00067*
Einschnitt, F → Schlitz. *05574*
Einschränkung, G / restriction. *06659*
einseitiger Trapezring, M, Trapezring, (Verdichtungsring) / half keystone ring. *05011*
Einsinken, L, Abzeichnungen, (Lackfehler) / sinkage, contouring, flat spots blushing. *08305*
Einsitzer, H → Monoposto. *05999*
einspeichen, W / spoking. *09074*

Einspeichenlenkrad, I / one-spoke steering wheel. *06049*
einspeisen, E, (Strom), feed. *08802*
Einspritzanlasser, K / engine primer. *04404*
Einspritzdauer, K / injection period. *05369*
Einspritzdruck, G / injection pressure. *05370*
Einspritzdüse, K, Spritzdüse, (Kraftstoffeinspritzung) / injection nozzle, injector, injector nozzle, nozzle, fuel injection nozzle. *00980*
Einspritzdüsen-Prüfgerät, W, Düsenprüfgerät/injection jet test stand. *00979*
Einspritzdüsennadel, K, (Einspritzung) / nozzle needle. *01156*
Einspritzhahn, Z → Zischhahn. *09798*
Einspritzleitung, K, Druckrohr, Druckleitung, (Einspritzanlage) / delivery pipe, discharge tubing, high pressure delivery line, injection line, fuel injection tubing. *00479*
Einspritzmotor, M / injection engine. *00978*
Einspritzpumpe, K / injection pump, injection metering pump, fuel injection pump. *00983*
Einspritzpumpen-Prüfgerät, W / fuel pump test bench, injection-pump calibrating test stand, injection-pump test bench. *00800*
Einspritzpumpenantrieb, K / injection pump drive. *05371*
Einspritzpumpenbefestigungsflansch, K / injection pump mounting flange. *05372*
Einspritzpumpenregler, F / injection pump governor. *06439*
Einspritzschlauch, K / injection hose. *05359*
Einspritzung, K → Kraftstoffeinspritzung. *02847*
Einspritzverstellung, K, Spritzversteller / injection timing mechanism, injection advance mechanism, injection timer, timing advance device, timing device, injection timing. *00989*
Einspritzverstellungskurve, K,

Spritzverstellerkurve / injection timing curve. *05376*
Einspritzverzug, K / injection lag. *05362*
Einspritzzapfendüse, K, (Wirbelkammermotoren) / pintle nozzle. *01259*
Einspritzzeit, K / injection time. *05373*
einstellbar, G → verstellbar. *03108*
einstellbarer Stabilisator, F / adjustable anti-roll bar, adjustable anti-sway bar. *03109*
einstellbarer Stoßdämpfer, F / adjustable damper. *03111*
Einstellbeschläge, G, Verstelleinrichtung / adjustment hardware. *03123*
einstellen, W, tunen / tune. *02208*
Einstellen der Scheinwerfer, W / headlamps aiming. *10544*
Einstellen des Motors, W / tuning, tune-up. *01869*
Einstellhebel für den Rückspiegel, I / mirror control. *05973*
Einstellmutter, G / adjusting nut. *01028*
Einstellung, G / setting. *04948*
Einstellwerte, W / tune-up specification. *10562*
Einstieg, G, Eingang / entrance. *04414*
Einstiegsblech, C → Trittbrett. *06708*
Eintrübung, L / blooming. *08295*
Einwegventil, G / one-way valve. *06208*
einzeln gegossene Zylinder, M / single-cast cylinder. *02209*
Einzelpulsaufladung, E / single-pulse charging. *01558*
Einzelradantrieb, A / single wheel drive. *06997*
Einzelradaufhängung, F, unabhängige Radaufhängung / independent wheel suspension, independent suspension. *00961*
Einzelradaufhängung hinten, F / independent rear suspension, IRS. *02447*
Einzelradaufhängung vorne, F / independent front suspension, IFS. *02445*
Einzelsitz, I / single seat. *06993*

Einzelsitzbank

Einzelsitzbank, Z / solo seat. *09066*
Einzelteile, H / bits and pieces. *09217*
Einziehen von Blechen, W, (Schweißen) / heat-shrinking a panel. *10056*
Einziehhammer, W / shrinking beater. *10075*
Einzylindermotor, M / single-cylinder engine. *02210*
Eisen, G / iron. *10299*
Eisenbahnschranke, T / railway gate. *06566*
Eisenkern, E, (Zündspule) / iron core. *01025*
Eiskratzer, T / ice-scraper. *05223*
elastisch, G, biegsam / flexible. *04663*
elastische Kupplung, A / flexible coupling. *04662*
Elektrik, E / electric system. *08778*
elektrisch, E / electric. *04327*
elektrisch angetrieben, E / electrically driven. *08780*
elektrisch betrieben, E / electrically operated. *08781*
elektrische Anlage, E / electrical equipment. *02211*
elektrische Bohrmaschine, W → Bohrmaschine. *05860*
elektrische Schaltung, E → Verkabelung. *08082*
elektrische Spannung, E / electric tension. *08779*
elektrischer Anlasser, E / electric starter. *02212*
elektrischer Fensterheber, E, automatischer Fensterheber / power window, p/w. *02475*
Elektrode, E, Pol / electrode, pole. *02214*
Elektrode, W, Schweißdraht, (Schweißen) / electrode. *1031*
Elektrodenabbrand, E / electrode burning. *00644*
Elektrodenabstand, E, Funkenstrecke, Zündabstand / spark plug gap, spark plug opening, electrode gap. *00646*
Elektrodendurchmesser, W, Schweißdrahtdurchmesser / electrode diameter. *10033*
Elektrodenverschleiß, E / electrode wear. *04334*

Elektrofahrzeug, H, Elektromobil / electric car, electric vehicle, electromobile. *00640*
Elektrofanfare, E → Fanfarenhorn. *01866*
elektromagnetische Kupplung, A / electromagnetic clutch. *04335*
elektromagnetischer Anlaßschalter, E → Magnetschalter. *01580*
Elektromobil, H → Elektrofahrzeug. *00641*
Elektromotor, M / electric motor. *04331*
Elektronik, E / electronics. *08783*
elektronisch gesteuerte Zündanlage, E / electronically controlled ignition sytem. *08782*
elektronische Kraftstoffeinspritzung, K / electronic fuel injection. *04336*
elektronische Zündung, E / electronic ignition, semiconductor ignition. *04339*
elektronischer Regler, E → Transistorregler. *01845*
Elektroschweißen, W, Lichtbogenschweißen / arc welding, electrical arc welding. *03183*
Elektroschweißgerät, W / arc welder. *09987*
elektrostatisch, E / electrostatic. *08785*
Ellbogenschützer, Z / elbow guard. *08585*
Elliptikfeder, F / elliptic spring. *02213*
Emission, K, Austritt / emission. *03973*
empfehlen, H / recommend. *06617*
Emulsionsfarbe, L / emulsion paint. *08248*
endlose Kette, G / endless chain. *08586*
Endmontage, W / final assembly. *09237*
Endspurt, R / final spurt. *09299*
Enduro-Fahrer, Z / enduro rider. *08588*
Enduro-Rennen, R / off-road race, enduro race. *09843*
Endverbindung, B, Fitting, (Bremsschlauch) / end connec-

Entstörung

tion. *04352*
Energie, G → Kraft. *06427*
energieaufnehmend, G / energy dissipating. *04357*
enggestuftes Getriebe, A / close ratio gearbox. *03537*
enteisen, G, entfrosten / defrost. *04041*
Entfettungsmittel, W / degreaser, degreasing agent. *04045*
Entflammbarkeit, G → Feuergefährlichkeit. *04647*
entfrosten, G → enteisen. *04042*
Entfroster, G → Defroster. *04044*
entladen, E / discharge. *04138*
entladen, G, abladen, (Fahrzeug) / unload. *07802*
entladene Batterie, E / run-down battery, drained battery. *06762*
Entlastungskölbchen, K, (Einspritzpumpe) / relief piston. *01447*
Entlastungsventil, K → Druckventil. *00483*
Entlüften, B / bleeding. *10394*
Entlüftergerät, B → Druckentlüfter. *00164*
Entlüftung, G → Belüftung. *04672*
Entlüftungsrohr, G / vent tube. *07914*
Entlüftungsschraube, B / bleeder screw, vent screw. *00145*
Entlüfungsnippel, B / bleeder nipple. *10491*
Entöler, M → Ölabscheider. *06202*
Entriegelung, G / release. *04384*
Entriegelungsgriff, G / release lever. *04385*
Entroster, L / rust remover. *06769*
Entschäumungsmittel, K → Schaumbremse. *04705*
entstören, E, (Zündung) / suppress. *07321*
Entstörer, E, Entstörmittel, (Zündkerzenstecker) / suppressor. *01720*
Entstörkappe, E, (Radio) / static cap. *07207*
Entstörkondensator, E / suppression capacitor. *09442*
Entstörmittel, E → Entstörer. *09437*
Entstörung, E, (Zündung) / interference suppression, interference protection, interference elimina-

tion. *05493*
Entwerten des Kfz-Briefes, H / endorsement of logbook / title. *03969*
Entwickler, E / carbide generator. *02215*
Entwicklung, G / development. *08756*
Entwicklungsingenieur, W / development engineer. *08757*
Entwurf, W / draft. *06489*
Epoxid, G / epoxy. *08792*
Epoxydharz, L / epoxy resin. *04416*
Erdbewegungsmaschinen, H / earthmoving vehicles. *04313*
Erdgas, G / natural gas. *06085*
Erdöl, G → Mineralöl. *05966*
Erfahrung, G / experience. *08184*
erfinden, W / invent. *08881*
Erfinder, W / inventor. *08883*
Erfindung, W / invention. *08882*
erhaben, G / embossed. *08787*
erhältlich, G / available. *08696*
Ermüdungsprüfung, W → Belastungsprobe. *04543*
erneuern, G / renew. *06641*
Ersatz, G / spare. *07074*
Ersatzrad, F, Reserverad / spare wheel, spare tyre. *02216*
Ersatzschlauch, F / replacement inner tube. *09842*

Ersatzteil, W / spare part. *02217*
Ersatzteillage, H / spare parts situation. *02904*
Ersatzteilliste, W / spare parts list, parts list. *02186*
Ersatzteilnummer, H / spare part number, part no.. *07076*
ersaufen, K → absaufen. *00745*
Erstausrüstung, H / original equipment. *06229*
erste Stufe, K, (Vergaser) / first stage, primary barrel. *04628*
Erste-Hilfe-Ausrüstung, T, Verbandskasten / first aid kit. *04616*
erster Gang, A, niedrigster Gang / first gear, bottom gear. *03264*
erstklassiger Zustand, H, neuwertiger Zustand / mint condition. *03670*
Erstzulassung, H / first registration. *09569*
erwerben, H / purchase. *09243*
Etikett, G, Schild / label, tag. *05608*
Europäische Wirtschaftsgemeinschaft, H, EWG / European Common Market, common market, ECM. *02990*
Europameisterschaft, R / European Championship. *09844*
Evolventenverzahnung, G / involute gearing. *05531*
EWG, H → Europäische Wirt-

Fahrrad mit Hilfsmotor

schaftsgemeinschaft. *02992*
Exote, H / exotic car. *02944*
Expansionsbremse, B → Innenbackenbremse. *10361*
Expansionstopf, Z, (Auspuffanlage) / expansion chamber. *09846*
Experiment, G → Versuch. *04479*
Experte, H → Gutachter. *02950*
Explosionsgefahr, G / explosion hazard. *04481*
Explosionsgemisch, K / explosive mixture, ignitable mixture, carbureted mixture. *00708*
Explosionskraft, G / force of explosion. *02679*
Explosionsmotor, M → Verbrennungsmotor. *10603*
Explosionszeichnung, W / exploded view. *04480*
Extras, H → Sonderzubehör. *04497*
Exzenterbuchse, F / eccentric bush. *10486*
Exzenterwelle, M / eccentric shaft. *02790*
Exzenterwinkel, G / eccentric angle. *04317*
exzentrisch, G, außermittig / eccentric. *04315*

F

Fabrik, W, Werk / factory, plant, works. *04509*
Fabrikat, H → Marke. *05908*
fabrikneu, H / factory-new. *08801*
Fabriknummer, W → Seriennummer. *06889*
Fachmann, H / specialist. *08798*
Fachwerkstatt, W / specialized workshop. *02905*
Fading, B → Bremsschwund. *04512*
Fahnenstange, C, Standartenhalter / flag pole. *04641*
Fahrbahn, T / driveway, roadway. *05628*
Fahrbahnstoß, T / road shock. *09865*
fahrbereit, H / running condition. *05419*

Fahren im Schiebelauf, T → ausrollen. *03576*
Fahrer, T / driver. *02914*
Fahrerflucht, T / hit-and-run. *05148*
Fahrerhaus, C, (Lkw) / cab, driver's cab. *03343*
Fahrerhauskippvorrichtung, C / cab tilting system. *03347*
Fahrerlager, R / paddock. *09282*
Fahrersitz, I / driver's seat. *02408*
Fahrerverhalten, T / driver behavior. *04244*
Fahrgastraum, C → Fahrgastzelle. *10113*
Fahrgastzelle, C, Fahrgastraum / passenger compartment. *03149*
Fahrgeschwindigkeitsregelanlage, T, Tempomat / cruise

control. *03857*
Fahrgestell, C, Chassis, Unterbau / chassis, frame, undercarriage. *02174*
Fahrgestellabstimmung, W / chassis tuning. *09470*
Fahrgestellnummer, C, Fg.-Nr. / Chassisnummer / chassis number, vehicle identification number. *10270*
Fahrgestellrahmen, C / chassis frame. *03463*
Fahrkomfort, T / riding comfort. *09022*
Fahrpedal, K → Gaspedal. *00813*
Fahrrad, Z, Rad / bicycle, cycle, bike. *03877*
Fahrrad mit Hilfsmotor, Z, Motorfahrrad / motor-assisted bi-

cycle, motor-driven cycle, bicycle with auxiliary engine. *06001*
Fahrradcomputer, Z / bicycle computer. *08424*
Fahrraddachträger, T / bicycle roof carrier. *08435*
Fahrradglocke, Z / bicycle bell. *08420*
Fahrradhalter, Z / bicycle holder. *08428*
Fahrradhändler, Z / bicycle dealer. *08425*
Fahrradhilfsmotor, Z / bicycle attachment engine, cyclemotor, auxiliary bicycle engine. *09848*
Fahrradkette, Z / bicycle chain. *08423*
Fahrradkippständer, Z / bicycle kick stand. *08429*
Fahrradkoffer, Z / bicycle box. *08421*
Fahrradnetz, Z / bicycle net. *08431*
Fahrradschloß, Z / bicycle lock. *08430*
Fahrradständer, Z / bicycle stand. *08432*
Fahrsicherheit, T / driving safety. *04253*
Fahrspur, T / lane, track. *05627*
Fahrspurwechsel, T, Fahrtstreifenwechsel / lane change, traffic lane change. *05629*
Fahrstreifenwechsel, T → Fahrspurwechsel. *07631*
Fahrtenschreiber, T, Tachograph / tachograph. *07400*
Fahrtrichtung, T / direction of travel. *08760*
Fahrtrichtungsanzeiger, E, Blinker, Blinkleuchte / direction indicator, flasher lamp, direction indicator lamp, flasher, indicator lamp, direction signal, flashing direction indicator, indicator, trafficator, turn signal. *00543*
Fahrtüchtigkeit, T / driving ability. *04248*
Fahrtwind, T / relative wind. *09020*
Fahrverhalten, T, (Fahrzeug) / handling. *05040*
Fahrwerk-Einstellwerte, W /

wheel alignment specifications. *10565*
Fahrzeug, H / vehicle. *09111*
Fahrzeug vor der Vintage-Ära, H, (traditionelle Klassifikation) / Veteran car. *09605*
Fahrzeugausrüstung, H / vehicle equipment. *07905*
Fahrzeugaustellung, H → Autosalon. *06018*
Fahrzeugbau, W / construction of cars. *04071*
Fahrzeugbrief, H → Kraftfahrzeugbrief. *10314*
Fahrzeugdynamik, F / vehicle dynamics. *10601*
Fahrzeugfront, C → Karosserievorbau. *08355*
Fahrzeugführer, T / operator. *06214*
Fahrzeuggesamtgewicht, G / gross vehicle weight, gross weight, GVWR. *04993*
Fahrzeuggeschwindigkeit, T / vehicle velocity. *09525*
Fahrzeughalter, H → Kraftfahrzeughalter. *03409*
Fahrzeugheck, C, Heck / tail, rear, rear end. *07404*
Fahrzeuginsasse, T / passenger. *06145*
Fahrzeugprüfung in England entsprechend dem deutschen TÜV, H / MOT. *02480*
Fahrzeugsammlung, H, Sammlung / car collection. *02917*
Fallnaht, W / vertical-down weld. *10041*
Fallstromvergaser, K / downdraft carburetor, downdraught carburetor. *00596*
falsche Einstellung, W / wrong adjustment, wrong setting, incorrect setting. *08103*
Faltdach, H, Faltschiebedach, Stoffschiebedach / folding roof. *04727*
Faltenbalg, F, Manschette / gaiter, bellows, boot. *04868*
Faltreifen, F / collapsible spare tyre. *03595*
Faltschiebedach, H → Faltdach. *09574*
Falttür, C / folding door. *04725*

Familienauto, H, Familienlimousine / family car. *03019*
Familienlimousine, H → Familienauto. *09576*
Fanfarenhorn, E → Mehrklanghorn. *07362*
Fangband, F, (Radaufhängung) / retaining strap. *05732*
Farbbecher, L, (Spritzpistole) / paint pot. *08136*
Farbdüse, L, (Spritzpistole) / fluid tip, fluid nozzle. *08155*
Farbkanal, L, (Spritzpistole) / passageway. *08166*
farbloser Decklack, L / clearcover base. *08226*
Farbpigment, L → Pigment. *08124*
Farbrückstand, L / paint residue. *08164*
Farbskala, L / colour key. *03603*
Farbton, L / colour of paint, paint color. *08262*
Farbtonabweichung, L → Verfärbung. *09669*
Faser, G / fiber. *10402*
Fassung, E, (Glühbirne) / socket. *02289*
Fassungsvermögen, G / capacity. *08732*
Faustsattel, B → Schwimmsattel. *04674*
Feder, G / spring. *02220*
Feder aushängen, W / unhook the spring. *10489*
Federauge, F / spring eye. *02221*
Federbein, F → McPherson-Federbein. *05950*
Federbelastung, F / spring load. *07172*
federbetätigt, G / spring actuated. *07166*
Federbettrahmen, Z / featherbed frame, twin loop frame. *09847*
Federblatt, F, (Blattfeder) / spring leaf, leaf. *05669*
Federbolzen, F, (Blattfeder) / spring bolt, spring shackle pin, shackle pin. *07167*
Federbride, F → Federbügel. *07769*
Federbruch, G / spring fracture. *07170*
Federbügel, F, Federbride, (Blatt-

Federhaken

feder) / U-bolt. *07768*
Federhaken, G / spring hook. *07175*
Federhammerlöffel, W / spring beating spoon. *10073*
Federklammer, G / spring clip. *10197*
Federpaket, F, (Blattfeder) / set of springs, spring pile. *06905*
Federpuffer, F / spring buffer. *07168*
Federscheibe, G, Federunterlegscheibe / spring washer, corrugated washer. *02531*
Federsplint, F / spring cotter. *07169*
Federstift, G / spring pin. *09516*
Federteller, G / spring seat. *02224*
Federung, G / springing. *07325*
Federungsverhärtung, F / suspension hardening. *07327*
Federunterlegscheibe, G → Federscheibe. *09519*
Federweg, G / spring travel. *07176*
Fehler, G, Störung / fault, trouble. *04378*
Fehler in der Zündanlage, E / ignition system fault. *05284*
Fehlerquelle, W / source of errors. *09067*
Fehlersuche, W → Störungssuche. *08279*
Fehlstart, R / false start. *09298*
Fehlzündung, E / misfire, kick back, backfire, ignition failure. *02820*
Feile, W / file. *08804*
Feinarbeit, W / precision work. *08986*
Feinfilter, G / fine filter. *04597*
feingemahlenes Pulver, L / finely ground powder. *08189*
Feinguß, W / lost-wax casting. *08917*
Feinprofilierung, G, Lamellierung / sipes. *06999*
Feinstprofil, F, Sommern, (Reifen) / fine-cut tyre thread. *09849*
Feldweg, T / country lane. *03763*
Feldwicklung, E / field coil. *04563*
Felge, F / rim. *01473*
Felgenabziehhebel, W / rim tool. *09471*
Felgenband, F / rim band. *06681*

Felgenbett, F / rim base, base of rim. *01474*
Felgenbremse, B / caliper brake. *08492*
Felgenhorn, F / flange. *04699*
Fenster, C / window. *08045*
Fensteranschlag, C / window stop. *08060*
Fensterführung, C / window guide. *08056*
Fensterheber, C / window lift. *10287*
Fensterhebermotor, E / power window motor. *06443*
Fensterjalousie, C / window blind. *08047*
Fensterkurbel, C / window crank, window control. *08050*
Fensterkurbelapparat, C / window regulator. *10199*
Fensterleder, W / chamois. *03456*
Fensteröffnung, C / window opening. *08058*
Fensterrahmen, C / window frame. *08054*
Fensterscheibe, C, Scheibe / window glass, window pane. *04931*
Fenstervorhang, I / window curtain. *08053*
Ferienreise, T / holiday trip, vacation trip. *09362*
Fernbedienung, G → Fernsteuerung. *10498*
Ferngang, A → Schnellgang. *01225*
Fernlicht, E / high beam, upper beam, driving light, full beam, high mode, long distance beam. *00889*
Fernlichtkontrolle, E / high beam indicator. *05117*
Fernschaltung, G → Fernsteuerung. *06640*
Fernsteuerung, G, drahtlose Funkfernsteuerung, Fernbedienung, Fernschaltung / radio control, remote control, tele control. *06555*
Fernthermometer, G / telethermometer. *07434*
Fernverkehr, T / long distance traffic, long distance haulage. *05787*
Fernverkehrsstraße, T / high-

Feuerwehrwagen

way. *03188*
Fertigung, W → Herstellung. *06005*
Fertigungskontrolle, W / production control. *08989*
fest anziehen, W / tighten. *06869*
fest eingebauter Sitz, I / fixed seat. *04640*
Festdüsenvergaser, K / fixed choke carburetor. *04637*
festfressen, G / seize. *02225*
festgerostete Schraube, W / stubborn fixing. *10146*
festklemmen, G → blockieren. *05542*
Festsattel, B, (Scheibenbremse) / fixed caliper. *04634*
Festsattelscheibenbremse, B / fixed caliper disc brake. *00729*
Feststellbremse, B → Handbremse. *00859*
Feststellhebel, G / locking lever. *05775*
Fett, G → Schmierfett. *04965*
Fettabdichtung, G / grease retainer. *04970*
Fettbeständigkeit, G / grease resistance. *04969*
Fettbüchse, G / grease cup. *04968*
fettes Gemisch, K / rich mixture. *01471*
Fettkappe, G / grease cap. *04967*
Fettpresse, W, Schmierpresse, Handpresse / grease gun, lubricant gun. *00848*
Feuergefährlichkeit, G, Entflammbarkeit, Brennbarkeit / flammability, inflammability. *04646*
Feuerlöscher, W / fire extinguisher, extinguisher. *04602*
feuersicher, G / fireproof. *04608*
Feuersteg, M, Bodensteg, oberster Kolbensteg / piston top land, heat dam, fire land. *04605*
Feuerversicherung, H / fire insurance. *02993*
Feuerwehr, G / fire brigade. *09215*
Feuerwehrfahrzeug, H, Feuerwehrwagen / fire-fighting vehicle, fire engine. *04603*
Feuerwehrwagen, H → Feuerwehrfahrzeug. *04604*

Fg.-Nr., C → Fahrgestellnummer. *09573*
Fiberglas, G → Glasfaser. *10178*
Fiberglaskarosserie, C → GFK-Karosserie. *10513*
Filter, G / filter, cleaner. *03527*
Filtergehäuse, G → Filtertopf. *04580*
Filterpatrone, G / filter cartridge. *00723*
Filtersieb, G / filter screen, filter gauze, gauze filter, filter strainer. *04885*
Filtertopf, G, Filtergehäuse / filter bowl, filter case, filter housing. *04579*
Filz, G / felt. *04554*
Filzdichtung, G / felt joint, felt seal. *02522*
Firmenzeichen, G, Logo / logo. *08908*
Fischschwanz, K, (Auspuff) / fishtail. *09851*
Fitting, B → Endverbindung. *04353*
flach, G / flat. *04656*
Flachdichtung, G, Dichtung / gasket. *03058*
Flacheisen, G / flat bar. *08813*
Flächenschleifer, W / random orbit sander. *10097*
flacher Lenker, Z / flat handlebar. *08593*
Flachkeil, G / flat key. *08814*
Flachkolben, M / flat top piston, flat-head piston. *02673*
Flachkühler, M / flat-radiator. *03038*
Flachmutter, G / plain nut. *08979*
Flachriemen, G / flat belt. *09852*
Flachrund-Schloßschraube, G / coach bolt. *10148*
Flachschieber, K → Drosselschieber. *07504*
Flachstromvergaser, K, Querstromvergaser / horizontal draft carburetor, side-draft carburetor, cross-draft carburetor. *00902*
Flamme, G / flame. *04645*
Flammpunkt, M / flashpoint. *00731*
Flammrückschlagsicherung, M → Flammsieb. *04649*
Flammsieb, M, Flammrückschlagsicherung / flame trap, spark arrester. *04648*
Flankenspiel, M, (Kolben) / side clearance. *10468*
Flansch, G / flange. *10153*
Flaschenhalter, Z / bottle holder. *08447*
Flaschenzug, W / lifting tackle, hoist tackle, pulley-block. *05152*
Flatterbremse, Z, (Lenkungsdämpfer) / steering damper. *09853*
Flattern, F / shimmy. *01542*
Flecken im Lack, L / bits in the gloss coat. *08278*
Flex, W → Trennschleifer. *09997*
flexibler Beiwagen, Z / banking sidecar. *09854*
Flicken, F, Pflaster, (Reifen) / patch. *03259*
Flickzeug, W / patching set. *08967*
fliegender Start, R / flying start. *04697*
Fliehgewicht, E / flyweight, centrifugal advance weight, centrifugal weight. *00753*
Fliehkraft-Zündversteller, E → Fliehkraftversteller. *00278*
Fliehkraftkupplung, A / centrifugal clutch. *00283*
Fliehkraftregler, E → Fliehkraftversteller. *00285*
Fliehkraftversteller, E, Fliehkraft-Zündversteller, Fliehkraftregler / centrifugal advance mechanism, centrifugal spark advance, centrifugal timer, timing advance, centrifugally controlled advance, centrifugal governor, flyweight governor. *00277*
Fließband, W / production line. *06481*
Fließbecher, L / gravity feed. *08148*
fließen, G → strömen. *04691*
Fließheck, C / fast back tail, fastback. *04536*
Flohmarkt, H, Teilemarkt / flea-market. *02927*
Fluchtlinienabweichung, Z / misalignment. *08648*
Flügel, C / wing. *02112*
Flügelmutter, G / wing nut, fly nut. *03055*
Flügelrad, G → Laufrad. *05297*

Flügeltür, C / gullwing door. *05005*
Flußmittel, W / flux. *10028*
Flußmittelumhüllung, W / flux coating. *10035*
flüssige Farbe, L / runny paint. *08131*
Flüssiggas, W, (Gas für Kompressor) / liquid petroleum gas, LPG, liquid gas. *10017*
Flüssigkeitsgetriebe, A / fluid gear. *09149*
Flüssigkeitsstandsensor, G / level sensor. *05692*
Fluten, K, (Vergaser-Schwimmerkammer) / tickle. *09855*
Folie, G / foil. *04711*
Fond-Trennscheibe, C / separation. *03025*
Fondsitz, I → Rücksitz. *06602*
Förderdruck, K / delivery pressure, feed pressure, delivery pressure. *04053*
Förderkolben, K / delivery plunger. *04052*
Förderpumpe, G / supply pump. *07315*
Form, G / shape. *06913*
Formel, G / formula. *04759*
Formel-1-Rennfahrer, R / formula-1 driver. *08835*
Formelrennen, R / formula race. *09308*
Formgebung, W → Styling. *07291*
Forschung, W / research. *06648*
Fracht, H / freight. *04795*
Frachtkosten, H / freight charges. *04796*
fräsen, W / mill. *08931*
Fräsmaschine, W / miller, milling machine. *08855*
freibleibend, H / freehold. *09252*
Freibrenngrenze, E → Selbstreinigungstemperatur. *01518*
freies Spiel, G → Totgang. *07014*
Freilauf, A / free wheel. *04791*
Freilaufkupplung, A / free engine clutch, free wheel clutch, one-way clutch. *00777*
Freilaufrücktrittbremse, Z / free-wheel back-pedalling brake. *08837*
Freilaufsperre, A / free wheel lock. *04793*

Frequenz

Frequenz, G, Takt / frequency. *04797*
Friktionsgetriebe, A → Reibradgetriebe. *02401*
Friktionsschaltung, Z / friction-type gear-shift. *08601*
Frischölschmierung, M → Gemischschmierung. *01119*
frisierter Motor, H / hotted-up engine, souped-up engine. *05990*
Frontantrieb, A, Vorderradantrieb / front wheel drive, front drive, FWD. *00786*
Frontlenker, H / forward control vehicle, cab over engine, coe. *04760*
Frontschürze, C / front apron, apron. *09958*
Frontspoiler, C / front spoiler. *10134*
Frostschutzpumpe, B, (Druckluftbremsanlage) / antifreeze pump, de-icing pump. *00083*
Frühzündkurve, E, Verstellinie, Zündverstellinie / advance characteristic, ignition-timing characteristic, spark advance curve. *00032*
Frühzündung, E / premature ignition, pre-ignition, advance ignition. *01344*
Fühler, G → Sensor. *06884*
Fühler für Bremsbelagverschleißanzeige, B / sensor for brake lining wear indicator. *01529*
Fühlerlehre, W, Abstandslehre / feeler gauge. *04552*
führen, R / lead. *05659*
Führerschein, T / driver's licence. *04246*
Führerscheinentzug, T / cancellation of driver's license, suspension of driver's licence. *03378*
Führung, G / guide. *05000*
Führungsachse, F / leading axle. *05664*
Führungsbuchse, G / pilot bushing. *02733*
Führungsbügel, Z / guide. *08607*
Fuhrunternehmer, H, Transporteur / motor carrier, carrier. *06025*
Füller, L → Spachtel. *08236*
Füllgrund, L → Spachtel. *10244*
Füllprimer, L, (Lackschicht) / primer filler. *08232*
Fünfgang-Getriebe, A / five-speed gearbox. *04633*
Funke, G / spark. *07082*
Funke, E → Zündfunke. *09195*
Funkenbildung, E, Funkenüberschlag / arcing. *03181*
Funkendauer, E / spark duration. *01589*
Funkenstrecke, E → Elektrodenabstand. *00647*
Funkenüberschlag, E / flashover. *08810*

Gasabscheider

Funkenüberschlag, E → Funkenbildung. *03182*
Funktelefon, E / radio telephone. *06557*
Fußboden, I, Boden, (Fahrgastraum) / floor. *04680*
Fußbremse, B / foot brake. *02232*
Fußbremshebel, B, Bremsfußhebel, Bremspedal / brake pedal. *00194*
Fußbremshebel-Leerweg, B / brake pedal free travel. *00198*
Fußbrett, Z / foot board. *09859*
Fußgänger, T / pedestrian. *06326*
Fußgängerübergang, T, Zebrastreifen / crosswalk, zebra crossing. *03853*
Fußhebel, G → Pedal. *01251*
Fußhebelwelle, B / pedal shaft. *02233*
Fußkupplung, Z / foot clutch. *09860*
Fußraste, Z / foot rest. *08596*
Fußrastengummi, Z / foot rest rubber. *07969*
Fußraumauskleidung, I, Bodenbelag / floor carpeting. *04683*
Fußschaltung, Z / foot change control. *09861*
Fußschaltung mit Ratschenmechanismus, Z / positive control foot change. *09862*

G

Gabel, G / fork. *04752*
Gabelachse, F / fork axle, Elliot type axle, forked axle. *00770*
Gabelbrücke, Z / fork bridge. *08829*
Gabelende, Z / chainstay end. *08525*
Gabelgelenk, F / fork joint. *00771*
Gabelholm, Z → Gabelscheide. *08598*
Gabelkopf, Z / fork head. *08830*
Gabelpleuel, M → Gabelpleuelstange. *09681*
Gabelpleuelstange, M, Gabelpleuel / forked connecting rod. *04755*
Gabelquerträger, F / yoke cross member. *08112*
Gabelschaft, Z / fork stem. *08831*
Gabelscheide, Z, Gabelholm / fork girder, fork blade. *09863*
Gabelschlüssel, W / fork wrench. *08834*
Gabelstabilisator, Z / fork stabilizer. *08597*
Gabelstapler, H, Hubstapler / fork lift. *04757*
Gabelweite, Z / fork width. *08833*
galvanisiert, G / galvanized. *04869*
Galvano, L / electroplate. *08784*
Gang, A / gear. *04525*
Ganganordnung, A → Schaltschema. *04907*
Ganganzeige, A, (automatisches Getriebe) / shift indicator. *06932*
Ganganzeige, Z / gear indicator. *09864*
Gangschalthebel, A → Schalthebel. *08351*
Gangschaltung, A / shift control, shift mechanism. *06928*
Ganzstahl-Karosserie, C / all-steel body. *02235*
Garantie, H / guarantee, warranty. *02933*
Gas geben, T → beschleunigen. *03079*
Gas-Autogenschweißgerät, W / gas-welding set. *09984*
Gasabscheider, K → Kraftstoffdampfabscheider. *09636*

32

Gasdrehgriff Gerät

Gasdrehgriff, Z / twist grip throttle control. *09100*
Gasdruckstoßdämpfer, F / gas pressure shock absorber, pressurized shock absorber. *04878*
Gasflasche, W / compressed gas cylinder. *10013*
Gasfußhebel, K → Gaspedal. *00814*
Gasgestänge, K, Vergasergestänge / accelerator control linkage, carburetor linkage. *03087*
Gaspedal, K, Fahrpedal, Gasfußhebel / gas pedal, accelerator pedal, accelerator, foot throttle. *00812*
Gasseilzug, K / accelerator cable, throttle control cable. *03086*
Geber, G / sender. *07670*
Geberzylinder, A → Kupplungshauptzylinder. *00333*
Gebläse, M / blower. *09741*
Gebläsegehäuse, M / fan housing. *10451*
Gebrauchsanleitung, T → Gebrauchsanweisung. *05446*
Gebrauchsanweisung, T, Gebrauchsanleitung / instructions for use. *05445*
Gebraucht-Ersatzteil, H / second-hand part. *10154*
Gebrauchtwagen, H / second-hand car, used car. *02893*
gebührenpflichtige Autostraße, T / toll road. *07569*
Gefahr, T / danger. *04021*
Gefälle, T / slope, downgrade. *07030*
gefärbter Kraftstoff, K / tinted fuel. *07534*
gefedert, G / elastic. *08776*
geformt, G / shaped, molded. *06914*
Gefrierpunkt, G / freezing point. *04794*
Gegengewicht, M, Ausgleichgewicht, (Kurbelwelle) / counterweight. *03761*
Gegenklopfstoff, K → Antiklopfmittel. *00088*
Gegenkolbenmotor, M / opposed-piston engine. *02236*
gegenläufig, G / opposed. *08934*
gegenläufige Scheibenwischer, E / clap-hands type wipers. *03521*
Gegenmutter, G → Kontermutter. *05779*
Gegensprechanlage, E / interphone. *08880*
Gegenverkehr, T / oncoming traffic, opposing traffic. *06204*
Gegenwind, T / contrary wind, headwind. *08735*
gehärteter Stahl, G / hardened steel. *08863*
Gehäuse, G / housing, casing, shell. *03205*
Gehäusedeckel, G / housing cover. *05198*
Gehirnerschütterung, T / brain concussion. *03269*
Gehweg, T, Bürgersteig / sidewalk. *06976*
gekapseltes Ventil, Z / enclosed valve. *09785*
gekröpfte Achse, F / dropped axle. *04261*
gekröpfter Rahmen, F / upswept frame. *02238*
gekröpftes Löffeleisen, W / high crown spoon. *10072*
Gel-Schicht, G, (Glassfaser) / gelcoat. *10188*
Geländefahrt, Z / trail ride, green lane ride. *09866*
Geländefahrzeug, H / cross-country vehicle, off-road vehicle. *05551*
Geländegang, A, (Getriebe) / low range, traction gear. *05814*
geländegängig, T / cross-country. *08741*
Geländemotorrad, Z / offroad motorcycle, cross-country bike. *09825*
Geländeprofil, F / cross-country tread. *03840*
Geländerad, Z / mountain bike. *08939*
Geländereifen, F / cross-country tyre, ground grip tyre. *03839*
Gelenk, G / knuckle. *02239*
gelenktes Rad, F / steered wheel. *07220*
Gelenkwelle, A → Kardanwelle. *01374*
Gelenkwellenmittellager, A / propeller shaft center bearing. *06482*
Gelenkwellenrohr, A → Kardanrohr. *01376*
Gelenkwellenzwischenlager, A / propeller shaft intermediate bearing. *06483*
Gelierharz, G, (Glassfaser) / gelcoat resin. *10189*
gelocht, G / perforated. *08973*
Gemisch, K / mixture. *06336*
Gemischeinstellschraube, K, Leerlaufgemisch - Regulierschraube, Gemischregulierschraube / idle mixture control screw, idle speed adjusting screw, mixture control screw. *05977*
Gemischregulierschraube, K → Gemischeinstellschraube. *00927*
Gemischschmierung, M, Frischölschmierung, (Zweitaktmotoren) / mixture method lubrication, oil in gasoline lubrication. *01118*
geneigt, G / declined. *10293*
genieteter Rahmen, F / riveted frame. *06692*
genutet, G / grooved. *02798*
Gepäck, T / luggage, baggage. *03212*
Gepäckanhänger, H, Anhänger / trailer. *09869*
Gepäckbrücke, C, Gepäckträger / luggage rack, grid, rack. *02240*
Gepäckhalter, C / boot carrier, trunk carrier. *02242*
Gepäcknetz, T / package net. *06278*
Gepäckraum, C → Kofferraum. *05829*
Gepäcktasche, Z / pannier bag. *08963*
Gepäckträger, C → Gepäckbrücke. *08374*
gepanzertes Ventil, M → Panzerventil. *05043*
gepolstert, G / upholstered. *08344*
gepolstertes Armaturenbrett, I / padded dashboard. *06280*
Geradeauslauf, F / straight ahead tracking. *07260*
Geradwegfederung, Z / plunger suspension. *09870*
Gerät, G / device. *08758*

Geräusch

Geräusch, G / noise. *06113*
Geräuschdämpferfeder, M / anti-vibration spring. *02572*
geräuschlose Kette, M / silent chain. *02761*
geräuschloser Getriebegang, A / silent gear. *09209*
Geräuschpegelgrenze, G / noise level limit. *06115*
Gesamtbreite, G / overall width. *06249*
Gesamtfahreigenschaften, T / total roadholding performance. *07605*
Gesamtgewicht, G / laden weight. *05616*
Gesamtgewicht des Fahrzeuges, G / maximum total weight. *04348*
Gesamtgewicht von Zügen, G, (Zugfahrzeug und Anhänger) / maximum weight of road train. *09544*
Gesamthöhe, G / overall height. *06247*
Gesamthubraum, M / total displacement. *07604*
Gesamtlänge, G / overall length. *06248*
Geschicklichkeitsrennen, R / ability race. *08404*
geschlossen, G / closed. *00563*
geschlossener Kreislauf, G / closed circuit. *03536*
geschlossener Rahmen, Z / cradle frame. *09871*
geschlossener Seitenwagen, Z / saloon-type sidecar. *09873*
geschmiedet, G / forged. *04751*
geschmiedeter Kolben, M → Schmiedekolben. *02677*
geschmolzenes Metall, W / molten metal. *10029*
geschobene Langarm-Vorderschwinge, Z → Earles-Gabel. *10358*
geschraubtes Blech, W / bolt-on panel. *10116*
Geschwindigkeit, G / velocity, speed. *07908*
Geschwindigkeitsmesser, T → Tachometer. *01623*
Gesichtsmaske, W / face shield. *10047*
Gespann, Z → Motorradgespann.

08660
gespritzt, G, (Kunststoff) / extruded. *08800*
Gestänge, G / linkage. *04732*
Gestängebremse, B / linkage brake. *05741*
Gesundheitsrisiko, G / health hazard. *08210*
geteilt, G / split. *07153*
geteilte Achse, F → Achswelle. *10569*
geteilte Achse, F → Halbachse. *04162*
geteilte Lagerbuchse, G / split bushing. *07152*
geteiltes Kurbelgehäuse, M / divided crankcase. *04163*
geteiltes Lager, G / split bearing. *07148*
getöntes Glas, C / tinted glass. *07535*
Getriebe, A, Wechselgetriebe, Kraftübertragung / gearbox, change speed box, change speed gear, gear shift system, transmission. *00833*
Getriebeantriebswelle, A, Antriebswelle, Getriebeeingangswelle / gearbox input shaft, transmission shaft. *05417*
Getriebeaufhängung, A / transmission suspension. *07669*
Getriebeautomat, A → automatisches Getriebe. *00101*
Getriebebremse, A, Kardanbremse / transmission brake. *02245*
Getriebedeckel, A, Getriebegehäusedeckel / gearbox cover. *04889*
Getriebeeingangswelle, A → Getriebeantriebswelle. *04893*
Getriebeflansch, A / gearbox flange. *04891*
Getriebegehäuse, A / gearbox case. *07666*
Getriebegehäusedeckel, A → Getriebedeckel. *04890*
Getriebehauptwelle, A, Hauptwelle / gearbox main shaft, output shaft, third motion shaft. *04895*
Getriebeeingangswelle, A / gearbox first motion shaft. *10445*

GFK-Karosserie

Getriebelage, A / gearbox position. *04898*
Getriebeöl, A / gear oil, gearbox oil, transmission oil. *00822*
Getrieberad, A → Zahnrad. *04910*
Getriebeschalthebel, A → Schalthebel. *08353*
Getriebetunnel, I, Kardantunnel, Mitteltunnel / transmission tunnel, propeller shaft tunnel, gearbox tunnel, drive shaft tunnel. *04899*
Getriebeübersetzung, A / transmission ratio, gear ratio. *00509*
Getriebeuntersetzung, A / transmission reduction, gear reduction, speed reducing ratio, speed reduction. *01848*
Getriebewählhebel, A, (automatisches Getriebe) / selector control. *06871*
getrocknet, L, (Farbe) / dried. *08192*
getunter Motor, H / modified engine. *05989*
Gewaltbremsung, T → Notbremsung. *06292*
Gewebe, G → Tuch. *04501*
Gewichtsverlagerung, G / weight transfer. *07985*
Gewichtsverteilung, G / weight distribution. *07984*
Gewinde, G, Gewindegang / thread. *02246*
Gewindebohrung, G / threaded hole. *10449*
Gewindeeinschraubtiefe, G / thread reach. *07480*
Gewindegang, G → Gewinde. *08171*
Gewindesteigung, G / thread pitch. *09527*
gewöhnlicher Pinselhochglanzlack, L / ordinary gloss paint. *08198*
gewölbte Scheibe, C / convex window. *03728*
gewölbter Kolbenboden, M / curved piston top. *03875*
gezogenes Vorderrad, Z / leading axle front wheel. *09872*
GFK, G → Glasfaser. *10180*
GFK-Karosserie, C, Fiberglaskarosserie, Kunststoffkarosserie,

Gieren

Glasfaserkarosserie / fiberglass body, reinforced fiberglass body, plastic body. *08199*
Gieren, F, (Fahrzeugdynamik) / yaw, vehicle yaw. *08108*
Gierverhalten, F / yaw behavior. *08109*
gießen, W, gegossen / cast. *03428*
Gießerei, W / foundry. *04764*
giftig, G / toxic. *07612*
giftiger Spritznebel, L / toxic spray of paint. *10104*
Gips, G / plaster. *09342*
Gitterrohrrahmen, C / tubular space frame, space frame. *07726*
Glanz, L / gloss. *04935*
Glas, G / glass. *04927*
Glasfaser, G, Fiberglas, glasfaserverstärkter Kunststoff, GFK / glassfiber, fiberglass, glass reinforced plastic, GRP, fiberglass-reinforced plastic. *04560*
Glasfasergewebe, G / glass fabric. *08845*
Glasfaserkarosserie, C → GFK-Karosserie. *10512*
glasfaserverstärkter Kunststoff, G → Glasfaser. *10179*
Glasfaserverstärkung, G / fiberglass reinforcement. *04562*
Glasschmelzschweißen, W → Autogenschweißen. *10049*
Glattschaftkolben, M → Vollschaftkolben. *01585*
Gleichdruckvergaser, K / constant pressure carburetor, suction carburetor. *01706*
gleichförmiger Lauf, M → runder Motorlauf. *09528*
Gleichförmigkeit, G / uniformity. *07790*
Gleichgewicht, G / balance, equilibrium. *04420*
Gleichgewicht halten, Z / hold the balance. *08624*
Gleichgewichtsfehler, G → Unwucht. *05291*
gleichlaufend, G → homokinetisch. *05159*
Gleichlaufgelenk, F → homokinetisches Gelenk. *00898*
Gleichlaufgetriebe, A → Synchrongetriebe. *01746*
Gleichlaufkonus, A → Synchronkegel. *01743*
Gleichlaufkörper, A → Synchronkörper. *01753*
Gleichmäßigkeitsprüfung, R / regularity trial. *09774*
gleichseitige Federung, F / parallel springing. *06294*
Gleichstrom, E / direct current, DC. *04121*
Gleichstromlichtmaschine, E / direct current dynamo. *04125*
Gleiten, G → Schwimmen. *02576*
Gleitfeder, F, (Blattfeder) / free spring. *04790*
Gleitgelenk, F → Schiebegelenk. *01571*
Gleitlager, G / plain bearing, slide bearing. *01306*
Gleitplatte, F, (Blattfeder) / guide plate. *05002*
Gleitschuhkolben, M → Slipper-Kolben. *10503*
Gleitschutz, G / non-skid. *02247*
Gleitschutzreifen, Z / non-skid tyre. *09876*
Gliederkette, G / link chain. *05742*
Glühbirne, E → Glühlampe. *03306*
Glühkerze, E, (Dieselmotor) / glow plug, heater plug. *00843*
Glühkerzenschalter, E, Glühstartschalter, (Dieselmotor) / glow plug starting switch. *00880*
Glühkerzenwiderstand, E, (Dieselmotor) / glow plug resistor. *00879*
Glühkopf, M / hot bulb. *00907*
Glühkopfmotor, M, Halbdieselmotor / semi-diesel engine, hot bulb engine. *01523*
Glühlampe, E, Glühbirne / bulb, lamp bulb, electric bulb. *04329*
Glührohrzündung, Z / hot tube ignition. *09877*
Glühspirale, E, Heizwendel / glow plug filament, heater filament. *04943*
Glühstartschalter, E → Glühkerzenschalter. *00881*
Glühstiftkerze, E, einpolige Stabglühkerze, (Dieselmotor) / sheathed-element glow plug, pencil type glow plug. *01537*
Glühüberwacher, E / glow plug

Gummidichtkitt

control, glow indicator. *00878*
Glühzündung, E / glow ignition, surface ignition. *04942*
Granulat, G / granulat. *04956*
graphitiertes Fett, G / graphite grease. *04960*
Graphitlager, G, Kohlelager / graphite bearing. *04958*
Graphitring, G / graphite ring. *04962*
Graphitschmiermittel, G / graphite lubrication. *04961*
Grasbahnrennen, R / grass track race. *09816*
grauer Markt, H / grey market. *08849*
Grauguß, G → Gußeisen. *04971*
Griff, G / grip. *04939*
Gripzange, W / self-grip wrench. *10442*
grobe Körnung, L, (Schleifpapier), coarse grade. *08269*
Größe, G, Umfang / size. *07002*
Großhandel, H / wholesale. *08032*
Großhandelspreis, H / wholesale price. *08033*
Großhändler, H / distributor. *08764*
Großserienfertigung, W, Großserienproduktion / mass production, series production. *05938*
Großserienproduktion, W → Großserienfertigung. *05939*
Grube, W / pit. *10537*
Grundierung, L, (Lackschicht) / prime coat, undercoat. *06471*
Grundlackierung, L, (Lacksorte) / primer. *06472*
Grundmodell, H / standard model, basic model. *07191*
Gummi, G / rubber. *06745*
Gummianschlag, F, Gummipuffer, Einfederungsanschlag / bump rubber. *03318*
Gummibalg, G / rubber bellow, rubber boot. *06746*
Gummiballhupe, Z / ball horn. *09888*
Gummiband, G / elastic. *08775*
Gummibandfederung, Z / rubber band suspension. *09879*
Gummibuchse, G / rubber bush. *06748*
Gummidichtkitt, W / rubber

Gummidichtung

cement. *06749*
Gummidichtung, G / rubber seal. *06753*
Gummifeder, G / rubber spring. *06755*
Gummifederung, F / rubber suspension. *06757*
Gummigurt, G / elastic strap. *08774*
Gummihandgriff, Z / rubber handlebar grip, rubber grip. *09029*
Gummikreuzgelenk, F, Hardyscheibe / rubber universal joint, fabric joint, hardy disc. *01493*
Gummilager, G / rubber mounting. *02564*
Gummilagerung des Motors, M /
rubber mounting of the engine. *02554*
Gummileiste, C / rubber strip. *06756*
Gummimanschette, G / rubber sleeve. *06754*
Gummipuffer, F → Gummianschlag. *03319*
Gummischlauch, G / rubber hose. *06752*
Gummiventil, F, (Reifen) / rubber valve, rubber-covered valve. *06759*
Gurt anlegen, T, anschnallen / fasten seat belt. *04537*
Gurtband, I, (Sitzgurt) / belt strap. *07979*
Gürtellinie, C / belt line. *03230*
Gürtelreifen, F, Radialreifen / radial tyre, belted tyre, radial-ply tyre. *01391*
Guß, G / casting. *03164*
Gußeisen, G, Grauguß / grey iron, grey cast iron. *04964*
Gußspeichenrad, Z / cast spoke wheel. *08493*
Gutachten, H / expertise, appraisal. *02948*
Gutachter, H, Experte / expert. *02949*

H

H-Schaltschema, A / H-shift pattern. *05199*
Haarnadel-Ventilfeder, Z / hair pin valve spring. *09880*
Haarnadelkurve, T, Spitzkehre / hair pin bend, hair pin turn. *05007*
Haarriß, G / hair crack, hairline crack. *05006*
Hackenbremse, Z / heel operated brake. *09881*
Haftgrund, L / primer surfacer. *09650*
Haftpflichtversicherung, H / third party insurance, liability insurance, property damage insurance. *02975*
Haftprimer, L / etch primer. *08230*
Haftvermittler, L, (Vorstufe der Grundierung) / surfacer. *09649*
Haftvermögen der Farbe, L / hold of paint. *08231*
Hahn, G / cock, tap. *10292*
Haken, G / hook. *05271*
Halbachse, F → Achswelle. *10568*
halbautomatisches Getriebe, A / semi-automatic transmission. *06880*
Halbdieselmotor, M → Glühkopfmotor. *02510*
Halbelliptikfeder, F / semi-elliptic spring, half-elliptic spring. *02250*
Halbfabrikat, W / half-finished
product, semi-finished product. *08850*
halbfliegende Achse, F, Halbschwingachse, Halbschwebeachse / semi-floating axle. *01524*
Halbgas, K / half throttle. *05017*
halbkugelförmiger Brennraum, M → hemisphärischer Brennraum. *05112*
Halbleiter, E / semiconductor. *06881*
Halbmondkeil, M → Paßfeder. *09737*
Halbschalenhelm, Z / pudding basin-type helmet. *09882*
Halbschwebeachse, F → halbfliegende Achse. *01526*
Halbschwingachse, F → halbfliegende Achse. *01525*
Halbwelle, F → Achswelle. *05014*
Hallenbahn, R / indoor track. *08878*
Halogen-Nebelscheinwerfer, E / halogen fog lamp. *05018*
Halogenscheinwerfer, E / halogen headlamp, halogen headlight. *00857*
Haltegriff, G → Handgriff. *05034*
Halteplatz, T / lay-by. *09370*
Halter, G, Träger / bracket, holder, support. *05155*
Halter, H → Besitzer. *06272*
Halterung, G, Anbauvorrichtung /
mounting bracket, bracket. *02252*
Halteschlaufe, I / supporting loop. *07319*
Halteverbot, T / no waiting. *06127*
Hammerschlag, W, (Blechbearbeitung) / blow. *10066*
handbetätigter Schaltvorgang, A / manual shift. *05924*
Handbremse, B, Feststellbremse / hand brake, parking brake system, parking brake, auxiliary brake, emergency brake. *00858*
Handbremshebel, B / hand brake lever, hand brake control. *02254*
Handbremsverstärker, B / hand brake booster. *05022*
Handbremswarnleuchte, B / hand brake warning lamp. *05025*
Handbuch, W / handbook, manual. *05020*
Handel, H / trade. *09245*
handeln, H / deal. *09334*
Handfaust, W, Vorhalteisen, (Blechbearbeitung) / dolly. *09756*
Handfäustel, W / mallet. *00861*
Handfeuerlöscher, W / hand fire extinguisher. *05027*
Handförderpumpe, K / hand pump. *00863*
Handfräser, W / hand miller. *08854*
Handgas, K / hand throttle, manual throttle, fast idle. *02255*

handgefertigt, W / hand-made. *08853*
Handgriff, G, Haltegriff / hand grip, handle. *05028*
Handhebel, G / hand lever. *05037*
Handicap, R, Vorgabe / handicap. *05029*
Handlaminieren, W, (Glasfaser) / laying-up. *10191*
Handlampe, E / hand lamp. *05032*
Händler, H / dealer. *02928*
Händlernetz, H / dealer network. *09238*
Händlerschaft, H / dealership. *09580*
Handlichkeit, G / handiness. *08857*
Handöler, Z, Handölpumpe / hand operated plunger oilpump. *09884*
Handölpumpe, Z → Handöler. *10366*
Handpresse, W → Fettpresse. *00849*
Handpumpvorrichtung, K, (Kraftstoffpumpe) / hand primer. *05041*
Handschaltgetriebe, A / manual transmission, manual gearbox. *04894*
Handschaltung, Z / hand change control, manual shifting. *09883*
Handschleifmaschine, W / hand grinder. *08852*
Handschuh, T / glove. *08846*
Handschuhfach, I → Handschuhkasten. *04936*
Handschuhkasten, I, Handschuhfach / glove box, glove compartment. *02257*
Handspritze, L / hand sprayer. *10092*
Handwerkstechnik, W / workmanship. *08158*
hängendes Ventil, M → obengesteuertes Ventil. *02804*
Hänger, H → Aufleger. *09367*
Hardtop, H, Coupédach, Hardtop-Dach / hardtop, htp. *02455*
Hardtop-Dach, H → Hardtop. *09582*
Hardyscheibe, F → Gummikreuzgelenk. *01494*
härten durch Oxidation, L, (Lack) / harden by oxidation.

08216
harter Lauf, M / rough running. *06741*
Hartglas, C → Sekurit-Glas. *01765*
Hartgummi, G, Ebonit / hard rubber, ebonite. *04314*
Hartlot, G / hard brazing solder. *08859*
Hartlötbrenner, W / carbon-arc torch. *10045*
hartlöten, W, löten / braze. *03293*
Hartschaum, G / hard foam. *08858*
Hartverchromung, L / hard chrome plating. *05042*
Harz, G / resin. *06652*
Harzabbeizer, L / resin stripper. *10181*
Haubenriemen, C / bonnet strap, bonnet fastener, hood strap, hood fastener. *02259*
Hauptantrieb, A / main drive. *05881*
Hauptbauteile, W / principal parts, main components. *08176*
Hauptbremszylinder, B, Hydraulikhauptzylinder, Bremshauptzylinder / brake master cylinder, master brake cylinder, main brake cylinder. *00191*
Hauptbremszylinderausgang, B / brake master cylinder outlet. *05941*
Hauptbrennraum, M → Hauptkammer. *05877*
Hauptdüse, K, Vollastdüse / main jet, main metering jet. *05883*
Hauptdüsenstock, K → Hauptdüsenträger. *05887*
Hauptdüsensystem, K, Hauptvergasersystem / main jet system. *01092*
Hauptdüsenträger, K, Hauptdüsenstock / main jet carrier, main jet holder. *05885*
Hauptfeder, G / main spring. *05898*
Hauptkabelsatz, E / main cable harness, main cable assembly. *05874*
Hauptkammer, M, Hauptbrennraum, (Motor) / main chamber, main combustion chamber. *05876*
Hauptkühlgebläsegehäuse, M /

main fan housing. *10456*
Hauptlager, M, Kurbelwellenlager, (Kurbelwelle) / main bearing, base bearing. *02706*
Hauptlagerdeckel, M, Kurbelwellenlagerdeckel / main bearing cap. *05870*
Hauptlagerdeckelschraube, M, Kurbelwellenlagerschraube, Hauptlagerschraube / main bearing bolt. *05865*
Hauptlagerschale, M, Kurbelwellenlagerschale / main bearing shell. *05872*
Hauptlagerschraube, M → Hauptlagerdeckelschraube. *05868*
Hauptlagerzapfen, M, (Kurbelwelle) / main journal. *05888*
Hauptluftbehälter, B, (Druckluftbremse) / main air reservoir, main air tank. *05838*
Hauptölleitung, M, (Motorschmierung) / main oil gallery. *05891*
Hauptrahmenrohr, C / main frame tube. *08644*
Hauptschalldämpfer, K → Auspuff-Hauptschalldämpfer. *05890*
Hauptscheinwerfer, E / main headlamp. *05882*
Hauptstraße, T, Hauptverkehrstraße / main road, main street. *05895*
Hauptstromfilter, M → Hauptstromölfilter. *04856*
Hauptstromölfilter, M, Hauptstromfilter, Vollstromfilter / full-flow oil filter, full-flow filter. *00806*
Haupttank, K / main tank. *05906*
Hauptvergasersystem, K → Hauptdüsensystem. *01093*
Hauptverkehrsstraße, T → Hauptstraße. *05896*
Hauptverkehrszeit, T / rush hour. *06765*
Hauptvorgelege, A / main reduction gear. *05894*
Hautabschürfung, T / skin abrasion. *07007*
HD-Öl, G → Hochleistungsöl. *05097*
Hebebock, Z / motorcycle jack.

Hebebühne

08654
Hebebühne, W / lifting platform, vehicle lift. *04686*
Hebel, G / lever, stalk. *02262*
Hebelarm, G / lever arm. *05693*
Hebeleisen, W / pry spoon. *10071*
Hebellenkung, F / tiller steering. *02263*
Hebelstoßdämpfer, F / lever type damper, lever type shock absorber. *05694*
heben, G → anheben. *05705*
Hebezugkette, M → Rollenkette. *02756*
Heck, C → Fahrzeugheck. *07405*
Heckablage, I → Hutablage. *09617*
Heckbeleuchtung, E / rear lighting system. *10545*
Heckbügel, G / rear hook. *09015*
Heckklappe, C, Hecktür / tail gate, rear opening. *07408*
Heckkotflügel, C / rear wing. *09961*
Heckleuchte, E / rear light. *04710*
Heckmotor, M / rear engine. *01422*
Heckmotorfahrzeug, H / rear-engined car. *06594*
Heckpartie, G / rear section. *09019*
Heckscheibe, C → Rückfenster. *02195*
Heckscheibenbeheizung, E / rear window heater. *01430*
Heckscheibensäule, C → C-Säule. *03782*
Heckspoiler, C / rear spoiler, tailgate spoiler. *06603*
Heckstoßstange, C / rear bumper. *10099*
Hecktür, C → Heckklappe. *07409*
Heimwerker, W / home mechanic. *08876*
heizbare Heckscheibe, E / electric rear window defroster. *04332*
Heizflansch, M, (Dieselmotoren) / heating flange. *00882*
Heizgebläse, M / heater blower, heater fan. *05083*
Heizklappe, M / heater flap. *10441*
Heizung, M / heater. *02265*
Heizwendel, E → Glühspirale. *05088*
Helfer, R → Hilfsposten. *09311*
Helm, Z → Sturzhelm. *05108*
Helmaußenschale, Z / helmet outer shell. *08620*
Helminnenschale, Z / helmet inner shell. *08618*
Helmsicherung, Z / helmet lock. *08619*
Helmtragepflicht, Z / compulsory helmet wear. *08558*
hemisphärischer Brennraum, M, halbkugelförmiger Brennraum / hemispherical combustion chamber, hemi chamber. *05111*
Herausforderung, R / challenge. *09305*
herausschrauben, W / unscrew. *09106*
herausspringen, A, (Gang) / jump out. *05567*
herausziehbarer Aschenbecher, I / pull-out ash tray. *06502*
Herrenfahrer, T / owner-driver. *02266*
Hersteller, W / manufacturer. *05926*
Herstellung, W, Fertigung / manufacturing. *06004*
Herstellungskosten, W / manufacturing costs, productions costs. *05927*
herunterschalten, A / shift down. *06931*
Hilfsfeder, F, Zusatzfeder / helper spring. *05109*
Hilfskraftbremse, B → Servobremse. *01534*
Hilfsposten, R, Helfer / marshal. *09310*
Hilfsrahmen, C, Zwischenrahmen / subframe. *01704*
Himmel, I → Dachhimmel. *05069*
Hinterachsantrieb, F / rear axle drive. *06591*
Hinterachsbrücke, F → Hinterachskörper. *01413*
Hinterachsbrückendeckel, F → Hinterachsgehäusedeckel. *01415*
Hinterachse, F / rear axle, back axle. *02268*
Hinterachse mit doppelter Untersetzung, F / double reduction rear axle. *00594*
Hinterachsgehäusedeckel, F, Hinterachsbrückendeckel / rear axle cover. *01414*

Hochdruck- Autogenschweißgerät

Hinterachskörper, F, Hinterachsbrücke / rear axle assembly. *01412*
Hinterachsschubstange, F / rear axle radius rod. *01417*
Hinterachsstrebe, F, Schubstrebe / rear axle strut. *01420*
Hinterachstrichter, F / rear axle flared tube. *01416*
Hinterachsübersetzung, F / rear axle ratio. *01418*
Hinterachswelle, A / rear axle shaft, differential shaft, differential side shaft. *01419*
hinterer Hilfsrahmen, C / rear subframe. *09976*
hinterer Kolben, M / rear piston. *01427*
hinterer Lautsprecher, E, (Radio) / rear loudspeaker. *06595*
hinterer Radkasten, C / rear wheel arch. *10091*
hinteres Stoßfängersystem, C / rear bumper system. *06592*
Hinterrad, F / rear wheel. *02269*
Hinterradantrieb, A / rear wheel drive. *02270*
Hinterradaufhängung, F / rear suspension. *06604*
Hinterradbremse, B / rear brake. *09011*
Hinterradgabel, Z / chainstays. *08526*
hinterste Fahrposition, I, (Sitz) / aftmost driving position. *03133*
hinterste und unterste Sitzposition, I / rearmost and downmost seating position. *06598*
Hinweisschild, T / sign board. *10329*
Hitzdrahtrelais, E / thermo-relay. *01772*
Hitze, G → Wärme. *05075*
Hobbybastler, W, Do-it-Yourselfer / do-it-yourselfer, DIY-mechanic. *08154*
hochbeanspruchter Bereich, C, (Karosserie) / high stress area. *09980*
Hochdruck, G / high pressure. *05125*
Hochdruck-Autogenschweißgerät, W / high pressure gas welding outfit. *10050*

Hochdruck-Schmiermittel   hydraulische Kupplung

Hochdruck-Schmiermittel, G / extreme pressure lubricant. *00710*
Hochdruckreifen, F / high pressure tyre. *05127*
Hochdruckreiniger, W / high pressure cleaner. *08873*
Hochdruckschmierung, M / high pressure lubrication. *05126*
hochgezogener Auspuff, K / upswept exhaust, uptake exhaust. *07816*
hochglanzpoliert, L / highly polished. *08875*
hochkomprimierter Motor, M, hochverdichteter Motor / high compression engine. *02485*
Hochleistungsmotor, M / high-performance engine, high-output engine. *05095*
Hochleistungsöl, G, HD-Öl / heavy duty oil. *05096*
hochliegende Nockenwelle, M / high cam. *10418*
Hochrad, Z / high cycle. *08872*
Hochrahmen, C / elevated frame. *04340*
hochschalten, A / upshift, shift up. *07815*
Hochschulterfelge, F / flanged rim. *09887*
Hochspannung, E / high voltage. *08874*
Hochspannungs-Kondensatorzündung, E / capacitor-discharge ignition system. *00249*
Hochspannungs-Magnetzündung, E / high tension magneto ignition. *09914*
Hochspannungszündkabel, E / high tension ignition cable. *00894*
Hochspannungszündung, E / high tension ignition. *05128*
höchster Gang, A → oberster Gang. *07583*
Höchstgeschwindigkeit, T / top speed. *07589*
Höchstlast, G / maximum load. *05944*
Höchstleistung, G / peak output. *06008*
hochverdichteter Motor, M → hochkomprimierter Motor. *05118*
Höhendose, K → Höhenkorrektor. *09638*

Höhenkorrektor, K, Höhendose, (Vergaser) / altitude correction module, altitude correction. *00063*
Hohlrad, A, (Planetengetriebe) / annulus, internal gear. *05513*
Hohlraumkonservierung, W, Hohlraumversiegelung / hollow cavity insulation. *00896*
Hohlraumkonservierung mit Wachs, L / wax injection and treatment. *10089*
Hohlraumversiegelung, L → Hohlraumkonservierung. *10427*
Hohlschraube, G / hollow screw. *02271*
Hohlspiegel, G → Konkavspiegel. *03663*
Hohlwelle, G / hollow shaft, quill. *05157*
Holperstrecke, T / bumpy road. *03322*
Holzgasanlage, K / wood gas generator. *02272*
Holzkranz, F / wooden rim. *08085*
Holzspeiche, F / wooden spoke. *02273*
homokinetisch, G, gleichlaufend / homokinetic. *05158*
homokinetisches Gelenk, F, Gleichlaufgelenk / homokinetic joint, constant velocity joint, CV joint. *00897*
Homologation, W, (Rennen) / homologation. *05160*
Honahle für Kolbenauge, W / gudgeon hole hone. *02693*
honen, W / hone. *05163*
Horn, E → Hupe. *00906*
Hosenträgergurt, I / full harness seat belt, harness belt. *04858*
Hub, M, Kolbenhub, Kolbentakt, Takt / stroke travel, stroke, travel, stroke of piston, piston stroke. *01698*
Hub-Bohrungs-Verhältnis, M / stroke-bore ratio. *01696*
Hubkolbenmotor, M / piston engine. *01269*
Hubraum, M, Hubvolumen, Zylinderinhalt / displacement, cylinder capacity, stroke capacity, capacity, cubic capacity, piston displacement, swept volume. *00563*
Hubraumleistung, M, Literleistung / liter output, output per unit of displacement, power output per liter. *01061*
Hubstapler, H → Gabelstapler. *04758*
Hubvolumen, M → Hubraum. *04149*
Hubzapfen, M → Kurbelwellenzapfen. *09694*
Hufeisenkühler, M / horseshoe radiator. *02275*
Hufeisenmagnet, W / horseshoe magneto. *02276*
Hüftgurt, I → Beckengurt. *05633*
Hüftschwung, C, (Karosserieformgebung) / swage line. *09957*
Hülse, G → Büchse. *06055*
Hülsenkette, G / bush roller chain, bushing chain. *08464*
Hülsenschiebermotor, M → Schiebermotor. *09720*
Humpfelge, F / hump type rim. *05204*
Hund, F → Schleppachse. *09488*
Hupe, E, Horn, Signalhorn / horn, trumpet, signal horn, hooter. *00904*
hupen, T, tuten / hoot. *09218*
Hupenball, E / horn bulb. *02278*
Hupenknopf, E / horn button. *05178*
Hupenrelais, E / horn relay. *05180*
Hupenring, E / horn ring. *05181*
Hupenschalter, E / horn switch. *05182*
Hupentrichter, E / horn trumpet. *05183*
Hutablage, I, Heckablage / backlight shelf, rear package tray, package tray. *03211*
Hydragasfederung, F / hydragas suspension. *05203*
Hydraulikflüssigkeit, G / hydraulic fluid. *05210*
Hydraulikhauptzylinder, B → Hauptbremszylinder. *00192*
hydraulische Bremse, B / hydraulic brake system. *00748*
hydraulische Hebebühne, W / hydraulic lifting platform. *05209*
hydraulische Kupplung, A / fluid clutch, hydraulic coupling, fluid

39

hydraulische Kupplungsbetätigung   Intervall-Scheibenwischer

coupling. *00749*
hydraulische Kupplungsbetätigung, A / hydraulic clutch control. *05208*
hydraulische Presse, W / hydraulic press. *05212*
hydraulischer Bremskraftverstärker, B / hydroboost. *05214*
hydraulischer Bremsschlauch, B / hydraulic brake hose. *05207*
hydraulischer Stoßdämpfer, F / hydraulic shock absorber. *00915*

I / J

im Leerlauf fahren, T → ausrollen. *08551*
im Schlepp, T / on tow. *09211*
im Uhrzeigersinn, G, rechtslaufend / clockwise. *02579*
Importfahrzeug, H / imported vehicle. *05305*
Impulsformer, E / pulse-shaping circuit. *01383*
Impulsgeberrad, E → Blendenrotor. *01858*
in Fahrtrichtung links, T / nearside, n/s. *02443*
in Fahrtrichtung rechts, T / offside, o/s. *02442*
in Schräglage gehen, Z / kick, lean over. *08625*
Inbusschlüssel, W, Innensechskantschlüssel / Allen key, hexagon socket screw key. *08678*
Inbusschraube, G, Innensechskantschraube / Allen screw, hexagon socket screw. *08680*
indirekte Bremsung, B, (vom Zugwagen zum Anhänger) / indirect braking. *00962*
indirekte Einspritzung, K → Saugrohreinspritzung. *00964*
indirekte Lenkung, F / indirect steering. *05325*
indirekter Gang, A / indirect gear. *05324*
Induktion, E / induction. *00965*
Induktionsgeber, E → Zündimpulsgeber. *01381*
Infrarot, G / infrared. *05350*
Inhibitor, K, Additiv / inhibiting additive, inhibitor. *05351*
Innenausstattung, I, Innenver-

hydraulischer Stößel, M → Hydro-Stößel. *00917*
hydraulischer Wagenheber, T / hydraulic jack. *05211*
hydraulischer Zugbalken, W / hydraulic ram. *10110*
Hydro-Stößel, M, hydraulischer Stößel / hydraulic valve tappet, hydraulic tappet. *00916*
hydrodynamisches Getriebe, A → Drehmomentwandler. *01819*
Hydrolastikfederung, F / hydrokleidung / inside fittings, furniture, interior trim. *04863*
Innenbackenbremse, B, Expansionsbremse / inside shoe brake, internal expanding brake. *02279*
Innenbandbremse, B / inside band brake. *05421*
Innenbeleuchtung, I / courtesy light, dome light. *02280*
innenbelüftete Scheibenbremse, B / internally ventilated disc brake, ventilated disc brake. *05516*
Innenbelüftung, K, (Schwimmerkammer) / internal ventilation. *05517*
Innenblech, C / inner panel. *05428*
Innendurchmesser, G / internal diameter, inner diameter. *05512*
Innenkotflügel, C / inner wing. *10115*
Innenlenker, H → Limousine. *03071*
innenliegende Bremse, B / inboard brake. *05310*
innenliegende Schraubenfeder, F, (Radaufhängung) / inboard coil spring. *05311*
Innenmischdüse, L, (Spritzpistole) / internal mix air cap. *08141*
Innenrückspiegel, I → Innenspiegel. *05430*
Innenschulter, F, (Reifen) / inside shoulder. *05434*
Innensechskantschlüssel, W → Inbusschlüssel. *08869*
Innensechskantschraube, G → Inbusschraube. *08868*

lastic suspension. *05216*
hydropneumatischer Stoßdämpfer, F / hydro-pneumatic shock absorber. *05219*
Hypoidachsantrieb, F / hypoid drive. *05220*
Hypoidgetriebe, A, Kegelschraubgetriebe, Schraubkegelgetriebe / hypoid-gear. *00919*
Hypoidgetriebeöl, A / hypoid oil. *00922*

Innenspiegel, I, Innenrückspiegel / interior mirror, inside mirror, inside rear mirror, inside rearview mirror. *02282*
Innenverkleidung, I → Innenausstattung. *04864*
Innenverzahnung, G / internal gearing. *05514*
Innenzughebel, Z / inverted handlebar lever, inverted lever. *09890*
innere Ventilfeder, M, zweite Ventilfeder, (Ventiltrieb) / inner spring. *05409*
Inserat, H → Anzeige. *08330*
Inspektion, W / inspection. *05437*
Instandhaltung, W → Wartung. *05902*
Instrument, G / instrument. *05448*
Instrumentenbeleuchtung, E / dash lamp. *02283*
Instrumentenbrett, I → Armaturenbrett. *00472*
Instrumentenfehler, G / instrument error. *05452*
Instrumentengruppe, G, Kombiinstrument / instrument cluster. *05450*
Instrumententafel, I → Armaturenbrett. *00471*
integrierte Kopfstütze, I / integral head rest. *05487*
Interessengemeinschaft, H / register. *02911*
intermittierende Scheibenwischer, E → Intervall-Scheibenwischer. *06320*
Intervall-Scheibenwischer, E, intermittierende Scheibenwischer /

Invalidenfahrzeug

interval wiper, intermittent wiper, pausing wiper. *01016*
Invalidenfahrzeug, H, Versehrtenfahrzeug, Krankenfahrstuhl / invalid carriage, disabled vehicle. *05528*
Investition, H / investment. *02889*
Inzahlungnahme, H, (Gebrauchtwagen) / trade-in. *09212*
Isolator, E, Isolierkörper, Kerzenstein, (Zündkerze) / spark plug

insulator, insulating body, insulator. *01005*
Isolator, L → Trenngrund. *08212*
Isolatorfuß, E / insulator nose. *01007*
Isolierband, W / insulation tape. *02286*
isolieren, E / insulate. *02287*
Isolierkörper, E → Isolator. *05462*
Isoliermaterial, G, Dämmstoff / insulating material. *05456*

Isolierschlauch, E, Bougierrohr / protective covering. *05455*
isothermisch, G / isothermal. *05533*
Jalousie, I, Rollo / blind. *03246*
Jodscheinwerfer, E / iodene headlamp. *10547*
Jugendrad, Z / juvenile bicycle. *08886*

K

K-Jetronic-Einspritzanlage, K / K-Jetronic fuel injection, continuous-injection system. *01039*
Kabel, E, Leitung / cable, lead, wire. *05657*
Kabel in Windungen aufrollen, W / coil a wire. *10496*
Kabel lösen, W / disconnect the wire. *10440*
Kabel mit Farbkodierung, E / colour coded cable. *03602*
Kabelader, E → Ader. *06772*
Kabelanschlußgewinde an der Zündkerze, E / spark plug nipple. *07106*
Kabelhalter, Z, Bremszughalter / cable bearer. *08467*
Kabelhülle, G → Kabelmantel. *08488*
Kabelmantel, G, Kabelhülle / cable casing, cable covering. *08472*
Kabelschelle, G / cable clip. *06778*
Kabelschuh, E / connector lug, cable socket. *03057*
Kabinenroller, H / cabin scooter. *08730*
Kabriolett, H → Cabriolet. *02924*
Kalibrierung, G / calibration. *03348*
kalkulieren, H / calculate. *02892*
kalter Bogen, M, (Kreiskolbenmotor) / compression lobe. *03645*
Kaltstartvorrichtung, K / cold start device. *03593*
Kanal, G → Schlitz. *06415*
Kanalbuchse, M, (Zylinderkopf) / port liner. *06417*
Kanister, G, Reservekanister / jerrican, jerry can. *03376*

Karbidbeleuchtung, G, Azetylenbeleuchtung / carbide lighting, acetylene lighting. *09806*
Kardanantrieb, A / universal joint transmission. *02291*
Kardanbremse, A → Getriebebremse. *09817*
Kardangelenk, A, Kreuzgelenk, Universalgelenk / universal joint, universal coupling, cardan universal joint, swivel joint, cardan joint. *00262*
Kardankreuz, F → Kreuzkopf. *03837*
Kardanrohr, A, Gelenkwellenrohr, Kardanstützrohr / propeller shaft housing, drive shaft housing, propeller shaft tube. *01375*
Kardanstützrohr, A → Kardanrohr. *01377*
Kardantunnel, I → Getriebetunnel. *04900*
Kardanwelle, A, Gelenkwelle / propeller shaft, prop shaft, drive line. *01373*
Karkasse, F, Reifenunterbau / carcass, fabric body, tyre carcass, cord body. *00260*
Karosserie, C, Aufbau / body, bodywork, car body, coachwork. *02292*
Karosserie in Sandwichbauweise, C / sandwich body. *06804*
Karosserie und Fahrwerk tiefergelegt, H / sectioned and lowered, sectioned and dropped. *09585*
Karosseriebauer, W → Karossier. *10311*
Karosseriebeschlag, C / body fit

ting. *10125*
Karosseriefeile, W / body file. *10102*
Karosserieinstandsetzung, W / bodywork repair. *10106*
Karosseriekitt, L → Spachtel. *03251*
Karosseriekörper, C / body shell, shell. *09234*
Karosseriepresse, W / body press. *03254*
Karosserierichtbank, W, Richtbank / body repair jig, body jig. *10122*
Karosserievorbau, C, Vorbau, Fahrzeugfront, Schnauze / front end, nose. *04812*
Karosseriewerkstatt, W / body repair shop, body shop. *08180*
Karosseriezinn, W, Stangenzinn / body lead, body solder, lead solder. *09457*
Karossier, W, Karosseriebauer / coachbuilder. *02294*
Kartenhalter, T / map holder. *08921*
Kartentasche, T / map pocket. *05930*
Kastenprofil, C → Kastenquerschnitt. *09971*
Kastenquerschnitt, C, Kastenprofil / box section. *08459*
Kastenrahmen, C / box section chassis, box section frame. *08460*
Kastenwagen, H → Lieferwagen. *07899*
Katalysator, K / catalytic converter, catalyst. *06111*
Katalysator mit Lambdaregelung, K / catalytic converter

41

Katalysator ohne Lambdaregelung

closed loop. *09673*
Katalysator ohne Lambdaregelung, K / catalytic converter open loop. *09674*
Kategorie-Sieg, R / category victory. *09301*
Katzenauge, E → Rückstrahler. *00232*
Kaufberater, H / buyer's guide. *10530*
kaufen, H / buy. *09244*
Kaufentscheidung, H / buying decision. *02888*
Käufer, H / buyer. *03005*
Kaufvertrag, H / sales contract. *09247*
Kegelfeder, G / conical spring. *03672*
kegelförmig, G, konisch / tapered. *07421*
Kegelkupplung, A → Konuskupplung. *00387*
Kegellager, G / tapered bearing. *07423*
Kegelschraubgetriebe, A → Hypoidgetriebe. *00920*
Kegelsitzventil, M / bevel seated valve, conical seat valve. *02794*
Kegelumlauflenkung, F / recirculating ball steering. *01435*
Kegelventil, M → Tellerventil. *06413*
Kehlnaht, W, (Schweißen) / fillet weld. *10020*
Kehrmaschine, H / sweeper. *07339*
Kehrtwendung, T, Wendung / U-turn. *07827*
Keil, G / key, wedge. *05576*
Keilbolzen, G / key bolt. *05577*
Keilform, G / wedge profile, wedge shape. *07981*
keilförmiger Brennraum, M / wedge shaped combustion chamber. *07980*
Keilnut, G / key groove, keyway. *02780*
Keilnutverzahnung, G, Zahnwellenprofil / splines. *07147*
Keilriemen, G, (Lichtmaschine, Ventilator, Wasserpumpe) / V-belt. *01974*
Keilriemenantrieb, G / V-belt drive. *03813*

Keilriemenscheibe, G / V-belt pulley. *07902*
Keilriemenschlupf, G / V-belt slip. *07903*
Keilwelle, M / fluted shaft, splined shaft. *02704*
Kennzeichen, C → Nummernschild. *01052*
Kennzeichenleuchte, E → Nummernschildleuchte. *01054*
Kennzeichenschild, C → Nummernschild. *08901*
Kennzeichnung, G → Bezeichnung. *05226*
Keramikisolation, E, (Zündkerze) / ceramic insulation, ceramic insulator. *03451*
Kernleder, G / band leather. *08705*
Kerze, E → Zündkerze. *06382*
Kerzenbürste, W / plug brush. *06384*
Kerzenschlüssel, W → Zündkerzenschlüssel. *10464*
Kerzenstein, E → Isolator. *05461*
Kette, G / chain, track. *10306*
Kettenantrieb, G / chain drive. *02770*
Kettenflucht, G / chain alignment. *08500*
Kettenführung, G / chain guide. *08506*
Kettenführungsrolle, G / chain guide roller. *08508*
Kettengeräusch, M / rattle of chain. *02779*
Kettenglied, G / chain link. *08511*
Kettenkasten, Z / chain case. *08501*
Kettenkrad, Z / Kettenkrad. *09901*
Kettenkranz, G / chain cog. *08503*
Kettenlinie, G / chain line. *08510*
kettenlos, G / chainless. *08524*
Kettennietausdrücker, W / chain rivet ejector. *08513*
Kettenrad, M, Kettenwellenrad / chain wheel, chain ring, sprocket, chain sprocket. *08512*
Kettenradgarnitur, G / chain wheel and crank set, chain wheel fittings. *08520*
Kettenreiniger, W / chain cleaner. *08502*
Kettenrolle, G / chain pulley. *03491*

Kipphebeldeckel

Kettenschutz, G / chain guard. *08505*
Kettenschutzscheibe, G / chain wheel disc, circular chain guard. *08521*
Kettenspanner, M, (Nockenwellenantrieb) / chain tensioner, chain stretching drive, tensioner, chain adjuster. *02766*
Kettenspannrolle, G / chain idler roller. *08509*
Kettenspannung, G / chain tension. *08515*
Kettenteilung, G / chain pitch. *03490*
Kettenübersetzung, G / chain gearing, chain transmission. *02771*
Kettenverschlußbolzen, G, Sicherungsbolzen / link pin, chain pin. *02759*
Kettenwellenrad, M → Kettenrad. *10229*
Kick-Down, A, Übergas, (automatisches Getriebe) / kick-down, forced downshift. *04746*
Kickstarter, Z / kick starter. *08627*
Kilometerzahl, T / mileage. *08930*
Kilometerzähler, G / mileage recorder, mileage indicator, mileage meter. *05964*
Kinderfahrrad, Z / childrens bicycle. *08529*
Kindersitz, I / child car seat, child seat, children's seat. *03473*
kinematisches Flattern, F / kinematic shimmy. *05581*
Kinnbügel, Z / chin-piece, chinbar. *08534*
Kinnriemen, Z / chin-strap. *08537*
Kinnschutz, Z / chin-guard, chin-protector. *08533*
Kipper, H / dump truck, dumper. *04289*
Kipphebel, M, Schwinghebel, Schlepphebel, Ventilkipphebel / rocker arm, rocker lever, rocker, valve lever, valve rocker. *03991*
Kipphebelbock, M / rocker arm bracket. *06704*
Kipphebelbuchse, M / rocker arm bush. *06710*
Kipphebeldeckel, M → Ventil-

Kipphebelstützfeder

deckel. *06053*
Kipphebelstützfeder, M / rocker spacing spring. *06711*
Kipplage, G → Neigung. *08343*
Kippschalter, E, Wippschalter / toggle switch, tumbler switch. *07566*
Kippschaltung, E / flip-flop connection. *00736*
Kippständer, Z / kick stand, prop stand. *08626*
Kippvorrichtung, G / dumping system. *04290*
KKM, M → Kreiskolbenmotor. *02394*
Klammer, G / grommet. *10145*
klammern, W / clip. *10126*
klappbar, G, umklappbar / foldable, fold-down, tilting. *04712*
Klappe, G / flap. *04367*
klappern, G / rattle. *06582*
Klapprad, Z / folding bicycle. *08825*
Klappscheinwerfer, E → versenkbarer Scheinwerfer. *01456*
Klappsitz, I / folding seat, jump seat, tipp-up seat. *02103*
Klappverdeck, C → Cabrioletverdeck. *05168*
Klassensieger, R / class winner. *09302*
Klassischer Wagen, H / classic car. *02104*
Klaue, G / claw. *03522*
Klauengetriebe, A / helical gear transmission. *00884*
Klauenkupplung, A / claw clutch, claw coupling, jaw clutch, dog clutch. *03523*
Klauenmuffe, G / dog sleeve. *04169*
Klauenpolgenerator, E, Klauenpolmaschine / claw-pole generator. *00316*
Klauenpolmaschine, E → Klauenpolgenerator. *00317*
Klauenring, A → Synchronschiebemuffe. *01751*
Klebeband, L → masking tape. *08275*
kleben, G / glue. *04944*
klebende Ventile, M / sticky valves. *02809*
Klebstoff, G / cement. *03434*

Kleeblattkreuzung, T / cloverleaf crossing. *03544*
Kleiderhaken, I / coat hook. *03579*
Kleinanzeige, H / small ad. *02891*
Kleinlastwagen, H / pick-up. *06338*
Kleinserienproduktion, W / low volume production run, small scale production run. *09779*
Klemme, G / retainer. *06660*
klemmen, G → blockieren. *05541*
Klemmenrollenfreilaufkupplung, Z / overrunning clutch, roller-type overrunning clutch. *10257*
Klemmstück, G / clamp. *04940*
Klickschalter, Z / click shifter. *08543*
Klimaanlage, E / air conditioning, a/c. *02473*
Klinke, G, Riegel, Schnappriegel / latch. *04193*
Klopfbremse, K → Antiklopfmittel. *00086*
klopfen, M / knock, detonate. *08889*
Klopffestigkeit, K / anti-knock quality, knock resistance, knocking resistance. *00090*
Knabberschere, W → Blechschere. *10000*
Knarre, W → Ratsche. *09554*
knattern, Z / chug. *08538*
Knautschzone, C / crush zone, deformable zone, crumble zone. *03860*
Kneeler, Z, (Motorradrennen) / kneeler sidecar outfit. *09902*
Kniekissen, Z / knee pad. *09868*
Knieschutz, Z / knee-guard. *08629*
Knight-Motor, M → Schiebermotor. *09721*
Knochenbruch, T / bone fracture. *03256*
Knopf, G / button, knob. *03334*
Knotenblech, C / gusset plate. *10114*
Knüppelschaltung, A → Mittelschaltung. *00746*
Kochbläschen, L / solvent pop, popping. *08293*
Kofferraum, C, Gepäckraum / luggage boot, luggage compart-

Kolbenbolzenbuchse

ment, luggage space, trunk, boot. *02107*
Kofferraumdeckel, C / boot lid, deck lid. *02106*
Kofferraumdeckelscharnier, C / boot lid hinge. *03262*
Kofferraumdeckelschloß, C / boot lid lock. *03263*
Kofferraumteppich, I / trunk mat. *09226*
Kohle, G / coal. *03574*
Kohlebürste, E, Bürste, Schleifkohle, (Generator) / carbon brush, brush, contact brush. *00228*
Kohlehydrierung, G / hydration of coal. *05206*
Kohlelager, G → Graphitlager. *04959*
Kohlelichtbogen-Hartlöten, W / carbon-arc brazing. *10044*
Kohlendioxid, G / carbon dioxide. *03384*
Kohlenwasserstoff, G / hydrocarbon. *05215*
Kokosmatte, I / coir mat. *03589*
Kolben, M / piston, gudgeon. *01260*
Kolben für kleine Bohrung, M / small bore piston. *02668*
Kolben mit gewölbtem Boden, M / dome head piston, domed piston. *02674*
Kolben-Ladepumpe, Z → Ladepumpe. *09910*
Kolbenauge, M, Kolbenbolzenauge / piston boss. *01263*
Kolbenbeschleunigung, M / piston acceleration. *06346*
Kolbenboden, M / piston top, upper face of piston, piston crown, piston head. *01297*
Kolbenbodenkante, M / edge of piston head. *04320*
Kolbenbodenstärke, M / piston head thickness. *05072*
Kolbenbolzen, M / piston pin, wrist pin, gudgeon pin. *01276*
Kolbenbolzenbohrung, M / piston pin bore. *06350*
Kolbenbolzenbüchse, M / piston pin bushing, wrist pin bushing. *06341*
Kolbenbolzenbuchse, M → Kol-

43

Kolbenbolzenlager

benbuchse. *09685*
Kolbenbolzenlager, M → Kolbenauge. *01264*
Kolbenbolzensicherung, M / piston pin retainer, piston pin snap ring, piston pin circlip. *01278*
Kolbenbuchse, M, Kolbenbolzenbuchse / piston-boss bushing. *02686*
Kolbendämpfer, M / piston damper. *01266*
Kolbendruck, M / piston pressure. *06352*
Kolbendurchmesser, M / piston diameter. *01267*
Kolbenfahne, K, Kolbenlenkarm, (Einspritzpumpe) / plunger flange, plunger control arm, plunger vane. *01315*
Kolbenfeder, K, (Einspritzpumpe) / plunger spring. *06393*
Kolbenfresser, M, Kolbenklemmer / piston seizure, jamming of piston, seizing of piston, seized piston. *01270*
Kolbengröße, M / piston size. *06357*
Kolbenhemd, M → Kolbenmantel. *02671*
Kolbenhöhe, M / piston depth, depth of piston. *06349*
Kolbenhub, M → Hub. *01699*
Kolbenkippen, M / piston gouging. *01271*
Kolbenklemmer, M → Kolbenfresser. *05545*
Kolbenkörper, M / piston barrel. *06347*
Kolbenlaufmantel, M → Zylinderlaufbüchse. *03893*
Kolbenlenkarm, K → Kolbenfahne. *01316*
Kolbenluft, M → Kolbenspiel. *01280*
Kolbenmantel, M, Kolbenschaft, Kolbenhemd / piston skirt, piston body, skirt. *01261*
Kolbennase, M / deflector. *09713*
Kolbenpassung, M → Kolbenspiel. *02692*
Kolbenpumpe, M / piston pump. *01281*
Kolbenring, M / piston ring. *01282*
Kolbenringfeder, M / piston ring

expander. *06353*
Kolbenringflattern, M / piston ring flutter. *01286*
Kolbenringkleben, M / piston ring sticking, ring clogging. *01476*
Kolbenringnut, M / piston groove, piston ring groove, piston ring slot. *01272*
Kolbenringsicherung, M / piston ring lock, piston ring peg, piston ring pin, piston ring stop. *06355*
Kolbenringspannband, M, Kolbenringspanner / piston ring compressor, piston ring clamp. *01284*
Kolbenringspanner, M → Kolbenringspannband. *01285*
Kolbenringsteg, M → Kolbensteg. *09690*
Kolbenringstoß, M / piston ring gap, piston ring joint. *01287*
Kolbenringträger, M, Ringträger, (Kolben) / groove insert. *04986*
Kolbenringtragkörper, M → Kolbenringzone. *01293*
Kolbenringzange, W, Spreizzange / piston ring pliers. *01289*
Kolbenringzone, M, Kolbenringtragkörper / piston ring zone. *01292*
Kolbenschaft, M → Kolbenmantel. *01262*
Kolbenschlag, M / piston slack. *06358*
Kolbenschlitz, M / thermal slot. *07476*
Kolbenspiel, M, Kolbenpassung, Kolbenluft / piston clearance, piston play. *02688*
Kolbensteg, M, Steg, Kolbenringsteg / piston land, land. *05625*
Kolbentakt, M → Hub. *07281*
Kolbenwerkstoff, M / piston material. *01275*
Kolbenwirbelkammer, M → Wirbelkammer. *01733*
Kollektor, E / commutator. *06867*
Kollektorlamellen einsägen, W / undercut the mica insulation. *09443*
Kombiinstrument, G → Instrumentengruppe. *05451*

Komprimierung

Kombinationsschalter, G → Mehrfachschalter. *03612*
Kombiwagen, H / utility car, break, estate car, station wagon. *02108*
Komplettlackierung, L / total respray, full respray. *08181*
Kompression, M → Verdichtung. *02641*
Kompressionsdruck, M, Verdichtungsdruck / compression pressure. *02647*
Kompressionsdruckprüfer, W, Kompressionsmesser / compression tester, compression gauge. *00381*
Kompressionshub, M, Verdichtungshub, Verdichtungstakt, Kompressionstakt / compression stroke, compression cycle, expansion stroke. *00377*
Kompressionsmesser, W → Kompressionsdruckprüfer. *03639*
Kompressionsraum, M, Verdichtungsraum / compression chamber, compression space. *00368*
Kompressionsring, M, Verdichtungsring / compression ring. *00375*
Kompressionsringnut, M, Verdichtungsringnut / compression ring groove. *03647*
Kompressionstakt, M → Kompressionshub. *00380*
Kompressionsverhältnis, M, Verdichtungsverhältnis / compression ratio, ratio of compression, c/r. *00373*
Kompressionszündung, M, Verdichtungszündung, Eigenzündung, (Dieselmotor) / compression ignition. *03641*
Kompressor, W, (Drucklufterzeugung zur Werkzeugbenutzung) / compressor. *08313*
Kompressor, M, Lader, Auflader, Verdichter / supercharger. *01717*
Kompressor für Federung, F / suspension compressor. *07326*
Kompressormotor, M → Ladermotor. *02397*
komprimieren, G → verdichten. *06068*
Komprimierung, M → Verdich-

Kondensator

tung. *06069*
Kondensator, E / condenser, capacitor, ignition capacitor, ignition condenser. *00383*
Kondensierung, G, Beschlag / condensation. *03666*
Kondenssperre, E, (Verteilerkopf) / condensate shield. *00382*
Königswellenmotor, Z / shaft and bevel drive engine, bevel drive engine. *09814*
konisch, G → kegelförmig. *07422*
Konkavspiegel, G, Hohlspiegel / concave mirror. *03662*
Konsole, C / console. *03692*
konstruieren, W / engineer. *08790*
Konstruktionsabteilung, W / engineering department. *09241*
Kontaktabstand, E / contact gap. *00411*
kontaktgesteuerte Transistor-Spulenzündung, E, TSZ-K / breaker triggered induction semiconductor ingnition. *00219*
kontaktlos gesteuerte Transistor-Spulenzündung, E / breakerless inductive semiconductor ignition. *00222*
kontaktlose Steuerung, E / breakerless triggering. *00223*
kontaktlose Transistorzündung, E / contactless transistorized ignition, contact-free transistor ignition, cti. *00414*
Kontaktsteuerung, E / breaker triggering. *00221*
Kontaktunterbrecher, E → Unterbrecher. *00406*
Kontermutter, G, Gegenmutter, selbstsichernde Mutter / lock nut, counter nut, check nut. *03466*
Kontrastfarben, L / contrasting colours. *03716*
Kontrastschicht, L / guide coat. *08274*
Kontrolle, G → Überprüfung. *03506*
kontrollieren, G → prüfen. *05436*
Kontrollpunkt, G / check point. *03468*
Konuskupplung, A, Kegelkupplung / cone clutch. *00386*
Konvexspiegel, G / convex mirror. *03727*

Kopfdichtung, M → Zylinderkopfdichtung. *02110*
Kopffreiheit, I / overhead space, headroom. *06257*
kopfgesteuert, M / overhead valves. *06256*
kopflastig, G / top heavy. *07585*
Kopfsteinpflaster, T / cobble stone pavement. *03582*
Kopfstütze, I, Nackenstütze / head rest, head restraint, neck rest. *03112*
Korbseitenwagen, Z / wickerwork sidecar body. *09905*
Kordlage, F → Lage. *06395*
Kork-Kupplung, Z / cork lined clutch. *09906*
Korkdichtung, G / cork gasket. *03744*
Körner, W / punch. *10473*
Körnermarkierung, W / punch mark. *10474*
körpergerecht, I / ergonomic. *04423*
korrodiert, G, zerfressen / corroded. *03751*
korrodierte Schraube, G / corroded screw. *03001*
Korrosion, L / corrosion. *03954*
Kosten, H → Aufwendungen. *02966*
Kostenvoranschlag, H / cost proposal. *03754*
Kotflügel, C / mudguard, fender, wing. *02111*
Kotflügelantenne, E / wing-mounted aerial. *10206*
Kotflügelschraube, G / bumper bolt. *10149*
Kotflügelverbreiterung, C, verbreiterte Kotflügel / flared wheel arches, flared wheel wings, fender flare. *04650*
Krad, Z → Motorrad. *09205*
Kraft, G, Energie, Leistung / power, force, energy. *06426*
Kraftfahrzeug, H, Kraftwagen / motor vehicle, motor car. *06020*
Kraftfahrzeugbesitzer, H → Kraftfahrzeughalter. *10310*
Kraftfahrzeugbrief, H, Fahrzeugbrief, Brief / title (US). *10406*
Kraftfahrzeugbrief, H, Fahr-

Kraftstoffpumpenmembran

zeugbrief; Brief / logbook (GB). *02971*
Kraftfahrzeughalter, H, Fahrzeughalter, Kraftfahrzeugbesitzer / car owner. *03408*
Kraftfahrzeugindustrie, W / automotive industry. *08694*
Kraftfahrzeugpflege, W / car care. *03403*
Kraftfahrzeugtechnik, W / automotive engineering. *03198*
Kraftrad, Z → Motorrad. *06009*
Kraftstoff, K, Treibstoff, Brennstoff / fuel, petrol, gas, gasoline. *00788*
Kraftstoff-Luft- Mischungsverhältnis, K / mixture ratio, air-fuel ratio, mixing ratio, mixing proportion. *01120*
Kraftstoffablaßhahn, K / fuel drain cock. *04829*
Kraftstoffanlage, K, Kraftstoffsystem / fuel system. *00802*
Kraftstoffanzeige, K, Benzinuhr / fuel indicator, fuel gauge. *04831*
Kraftstoffbehälter, K, Benzintank / fuel tank, gas tank, petrol tank, tank. *00804*
Kraftstoffdampfabscheider, K, Gasabscheider / fuel vapour separator. *04851*
Kraftstoffdüse, K / fuel jet. *04837*
Kraftstoffeinspritzung, K, Einspritzung / fuel injection, petrol injection, injection, P.I. *02395*
Kraftstoffhahn, K, Benzinhahn / fuel cock, fuel tap. *08602*
Kraftstoffhauptfilter, K / fuel filter. *00791*
Kraftstoffkanister, T → Benzinkanister. *04825*
Kraftstoffleitung, K / fuel pipe, fuel line. *02073*
Kraftstoffförderpumpe, K → Kraftstoffpumpe. *04551*
Kraftstofförderung, K / fuel delivery, fuel supply. *04828*
Kraftstoffpumpe, K, Kraftstoffförderpumpe / fuel pump, fuel supply pump, gasoline pump, transfer pump, fuel feed pump, gas pump, feed pump. *00797*
Kraftstoffpumpenmembran, K, Pumpenmembran / fuel pump

45

Kraftstoffpumpenstößel

diaphragm. *00798*
Kraftstoffpumpenstößel, K / fuel pump tappet. *00799*
Kraftstoffreserve-Warnleuchte, E / fuel level tell-tale. *04839*
Kraftstoffreservebehälter, K / auxiliary fuel tank. *03200*
Kraftstoffsieb, K / fuel strainer. *08842*
Kraftstoffstand, K / fuel level. *04838*
Kraftstoffsystem, K → Kraftstoffanlage. *00803*
Kraftstoffverbrauch, K / fuel consumption. *04827*
Kraftstoffverdunstung, K / evaporative emission system. *04425*
Kraftstoffverlust, K / fuel loss. *04836*
Kraftstoffzusatz, K / fuel additive. *04823*
Kraftübertragung, A → Getriebe. *04888*
kraftverteilend, G / load distributing. *05754*
Kran, W / hoist, lifting hoist, crane. *05713*
Krankenfahrstuhl, H → Invalidenfahrzeug. *05530*
Krankentrage, T, Tragbahre / barrow, stretcher. *03219*
Krankenwagen, H → Rettungswagen. *03166*
Kraterbildungen im Lack, L / eruptions in the paint. *08254*
Kreditbrief, H / letter of credit. *09251*
Kreis, G, Takt / cycle. *03879*
Kreiselgebläse, K → Turbokompressor. *00290*
Kreisellader, K → Turbokompressor. *00289*
Kreiselpumpe, G / centrifugal pump, rotary pump. *03448*
Kreiselverdichter, K → Turbokompressor. *00291*
Kreiskolbenmotor, M, KKM / orbiting piston engine. *02392*
Kreislauf, G / circulation. *03514*
Kreisverkehr, T / roundabout, traffic roundabout. *09369*
kreuzen, G, schneiden / intersect. *05519*
Kreuzgelenk, A → Kardangelenk.

07797
Kreuzkopf, M / crosshead. *09482*
Kreuzkopf, F, Kardankreuz, (Kreuzgelenk) / cross. *03836*
Kreuzkopfende der Pleuelstange, M / crosshead end of connecting rod. *02697*
Kreuzschlitzschraubendreher, W / screw driver for recessed-head screws. *09036*
Kreuzschlüssel, W / four-way rim wrench. *03852*
Kreuzspeichenrad, Z / cross-spoked wheel. *08570*
Kreuzung, T, Straßenkreuzung / crossing, crossroads, intersection. *03847*
Kriechgang, A / underdrive. *07780*
Kronenmutter, G / castle nut, crown nut. *03855*
Krückstockschaltung, A / dashboard gear change. *04023*
Kugel, G / ball. *08702*
Kugelbolzen, G / knuckle belt. *05592*
Kugelbrennraum, M, (Dieselmotor) / spherical combustion chamber. *01624*
Kugeldrucklager, A, Axialkugellager / thrust ball bearing. *01796*
Kugeldüse, G / eye ball socket. *04498*
Kugelgelenk- Vorderradaufhängung, F / balljoint front suspension. *10484*
Kugelhals, F, (Anhängevorrichtung) / ball neck. *03215*
Kugelkopfanhängevorrichtung, C / ball type towing attachment. *03216*
Kugellager, G / ball bearing. *00118*
Kugelschaltung, A / ball and socket gear shifting. *02113*
Kugelzapfen, G / knuckle ball pivot. *05591*
Kühler, M, Wasserkühler / radiator. *01394*
Kühlerattrappe, C / false front. *04521*
Kühlerblock, M, Kühlerkern / radiator core, radiator block. *01396*
Kühlerdichtungsmittel, W / radiator sealing compound. *06551*

Kühlwasser

Kühlereinlaufstutzen, M / radiator inlet connection. *01398*
Kühleremblem, C / radiator emblem. *02117*
Kühlerfigur, C / radiator mascot, hood ornament, mascot. *02114*
Kühlergitter, C → Kühlergrill. *04973*
Kühlergrill, C, Kühlergitter / radiator grille, front grille, grille. *02116*
Kühlerkern, M → Kühlerblock. *01397*
Kühlerklappe, M / radiator flap. *06547*
Kühlermaske, C / radiator shell. *09966*
Kühlerrippen, M / radiator slats. *09967*
Kühlerschutz, M / radiator guard. *06549*
Kühlerschutzblech, C / radiator protecting plate. *06550*
Kühlerthermometer, M / radiator thermometer. *09335*
Kühlerverstrebung, M / radiator strut. *06553*
Kühlerwasserauslaufstutzen, M, Kühlwasserausfluß / radiator outlet connection, coolant drain cock. *01399*
Kühlflüssigkeit, G → Kühlmittel. *03738*
Kühlmittel, M, Kühlflüssigkeit / coolant, refrigerant, cooling liquid. *03737*
Kühlmittelablaßschraube, M / coolant drain plug. *03731*
Kühlmittelleitung, M / coolant pipe. *03736*
Kühlmittelpumpe, M / coolant pump. *09736*
Kühlmittelschlauch, M / coolant hose. *03732*
Kühlmittelstand, M / coolant level. *03733*
Kühlmittelstandanzeige, M, Wasserstandsanzeige / coolant level indicator. *03734*
Kühlrippe, G / cooling rib, cooling fin, radiating fin. *03887*
Kühlung, M / cooling. *10574*
Kühlwasser, M / cooling water. *02120*

Kühlwasserablaßhahn, M → Wasserablaßhahn. *07958*
Kühlwasserausfluß, M → Kühlwasserauslaufstutzen. *01400*
Kühlwasserauslaufstutzen, M, Kühlwasserausfluß / water outlet flange. *07968*
Kühlwassereinlaufstutzen, M / water inlet flange. *07965*
Kühlwasserfilter, M / water filter. *07961*
Kühlwasserleitung, M / water pipe. *07969*
Kühlwassermantel, M / water jacket. *07966*
Kühlwasserpumpe, M → Wasserpumpe. *09735*
Kühlwasserschlauch, M / water hose. *07963*
Kulissenschaltung, A / gate change, gate shift. *04882*
Kundendienst, W / service. *06895*
Kundendienstheft, W, Wartungshandbuch / service manual, maintenance manual. *06898*
Kundendienstwerkstätte, W / service station. *06899*
Kunstharz für Handlaminierverfahren, G, (Glassfaser) / lay-up resin. *10190*
Kunstharz-Einbrennlack, L / low bake enamel. *08206*
Kunstharzlack, L / synthetic enamel, synthetic resin enamel. *01755*
Kunstleder, G / imitation leather, leatherette, vinyl. *05292*
Kunstlederbezug, I / vinyl seating. *10215*
Kunstlederdach, C / vinyl top. *10324*
Kunststoff, G / plastic. *06270*
Kunststoffkarosserie, C → GFK-Karosserie. *06371*
Kunststoffspatel, W / plastic spreader. *10123*
Kupfer, G / copper. *10403*
Kupferasbestdichtung, M, (Zylinderkopf) / copper-asbestos gasket. *00429*
Kupplung, A / clutch, coupling. *00318*
Kupplung ausrücken, A, Kupp-

lung lösen / disengage the clutch. *04144*
Kupplung lösen, A → Kupplung ausrücken. *04145*
Kupplungs-Kontrolleuchte, E / clutch monitor lamp. *00334*
Kupplungsabdeckscheibe, A → Kupplungsdeckel. *03552*
Kupplungsausrückgabel, A, Ausrückgabel, (Kupplung) / clutch fork, clutch release yoke, release fork. *00326*
Kupplungsausrückhebel, A / clutch release lever, disengaging lever, declutching lever, release lever. *00344*
Kupplungsausrücklager, A → Kupplungsdrucklager. *01444*
Kupplungsausrückmechanismus, A / clutch release mechanism. *00343*
Kupplungsausrückwelle, A / clutch release shaft. *03569*
Kupplungsbelag, A, Kupplungsreibbelag, Kupplungsabdeckscheibe / clutch lining, clutch facing, clutch disc lining. *00331*
Kupplungsbremse, A / clutch brake, clutch stop. *03547*
Kupplungsdeckel, A, Kupplungsabdeckscheibe / clutch cover. *00321*
Kupplungsdruckfeder, A, Andruckfeder, Anpreßfeder, Kupplungsfeder / clutch spring, clutch pressure spring. *00348*
Kupplungsdrucklager, A, Ausrücklager, Kupplungsausrücklager / clutch release bearing, release bearing cup, thrust release bearing. *01442*
Kupplungsdruckplatte, A, Druckplatte, Druckscheibe, Anpreßplatte / pressure plate, clutch pressure plate. *01357*
Kupplungsfeder, A → Kupplungsdruckfeder. *03571*
Kupplungsfliehgewicht, A / clutch weight. *03572*
Kupplungsführungslager, A / clutch bearing, clutch guide bearing. *03546*
Kupplungsgehäuse, A / clutch housing. *03562*

Kupplungsgestänge, A / clutch operating linkage, clutch linkage. *00335*
Kupplungsglocke, A / bellhousing. *10446*
Kupplungshauptzylinder, A, Geberzylinder / clutch master cylinder, clutch input cylinder, input cylinder. *00332*
Kupplungshebel, Z, (Lenkerarmatur) / clutch lever. *09895*
Kupplungskegel, A / clutch cone. *03549*
Kupplungsklaue, A / clutch dog. *03557*
Kupplungskontrolloch, A, Kupplungsschauloch / clutch inspection hole. *00330*
Kupplungskugel, F, (Anhängevorrichtung) / coupling ball. *03769*
Kupplungsmembranfeder, A → Kupplungstellerfeder. *03554*
Kupplungsnabe, A / clutch hub. *03563*
Kupplungsnachstellung, W / clutch adjustment. *03545*
Kupplungsnehmerzylinder, A, Nehmerzylinder / clutch slave cylinder, output cylinder, clutch output cylinder. *00336*
Kupplungspedal, A, Kupplungsfußhebel / clutch pedal. *00338*
Kupplungspedalspiel, A, Kupplungsspiel / clutch pedal clearance, clutch free play, free travel of clutch pedal, clutch pedal free travel, clutch play. *00339*
Kupplungsreibbelag, A → Kupplungsbelag. *03555*
Kupplungsrupfen, A, Rupfen / clutch grabbing. *00844*
Kupplungsschauloch, A → Kupplungskontrolloch. *07379*
Kupplungsscheibe, A, Mitnehmerscheibe / clutch disc, driven plate assembly, drive shaft tube, friction disk, drive plate, clutch drive plate. *00603*
Kupplungsschlupf, A / clutch slip. *03570*
Kupplungsschraubenfeder, A / clutch coil spring. *03548*
Kupplungsschwund, A / clutch

Kupplungsseilzug

fading, fading, fade. *03559*
Kupplungsseilzug, A / clutch cable, clutch-control cable. *00319*
Kupplungsspiel, A → Kupplungspedalspiel. *03566*
Kupplungstellerfeder, A, Kupplungsmembranfeder / clutch diaphragm spring. *03553*
Kurbelarm, M / crank arm. *03788*
Kurbelfenster, C / crank operated window. *08049*
Kurbelgehäuse, M, Kurbelkammer, Kurbelkasten / crankcase, engine case, crankshaft housing. *00432*
Kurbelgehäuseentlüfter, M, Entlüftungsrohr / crankcase breather, breather, crankcase ventilation. *06066*
Kurbelgehäusekompression, M / crankcase compression. *02741*
Kurbelgehäuseoberteil, M / crankcase top half, crankcase upper half. *00442*
Kurbelgehäusespülung, M, (Zweitakt) / crankcase scavenging. *03795*
Kurbelgehäuseunterteil, M / crankcase bottom half, lower crankcase. *09691*
Kurbelkammer, M → Kurbelgehäuse. *00433*
Kurbelkasten, M → Kurbelgehäuse. *00434*
Kurbelkastenexplosion, M / crankcase explosion. *02740*
Kurbelstellung, M / crankshaft position. *03811*
Kurbeltrieb, M / crankgear,

crankshaft drive. *03799*
Kurbelwange, M, Kurbelwellenwagen / crankweb, crankshaft web. *00454*
Kurbelwanne, M → Ölwanne. *03794*
Kurbelwelle, M / crankshaft. *00447*
Kurbelwellendrehzahl, M → Motordrehzahl. *00673*
Kurbelwellendrucklager, M → Kurbelwellenpaßlager. *03816*
Kurbelwellengegengewicht, M / crankshaft counterweight. *03805*
Kurbelwellenhauptlager, M / crankshaft main bearing. *03809*
Kurbelwellenkröpfung, M / crankshaft throw. *03814*
Kurbelwellenlager, M → Hauptlager. *02708*
Kurbelwellenlagerdeckel, M → Hauptlagerdeckel. *05871*
Kurbelwellenlagerschale, M → Hauptlagerschale. *05873*
Kurbelwellenlagerschraube, M → Hauptlagerdeckelschraube. *05869*
Kurbelwellenpaßlager, M, Kurbelwellendrucklager / crankshaft thrust bearing. *03815*
Kurbelwellenrad, M, Kurbelwellenzahnrad / crankshaft timing gear, crankshaft gear, crankshaft gear wheel. *02764*
Kurbelwellenriemenscheibe, M, Kurbelwellenscheibe / crankshaft pulley. *10439*
Kurbelwellenritzel, M / crankshaft pinion. *03810*

Ladedruck

Kurbelwellenscheibe, A → Kurbelwellenriemenscheibe. *03812*
Kurbelwellenschwingungen, M / crankshaft vibrations. *03818*
Kurbelwellenwange, M → Kurbelwange. *03819*
Kurbelwellenwinkel, M / crankshaft angle. *03804*
Kurbelwellenzahnrad, M → Kurbelwellenrad. *03817*
Kurbelwellenzapfen, M, Kurbelzapfen, Hubzapfen / crankshaft journal, crank pin. *00449*
Kurbelzapfen, M → Kurbelwellenzapfen. *09693*
Kurs, T → Route. *03773*
Kurve, T / bend, curve, turn. *03235*
Kurvenfahrt, T / cornering. *08561*
kurvenfreudig, T / showing good agility in bends. *09050*
Kurvenlage, Z / cornering ability. *08562*
Kurvenverhalten, Z / cornering behaviour. *08563*
kurzer Radstand, H / short wheel base, swb, s/c, short chassis. *02451*
Kurzhubmotor, M / short stroke engine. *06953*
Kurzschluß, E / short-cut, short-circuit. *02124*
Kurzschlußschalter, E / ignition cut out control. *09908*
Kurzstreckenzähler, T → Tageskilometerzähler. *01862*

L

labil, G, instabil / unstable. *07805*
Labyrintdichtung, M / oil seal. *09909*
Lack, L / paint, enamel, varnish. *06283*
Lack abbeizen, L / paint stripping. *08308*
Lack aufpolieren, L / compound the paint. *08202*
Lackabbeizer, L / paint stripper. *08309*
Lackdicke, L / depth of paint.

08203
Lackfehler, L / paint faults. *08287*
lackieren, L / paint. *06284*
Lackiererei, L / paint shop. *08132*
Lackierkabine, L / spray booth. *08183*
Lackierung, L / paintwork. *06286*
Lackläufer, L → Läufer. *09654*
Lackrand, L / edge of the paint. *08272*
Lackschicht, L / paint coating, coat of paint. *06285*

Lackspachtel, L → Spachtel. *01724*
Lacktropfen, L / paint leakage. *08286*
Ladeaggregat, E → Batterieladegerät. *00131*
Ladeanzeigeleuchte, E → Ladekontrolleuchte. *00302*
Ladebrücke, G → Laderampe. *05758*
Ladedruck, M, (aufgeladener Motor), / supercharging pres-

Ladedruckbegrenzer

sure, charging pressure. *07303*
Ladedruckbegrenzer, M / supercharging pressure limiter. *07305*
Ladedruckregler, M / boost pressure control, supercharging pressure control. *07304*
Ladefähigkeit, C / carrying capacity. *03421*
Ladefläche, C → Laderaum. *01064*
Ladegerät, W → Batterieladegerät. *00130*
Ladekante, C, (Kofferraum), / sill. *06979*
Ladekontrolle, E / dynamo charging indicator. *04304*
Ladekontrolleuchte, E, Ladestrom-Kontrolleuchte, Ladeanzeigeleuchte, Zündlicht / charging control lamp, generator charging indicator, generator charging tell-tale, charge control lamp, charge indicator lamp, generator indicator lamp. *00300*
Ladeluftkühler, M → Zwischenkühler. *05491*
laden, W, (Batterie), / charge. *03460*
laden, M, aufladen / supercharge. *03985*
ladenneu, H → wie aus dem Schaufenster. *09607*
Ladepumpe, M / charge pump. *03502*
Ladepumpe, Z, Kolbenladepumpe / charging piston. *09807*
Ladepumpenrennmotor, Z / piston charged engine. *09827*
Lader, M → Kompressor. *02410*
Laderampe, G, Ladebrücke / loading ramp. *05757*
Laderaum, C, Ladefläche / loading space, loading area, cargo space, payload space. *01063*
Ladermotor, M, Auflademotor, Kompressormotor / supercharged engine. *01715*
Ladestrom-Kontrolleuchte, E → Ladekontrolleuchte. *00301*
Ladeteil, E, (Zündanlage), / charging stage, charging device. *00307*
Lage, F, Kordlage, (Reifen), / ply, layer. *06394*
Lagenzahl, F, PR-Zahl / ply-

rating. *01318*
Lager, M → Lagerschale. *02125*
Lagerbestand, H / inventory. *08884*
Lagerbuchse, M / bearing bushing. *02728*
Lagerdeckel, M, Lagerschalendeckel / bearing cap, bearing cover. *02635*
Lagerraum, H / depot, store. *04063*
Lagerschale, M, Lager / bearing shell, bearing. *02727*
Lagerschalendeckel, M → Lagerdeckel. *02730*
Lagerstützschale, M / bearing support. *02732*
Lagerzapfen, G, Zapfen / journal. *05564*
Lambdasonde, K / lambda dissector, oxygen sensor. *09337*
Lamelle, E, (Kollektor), / segment. *06868*
Lamellen-Kühler, M, Rippenkühler / ribbed radiator, finned radiator, gilled radiator. *01470*
Lamellenkupplung, A → Mehrscheibenkupplung. *01130*
Lamellenring, M → mehrteiliger Ölabstreifring. *06041*
Lamellierung, G → Feinprofilierung. *09520*
Lampe, E → Leuchte. *07360*
Landesmeisterschaft, R / national championship. *09293*
Landstraße, T / country road. *03764*
landwirtschaftlicher Traktor, H → Ackerschlepper. *03137*
Länge, G / length. *05684*
langer Radstand, F / long wheel base, lwb. *02453*
Langgutanhänger, H / pole trailer. *06405*
Langhuber, M → Langhubmotor. *05793*
Langhubmotor, M, Langhuber / long stroke engine. *05792*
Langlebigkeit, G / long durability. *08912*
Längsachse, C / longitudinal axis. *05789*
langsam, G / slow. *10560*
langschenklige Spitzzange, W / long-nosed circlip pliers. *10463*

Laufflächenverstärkung

Längsholm, C → Rahmenlängsträger. *05879*
Längslager, M → Axiallager. *00107*
Längslenker, F, (Radaufhängung), / trailing link, trailing arm, length link. *07647*
Längsträger, C → Rahmenlängsträger. *02862*
Langstrecken-Rennmaschine, Z / endurance race machine. *08587*
Langstreckenfahrt, R / long distance trial. *09867*
Langstreckenrennen, R / endurance race, long-distance race. *09315*
Langstreckentest, W / long-distance test. *08911*
Langzeitkonservierung, W, Einmotten / long-term conservation. *03007*
Lappen, G / rag. *08167*
Lärmpegel, G / noise level. *08948*
Lasche, G / shackle. *06907*
Last, G, Belastung / load. *05752*
Lastenroller, H / delivery scooter. *08753*
Lastkraftfahrzeug, H → Lastkraftwagen. *05799*
Lastkraftwagen, H, Lastwagen, Lkw, Lastkraftfahrzeug / truck, motor truck, lorry. *07712*
Lastwagen, H → Lastkraftwagen. *05800*
Latsch, F → Lauffläche. *07691*
Laufbüchse, M → Zylinderlaufbüchse. *03892*
Läufer, L, Nase, Träne, Lackläufer, (Spritzbild), / run, hanger. *08283*
Läufer, E → Rotor. *01491*
Läufer-Sekundärschale, A → Turbinenrad. *01871*
Lauffläche, F, Laufstreifen, Protektor, Latsch, Reifenaufstandsfläche / tread, tyre contact. *01852*
Laufflächenmischung, F / tread compound. *07687*
Laufflächenprofil, F / tread design, tread pattern. *03195*
Laufflächentiefe, F → Profiltiefe. *07693*
Laufflächenverstärkung, F / tread bracing. *07686*

49

Laufrad

Laufrad, G / impeller. *05296*
Laufrädchen, Z, (Dynamo), / pulley. *08998*
Laufradwelle, G, Pumpenradwelle / impeller shaft. *05299*
Laufrolle, Z, (Reibrollendynamo), / dynamo pulley. *08771*
Laufschiene, C, (Schiebedach), / guide rail. *05003*
Laufstreifen, F → Lauffläche. *01853*
Laugenbatterie, E → alkalische Batterie. *00059*
Lautsprecher, E, (Radio), / speaker, loudspeaker. *07119*
Lautstärkenregler, E / radio volume control. *06559*
Lebensdauer, G / running life, service life, lifespan. *06763*
Leck, G, Undichtigkeit / leak, leakage. *05670*
Leckkraftstoff, K, (Einspritzdüse), / leakage fuel, leak-off. *05673*
Leckölanschluß, K, (Dieselkraftstoffanlage), / overflow oil line connection. *01228*
Leder, G / leather. *05676*
Lederhaut, G / hide. *08393*
Lederhose, Z / leather trouser. *08635*
Lederjacke, Z / leather jacket. *08633*
Lederkombination, Z / leather overall. *08634*
Lederkranz, I, (Lenkradkranz), / leather rim. *05679*
Ledernahrung, W / hide food. *10214*
Lederriemen, G / leather belt. *08896*
Ledersitz, I / leather seat. *10213*
leere Batterie, E / flat battery. *02068*
Leergewicht, G / curb weight, kerb weight. *03865*
Leergewicht des betriebsfähigen Fahrzeuges, G / complete vehicle kerb weight. *04031*
Leergewicht des trockenen Fahrzeuges, G / complete vehicle dry weight. *04030*
Leerlauf, K / idle, idle running, idling. *05232*

Leerlauf-Anschlagschraube, K → Drosselklappenanschlagschraube. *01789*
Leerlaufabschaltventil, K / idle cut-off valve. *05239*
Leerlaufbegrenzungsschraube, K / idle adjusting screw. *05235*
Leerlaufbohrung, K / idle feed orifice. *05261*
Leerlaufdrehzahl, K / idle speed. *05256*
Leerlaufdüse, K, Leerlaufluftdüse / idle jet, idling jet, idle air jet, slow running jet. *00925*
Leerlaufdüsenträger, K / idle jet carrier, idle jet holder. *05240*
Leerlaufeinstellschraube, K → Leerlaufluftschraube. *05234*
Leerlaufeinstellung, K / idle adjustment, idling setting, slow running adjustment, idling adjustment, idle setting, idle speed adjustment. *00931*
Leerlaufgemisch, K / idle mixture. *05242*
Leerlaufgemisch-Regulierschraube, K → Gemischeinstellschraube. *05978*
Leerlaufluftdüse, K → Leerlaufdüse. *05238*
Leerlaufluftschraube, K, Leerlaufeinstellschraube / idle air adjusting screw. *00923*
Leerlaufstabilisierung, K / idle stabilization. *05259*
Leerlaufstellung, K, (Drosselklappe), / idle position. *05243*
Leerlaufsystem, K / idle fuel system, idle system. *00924*
legierter Stahl, G / alloyed steel. *08682*
legiertes Öl, G / oil with additives, doped oil. *03241*
Lehne, I / rest. *06657*
Lehre, G, Meßuhr / gauge, gage, indicator, tell-tale. *04865*
leicht, G / light. *05715*
Leichtbenzin, K / light fuel, benzine. *05720*
leichte Beule, W / shallow dent. *10096*
leichte Verletzung, T / minor injury. *05972*
leichter Lkw, H / light truck. *05731*

Lenkarm

leichtes Motorrad, Z → Leichtkraftrad. *08637*
Leichtkraftrad, Z, leichtes Motorrad / light motorcycle. *08904*
Leichtmetall, G, Leichtmetallegierung / light metal, light metal alloy, light alloy. *05725*
Leichtmetallegierung, G → Leichtmetall. *01056*
Leichtmetallfelge, F / light metal wheel. *05726*
Leichtmetallkolben, M / light-alloy piston, light-metal piston. *01057*
Leichtmotorrad, Z / lightweight motorcycle. *09911*
Leihgabe für Museum, H / exhibit on loan. *03009*
Leihwagen, H → Mietwagen. *05145*
Leihwagenservice, T → Autovermietung. *08332*
Leistung, G / performance, output. *06245*
Leistungsabfall, M / power decrease, power loss. *06435*
Leistungsanstieg, M / power increase. *06437*
Leistungsdaten, G / performance data. *06329*
Leistungsgewicht, G / power-to-weight ratio. *06441*
Leistungskurve, M / power curve. *06434*
Leistungsverlust, G / loss in efficiency. *08916*
Leitblech, C / air deflector. *03148*
Leiterrahmen, C / ladder type frame. *05615*
Leitflügel, C, Luftleitflügel / fin. *04591*
Leitung, G / line. *05734*
Leitung, E → Kabel. *05658*
Leitungsrohr, E, (Verkabelung), / lead pipe. *05666*
Lenkachse, F / steering axle. *07221*
Lenkanlage, F / steering system. *07241*
Lenkanschlag, F, Anschlag, (Lenkanlage), / steering stop, lock. *05768*
Lenkanschlagbereich, F / lock-to-lock. *10550*
Lenkarm, F → Spurstangenhebel.

50

lenkbar

01831
lenkbar, F / steerable. *07218*
Lenkeinschlag, F / steer angle. *07219*
lenken, F, steuern, (Fahrzeug), / steer. *07216*
Lenker, F, Achsstrebe, (Radaufhängung), / link, suspension link. *05739*
Lenker, Z → Lenkstange. *05036*
Lenkeranlenkung, F / suspension link joint. *07330*
Lenkerarmatur, Z / handlebar control. *09889*
Lenkergummi, Z / handlebar rubber grip. *09899*
Lenkerlager, F / suspension link bearing. *07329*
Lenkerpolster, Z / handlebar padding. *08613*
Lenkerprallplatte, Z / handlebar impact boss. *08611*
Lenkerschaft, Z / handlebar stem. *08615*
Lenkerschalter, Z / handlebar shifter. *08614*
Lenkerstange, F / link strut, strut, suspension link strut. *05744*
Lenkervorbau, Z / stem. *09081*
Lenkgeometrie, F / steering geometry. *07233*
Lenkgetriebe, F / steering gear, steering unit. *01657*
Lenkhebel, F, Lenkstockhebel / steering drop arm, drop steering lever, steering gear arm, drop arm, steering arm, pitman arm, steering gear, steering lever. *00611*
Lenkhilfe, F → Servolenkung. *01329*
Lenkhilfpumpenöl, A / power steering fluid. *00984*
Lenkmanschette, F / steering gaiter. *09476*
Lenkrad, F, Steuerrad / steering wheel. *01682*
Lenkrad-Nabenabdeckung, I, Nabenabdeckung / steering wheel hub cap, hub cab. *05202*
Lenkraddurchmesser, F / steering wheel diameter. *07242*
Lenkradkranz, F / steering wheel rim. *07243*

Lenkradschaltung, F / steering column change, column change, column gear shift, column shift. *07222*
Lenkradschloß, F / steering column lock. *07224*
Lenkradspeichenkreuz, F / steering wheel spider. *07244*
Lenkreaktion des Fahrzeugs, F, Lenkverhalten / steering response. *07237*
Lenkrohr, F / steering column jacket. *01654*
Lenkrollhalbmesser, F, Rollradius / swivelling radius, offset radius, wheel offset, steering offset. *01738*
Lenksäule, F / steering column, steering post. *02130*
Lenksäulengelenk, F / steering joint. *07235*
Lenksäulenschalter, F / combination stalk. *09545*
Lenkschloß mit Zündanlaßschalter, E / combined ignition and steering lock. *00358*
Lenkschnecke, F, (Lenkgetriebe), / steering worm. *07246*
Lenkschubstange, F → Spurstange. *04229*
Lenkspiel, F, Totgang am Lenkrad / steering free travel, steering play, lost motion, lost motion of steering. *01656*
Lenkspindellager, F / steering spindle gearing. *05810*
Lenkspurhebel, F → Lenkstangenhebel. *04259*
Lenkspurstange, F, Spurstange / steering rod. *07238*
Lenkstange, Z, Lenker / handlebar. *08616*
Lenkstockhebel, F → Lenkhebel. *07232*
Lenktrapez, F, Drehschemellenkung, Achsschenkellenkung / Ackermann steering. *00031*
Lenkübersetzungsverhältnis, F / steering reduction ratio. *01671*
Lenkung, F / steering. *01652*
Lenkungsdämpfer, A / steering damper. *07226*
Lenkverbindungsstange, F / steering connection rod, con-

Lichtmaschinenträger

necting rod. *07225*
Lenkverhalten, F → Lenkreaktion des Fahrzeugs. *09483*
Lenkzwischenhebel, F, (Lenkgestänge), / idler arm, steering idler arm. *05249*
lesbar, G / legible. *08900*
Leselampe, E → Leseleuchte. *05929*
Leseleuchte, E, Leselampe; Leselicht / map light, map reading light, reading light. *05928*
Leselicht, E → Leseleuchte. *08349*
Leuchte, E, Lampe / lamp. *05621*
Leuchtfarbe, L / fluorescent paint. *10507*
Leuchtzifferblatt, G / luminous dial. *05832*
Licht, E / light. *05714*
Lichtanlaßzünder, E → Anlaßlichtmaschine. *00360*
Lichtausbeute, F / light efficiency. *05719*
Lichtbogen, W, (Schweißen), / arc. *10027*
Lichtbogenschweißen, W → Elektroschweißen. *10026*
Lichtdurchlässigkeit, E / light transmittance. *05729*
Lichthupe, E / headlight flasher, optical horn. *00871*
Lichtkegelbild, E / headlamp illumination pattern. *10548*
Lichtmagnetzünder, E / dynamomagneto. *02132*
Lichtmaschine, E / generator, dynamo. *02133*
Lichtmaschinenanker, E / dynamo armature. *04303*
Lichtmaschinenantrieb, E / generator drive, dynamo drive. *04916*
Lichtmaschinenantriebsriemen, E / generator belt. *04913*
Lichtmaschinengehäuse, E, Lichtmaschinenpolgehäuse / generator yoke, dynamo yoke. *04920*
Lichtmaschinenpolgehäuse, E → Lichtmaschinengehäuse. *04921*
Lichtmaschinenriemenscheibe, E / generator pulley. *04917*
Lichtmaschinenträger, E / generator bracket. *10288*

51

Lichtstärke

Lichtstärke, E / light intensity. *05724*
Lichtstellung zwischen Fern- und Abblendlicht, E / intermediate beam. *05505*
Lichtstrahl, E / light beam, light ray, luminous beam. *05718*
Liebhaberstück, H / collector's item. *02940*
Liebhaberwagen, H → Sammlerwagen. *02874*
Lieblingsauto, H / favourite car. *02903*
Lieferant, W, Zulieferer / supplier. *06006*
Lieferdatum, H / date of delivery. *04028*
Lieferprogramm, H / product line. *08991*
Lieferwagen, H, Kastenwagen / delivery car, delivery truck, delivery van, van. *04051*
liegend, G → waagerecht. *05175*
liegender Motor, M / horizontal engine. *10326*
liegender Zylinder, M / horizontal cylinder. *02134*
Liegesitz, I / reclining seat. *06616*
Limousine, H, (7- oder 9-Sitzer), / limousine, limo. *05733*
Limousine, H, Innenlenker / saloon, sedan. *02135*
Linearmotor, M / linear engine. *08638*
Linksgewinde, G / left-hand thread. *08897*
Linkskurve, T / left-hand bend. *05680*
Linkslenkung, A, (Fahrzeug) / left-hand drive, left-hand steering. *05681*
Linksverkehr, T / left-hand traffic. *05683*
Literleistung, M → Hubraumleistung. *01062*
Litze, G / strand. *07265*
Lkw, H → Lastkraftwagen. *05798*
Loch, G → Mündung. *06228*
Lochdüse, M, (Dieselmotor), / orifice nozzle. *01214*
Lochkreis, F / hole circle. *05156*
Lochung, G / perforation. *08974*
lockern, W, (Schraube), / loosen. *08915*

Löffeleisen, W, Richtlöffel / spoon. *10068*
Logo, G → Firmenzeichen. *08909*
lösen, W, (Schraube, Teile), / detach, loosen, slacken. *04074*
lösen, G → abhängen. *04141*
Lösungsmittel, L, Verdünner / solvent, thinner, reducer. *07064*
Lot, W, Weichlot / solder. *10450*
löten, W → hartlöten. *09761*
löten, W → weichlöten. *09762*
Lötnippel, G / solder nipple. *09061*
Lötöse, G / soldering eye. *09065*
Lötspitze, E, (Kabelende), / nozzle. *05367*
Lubrizität, G → Schmierfähigkeit. *01207*
Luft, G / air. *08394*
Luft, G → Spiel. *06062*
Luft ablassen, F / deflate. *04036*
Luftbehälter, B, (Bremsanlage), / air reservoir, air tank. *00051*
Luftbläschenbildung, L, Nadellochbildung / pinholing. *08300*
Luftblase, G / air bubble. *03146*
luftdicht, G / air tight. *03158*
Luftdrucktabelle, F / inflation table. *05348*
Luftdüse, L, (Spritzpistole) / air cap. *08139*
Lufteinblasung in den Auspuffkrümmer, K / manifold air injection. *05913*
Lufteinlaßschlitz, C / air duct. *09230*
Lüfter, G → Ventilator. *00715*
Lüfterbock, M / fan bracket. *04524*
Lüfterflügel, M / fan blade. *04523*
Lüfterhaube, M / fan cowl, fan shroud. *04526*
Lüfterkupplung, M / fan clutch. *04525*
Lüfterrad, M / fan wheel. *00717*
Lüfterriemen, M / fan belt. *04522*
Lüfterwelle, M / fan drive shaft, fan shaft. *04527*
Luftfederung, F / pneumatic springing. *06402*
Luftfeuchtigkeit, G / air humidity. *03151*
Luftfilter, M / air filter, air cleaner. *00046*
luftgekühlt, G / air cooled. *02137*
luftgekühlter Motor, M / air-

Luftzug

cooled engine. *03147*
Luftgurt, I / air belt. *03138*
Lufthebel, Z, (Lenkerarmatur), / choke lever, air lever. *09893*
Lufthutze, C → Motorlufthutze. *07359*
Luftkanal, L, (Spritzpistole), / airway. *08165*
Luftklappe, K → Starterklappe. *00311*
Luftkorrekturdüse, K → Ausgleichluftdüse. *00045*
Luftkühlung, G / air cooling. *00043*
Luftleitflügel, C → Leitflügel. *04592*
Luftpolsterwagenheber, W → Druckluftwagenheber. *03153*
Luftpumpe, W / air pump, tyre pump, inflator. *03156*
Luftsack, I, Airbag / air bag, air cushion. *03098*
Luftsaugschlauch, M → Ansaugschlauch. *05475*
Luftschlauch, F → Schlauch. *06137*
Luftschlitz, C / louvre, louver. *09963*
Luftspeicherdieselmotor, M / air cell diesel engine, energy-cell diesel engine. *00026*
Luftstrom, L, (Spritzpistole) / flow of air. *08135*
Lufttransformator, L, (Spritzpistole) / air transformer. *08138*
Lufttrichter, K → Mischrohr. *02843*
Lüftungsgebläse, M → Ventilator. *00714*
Lüftungsklappe, C / vent. *09214*
Luftverlust, F, (Reifen), / tyre blow-out, air loss. *07543*
Luftverschmutzung, G / air pollution. *03155*
Luftwiderstand, C, Strömungswiderstand / aerodynamic drag, drag. *03132*
Luftzug, G / current of air. *08745*

52

M

M+S Reifen, F → Matsch-und-Schnee-Reifen. *06134*
mageres Gemisch, K / lean mixture, poor mixture, rare mixture. *01049*
Magnesiumlegierung, G / magnesium alloy. *05863*
Magnet, E / magneto. *10289*
Magnetabscheider, E, Magnetfilter / magneto filter, magneto separator. *01085*
Magnetanlaßschalter, E → Magnetschalter. *09448*
Magnetantrieb, E / magneto drive. *10290*
Magnetfilter, M → Magnetabscheider. *01086*
Magnetkupplung, A / magnetic clutch. *05836*
Magnetpulverkupplung, A / magnetic powder clutch. *01087*
Magnetschalter, E, Magnetanlaßschalter, Einrückrelais, elektromagnetischer Anlaßschalter / solenoid switch. *01579*
Magnetschranke, E / ignition vane switch. *00958*
Magnetspule, E / solenoid, solenoid coil. *07157*
Magnetventil, G / solenoid valve. *07059*
Magnetzündung, E / magneto ignition. *01088*
Make-up Spiegel, I, (Sonnenblende) / make-up mirror, vanity mirror. *05911*
Mangel, G / lack. *05611*
mangelnde Deckfähigkeit, L, (Lackfehler) / poor opacity. *08306*
mangelnde Schmierung, W / under lubrication. *07784*
Mannschaftpreis, R / team-prize. *09328*
Manometer, G, Druckmesser, Druckanzeige / manometer, pressure gauge. *05914*
Manschette, F → Faltenbalg. *09475*
Mantelschoner, Z / coat protector. *08554*
manuelle Sitzgurtverstellung, I /

manual length adjustment. *05923*
Marke, H, Fabrikat / marque, make, brand. *06161*
Marke, G, Markierung / mark. *05932*
Markenzeichen, C / motor badge. *10398*
Markierung, G → Marke. *05933*
Markt, H / market. *02926*
Marktforschung, H / market research. *05935*
Marktwert, H / market value. *02896*
Maß, G / measure. *05956*
Maschine, G / machine. *05833*
Maschinenschraube, G / machine screw. *02520*
Maßeinheit, G / measuring unit, measure. *10517*
Masse, E / ground. *04307*
Masse, G / mass. *05937*
Masseanschluß, E / ground connection. *05339*
Massenträgheit, G, Trägheit / inertia. *04309*
Massenträgheitsmoment, G → Trägheitsmoment. *05994*
Material, G / material. *08923*
Materialmengenregulierschraube, L / fluid adjustment screw. *08179*
Matsch, T → Schlamm. *06029*
Matsch-und-Schnee-Reifen, F, M+S Reifen / mud and snow tyre. *06030*
Matte, G, (Glasfaser) / mat. *10187*
matter Lack, L / faded paint. *10208*
Maulschlüssel, W → Schraubenschlüssel. *08102*
Maulweite, F, (Reifen/Felge) / rim width. *10419*
Maulweite, M, (Kolbenring) / free gap. *04789*
Maulweite des Schraubenschlüssels, W / opening of the spanner. *10516*
Maut, T → Straßenbenutzungsgebühr. *07570*
maximal zulässiger Reifendruck, F / maximal permissible inflation pressure. *05945*

Maximalabweichung, G / maximum divergence. *08924*
maximale Motordrehzahl, M / maximum engine speed. *05943*
maximales Drehmoment, M / maximum torque. *05948*
McPherson-Achse, F / McPherson axle. *05949*
McPherson-Federbein, F, Achsschenkelfederbein, Federbein / McPherson strut. *01103*
Mechanik, G / mechanics. *10300*
Mechaniker, W, Autoschlosser / mechanic. *05959*
mechanisch, G / mechanical. *05961*
mechanische Bremse, B / mechanical brake. *02141*
mechanischer Regler, K, (Einspritzpumpe) / mechanical governor. *05962*
mechanischer Wagenheber, T / mechanical jack. *05963*
Mehrbereichsöl, G / multi-grade oil, multiple-viscosity oil. *01125*
Mehrdüsenvergaser, K / multiple jet carburetor. *06043*
Mehrfachschalter, G, Kombinationsschalter / combination switch. *03608*
Mehrfachsteckverbindung, G, (Steckverbindung) / multiconductor plug. *06036*
Mehrgewicht, G → Übergewicht. *04432*
Mehrimpulsaufladung, E / multipulse charging. *01135*
Mehrkammermotor, M, (Kreiskolbenmotor) / multi-chamber engine. *06035*
Mehrklanghorn, E, Fanfarenhorn, Elektrofanfare / multitoned horn, multi-tone horn, multi-trumpet horn. *06046*
Mehrkreisbremsanlage, B / multiple circuit brake system. *06042*
Mehrlocheinspritzdüse, K, Viellocheinspritzdüse / multi-hole nozzle, multi-orifice nozzle, multiple-jet nozzle. *01126*
Mehrscheiben-Ölbadkupplung,

Mehrscheibenkupplung   Modell

A / wet multi-disc clutch. *07992*
Mehrscheibenkupplung, A, Lamellenkupplung / multi-plate clutch, multi-disc clutch, multiple-disc clutch, multiple plate clutch, plate clutch. *01129*
Mehrschichten-Bauweise, W / sandwich construction. *10399*
Mehrschichtendichtung, M, (Zylinderkopfdichtung) / laminated gasket. *05619*
Mehrschichtenglas, C → Verbundglas. *01044*
mehrschichtig, G / laminated. *05612*
Mehrstoff-Dieselmotor, M / multi-fuel engine. *01124*
mehrteiliger Düsenkörper, K, (Einspritzdüse) / multi-piece nozzle body. *06039*
mehrteiliger Kompressionsring, M / multi-piece compression ring. *06038*
mehrteiliger Ölabstreifring, M, Lamellenring / multi-piece oil ring. *06040*
Mehrwertsteuer, H, MWSt / VAT, value added tax, tax on net value added. *02985*
Mehrzweck, G / multi-purpose. *10301*
Mehrzweckfahrzeug, H / multi-purpose vehicle. *06045*
Mehrzweckfett, G / multi-purpose grease. *01136*
Mehrzweckleuchte, E / multi-purpose lamp. *06044*
Mehrzylindermotor, M / multi-cylinder engine. *02502*
Meile mit fliegendem Start, R / flying mile. *09318*
Meile mit stehendem Start, R / standing mile. *09317*
Meilen pro Gallone, G / miles per gallon, mpg. *02466*
Meilen pro Stunde, G / miles per hour, mph. *02468*
Meißel, W / chisel. *10085*
Meister, R / champion. *09290*
Meister, W / foreman. *10428*
Meisterschaft, R / championship. *03497*
Membranblock, M, (Dieselmotor) / diaphragm unit. *00494*

Membrane, G / diaphragm. *04086*
Membranfederkupplung, A, Tellerfederkupplung, Scheibenfederkupplung / diaphragm clutch. *00491*
Membranregler, K, Unterdruckregler / suction governor, vacuum governor, pneumatic governor. *01708*
Membransteuerung, M / diaphragm control. *04087*
Meßfehler, G / measuring error. *05958*
messen, G / measure. *05957*
Messing, G / brass. *03292*
Meßspindel, W → Säureprüfer. *10429*
Meßtechnik, G / measurement techniques. *08926*
Meßuhr, G → Lehre. *07439*
Meßwert, G / measured value. *08925*
Metall, G / metal. *08927*
Metall- Asbest-Zylinderkopfdichtung, M / metal-asbestos cylinder head gasket. *01107*
Metallglanzeffekt, L / metallic effect. *08224*
Metallic-Lackierung, L / metallic paint, metallic finish. *08928*
Metallsäge, W / hacksaw. *10157*
Mietwagen, H, Leihwagen / hire car, hired car, rented car. *05142*
MIG-Schutzgasschweißen, W / MIG-welding. *10060*
Mikrometer, W, Micrometerschraube, Bügelmeßschraube / micrometer, micrometer gauge. *10472*
Mikrometerschraube, W → Mikrometer. *10508*
Mikroprozessor, G / microprozessor. *08929*
Mindestanforderungen, G / minimum requirements. *05968*
Mindestgebot, H / minimum offer. *02941*
Mindestgeschwindigkeit, T / minimum speed. *05969*
Mindestprofiltiefe, F / minimum tread thickness. *01110*
Mindestwert, H / minimum value. *08934*
Mineralöl, G, Erdöl / mineral oil.

01109
Minusplatte, E, negative Platte, (Bleibatterie) / negative plate. *01146*
Minuspol, E, negativer Pol / negative terminal. *06099*
Mischkammer, K, Saugkanal, Vergaserdurchlaß / mixing chamber, vapourizing chamber. *01113*
Mischrohr, K, Lufttrichter, Venturieinsatz, Vergaserlufttrichter / emulsion tube, venturi, venturi tube, main discharge jet tube, carburetor throat, diffuser, throat, mixing tube. *00660*
Mischung, G / mixture. *05976*
mit Kompressor, M → aufgeladen. *03940*
Mitnehmer, G / driving dog, dog. *04251*
Mitnehmerscheibe, A → Kupplungsscheibe. *00604*
Mittelarmstütze, I / center arm rest. *04714*
Mittelelektrode, E → Zündkerzen-Mittelektrode. *00276*
Mittelkonsole, I / center console. *03435*
Mittelpfosten, C → B-Säule. *03267*
Mittelrohrrahmen, C → Zentralrohrrahmen. *03444*
Mittelschaltung, A, Stockschaltung, Knüppelschaltung / floor shift, floor-mounted shift control, center floor shift, floor change, floor type gear shift. *04688*
Mittelständer, Z / center stand. *08498*
Mitteltunnel, I → Getriebetunnel. *04901*
Mittelwert, G, Durchschnitt / mean value, average value. *05951*
Mittelzugbremse, Z / central cable brake, center pull brake. *08494*
mittengeteilte Felge, F / center split rim. *03442*
mittlere Kolbengeschwindigkeit, M / mean piston speed. *05953*
Modell, H, Typ / model, type. *05982*

Modelljahr

Modelljahr, H / model year. *08937*
Modellreihe, H / model line, model range. *05984*
Mofa, Z / motorized bicycle. *10518*
Mofafahrer, Z / motorized bicycle rider. *08661*
Mokick, Z / mokick. *08649*
Mondsichelpumpe, M / crescent oil pump. *03833*
Monocoque, C / monocoque. *05997*
Monoposto, H, Einsitzer, (Rennwagen) / monoposto, single seater. *05998*
Montage, W / assembly. *09180*
Montageanweisung, W / assembly instruction. *09345*
Montageband, W / assembly line. *08689*
Montagesatz, W / CKD unit, completely knocked down unit. *09235*
Montagezeichnung, W / assembly drawing. *03194*
montieren, W → zusammenbauen. *03193*
Moosgummi, G → Schaumgummi. *08823*
Moped, Z / moped. *06000*
Motocross, R / moto-cross. *08938*
Motor, M / engine. *09738*
Motor abstellen, T / shut off. *06959*
Motor abwürgen, M / stall. *07187*
Motor mit angeflanschtem Getriebe, M → Motor-Getriebeblock. *02561*
Motor mit einteiligem Zylinderblock, M / engine-cylinder block. *02489*
Motor mit gleichem Hub und gleicher Bohrung, M → quadratischer Motor. *09700*
Motor mit hängenden Ventilen, M → obengesteuerter Motor. *02505*
Motor mit hohem Wirkungsgrad, M / high efficiency engine. *05119*
Motor mit Querstromspülung, M → Dreikanal-Zweitaktmotor. *01784*
Motor-Getriebeblock, M, Motor mit angeflanschtem Getriebe / engine gearbox unit. *02560*

Motorabmessungen, M / engine dimensions. *04374*
Motoranalyse, W / engine analysis. *04362*
Motoraufhängung, M, Motorlager, Motorträger / engine lug, engine bracket, engine mount. *02557*
Motorbelastung, M / engine load. *04389*
Motorbetriebsstunden, M / engine hours, engine running hours. *04386*
Motorblock, M / engine block. *00665*
Motorbolzen, M / engine bolt. *02553*
Motorbremse, M / engine brake, exhaust brake. *00667*
Motorbremsklappe, M / engine brake flap. *04368*
Motordaten, M / engine data. *04373*
Motordrehmoment, M, Drehmoment des Motors / engine torque, crankshaft torque. *00674*
Motordrehrichtung, M / engine rotation. *02718*
Motordrehzahl, M, Kurbelwellendrehzahl / engine speed, crankshaft speed. *00672*
Motoreinstelldaten, M / engine tune-up specifications. *04411*
Motorenausbau, W / engine removal. *10436*
Motorenaussetzer, M / cutout of the engine. *03873*
Motorenprüfstand, W, Prüfstand / test bed, testing stand, test bench, test rig, test stand. *02566*
Motorenschmieröl, M → Motoröl. *00671*
Motorenüberholung, W / engine overhaul, engine rebuild. *02999*
Motorenzubehör, M / engine accessories. *02545*
Motorfahrrad, Z → Fahrrad mit Hilfsmotor. *06002*
Motorgummilagerung, M / engine mounting in rubber. *02546*
Motorhaube, C / bonnet, hood, engine bonnet, engine hood. *00901*
Motorhaubenaufsteller, C →

Motorradgespann

Motorhaubenständer. *09407*
Motorhaubenständer, C, Motorhaubenaufsteller / bonnet stay, hood support stay, hood lock. *03258*
Motorhaubenverriegelung, C / bonnet catch. *03257*
Motorkran, W / engine hoist. *09755*
Motorkühlmittel, M / engine coolant. *04372*
Motorlager, M → Motoraufhängung. *09705*
Motorleistung, M / engine power. *04403*
Motorlufthutze, C, Lufthutze / engine air box, rambox, air scoop. *03139*
Motornummer, M / engine identification number, engine number. *02512*
Motoröl, M, Motorenschmieröl / engine oil. *00670*
Motoröldruck, M / engine oil pressure. *04398*
Motorölkühler, M / engine oil cooler. *04397*
Motoröltemperatur, M / engine oil temperature. *04399*
Motorprüfstand, W / engine test bed. *02568*
Motorquerträger, C / engine cross member. *04395*
Motorrad, Z, Kraftrad, Zweirad, Krad / motorcycle, motor cycle, bike. *03878*
Motorradabbocken, Z / lower the motorcycle stand. *08641*
Motorrad-Anhängerkarren, Z, Handkarren mit Anhängekupplung / every-day-motorcycle trailer, bread and butter model trailer. *09797*
Motorradanhänger, Z / motorcycle trailer. *08659*
Motorradfachzeitschrift, Z / motorcycle magazine. *08656*
Motorradfahrer, Z / motorcyclist, motorcycle rider, rider, bike rider, biker. *06011*
Motorradführerschein, Z / motorcycle licence. *08655*
Motorradgespann, Z, Gespann / motorcycle with sidecar, combi-

55

Motorradhändler

nation, sidecar outfit. *08555*
Motorradhändler, Z / motorcycle dealer. *08653*
Motorradhelm, Z → Sturzhelm. *03826*
Motorradrennstrecke, R / drag strip. *08766*
Motorraum, C / engine bay, engine compartment. *02142*
Motorraum-Seitenwand, C / engine bay side panel. *09979*
Motorraumbeleuchtung, E / underbonnet light. *07778*
Motorroller, Z, Roller / scooter. *06815*
Motorschaden, W / engine breakdown, engine blow-up, engine failure. *04364*

Motorschild, M / engine plate. *04402*
Motorschlitten, H / snowmobile. *07047*
Motorschmierung, M / engine lubrication. *04391*
Motorschutz, C / mud pan. *06034*
Motorschutzblech, C / engine protection plate. *02571*
Motorschwungrad, M → Schwungrad. *09707*
Motorsteuerung, M / engine timing, engine timing gear. *04409*
Motorträger, M → Motoraufhängung. *09706*
Motorzerlegung, W / engine strip. *10452*
Mousetrap-Vergaser, Z, (Rennvergaser) / mousetrap-carburetor. *09916*

negativer Lenkrollradius

Müllwagen, H / garbage collector. *04877*
Mündung, G, Öffnung, Loch, (Düse) / orifice. *06226*
Museum, H / museum. *02884*
Muster, G → Probe. *06801*
Mutter, G / nut. *03117*
Mutter mit hohem Drehmoment angezogen, W / high-torque nut. *10002*
MWSt, H → Mehrwertsteuer. *10602*

N

Nabe, F / hub. *00910*
nach oben eingewölbte Tourenwagen-Karosserie, H / barrel sided body. *03032*
nach oben gezogener Lenker, Z / upright handlebars. *09107*
nachbohren, M, aufbohren / rebore. *01431*
Nachfüllbehälter, B → Bremsflüssigkeitsbehälter. *00182*
nachgeschliffene Kurbelwelle, W / reground crankshaft. *10470*
Nachkriegswagen, H / post war vehicle. *02870*
nachlackieren, L / respray. *08250*
Nachlauf, F / caster, wheel caster, positive caster, castor, trail. *06419*
Nachlaufachse, F → Schleppachse. *04288*
Nachlaufbohrung, M / breather port. *00225*
Nachläufer, F → Schleppachse. *09487*
Nachlaufmoment, F / centrifugal caster. *03447*
Nachlaufwinkel, F / caster angle. *03429*
nachschleifen, W / regrind. *10519*
Nachspur, F / toe out. *01811*
Nachspurvergrößerung bei Volleinfederung, F / bump toe-out. *03321*

Nachstellschraube, B / adjuster screw. *10490*
Nachteil, G / handicap. *05031*
Nachwuchsfahrer, R / novice rider. *09915*
Nachzündung, E → Spätzündung. *05644*
Nackenstütze, I → Kopfstütze. *05070*
Nadel, G / needle. *06092*
Nadeldüse, K / needle jet. *06096*
Nadelkäfig, G / needle cage. *06094*
Nadellager, Z / needle roller bearing, needle bearing. *09836*
Nadellochbildung, L → Luftbläschenbildung. *09655*
Nadelregelung, K, (Vergaser) / needle control. *06093*
Nagel, G / nail. *07392*
Nageln, M → Dieselnageln. *04090*
Naht, G / seam. *06838*
Naht, W → Schweißnaht. *06839*
nahtlos, G / seamless. *06840*
Nahtschweißung, W / seam welding. *06841*
Nahverkehr, T, Ortsverkehr / local traffic. *05759*
narrensicher, G / foolproof. *04738*
Nase, G / snug. *07050*
Nase, L → Läufer. *08284*
Nasenkolben, M / deflector piston, baffled piston, deflector-topped piston. *00477*

Naßluftfilter, M / wet-type air filter. *01995*
Naßschleifpapier, L / wet flatting paper, wet-and-dry sanding paper. *08266*
nasse Zylinderbuchse, M → nasse Zylinderlaufbuchse. *07991*
nasse Zylinderlaufbuchse, M, nasse Zylinderbuchse / wet cylinder liner, wet cylinder sleeve. *01994*
Naßsumpfschmierung, M, Ölsumpfschmierung / wet sump lubrication. *07995*
Nebelrückleuchte, E → Nebelschlußleuchte. *00765*
Nebelscheinwerfer, E / fog lamp. *00762*
Nebelschlußleuchte, E, Nebelrückleuchte / fog tail lamp, rear fog lamp. *00764*
Nebenaggregate, G / auxiliaries, auxiliary units. *03199*
Nebenluft, K, (Vergaser) / secondary air. *00048*
Nebenlufttrichter, K → Vorzerstäuber. *01512*
Nebenstraße, T / branch road. *03288*
negative Platte, E → Minusplatte. *06098*
negativer Lenkrollradius, F / outboard scrub radius. *06234*

negativer Pol, E → Minuspol. *06100*
negativer Sturz, F / negative camber. *01145*
Nehmerzylinder, A → Kupplungsnehmerzylinder. *00337*
Neigung, G, Kipplage / tilt. *07518*
Neigungsverstellmechanismus, G / tilt adjust mechanism. *07517*
Nenndurchmesser, G → Nennweite. *09532*
Nennleistung, G / nominal output. *06116*
Nennweite, G, Nenndurchmesser / nominal diameter. *05407*
netto, G / net. *06102*
Nettogewicht, G / net weight. *06105*
Nettomotorleistung, M / net engine power. *06104*
Netz, G / net. *06103*
Netzstrom, E / mains electricity. *10012*
neu belegen, G, (Bremse/Kupplung) / reline. *06639*
neu belegte Bremsbacken, W / new fitted brake shoe. *10492*
Neutral-Stellung, A, (Getriebe) / idle position, neutral position. *05244*
Neutralisierung, R / neutralization. *09324*
Neuwert, H / list price. *02898*
neuwertiger Zustand, H → erstklassiger Zustand. *09571*
nicht angeschnallt, T / unbelted, non-belted. *07771*
nicht angetrieben, G / non-powered. *06119*
nicht ausgewuchtet, G / unbalanced. *02702*
nicht aushärtende Dichtpaste, W / non-setting jointing paste. *10475*
nicht rostend, G / non-rusting. *06121*
nicht rostender Stahl, G → rostfreier Stahl. *08402*
nicht serienmäßig, H / non-standard. *02319*
nicht sperrende Aufrollvorrichtung, I, (Sitzgurt) / non-locking retractor. *06118*
Nickel, G / nickel. *10404*
Nickel-Kadmium-Batterie, E /

nickel-cadmium battery. *08944*
Nickellegierung, G / nickel alloy. *08943*
Nicken, F, (Fahrzeugdynamik) / pitch. *06364*
Niederdruckmotor, M / low compression engine. *02484*
Niederdruckreifen, F / low pressure tyre. *09917*
Niederdruckteil, L, (Spritzpistole) / low pressure area. *08145*
Niederquerschnittsreifen, F / low section tyre. *05816*
Niederrahmen, C / low mount. *02146*
Niederspannungs-Magnetzündung, E / low tension magneto ignition. *09913*
Niederspannungskabel, E / low tension cable. *05817*
Niederspannungszündung, E / low tension ignition. *05818*
niedrigster Gang, A → erster Gang. *03265*
Nierengurt, Z / kidney belt, kidney protector. *08628*
Niet, G, (Druckknopf) / cock. *10204*
Niete, G / rivet. *06690*
nieten, G / rivet. *06691*
Nippel, G / nipple. *06106*
Nippelspannschlüssel, W / nipple screwing-up key. *08947*
Nitrofeinspachtel, L / cellulose stopper. *10101*
Nitrolack, L → Nitrozelluloselack. *01149*
Nitroverdünnung, L / nitrocellulose thinner, cellulose thinner. *08251*
Nitrozelluloselack, L, Nitrolack / nitrocellulose lacquer, cellulose, lacquer, nitro lacquer. *01148*
Niveaukontrolle der Bremsflüssigkeit, W / brake fluid level gauge. *00179*
Niveauregulierung, F / level control system, levelling system. *05689*
Nocken, G, Steuernocken / cam. *02784*
Nockenbetätigung, M → Nockensteuerung. *03353*
Nockenerhebung, G / cam dwell.

03359
Nockenerhebungszeit, M / cam dwell period. *03360*
Nockenform, G / cam contour. *03357*
Nockenscheibe, G / cam disc. *03358*
Nockensteuerung, M, Nockenbetätigung / cam control. *03352*
Nockenstößel, M → Ventilstößel. *01966*
Nockenwelle, M, Steuerwelle / camshaft. *00245*
Nockenwellenabdichtung, M → Nockenwellendeckel. *03365*
Nockenwellenantrieb, M / camshaft drive. *00247*
Nockenwellenantriebsgehäuse, M, Steuergehäuse / timing camshaft casing, timing gear case. *01804*
Nockenwellenantriebsgehäusedeckel, M / camshaft timing gear cover, engine front cover, timing case cover, crankcase front end cover. *02773*
Nockenwellenantriebsgeräusch, M / camshaft drive noise. *03368*
Nockenwellenantriebskette, M, Steuerkette / camshaft timing chain, timing chain, camshaft drive chain. *03375*
Nockenwellenaxialsicherung, M / camshaft thrust bearing, camshaft thrust plate. *03371*
Nockenwellenbuchse, M / camshaft bush. *03362*
Nockenwellendeckel, M, Nockenwellenabdichtung / camshaft cover. *03364*
Nockenwellengehäuse, M / camshaft casing, cam housing. *03363*
Nockenwellenkettenrad, M / camshaft sprocket. *03370*
Nockenwellenlager, M / camshaft bearing. *02783*
Nockenwellenrad, M / camshaft gear wheel, camshaft gear, camshaft timing gear. *02765*
Nockenwellensteuerung, M / camshaft timing. *03374*
Norm, G / standard. *07189*
Normalbenzin, K / regular grade fuel, low-octane petrol, regular

normale Fahrposition   **Öldruckkontrollicht**

gasoline. *01440*
normale Fahrposition, T / normal driving position. *06123*
Normung, G / standardization. *07190*
Notbremsung, T, Gewaltbremsung / panic braking, emergency stop, violent braking. *06291*
Noteinsatzfahrzeug, H / emergency vehicle. *04343*
Notfall, G / emergency condition. *04341*
Notrufsäule, T / emergency telephone. *10559*
Notsitz, I, (Klappsitz im Inneren des Wagens) / occasional seat. *09424*
Notsitz, C, Schwiegermuttersitz /

occasional seat, dickey seat, rumble seat. *02147*
Null, G / zero. *08116*
Nullförderung, K, (Einspritzpumpe) / no delivery, zero delivery. *01150*
Nullserie, W, Vorserie / pilot run. *06339*
Nummernschild, C, Kennzeichen, Kennzeichenschild / licence plate, number plate. *01051*
Nummernschildbeleuchtung, E / licence plate illumination. *05702*
Nummernschildhalter, C / licence plate bracket. *05701*
Nummernschildleuchte, E, Kennzeichenleuchte / licence plate lamp. *01053*

Nut, G, Rille / groove. *04980*
Nutbreite, G / groove width. *04990*
Nutflanke, G / groove side. *04989*
Nutgrund, G / groove root. *04988*
nutzbares Kofferraumvolumen, C / usable luggage capacity. *07821*
Nutzfahrzeug, H / commercial vehicle, utility vehicle. *03620*
Nutzlast, G / maximum payload. *07803*
Nutzlast nach Angabe des Herstellers, G / maximum manufacturer's payload. *09539*
Nutzung, G / utilization. *07825*
Nylon, G / nylon. *08950*

O

O-Ring, G / o-ring, o-ring seal. *06231*
obengesteuerter Motor, M, OHV-Motor, Motor mit hängenden Ventilen / overhead-type engine, OHV engine, overhead valve engine, valve-in-the-head engine. *01231*
obengesteuertes Ventil, M, hängendes Ventil, obenhängendes Ventil / overhead valve, caged valve, drop valve, OHV. *02151*
obenhängendes Ventil, M → obengesteuertes Ventil. *06155*
obenliegende Nockenwelle, M / overhead camshaft, OHC. *02152*
oberer Drehzahlbereich, M / upper speed range. *07810*
oberer Dreiecksquerlenker, F → oberer Querlenker. *07814*
oberer Lenkspindelteil, F / upper steering shaft. *07811*
oberer Querlenker F, oberer Dreieckslenker / upper transverse link, upper wishbone. *07812*
oberer Totpunkt, M, OT / top dead center, upper dead center, TDC. *01914*
oberer Wasserkasten, M, Wassersammelkasten / radiator top tank, upper tank. *01404*
oberes Pleuelauge, M → Pleuelstangenkopf. *00397*

Oberfläche, G / surface. *07322*
Oberflächenrost, L / surface rust. *10165*
Obergrenze, G / limit. *08905*
Oberkante, G / upper edge. *07808*
Oberleitungsbus, H, Obus / trolley bus. *07709*
oberster Gang, A, höchster Gang / high gear, top gear. *05120*
oberster Kolbenring, M / top piston ring, top ring. *09715*
oberster Kolbensteg, M → Feuersteg. *07588*
Obus, H → Oberleitungsbus. *09589*
oder gegen bestes Gebot, H / or best offer, OBO. *09201*
oder gegen nächstes Gebot, H / or nearest offer, ONO. *09203*
Öffnung, G → Mündung. *06227*
Öffnungswinkel, M, (Ventil /Motor) / opening angle. *06210*
ohne Mindestgebot, H, (Auktion) / no limit. *02942*
OHV-Motor, M → obengesteuerter Motor. *01232*
Oktanbedarf, K / octane requirement. *06147*
Oktanzahl, K, OZ / octane number, octane rating, octane index, octane value. *01162*
Öl, G / oil. *02153*
Ölablaßschraube, M, Ölablaß-

stopfen / oil sump plug, oil drain plug. *01202*
Ölablaßstopfen, M → Ölablaßschraube. *01203*
Ölablenkblech, M, Ölleitblech, Ölschwallblech / oil deflector, oil baffle. *06166*
Ölabscheider, M, Entöler / oil separator, oil trap. *06190*
Ölabstreifer, M → Ölabstreifring. *01197*
Ölabstreifnase, M / oil scraper nose. *06189*
Ölabstreifring, M, Ölabstreifer / oil ring, oil scraper ring, oil control ring, scraper ring. *04985*
Öladditiv, G, Ölzusatz / oil additive. *06156*
Ölalterung, G / oil aging. *06158*
Ölbad-Einscheibenkupplung, A / wet single-disc clutch. *07993*
Ölbeständigkeit, G / oil resistance. *06188*
Ölbohrung, M / oil supply bore. *06194*
öldicht, G / oil-tight. *06199*
Öldruckbremse, B / fluid brake, hydraulic brake. *00747*
Öldruckkontrolleuchte, M, Öldruckkontrollicht / oil pressure indicator lamp, oil pressure warning lamp. *01189*
Öldruckkontrollicht, M → Öl-

Öldruckregelung

druckkontrolleuchte. *01190*
Öldruckregelung, M / oil pressure control. *06184*
Öldruckschalter, M / oil pressure switch. *01191*
Oldtimer, H / oldtimer. *02871*
Oldtimer-Händler, H / old car dealer. *02929*
Oldtimerveranstaltung, H / classic car event. *02912*
Öldunst, K / oil mist. *06180*
Öleinfüllpistole, W / oil suction gun, oil gun. *01199*
Öleinfüllstutzen, M / oil filler, oil filler neck, oil filler inlet. *06171*
ölen, W → abschmieren. *05823*
Ölfeder, G / liquid spring. *05750*
Ölfilm, G / oil film. *06176*
Ölfilter, M, Schmierölfilter / oil filter. *01179*
Ölgrobfilter, M, Ölpumpensieb / oil pump strainer, oil pump screen. *01194*
Ölkanal, M / oil way. *10471*
Ölkohle, K, Ölruß, Ölkohlebelag, Ölkruste / oil carbon deposit, carbon residue, carbon deposit, oil carbon, oil deposit. *01268*
Ölkohlebelag, K → Ölkohle. *01170*
Ölkohlebildung, K / coking. *03591*
Ölkruste, K → Ölkohle. *06168*
Ölkühler, M / oil cooler. *01173*
Öllebensdauer, G / oil life. *06178*
Ölleitblech M → Ölablenkblech. *10420*
Ölleitung, M / oil pipe, oil line, oil duct. *06182*
Ölmanometer, M / oil pressure gauge. *01188*
Ölmeßstab, M, Ölstab, Ölpeilstab,

Peilstab / crankcase oil dipstick, dip rod, dipper, dipstick, oil dipper rod, oil dipstick, oil level dipstick, oil level rod, oil level gauge. *00438*
Ölmeßstabmarkierung, M, Peilstabmarkierung / dipstick marking. *04120*
Ölpeilstab, M → Ölmeßstab. *00440*
Ölpumpe, M / oil pump, lubrication pump. *02155*
Ölpumpensieb, M → Ölgrobfilter. *01195*
Ölreiniger, G / oil cleaner. *06164*
Ölreinigung, K / oil purification. *06187*
Ölruß, K → Ölkohle. *01169*
Ölschaum, M / oil foam. *06177*
Ölschlamm, M / oil sludge. *01198*
Ölschleuderring, M, Spritzring / oil thrower ring, oil slinger. *06197*
Ölschlitzring, M, (Kolben) / ventilated oil ring, piston. *07911*
Ölschwallblech, M → Ölablenkblech. *09718*
Ölsieb, M / oil strainer. *06192*
Ölstab, M → Ölmeßstab. *06077*
Ölsumpf, M / wet sump, sump. *07994*
Ölsumpfschmierung, M → Naßsumpfschmierung. *07996*
Öltank, M, (Trockensumpfschmierung) / oil tank. *06195*
Öltemperatur, G / oil temperature. *06196*
Ölthermometer, G / oil thermometer. *01204*
Ölüberdruckventil, M, Überdruckventil, Druckregelventil / oil pressure relieve valve. *10467*

Parkuhr

Ölumlauf, M / oil circulation. *06163*
Ölverbrauch, M / oil consumption. *01172*
Ölverdünnung, G / oil dilution. *01174*
Ölwanne, M, Kurbelwanne / oil sump, oil pan, crank pit, crankcase pit, crankcase sump. *00435*
Ölwechsel, W / oil change. *02158*
Ölzusatz, M → Öladditiv. *06157*
Omnibus, H → Bus. *03331*
Orangenhaut, L, Apfelsinenhaut, (Spritzbild) / orange peel effect. *08285*
Original-Ersatzteil, H / genuine spare part, genuine part. *02951*
originalgetreue Restaurierung, H / restoration to original standard, restoration to original specifications. *02895*
Originalzustand, H / genuine condition, original condition. *02894*
Ortsverkehr, T → Nahverkehr. *05760*
Öse, G / lug. *05827*
Oszilloskop, W, Zündungsoszillograf / oscilloscope. *01215*
OT, M → oberer Totpunkt. *01915*
OT-Geber, E / TDC-generator, TDC-sensor. *07427*
Ottomotor, M, Benzinmotor / spark ignition engine, gasoline engine, patrol engine, otto engine. *00007*
Overdrive, A → Schnellgang. *01227*
OZ, K → Oktanzahl. *09747*

P

Packtasche, Z / saddle bag. *09032*
Panhardstab, F → Drehstabstabilisator. *02388*
Panne, T / breakdown. *02159*
Panzerventil, M, gepanzertes Ventil / hard-faced valve. *00864*
Papierfilter, G / paper filter. *06293*
Papierkörnung, L, (Schleifpapier) / grit size, grit. *08268*
parallellaufende Scheibenwi-

scher, E / parallel wipers. *06295*
Parallelogrammgabel, Z, Rohr-Parallelogrammgabel, Trapezgabel / girder forks. *09918*
parken, T / park. *06296*
Parkhaus, T / parking garage. *06299*
Parkleuchte, E → Standlicht. *01244*
Parklicht, E → Standlicht. *01243*
Parkplatz, T / parking place, park-

ing area, car park (official area). *03410*
Parkraumnot, T / lack of parking space. *05613*
Parkscheibe, T / parking disc. *06298*
Parksperre, A / parking lock. *01245*
Parkspur, T / parking lane. *06300*
Parkuhr, T / parking meter,

59

parkometer. *06301*
Parkuhrenbereich, T / meter zone. *09372*
Parkverbot, T / no parking. *06122*
Paßfeder, M, Halbmondkeil / Woodruff key. *02748*
Paßfläche, G / surface to be joint. *10182*
Paßschraube, G / fit bolt. *04629*
Paßstift, G / locating pin. *10494*
Patent, W / patent. *08968*
Patentanmeldung, W / patent application. *06317*
patentiert, W / patented. *06318*
Patentinhaber, W / patentee. *08970*
Patentschlüssel, W / patent key. *08969*
Patenturkunde, W / letters patent. *05688*
Patrone, G, Einsatz / cartridge. *03426*
Pedal, G, Fußhebel / pedal, foot pedal. *01250*
Pedalanordnung, G / pedal assembly. *03050*
Pedalbelag, G / pedal cover, pedal pad. *06322*
Pedalerie, I / pedal layout. *10493*
Pedalgummi, G / pedal rubber. *06324*
Pedalversetzer, Z / crank shortener. *08566*
Peilstab, M → Ölmeßstab. *04119*
Pendelachse, F → Schwingachse. *01731*
Pendelbus, T, Zubringerbus / shuttle bus. *09364*
Pendelgabel, Z, (Vorderradgabel) / horizontal spring girder forks. *09920*
Pendelsattel, B, Schwenksattel, (Scheibenbremse) / hinged caliper. *05134*
Personenkraftwagen, H, Pkw, Personenwagen, Pw / passenger car, passenger vehicle. *06309*
Personenwagen, H → Personenkraftwagen. *09206*
Pfeife, I, (Polsterung) / pipe. *10412*
Pfeilverzahnung, A, doppelte Schrägverzahnung / herringbone gearing, V-toothed gear. *00887*
Pferdeanhänger, H / horse box.

05188
Pferdestärke, G → PS. *05187*
Pflanzenöl, G / vegetable oil. *01975*
Pflaster, F → Flicken. *06315*
Pflug, H / plough, plow. *06376*
Phaeton, H → Tourenwagen. *03070*
Phase, G, Takt / phase. *02602*
Phasenverschieber, E, (Stroboskoplampe) / phase shifter. *01256*
phosphatieren, L, (Karosserie) / phosphate. *01257*
Pickelbildung, L → Stippen. *08304*
Piepton, G / beeper. *08713*
Pigment, L, Farbpigment / pigment. *08123*
Pilzstößel, M / mushroom tappet. *01138*
Pilzventil, M → Tellerventil. *06047*
Pinsellackierung, L / brush-painting. *10105*
Pistolengehäuse, L / gun body. *08175*
Pkw, H → Personenkraftwagen. *07382*
Plakette, G / badge, plaque. *02118*
Planengestell, C, (Lkw) / loops. *05794*
Planenöse, C, (Lkw) / eyelet. *04499*
Planetengetriebe, A, Umlaufgetriebe / planetary transmission, planetary gear, crypto gear. *01309*
Planetenrad, A / pinion gear. *06342*
Planetenradträger, A / planet carrier. *01308*
Planspiegel, G / flat mirror. *04659*
Plastigage-Synthetikfaden, W, (Prüfung des radialen Lagerspiels am Kurbelwellenlager) / plastigage. *01311*
Platte, G / plate. *02523*
Plattenspaltfilter, A / disc filter. *00560*
Plattform, G / platform. *08982*
platzen, F, (Reifen) / blowout. *03249*
Pleuel, M → Pleuelstange. *03676*
Pleuelbuchse, M / connecting rod small end bush, small end bush-

ing. *01277*
Pleueldeckel, M, Pleuellagerdeckel / connecting rod bearing cap. *03679*
Pleuelfuß, M → Pleuelstangenfuß. *06078*
Pleuelfußlager, M → Pleuellager. *03677*
Pleuelkopf, M → Pleuelstangenknopf. *10421*
Pleuellager, M, Pleuelfußlager / connecting rod bearing, big end bearing. *00389*
Pleuellagerdeckel, M → Pleueldeckel. *03680*
Pleuellagerzapfen, M / connecting rod journal. *00393*
Pleuelschaft, M / connecting rod shank, connecting rod blade, rod. *00395*
Pleuelstange, M, Pleuel / connecting rod. *00388*
Pleuelstange mit Scharnierkopf, M / hinged type connecting rod. *02699*
Pleuelstangenfuß, M, unteres Pleuelauge, Pleuelfuß / connecting rod big end, big end. *00391*
Pleuelstangenkopf, M, oberes Pleuelauge, Pleuelkopf / connecting rod small end, small end. *00396*
Plexiglas, G / plexiglass. *08983*
Plusplatte, E, positive Platte, (Batterie) / positive plate. *01323*
Pluspol, E / positive pole. *06422*
Pneu, F → Reifen. *03013*
pneumatisch, G / pneumatic. *06399*
pneumatische Kupplungsbetätigung, A / pneumatic clutch control. *06401*
Pokal, R / trophy, cup. *09303*
polieren, W / polish. *06408*
Polierpaste, L / polishing paste. *01320*
poliertes Aluminium, G / polished aluminium finish. *08673*
Polizei, T / police. *06407*
Polizeiauto, H / police car. *09351*
Polizist, T / constable, cop, policeman. *03693*
Polschuh, E / pole shoe. *06404*
Polsterlager, Z, (Sattel) / padded

Polsterung

layer. *08961*
Polsterung, I / upholstery, cushioning. *02168*
Polyester-Spritzfüller, L / polyester spray filler. *08238*
Polyesterspachtel, L / polyester filler. *10100*
Popniete, G / pop-rivet. *10132*
Positionslicht, E / position light. *06418*
positive Platte, E → Plusplatte. *01324*
positiver Lenkrollradius, F / inboard scrub radius. *05312*
positiver Sturz, F / positive camber. *01322*
PR-Zahl, F → Lagenzahl. *06397*
praktischer Versuch, W, Praxisversuch / field test. *04564*
Prallblech, C / deflector, baffle. *04037*
Pralltopf, F, (Lenkrad) / impact absorber. *05294*
Prämie, H → Versicherungsprämie. *02955*
Praxisversuch, W → praktischer Versuch. *09546*
Preis, H → Einkaufspreis. *09602*
Preis, H → Verkaufspreis. *09601*
Preis-Leistungsverhältnis, H / cost-performance ratio. *09381*
Preisgeld, R / prize money. *09307*
Preisverleihung, R / prize giving. *09327*
Prellung, T → Quetschung. *05851*
Premiumöl, G, Einbereichsöl ohne Zusätze / straight oil, nondetergent oil. *09921*
Preßschmierung, M → Druckschmierung. *00769*
Preßstahlfahrwerk, Z / pressed steel frame. *09783*

Preßteil, W, Ziehteil / pressing. *06448*
Prestige-Auto, H / prestige car. *03021*
primäre Spule, E → Primärwicklung. *01372*
Primärmanschette, B / primary cup. *09163*
Primärölpumpe, A, (automatisches Getriebe) / input oil-pump, input pump. *05414*
Primärstromkreis, E / primary circuit. *01367*
Primärwicklung, E, primäre Spule / primary winding, primary coil, low tension winding. *01371*
Pritschenaufbau, H / platform body. *06374*
privater Rennfahrer, R / private competitor. *09374*
Privatmann, H / private person. *02932*
Probe, G, Muster / sample. *06800*
Probefahrt, H / test ride. *02915*
Produktionszeit, W / production period. *02952*
Profi, W / professional. *08186*
Profilaluminium, G / profiled aluminium alloy. *08992*
profilierte Handfaust, W / grid dolly. *10076*
profilloser Rennreifen, F → Slick. *07017*
Profilmuster, F, Reifen / pattern. *06319*
Profilrille, F / tread groove, groove. *07696*
Profilstollen, F / tread element. *07695*
Profiltiefe, F, Lauffflächentiefe / tread depth, skid depth. *07692*
Profiltiefenmesser, W / tread

Querstabilisator

depth gauge. *07694*
Protektor, F → Laufffläche. *01854*
Prototyp, W / prototype. *06492*
Prüfbedingungen, G / test conditions. *07459*
Prüfdüsenhalter, W / test nozzle holder. *01766*
prüfen, G, kontrollieren / inspect. *05435*
Prüfstand, W → Motorenprüfstand. *07457*
Prüfung, W, Untersuchung / examination, test, check-up. *04427*
PS, G, Pferdestärke / hp, horsepower. *05185*
Pullman-Limousine, H / pullman saloon. *06501*
Pumpe, G / pump. *02170*
pumpen, G / pump. *06505*
Pumpenförderleistung, G / pump delivery. *06506*
Pumpenkolben, K / pump plunger. *01386*
Pumpenmembran, K → Kraftstoffpumpenmembran. *04846*
Pumpenrad, A / impeller, input rotor. *05298*
Pumpenradwelle, G → Laufradwelle. *05300*
Pumpenumlaufkühlung, M / pump circulated cooling. *01384*
Pumpenzylinder, K / pump cylinder. *01385*
Punktschweißgerät, W / spot welder. *09986*
Punktschweißung, W / spot welding. *07165*
Pw (CH), H, Personenwagen / passenger car. *09611*

Q

quadratischer Motor, M, Motor mit gleichem Hub und gleicher Bohrung / square engine. *02499*
Qualifikationslauf, R / qualifying run. *06518*
qualifizieren, G / qualify. *06517*
Qualität, G / quality. *06519*
Qualitätskontrolle, W / quality control. *06520*

Qualm, G → Rauch. *07038*
quer, G, transversal / transverse, cross. *07674*
Querfeder, F / transverse spring. *02171*
Querfeldeinrennen, R / cross-country race. *08742*
quergeteilte Felge, F / cross-divided rim. *03842*

Querlenker, F, Schwingarm / control arm, transverse link. *03718*
Quermotor, M, querstehender Motor / transverse engine. *01849*
Querrillenprofil, F / cross-groove pattern. *03846*
Querschlitzkolben, M / trans slot piston. *07673*
Querstabilisator, F → Stabili-

querstehender Motor

sator. *00093*
querstehender Motor, M → Quermotor. *01850*
Querstellen des Anhängers, T / jackknifing. *05540*
Querstollenprofil, F / cross bar pattern. *03838*
Querstraße, T / crossroad, intersecting road. *03848*
Querstromspülung, M / cross-flow scavenging. *02620*
Querstromvergaser, K → Flachstromvergaser. *03844*
Querträger, C → Rahmenquerträger. *07680*
Querwand, M → Schott. *02736*
Quetschfläche, M, (Zylinderkopf) / squish area. *06525*
Quetschung, G / squeezing, pinching. *07180*
Quetschung, T, Prellung, (Körper) / bruise. *03301*
Quietschgeräusch, C, (scheuernde Karosserieteile) / squeak. *10143*
Quittung, H / receipt. *09248*

R

R-Glühkerze, E, (Dieselmotor) / rapid glow plug. *01407*
Rabatt, H / discount, rebate. *06609*
Rad, F / wheel. *01996*
Rad, Z → Fahrrad. *08716*
Radachse, F → Achse. *00111*
Radarfalle, T / speed trap, radar trap. *07131*
Radaufhängung, F, Aufhängung / suspension, wheel suspension. *01725*
Radaufhängungsarten, F / suspension types. *07333*
Radausschnitt, C / wheel opening, wheel aperture. *08021*
Radauswuchten, F / wheel balancing. *07999*
Radauswuchtmaschine, W / wheel balancing equipment. *08000*
Radbefestigung, F / wheel mounting. *08019*
Radblockiergrenze, F / wheel locking limit. *08018*
Radbolzen, F → Radnabenbolzen. *05201*
Radbremszylinder, B, Radzylinder / brake wheel cylinder, wheel cylinder. *09166*
Radeinfederung, F → Einfederung. *05563*
Radfahrer, Z / cyclist. *03882*
Radflattern, F / wheel shimmy. *08022*
Radfreiheit, F / wheel clearance. *08008*
Radgelenk, F / wheel joint. *08014*
Radgröße, F / wheel size. *08023*
Radhaus, C → Radkasten. *09410*
radial, G / radial. *06543*
Radialreifen, F → Gürtelreifen.

01392
Radioentstörung, E / radio shielding. *06556*
Radkasten, C, Radlauf, Radhaus / wheel arch, wheel well, wheel house. *02173*
Radkette, F → Schneekette. *07545*
Radkörper, F, Radschüssel / wheel disc. *02003*
Radlader, H / wheel loader. *08017*
Radlager, F / wheel bearing. *08001*
Radlagerspiel, F / wheel bearing clearance. *08002*
Radlast, F / wheel load. *08015*
Radlastverteilung, F / wheel load distribution. *08016*
Radlauf, C → Radkasten. *08012*
Radmittenbohrung, F / wheel center hole. *08005*
Radmutternschlüssel, W / rim wrench. *06682*
Radnabe, F / wheel hub. *00909*
Radnabenbolzen, F, Radbolzen / hub bolt, wheel bolt. *05200*
Radnabenteil, F, (Speichenrad) / center member. *03437*
Radrennbahn, R / cycling track. *08748*
Radschlupf, F, Reifenschlupf, Schlupf / wheel slip, creep. *08024*
Radschüssel, F → Radkörper. *02004*
Radspeiche, F → Drahtspeiche. *08079*
Radspur, F → Spur. *07564*
Radstand, F, Achsabstand / wheel base, axle base. *01998*
Radsturz, F, Sturz / camber, wheel camber, wheel rake, splay. *00241*
Radsturzwinkel, F, Sturzwinkel / camber angle. *00244*

Radunwucht, F / wheel inbalance. *08013*
Radvermessung, W, Spureinstellung / wheel alignment. *07997*
Radwechsel, W / wheel changing. *08006*
Radzierkappe, F, Radkappe, Zierkappe, Nabendeckel / axle cap, dust cap, hub cap, wheel cap, wheel cover, wheel hub cap. *00113*
Radzylinder, B → Radbremszylinder. *09169*
Rahmenhauptträger, C / main chassis beam. *09485*
Rahmenhöhe, C / height of chassis above ground. *05101*
Rahmenkröpfung, C / frame drop. *04784*
Rahmenlängsträger, C, Längsholm, Längsträger / side member. *05878*
Rahmenpresse, W / frame press. *08836*
Rahmenquerträger, C, Querträger, Traverse / cross member, transverse member, chassis cross member. *07679*
Rahmenschaden, W / frame damage. *09456*
Rahmenträger, C / chassis member. *06564*
Rahmenüberhang, C / frame overhang. *04788*
Rahmenverlängerung, C / frame extension. *04785*
Rallye, R / rally. *02176*
Rallyefahrer, R / rally driver. *09296*
Rampe, T / ramp. *06573*
Rändelkopfschraube, G / knurled head screw. *05593*

Rändelmutter

Rändelmutter, G / knurled nut *05594*
Randstein, T → Bordstein. *03862*
Randsteinscheuern, F, (Reifen) / curbstone chafing. *03864*
Rangierwagenheber, W / trolley jack. *10443*
Raspel, W / rasp. *09010*
Rasterschaltung, Z / detend control, detend lever. *08574*
Rastkugel, A, (Schaltgetriebe) / interlock ball. *05503*
Rastvorrichtung, Z / click-stop device. *08544*
Rate, H / instalment. *09269*
Ratenkauf, H / hire purchase. *09268*
Ratenzahlung, G / pay down. *10313*
Ratsche, W, Knarre / ratchet. *09553*
Ratschenbremse, B, (Handbremse) / ratchet brake. *06578*
Rauch, G, Qualm / smoke. *07037*
Rauchen, M, (Dieselmotor) / smoking. *07041*
rauchfrei, G / smokeless. *07039*
Rauchgrenze, M, (Dieselmotor) / smoke limit. *07040*
Raum, G / space. *07068*
Rauminhalt, G → Volumen. *07931*
Raupenfahrzeug, H / dozer. *04224*
Raupenlader, H / crawler loader. *03829*
Reaktion, T / reaction. *06584*
Reaktionszeit, T / reaction time, Schrecksekunde. *01410*
rechts und links auf den Trittbrettern montierte Ersatzräder, C / dual side mounts. *03024*
Rechtskurve, T / right-hand bend. *06677*
rechtslaufend, G → im Uhrzeigersinn. *02580*
Rechtslenkung, F / right-hand steering. *06678*
Rechtsverkehr, T / right-hand traffic. *06679*
Reflektor, E → Scheinwerferspiegel. *05067*
Regelhülse, K, verdrehbare Büchse, (Einspritzpumpe) / adjusting sleeve, control sleeve. *00024*
regeln, G, regulieren / regulate. *06629*
Regelstange, K → Reglerstange. *09640*
Regenleiste, C / rain gutter. *06570*
Regenrinne, C / rain groove, rain trough, rain channel. *06568*
Regenschutzkappe, E, (Zündkerze, Zündverteiler) / rubber cap. *09028*
Registervergaser, K → Stufenvergaser. *01887*
Regler, E / dynamo governor. *02177*
Regler, K, (Einspritzpumpe) / governor. *04946*
Reglerstange, K, Zahnstange, Regelstange, (Einspritzpumpe) / control rod, control rack. *00425*
regulieren, G → regeln. *06630*
Reibahle, W / ream. *09750*
Reibbelag, A / friction facing, friction lining. *04022*
reiben, L → abreiben. *08261*
reiben mit der Reibahle, W / ream. *02659*
Reibkonus, A → Synchronkegel. *01744*
Reibkupplung, A, Rutschkupplung / friction clutch, slipper clutch, release clutch. *00781*
Reibradantrieb, A / friction drive. *04803*
Reibradgetriebe, A, Friktionsgetriebe / friction gear. *02402*
Reibrollendynamo, Z / friction roller dynamo. *08772*
Reibrollenmotor, Z / friction roller engine. *08600*
Reibung, G / friction. *04800*
Reibungskoeffizient, G / coefficient of friction. *02696*
Reibungsstoßdämpfer, F / friction shock absorber, frictional type damper. *02179*
Reibungswärme, G / friction heat. *04804*
Reichweite, G / range. *06575*
Reifen, F, Decke, Pneu / tyre, tire. *01892*
Reifen mit niedrigem Luftdruck, F / soft tyre. *07054*
Reifen mit zu niedrigem Luft-

Reifenventil

druck, F / underinflated tyre. *07782*
Reifenaufstandsfläche, F → Lauffläche. *07690*
Reifenaufziehmaschine, W / tyre mounting machine. *09101*
Reifenbezeichnung, F / designation of tyre. *04069*
Reifenbreite, F / tyre section width. *09102*
Reifendienst, H / tyre service. *07554*
Reifendimension, F → Reifengröße. *07555*
Reifendruck, F → Reifenluftdruck. *01897*
Reifendruckprüfer, W / tyre gauge, tyre pressure gauge. *01895*
Reifenflanke, F / sidewall. *01549*
Reifenflickzeug, W / tyre repair kit, tyre repair oufit. *07551*
Reifenfüllflasche, W / tyre inflation bottle. *01898*
Reifengröße, F, Reifendimension / tyre size, tyre dimension. *02180*
Reifenhaftung, F / tyre adhesion. *07540*
Reifenhalter, F / tyre carrier. *02181*
Reifenhalter, Z / tyre security bolt, security bolt. *09923*
Reifenlauffläche, F / tyre tread. *07558*
Reifenluftdruck, F, Reifendruck / tyre inflating pressure, inflation pressure, tyre pressure, inflation. *01896*
Reifenmontage, W / tyre fitting. *07548*
Reifenmontierhebel, W / tip lever. *07536*
Reifenpanne, T / flat spot, tyre puncture, flat tyre, puncture. *04661*
Reifenquietschen, T / tyre squeal. *09104*
Reifenschlupf, F → Radschlupf. *08025*
Reifenseitenwand, F / tyre side wall. *09703*
Reifenunterbau, F → Karkasse. *00261*
Reifenventil, F, Schlauchventil / tyre valve. *07560*

63

Reifenverschleiß

Reifenverschleiß, F / tyre wear. *07562*
Reifenwechsel, W / changing of tyres. *03499*
Reifenwulst, F, Wulst / tyre bead, clincher tyre, beaded edge. *02371*
Reiheneinspritzpumpe, K / multi-cylinder injection pump, in-line pump. *01122*
Reihenfolge, G / sequence. *06887*
Reihenmotor, M / in line engine, streight engine. *00014*
rein, G / pure. *06508*
reinigen, G / clean. *03526*
Reinigung, G, (Adsorptionsmittel) / purge. *06509*
Reinigungsbürste, L / flue brush. *08172*
Reinigungsmittel, W / cleaning fluid, detergent. *10011*
Reinigungsschaum, W / foam cleaner. *10171*
reinrassiger Klassiker nach der Vintage-Zeit, H, (nach ca. 1929) / post vintage thoroughbred, PVT. *03029*
Reise, T / journey. *09361*
Reisebus, H / coach. *03573*
Reisegeschwindigkeit, T, Dauergeschwindigkeit / cruising speed. *03858*
Reißverschluß, G / zipper. *08119*
Reklamation, H / complaint. *03627*
Rekord, R / record. *10327*
Rekordbrecher, R / record breaker. *09313*
Rekordrunde, R / record lap. *09312*
Relais, E / relay. *06635*
Relaissteuerung, E / relay control. *06636*
Rennabteilung, R / competition department. *09322*
Rennbahn, R / speedway. *07132*
Rennbrötchen, Z, zusätzliches Sitzkissen am hinteren Schutzblech / bum pad, pillion pad. *09930*
Rennen, R / race. *03008*
Rennen gegen die Zeit, R / race against the clock, race against time, time race. *08675*
Rennfahrer, R / racing driver.

09295
Rennformel, R / racing formula. *06534*
Rennkraftstoff, K / racing fuel. *06535*
Rennleiter, R / competition manager. *09320*
Rennleitung, R / racing headquarter. *09331*
Rennmechaniker, R / racing mechanic. *09294*
Rennöl, G / racing oil. *06536*
Rennrahmen, Z / racing frame. *09007*
Rennscheibe, R / racing screen. *09333*
Rennstall, R / racing stable. *08676*
Rennstrecke, R / racing circuit, racing track, race course, race track. *06532*
Rennteam, R / racing team. *08677*
Rennwagen, H / racing car. *02182*
Reparatur, W / repair. *02183*
Reparaturblech, W / repair panel. *09977*
Reparaturhandbuch, W / repair manual, repair handbook. *02184*
Reparaturlack, L / refinish paint. *08205*
Reparaturwerkstätte, W / garage. *04875*
reparieren, W / repair. *06643*
Research-Oktan-Zahl, K, ROZ / research octane number. *01452*
Reserve, G / reserve. *06649*
Reservebehälter, T / reserve tank. *06650*
Reserverad, F → Ersatzrad. *03998*
Resonanz, G / resonance. *06655*
restaurieren, W / restore. *02188*
Restaurierungskosten, H / restoration costs. *02931*
Restaurierungsversicherung, H / restoration insurance. *02979*
Retarder, B / retarder. *04716*
Rettungswagen, H, Krankenwagen / ambulance. *03165*
revidieren, G / revise. *06673*
Richtbank, W → Karosserierichtbank. *00529*
Richthammer, W, (Blechbearbeitung) / beater. *10064*
richtige Spritzviskosität, L / correct degree of runniness. *08194*

Rohr-Parallelogrammgabel

Richtlöffel, W → Löffeleisen. *10069*
Richtung, G / direction. *04127*
Richtungsstabilität, F / directional stability. *04128*
Richtungswechsel, T / change of direction. *03498*
Riefe, G → Verschleißspur. *06819*
Riegel, G → Klinke. *04194*
Riegelstopfen, A, (Schaltgetriebe) / interlock plug. *05504*
Riemen, G, Band / belt, strap. *04655*
Riemenantrieb, A / belt drive. *02191*
Riemenscheibe, G / pulley. *01379*
Rille, G → Nut. *04981*
Rillenbildung, L, (Schleifen) / grooving. *08270*
Ring, G, Öse / ring. *06683*
Ring mit Innenfase, M, (Verdichtungsring) / inside bevel ring. *05422*
Ringdichtung, G / oil sealing. *04472*
Ringnut, M, (Kolben) / ring groove. *06689*
Ringschlüssel, W / ring spanner. *09023*
Ringträger, M → Kolbenringträger. *04987*
Rippe, G / fin. *04590*
Rippenkühler, M → Lamellenkühler. *04923*
Rippenrohrkühler, M / gilledtube radiator. *04924*
Riß, G, Sprung / crack, tear. *03783*
Rißbildung, G / cracking. *03785*
Risse, L, (Lackoberfläche) / wrinkling. *08219*
Risse und Sprünge, L / cracking and checking. *08296*
Ritzel, G / pinion. *01258*
Ritzelabzieher, W / pinion puller. *08978*
Roadster, H / roadster. *06701*
Rohbaukarosserie, C, Rohkarosserie / body in white. *03253*
Rohkarosserie, C → Rohbaukarosserie. *09411*
Rohöl, G / crude oil. *03856*
Rohr, G / pipe, tube. *06344*
Rohr-Parallelogrammgabel, Z → Parallelogrammgabel. *09942*

64

Rohrachse, F / tubular axle. *07723*
Röhrenradio, E / valve set radio. *10495*
Rohrleitung, G / tubing. *09777*
Rohrrahmen, C / tubular frame. *07725*
Rohrschelle, G / pipe clamp. *06345*
Rolldach, C / roller roof. *06726*
Rolle, W, Walze / roller. *06722*
Rollenkette, M, Hebezugkette, (Kurbelwellenräder) / roller chain, block chain. *02754*
Rollenlager, M, (Kurbelwelle) / roller bearing, bearing roller. *02731*
Rollenprüfstand, W / roller dynamometer. *06725*
Rollenstößel, M / roller tappet. *01481*
Roller, Z → Motorroller. *06816*
Rollgabelschlüssel, W → Universalschlüssel. *08406*
Rolljalousie, I / roller blind. *00672*
Rollo, I → Jalousie. *03247*
Rollradius, F → Lenkrollhalbmesser. *01739*
Rollsplit, T / loose chippings. *08914*
Rollwiderstand, F / rolling resistance. *06700*
Rollwinkel, F, Wankwinkel / roll angle. *06715*
Röntgenstrahl, G / x-ray. *08106*
Roots-Gebläse, M, Roots-Verdichter / Roots-blower, Roots-type supercharger, Roots-compressor. *01483*
Roots-Verdichter, M → Roots-Gebläse. *10521*
Roßhaar, G, (Polsterung) / horse hair. *05184*
Roßlenkung, F → Schneckenlenkung. *08091*
Rost, L / rust. *02193*
Rostbehandlung, L / rust treatment. *10078*
rostbeständig, L / rustproof. *06766*
Rostblase, L / rust scab. *10266*
Rostfraß, L / spreading rust. *10083*
rostfreier Stahl, G, nicht rostender Stahl / stainless steel. *07185*
Rostschutz, L / rust prevention. *06768*
Rostschutzbehandlung, L / rust-proof treatment. *06767*
Rostumwandler, L / rust converter, rust killer. *01498*
rostunterwanderter Lack, L / bubbling paint. *10081*
Rotationskolbenmotor, M → Drehkolbenmotor. *01488*
rotes Kennzeichen, H / trade number plate. *09790*
Rotes Kreuz, T / red cross. *06618*
Rotor, E, Läufer / rotor. *01490*
Route, T, Strecke, Kurs / route. *06742*
ROZ, K → Research-Oktan-Zahl. *01453*
Ruck, G / jerk, jolt. *05550*
Rückenlehne, I / seat back, seat back rest, back of seat, back rest. *03115*
Rückenwind, T / rear wind. *06608*
Rückfahrleuchte, E → Rückfahrscheinwerfer. *01466*
Rückfahrscheinwerfer, E, Rückfahrleuchte / reversing lighting, reverse lamp. *01465*
Rückfenster, C, Heckscheibe / rear window, backlight. *05081*
Rückholfeder, G → Rückzugfeder. *06498*
Rücklaufwelle, A, Rücklaufachse / reverse idler gear shaft, reverse gear spindle, reverse idler shaft, reverse shaft. *01462*
Rückleuchte, E → Schlußlicht. *01426*
Rücklicht, E → Schlußlicht. *01424*
Rückprall, G / rebound. *06612*
Rückruf, W → Rückrufaktion. *09956*
Rückrufaktion, W, Rückruf / recall campaign, recall. *06615*
Rückschlagdrosselklappe, M / non-return throttle. *06120*
Rückschlagventil, B, (Druckluftbremse) / non-return valve, check valve. *01152*
Rücksitz, I, Fondsitz / rear seat, back seat. *06600*
Rücksitzbank, I / rear bench, rear seat bench. *04722*
Rückspiegel, I / rear-view mirror, rear mirror. *03175*
Rückstände, G / settings. *06906*
Rückstellfeder, G → Rückzugfeder. *08997*
Rückstellknopf, G, Rückstellung / reset. *07706*
Rückstellung, G → Rückstellknopf. *06651*
Rückstrahler, E, Katzenauge / reflector, bull's eye. *00231*
Rückstrom, E / reverse current, return current. *01459*
Rückstromschalter, E / cutout relay, reverse current cutout. *00459*
Rücktrittbremse, Z / back-pedalling brake, back-pedal brake, coaster brake. *08410*
Rückvergütung, H / refund. *09265*
Rückwand, C / tailboard, rear panel. *07406*
Rückwandrahmen, C / tailboard frame. *07407*
Rückwärtsgang, A / reverse gear, reverse speed. *06666*
Rückzugfeder, G, Rückholfeder, Rückstellfeder / pull-back spring, retracting spring. *06497*
Runde, R / lap. *05631*
runder Motorlauf, M, gleichförmiger Lauf / smooth running. *07042*
Runderneuerung, F, (Reifen) / rebuilding, recapping, retreading. *01433*
rundlaufend, F, (Reifen) / true-running. *07715*
Rundstrecke, R / circuit. *03510*
Rundumlicht, E → Warnblinkanlage. *00659*
Runzeln, L, (Lackoberfläche) / crazing. *08218*
Rupfen, A → Kupplungsrupfen. *00845*
Rutschen, G / slipping. *01573*
rutschig, G / slippery. *07026*
Rutschkupplung, A → Reibkupplung. *00782*
rütteln, G / shake, jar. *06911*

65

S

Sachschaden, T / material damage. *05942*
Sackgasse, T / dead end, blind alley, blind street. *03242*
SAE-Viskositätsklasse, K / SAE-grade. *01499*
sägen, W / saw. *06807*
sägezahnförmige Abnutzung, F, (Reifen) / heel and toe wear. *05100*
Sammelkabel, E / collecting cable. *03598*
Sammler, H / collector. *02886*
Sammler, E → Batterie. *00122*
Sammlerwagen, H, Liebhaberwagen / collectible car, collectors car. *02105*
Sammlung, H → Fahrzeugsammlung. *02918*
Sandbahn, R, Aschenbahn / dirt track. *04131*
Sandbahnrennen, R / dirt track racing. *08578*
Sandguß, W / sand casting, sand-mould casting. *06803*
Sandstrahlen, W / sand blast cleaning, sandblast. *10160*
Sandstrahlgebläse, W / sandblasting equipment. *06802*
Sandstrahlpistole, W / spot sandblaster. *10088*
Sandstreuer, H / grit sprayer. *04979*
Sattel, Z / saddle. *06791*
Sattelauflieger, H / semitrailer. *06882*
Sattelbügel, Z / saddle hoop. *09033*
Sattelstützbügel, Z / rear saddle strut, rear saddle support. *09016*
Satteltank, Z / saddle tank. *09925*
Sättigung, G / saturation. *06806*
Satz, G / set. *06901*
Sauberkeit, G / cleanliness. *08152*
Sauerstoff, W, (Gas für Kompressor) / oxygen. *10014*
Sauerstoffflasche, W / oxygen bottle. *06276*
Sauganschluß, G / suction connection. *07193*
Saugbecherpistole, L / suction feed gun. *08133*

Saugkanal, K → Mischkammer. *01114*
Saugluftschaltzylinder, A, (Getriebe) / vacuum shift cylinder. *07838*
Saugmotor, M / naturally aspirated engine, unsupercharged engine, induction engine. *01911*
Saugpumpe, M, (Schmierung) / suction pump. *07295*
Saugrohr, G / suction pipe. *07294*
Saugrohr, M → Ansaugkrümmer. *00998*
Saugrohreinspritzung, K, indirekte Einspritzung / indirect injection. *00963*
Saugseite, M → Einlaßseite. *05335*
Saugventil, G / suction valve. *01712*
Saugventil, M → Einlaßventil. *01713*
Saugwiderstand, M / intake resistance. *05481*
Säure, G / acid. *03094*
Säurebeständigkeit, G / acid resistance. *03097*
Säuredichte, E → Säurekonzentration. *03956*
säurefest, G / acidproof. *03096*
Säurefraß, G / acid corrosion. *03095*
Säurekonzentration, E, Säuredichte / acid density, electrolyte density. *00019*
Säureprüfer, W, Meßspindel, Dichtemesser, (Batterie) / acid tester, syringe hydrometer, hydrometer. *00022*
Säurespiegel, E, Säurestand, (Batterie) / acid level, electrolyte level, solution level. *00021*
Schablone, G / template. *07442*
Schaden, G, Beschädigung / damage. *04012*
Schadstoffausstoß, G / pollution. *06410*
Schadstoffemission, K / pollutant emission. *08984*
Schaft, G / shank, stem. *06912*
Schale, G → Wanne. *06288*
Schalensitz, I / bucket seat. *03302*
Schall, G / sound. *07065*

Schalldämpfer, K → Abgasschalldämpfer. *00695*
Schallpegel, G / sound level. *04488*
Schalltrichter, E, (Hupe) / sound projector. *07067*
Schaltbock, A / gear shift lever bracket. *04902*
schalten, A, (Getriebe) / shift. *06926*
Schalter, G / switch. *02298*
Schaltgabel, A / shift fork, selector fork, control fork, gear control fork, gear shift fork, gear selector fork, gear shifting fork. *01539*
Schaltgestänge, A / gear shift linkage, shift linkage. *04905*
Schalthebel, A, Gangschalthebel, Getriebeschalthebel, Schaltknüppel / gear shift lever, change speed lever, gear lever, gear change lever, shift lever, transmission control. *00837*
Schalthebelgehäuse, A / gear shift lever housing. *04903*
Schalthebelhalterung, A / shifting lever bracket. *09047*
Schalthebelknopf, A / gear shift lever knob, shift knob. *04904*
Schaltklaue, A / shift dog. *06930*
Schaltklinke, Z, (Nabe) / click. *08542*
Schaltknüppel, A → Schalthebel. *08354*
Schaltkugel, A / shifting ball. *06933*
Schaltkulisse, A / gear shifting gate, gate, shifting gate. *00832*
Schaltkupplung, A / shifting clutch. *06934*
Schaltmuffe, A / gear shift sleeve. *04909*
Schaltplan, E / wiring diagram. *10567*
Schaltschema, A, Ganganordnung / gear shift pattern, shift pattern. *04906*
Schaltstange, A / shifter rod, gear selector rod, gear shift bar, sliding selector shaft, gear shift rod. *01541*
Schaltstangenarretierung, A / sliding selector shaft locking

66

Schaltvorgang

mechanism. *01568*
Schaltvorgang, A / shift, shifting operation. *06927*
Schaltwerkschutz, Z / rear derailleur protector. *09013*
Schaltzeitpunkt, A, (Getriebe) / shift point. *07347*
Schaltzugwiderlager, Z / cable casing stop. *08474*
scharfe Kurve, T / sharp turn. *06915*
Scharnier, G / hinge. *02300*
Scharnierbolzen, G / hinge pin. *08338*
Scharnierhebel, G / hinge arm. *05132*
Scharniersäule, C → A-Säule. *09387*
Schaubild, G, Diagramm / graph, diagram. *04957*
Schauloch, G / inspection hole. *05439*
Schauloch, M, (Schwungrad) / timing pointer hole. *02777*
Schaulochdeckel, G / inspection hole cover. *05440*
Schaum, G / foam. *04701*
Schaumbremse, K, Entschäumungsmittel, (Öl) / foam inhibitor, foam suppressor. *04704*
Schaumgummi, G, Moosgummi / foam rubber, sponge rubber. *04706*
Schaumlöscher, T / foam extinguisher. *04702*
Scheibe, C → Fensterscheibe. *10511*
Scheibenbremsbelag, B / brake pad. *08725*
Scheibenbremse, B / disc brake. *00558*
Scheibenfederkupplung, A → Membranfederkupplung. *00493*
Scheibenführungsschiene, C / glass channel, glass run, window glass channel. *04928*
Scheibenkupplung, A / disc clutch. *04137*
Scheibenwaschanlage, E, Scheibenwascher, Wascher / windshield washer unit, washer. *02018*
Scheibenwascher, E → Scheibenwaschanlage. *07952*
Scheibenwischer, E / windshield wiper, wiper, windscreen wiper. *02019*
Scheibenwischerarm, E → Wischerarm. *08068*
Scheibenwischerblatt, E → Wischerblatt. *08070*
Scheibenwischermotor, E / wiper motor. *02021*
Scheingebot, H, (Auktion) / fake bid. *02937*
Scheinwerfer, E / headlamp, headlight. *00868*
Scheinwerfereinsatz, E / headlamp insert. *05065*
Scheinwerfereinstellung, E / headlamp adjustment. *05054*
Scheinwerfergehäuse, E → Scheinwerfertopf. *10152*
Scheinwerferglas, E, Scheinwerferscheibe / headlamp glass, headlamp lens. *05062*
Scheinwerferglühlampe, E, Scheinwerferlampe / headlamp bulb. *00870*
Scheinwerfergummidichtung, E / rubber headlamp gasket. *10186*
Scheinwerferlampe, E → Scheinwerferglühlampe. *05056*
Scheinwerferscheibe, E → Scheinwerferglas. *05063*
Scheinwerferspiegel, E, Reflektor, Spiegelreflektor / headlamp reflector, reflector. *05066*
Scheinwerferstütze, C / headlamp bracket. *02307*
Scheinwerfertopf, E, Scheinwerfergehäuse / headlamp shell, headlight housing, headlamp bowl. *02306*
Scheinwerferwaschanlage, E → Scheinwerferwischer. *05058*
Scheinwerferwischer, E, Scheinwerferwaschanlage / headlamp cleaning unit. *05057*
Scherenwagenheber, W / scissors type jack. *06814*
Scherkraft, G, Schubkraft / shear force. *06917*
Scheuerleiste, C, Seitenleiste / rub rail. *06760*
scheuern, G / scuffing, chafing. *06832*
Schichtdicke, L / deep film. *08235*
Schiebedach, H / sliding roof.

Schlauchtrommel

05004
Schiebefenster, C / sliding window. *07022*
Schiebegelenk, F, Gleitgelenk / slip joint, sliding joint. *01569*
Schiebemuffe, A → Synchronschiebemuffe. *01750*
Schiebermotor, M, Drehschiebermotor, Hülsenschiebermotor, Knight-Motor / sleeve valve engine, sliding sleeve engine, Knight engine. *02308*
Schiebetür, C / sliding door. *07019*
Schienbeinschutz, Z / shin-guard, shin-pad. *09048*
Schikane, R / chicane. *03472*
Schild, G, (Metall) / plate. *09197*
Schild, G → Etikett. *05609*
Schlackenhammer, W / chipping hammer. *10038*
Schlackenschutzschicht, W, (Schweißen) / protective slag. *10030*
Schlafaugen, E → versenkbare Scheinwerfer. *01455*
Schlafkoje, I / berth. *03234*
Schlagfestigkeit, G / impact resistance. *05295*
Schlagloch, T / chuck-hole, road hole, pothole. *03484*
Schlagschrauber, W / impact driver, impact screwdriver. *10147*
Schlamm, T, Matsch, Schmutz / mud, sludge. *06028*
Schlamm, G → Ablagerung. *06866*
Schlammraum, M, (Ölwanne) / sediment bowl, sediment chamber. *02738*
schlanke Tourenwagen-Karosserie, H → Torpedo. *03034*
Schlauch, G / hose. *05189*
Schlauch, F, Luftschlauch, (Reifen) / tube, inner tube. *02309*
Schlauchklemme, G → Schlauchschelle. *05191*
schlauchloser Reifen, F / tubeless tyre. *01867*
Schlauchreifen, F / tubed tyre. *07721*
Schlauchschelle, G, Schlauchklemme, Schlauchbinder / hose clip, hose clamp. *02310*
Schlauchtrommel, G / hose reel. *05195*

67

Schlauchventil   Schneepflug

Schlauchventil, F → Reifenventil. *07561*
Schlauchventileinsatz, F / valve barrel. *07852*
Schlauchverbindung, G / hose connection. *05193*
Schleierbildung auf der Windschutzscheibe, E, (Scheibenwischer) / windshield hazing. *05052*
schleifen, W / grind. *04974*
schleifende Bremse, B / dragging brake. *08767*
schleifende Kupplung, A / slipping clutch. *02121*
Schleifklotz, W / rubbing block, sanding block. *08271*
Schleifkohle, E → Kohlenbürste. *00230*
Schleifmaschine, W / grinder. *04975*
Schleifpapier, L, Schmirgelpapier, Sandpapier / abrasive paper, flatting paper, sand paper, emery paper. *08264*
Schleifpaste, W / grinding paste. *00852*
Schleifring, E, (Drehstromgenerator) / collector ring. *00357*
Schleifring, G / slip ring. *07028*
Schleifringausrücker, A / graphite release bearing. *00846*
Schleifspuren, L / sand cratches. *08292*
Schleppachse, F, Nachlaufachse, Nachläufer, Hund / dummy axle, dolly axle, trailing axle. *04287*
Schlepphebel, M → Kipphebel. *03993*
Schlepprad, F, Stützrad / fifth wheel. *04565*
Schleuderluftfilter, M, Wirbel-Luftfilter, Zyklonfilter / centrifugal air cleaner. *00280*
Schleudern, G → Schwimmen. *02577*
Schleuderschmierung, Z → Tauchschmierung. *10382*
Schlierenbildung auf der Windschutzscheibe, E / windshield streaking. *07271*
Schließblech, C, Schloßplatte / lock plate. *02536*
Schließfeder, G / closing spring. *03539*

Schließmechanismus, G, Verriegelungsmechanismus / latch mechanism. *05641*
Schließplatte, C, (Tür) / striker. *07276*
Schließwinkel, E, (Unterbrecherkontakte) / dwell angle, closing angle. *00627*
Schließwinkel-Drehzahltester, W → Schließwinkelmeßgerät. *00630*
Schließwinkelmeßgerät, W, Schließwinkel-Drehzahltester, Drehzahl - Schließwinkelmeßgerät / dwell angle tester, dwell-tach tester, tach-dwell meter. *00629*
Schließwinkelsteuerung, E / dwell angle control. *00628*
Schließzeit, E / dwell period. *00632*
Schlitz, F, Einschnitt, (Reifen) / kerf. *05573*
Schlitz, G, Kanal / port. *06414*
schlitzgesteuerter Motor, M, (2-Takt) / piston-valve engine. *06361*
Schlitzmantelkolben, M / split-skirt piston. *02672*
Schlitzschraube, G / slotted bolt. *07432*
Schloß, G, Sperre, Verriegelung, Sicherung / lock. *05762*
Schloßsäule, C → B-Säule. *09392*
Schloßzylinder, G / lock cylinder, lock barrel. *05772*
Schlupf, G / slip. *07023*
Schlupf, F → Radschlupf. *03831*
Schlußleuchte, E → Schlußlicht. *01425*
Schlußlicht, E, Rücklicht, Schlußleuchte, Rückleuchte / rear light, tail lamp. *01423*
Schlüssel, G / key. *05575*
Schlüsselanhänger, T / key fob. *05578*
Schmalreifen, F / narrow tyre. *08942*
Schmelzbad, W / weld puddle. *10037*
Schmelzbereich, W / melt-range. *10051*
Schmiede, W / smithery, smithy. *09056*
Schmiedekolben, M, geschmie-

deter Kolben / forged piston. *02676*
schmieden, W / forge. *08827*
Schmiederohling, W / forged blank. *04750*
schmieren, W → abschmieren. *05822*
Schmierfähigkeit, G, Lubrizität / oiliness. *01205*
Schmierfett, G, Fett / grease. *01084*
Schmiermittel, G / lubricant. *04966*
Schmiernippel, G / grease nipple, grease fitting, lubrication fitting, lubrication nipple, pressure grease fitting. *00851*
Schmieröl, G / lubrication oil, lube oil. *01077*
Schmierölfilter, M → Ölfilter. *01180*
Schmierplan, W → Abschmierplan. *09174*
Schmierpresse, W → Fettpresse. *00850*
Schmierung, W / lubrication. *05819*
Schmirgelpapier, L → Schleifpapier. *08316*
Schmutz, G / dirt. *08302*
Schmutz, T → Schlamm. *08941*
Schmutzfänger, C → Spritzlappen. *06033*
Schnäppchen, H, (Autohandel) / dark horse. *09222*
Schnappverschluß, G / snap-on cap. *07043*
Schnauze, C → Karosserievorbau. *08356*
Schnecke, G / worm. *08089*
Schneckenantrieb, A / worm drive. *08092*
Schneckengetriebe, A, Schneckenrad / worm gear. *08093*
Schneckenlenkung, F, Roßlenkung / worm and sector steering. *02026*
Schneckenrad, A → Schneckengetriebe. *08094*
Schneefräse, H / snow blower. *07045*
Schneekette, F, Radkette / snow chain, tyre chain. *07544*
Schneepflug, H / snow plough.

68

Schneidbrenner — Schutzblech

07048
Schneidbrenner, W / flame cutter. *10054*
schneiden, G → kreuzen. *05520*
schneiden, G / cut. *10582*
Schneidhebel, W, (Schneidbrenner) / cutting lever. *10053*
schnell, G / quick. *06526*
Schnelladegerät, W → Batterieschnelladegerät. *03224*
schnellaufender Dieselmotor, M / high speed oil engine. *02509*
Schnellbefestigung, W / quick-fixing device. *09002*
schnelle Abnutzung, G / rapid wear. *06576*
schneller Leerlauf, K / fast idle. *04540*
Schnellgang, A, Ferngang, Overdrive, Schongang, (Getriebe) / overdrive, O/D. *01224*
Schnellreparatur, W / repair on a shoestring. *05538*
Schnellspanner, W / quick gripping device. *08674*
Schnellverschluß, G / quick release. *09003*
Schnitt, G / cut. *09452*
Schnittmodell, W / cut-away. *08160*
Schnittmodellzeichnung, W / phantom view. *06337*
Schnittzeichnung, W / cross-section. *10482*
Schnorchel, G / snorkel. *07044*
Schnüffelventil, M → automatisches Einlaßventil. *10433*
Schnürband, G / lace. *08890*
Schnürsystem, G / lacing system. *08891*
Schonbezug, I / seat cover. *09620*
Schongang, A → Schnellgang. *01226*
Schott, M, Querwand, Trennwand, (Ölwanne) / partition. *02735*
schräggestelltes Ventil, M / inclined valve. *02802*
Schrägheck, C / hatchback. *09445*
Schräglage, T / side sway. *09054*
Schräglenker, F, Diagonallenker / semi-trailing arm. *01527*
Schräglenker-Hinterachse, F / trailing arm suspension. *10477*

Schräglenkerachse, F / diagonal swing axle. *04078*
Schrägrollenlager, G / angular contact roller bearing. *05316*
schrägverzahnt, G → zackenförmig. *06894*
schrägverzahntes Kegelrad, A → Schrägzahnkegelrad. *05105*
schrägverzahntes Rad, A → Schrägzahnrad. *05103*
Schrägzahnkegelrad, A, schrägverzahntes Kegelrad / helical bevel gear. *05104*
Schrägzahnrad, A, schrägverzahntes Rad / helical gear. *05102*
Schramme, G / scratch. *06822*
Schraube, G / screw. *03120*
Schraube mit selbstschneidendem Gewinde, G / self-tapping screw. *10133*
schrauben, W / screw on, bolt on. *06827*
Schraubendreher, W / screw driver. *09035*
Schraubendreher für Innensechskantschrauben, W / Allen key driver. *08865*
Schraubenfeder, G / helical spring. *05106*
Schraubenfeder, Z, (Vordergabel, Zylinderkopf) / saddle tank coil spring. *09809*
Schraubenfederkupplung, A / coil spring clutch. *00354*
Schraubenkopf, G / dome of the bolt. *10150*
Schraubenlenkung, F → Spindellenkung. *06829*
Schraubenschlüssel, W, Maulschlüssel / spanner, wrench. *09136*
Schraubensicherung, G / nut lock. *06431*
Schraubkegelgetriebe, A → Hypoidgetriebe. *00921*
Schraubstock, W / vice, vise. *09114*
Schraubstockbacke, W / vice jaw. *10478*
Schraubwagenheber, T / screw pillar type jack. *06731*
Schraubzwinge, W / G-cramp. *10168*
Schrecksekunde, T → Reaktions-

zeit. *01411*
Schriftzug, C / lettering. *10139*
Schrittgeschwindigkeit, T / walking speed. *07936*
Schrittmacher, R, (Steherrennen) / pacer. *08959*
Schrittmacher-Wagen, R / pace car. *09213*
Schrott, H / junk, scrap. *02314*
Schrottplatz, H, Autofriedhof, Autoverwertung / junk yard, scrap yard, breaker's yard. *02945*
schrumpfen, G / shrink. *06956*
Schrumpfsitz, G / shrink fit. *06957*
Schub, G, Axialschub / thrust. *07505*
Schubankeranlasser, E, Schubankerstarter / sliding armature starter. *01563*
Schubankerstarter, E → Schubankeranlasser. *01564*
Schubkraft, G → Scherkraft. *06918*
Schubkugel, G / torque ball, thrust ball. *07507*
Schubschraubtriebanlasser, E, Schubschraubtriebstarter / screw-push starter. *01503*
Schubschraubtriebstarter, E → Schubschraubtriebanlasser. *01504*
Schubstange, F → Schubstrebe. *03651*
Schubstangenkopf, F / tie bar end, radius arm. *07512*
Schubstrebe, F, Achsstrebe, Schubstange, Schwingstrebe, (Radaufhängung) / torque rod, torque arm, compression strut, torque strut, axle strut, thrust rod, torque reactor strut, radius arm. *02724*
Schubtriebanlasser, E, Schubtriebstarter / sliding gear starter motor, coaxial-type starting motor. *01565*
Schubtriebstarter, E → Schubtriebanlasser. *01566*
Schulbus, H / school bus. *06813*
Schultergurt, I, (Sitzgurt) / sash belt. *06805*
Schute, C / sun visor, sun shield. *09625*
Schutzblech, Z / mudguard. *08663*

69

Schutzblechfigur

Schutzblechfigur, Z / mudguard decoration. *08664*
Schutzblechprofil, Z / mudguard design, mudguard section. *08665*
Schutzblech mit Seitenteilen, Z, seitlich heruntergezogenes Schutzblech / valanced mudguard. *10584*
Schutzbrille, W / goggles. *08310*
Schutzcreme, W / barrier cream. *10006*
Schutzfilm, L / protective film. *08129*
Schutzgas, W / MIG, metal inertgas. *10058*
Schutzgasschweißung, W / inert gas shielded arc welding. *08879*
Schutzkleidung, Z / protective clothing. *08994*
Schutzmarke, H → Warenzeichen. *07622*
Schutzmaske, W / safety mask. *10007*
Schutznetz, Z / coat protection net. *08553*
Schutzschlauch, G / protecting hose. *06491*
Schweißanlage, W / welding installation. *09125*
Schweißdraht, W → Elektrode. *10032*
Schweißdrahtdurchmesser, W → Elektrodendurchmesser. *10034*
schweißen, W / weld. *07986*
Schweißfehler, W / welding defect. *09123*
Schweißflamme, W / welding flame. *09124*
Schweißgerät, W / welder. *09983*
Schweißnaht, W / weld joint, weld seam. *07988*
Schweißnahtart, W / weld type. *10025*
Schweller, C → Türschweller. *06789*
Schwenkergespann, Z / banking sidecar outfit. *09927*
Schwenkfenster, C / swivel window. *07351*
Schwenksattel, B → Pendelsattel. *05137*
schweres Motorrad, Z / heavyweight motorcycle. *08617*

schwergängige Lenkung, F / hard steering. *10551*
Schwerkraft, G / gravity. *04963*
Schwerlastwagen, H / heavy duty truck. *05098*
Schwerölmotor, M → Dieselmotor. *00496*
Schwerpunkt, G / center of gravity. *03439*
Schwiegermuttersitz, C / dickey seat, rumble seat. *09422*
Schwimmeinrichtung, M / floating device. *02573*
Schwimmen, G, Gleiten / floating. *02575*
schwimmend gelagerter Kolbenbolzen, M / floating piston pin. *00743*
schwimmende Aufhängung, M / floating saddle. *02574*
Schwimmer, K / float. *00737*
Schwimmerachse, K / float pivot pin, float shaft. *04675*
Schwimmergehäuse, K → Schwimmerkammer. *04667*
Schwimmerkammer, K, Schwimmergehäuse / float chamber, float bowl, carburetor bowl. *00739*
Schwimmernadel, K / float needle, valve needle. *00740*
Schwimmernadelventil, K / float needle valve. *00741*
Schwimmerventil, K / float valve. *04678*
Schwimmsattel, B, Faustsattel / floating caliper. *04673*
Schwimmsattelscheibenbremse, B / floating caliper brake. *00742*
Schwimmwagen, H, Amphibienfahrzeug / amphibious vehicle, amphibian vehicle. *02315*
Schwingachse, F, Pendelachse / swing axle, floating axle. *01730*
Schwingarm, F → Querlenker. *03719*
Schwinghebel, M → Kipphebel. *03992*
Schwingrahmen, Z / sprung frame. *09928*
Schwingsattel, Z / single spring seat, cantilever spring saddle. *09929*
Schwingschleifer, W / power

Seilzugklemmenhalter

sander. *10169*
Schwingstrebe, F → Schubstrebe. *06563*
Schwingung, G / oscillation, vibration. *06233*
Schwingungsdämpfer, G / vibration damper. *10522*
schwingungsfrei, G / vibration free. *07920*
Schwingungstilger, F → Schwingungsdämpfer. *07917*
Schwungrad, M, Schwungscheibe, Motorschwungrad / flywheel, balance wheel, engine flywheel. *00755*
Schwungradflansch, M / flywheel flange. *04698*
Schwungradkranz, M / flywheel starter ring gear. *02743*
Schwungradmarkierung, M, Totpunktmarke / flywheel timing mark, flywheel marking, timing mark. *00759*
Schwungradzahnkranz, M → Anlaßzahnkranz. *01642*
Schwungscheibe, M → Schwungrad. *00756*
Sealed-Beam-Scheinwerfer, E / sealed beam headlamp. *01505*
sechsfenstrige Limousine, H / six-light saloon. *09421*
sechskantig, G / hexagonal. *08871*
Sechskantmutter, G / hexagon nut, hex nut. *05113*
Sechskantschraube, G / hexagon bolt, hex bolt. *05114*
Sechszylindermotor, M / six-cylinder engine. *07000*
Seegerring, G → Sicherungsring. *03509*
Segment, G / segment. *06516*
Seil, G / rope. *03344*
Seilrollenrohrschelle, Z / cable pulley clip. *08481*
Seilschloß, Z / cable lock, cable anti theft device. *08466*
Seiltrommel, G / rope drum. *06728*
Seilwinde, W / rope winch, cable winch. *06729*
Seilzugbremse, B / cable brake. *03011*
Seilzugklemmenhalter, Z / cable casing clip. *08471*

Seilzugschutz   Sicherheitsventil

Seilzugschutz, Z / cable saver. *08484*
Seilzugstarter, Z / cable starter. *08485*
Seitenansicht, G / side view. *06975*
Seitenaufprall, T / side impact. *06964*
Seitenfenster, C / side window. *04817*
seitengesteuerter Motor, M, Stoßstangenmotor / side valve engine, L-head engine, valve-in-block engine. *02504*
Seitenlage, Z / lateral inclination. *08631*
Seitenleiste, C → Scheuerleiste. *06761*
Seitenneigung, F, (Aufbau) / sway. *07334*
Seitenschneider, W / side cutter. *09053*
Seitenständer, Z / lateral stand. *08632*
Seitenstraße, T / side road. *06971*
Seitenstreifen, T, Bankett / shoulder, verge. *06954*
Seitenteil, C → Seitenwand. *09416*
Seitentür, C / side door. *06962*
Seitenwagen, Z, Beiwagen / sidecar. *06960*
Seitenwagenhersteller, Z / sidecar manufacturer. *09821*
Seitenwand, C, Seitenteil / side panel, side section. *06969*
Seitenwandrahmen, C / side panel frame. *06970*
Seitenwind, T / side wind, cross wind. *06978*
seitlich heruntergezogenes Schutzblech, Z → Schutzblech mit Seitenteilen. *10585*
seitlich stehende Ventile, M / side valves. *06973*
seitlicher Kühler, M / hip-mounted radiator, side-mounted radiator. *05141*
seitlicher Längsträger, C / side frame rail. *06963*
Sekundärbacke, B, ablaufende Backe, Ablaufbacke / trailing brake shoe, trailing shoe. *01836*
sekundäre Spule, E → Sekundärwicklung. *01514*
Sekundärkreis, E → Sekundärstromkreis. *01509*
Sekundärmanschette, B / secondary cup. *09164*
Sekundäröl, G, Zweit-Raffinat mit chemischen Zusätzen / secondary oil. *09922*
Sekundärstromkreis, E, Sekundärkreis / secondary circuit, high tension circuit. *01508*
Sekundärwicklung, E, sekundäre Spule / secondary winding, secondary coil, high tension winding. *01513*
Sekurit-Glas, C, Hartglas, Einschicht-Sicherheitsglas / tempered safety glass, tempered glass. *01764*
selbstdichtend, G / self-sealing. *06879*
selbsteinstellend, G → selbstnachstellend. *06874*
Selbstfahrer-Limousine, H / owner-driver saloon. *03037*
Selbstinduktion, E, Eigeninduktion / self-induction. *01519*
selbstklebender Gummistreifen, W / self-adhesive rubbing pad. *10144*
selbstnachstellend, G, selbsteinstellend / self-adjusting. *06873*
selbstreinigend, G / self-cleaning. *06876*
Selbstreinigungstemperatur, E, Freibrenngrenze, (Zündkerze) / self-cleaning temperature, burn-off temperature. *01517*
selbstrückstellend, G / self-cancelling. *06875*
selbstschmierend, G / permanently lubricated. *06330*
selbstsichernde Mutter, G / Kontermutter. *05546*
selbstsperrend, G / self-locking. *06878*
selbsttätig, G → automatisch. *03197*
selbsttragende Karosserie, C, selbsttragender Aufbau / integral body, unitary construction, frameless body, unitized construction, unitary chassis. *01014*
selbsttragender Aufbau, C → selbsttragende Karosserie. *04787*
Selbstumlaufkühlung, M → Thermosiphon-Kühlung. *01140*
Senderwahl, E, (Radio) / tuning control, radio tuning control. *07731*
senkrecht, G, stehend / vertical. *05858*
Sensor, G, Fühler / sensor. *06883*
separates Chassis, C / separate chassis. *02885*
Separator, E, Abscheider / separator. *01530*
Serie, W / series. *06890*
serienmäßig, H / standard (-type), stock. *02318*
serienmäßig ab Werk eingebaute Klimaanlage, H / factory air conditioning, factory air. *03051*
Serienmotor, H / production engine. *06479*
Seriennummer, C, Fabriknummer / serial number. *06888*
Serienwagen, H / production car. *06477*
Serienwagenrennen, R / production car race. *09332*
Servobremse, B, Vollbremse, Hilfskraftbremse / power brake, power assisted brake system, power assisted braking system, servo brake, brake power unit, brake power assist. *01532*
Servolenkung, F, Lenkhilfe / power-assisted steering, power steering, p/s, servo steering. *01328*
Sesselrad, Z / laid-back bicycle. *08893*
sicher, G / safe. *06792*
Sicherheit, G / safety. *06793*
Sicherheits-Fahrgastzelle, C, Sicherheitskabine / safety passenger cell. *01500*
Sicherheitsglas, C / safety glass. *02320*
Sicherheitsgurt, I → Sitzgurt. *10539*
Sicherheitskabine, C → Sicherheits-Fahrgastzelle. *01501*
Sicherheitsspur, R / safety lane. *09288*
Sicherheitsstoßfänger, C / safety bumper. *06794*
Sicherheitsventil, G / safety

71

Sicherheitsvorschriften

valve. *06186*
Sicherheitsvorschriften, G / safety regulations. *06795*
sichern, G / secure, lock. *06863*
Sicherung, E / fuse. *00809*
Sicherung, G → Schloß. *05765*
Sicherungsblech, G / tab washer. *09506*
Sicherungsbolzen, G → Kettenverschlußbolzen. *05743*
Sicherungskennzeichnung, E / fuse designation. *04862*
Sicherungsring, G, Seegerring, Sprengring / circlip, lock ring, snap ring. *00315*
Sicherungsringzange, W / circlip pliers. *10462*
Sicherungsscheibe, G / lock washer. *05785*
Sicht, G / visibility, vision, view. *07925*
Sichtfeld, T / field of view. *05323*
Sicke, C / beading fluting. *10158*
Sidepipes, K, seitlich herausragende Auspuffrohre / side pipes. *03041*
Sieb, G / strainer, screen. *06193*
Sieg, R / victory. *09300*
Sieg erringen, R / taking the flag. *09316*
Signalhorn, E → Hupe. *09815*
Silikonentferner, L / grease remover, wax and grease remover. *08259*
Silikonkrater, L, Krater / cratering, fish eyes, cissing. *08297*
Simmerring, G, Wellendichtring / oil-seal ring, oil ring. *05986*
Simplexbremse, B / simplex brake. *01552*
Simplexkette, G / simplex chain. *06982*
Sintermetall, W / sintered metal. *06998*
Sitz, I / seat. *03114*
Sitz mit Halbbrückenlehne, Z / seat with half a back, half-back seat. *09039*
Sitzbank, I / seat bench. *06849*
Sitzbank-Tank-Einheit, Z / seat-tank unit. *09238*
Sitzbankhöcker, Z / rear seat hump. *09018*
Sitzbezug, I / seat cover. *06851*

Sitzbezugstoff, I / seat cover cloth. *09619*
Sitzfeder, I / seat spring. *06855*
Sitzfläche, G / seating area. *09040*
Sitzgurt, I, Sicherheitsgurt / seat belt, safety belt. *04079*
Sitzgurtverankerungspunkt, I, Gurtverankerungspunkt / anchor point, seat belt mounting point, seat belt mounting eye, belt mounting point, belt mounting eye. *03168*
Sitzgurtverstellung, I / seat belt adjustment. *06846*
Sitzgurtwarnleuchte, E / seat belt warning light. *06848*
Sitzgurtwarnsummer, E / seat belt warning buzzer. *06847*
Sitzheizung, E / seat heating. *10400*
Sitzhöhe, G / seating height. *09041*
Sitzlaufschiene, I / seat guide rail. *06853*
Sitzposition, T / seating position. *09042*
Sitzschale, I / seat bucket, seat pan. *06850*
Sitzverankerung, I / seat anchorage. *06844*
Sitzverstellung, I / seat adjustment. *06842*
Skala, G / scale. *06808*
Skala, G → Zifferblatt. *04084*
Skihalter, T / ski rack. *07008*
Skizze, G / sketch. *07004*
Slick, F, profilloser Rennreifen / slick. *07016*
Slipper-Kolben, M, Gleitschuhkolben / slipper-type piston. *09933*
Smog, G / smog. *07036*
Solex-Vergaser, K / Solex carburetor. *01578*
Sollbruchstelle, W / predetermined breaking point. *08987*
Sommern, F → Feinstprofil. *10435*
Sonderaufbau, H → Spezialkarosserie. *07121*
Sonderzubehör, H, Extras, Zusatzausstattung / optional equipment, options, extras. *04496*
Sonnenblende, I, (im Fahrzeug) / visor, inner sun visor, sun screen. *02323*

Speditionsgesellschaft

Sonnenrad, A, (Planetengetriebe) / sun gear, sun, sun wheel. *07297*
Sonnenverdeck, H / sun roof, s/r. *02479*
Sozius, Z / co-rider, pillion rider. *08549*
Sozius, Z → Soziussitz. *09147*
Soziussitz, Z, Sozius / pillion. *08672*
Spachtel, W / scraper. *10277*
Spachtel, L, Spachtelkitt, Lackspachtel, Karosseriekitt, Füller, Spachtelkitt, (Oberflächenbehandlung vor dem Lackieren) / filler, body filler. *01722*
Spachtelkitt, L → Spachtel. *01723*
Spachtelmesser, W / putty knife. *10278*
Spalt, G / gap. *04871*
Spannband, G / restraining strap. *06658*
Spannfeder, G → Druckfeder. *10509*
Spannrad, G → Zwischenrad. *05246*
Spannrolle, G / tension roller. *05247*
Spannrolle, M, (Nockenwellenantrieb) / tensioning pulley. *07448*
Spannschiene, M, (Nockenwellenantrieb) / tensioner blade. *07447*
Spannung, E / voltage. *07927*
Spannung, G / tension. *07444*
Spannung, G → Belastung. *07263*
Spannungsregler, E, Regler, (Lichtmaschine) / voltage regulator, control box, regulator. *00632*
Spannungszusammenbruch, E / voltage break-down. *07928*
Spannvorrichtung, W / jig. *10338*
Spardüse, K / economizer jet. *04318*
Spatel, W / spreader. *10095*
Spätzündung, E, Nachzündung / retarded ignition, delayed firing. *05643*
Spediteur, H, Speditionsgesellschaft, Spedition / shipping agent, shipper. *09264*
Spedition, H → Spediteur. *02987*
Speditionsgesellschaft, H →

Speedway-Rennen

Spediteur. *10541*
Speedway-Rennen, R, Dirt-Track Rennen, (Gras, Asche oder Sand) / speedway-race, dirt-track race. *09934*
Speiche, F / spoke. *04776*
Speichenknick, F / bend of spoke. *08422*
Speichenrad, F / spoked wheel, spoke wheel, wire spoke wheel. *07157*
Speichenschloß, Z / spoke lock. *09070*
Speichenschlüssel, W / spoke wrench. *09073*
Speichenschutzscheibe, F / spoke-protector. *09071*
Speichenspanner, W / spoke tightener. *07158*
Speichenspannung, F / spoke tension. *09072*
Speicherkapazität, G / working capacity. *08086*
Spekulant, H / speculator. *02939*
Sperrdifferential, A → Ausgleichssperre. *01060*
Sperre, G → Schloß. *05763*
Sperrholz, G / plywood. *06398*
Sperrholzkarosserie mit Kunstlederbespannung, C / fabric body. *09981*
Sperrklinke, G / locking pawl, ratchet, pawl. *05776*
Sperrkugel, G / lock ball. *05771*
Sperrstift, A, (Schaltgetriebe) / lock pin. *05780*
Sperrventil, G / lock valve. *05784*
Spezialkarosserie, H, Sonderaufbau / special body. *07120*
Spezialwerkzeug, W / special tool. *10120*
Spezialzeitschrift, H / special magazine. *02902*
Spider, H / spider. *09594*
Spiegel, G / mirror. *01100*
Spiegelreflektor, E → Scheinwerferspiegel. *01437*
Spiegelung, G / reflection. *06623*
Spiel, G, Luft / play, clearance, scope. *06058*
Spike, F, (Reifen) / spike. *07134*
Spikereifen, F / spiked tyre. *07138*
Spindel, G / spindle. *07141*
Spindellenkung, F, Schrauben-lenkung / screw and nut steering, worm and nut steering. *06828*
Spiralbohrer, W → Bohrer. *02661*
Spiralfeder, G / spiral spring. *07143*
spiralförmig, G / helical. *08864*
Spiralgehäuse, K, (Abgasturbolader) / volute casing. *01989*
Spitzenprodukt, H / leading product. *08894*
Spitzheck, H / boat tail, pointed tail. *02324*
Spitzkehre, T → Haarnadelkurve. *05008*
Spitzkühler, M / pointed radiator, v-shaped radiator. *02325*
Spitzwerkzeug, W / body spoon. *10070*
Splint, G / split pin, cotter. *03757*
splitterfreies Glas, C / shatterproof glass. *06916*
Spoiler, C / spoiler. *07155*
Sponsorschaft, R / sponsorship. *09323*
sportlicher Reisewagen, H, GT / Gran Turismo, GT. *03067*
Sportmaschine, Z / sporting-type motorcycle, sports model. *09781*
Sportpedal, Z / bow pedal. *08458*
Sportwagen, H / sports car. *02327*
Spraydose, L / aerosol can. *08314*
Spreizung, F / Achsschenkelspreizung. *05315*
Spreizzange, W → Kolbenringzange. *01290*
Sprengring, G → Sicherungsring. *05783*
Spriegel, G, (Lkw) / stake. *09555*
Springbeulen im Blech, W / buckled panel. *10057*
Sprintrennen, R, / sprint race. *09275*
Spritzbild, L / spray pattern. *08169*
Spritzbreiteneinstellventil, L, (Spritzpistole) / spreader adjustment valve, pattern adjustment valve. *08178*
Spritzdüse, K → Einspritzdüse. *00981*
spritzen, G / splash. *07144*
spritzen, L / spray-paint, spray. *08311*
spritzgeformt, G, (Kunststoff) / injection mold. *05365*

Spurstange

Spritzhand, L / spraying hand. *08174*
Spritzlappen, C, Schmutzfänger / mud flap, fender flap. *06032*
Spritznebel, L / spray fog. *10505*
Spritzpistole, L / spray gun. *10591*
Spritzring, M → Ölschleuderring. *06198*
Spritzspachtel, L / spray putty. *08126*
Spritztechnik, L / air brushing. *10416*
Spritzversteller, K → Einspritzverstellung. *05375*
Spritzverstellergehäuse, K / injection control housing. *05357*
Spritzverstellerkurve, K → Einspritzverstellungskurve. *05377*
Spritzverstellermuffe, K / injection timing sleeve, injection timing collar. *00990*
Spritzverstellernabe, K / injection control hub. *05358*
Spritzwand, C / cowl, bulkhead. *02328*
Sprühdüse, G, Düse / nozzle. *03982*
Sprühventil, L, (Spritzpistole) / spreader valve. *08150*
Sprung, G → Riß. *03784*
spucken, L, (Spritzpistole) / splutter. *08143*
spülen, M, (Zweitaktmotor) / scavenge. *02610*
Spülperiode, M, Spülphase / scavenging period. *01502*
Spülphase, M → Spülperiode. *09723*
Spülpumpe, M / scavenging pump. *06811*
Spültakt, M, (Zweitakt) / scavenging stroke. *02608*
Spülung, M / scavenging. *02611*
Spur, G / track. *10307*
Spur, F, Spurwinkel, Radspur / toe. *07563*
Spurdifferenzwinkel, F / relative steering angle. *01441*
Spureinstellung, W → Radvermessung. *07998*
Spurmeßgerät, W → Achsmeßgerät. *00056*
Spurstange, F, Lenkspurstange, Lenkschubstange / tie bar, steer-

73

ing tie rod, steering track rod, track rod, tie rod, drag link. *01797*
Spurstange, F → Lenkspurstange. *07239*
Spurstangenhebel, F, Lenkarm, Lenkstangenhebel / track rod arm, steering swivel arm, track arm, drop lever. *01830*
Spurweite, F / tread, track width, track, wheel track. *06606*
Spurweite hinten, F / rear tread. *06607*
Spurwendekreis, F / outer turning lock. *06238*
Spurwinkel, F → Spur. *01833*
Stab, G / staff. *07184*
Stabfilter, K, (Reinigung Dieselkraftstoff) / edge-type filter. *00637*
Stabilisator, F, Querstabilisator / anti-roll bar, stabilizer, stabilizer bar, sway bar, roll bar. *00092*
Stabilisierungsstufe, E, (Transistorzündanlage) / stabilization stage. *01628*
Stadtbus, H / city bus, city motor bus. *03516*
Stadtwagen, H / city car. *03518*
Stahl, G / steel. *07211*
Stahlblech, G / steel sheet, sheet metal. *06919*
Stahlblech, W / sheet-steel, steel plate. *06922*
Stahlblech-Preßrahmen, G / pressed sheet steel frame. *08988*
Stahlfederung, F, (Radaufhängung) / steel springing. *07215*
Stahlfelgen, F / steel disc wheel. *10209*
Stahlgürtelreifen, F / steel belted tyre. *07212*
Stahlguß-Kolben, M / all-steel cast piston. *02675*
Stahlhammer, W / steel hammer. *10098*
Stahlkarosserie, C / steel body. *07213*
Stahlroß, Z / iron horse. *08885*
Standartenhalter, C → Fahnenstange. *04682*
Ständer, E, (Generator) / stator. *01650*
Standlicht, E, Parklicht, Parkleuchte / parking light. *01242*

Standmagnet, E / fixed magneto. *09936*
Stange, G, Strebe / bar, rod. *06712*
Stangenzinn, W → Karosseriezinn. *09460*
stanzen, W, (Speichenlöcher) / punch. *02656*
starker Verkehr, T / heavy traffic. *05099*
starr, G / rigid. *06680*
Starrachse, F / rigid axle, beam axle, solid axle, live axle. *03227*
Start, R / start. *08808*
Start- und Ziellinie, R / score. *09286*
Start-Zünd-Generator, E → Anlaßlichtmaschine. *00361*
Startdüse, K, (Vergaser) / starter jet. *07197*
starten, M → anlassen. *07195*
Starter, E → Anlasser. *01633*
Starterdrosselklappe, K → Starterklappe. *07268*
Starterdruckknopf, E → Anlaßdruckknopf. *07201*
Starterkabel, W → Starthilfekabel. *00125*
Starterklappe, K, Luftklappe, Vordrossel, Starterdrosselklappe / choke, air-choke, strangler, strangler butterfly, air flap, air strangler, starting butterfly valve. *00310*
Starterprüfstand, W → Anlasserprüfstand. *01646*
Starterrelais, E / starter relay. *07202*
Starterritzel, E → Anlasserritzel. *01640*
Starterzahnkranz, A → Anlaßzahnkranz. *01643*
Startgeld, R / starting money. *09273*
Starthilfe, M / starting aid. *07204*
Starthilfekabel, W, Starterkabel, Überbrückungskabel / battery booster cable, jumper cable, jump leads, battery jump lead. *00124*
Startlinie, R / starting grid. *09271*
Startvergaser, K, Anlaßvergaser / starter carburetor. *01636*
statisch, G / static. *07209*
Stau, T → Verkehrsstau. *10589*

Staub, G / dust. *08213*
staubdicht, G / dustproof. *08770*
staubige Straße, T / dusty road. *04299*
Staubkappe, F / dust cap. *08582*
Staubmanschette, F → Staubschutzbalg. *04298*
Staubsauger, W / vacuum cleaner. *08247*
Staubschutz, G / dust cover, dust protection. *04295*
Staubschutz, Z / dust-guard. *08583*
Staubschutzbalg, F, Staubmanschette / dust gaiter. *04298*
Staufach, Z / stowage ace. *08946*
Staufferfett, G / stauffer grease. *01651*
Stecheisen, W / wood chisel. *10084*
Steckachse, F / full floating axle, fully floating axle. *00808*
Steckachse, Z / drop out axle. *09937*
Steckdose, E / plug socket. *09497*
Steckdose, G, (Steckverbindung) / socket. *07051*
Stecker, G, (Steckverbindung) / male plug, plug. *05912*
Stecknuß, W / socket. *10481*
Steckscheibe, C / side curtain. *04006*
Steckschlüssel, W / socket spanner, socket wrench. *09058*
Stecktank, Z / flat tank. *09938*
Steckverbindung, E / connector, quick coupler. *03689*
Steckverbindung, G / plug and socket connection. *06383*
Steg, M → Kolbensteg. *05626*
Stehbolzen, G, Stift, Stiftschraube / stud, stud bolt. *02547*
stehender Motor, M / vertical engine. *02498*
stehender Start, R / standing start. *09077*
stehendes Ventil, M / vertical valve, side valve. *07918*
Steher, R, (Motorrad) / stayer. *09078*
Steherrennen, R / stayer race. *09079*
Steifigkeit der Karosserie, C / bodyshell stiffness. *09975*
Steigfähigkeit, T → Bergsteigefähigkeit. *03531*

Steignaht

Steignaht, W / vertical-up weld. *10040*
Steigstromvergaser, K / updraft carburetor, updraught carburetter. *01912*
Steigung, G, (Straße) / grade, gradient. *04951*
Steilwandfahrer, Z / Wall of Death rider. *09939*
steinschlagfeste Dickschichtgrundierung, L / chip resistant primer. *08242*
Steinschlagschutz, C / stone guard. *06552*
Sternmotor, M / radial engine. *02501*
Sternschaltung, E, Drehstrom-Sternschaltung, (Drehstromlichtmaschine) / star connection, wye connection, Y-connection. *01629*
Steuer, H, (Abgabe) / tax, duty. *04302*
Steuergehäuse, M → Nockenwellenantriebsgehäuse. *07531*
Steuergenerator, E → Zündimpulsgeber. *01382*
Steuergerät, K, (elektronische Kraftstoffeinspritzung) / injection computer. *05356*
Steuergerät, E, Transistorteil, (elektronisches Zündsystem) / trigger box. *01856*
Steuerkante, K, (Nut Einspritzpumpe) / helical groove, control edge, helix. *00885*
Steuerkette, M → Nockenwellenantriebskette. *03367*
steuern, F → lenken. *07217*
Steuernocken, G → Nocken. *03350*
Steuerrad, M, (Kurbelwelle) / secondary gear. *02749*
Steuerrad, F → Lenkrad. *01683*
Steuerstrom, E / control current. *00419*
Steuerstromverstärker, E → Treiber. *00610*
Steuerung, G / control. *04325*
Steuerventil, M / spool valve. *02807*
Steuerwelle, M → Nockenwelle. *00246*
Steuerzeiten in Grad, W / valve

timing, deg.. *07897*
Stichprobe, W / random test, spot check. *06574*
Stickoxyd, G / nitrogen oxide. *06109*
Stickstoff, G / nitrogen. *06108*
Stiefel, Z / boot. *08446*
Stift, G / dowel. *02524*
Stift, G → Stehbolzen. *07288*
Stiftschraube, G → Stehbolzen. *10444*
Stillegung, H / lay-up. *09599*
Stippen, L, Pickelbildung / dirt contamination. *08303*
Stirnelektrode, E / face electrode. *04508*
Stirnnaht, W, (Schweißen) / edge weld. *10023*
Stirnrad, M / distribution gear. *02768*
Stirnwand, C → Vorderwand. *04820*
Stockpunkt, K / pour point. *01325*
Stockpunktverbesserer, K / pour point improver. *06425*
Stockschaltung, A → Mittelschaltung. *02331*
Stoff, I / cloth. *03540*
Stoffbezug, I / velour pile seat. *10170*
Stoffpolsterung, I / textile upholstery, cloth upholstery. *07470*
Stoffschiebedach, H → Faltdach. *09575*
Stoffverdeck, C / fabric hood, fabric top. *04502*
Stollen, F, (Reifen) / cleat, lug. *03530*
Stopfbuchse, G / packing gland, gland, packing,. *07289*
Stopfen, G, Verschlußschraube, Verschlußstopfen / plug. *00011*
Stoplicht, E, Bremslicht, Bremsleuchte / stop light, brake light, stop lamp. *01687*
Stoplichtschalter, E, Bremslichtschalter / brake light switch, brake stop light switch. *00185*
Stoppuhr, R / timer, stop watch. *09089*
Stopschild, T / stop sign. *09359*
Störung, E, (Radio) / interference. *05492*
Störung, G → Fehler. *07711*

Strafpunkt

Störung des Spritzbildes, L / defective spray pattern. *08280*
Störungssuche, W, Fehlersuche / trouble shooting. *09767*
Stoß, G / push. *09189*
Stoß, M → Stoßöffnung. *04873*
Stoßdämpfer, F, Dämpfer / shock absorber, damper, dashpot cushion, dashpot. *04014*
Stoßdämpferbock, F / shock absorber bracket, damper bracket. *06945*
Stoßdämpferlager, F / shock absorber mount, damper mounting. *06947*
Stoßdämpferöl, F / shock absorber fluid, damper oil, damper fluid. *06946*
Stößel, M → Ventilstößel. *07881*
Stößeleinsteckstück, M / tappet adjuster. *10460*
Stößelschutzrohr, M / push rod tube. *10461*
Stößelstange, M → Ventilstößelstange. *10525*
Stoßfänger, C, Stoßstange / bumper, bumper bar, crash bar. *02332*
Stoßöffnung, M, Stoß, (Kolbenring) / gap. *04872*
Stoßspiel, M / compressed gap. *03634*
Stoßstange, C → Stoßfänger. *03308*
Stoßstangenaufhängung, C / bumper suspension, bumper mounting. *03317*
Stoßstangenblatt, C / bumper blade. *09420*
Stoßstangenbügel, C, Amerikabügel / bumper bow, hudge bar. *09417*
Stoßstangengummileiste, C / bumper rubber strip. *03315*
Stoßstangenhöhe, C / bumper height. *03314*
Stoßstangenhorn, C / bumper guard, overrider. *03313*
Stoßstangenmittelteil, C / bumper center section. *03312*
Stoßstangenmotor, M → seitengesteuerter Motor. *10561*
Stoßstangenseitenteil, C / bumper side parts. *03316*
Strafpunkt, R / penalty point.

Strahldüse — System

09276
Strahldüse, G, Düse / jet, nozzle. *03987*
Strahlkegel, K, (abgespritzter Dieselkraftstoff) / jet cone. *01029*
Strahlung, G / radiation. *06545*
Strahlungswärme, G / radiant heat. *06544*
Straße, T / street, road. *07273*
Straßenbahn, H / tram, tramway. *07652*
Straßenbau, T / road building. *06694*
Straßenbelag, T / pavement. *03191*
Straßenbeleuchtung, T / street lighting. *07274*
Straßenbenutzungsgebühr, T, Maut / toll, fee. *07568*
Straßengraben, T / road ditch, ditch. *06695*
Straßenkarte, T / road map. *06699*
Straßenkreuzung, T → Kreuzung. *05523*
Straßenlage, T, Bodenhaftung / road adherence, road holding. *09024*
Straßenmaschine, Z / street machine. *09082*
Straßenrennen, R / road race, road racing. *09026*
Straßenschild, T / road sign. *09336*
Straßenzulassung, H → Zulassung. *02989*
Strebe, G / strut, rib, support. *04733*
Strebe, G → Stange. *06713*
Strecke, R, Kurs / course. *03772*
Strecke, T → Route. *06743*
Streifen, G / strip. *07277*
Streifenbildung, L, Wolkenbildung, (Metalliclackierung) / mottling. *08289*
Streuscheibe, E, (Leuchte) / lens. *05687*
Streuung, E, Diffusion, (Licht) / diffusion. *04108*
Stroboskop, W, Zündeinstellstroboskop / timing lamp, timing strobe, timing light, strobe light. *01805*
Strohbarriere, R / straw barrier. *09289*
Strom, E / current. *03868*
Stromberg-Vergaser, K / Stromberg carburetor. *01701*

strömen, G, fließen / flow. *04690*
Stromkreis, E / electric circuit, circuit. *03511*
stromlinienförmig, H / streamlined. *07272*
Strömungsbild, G / flow pattern. *04695*
Strömungsrichtung, G / flow direction. *04692*
Strömungsverlust, G / flow loss. *04693*
Strömungswandler, A → Drehmomentwandler. *01818*
Strömungswiderstand, C → Luftwiderstand. *04226*
Stromverbrauch, E / current consumption. *08744*
Stromversorgung, E / current supply. *08746*
Stück, G / piece. *08977*
Stückliste, W / specification. *06306*
Stufenführerschein, T / graded driving licence. *08847*
Stufenheck, C / notchback. *09446*
stufenloses Getriebe, A / variable transmission. *01970*
Stufenvergaser, K, Registervergaser / two-phase carburetor, two-stage carburetor. *01885*
stumpf löten, W / solder end to end. *09060*
stumpfer Lack, L / dull paint. *08255*
Stumpfnaht, W, (Schweißen) / butt weld. *10022*
stumpfschweißen, W / butt weld. *08728*
Sturmstange, C / landau bar, landau iron. *02333*
Sturz, F → Radsturz. *07146*
Sturzänderung bei Einfederung, F / bump camber change. *03307*
Sturzbügel, Z / crash bar. *08738*
Sturzhelm, Z, Motorradhelm, Helm / motorcycle helmet, crash helmet, helmet. *03825*
Sturzsteifigkeit, F / camber stiffness. *03351*
Sturzwinkel, F → Radsturzwinkel. *00243*
Stutzen, G, Ansatz / neck. *06088*
Stutzen des Spritzbechers, L / neck of the spray gun cup. *08170*

Stützrad, F → Schlepprad. *09489*
Stützrohr, C / support tube. *07320*
Stützwinkel, C, Verstärkungswinkel / angle bracket. *03170*
Styling, W, Formgebung / styling. *07290*
Styropor, G / styrofoam. *08795*
SU-Vergaser, K / SU-carburetor. *01703*
Suchscheinwerfer, E / search light, spot light. *02335*
summen, G / buzz. *08729*
Summer, E, Warnsummer / buzzer. *03336*
Superbenzin, K, hochoktaniger Kraftstoff / high octane fuel, super grade petrol, premium, premium grade gasoline, high octane gasoline. *00890*
Superclassic, H / superclassic. *02880*
Supersportmaschine, Z, Rennmotorrad mit Straßenzulassung / high performance roadster. *09940*
symmetrisch, G / symmetric. *07352*
symmetrisches Abblendlicht, E / symmetrical low beam. *01740*
Synchrograph, W, (Zündverteiler mit Zweifach-Zündunterbrecher) / synchrograph. *01741*
Synchrongetriebe, A, Gleichlaufgetriebe / synchromesh gearbox, synchromesh gear, synchromesh transmission. *01745*
synchronisieren, A / synchronize. *07355*
Synchronisierung, A, (Schaltgetriebe) / synchromesh. *07353*
Synchronkegel, A, Gleichlaufkonus, Reibkonus / synchromesh cone. *01742*
Synchronkörper, A, Gleichlaufkörper / synchromesh body, synchronizing assembly. *07354*
Synchronschiebemuffe, A, Schiebemuffe, Klauenring / synchronizer sleeve, synchronizing slide collar. *01749*
synthetisch, G / synthetic. *07356*
System, G, Anlage / system. *07357*

T

T-Schlitzkolben, M / T-slot piston. *07719*
Tabelle, G / chart, schedule, table. *03461*
Tachograph, T → Fahrtenschreiber. *07401*
Tachometer, T, Geschwindigkeitsmesser / speedometer, speedo. *01622*
Tachometerantrieb, A → Tachometerwelle. *08821*
Tachometergenauigkeit, T / speedometer accuracy. *07127*
Tachometerwelle, A, Tachometerantrieb / speedometer cable. *08820*
Tagesbestzeit, R / fastest time of day, FTD. *10242*
Tageskilometerzähler, T, Kurzstreckenzähler / trip meter, trip odometer, trip recorder. *07705*
Takt, G → Frequenz. *04798*
Takt, M → Hub. *07282*
Takt, G → Kreis. *03880*
Takt, G → Phase. *02603*
Tandem-Hauptbremszylinder, B, Zweikammer-Hauptzylinder, Zweikreis-Hauptzylinder, Tandem-Hauptzylinder / dual master cylinder, dual brake master cylinder, tandem master cylinder. *00622*
Tandem-Hauptzylinder, B → Tandem-Hauptbremszylinder. *07418*
Tandemachse, F, Doppelachse / tandem axle. *07414*
Tandemhinterachse, F / tandem rear axle, dual rear axle. *07419*
Tank-Stop, R / fuel stop. *09008*
Tankdeckel, K, Einfüllverschluß / filler cap, filler inlet cap. *00719*
tanken, K, auftanken / fuel, refuel. *06622*
Tankklappe, K / filler inlet compartment lid. *04569*
Tanksäule, T / petrol pump, gasoline pump. *04623*
Tankschloß, K / fuel tank lock. *04849*
Tankstelle, T / service station, gas station, petrol station, filling station. *04879*
Tankvolumen, K / fuel capacity, fuel tank capacity. *04826*
Tankwart, T / service station attendant, attendant. *09191*
Tarnscheinwerfer, E / masked headlamp. *05936*
Taschenhalter, Z / bag holder. *08413*
Tauchschmierung, Z, Schleuderschmierung / splash lubrication. *09941*
Taxi, H / cab, taxi. *03341*
Team, R / team. *09083*
Technik, W / engineering. *08791*
technische Daten, G / technical data, specifications. *07430*
Technischer Überwachungsverein, H, TÜV / german institution according to the MOT, MOT. *02910*
Technisches Denkmal, H / technical monument. *03017*
Teerfleck, G / tar stain. *07425*
Teil, G / part. *08964*
Teilemarkt, H / autojumble (GB), swap meet (USA). *03023*
Teilkaskoversicherung, H / partial comprehensive insurance. *02977*
Teillast, M / partial load. *01246*
Teilrestaurierung, H / part restoration. *03049*
Teilung, G / separation. *06885*
Teleskop-Hinterradfederung, Z / plunger rear suspension. *09900*
Teleskopfederung, F / sliding tube suspension. *09086*
Teleskopgabel, Z / telescopic fork. *07432*
Teleskopstoßdämpfer, F / telescopic damper, telescopic shock absorber. *09085*
Tellerfederkupplung, A → Membranfederkupplung. *00492*
Tellerrad, A / differential crown wheel, ring gear, differential master gear, differential ring gear, crown wheel, differential bevel. *01475*
Tellerstößel, M / flat-bottom tappet. *00732*
Tellerventil, M, Pilzventil, Kegelventil / mushroom valve, poppet valve. *02801*
Telmabremse, B → Wirbelstrombremse. *00636*
Temperatur, G / temperature. *07436*
Temperaturregler, G → Thermostat. *01775*
Tempomat, T → Fahrgeschwindigkeitsregelanlage. *09526*
Teppich, I / carpet. *03590*
Test, W → Versuch. *07455*
Testauswertung, W / test evaluation. *07464*
Testgelände, W → Versuchsgelände. *10339*
Testpuppe, W → Dummy. *07463*
Tetraäthylblei, K → Bleitetraäthyl. *01768*
thermische Nachverbrennung, K / thermal afterburning. *07472*
thermischer Reaktor, K / thermal reactor. *07475*
Thermosiphon-Kühlung, M, Selbstumlaufkühlung, Wärmeumlaufkühlung / natural circulation water cooling, thermo syphon water cooling. *01139*
Thermostat, G, Temperaturregler / thermostat. *01774*
three-phase generator, E / three-phase dynamo. *07487*
Threewheeler, H → Dreiradwagen. *09945*
Tieflader-Anhänger, H / low-bed trailer. *05806*
Tieflader-Lkw, H / low-bed truck. *05807*
tiefliegender Schwerpunkt, G / low centre of gravity. *08640*
tödlicher Unfall, T / fatal accident. *04541*
Tonmodell, W / clay model. *09341*
Topfgelenk, G / pot joint. *06424*
Torpedo, H, schlanke Tourenwagen-Karosserie / skiff. *03033*
Torsion, G, Verdrehung, Verwindung / torsion, twist. *07597*
Torsionsfeder, F → Drehstabfeder. *02413*
Torsionsstab, F → Drehstab. *09469*

Totalschaden, T, (Unfall) / total loss. *09371*
Totgang, G, freies Spiel / slack. *07013*
Totgang am Lenkrad, F → Lenkspiel. *01669*
Totpunkt, M / dead center, dead centre. *02586*
Totpunktlage, M / dead center position. *02588*
Totpunktmarke, M → Schwungradmarkierung. *07533*
Tourenmaschine, Z, Tourenmotorrad / touring motorcycle, touring model. *09780*
Tourenmotorrad, Z → Tourenmaschine. *09943*
Tourenwagen, H, Phaeton / tourer, phaeton, touring car. *02339*
Tourenwagen mit zwei Cockpits, H / dual cowl phaeton. *09224*
Tourenzahl, G, Umdrehung / revolution. *02342*
Tourenzähler, G → Drehzahlmesser. *01468*
Tragachse, C / supporting axle. *07318*
Tragarm, F / supporting arm. *07317*
Tragbahre, T → Krankentrage. *03220*
tragbar, G / portable. *06416*
tragendes Teil, W / structural component. *09455*
Träger, G → Halter. *07717*
Trageriemen, G / carrying strap. *08734*
Tragfähigkeit, G / load carrying capacity. *05753*
Traghebel, F / link arm. *10485*
Trägheit, G → Massenträgheit. *05340*
Trägheitsmoment, G, Massenträgheitsmoment / moment of inertia. *05993*
Training, G / practice. *06444*
Traktor, H → Ackerschlepper. *07618*
Träne, L → Läufer. *08285*
tränken, W, (Glasfaser) / wet-out. *10192*
Transaxle, F, Achseinheit mit Getriebe, Kupplung und Differen-

tial / transaxle. *07654*
Transformator, G / transformer. *07660*
Transistor, E / transistor. *07662*
Transistor-Spulen-Zündanlage, E → Transistorzündanlage. *01843*
Transistorregler, E, elektronischer Regler / transistorized regulator. *01844*
Transistorschaltgerät, E / transistor box. *07664*
Transistorteil, E → Steuergerät. *01857*
Transistorzündanlage, E, TSZ, Transistor-Spulen-Zündanlage / transistorized ignition system, transistorized coil ignition, TCI, inductive semiconductor ignition, transistor ignition. *01841*
Transport, H / transportation, shipping, transport. *02959*
Transportbetonmischer, H / mobile concrete mixer. *05979*
Transporteur, H → Fuhrunternehmer. *03420*
Transportgewicht, H / shipping weight. *06944*
Transportkosten, H / shipping charges. *06942*
Transportpapiere, H / shipping papers. *06943*
Transportversicherung, H / transport insurance. *02978*
transversal, G → quer. *07675*
Trapezgabel, Z → Parallelogrammgabel. *09878*
Trapezring, M → einseitiger Trapezring. *05012*
Traumwagen, H / dream car. *02906*
Traumzustand, H / dream condition. *02957*
Treibdorn, W, Dorn / drift. *10480*
Treibeisen, W / bumping blade. *10074*
Treiber, E, Steuerstromverstärker / driver stage, control current amplifier, driver amplifier. *00608*
Treibstoff, K → Kraftstoff. *00789*
Trennen der Gehäusehälften, W / split the two halves of the crankcase. *10465*
Trenngrund, L, Isolator / isolator,

barrier paint. *08211*
Trennschleifer, W, Flex / mini grinder. *09993*
Trennwand, M → Schott. *06305*
Tretlager, Z / bottom bracket bearing. *08448*
Tretlagergehäuse, Z / bottom bracket housing, bottom bracket shell. *08451*
Tretlagersatz, Z / bottom bracket set. *08452*
Tretlagerschale, Z / bottom bracket cup. *08449*
Tretlagerüberstand, Z / bottom bracket excess end. *08450*
Tretlagerwelle, Z / bottom bracket spindle. *08454*
Trial, R, Geschicklichkeitssport mit Motorrädern im Gelände / trial. *09944*
Trial-Zeitfahren, R / trial time racing. *09095*
Trialfahrer, R / trial rider. *09094*
Trialmaschine, R / trial machine. *09096*
Triebsatzschwinge, Z / sprung rear wheel transmission unit. *09946*
Triebwerk, M / power unit, power plant. *02494*
Triggerimpulsgeber, E / trigger pulse generator. *07701*
Trimmrad, Z / fitness cycle. *08806*
Trinkwasser, T / drinking water. *08769*
Triplexkette, M / triplex chain. *07704*
Trittbrett, C, Einstiegsblech / running board, step board. *02343*
Trittplatten-Bremsventil, B / treadle brake valve, pedal-type brake valve. *01855*
Trockenbatterie, E / dry battery. *04266*
trockene Laufbuchse, M / dry cylinder liner. *00616*
Trockenkammer, L / drying chamber. *04269*
Trockenkupplung, A / dry clutch. *04267*
Trockenluftfilter, K / dry-type air cleaner. *00617*
Trockenschleifpapier, L / dry flatting paper. *08267*

Trockensumpfschmierung   Überdruckventil

Trockensumpfschmierung, M / dry sump lubrication, dry sump system. *02344*
Trockentunnel, L / drying tunnel. *04270*
trocknen, L, (Lack) / dry. *08215*
Trommelbremse, B / drum brake. *00615*
Tropfenprobe, K / drop test. *04262*
Tropföler, Z → Tropfschmierung. *09947*
Tropfschmierung, Z, Tropföler / drip feed control, drip feed lubrication. *09885*
Trübung, K / opacity. *04445*
Trübungsmeßgerät, W / opacimeter. *06209*
Trübungspunkt, K / cloud point. *03543*
Trunkenheit am Steuer, T / drunken driving, intoxicated driving. *04265*
TSZ, E → Transistorzündanlage. *01842*
TSZ-K, E → kontaktgesteuerte Transistor-Spulenzündung. *00220*
Tuchfilter, G, (Ölfilter) / cloth filter. *03541*
tulpenförmige Tourenwagen-Karosserie, H / tulip shaped body. *03031*
tunen, W → einstellen. *08336*
Tuninghandbuch, W / tune-up guide. *02185*
Tunnel, C / tunnel. *07732*
Tunnelbenutzungsgebühr, T / tunnel fee. *07733*
Tupfer, K, (Vergaser) / tickler. *09948*
Tupflack, L / touch-up lacquer. *01824*
Tür, C / door. *04173*
Türanschlag, C → Türhalter.

04203
Türarmlehne, I / runner. *10193*
Türarretierung, C → Türhalter. *04175*
Türaußenblech, C, Türhaut / outer door panel, door skin. *06237*
Türbeschlag, C / door fitting. *04182*
Turbine, M / turbine impeller. *02511*
Turbinenrad, A, Läufer-Sekundärschale / turbine wheel. *01870*
Turbinenschaufel, K / turbine blade. *07734*
Turbokompressor, K, Turboverdichter, Kreiselader, Kreiselgebläse, Kreiselverdichter / centrifugal supercharger. *00287*
Turbolader, K / turbocharger. *04439*
Turboladergebläse, K → Turboladerverdichter. *07738*
Turboladerverdichter, K, Turboladergebläse / turbocharger compressor. *07737*
Turboverdichter, K → Turbokompressor. *00288*
Türdichtung, C / door seal. *04199*
Türfuge, C → Türspalt. *04192*
Türgriff, C / door handle. *04184*
Türgriffdrucktaste, C / door handle push button. *10200*
Türhalter, C, Türarretierung, Türanschlag / door arrester, door catch, door stop. *04174*
Türhaut, C → Türaußenblech. *06788*
Türinnenblech, C / inner door panel, inside door panel. *05408*
Türlautsprecher, E / door speaker. *10196*
Türpolsterung, I → Türverkleidung. *04197*
Türrahmen, C / door frame. *04183*

Türscharnier, C / door hinge. *10118*
Türscharniersäule, C / door hinge pillar, door hinge post. *04188*
Türschließanlage, C / door closing device. *04180*
Türschloß, C / door latch. *10198*
Türschloß mit Kindersicherung, C / child-proof door lock, child safety catch. *03474*
Türschweller, C, Schweller / door sill, sill, rocker panel, body rocker. *04200*
Türspalt, C, Türfuge / door joint. *04191*
Türverkleidung, I, Türpolsterung / door covering, door padding. *04181*
Türverriegelungsbolzen, C / door bolt. *04177*
Türversteifung, C / door reinforcement, door beam. *04176*
Türziehgriff, I / grab handle. *04949*
Türzuzieher, C / door pull. *04198*
tuten, T → hupen. *09378*
TÜV, H → Technischer Überwachungsverein. *03961*
Typ, H → Modell. *05983*
Typenbezeichnung, H / type designation. *07766*
Typenblatt, W / data sheet. *08749*
Typencode am Fahrgestell, C / vehicle identification number, VIN, VIN code. *07906*
Typenschild, C, / identification plate, maker's plate, identification tag, data plate. *02346*
Typzulassung, H, allgemeine Betriebszulassung, ABE / type approval. *10316*

U

U-Schlitzkolben, M / U-slot piston. *07824*
U/min, G → Umdrehungen pro Minute. *02721*
überaltert, G / out-of-date. *06244*
überarbeiten, W → überholen. *09772*

Überbeanspruchung, G / overstress, excessive stress. *06268*
Überbrückungskabel, W → Starthilfekabel. *09766*
überdrehen, M / overspeed. *06264*
Überdruck, F, (Reifen) / overinflation. *06259*

Überdruck, G / excessive pressure. *04429*
Überdruckflüssigkeitskühlung, M / liquid pressurized type cooling. *05749*
Überdruckventil, G / pressure relief valve. *01361*

79

Überdruckventil, M → Ölüberdruckventil. *01449*
überfettes Gemisch, K / too rich mixture. *07573*
überfließen, G / flow over. *04694*
Überführung, T, Brückenüberfahrt / fly-over. *09357*
Übergang, L, (Lackierung) / feather edge. *08277*
Übergang von Zweifarbenlacken, L / duotone line. *08276*
Übergangsbohrung, K → Bypass-Bohrung. *00238*
Übergas, A → Kick-Down. *04747*
Übergewicht, G, Mehrgewicht / excess weight. *04431*
Übergröße, G / oversize. *06263*
Überhandschuhe, Z / overglove. *08957*
Überhang, G, Ausladung / overhang. *06252*
überhitzte Stelle, G / hot spot. *05196*
Überhitzung, G / overheating. *06258*
überhöhte Kurve, T / superelevated bend, banking. *07308*
überholen, T / pass, overtake. *06270*
überholen, W, überarbeiten / overhaul. *06254*
Überholspur, T / passing lane. *06311*
überholter Motor, H / rebuilt engine. *06613*
Überholung, W / recondition. *10466*
Überkopfschweißen, W / overhead welding. *10043*
überladen, E, (Batterie) / overcharge. *06250*
Überlandbus, H / intercity bus, intercity motor bus. *05488*
Überlandverkehr, T / interstate traffic, interurban traffic. *05524*
überlappen, G / overlap. *06260*
Überlappnaht, W, (Schweißen) / lap weld. *10021*
überlappter Kolbenring, M / lap-ended piston ring. *02689*
Überlappung, G / lap. *05630*
Überlastung, G / overload. *06361*
Überlaufventil, G / spill valve. *07139*

übermäßige Spritznebelbildung, L / excessive spray fog. *08281*
Überprüfung, G, Kontrolle / check, control. *03505*
überquadratischer Motor, M / over-square engine. *09702*
Überrestaurierung, H / over-restoration. *09949*
Überrollbügel, C / safety roll bar, roll bar. *06797*
überschlagen, T, (Fahrzeug) / overturn. *06271*
Überschuh, Z / overshoe. *08958*
Übersetzung, G / step-up. *07252*
Übersetzungsverhältnis, G / step-up ratio. *10555*
Überspritznebel, L / overspray. *08301*
übersteuern, F / oversteer. *01239*
Überstiefel, Z / overboot. *08955*
Überströmkanal, M → Überströmschlitz. *02618*
Überströmleitung, K, (Dieselkraftstoffanlage) / overflow pipe. *01229*
Überströmschlitz, M, Überströmkanal, (Zweitaktmotor) / transfer port, transfer duct. *01838*
Überströmventil, K / overflow valve. *01230*
Übertragungsgerät, W, (Diagnoseanlage) / transducer. *06469*
überwachen, G / supervise. *07309*
Überwachungsgerät, T / monitor. *05995*
Überweisung, H / transfer. *02909*
Überwurfmutter, G / coupling nut, cap nut, union nut. *03771*
Überziehbezug, I, Schonbezug / slip-on cover, tie-on cover. *10211*
Überzug, G, Belag / coat, coating. *03577*
Uhr, G / clock. *03533*
Umdrehung, G, Umlauf / rotation. *06738*
Umdrehung, G → Tourenzahl. *03990*
Umdrehungen pro Minute, G, U/min, Drehzahl / revolutions per minute, rpm. *02720*
Umfang, G → Größe. *07603*
umkehrbar, G / reversible. *06670*
Umkehrgetriebe, G / reversing gearbox. *06672*

Umkehrkupplung, A / reversing clutch. *06671*
Umkehrspülung, M, (Zweitakt) / loop scavenging, inverted scavenging, two-stroke reverse scavenging, reverse scavenging. *01070*
Umkehrstufe, E, (Transistorspulenzündung) / inverting stage. *01024*
umklappbar, G → klappbar. *04721*
umklappbare Kühlerfigur, C / foldable radiator mascot. *04715*
Umkreis, G / periphery. *08975*
Umlauf, G → Umdrehung. *06739*
Umlaufgetriebe, A → Planetengetriebe. *01310*
Umlaufschmierung, M / circulating lubrication. *03513*
Umleitung, T / diversion. *04161*
Umleitung, G → By-pass. *03340*
Umlenkrolle, G / return pulley. *06662*
Umlenkrolle, G → Zwischenrad. *05252*
Umrüstsatz, W / conversion kit. *08736*
unabhängige Radaufhängung, F → Einzelradaufhängung. *05319*
unbequem, G / uncomfortable. *07774*
unbeschädigt, G / undamaged. *07775*
Undichtigkeit, G → Leck. *05671*
Unfall, T / accident. *03090*
unfallbeschädigtes Fahrzeug, W / crash damaged car. *10108*
Unfallrate, T / accident rate. *03092*
Unfallschaden, W / accident damage. *10107*
Unfallversicherung, T / accident insurance. *03091*
ungedämpft, G / undamped. *07776*
ungefederte Masse, G / unsprung mass. *07804*
ungenau passende Schlüssel, W / ill-fitting spanner. *10004*
Ungenauigkeit, G / inaccuracy. *05309*
ungleichmäßig, G / uneven. *07789*
Universalgelenk, A → Kardangelenk. *07799*
Universalschlüssel, W, Rollga-

unregelmäßig

belschlüssel/adjustable spanner, universal spanner, monkey wrench. *03116*
unregelmäßig, G / irregular. *05532*
Unrundwerden, M, (Zylinder) / ovolization. *02665*
untenangeschlagene Heckklappe, C / liftgate. *05707*
unter der Motorhaube, H, im Motorraum / underhood area. *03045*
Unterbau, C → Fahrgestell. *02858*
Unterbereifung, F / undersizing. *07788*
Unterbodenschutz, L / underbody protection, undercoating material, underfloor protection, underbody coating, underseal, undersealing. *01904*
unterbrechen, G / interrupt. *05518*
Unterbrecher, E, Zündunterbrecher, Kontaktunterbrecher / contact breaker, circuit breaker, trembler, breaker. *00404*
Unterbrecherabstand, E, Unterbrecherspalt / contact breaker gap. *03295*
Unterbrecheramboß, E / fixed contact. *04638*
Unterbrecherarm, E → Unterbrecherhebel. *03706*
Unterbrecherfeder, E / contact breaker spring. *03713*
Unterbrecherhammer, E → Unterbrecherhebel. *03715*
Unterbrecherhebel, E, Unterbrecherhammer, Unterbrecherarm / contact lever, contact arm. *03714*
Unterbrecherkontakt, E / contact breaker point, contact breaker contact, contact point, points, breaker point, distributor contact point. *00409*
unterbrecherlose Zündanlage, E / breakerless ignition system. *03296*
Unterbrechernocken, E, Verteilernocken / contact breaker cam, breaker cam, ignition cam, ignition distributor cam, interrupter cam. *00407*
Unterbrecherspalt, E → Unterbrecherabstand. *03709*
Unterbrecherwiderstand, E /

contact breaker resistance, gap resistor. *04874*
unterbringen, T / accomodate. *03093*
Unterdruck, G / partial vacuum, depression, pressure below atmosphere, negative pressure. *02680*
Unterdruck im Ansaugkrümmer, M / induction manifold vacuum. *05331*
Unterdruck-Bremskraftverstärker, B / vacuum booster, vacuum brake booster. *01924*
Unterdruckanschluß, G / vacuum connection. *07836*
Unterdruckbremsschlauch, B / vacuum brake hose. *07835*
Unterdruckförderung, K / vacuum feed. *02347*
Unterdruckleitung, K, (Schlauch zwischen Vergaser und Unterdruckversteller) / vacuum hose. *01918*
Unterdruckregler, K → Membranregler. *01709*
Unterdruckschalter, G / vacuum switch. *07839*
Unterdruckzündverstellung, E / vacuum advance, vacuum ignition adjustment, vacuum operated timing gear, vacuum timing control. *01917*
unterer Drehzahlbereich, M / lower speed range. *05809*
unterer Querlenker, F / lower transverse link, lower wishbone. *05811*
unterer Totpunkt, M, UT / lower dead center, LDC, bottom dead center, BDC. *01076*
unterer Wasserkasten, M / radiator lower tank. *06554*
unteres Pleuelauge, M → Pleuelfuß. *00392*
Unterflurmotor, M / underfloor engine. *02565*
Untergröße, G, Untermaß / undersize. *07786*
Unterlegkeil, T → Bremsschuh. *03479*
Unterlegplatte, G / plate bar. *08981*
Unterlegrosette, G / cup washer.

UT

10201
Unterlegscheibe, G → Beilagscheibe. *02349*
Untermaß, G → Untergröße. *07787*
unterquadratischer Motor, M / under-square engine. *09701*
Untersetzung, G → Untersetzungsverhältnis. *07250*
Untersetzungsverhältnis, G, Untersetzung / reduction ratio, stepdown ratio. *06620*
Unterstellbock, W / axle stand. *10001*
untersteuern, F / understeer. *01908*
Unterstützung, G / support. *07316*
Untersuchung, W → Prüfung. *04428*
unübersichtliche Kurve, T / blind curve. *03244*
unverbleites Benzin, K → bleifreies Benzin. *10249*
unverbrannter Kraftstoff, K / unburnt fuel. *07772*
Unversehrtheit, G / integrity. *04842*
unverträgliche Lacksorten, L / quarelling paint types, incompatible paint types. *08214*
unvollständige Verbrennung, M / imperfect combustion. *05301*
Unwucht, G, Gleichgewichtsfehler / imbalance, out of balance. *05290*
unzugänglich, G / inaccessible. *05308*
Upside-down-Gabel, Z / upsidedown fork. *09108*
UT, M → unterer Totpunkt. *10221*

V

V-förmig, G / V-shaped. *07932*
V-Motor, M, V-Anordnung der Zylinder / V-engine, V-shaped cylinder. *02351*
Vakuum, G / vacuum. *07829*
Vakuum-Servo-Bremse, B / vacuum servo brake. *01923*
Vakuumpumpe, B, (Bremskraftverstärker) / vacuum pump. *01922*
Ventil, M / valve. *01927*
Ventil schließen, M / closing of the valve. *02817*
Ventil-Einstellwerte, W / valve specifications. *10563*
Ventilabdeckung, M → Ventildeckel. *07864*
Ventilabdichtung, M → Ventilschaftabdichtung. *01958*
Ventilanordnung, M / valve arrangement. *07850*
Ventilator, G, Lüftungsgebläse, Lüfter / fan, ventilator. *00713*
Ventilausheber, Z, Ventilheber, Dekompressionshebel, (Lenkerarmatur) / valve lifter. *09950*
Ventilauslaß, M / valve outlet. *07887*
Ventilaussparung, M / valve relief. *07892*
Ventilbetätigung, M / valve actuation. *07841*
Ventildeckel, M, Ventilabdeckung, Kipphebeldeckel, Zylinderkopfhaube / valve cover, cylinder head cover, cylinder cover. *02400*
Ventildrehvorrichtung, M / valve rotator. *01949*
Ventildurchmesser, M / valve diameter. *07865*
Ventileinlaß, M / valve inlet. *07875*
Ventileinsatz, M / valve core. *02813*
Ventileinschleifen, W / valve grinding. *02825*
Ventileinstellschraube, M / valve adjusting screw, valve adjusting stud. *07842*
Ventileinstellung, W, Ventilspieleinstellung / valve setting, valve

adjustment, valve clearance adjustment. *01953*
Ventilfeder, M / valve spring. *01960*
Ventilfederheber, M / valve spring lifter. *01962*
Ventilfederplatte, M, Ventilfederteller / valve spring retainer. *01963*
Ventilfederteller, M / valve spring cover, valve spring cap. *02795*
Ventilführung, M / valve guide. *01933*
Ventilführungsbuchse, M / valve guide bush. *07872*
Ventilgehäuse, M / valve box. *02815*
Ventilhalter, M / valve holder. *01935*
Ventilheber, Z → Ventilausheber. *10385*
Ventilhub, M / valve lift, valve opening, valve stroke, valve travel. *02352*
Ventilkammer, M / valve chamber, valve housing. *02810*
Ventilkanal, M / valve port. *07891*
Ventilkappe, F / valve cap. *07855*
Ventilkegel, M, Ventilkegelstück / valve cone, valve popped, valve collet, valve keeper. *07860*
Ventilkegelstück, M → Ventilkegel. *07859*
Ventilkehle, M / valve neck. *07882*
Ventilkeil, M / valve spring key, valve cotter. *02793*
Ventilkipphebel, M → Kipphebel. *01478*
Ventilklappe, G / valve flap. *07869*
Ventilklappern, M / valve noise. *07883*
Ventilkorb, M / valve cage. *07854*
Ventilloch, M / valve hole. *07873*
ventilloser Motor, M / valveless engine. *02506*
Ventilöffnung, M / opening of the valve. *02808*
Ventilöffnungsdauer, M / valve opening period. *07886*
Ventilring, M / valve ring, valve

collar. *07893*
Ventilschaft, M, Ventilspindel / valve stem, valve shank, valve shaft. *01955*
Ventilschaftabdichtung, M, Ventilabdichtung / valve stem seal, valve oil seal. *01957*
Ventilschleifmaschine, W / valve refacer, valve grinder. *01944*
Ventilschleifpaste, W / valve grinding paste. *07871*
Ventilschnarren, M / valve bouncing. *07853*
Ventilsitz, M / valve seat. *01950*
Ventilsitzbreite, M / valve face width. *07868*
Ventilsitzfläche, M / valve face. *07867*
Ventilsitzfräsen, W / valve reseating, valve refacing. *01946*
Ventilsitzfräser-Satz, W / valve seat grinding set. *01951*
Ventilsitzring, M / valve seat insert, valve insert. *02818*
Ventilsitzwinkel, M / angle of valve seat. *00068*
Ventilspiel, M / valve clearance, valve play, rocker clearance, tappet clearance. *02354*
Ventilspieleinstellung, W → Ventileinstellung. *01954*
Ventilspindel, M → Ventilschaft. *01956*
Ventilstößel, M, Nockenstößel, Stößel / valve lifter, valve plunger, valve tappet, tappet. *01965*
Ventilstößelführung, M / valve lifter guide, tappet guide. *02796*
Ventilstößelspiel, M / valve-tappet clearance. *02786*
Ventilstößelstange, M, Ventilstoßstange, Stößelstange / valve push rod, push rod. *01943*
Ventilstößelverkleidung, M / valve push rod cover. *00018*
Ventilstoßstange, M → Ventilstößelstange. *09729*
Ventilteller, M / valve head, valve disc. *01934*
Ventilträger, M / valve carrier. *07856*

Ventiltrieb

Ventiltrieb, M / valve gear, valve train. *09710*
Ventilüberdeckung, M, Ventilüberschneidung / valve lap, valve overlap. *01938*
Ventilüberschneidung, M → Ventilüberdeckung. *09730*
Ventilverlängerung, F, (Reifen) / valve extension. *07866*
Ventilverzögerung, M / valve lag. *07877*
verändern, G / modify. *05307*
Verankerungspunkt am Bodenblech, C / floor mounting. *10130*
Veranstalter, R / organizer. *06225*
Veranstaltung, G / event. *08793*
Veranstaltungskalender, T / calendar of events. *03012*
Verbandkasten, T → Erste-Hilfe-Ausrüstung. *04617*
verbessern, G / improve. *05306*
verbinden, E, (Kabel) / connect, contact. *03673*
verbinden, G / join. *05560*
Verbindung, G, Gelenk, Fuge / joint, link. *03980*
Verbindungsschlauch, G / connecting hose. *03687*
verbleiter Kraftstoff, K / leaded fuel. *05661*
Verbrauch, G / consumption. *03702*
Verbraucher, H / consumer. *03700*
Verbraucherinformation, H / consumer information. *03701*
Verbrauchsanzeige, K, (Benzin) / consumption indicator. *00403*
verbreiterte Kotflügel, C → Kotflügelverbreiterung. *04651*
verbrennen, G → brennen. *03324*
Verbrennung, G / combustion. *03616*
Verbrennungsdruck, M / explosion pressure, combustion pressure. *04482*
Verbrennungshub, M, Verbrennungstakt / ignition stroke, power stroke, working stroke, firing stroke, working cycle. *00950*
Verbrennungsmotor, M, Explosionsmotor / internal combustion engine, combustion engine, i.c.e.. *01017*

Verbrennungsraum, M → Brennraum. *00363*
Verbrennungstakt, M → Verbrennungshub. *05282*
Verbund-Sicherheitsglas, C → Verbundglas. *01045*
Verbundglas, C, Verbund-Sicherheitsglas, Mehrschichtenglas / laminated safety glass, multilayer glass. *01043*
Verbundrad, Z / composite wheel. *08557*
verchromt, G / chrome-plated. *03480*
verchromter Kunststoff, G / chrome-plated plastic. *03481*
Verchromung, G / chrome-plating. *03483*
Verdampfer, G / vaporizer, evaporator. *07900*
Verdeck, C → Cabrioletverdeck. *05167*
Verdeckbezug, C / hood covering. *05170*
Verdeckrahmen, C / hood frame. *05172*
Verdeckspiegel, C / hood bow, top bow. *05169*
Verdeckstoff, C / hood fabric, top fabric. *07580*
verdichten, G, komprimieren / compress. *06067*
Verdichter, M → Kompressor. *03659*
Verdichterauslauf, M, Verdichteraustritt / compressor outlet. *03661*
Verdichteraustritt, M → Verdichterauslauf. *09732*
Verdichtereinlauf, M / compressor inlet. *03660*
Verdichtung, M, Kompression, Komprimierung / compression. *02640*
Verdichtungsdruck, M → Kompressionsdruck. *03646*
Verdichtungshub, M → Kompressionshub. *00378*
Verdichtungsraum, M → Kompressionsraum. *00369*
Verdichtungsring, M → Kompressionsring. *00376*
Verdichtungsringnut, M → Kompressionsringnut. *03648*

Vergaserzwischenstück

Verdichtungstakt, M → Kompressionshub. *00379*
Verdichtungsverhältnis, M → Kompressionsverhältnis. *00374*
Verdichtungswärme, M / compression heat. *03640*
Verdichtungszündung, M → Kompressionszündung. *03642*
verdrehte Welle, M / bent shaft. *02703*
Verdrehung, G → Torsion. *07598*
verdunsten, G / evaporate. *08193*
Verdunstung, G / evaporation. *04424*
Veredelungsindustrie, W / processing industry. *08990*
Verengung am Einfüllstutzen, K / filler neck restriction. *09514*
Verfahren, G / procedure. *06475*
Verfärbung, L, Farbtonabweichung, (Lackfehler) / off colour, off-shade. *08307*
verflüssigen, G / liquefy. *05745*
Verfolgungsrennen, R / pursuit racing. *09001*
Verformung, W / distortion. *10531*
Vergaser, K / carburetor, carburettor, carburetter. *00257*
Vergaserbrand, K / carburetor fire. *03398*
Vergaserdeckel, K / carburetor cover. *03396*
Vergaserdurchlaß, K → Mischkammer. *01115*
Vergaserdüse, K / carburetor jet. *03401*
Vergasereinstellung, W / carburetor adjustment. *03391*
Vergaserenteisung, K / carburetor de-icing. *03397*
Vergasergehäuse, K / carburetor housing. *03400*
Vergasergestänge, K → Gasgestänge. *03394*
Vergaserglocke, K / suction chamber. *01707*
Vergaserluft, K / carburetor air. *03392*
Vergaserlufttrichter, K → Mischrohr. *02844*
Vergaserschwimmer, K / carburetor float. *03399*
Vergaserzwischenstück, K / carburetor adapter. *03390*

83

Vergasung

Vergasung, K / carburation. *00254*
Verglasung, C / glazing. *04716*
Vergleich, G / comparison. *03621*
Vergleichstest, W / comparison test. *03622*
Vergrößerungsglas, W / magnifying glass. *08256*
Vergütung, H / fee. *02960*
Verhältnis, G / ratio. *06581*
Verhältnis von Fahrzeugleergewicht zu Fahrzeuggesamtgewicht, G / loaded-to-empty vehicle weight ratio. *05755*
Verkabelung, E, elektrische Schaltung / wiring. *08081*
Verkauf, H / sale. *02877*
Verkäufer (als Angestellter), H / salesman. *06798*
Verkäufer (als Privatmann), H / seller. *03006*
Verkaufserlös, H / sales figure. *02873*
Verkaufsleiter, H / sales manager. *06799*
Verkaufspreis, H, Preis / sales price, price, selling price. *02970*
Verkehrsampel, T, Ampel / traffic light, traffic signal. *07632*
Verkehrsdichte, T / traffic density. *07626*
Verkehrslärm, T / traffic noise. *07634*
Verkehrsministerium, H / Ministry of Transport, MOT. *05970*
Verkehrsmittel, T / means of communication. *05954*
Verkehrsregel, T / traffic rule. *07636*
Verkehrssicherheit, T / traffic safety. *07637*
Verkehrsstau, T, Stau / traffic jam, traffic congestion. *07627*
Verkehrsüberwacher, T / traffic warden. *09356*
Verkehrsüberwachung, T / traffic control. *09368*
Verkehrsunfall, T / traffic accident, road accident. *07624*
Verkehrszählung, T / traffic count. *07625*
Verkehrszeichen, T / traffic sign. *07638*
Verkleben der Kolbenringe, M / clogging of piston rings, sticking of piston rings. *03535*
Verkleidung, I / lining. *10319*
Verkleidungspappe, I → Auskleidung. *09613*
Verkupferung, G / copper plating. *10405*
verlängerte Limousine, H / stretched limousine. *09349*
Verlängerung, G / extension. *04786*
Verletzung, T / injury. *05379*
verlieren, G, (Öl) / leak. *08895*
Verlust, G / loss. *04844*
Verminderung, G / reduction. *06619*
Vermittler, H → Agent. *09263*
vernickelt, G / nickel plated. *09192*
Vernickelung, G / nickel plating. *02144*
Verpackung, G / packing. *08960*
verriegelt, G / latched. *05638*
Verriegelung, G → Schloß. *05764*
Verriegelungsmechanismus, G → Schließmechanismus. *05642*
verrippt, G / finned. *04600*
versagen, G → ausfallen. *04518*
Versandkäfig, H / cradle. *09257*
verschiebbare Nockenwelle, M / shifting camshaft. *02785*
Verschleiß, G, Abnutzung / wear. *07975*
Verschleißspur, G, Riefe / score mark. *06818*
Verschleißteil, G / part subject to wear. *08965*
verschlissen, G, abgenutzt / worn, worn out. *08095*
verschlissene Laufbahn, M, (Kolben) / worn bore. *10469*
Verschluß, G / fastener, clamp. *04731*
Verschlußdeckel, G / cover lid. *03775*
Verschlußring, F, (Laufrad) / lockring. *05781*
Verschlußschraube, G → Stopfen. *06379*
Verschlußstopfen, G / stopper. *07254*
Verschlußstopfen, G → Stopfen. *09564*
verschüttetes Öl, W / spilt oil. *10003*
verschweißen, W / weld up. *09122*
Versehrtenfahrzeug, H → Invalidenfahrzeug. *05529*
versenkbare Scheinwerfer, E, Schlafaugen, Klappscheinwerfer / retracting headlight. *01454*
Versicherung, H / insurance. *02953*
Versicherungspolice, H / insurance policy. *09375*
Versicherungsprämie, H, Prämie / premium, insurance rate. *02954*
Versiegelung, L / sealer. *08241*
Versorgung, G → Zufuhr. *04547*
verstärken, G / reinforce. *06634*
Verstärker, E, (elektrisch) / amplifier. *10528*
Verstärker, G, (mechanisch) / booster, servo unit, power assistance. *05023*
Verstärkungswinkel, C → Stützwinkel. *03171*
Versteifung, C / bracing. *03268*
Versteifungsblech, C / stress panel. *10094*
Versteigerung, H → Auktion. *07380*
verstellbar, G, einstellbar / adjustable. *03107*
verstellbare Lenksäule, F / tilt steering column, height-adjustable steering column. *07520*
verstellbare Pedale, G / movable pedals. *06027*
verstellbarer Sitz, I / sliding seat. *07021*
Verstelleinrichtung, G → Einstellbeschläge. *03124*
Verstellhebel, G → Betätigungshebel. *03723*
Verstellinie, E → Frühzündkurve. *00033*
Verstellkurve des Spritzverstellers, K / injection advance curve. *05355*
Verstopfung, L, (Spritzpistole) / blockage. *08163*
verstreben, G / brace. *08723*
Verstrebung, G / strutting. *07285*
Versuch, G, Experiment, Test / experiment, trial. *04478*
Versuchsabteilung, W / test department, test field. *07460*
Versuchsgelände, W, Testgelände / test site, proving ground. *07467*

Verteiler — volumetrischer Wirkungsgrad

Verteiler, E → Zündverteiler. *00943*
Verteilerdeckel, E → Verteilerkappe. *00566*
Verteilereinspritzpumpe, K, Verteilerpumpe / distributor injection pump, distributor-type fuel-injection pump. *00572*
Verteilerfinger, E, Verteilerläufer / distributor rotor, distributor arm, rotor arm. *00574*
Verteilergetriebe, A, Vorschaltgetriebe / transfer box, transfer case. *07656*
Verteilerkappe, E, Verteilerdeckel, Verteilerscheibe / distributor cap, distributor head. *00565*
Verteilerklemme, E / distributor terminal. *04159*
Verteilerkurve, E → Zündverstellkurve. *03128*
Verteilerläufer, E → Verteilerfinger. *00575*
Verteilernocken, E → Unterbrechernocken. *00408*
Verteilerprüfgerät, W / distributor test bench. *00578*
Verteilerpumpe, K → Verteilereinspritzpumpe. *00573*
Verteilerscheibe, E → Verteilerkappe. *00567*
Verteilersegment, E / distributor cap segment. *00568*
Verteilerwelle, E, Zündverteilerwelle / distributor shaft. *00576*
Vertrag, H / contract. *09246*
Vertragshändler, H / main dealer. *10138*
Verwendung, G / use. *09110*
Verwindung, G → Torsion. *09119*
Verwindungssteifigkeit, G / torsional resistance, torsional rigidity. *07599*
Verwirbelung, G → Wirbelung. *07341*
verziehen, G / warp. *09118*
verzinkt, G / zinc-coated. *08118*
verzinnen, W / body soldering, lead loading. *09461*
Verzinnungspaste, W / solder paint. *10124*
verzogen, G / distorted, untrue. *07801*

Verzögerung, G, Verzug / lag, delay, retardation. *05617*
Verzögerungsaufrolleinrichtung, I, (Sitzgurt) / inertia reel divice. *05341*
Verzögerungsrelais, E / time-delay relay, time lag relay. *07521*
verzollt, H / duty-payed. *05850*
Verzollung, H / customs clearance. *02961*
Verzug, G → Verzögerung. *05618*
Verzurrhaken, G, (Lkw) / lashing hook. *05635*
Veteranenmotorrad bis 1914, Z / Veteran motorcycle. *09789*
Veteranenmotorrad bis 1930, Z / Vintage motorcycle. *10386*
Veteranenmotorrad bis 1945, Z / Post-Vintage motorcycle. *10387*
Viehwagen, H / livestock transporter. *05751*
Viellocheinspritzdüse, K → Mehrlocheinspritzdüse. *06037*
Vierfachvergaser, K, Doppelregistervergaser / four-barrel carburetor, quadrajet. *00772*
vierfenstrige Limousine, H / four-light saloon. *03035*
Vierganggetriebe, A / four speed gearbox. *04775*
Vierkantmutter, G / square nut. *07178*
Vierkantschraube, G / square bolt. *07177*
Vierradantrieb, F, Allradantrieb / four wheel drive, FWD, 4wd, all wheel drive. *02359*
Vierradbremse, B / four wheel brake. *02361*
Viersitzer, H / four seater. *04773*
Vierspeichenlenkrad, I / four-spoke steering wheel. *04777*
vierspurig, T / four-lane. *04772*
Viertakt, M / four-stroke. *02488*
Viertaktmotor, M / four-stroke engine, four-cycle engine. *02489*
Viertaktverfahren, M / four-stroke process, four-stroke cycle, four-stroke system. *00775*
Viertelelliptikfeder, F, Viertelfeder, (Blattfeder) / quarter-elliptic spring. *06521*
Viertelfeder, F → Viertelelliptikfeder. *06523*

viertürig, C / four door. *04766*
viertürige Limousine, H / four door saloon, four door sedan. *04768*
Vierwegehahn, G / four-way cock. *04778*
Vierzylinderboxermotor, M / flat-four engine. *04657*
Vierzylindermotor, M / four-cylinder engine. *02490*
Vierzylindermotorrad mit quadratischen Zylindern, Z / square-four motorcycle. *09935*
Vintage-Kategorie, H / Vintage car. *02868*
Visier, Z, (Helm) / visor. *08712*
Viskose-Lüfter, M / viscose radiator fan. *01984*
Viskosität, G / viscosity. *07923*
Vollast, M / full load. *00807*
Vollastdüse, K → Hauptdüse. *05884*
vollautomatisch, G / fully automatic. *04861*
Vollbremse, B → Servobremse. *01533*
vollelektronische Batteriezündung, E, Computerzündung / distributorless semiconductor ignition. *00581*
Vollgas, K / full throttle. *04860*
Vollgummireifen, F / solid tyre, solid rubber tyre, rubber tyre. *02362*
Vollkaskoversicherung, H / full comprehensive insurance. *04853*
Vollschaftkolben, M, Glattschaftkolben / solid-skirt piston, full-skirt piston, plain-skirt piston. *01584*
Vollscheibenbremse, B / internal expanding clutch-type disc brake. *01018*
Vollstromfilter, M → Hauptstromölfilter. *04857*
Vollverkleidung, Z / full fairing. *08840*
Volt-Ampère-Tester, W / volt-ampere tester. *01985*
Voltmeter, E / voltmeter. *01986*
Volumen, G, Rauminhalt / volume. *07930*
volumetrischer Wirkungsgrad, M, Zylinderfüllungsgrad / vol-

umetric efficiency. *01987*
vom Motorrad absteigen, Z / climb off the bike. *08545*
Vor-Vintage-Ära, H, (1910 bis 1920) / Pre-vintage-era. *03018*
Vorbau, C → Karosserievorbau. *06125*
Vorderachse, F / front axle. *00783*
Vorderachswelle, F / front axle shaft. *04809*
vordere Motoraufhängung, M, vordere Motorlagerung / engine front mounting. *02551*
vordere Motorlagerung, M → vordere Motoraufhängung. *02552*
vorderer Fahrgastraum, I / front compartment. *04810*
vorderer Kolben, B, (Tandem-Hauptzylinder) / front piston. *00785*
vorderes Auspuffrohr, K, (Auspuffanlage) / inlet pipe. *05392*
Vorderkotflügel, C / mudguard frontwing. *09959*
Vorderrad, F / front wheel. *10497*
Vorderrad einschlagen, Z / cramp the front wheel. *08568*
Vorderradantrieb, A → Frontantrieb. *00787*
Vorderradgabel, Z / front forks. *09808*
Vorderradlenkzapfen, F → Achsschenkelbolzen. *01033*
vorderste Fahrposition, I / front driving seating position. *09627*
vorderste Startposition, R / pole position. *06050*
Vordertür, C / front door. *04811*
Vorderwand, C, Stirnwand / front wall, front panel. *04819*
Vorderwandsäule, C → Windschutzscheibensäule. *08063*
Vordrossel, K → Starterklappe. *00312*
Voreinspritzung, K / injection advance. *00976*
vorfahren, T / pull up. *06504*
Vorfahrt, T / priority, priority of way. *06474*
Vorfilter, K, Vorreiniger, (Dieselmotor) / pre-filter, primary filter. *01339*
Vorführwagen, H / demonstration car. *04058*

Vorgabe, R → Handicap. *05030*
Vorgelege, A, (Getriebe) / reduction gear, intermediate gear, auxiliary reduction gear. *05507*
Vorgelegeachse, A / idler shaft. *05254*
Vorgelegegetriebe mit Dauereingriff, A / constant mesh countershaft. *03695*
Vorgelegerad, G → Zwischenrad. *05248*
Vorgelegewelle, A / countershaft, intermediate shaft, layshaft, secondary shaft, auxiliary shaft. *00430*
vorgeschrieben, G / specified. *07124*
Vorhalteisen, W → Handfaust. *09757*
Vorhang, I / curtain. *03869*
Vorhang, L, (Lackfehler) / sag, sagging. *08282*
Vorhängeschloß, Z / padlock. *08962*
Vorkammer, M / antechamber, ante-combustion chamber, precombustion chamber, pre-combustion chamber, prechamber. *00071*
Vorkammermotor, M, Dieselmotor mit Vorkammer / antechamber compression ignition engine, pre-combustion chamber engine, prechamber engine. *00073*
Vorlauf, F / negative caster. *06097*
Vorlaufzeit, G / lead time. *05667*
vormontiert, W / pre-assembled. *08985*
Vorratsgeber, K, (Kraftstoffbehälter) / tank gauge. *07420*
Vorreiniger, K → Vorfilter. *01340*
vorrübergehend, G / temporary. *03970*
Vorschalldämpfer, K, Auspuff-Vorschalldämpfer / pre-muffler. *01349*
Vorschaltgetriebe, A → Verteilergetriebe. *07657*
Vorschaltwiderstand, E / series resistor. *06892*
Vorschlag, G / proposal. *06488*
Vorschriften, G / specifications. *07123*
Vorserie, W → Nullserie. *06340*

Vorsicht zerbrechlich, G / handle with care. *05038*
Vorspur, F / toe in. *01810*
Vorspurvergrößerung bei Volleinfederung, F / bump toe-in. *03320*
Vorsteckwagen, Z, (Vorläufer des Tricar) / forecar attachment. *09952*
vorübergehender Führerscheinentzug, T / temporary suspension of driver's licence. *07332*
Vorverdichtung, M / precompression. *06446*
Vorwählgetriebe, A / preselector gearbox. *02363*
vorwärmen, G / preheat. *06447*
Vorwärtsgang, A / forward gear, forward speed. *04761*
Vorwiderstand, E / ballast resistor, compensating resistance. *00119*
Vorzerstäuber, K, Nebenlufttrichter / secondary venturi. *01511*
Vulkanisierlösung, W / patching cement. *08966*
Vulkanisierung, G / vulcanisation, cure, vulcanise, curing. *07933*

Waage — Wasserumlauf

Waage, W / scales. *06809*
waagerecht, G, liegend / horizontal. *05174*
Wabe, G / honeycomb. *05164*
Wabenkörper-Katalysator, K / honeycomb catalyst. *05165*
Wabenkühler, M, Zellenkühler / honeycomb radiator, cellular radiator. *00899*
Wachsbeschichtung, L / wax coating. *07974*
Wackelkontakt, E / loose connection. *05795*
Wagen ohne Papiere, H / car without U5 document (GB), car not on Swansea register. *09606*
Wagen ohne Papiere, H / car without documents (US). *02930*
Wagenheber, W / jack, jacking device. *02364*
Wagenheberansatzpunkt, C → Wagenheberaufnahme. *05539*
Wagenheberaufnahme, C, Wagenheberansatzpunkt / jacking point. *03052*
Walkung, F, (Reifen) / flexing. *04665*
Walze, W → Rolle. *06723*
Walzstahl, W / rolled steel. *06721*
Wand, G / wall. *07937*
Wandler, A → Drehmomentwandler. *00284*
Wandlergetriebe, A / torque converter transmission. *07592*
Wandlungsgrad, M / torque ratio. *07595*
Wandstärke, G / wall thickness. *07938*
Wankelmotor, M / Wankel engine. *07939*
Wankelmotor, M → Kreiskolbenmotor und Drehkolbenmotor (Konstruktionsvarianten). *01287*
Wankwinkel, F → Rollwinkel. *09548*
Wanne, G, Schale / pan. *06287*
Warenlager, H / warehouse. *09116*
Warenzeichen, H, Schutzmarke / trade mark. *07621*
Wärme, G, Hitze / heat. *05074*
Wärmeabführung, G / heat dissipation. *05078*

Wärmeausdehnung, G / thermal expansion. *07474*
Wärmebehandlung, G / heat treatment. *05094*
Wärmebeständigkeit, G / heat resistance. *05093*
wärmedämmendes Glas, C / heat absorbing glass. *05076*
Wärmedämmung, G / heat insulation. *05092*
Wärmeleitfähigkeit, G / thermal conductivity. *07473*
Wärmeschutzblech, Z / metal heat insulator. *08647*
Wärmestau, G / heat accumulation. *05077*
Wärmetauscher, M / heat exchanger. *05084*
Wärmeumlaufkühlung, M → Thermosiphon-Kühlung. *01141*
Wärmewert, E, (Zündkerze) / heat range, thermal value. *00874*
warmgeschmiedet, W / hot-forged. *08877*
Warmlaufzeit, M / warming up period. *07942*
Warmluftentnahmerohr, M / heat riser pipes. *10455*
Warmluftgebläse, M / warm air blower. *07940*
Warmwasserheizung, M / hot-water heater. *05197*
Warnblinkanlage, E, Rundumlicht / emergency flasher system. *00658*
Warnblinker, E / warning flasher, emergency flasher. *05051*
Warndreieck, T / warning triangle. *07945*
Warnlampe, E → Warnblinkanlage. *02404*
Warnleuchte, E / warning lamp, tell-tale lamp. *07946*
Warnschild, T / warning board, danger signal. *07943*
Warnsummer, E → Summer. *03337*
Warnzeichen, T / warning sign. *07947*
warten, W / service. *02190*
Wartung, W, Instandhaltung / maintenance. *05901*

Wartungsarbeiten, W / maintenance jobs, service operations. *05905*
Wartungshandbuch, W → Kundendiensheft. *09760*
Wartungsvorschriften, W / maintenance instructions. *05903*
Waschbrettstraße, T, wellige Straße / washboard road. *07949*
Wascher, E → Scheibenwaschanlage. *07953*
Wasserablaßhahn, M, Kühlwasserablaßhahn / water drain cock. *07957*
Wasserablaufloch, C / sill drain hole. *10090*
Wasseraustritt, M / water outlet. *07967*
wasserbeheizt, G / water heated. *07962*
wasserdicht, G / waterproof. *07970*
wassergekühlt, G / water cooled. *10308*
wassergekühlter Motor, M / water-cooled engine. *07955*
Wassergleiten, F → Aquaplaning. *05218*
Wasserkasten, M, Wassersammelkasten / radiator tank. *01402*
Wasserkühler, M → Kühler. *06546*
Wasserkühlung, M / water cooling. *01991*
Wasserpumpe, M, Kühlwasserpumpe / water pump. *01992*
Wasserpumpenfett, G / water pump grease. *01993*
Wasserpumpenlager, G / water pump bearing. *07971*
Wasserpumpenrotor, M / water pump impeller. *07972*
Wassersammelkasten, M → Wasserkasten. *01403*
Wasserschicht, T / water film. *07960*
Wasserstandsanzeige, M → Kühlmittelstandanzeige. *03735*
Wasserstoffmotor, M / oxygen engine. *10557*
Wasserumlauf, M / water circulation. *07954*

87

Wasserwaage

Wasserwaage, W / spirit level. *10161*
wattiert, G / padded. *06281*
Wattierung, G / padding. *06282*
wechselgesteuert, M / inlet-over-exhaust, i.o.e.. *02470*
Wechselgetriebe, A → Getriebe. *00834*
wechseln, G → auswechseln. *03458*
Wechselstrom, E / alternative current. *10605*
Wechselstromlichtmaschine, E, Alternator / alternator. *00060*
Wegweiser, T / sign post. *10330*
Wehrmachtsgespann, Z / military sidecar outfit. *09953*
weicher Lack, L / soft paint. *08263*
weiches Bankett, T / soft verge. *10331*
Weichgummi, G / soft rubber. *07053*
weichlöten, W, löten / solder. *07056*
Weißmetall, G / white metal, babbitt, white bronze. *03209*
Weißwandreifen, F / white wall tyre, ww. *02464*
Weiterverkauf, H / resale. *02890*
Weitstrahler, E, / long-range headlamp, long-range driving lamp. *01066*
Wellblech, C / corrugated sheet, corrugated plate. *03753*
Welle, G / shaft. *06909*
Wellendichtring, G → Simmerring. *06071*
Wellendichtung, G, Dichtung / seal. *03059*
Wellenlager, G / shaft bearing. *06910*
wellige Straße, T → Waschbrettstraße. *07950*
Weltmeister, R / world champion. *09291*
Weltrekord, R / world record. *10328*
Wendekreis, F / turning clearance circle, vehicle clearance circle. *07741*
Wendung, T → Kehrtwendung. *07828*
Werk, W → Fabrik. *06368*
Werkbank, W / workmate, work-bank. *09998*
Werksfahrer, W / works rider. *09134*
Werksrenner, Z / works racer, factory racing motorcycle. *09788*
Werkstatt, W / workshop. *02365*
Werkstatthandbuch, W / workshop manual, car shop manual. *03425*
Werkstattkleidung, W / workshop clothing. *09135*
Werkstattzeichnung, W / workshop drawing. *08088*
Werkzeug, W, Gerät / tool, implement. *05302*
Werkzeugausrüstung, W / tool kit. *07572*
Werkzeugkasten, W / tool box. *02367*
Werkzeugmaschine, W / machine tool. *05861*
Werkzeugtasche, G / wallet. *09117*
Wert, H / value. *02899*
Wertverlust, H / loss of resale value. *05801*
Wertzuwachs, H / added value. *03003*
Wettbewerb, R / competition. *03625*
Wettbewerbsfahrzeug, H / competition vehicle. *03626*
Wettbewerbsrennrad, Z / competition racing cycle. *08556*
Wettbewerbswagen, R / competition car. *09321*
Wickelgriffschaltung, Z → Drehgriffschaltung. *10356*
Wicklung, G / winding. *08042*
Widerstand, G / resistance, resistor. *06653*
wie aus dem Schaufenster, H, ladenneu / showroom condition. *03048*
Wiederverkaufswert, H / resale value. *06647*
Wiederverwendung, W / recycling. *10340*
WIG, G, Wolfram-Inert-Gas / TIG, Tungsten-Inert Gas. *10061*
WIG-Schweißen, W / TIG-welding. *10062*
Wildwechsel, T / deer pass, deer crossing. *04035*

Wirbelkammer-Dieselmotor

Wind, G / wind. *08041*
Winde, W / winch. *08039*
Windgeräusch, T / wind noise. *08044*
Windkanal, W / wind tunnel. *08064*
Windlauf, C / scuttle. *09962*
windschlüpfrig, C → aerodynamisch. *03131*
Windschutzscheibe, C / windscreen, windshield, screen. *04717*
Windschutzscheibeneinfassung, C / screen rail. *09965*
Windschutzscheibenrahmen, C / screen frame. *09964*
Windschutzscheibensäule, C → A-Säule. *03179*
Windung, G / turn. *08043*
Windungsschlußprüfer, W, (Elektrik) / shorted-turn tester. *01546*
Windungszahlverhältnis, E, (Zündspule) / turns ratio. *01877*
Winkel, G / angle. *03169*
Winkelgetriebe, A / angle transmission, angle drive. *00069*
Winkelring, M, (Ölabstreifring) / grooved face type ring. *04983*
Winkelschleifer, W / orbital sander. *09992*
Winkelstellung der Pleuelstange, M / angularity of connecting rod. *02698*
Winker, E / semaphore indicator, trafficator. *02368*
Winterreifen, F / winter tyre, snow tyre. *02020*
Wippschalter, E → Kippschalter. *07567*
Wirbel-Luftfilter, M → Schleuderluftfilter. *00281*
Wirbelgeschwindigkeit, M / swirl speed. *07342*
Wirbelkammer, M, Kolbenwirbelkammer, (Dieselmotor) / swirl chamber, turbulence chamber, turbulence combustion chamber, turbulence space, whirl chamber. *01732*
Wirbelkammer-Dieselmotor, M / swirl chamber diesel engine, turbulence chamber engine, whirl chamber diesel engine. *01734*

88

Wirbelkammerbrennraum   **Zierlinien**

Wirbelkammerbrennraum, M / swirl type combustion chamber. *07343*
Wirbelstrombremse, B, Telmabremse / eddy-current brake. *00635*
Wirbelstromtachometer, E / eddy-current speedometer. *04319*
Wirbelung, G, Verwirbelung / turbulence, swirl. *02648*
wirksam, G / effective. *04321*
Wirkungsgrad, G / efficiency. *04323*
Wischerarm, E, Scheibenwischerarm / wiper arm. *08067*
Wischerblatt, E, Scheibenwischerblatt / wiper blade. *08069*
Wischerspiel, E → Wischzyklus. *08072*
Wischfeld, E / wipe pattern. *04322*
Wischgeschwindigkeit, E / wiping frequency. *08073*
Wischzyklus, E, Wischerspiel / wiping cycle. *08071*
Witterungsbedingungen, T / weather conditions. *07978*
Wohnmobil, H → Wohnwagen. *03355*
Wohnwagen, H, Wohnmobil / motorhome, caravan, camper. *03354*
Wolkenbildung, L → Streifenbildung. *09663*
Wrack, G / wreck. *08099*
Wulst, F → Reifenwulst. *07542*
Wulstfelge, F / clincher rim, clincher bead tyre, beaded edge rim, bead edged rim. *08547*
Wulstkern, F, (Reifen) / bead core. *00137*

X / Y / Z

X-Rahmen, C / x-frame. *08105*
Youngtimer, H, (Sammlerauto nicht älter als 15 bis 20 Jahre) / Youngtimer. *02876*
Z-Diode, E, Zenerdiode / Zener diode. *02030*
zackenförmig, G, schrägverzahnt / serrated. *06893*
zähflüssig, G / viscous. *07924*
zahlenmäßig erfaßbar, G / numerically evaluable. *08949*
Zahn, G / tooth, cog. *07574*
Zahneingriff, G / tooth meshing. *07578*
Zahnkette, G / toothed chain. *07576*
Zahnkranz, G / toothed rim. *07577*
Zahnrad, A, Getrieberad / gear wheel, pinion, toothed wheel, cogged wheel, cogwheel, gear. *02372*
Zahnradantrieb, A / gear drive. *08604*
Zahnradpumpe, M / gear pump. *00823*
Zahnradsatz, G / train of gears. *07651*
Zahnriemen, G / cogged belt, toothed belt. *03584*
Zahnsegment, A / gear segment, toothed quadrant, segment of gear teeth. *00826*
Zahnstange, G / rack. *06538*
Zahnstange, K → Reglerstange. *00426*
Zahnstangenlenkung, F / rack and pinion steering. *01389*
Zahnstangenritzel, G / rack pinion. *06542*
Zahnstangenwagenheber, T / rack and pinion jack. *06541*
Zahnteilung, G / tooth pitch, pitch. *07579*
Zahnwellenprofil, G → Keilnutverzahnung. *09534*
Zange, W / pliers. *06375*
Zapfen, G / swivel, spigot. *05587*
Zebrastreifen, T → Fußgängerübergang. *05852*
Zeichnung, G / drawing. *04239*
Zeiger, G / pointer. *06403*
Zeitnehmer, R / timekeeper. *09297*
Zeitschreiber, R / time recorder. *07525*
Zellenverbinder, E, (Bleibatterie) / cell bridge. *00272*
Zellkühler, M → Wabenkühler. *00900*
Zenerdiode, E → Z-Diode. *02031*
Zenith-Vergaser, K / Zenith carburetor. *02032*
Zentralfederbein, Z / monoshock. *08651*
Zentrallenkschloß, Z / central lock. *08495*
Zentralrohrrahmen, C, Mittelrohrrahmen / center tubular chassis, backbone type frame, central tube frame. *03443*
Zentralschmierung, G / centralized lubrication, central chassis lubrication, one-shot lubrication. *00274*
Zentralverschluß, F / center wheel lock. *02376*
Zentrierstift, G, Zentrierzapfen / dowel bolt, center bolt. *02750*
Zentrierzapfen, G → Zentrierstift. *02752*
Zentrifugalgebläse, G / centrifugal blower. *03446*
Zentrifugalregler, E → Fliehkraftregler. *00286*
Zentrifugalwasserpumpe, M / centrifugal water pump. *03450*
zerbrechlich, G / breakable, fragile. *10298*
zerfressen, G → korrodiert. *03752*
zerlegen, G, auseinandernehmen / dismantle, strip. *04146*
zerlegen, W, demontieren / dissemble. *09752*
Zerstäuber, G / atomizer. *08692*
Zerstäuberluft, L / atomizing air. *08149*
zerstören, G / destroy. *04073*
Zeuge, T / witness. *08084*
ziehen, W, (Blechbearbeitung) / draw. *04234*
Ziehteil, W → Preßteil. *06449*
Ziehwerkzeug, W / body puller. *10121*
Ziel, G / target. *07424*
Ziel, R, (Rennen) / finish. *08807*
Zielflagge, R / chequered flag. *09277*
Zielgerade, R / finishing straight. *09309*
Zierleiste, C / trim strip, decorative strip. *10137*
Zierlinien, L / coachlines, pin-

89

stripes. *03043*
Zierring, G → Blende. *03236*
Zierteile, C / decorative parts, trim. *08751*
Zifferblatt, G, Skala, (Instrument) / dial. *04083*
Zigarettenanzünder, E / cigarette lighter. *03485*
Zink, G / zinc. *10543*
Zinkbeschichtung, G / zinc-coat. *08117*
Zischhahn, Z, Einspritzhahn, (Zylinderkopf) / priming tap. *09840*
Zoll, H, (Maßeinheit) / inch. *03967*
Zoll, H, → Zollbehörde. *10595*
Zoll, H, → Zollabgabe. *10594*
Zollabgabe, Zoll, H / custom. *02983*
Zollbehörde, H, Zoll / customs. *02984*
zu geringer Luftdruck, F / underinflation. *07783*
zu mieten, H / for hire. *02879*
zu verkaufen, H / for sale. *02878*
Zubehör, H / accessories. *03089*
Zubringerbus, T → Pendelbus. *09365*
Zufuhr, G, Versorgung / feed, supply. *04546*
Zug, G / pull. *06496*
Zug, H, (Fahrzeugzug Lastwagen und Hänger) / combination. *03606*
Zuganker, G / tension rod. *07449*
Zuggriff, G / pulling handle. *06500*
Zughaken, C / towing hook. *07609*
Zugkraft, G / towing force, tensile force. *07608*
Zugmaschine, H / tractor. *05150*
Zugschalter, E / pull switch. *06503*
Zugstange, C → Deichsel. *04236*
Zuladung, G / payload. *08972*
zulässig, G / permissable, permitted. *06331*
zulässige Achslast, G / maximum authorized axle weight. *09542*
zulässige Höchstgeschwindigkeit, T / speed limit. *05946*
zulässige Nutzlast, G / maximum authorized payload. *09538*

zulässiges Gesamtgewicht, G / maximum permissible weight, design gross weight. *05947*
zulässiges Gesamtgewicht des Fahrzeuges, G / maximum total weight authorized. *04272*
zulässiges Zuggesamtgewicht, G / gross combination weight rating. *04992*
Zulassung, H, Straßenzulassung / registration, licence. *06626*
Zulassungsmodalitäten, H / registration procedures. *02963*
Zulassungsnummer, H, amtliches Kennzeichen / licence number, registration number. *05698*
Zulassungsstelle, H / registration office. *02981*
Zulaufleitung, K, (Einspritzpumpe) / feed line, injection pump. *04548*
Zulieferer, W → Lieferant. *06007*
Zündabstand, E → Elektrodenabstand. *07095*
Zündanlage, E / ignition system, ignition assembly. *05283*
Zündanlage mit Unterbrecher und Kondensator, E / CD-ignition system. *03432*
Zünddruck, E / ignition pressure, firing pressure. *04615*
Zündeinstellstroboskop, W → Stroboskop. *01806*
Zündeinstellung, W → Zündzeitpunkteinstellung. *00949*
Zünden des Lichtbogens, W / struck the arc. *10036*
Zunder, W, (Schweißen) / scale. *10046*
Zündfolge, E / ignition order, firing order, firing sequence. *00946*
Zündfunke, E, Funke / ignition spark, spark. *05280*
Zündhebel, Z, (Lenkerarmatur) / ignition retard lever, ignition lever. *09894*
Zündimpulsgeber, E, Induktionsgeber, Steuergenerator / pulse generator, induction type pulse generator. *01380*
Zündkabel, E, Zündungskabel / ignition cable. *05205*

Zündkanal, M / flash hole. *04653*
Zündkerze, E, Kerze / spark plug, ignition plug, plug, sparking plug. *01593*
Zündkerzen-Mittelelektrode, E, Mittelelektrode / center electrode. *03436*
Zündkerzen-Prüf- und Reinigungsgerät, W / spark plug testing and cleaning unit. *01610*
Zündkerzenabbrand, E / spark plug erosion. *07090*
Zündkerzendichtung, E / spark plug gasket. *01607*
Zündkerzeneinschraubbüchse, E / spark plug insert. *07101*
Zündkerzenelektrode, E / spark plug electrode. *07093*
Zündkerzengehäuse, E / spark plug shell, spark plug body, spark plug housing. *07111*
Zündkerzengesicht, E / spark plug face. *07097*
Zündkerzengewinde, E / spark plug thread. *07117*
Zündkerzenisolator, E → Isolator. *01006*
Zündkerzenkabel, E, Zündleitung / spark plug wire. *07118*
Zündkerzenklemme, E / spark plug terminal. *07115*
Zündkerzenkopf, E / spark plug head. *07099*
Zündkerzenlehre, W / spark plug gap tool, spark plug gap gauge. *01605*
Zündkerzenprüfvorrichtung, W / spark plug test bench. *07116*
Zündkerzenschaden, E / spark plug fouling. *06387*
Zündkerzenschlüssel, W, Kerzenschlüssel / spark plug socket wrench, spark plug spanner, plug spanner. *07113*
Zündkerzensitz, E / spark plug seat. *07110*
Zündkerzenstecker, E / spark plug connector, spark plug socket. *07089*
Zündleitung, E → Zündkerzenkabel. *01609*
Zündlicht, E → Ladekontrollleuchte. *00303*
Zündschalter, E / ignition switch,

Zündschloß

ignition starter switch. *00953*
Zündschloß, E / ignition lock. *05278*
Zündschlüssel, E / ignition key. *05275*
Zündspannung, E / ignition voltage, firing voltage. *00728*
Zündsperre, E, Zündverriegelung / ignition interlock. *05272*
Zündspule, E / ignition coil, coil. *00939*
Zündstrom, E / ignition current. *05268*
Zündstromkreis, E / ignition circuit. *05266*
Zündstromunterbrecher, E / ignition cut out. *05269*
Zündtotpunkt, E, (Kreiskolbenmotor) / ignition dead center. *05270*
Zündtrafo, E → Zündtransformator. *00957*
Zündtransformator, E, Zündtrafo / ignition transformer. *00956*
Zündumschaltung, E / ignition change-over. *05265*
Zündung, E / ignition. *09499*
Zündungsintervall, E / ignition interval. *05274*
Zündungskabel, E → Zündkabel. *05264*
Zündungsoszillograph, W → Oszilloskop. *10425*
Zündunterbrecher, E → Unterbrecher. *00405*
Zündverriegelung, E → Zündsperre. *05273*
Zündverstellbereich, E / ignition timing range. *05286*
Zündverstellinie, E → Frühzündkurve. *00034*
Zündverstellkurve, E, Verteilerkurve / distributor curve, ignition setting curve, advance curve. *04156*
Zündverstellung, E, Zündzeitpunktverstellung / ignition control, spark control. *02279*
Zündverstellung in Richtung früh, E / advance ignition, ignition advance, advance time, spark advance. *09680*
Zündverteiler, E, Verteiler / ignition distributor, distributor.

00942
Zündverteilerwelle, E → Verteilerwelle. *00577*
Zündverzug, E / ignition delay, ignition lag, spark lag. *00941*
Zündzeitpunkt, E / ignition point, firing point. *04612*
Zündzeitpunkteinstellung, W, Zündeinstellung / ignition setting, ignition timing, spark adjustment, adjustment of ignition timing, timing. *00948*
Zündzeitpunktmarkierung, E / ignition timing mark. *09722*
Zündzeitpunktverstellung, E → Zündverstellung. *05267*
zusammenbauen, W, montieren / assemble. *03192*
zusammenschiebbare Sicherheitslenksäule, F / collapsible safety steering column. *00356*
zusammenschiebbarer Schalthebel, A / collapsible gear shift lever. *03594*
Zusammenstoß, T / collision. *03599*
Zusatz, G / supplement. *07310*
Zusatz, K → Additiv. *03105*
Zusatzausstattung, H → Sonderzubehör. *06223*
Zusatzbremsanlage, B / supplementary brake system. *07311*
Zusatzfeder, F → Hilfsfeder. *05110*
Zusatzluft, M, (Motor) / additional air. *03102*
Zusatzluftventil, M / additional air valve. *03103*
Zusatzscheinwerfer, E / front auxiliary lamps. *10207*
Zuschauertribüne, R / grand stand. *09287*
Zustand, H, Beschaffenheit / condition. *03668*
Zuverlässigkeit, G / reliability. *06638*
Zwangssteuerung, M, Desmodromik / forced valve closure, desmodromic valve operation. *09954*
Zwangsumlauf, G / forced circulation. *04745*
Zwangsversorgung, K / pressure feed. *02380*

Zweimetallkolben

zwei obenliegende Nockenwellen, M / twin overhead camshaft, twin cam. *07749*
Zwei-Vergaser-Anlage, K / twin carburetor. *01878*
zweibahnig, T → zweispurig. *04220*
Zweidrahtlampe, E → Biluxlampe. *00141*
Zweifach-Zündunterbrecher, E / two-system contact breaker, double lever contact breaker. *01891*
Zweifachzündung, E → Doppelzündung. *04211*
Zweifadenlampe, E → Biluxlampe. *00140*
Zweifarbenlackierung, L / two-color paintwork. *07755*
Zweigang-Hinterachse, F / Columbia rear axle. *09210*
Zweigeschwindigkeitswischer, E → Zweistufenwischer. *09444*
Zweikammer-Hauptzylinder, B → Tandem-Hauptbremszylinder. *04275*
Zweiklanghupe, E / dual tone horn. *04285*
Zweikomponenten-Acryllack, L, Zweikomponentenlack / two-pack paint. *08207*
Zweikomponentenlack, L → Zweikomponenten-Acryllack. *08317*
Zweikontaktregler, E / two-contact regulator, double contact regulator. *01884*
Zweikreis-Hauptzylinder, B → Tandem-Hauptbremszylinder. *04276*
Zweikreisbremsanlage, B → Zweikreisbremse. *04166*
Zweikreisbremse, B, Zweikreisbremsanlage / double circuit braking system, two-circuit braking system, divided line brake system, split brake system. *00585*
Zweikreisschutzventil, B, (Druckluftbremskreise) / double circuit protection valve. *00586*
Zweileitungsbremse, B / twin-line brake. *01880*
Zweimetallkolben, M → Bime-

Zweipegellicht

tallkolben. *00143*
Zweipegellicht, E / dual intensity light, dual level light. *04278*
zweipolige Drahtglühkerze, E, (Dieselmotor) / double pole glow plug. *00593*
Zweirad, Z → Motorrad. *06010*
Zweischeibenkupplung, A / double disc clutch. *04209*
Zweischeibentrockenkupplung, A / double plate dry clutch. *00592*
Zweisitzer, H / twoseater, 2str. *02459*
zweisitziges Coupé mit Gelegenheit, zwei weitere Personen unterzubringen, H, 2+2, 2/2-Coupé / foursome coupé. *03036*
Zweispeichenlenkrad, F / two-spoke steering wheel. *07759*
zweispurig, T, zweibahnig / dual lane, double track. *04214*
Zweistufenwischer, E, Zweigeschwindigkeitswischer / two-speed wiper. *07758*
Zweitakter, M → Zweitaktmotor. *01890*
Zweitaktgemisch, K, Gemisch / two-stroke mixture, petroil mixture, petroil. *06333*
Zweitaktmotor, M, Zweitakter / two-stroke engine, two-stroke cycle engine. *01889*
zweite Stufe, K, (Vergaser) / secondary barrel. *06857*
zweite Ventilfeder, M → innere Ventilfeder. *05410*
zweiter Gang, A / second gear. *06859*
zweiter Grundlack, L / second primer. *06860*
zweitürig, C / two-door. *04767*
zweitürige Limousine, H / two-door saloon, two-door sedan. *07756*
Zweiwegeventil, M / double check valve, two-way-valve. *04206*
Zweizweck-Leuchte, E / dual purpose lamp. *04281*
Zweizylinder, M / twin. *02381*
Zweizylinderboxermotor, M, 2-Zylinderboxermotor / flat-twin engine, opposed-twin engine. *09794*
Zwillingsbereifung, F, Doppelbereifung / dual tyres, twin tyres. *04283*
Zwillingsrad, F / dual wheel, twin wheel. *04286*
Zwischenblech, C / flitch panel. *09978*
Zwischengröße, G / intermediate size. *05509*
Zwischenkühler, M, Ladeluftkühler, (aufgeladener Motor) / intercooler. *05490*
Zwischenlager, F, (Gelenkwelle) / intermediate bearing. *05506*
Zwischenrad, G, Spannrad, Umlenkrolle / idler, idler gear, idler pulley. *05245*
Zwischenrahmen, C → Hilfsrahmen. *01705*
Zwischenstück, E → Adapter. *03101*
Zwischenwelle, G / idler shaft. *05253*
Zyklonfilter, M → Schleuderluftfilter. *00282*
Zylinder, M / cylinder. *00462*
Zylinder ausschleifen, W / bore out a cylinder. *02657*
Zylinder mit beidseitig stehend angeordneten Ventilen, M / T-head cylinder. *02628*
Zylinder mit einseitig stehend angeordneten Ventilen, M / L-head cylinder. *10422*
Zylinder mit halbkugelförmigen Brennraum, M / dome head cylinder. *02623*
Zylinder mit übereinander angeordneten Ventilen, M / F-head cylinder. *02633*
Zylinder schleifen, W / cylinder grinding. *02662*
Zylinderabnutzung, M, Zylinderabrieb / cylinder wear. *02663*
Zylinderabrieb, M → Zylinderabnutzung. *02664*
Zylinderanordnung, M / cylinder arrangement. *03883*
Zylinderblock, M / cylinder block. *00001*
Zylinderbohrung, M / cylinder bore, cylinder diameter. *02081*
Zylinderbüchse, M → Zylinderlaufbüchse. *05738*
Zylinderdeckel, B, (Bremszylinder) / cylinder cover, cylinder top, cylinder lid. *00464*
Zylinderflansch, M → Zylinderfuß. *02638*
Zylinderfüllungsgrad, M → volumetrischer Wirkungsgrad. *01988*
Zylinderfuß, M, Zylinderflansch / cylinder base. *02637*
Zylinderfußdichtung, M / cylinder gasket. *10457*
Zylinderinhalt, M → Hubraum. *03886*
Zylinderkopf, M / cylinder head. *00463*
Zylinderkopfdichtung, M, Kopfdichtung / cylinder head gasket, head gasket. *00465*
Zylinderkopfhaube, M → Ventildeckel. *06072*
Zylinderkopfschraube, M / cylinder head bolt, cylinder head stud. *02538*
Zylinderkopfunterseite, M / cylinder head lower face. *03889*
Zylinderkurbelgehäuse, M / cylinder block and crankcase. *03884*
Zylinderlaufbüchse, M, Laufbüchse, Kolbenlaufmantel, Zylinderbüchse / cylinder liner, sleeve, cylinder sleeve, cylinder barrel, liner. *04167*
Zylindermantel, M / cylinder jacket, cylinder casing. *02631*
Zylinderschloß, C / cylinder lock. *03894*
Zylinderverschleiß, M / cylinder bore wear. *03885*

Automobil & Motorrad Wörterbuch

Deutsch • Englisch

Schlagwörter nach Sachgebieten

Antrieb, Getriebe, Kupplung (A)

Achsantrieb / final drive *04595*
Achsuntersetzung / final drive ratio *04596*
Achswellenrad / differential side gear *00521*
Antriebseinheit / drive train *09223*
Antriebsgelenkgehäuse / half-shaft joint housing *05016*
Antriebskette / drive chain *10295*
Antriebsrad / drive wheel *00602*
Antriebsstoßdämpfer / transmission shock absorber *10347*
Antriebszahnrad der Antriebswelle / clutch gear *00328*
Ausgleichsgehäuse / differential case *00506*
Ausgleichsgetriebe / differential *00502*
Ausgleichsgetriebe-Einfüllschraube / differential filler plug *04101*
Ausgleichsgetriebebremse / differential brake *04097*
Ausgleichsgetriebeöl / differential oil *04104*
Ausgleichskegelrad / differential bevel gear *00516*
Ausgleichsradachse / differential pinion shaft *04106*
Ausgleichssperre / limited-slip differential *01058*
Ausgleichstirnrad / differential spur gear *04107*
auskuppeln / declutch *01901*
automatisches Getriebe / automatic gearbox *02063*
Dauereingriff / constant mesh *00402*
direkter Gang / direct drive *00538*
Doppelriemenantrieb / twin belt drive *07744*
Drehmomentwandler / torque converter *01817*
Eingangsdrehmoment / input torque *05418*
einkuppeln / engage the clutch *04358*
Einlauföl / run-in oil *01497*
Einrückhebel / engaging lever *00662*

Einscheibenkupplung / single-disc clutch *06989*
Einscheibentrockenkupplung / dry single-disc clutch *01554*
Einzelradantrieb / single wheel drive *06997*
elastische Kupplung / flexible coupling *04662*
elektromagnetische Kupplung / electromagnetic clutch *04335*
enggestuftes Getriebe / close ratio gearbox *03537*
erster Gang / first gear *03264*
Fliehkraftkupplung / centrifugal clutch *00283*
Flüssigkeitsgetriebe / fluid gear *09149*
Freilauf / free wheel *04791*
Freilaufkupplung / free engine clutch *00777*
Freilaufsperre / free wheel lock *04793*
Frontantrieb / front wheel drive *00786*
Fünfgang-Getriebe / five-speed gearbox *04633*
Gang / gear *04625*
Ganganzeige / shift indicator *06932*
Gangschaltung / shift control *06928*
Geländegang / low range *05814*
Gelenkwellenmittellager / propeller shaft center bearing *06482*
Gelenkwellenzwischenlager / propeller shaft intermediate bearing *06483*
geräuschloser Getriebegang / silent gear *09209*
Getriebe / gearbox *00833*
Getriebeantriebswelle / gearbox input shaft *05417*
Getriebeaufhängung / transmission suspension *07669*
Getriebebremse / transmission brake *02245*
Getriebedeckel / gearbox cover *04889*
Getriebeflansch / gearbox flange *04891*

Getriebegehäuse / gearbox case *07666*
Getriebehauptwelle / gearbox main shaft *04895*
Getriebeingangswelle / gearbox first motion shaft *10445*
Getriebelage / gearbox position *04898*
Getriebeöl / gear oil *00822*
Getriebeübersetzung / transmission ratio *00509*
Getriebeuntersetzung / transmission reduction *01848*
Getriebewählhebel / selector control *06871*
H-Schaltschema / H-shift pattern *05199*
halbautomatisches Getriebe / semi-automatic transmission *06880*
handbetätigter Schaltvorgang / manual shift *05924*
Handschaltgetriebe / manual transmission *04894*
Hauptantrieb / main drive *05881*
Hauptvorgelege / main reduction gear *05894*
herausspringen / jump out *05567*
herunterschalten / shift down *06931*
Hinterachswelle / rear axle shaft *01419*
Hinterradantrieb / rear wheel drive *02270*
hochschalten / upshift *07815*
Hohlrad / annulus *05513*
hydraulische Kupplung / fluid clutch *00749*
hydraulische Kupplungsbetätigung / hydraulic clutch control *05208*
Hypoidgetriebe / hypoid-gear *00919*
Hypoidgetriebeöl / hypoid oil *00922*
indirekter Gang / indirect gear *05324*
Kardanantrieb / universal joint transmission *02291*
Kardangelenk / universal joint

00262
Kardanrohr / propeller shaft housing *01375*
Kardanwelle / propeller shaft *01373*
Kick-Down / kick-down *04746*
Klauengetriebe / helical gear transmission *00884*
Klauenkupplung / claw clutch *03523*
Konuskupplung / cone clutch *00386*
Kriechgang / underdrive *07780*
Krückstockschaltung / dashboard gear change *04023*
Kugeldrucklager / thrust ball bearing *01796*
Kugelschaltung / ball and socket gear shifting *02113*
Kulissenschaltung / gate change *04882*
Kupplung / clutch *00318*
Kupplung ausrücken / disengage the clutch *04144*
Kupplungsausrückgabel / clutch fork *00326*
Kupplungsausrückhebel / clutch release lever *00344*
Kupplungsausrückmechanismus / clutch release mechanism *00343*
Kupplungsausrückwelle / clutch release shaft *03569*
Kupplungsbelag / clutch lining *00331*
Kupplungsbremse / clutch brake *03547*
Kupplungsdeckel / clutch cover *00321*
Kupplungsdruckfeder / clutch spring *00348*
Kupplungsdrucklager / clutch release bearing *01442*
Kupplungsdruckplatte / pressure plate *01357*
Kupplungsfliehgewicht / clutch weight *03572*
Kupplungsführungslager / clutch bearing *03546*
Kupplungsgehäuse / clutch housing *03562*
Kupplungsgestänge / clutch operating linkage *00335*
Kupplungsglocke / bellhousing

10446
Kupplungshauptzylinder / clutch master cylinder *00332*
Kupplungskegel / clutch cone *03549*
Kupplungsklaue / clutch dog *03557*
Kupplungskontrolloch / clutch inspection hole *00330*
Kupplungsnabe / clutch hub *03563*
Kupplungsnehmerzylinder / clutch slave cylinder *00336*
Kupplungspedal / clutch pedal *00338*
Kupplungspedalspiel / clutch pedal clearance *00339*
Kupplungsrupfen / clutch grabbing *00844*
Kupplungsscheibe / clutch disc *00603*
Kupplungsschlupf / clutch slip *03570*
Kupplungsschraubenfeder / clutch coil spring *03548*
Kupplungsschwund / clutch fading *03559*
Kupplungsseilzug / clutch cable *00319*
Kupplungstellerfeder / clutch diaphragm spring *03553*
Lenkhilfpumpenöl / power steering fluid *00984*
Lenkungsdämpfer / steering damper *07226*
Linkslenkung / left-hand drive *05681*
Magnetkupplung / magnetic clutch *05836*
Magnetpulverkupplung / magnetic powder clutch *01087*
Mehrscheiben-Ölbadkupplung / wet multi-disc clutch *07992*
Mehrscheibenkupplung / multi-plate clutch *01129*
Membranfederkupplung / diaphragm clutch *00491*
Mittelschaltung / floor shift *04688*
Neutral-Stellung / idle position *05244*
oberster Gang / high gear *05120*
Ölbad-Einscheibenkupplung / wet single-disc clutch *07993*
Parksperre / parking lock *01245*
Pfeilverzahnung / herringbone

gearing *00887*
Planetengetriebe / planetary transmission *01309*
Planetenrad / pinion gear *06342*
Planetenradträger / planet carrier *01308*
Plattenspaltfilter / disc filter *00560*
pneumatische Kupplungsbetätigung / pneumatic clutch control *06401*
Primärölpumpe / input oil-pump *05414*
Pumpenrad / impeller *05298*
Rastkugel / interlock ball *05503*
Reibbelag / friction facing *04802*
Reibkupplung / friction clutch *00781*
Reibradantrieb / friction drive *04803*
Reibradgetriebe / friction gear *02402*
Riegelstopfen / interlock plug *05504*
Riemenantrieb / belt drive *02191*
Rücklaufwelle / reverse idler gear shaft *01462*
Rückwärtsgang / reverse gear *06666*
Saugluftschaltzylinder / vacuum shift cylinder *07838*
Schaltbock / gear shift lever bracket *04902*
schalten / shift *06926*
Schaltgabel / shift fork *01539*
Schaltgestänge / gear shift linkage *04905*
Schalthebel / gear shift lever *00837*
Schalthebelgehäuse / gear shift lever housing *04903*
Schalthebelhalterung / shifting lever bracket *09047*
Schalthebelknopf / gear shift lever knob *04904*
Schaltklaue / shift dog *06930*
Schaltkugel / shifting ball *06933*
Schaltkulisse / gear shifting gate *00832*
Schaltkupplung / shifting clutch *06934*
Schaltmuffe / gear shift sleeve *04909*
Schaltschema / gear shift pattern *04906*

95

Schaltstange / shifter rod *01541*
Schaltstangenarretierung / sliding selector shaft locking mechanism *01568*
Schaltvorgang / shift *06927*
Schaltzeitpunkt / shift point *07347*
Scheibenkupplung / disc clutch *04137*
schleifende Kupplung / slipping clutch *02121*
Schleifringausrücker / graphite release bearing *00846*
Schneckenantrieb / worm drive *08092*
Schneckengetriebe / worm gear *08093*
Schnellgang / overdrive *01224*
Schrägzahnkegelrad / helical bevel gear *05104*
Schrägzahnrad / helical gear *05102*
Schraubenfederkupplung / coil spring clutch *00354*
Sonnenrad / sun gear *07297*
Sperrstift / lock pin *05780*
stufenloses Getriebe / variable transmission *01970*
Synchrongetriebe / synchromesh gearbox *01745*
synchronisieren / synchronize *07355*
Synchronisierung / synchromesh *07353*
Synchronkegel / synchromesh cone *01742*
Synchronkörper / synchromesh body *07354*
Synchronschiebemuffe / synchronizer sleeve *01749*
Tachometerwelle / speedometer cable *08820*
Tellerrad / differential crown wheel *01475*
Trockenkupplung / dry clutch *04267*
Turbinenrad / turbine wheel *01870*
Umkehrgetriebe / reversing gearbox *06672*
Umkehrkupplung / reversing clutch *06671*
Verteilergetriebe / transfer box *07656*
Vierganggetriebe / four speed gearbox *04775*
Vorgelege / reduction gear *05507*
Vorgelegeachse / idler shaft *05254*
Vorgelegegetriebe mit Dauereingriff / constant mesh countershaft *03695*
Vorgelegewelle / countershaft *00430*
Vorwählgetriebe / preselector gearbox *02363*
Vorwärtsgang / forward gear *04761*
Wandlergetriebe / torque converter transmission *07592*
Winkelgetriebe / angle transmission *00069*
Zahnrad / gear wheel *02372*
Zahnradantrieb / gear drive *08604*
Zahnsegment / gear segment *00826*
zusammenschiebbarer Schalthebel / collapsible gear shift lever *03594*
Zweischeibenkupplung / double disc clutch *04209*
Zweischeibentrockenkupplung / double plate dry clutch *00592*
zweiter Gang / second gear *06859*

Bremsen (B)

abbremsen / decelerate *04032*
Anhängerbremskupplung / trailer brake coupling *07643*
Anhängerbremsventil / trailer brake valve *01835*
Antiblockiersystem / anti-block system *00076*
Auflaufbacke / leading brake shoe *01046*
Auflaufbremse / overrun brake *01235*
Außenbackenbremse / external shoe brake *04491*
Außenbandbremse / external contracting band brake *04490*
Ausgleichhebel / equalizer lever *04417*
Ausgleichsbohrung / expansion port *00704*
Backenbremse / shoe brake *00146*
Bandbremse / band brake *03217*
Betriebsbremse / service brake *06896*
Bodenventil / bottom valve *09162*
Bremsanschlag / brake buffer *03270*
Bremsbacke / brake shoe *00204*
Bremsbackenrückzugfeder / brake return spring *00201*
Bremsband / brake band *02083*
Bremsbelag / brake lining *00187*
Bremsbelagverschleißanzeige / brake pad warning light *00190*
Bremsdruckregler / pressure governor *01351*
Bremse / brake *00156*
Bremsenergie / braking energy *03283*
Bremsenerhitzung / brake warming *03278*
Bremsenkontrollleuchte / brake warning lamp *03279*
Bremsfläche / braking area *03280*
Bremsflüssigkeit / brake fluid *00175*
Bremsflüssigkeitsbehälter / brake fluid reservoir *00180*
Bremsgestänge / brake linkage *03054*
Bremshebel / brake lever *02087*
Bremsklotz / brake block *01047*
Bremskolben / brake piston *09155*
Bremskraft / braking power *03284*
Bremskraftverstärker / power booster *06433*
Bremskraftverteiler / brake power distributor *00199*
Bremsleistung / brake horse power *01003*
Bremsleitung / brake line *00186*

Bremsleitung aus Metall / brake pipe *02088*
Bremslüftspiel / brake clearance *00169*
Bremsmanschette / brake cylinder cup *09152*
Bremsmoment / braking torque *03287*
Bremsnippel / brake pipe fitting *09159*
Bremsnocken / brake cam *00167*
Bremsnockenlager / brake cam bushing *03272*
Bremspedalspanner / brake pedal depressor *00197*
Bremssattel / brake caliper *00165*
Bremsscheibe / brake disc *00172*
Bremsscheibentopf / disc chamber *04136*
Bremsschlauch / brake hose *00183*
Bremsschwund / brake fading *00213*
Bremsschwund durch Überhitzung / heat fade *05091*
Bremsschwund infolge Wasser / water fade *07959*
Bremsseil / brake cable *02089*
Bremsseilzug / brake cable assembly *03271*
Bremsträger / brake anchor plate *00158*
Bremstrommel / brake drum *00173*
Bremstrommelnabe / brake drum hub *04264*
Bremsverzögerung / braking deceleration *03281*
Bremsweg / braking distance *00212*
Bremswirkung / braking effect *03282*
Bremszylinder / brake cylinder *02090*
Dampfblase / vapour lock *10393*
Diagonal-Zweikreisbremsanlage / diagonal twin circuit braking system *00490*
Direktbremsung / direct braking *00537*
Doppelbackenbremse / double shoe brake *04217*
Druckentlüfter / brake bleeder unit *00163*

Druckluft-Bremsanlage / air pressure brake *00050*
Druckluftbremse / pneumatic brake *06400*
Duplexbremse / duplex brake *00624*
Einkammerbremszylinder / single-chamber brake cylinder *06984*
Einkreisbremsanlage / single-circuit brake system *06985*
Einleitungs-Bremsanlage / single-pipe brake system *01556*
Endverbindung / end connection *04352*
Entlüften / bleeding *10394*
Entlüftungsschraube / bleeder screw *00145*
Entlüfungsnippel / bleeder nipple *10491*
Felgenbremse / caliper brake *08492*
Festsattel / fixed caliper *04634*
Festsattelscheibenbremse / fixed caliper disc brake *00729*
Frostschutzpumpe / antifreeze pump *00083*
Fühler für Bremsbelagverschleißanzeige / sensor for brake lining wear indicator *01529*
Fußbremse / foot brake *02232*
Fußbremshebel / brake pedal *00194*
Fußbremshebel-Leerweg / brake pedal free travel *00198*
Fußhebelwelle / pedal shaft *02233*
Gestängebremse / linkage brake *05741*
Handbremse / hand brake *00858*
Handbremshebel / hand brake lever *02254*
Handbremsverstärker / hand brake booster *05022*
Handbremswarnleuchte / hand brake warning lamp *05025*
Hauptbremszylinder / brake master cylinder *00191*
Hauptbremszylinderausgang / brake master cylinder outlet *05941*
Hauptluftbehälter / main air reservoir *05838*
Hinterradbremse / rear brake *09011*

hydraulische Bremse / hydraulic brake system *00748*
hydraulischer Bremskraftverstärker / hydroboost *05214*
hydraulischer Bremsschlauch / hydraulic brake hose *05207*
indirekte Bremsung / indirect braking *00962*
Innenbackenbremse / inside shoe brake *02279*
Innenbandbremse / inside band brake *05421*
innenbelüftete Scheibenbremse / internally ventilated disc brake *05516*
innenliegende Bremse / inboard brake *05310*
Luftbehälter / air reservoir *00051*
mechanische Bremse / mechanical brake *02141*
Mehrkreisbremsanlage / multiple circuit brake system *06042*
Nachstellschraube / adjuster screw *10490*
Öldruckbremse / fluid brake *00747*
Pendelsattel / hinged caliper *05134*
Primärmanschette / primary cup *09163*
Radbremszylinder / brake wheel cylinder *09166*
Ratschenbremse / ratchet brake *06578*
Retarder / retarder *00416*
Rückschlagventil / non-return valve *01152*
Scheibenbremsbelag / brake pad *08725*
Scheibenbremse / disc brake *00558*
schleifende Bremse / dragging brake *08767*
Schwimmsattel / floating caliper *04673*
Schwimmsattelscheibenbremse / floating caliper brake *00742*
Seilzugbremse / cable brake *03011*
Sekundärbacke / trailing brake shoe *01836*
Sekundärmanschette / secondary cup *09164*
Servobremse / power brake *01532*

Simplexbremse / simplex brake *01552*
Tandem-Hauptbremszylinder / dual master cylinder *00622*
Trittplatten-Bremsventil / treadle brake valve *01855*
Trommelbremse / drum brake *00615*
Unterdruck- Bremskraftverstärker / vacuum booster *01924*
Unterdruckbremsschlauch / vacuum brake hose *07835*

Vakuum-Servo-Bremse / vacuum servo brake *01923*
Vakuumpumpe / vacuum pump *01922*
Vierradbremse / four wheel brake *02361*
Vollscheibenbremse / internal expanding clutch-type disc brake *01018*
vorderer Kolben / front piston *00785*
Wirbelstrombremse / eddy-current brake *00635*
Zusatzbremsanlage / supplementary brake system *07311*
Zweikreisbremse / double circuit braking system *00585*
Zweikreisschutzventil / double circuit protection valve *00586*
Zweileitungsbremse / twin-line brake *01880*
Zylinderdeckel / cylinder cover *00461*

Karosserie, Verglasung (C)

A-Säule / A-pillar *03178*
Abblendhaube / dimming cap *04111*
Abdeckblech / panel *02076*
Abdeckleiste / molding *05991*
Ablaufblech / water-drain channel *07956*
Abschleppöse / towing eye *01825*
aerodynamisch / aerodynamic *03130*
Anhänger-Zugvorrichtung / towing bracket *07390*
Anhängerkupplung / hitch *05149*
Anhängersteckdose / trailer plug box *07645*
Außenrückspiegel, von innen einstellbar / inside adjustable outside mirror *05420*
Außenspiegel / outside mirror *04726*
Ausstellfenster / quarter vent *04007*
B-Säule / B-pillar *03266*
Beule / bump *04060*
Bodenabstand / ground clearance *00853*
Bodenblech / floor pan *04687*
Bodenblechaufnahme / floor bearer *10162*
Bodengruppe / body platform *09970*
C-Säule / C-pillar *03780*
Cabrioletverdeck / hood *03273*
Chrombuchstaben / chrome letters *10401*
Chromleiste / chrome molding *09969*

Cockpit / cockpit *10395*
Cockpit-Abdeckung / tonneau cover *10396*
Dach / roof *03381*
Dachrinne / drain *04230*
Dachträger / roof rack *10397*
Deckleiste / wing beading *10155*
Deichsel / drawbar *04235*
Delle / dent *04061*
Dreiecksfenster / quarter window *05140*
Dröhngeräusch / drumming noise *08245*
Eckblech / corner plate *03746*
Fahnenstange / flag pole *04641*
Fahrerhaus / cab *03343*
Fahrerhauskippvorrichtung / cab tilting system *03347*
Fahrgastzelle / passenger compartment *03149*
Fahrgestell / chassis *02174*
Fahrgestellnummer / chassis number *10270*
Fahrgestellrahmen / chassis frame *03463*
Fahrzeugheck / tail *07404*
Falttür / folding door *04725*
Fenster / window *08045*
Fensteranschlag / window stop *08060*
Fensterführung / window guide *08056*
Fensterheber / window lift *10287*
Fensterjalousie / window blind *08047*
Fensterkurbel / window crank *08050*

Fensterkurbelapparat / window regulator *10199*
Fensteröffnung / window opening *08058*
Fensterrahmen / window frame *08054*
Fensterscheibe / window glass *04931*
Fließheck / fast back tail *04536*
Flügel / wing *02112*
Flügeltür / gullwing door *05005*
Fond-Trennscheibe / separation *03025*
Frontschürze / front apron *09958*
Frontspoiler / front spoiler *10134*
Ganzstahl-Karosserie / all-steel body *02235*
Gepäckbrücke / luggage rack *02240*
Gepäckhalter / boot carrier *02242*
getöntes Glas / tinted glass *07535*
gewölbte Scheibe / convex window *03728*
GFK-Karosserie / fiberglass body *08199*
Gitterrohrrahmen / tubular space frame *07726*
Gummileiste / rubber strip *06756*
Gürtellinie / belt line *03230*
Haubenriemen / bonnet strap *02259*
Hauptrahmenrohr / main frame tube *08644*
Heckklappe / tail gate *07408*
Heckkotflügel / rear wing *09961*
Heckspoiler / rear spoiler *06603*
Heckstoßstange / rear bumper

10099
Hilfsrahmen / subframe *01704*
hinterer Hilfsrahmen / rear subframe *09976*
hinterer Radkasten / rear wheel arch *10091*
hinteres Stoßfängersystem / rear bumper system *06592*
hochbeanspruchter Bereich / high stress area *09980*
Hochrahmen / elevated frame *04340*
Hüftschwung / swage line *09957*
Innenblech / inner panel *05428*
Innenkotflügel / inner wing *10115*
Karosserie / body *02292*
Karosserie in Sandwichbauweise / sandwich body *06804*
Karosseriebeschlag / body fitting *10125*
Karosseriekörper / body shell *09234*
Karosserievorbau / front end *04812*
Kastenquerschnitt / box section *08459*
Kastenrahmen / box section chassis *08460*
Knautschzone / crush zone *03860*
Knotenblech / gusset plate *10114*
Kofferraum / luggage boot *02107*
Kofferraumdeckel / boot lid *02106*
Kofferraumdeckelscharnier / boot lid hinge *03262*
Kofferraumdeckelschloß / boot lid lock *03263*
Konsole / console *03692*
Kotflügel / mudguard *02111*
Kotflügelverbreiterung / flared wheel arches *04650*
Kugelkopfanhängevorrichtung / ball type towing attachment *03216*
Kühlerattrappe / false front *04521*
Kühleremblem / radiator emblem *02117*
Kühlerfigur / radiator mascot *02114*
Kühlergrill / radiator grille *02116*
Kühlermaske / radiator shell *09966*
Kühlerschutzblech / radiator protecting plate *06550*
Kunstlederdach / vinyl top *10324*
Kurbelfenster / crank operated window *08049*
Ladefähigkeit / carrying capacity *03421*
Ladekante / sill *06979*
Laderaum / loading space *01063*
Längsachse / longitudinal axis *05789*
Laufschiene / guide rail *05003*
Leitblech / air deflector *03148*
Leiterrahmen / ladder type frame *05615*
Leitflügel / fin *04591*
Lufteinlaßschlitz / air duct *09230*
Luftschlitz / louvre *09963*
Lüftungsklappe / vent *09214*
Luftwiderstand / aerodynamic drag *03132*
Markenzeichen / motor badge *10398*
Monocoque / monocoque *05997*
Motorhaube / bonnet *00901*
Motorhaubenständer / bonnet stay *03258*
Motorhaubenverriegelung / bonnet catch *03257*
Motorlufthutze / engine air box *03139*
Motorquerträger / engine cross member *04395*
Motorraum / engine bay *02142*
Motorraum-Seitenwand / engine bay side panel *09979*
Motorschutz / mud pan *06034*
Motorschutzblech / engine protection plate *02571*
Niederrahmen / low mount *02146*
Notsitz / occasional seat *02147*
Nummernschild / licence plate *01051*
Nummernschildhalter / licence plate bracket *05701*
nutzbares Kofferraumvolumen / usable luggage capacity *07821*
Planengestell / loops *05794*
Planenöse / eyelet *04499*
Prallblech / deflector *04037*
Quietschgeräusch / squeak *10143*
Radausschnitt / wheel opening *08021*
Radkasten / wheel arch *02173*
Rahmenhauptträger / main chassis beam *09485*
Rahmenhöhe / height of chassis above ground *05101*
Rahmenkröpfung / frame drop *04784*
Rahmenlängsträger / side member *05878*
Rahmenquerträger / cross member *07679*
Rahmenträger / chassis member *06564*
Rahmenüberhang / frame overhang *04788*
Rahmenverlängerung / frame extension *04785*
rechts und links auf den Trittbrettern montierte Ersatzräder / dual side mounts *03024*
Regenleiste / rain gutter *06570*
Regenrinne / rain groove *06568*
Rohbaukarosserie / body in white *03253*
Rohrrahmen / tubular frame *07725*
Rolldach / roller roof *06726*
Rückfenster / rear window *05081*
Rückwand / tailboard *07406*
Rückwandrahmen / tailboard frame *07407*
Scheibenführungsschiene / glass channel *04928*
Scheinwerferstütze / headlamp bracket *02307*
Scheuerleiste / rub rail *06760*
Schiebefenster / sliding window *07022*
Schiebetür / sliding door *07019*
Schließblech / lock plate *02536*
Schließplatte / striker *07276*
Schrägheck / hatchback *09445*
Schriftzug / lettering *10139*
Schute / sun visor *09625*
Schwenkfenster / swivel window *07351*
Schwiegermuttersitz / dickey seat *09422*
Seitenfenster / side window *04817*
Seitentür / side door *06962*
Seitenwand / side panel *06969*
Seitenwandrahmen / side panel frame *06970*
seitlicher Längsträger / side frame rail *06963*

99

Sekurit-Glas / tempered safety glass *01764*
selbsttragende Karosserie / integral body *01014*
separates Chassis / separate chassis *02885*
Seriennummer / serial number *06888*
Sicherheits-Fahrgastzelle / safety passenger cell *01500*
Sicherheitsglas / safety glass *02320*
Sicherheitsstoßfänger / safety bumper *06794*
Sicke / beading fluting *10158*
Sperrholzkarosserie mit Kunstlederbespannung / fabric body *09981*
splitterfreies Glas / shatterproof glass *06916*
Spoiler / spoiler *07155*
Spritzlappen / mud flap *06032*
Spritzwand / cowl *02328*
Stahlkarosserie / steel body *07213*
Steckscheibe / side curtain *04006*
Steifigkeit der Karosserie / bodyshell stiffness *09975*
Steinschlagschutz / stone guard *06552*
Stoffverdeck / fabric hood *04502*
Stoßfänger / bumper *02332*
Stoßstangenaufhängung / bumper suspension *03317*
Stoßstangenblatt / bumper blade *09420*
Stoßstangenbügel / bumper bow *09417*
Stoßstangengummileiste / bumper rubber strip *03315*
Stoßstangenhöhe / bumper height *03314*
Stoßstangenhorn / bumper guard *03313*
Stoßstangenmittelteil / bumper center section *03312*
Stoßstangenseitenteil / bumper side parts *03316*
Stufenheck / notchback *09346*
Sturmstange / landau bar *02333*
Stützrohr / support tube *07320*
Stützwinkel / angle bracket *03170*
Tragachse / supporting axle *07318*
Trittbrett / running board *02343*
Tunnel / tunnel *07732*

Tür / door *04173*
Türaußenblech / outer door panel *06237*
Türbeschlag / door fitting *04182*
Türdichtung / door seal *04199*
Türgriff / door handle *04184*
Türgriffdrucktaste / door handle push button *10200*
Türhalter / door arrester *04174*
Türinnenblech / inner door panel *05408*
Türrahmen / door frame *04183*
Türscharnier / door hinge *10118*
Türscharniersäule / door hinge pillar *04188*
Türschließanlage / door closing device *04180*
Türschloß / door latch *10198*
Türschloß mit Kindersicherung / child-proof door lock *03474*
Türschweller / door sill *04200*
Türspalt / door joint *04191*
Türverriegelungsbolzen / door bolt *04177*
Türversteifung / door reinforcement *04176*
Türzuzieher / door pull *04198*
Typencode am Fahrgestell / vehicle identification number *07906*
Typenschild / identification plate *02346*
Überrollbügel / safety roll bar *06797*
umklappbare Kühlerfigur / foldable radiator mascot *04715*
untenangeschlagene Heckklappe / liftgate *05707*
Verankerungspunkt am Bodenblech / floor mounting *10130*
Verbundglas / laminated safety glass *01043*
Verdeckbezug / hood covering *05170*
Verdeckrahmen / hood frame *05172*
Verdeckspiegel / hood bow *05169*
Verdeckstoff / hood fabric *07580*
Verglasung / glazing *04716*
Versteifung / bracing *03268*
Versteifungsblech / stress panel *10094*
viertürig / four door *04766*
Vorderkotflügel / mudguard frontwing *09959*

Vordertür / front door *04811*
Vorderwand / front wall *04819*
Wagenheberaufnahme / jacking point *03052*
wärmedämmendes Glas / heat absorbing glass *05076*
Wasserablaufloch / sill drain hole *10090*
Wellblech / corrugated sheet *03753*
Windlauf / scuttle *09962*
Windschutzscheibe / windscreen *04717*
Windschutzscheibeneinfassung / screen rail *09965*
Windschutzscheibenrahmen / screen frame *09964*
X-Rahmen / x-frame *08105*
Zentralrohrrahmen / center tubular chassis *03443*
Zierleiste / trim strip *10137*
Zierteile / decorative parts *08751*
Zughaken / towing hook *07609*
zweitürig / two-door *04767*
Zwischenblech / flitch panel *09978*
Zylinderschloß / cylinder lock *03894*

Elektrik, Elektronik, Zündung (E)

abblenden / dim *04110*
Abblendlicht / low beam *01071*
Abblendschalter / dip switch *04742*
abschirmen / screen *06825*
Adapter / adapter *03100*
Ader / core *06771*
alkalische Batterie / alkaline accumulator *00057*
Ampèremeter / ammeter *00064*
Ampèrestunde / ampere-hour *00065*
Anker / armature *00096*
Anlaßdruckknopf / starter button *02044*
Anlaßlichtmaschine / combined lighting and starting generator *00359*
Anlaßmagnet / starter solenoid *07206*
Anlasser / starter *01632*
Anlasserkabel / starter cable *07196*
Anlasserritzel / starter pinion *01639*
Anlasserschalter / starter switch *07203*
Anlasserschlüssel / starter key *07198*
Anlasserwelle / starter shaft *01644*
Anschlußklemme / terminal *07453*
Antenne / aerial *03129*
Anzeigeleuchte / indicator lamp *03077*
asymmetrisches Abblendlicht / asymmetric low beam *00097*
aufleuchten / flash up *08812*
Autoradio / car radio *03413*
Bajonettfassung / bayonet socket *03225*
Batterie / battery *00120*
batteriebetrieben / battery powered *08709*
Batteriegehäuse / battery box *00126*
Batteriehauptschalter / main switch *05893*
Batterieladeanzeige / battery discharge indicator *08708*
Batteriemassekabel / battery ground lead *03221*
Batteriesäure / battery acid *00123*

Batteriespannung / battery voltage *00136*
Batteriezündung / battery ignition *00134*
Begrenzungsleuchte / side light *03528*
beheizbare Heckscheibe / heated rear window *03210*
beleuchten / illuminate *05288*
Beleuchtung / illumination *04941*
Bendix-Anlasser / Bendix-type starter *00138*
Biluxlampe / bilux bulb *00139*
Bimetallstreifen / bimetal strip *00144*
Bleiablagerung an der Zündkerze / spark plug lead deposit *07105*
Bleibatterie / lead battery *05660*
blenden / glare *04926*
Blendenrotor / trigger wheel *01859*
Blinkfrequenz / flash rate *04654*
Blinkzeichen / flash signal *08811*
Breitstrahlscheinwerfer / wide beam headlight *02015*
Deckenleuchte / ceiling lamp *03433*
Diodengehäuse / diode housing *00528*
Doppelscheinwerfer / twin headlamps *07748*
Doppelzündung / dual ignition *02198*
Drehstrom / three-phase current *01863*
Drehstromgenerator / three-phase generator *01777*
Dreiecksschaltung / delta connection *00485*
dreiphasig / three-phase *10267*
durchbrennen / blowout *03248*
einadriges Kabel / single core cable *06987*
Einfachstecker / single conductor plug *06986*
einpolig / single pole *06992*
einspeisen / feed *08802*
Einzelpulsaufladung / single-pulse charging *01558*

Eisenkern / iron core *01025*
Elektrik / electric system *08778*
elektrisch / electric *04327*
elektrisch angetrieben / electrically driven *08780*
elektrisch betrieben / electrically operated *08781*
elektrische Anlage / electrical equipment *02211*
elektrische Spannung / electric tension *08779*
elektrischer Anlasser / electric starter *02212*
elektrischer Fensterheber / power window *02475*
Elektrode / electrode *02214*
Elektrodenabbrand / electrode burning *00644*
Elektrodenabstand / spark plug gap *00646*
Elektrodenverschleiß / electrode wear *04334*
Elektronik / electronics *08783*
elektronisch gesteuerte Zündanlage / electronically controlled ignition sytem *08782*
elektronische Zündung / electronic ignition *04339*
elektrostatisch / electrostatic *08785*
entladen / discharge *04138*
entladene Batterie / run-down battery *06762*
entstören / suppress *07321*
Entstörer / suppressor *01720*
Entstörkappe / static cap *07207*
Entstörkondensator / suppression capacitor *09442*
Entstörung / interference suppression *05493*
Entwickler / carbide generator *02215*
Fahrtrichtungsanzeiger / direction indicator *00543*
Fassung / socket *02289*
Fehler in der Zündanlage / ignition system fault *05284*
Fehlzündung / misfire *02820*
Feldwicklung / field coil *04563*
Fensterhebermotor / power win-

101

dow motor *06443*
Fernlicht / high beam *00889*
Fernlichtkontrolle / high beam indicator *05117*
Fliehgewicht / flyweight *00753*
Fliehkraftversteller / centrifugal advance mechanism *00277*
Frühzündkurve / advance characteristic *00032*
Frühzündung / premature ignition *01344*
Funkenbildung / arcing *03181*
Funkendauer / spark duration *01589*
Funkenüberschlag / flash-over *08810*
Funktelefon / radio telephone *06557*
gegenläufige Scheibenwischer / clap-hands type wipers *03521*
Gegensprechanlage / interphone *08880*
Gleichstrom / direct current *04121*
Gleichstromlichtmaschine / direct current dynamo *04125*
Glühkerze / glow plug *00843*
Glühkerzenschalter / glow plug starting switch *00880*
Glühkerzenwiderstand / glow plug resistor *00879*
Glühlampe / bulb *04329*
Glühspirale / glow plug filament *04943*
Glühstiftkerze / sheathed-element glow plug *01537*
Glühüberwacher / glow plug control *00878*
Glühzündung / glow ignition *04942*
Halbleiter / semiconductor *06881*
Halogen-Nebelscheinwerfer / halogen fog lamp *05018*
Halogenscheinwerfer / halogen headlamp *00857*
Handlampe / hand lamp *05032*
Hauptkabelsatz / main cable harness *05874*
Hauptscheinwerfer / main headlamp *05882*
Heckbeleuchtung / rear lighting system *10545*
Heckleuchte / rear light *04710*
Heckscheibenbeheizung / rear window heater *01430*

heizbare Heckscheibe / electric rear window defroster *04332*
hinterer Lautsprecher / rear loudspeaker *06595*
Hitzdrahtrelais / thermo-relay *01772*
Hochspannung / high voltage *08874*
Hochspannungs-Kondensatorzündung / capacitor-discharge ignition system *00249*
Hochspannungs-Magnetzündung / high tension magneto ignition *09914*
Hochspannungszündkabel / high tension ignition cable *00894*
Hochspannungszündung / high tension ignition *05128*
Hupe / horn *00904*
Hupenball / horn bulb *02278*
Hupenknopf / horn button *05178*
Hupenrelais / horn relay *05180*
Hupenring / horn ring *05181*
Hupenschalter / horn switch *05182*
Hupentrichter / horn trumpet *05183*
Impulsformer / pulse-shaping circuit *01383*
Induktion / induction *00965*
Instrumentenbeleuchtung / dash lamp *02283*
Intervall-Scheibenwischer / interval wiper *01016*
Isolator / spark plug insulator *01005*
Isolatorfuß / insulator nose *01007*
isolieren / insulate *02287*
Isolierschlauch / protective covering *05455*
Jodscheinwerfer / iodene headlamp *10547*
Kabel / cable *05657*
Kabel mit Farbkodierung / colour coded cable *03602*
Kabelanschlußgewinde an der Zündkerze / spark plug nipple *07106*
Kabelschuh / connector lug *03057*
Keramikisolation / ceramic insulation *03451*
Kippschalter / toggle switch *07566*
Kippschaltung / flip-flop connection *00736*

Klauenpolgenerator / claw-pole generator *00316*
Klimaanlage / air conditioning *02473*
Kohlebürste / carbon brush *00228*
Kollektor / commutator *06867*
Kondensator / condenser *00383*
Kondenssperre / condensate shield *00382*
Kontaktabstand / contact gap *00411*
kontaktgesteuerte Transistor-Spulenzündung / breaker triggered induction semiconductor ingnition *00219*
kontaktlos gesteuerte Transistor-Spulenzündung / breakerless inductive semiconductor ignition *00222*
kontaktlose Steuerung / breakerless triggering *00223*
kontaktlose Transistorzündung / contactless transistorized ignition *00414*
Kontaktsteuerung / breaker triggering *00221*
Kotflügelantenne / wing-mounted aerial *10206*
Kraftstoffreserve-Warnleuchte / fuel level tell-tale *04839*
Kupplungs-Kontrolleuchte / clutch monitor lamp *00334*
Kurzschluß / short-cut *02124*
Kurzschlußschalter / ignition cut out control *09908*
Ladekontrolle / dynamo charging indicator *04304*
Ladekontrolleuchte / charging control lamp *00300*
Ladeteil / charging stage *00307*
Lamelle / segment *06868*
Lautsprecher / speaker *07119*
Lautstärkenregler / radio volume control *06559*
leere Batterie / flat battery *02068*
Leitungsrohr / lead pipe *05666*
Lenkschloß mit Zündanlaßschalter / combined ignition and steering lock *00358*
Leseleuchte / map light *05928*
Leuchte / lamp *05621*
Licht / light *05714*
Lichtausbeute / light efficiency *05719*

Lichtdurchlässigkeit / light transmittance *05729*
Lichthupe / headlight flasher *00871*
Lichtkegelbild / headlamp illumination pattern *10548*
Lichtmagnetzünder / dynamo-magneto *02132*
Lichtmaschine / generator *02133*
Lichtmaschinenanker / dynamo armature *04303*
Lichtmaschinenantrieb / generator drive *04916*
Lichtmaschinenantriebsriemen / generator belt *04913*
Lichtmaschinengehäuse / generator yoke *04920*
Lichtmaschinenriemenscheibe / generator pulley *04917*
Lichtmaschinenträger / generator bracket *10288*
Lichtstärke / light intensity *05724*
Lichtstellung zwischen Fern- und Abblendlicht / intermediate beam *05505*
Lichtstrahl / light beam *05718*
Lötspitze / nozzle *05367*
Magnet / magneto *10289*
Magnetabscheider / magneto filter *01085*
Magnetantrieb / magneto drive *10290*
Magnetschalter / solenoid switch *01579*
Magnetschranke / ignition vane switch *00958*
Magnetspule / solenoid *02057*
Magnetzündung / magneto ignition *01088*
Masse / ground *04307*
Masseanschluß / ground connection *04309*
Mehrimpulsaufladung / multi-pulse charging *01135*
Mehrklanghorn / multi-toned horn *06046*
Mehrzweckleuchte / multi-purpose lamp *06044*
Minusplatte / negative plate *01146*
Minuspol / negative terminal *06099*
Motorraumbeleuchtung / underbonnet light *07778*
Nebelscheinwerfer / fog lamp *00762*
Nebelschlußleuchte / fog tail lamp *00764*
Netzstrom / mains electricity *10012*
Nickel-Kadmium-Batterie / nickel-cadmium battery *08944*
Niederspannungs-Magnetzündung / low tension magneto ignition *09913*
Niederspannungskabel / low tension cable *05817*
Niederspannungszündung / low tension ignition *05818*
Nummernschildbeleuchtung / licence plate illumination *05702*
Nummernschildleuchte / licence plate lamp *01053*
OT-Geber / TDC-generator *07427*
parallellaufende Scheibenwischer / parallel wipers *06295*
Phasenverschieber / phase shifter *01256*
Plusplatte / positive plate *01323*
Pluspol / positive pole *06422*
Polschuh / pole shoe *06404*
Positionslicht / position light *06418*
Primärstromkreis / primary circuit *01367*
Primärwicklung / primary winding *01371*
R-Glühkerze / rapid glow plug *01407*
Radioentstörung / radio shielding *06556*
Regenschutzkappe / rubber cap
Regler / dynamo governor *02177*
Relais / relay *06635*
Relaissteuerung / relay control *06636*
Röhrenradio / valve set radio *10495*
Rotor / rotor *01490*
Rückfahrscheinwerfer / reversing lighting *01465*
Rückstrahler / reflector *00231*
Rückstrom / reverse current *01459*
Rückstromschalter / cutout relay *00459*
Sammelkabel / collecting cable *03598*
Säurekonzentration / acid density *00019*
Säurespiegel / acid level *00021*
Schalltrichter / sound projector *07067*
Schaltplan / wiring diagram *10567*
Scheibenwaschanlage / windshield washer unit *02018*
Scheibenwischer / windshield wiper *02019*
Scheibenwischermotor / wiper motor *02021*
Scheinwerfer / headlamp *00868*
Scheinwerfereinsatz / headlamp insert *05065*
Scheinwerfereinstellung / headlamp adjustment *05054*
Scheinwerferglas / headlamp glass *05062*
Scheinwerferglühlampe / headlamp bulb *00870*
Scheinwerfergummidichtung / rubber headlamp gasket *10186*
Scheinwerferspiegel / headlamp reflector *05066*
Scheinwerfertopf / headlamp shell *02306*
Scheinwerferwischer / headlamp cleaning unit *05057*
Schleierbildung auf der Windschutzscheibe / windshield hazing *05052*
Schleifring / collector ring *00357*
Schlierenbildung auf der Windschutzscheibe / windshield streaking *07271*
Schließwinkel / dwell angle *00627*
Schließwinkelsteuerung / dwell angle control *00628*
Schließzeit / dwell period *00632*
Schlußlicht / rear light *01423*
Schubankeranlasser / sliding armature starter *01563*
Schubschraubtriebanlasser / screw-push starter *01503*
Schubtriebanlasser / sliding gear starter motor *01565*
Sealed-Beam-Scheinwerfer / sealed beam headlamp *01505*
Sekundärstromkreis / secondary circuit *01508*
Sekundärwicklung / secondary winding *01513*
Selbstinduktion / self-induction *01519*
Selbstreinigungstemperatur /

self-cleaning temperature *01517*
Senderwahl / tuning control *07731*
Separator / separator *01530*
Sicherung / fuse *00809*
Sicherungskennzeichnung / fuse designation *04862*
Sitzgurtwarnleuchte / seat belt warning light *06848*
Sitzgurtwarnsummer / seat belt warning buzzer *06847*
Sitzheizung / seat heating *10400*
Spannung / voltage *07927*
Spannungsregler / voltage regulator *00632*
Spannungszusammenbruch / voltage break-down *07928*
Spätzündung / retarded ignition *05643*
Stabilisierungsstufe / stabilization stage *01628*
Ständer / stator *01650*
Standlicht / parking light *01242*
Standmagnet / fixed magneto *09936*
Starterrelais / starter relay *07202*
Steckdose / plug socket *09497*
Steckverbindung / connector *03689*
Sternschaltung / star connection *01629*
Steuergerät / trigger box *01856*
Steuerstrom / control current *00419*
Stirnelektrode / face electrode *04508*
Stoplicht / stop light *01687*
Stoplichtschalter / brake light switch *00185*
Störung / interference *05492*
Streuscheibe / lens *05687*
Streuung / diffusion *04108*
Strom / current *03868*
Stromkreis / electric circuit *03511*
Stromverbrauch / current consumption *08744*
Stromversorgung / current supply *08746*
Suchscheinwerfer / search light *02335*
Summer / buzzer *03336*
symmetrisches Abblendlicht / symmetrical low beam *01740*
Tarnscheinwerfer / masked headlamp *05936*

Transistor / transistor *07662*
Transistorregler / transistorized regulator *01844*
Transistorschaltgerät / transistor box *07664*
Transistorzündanlage / transistorized ignition system *01841*
Treiber / driver stage *00608*
Triggerimpulsgeber / trigger pulse generator *07701*
Trockenbatterie / dry battery *04266*
Türlautsprecher / door speaker *10196*
überladen / overcharge *06250*
Umkehrstufe / inverting stage *01024*
Unterbrecher / contact breaker *00404*
Unterbrecherabstand / contact breaker gap *03295*
Unterbrecheramboß / fixed contact *04638*
Unterbrecherfeder / contact breaker spring *03713*
Unterbrecherhebel / contact lever *03714*
Unterbrecherkontakt / contact breaker point *00409*
unterbrecherlose Zündanlage / breakerless ignition system *03296*
Unterbrechernocken / contact breaker cam *00407*
Unterbrecherwiderstand / contact breaker resistance *04874*
Unterdruckzündverstellung / vacuum advance *01917*
verbinden / connect *03673*
Verkabelung / wiring *08081*
versenkbare Scheinwerfer / retracting headlight *01454*
Verstärker / amplifier *10528*
Verteilerfinger / distributor rotor *00574*
Verteilerkappe / distributor cap *00565*
Verteilerklemme / distributor terminal *01459*
Verteilersegment / distributor cap segment *00568*
Verteilerwelle / distributor shaft *00576*
Verzögerungsrelais / time-delay

relay *07521*
vollelektronische Batteriezündung / distributorless semiconductor ignition *00581*
Voltmeter / voltmeter *01986*
Vorschaltwiderstand / series resistor *06892*
Vorwiderstand / ballast resistor *00119*
Wackelkontakt / loose connection *05795*
Wärmewert / heat range *00874*
Warnblinkanlage / emergency flasher system *00658*
Warnblinker / warning flasher *05051*
Warnleuchte / warning lamp *07946*
Wechselstrom / alternative current *10605*
Wechselstromlichtmaschine / alternator *00060*
Weitstrahler / long-range headlamp *01066*
Windungszahlverhältnis / turns ratio *01877*
Winker / semaphore indicator *02368*
Wirbelstromtachometer / eddy-current speedometer *04319*
Wischerarm / wiper arm *08067*
Wischerblatt / wiper blade *08069*
Wischfeld / wipe pattern *04322*
Wischgeschwindigkeit / wiping frequency *08073*
Wischzyklus / wiping cycle *08071*
Z-Diode / Zener diode *02030*
Zellenverbinder / cell bridge *00272*
Zigarettenanzünder / cigarette lighter *03485*
Zugschalter / pull switch *06503*
Zündanlage / ignition system *05283*
Zündanlage mit Unterbrecher und Kondensator / CD-ignition system *03432*
Zünddruck / ignition pressure *04615*
Zündfolge / ignition order *00946*
Zündfunke / ignition spark *05280*
Zündimpulsgeber / pulse generator *01380*
Zündkabel / ignition cable *05263*

Zündkerze / spark plug *01593*
Zündkerzen-Mittelelektrode / center electrode *03436*
Zündkerzenabbrand / spark plug erosion *07090*
Zündkerzendichtung / spark plug gasket *01607*
Zündkerzeneinschraubbüchse / spark plug insert *07101*
Zündkerzenelektrode / spark plug electrode *07093*
Zündkerzengehäuse / spark plug shell *07111*
Zündkerzengesicht / spark plug face *07097*
Zündkerzengewinde / spark plug thread *07117*
Zündkerzenkabel / spark plug wire *07118*
Zündkerzenklemme / spark plug terminal *07115*
Zündkerzenkopf / spark plug head *07099*
Zündkerzenschaden / spark plug fouling *06387*
Zündkerzensitz / spark plug seat *07110*
Zündkerzenstecker / spark plug connector *07089*

Zündschalter / ignition switch *00953*
Zündschloß / ignition lock *05278*
Zündschlüssel / ignition key *05275*
Zündspannung / ignition voltage *00728*
Zündsperre / ignition interlock *05272*
Zündspule / ignition coil *00939*
Zündstrom / ignition current *05268*
Zündstromkreis / ignition circuit *05266*
Zündstromunterbrecher / ignition cut-out *05269*
Zündtotpunkt / ignition dead center *05270*
Zündtransformator / ignition transformer *00956*
Zündumschaltung / ignition change-over *05265*
Zündung / ignition *09499*
Zündungsintervall / ignition interval *05274*
Zündverstellbereich / ignition timing range *05286*
Zündverstellkurve / distributor curve *04156*
Zündverstellung / ignition control *02379*

Zündverstellung in Richtung früh / advance ignition *09680*
Zündverteiler / ignition distributor *00942*
Zündverzug / ignition delay *00941*
Zündzeitpunkt / ignition point *04612*
Zündzeitpunktmarkierung / ignition timing mark *09722*
Zusatzscheinwerfer / front auxiliary lamps *10207*
Zweifach-Zündunterbrecher / two-system contact breaker *01891*
Zweiklanghupe / dual tone horn *04285*
Zweikontaktregler / two-contact regulator *01884*
Zweipegellicht / dual intensity light *04278*
zweipolige Drahtglühkerze / double pole glow plug *00593*
Zweistufenwischer / two-speed wiper *07758*
Zweizweck-Leuchte / dual purpose lamp *04281*

Fahrwerk, Lenkung, Reifen (F)

abblättern / flake *04643*
abgefahrener Reifen / bald tyre *03214*
abnehmbare Felge / demountable rim *02035*
Abrieb / abrasion *03075*
Achse / axle *00109*
Achsgeometrie / wheel alignment *10117*
Achshals / journal *01036*
Achslastverteilung / axle load distribution *03207*
Achsschenkel / steering knuckle *01659*
Achsschenkelbolzen / steering pivot pin *01032*
Achsschenkelbuchse / steering pivot bush *02864*
Achsschenkeldrehachse / swivel axle *07349*

Achsschenkelspreizung / king pin inclination *03996*
Achsstrampeln / axle tramping *10549*
Achswelle / axle shaft *02854*
Allradlenkung / all-wheel steering *03163*
Allzweckreifen / all-purpose tyre *03161*
angetriebenes Rad / power wheel *06442*
Anhängerachse / trailer axle *07641*
Anhängerbremse / trailer brake *07642*
Anhängerkupplung / coupling device *03768*
Antriebsachse / driving axle *04249*
Antriebsgelenk / halfshaft joint *05015*
Antriebswelle / drive shaft *01370*

Aquaplaning / aquaplaning *00095*
Artillerieräder / artillery wheels *02052*
aufpumpen / inflate *05345*
Auslegefeder / cantilever spring *02053*
Ausrichtung / alignment *03159*
Auswuchtgewicht / balance weight *08701*
Auswuchtung / balancing *00117*
Ballonreifen / baloon tyre *08703*
Bereifung / tyres *07553*
Blattfeder / leaf spring *01048*
blockierte Lenkung / locked steering *05774*
Breitfelge / wide base rim *08034*
Breitreifen / wide base tyre *08035*
Dämpferbein / damper strut *04020*

De-Dion-Achse / de-Dion-axle 00476
Diagonalkarkasse / diagonal casing 04077
Diagonalreifen / cross-ply tyre 00456
direkte Lenkung / direct steering 04130
Doppelachsfederung / tandem axle suspension 07416
Doppelgelenk / double universal joint 02197
Doppelgelenkachse / double-jointed driveshaft 10476
Doppelquerlenker-Hinterachse / twin-wishbone rear axle 07753
doppeltwirkender Stoßdämpfer / double acting shock absorber 00583
Drahteinlage / wire insertion 09128
Drahtreifen / wired-on tyre 09832
Drahtspeiche / wire spoke 08078
Drehschemel / center pivot 02199
Drehstab / torsion bar 07338
Drehstabfeder / torsion bar spring 01823
Drehstabfederung / torsion bar suspension 07603
Drehstabstabilisator / torque stabiliser 01820
Dreiarmflansch / three-armed flange 07481
Dreiviertelachse / three quarter floating axle 01785
einfachwirkender Stoßdämpfer / single-acting shock absorber 01553
Einfederung / jounce 05562
Eingelenk-Pendelachse / single-pivot swing axle 06991
eingeschwungene Schwingung / steady state vibration 07210
Einrohrstoßdämpfer / single-tube shock absorber 01559
Einschlagwinkel der Vorderräder / angle of lock 00067
Einspritzpumpenregler / injection pump governor 06239
einstellbarer Stabilisator / adjustable anti-roll bar 03109
einstellbarer Stoßdämpfer / adjustable damper 03111
Einzelradaufhängung / independent wheel suspension 00961
Einzelradaufhängung hinten / independent rear suspension 02447
Einzelradaufhängung vorne / independent front suspension 02445
Elliptikfeder / elliptic spring 02213
Ersatzrad / spare wheel 02216
Ersatzschlauch / replacement inner tube 09842
Exzenterbuchse / eccentric bush 10486
Fahrzeugdynamik / vehicle dynamics. 10601
Faltenbalg / gaiter 04868
Faltreifen / collapsible spare tyre 03595
Fangband / retaining strap 05732
Federauge / spring eye 02221
Federbelastung / spring load 07172
Federblatt / spring leaf 05669
Federbolzen / spring bolt 07167
Federbügel / U-bolt 07768
Federpaket / set of springs 06905
Federpuffer / spring buffer 07168
Federsplint / spring cotter 07169
Federungsverhärtung / suspension hardening 07327
Feinstprofil / fine-cut tyre thread 09849
Felge / rim 01473
Felgenband / rim band 06681
Felgenbett / rim base 01474
Felgenhorn / flange 04699
Flattern / shimmy 01542
Flicken / patch 03259
Führungsachse / leading axle 05664
Gabelachse / fork axle 00770
Gabelgelenk / fork joint 00771
Gabelquerträger / yoke cross member 08112
Gasdruckstoßdämpfer / gas pressure shock absorber 04878
gekröpfte Achse / dropped axle 04261
gekröpfter Rahmen / upswept frame 02238
Geländeprofil / cross-country tread 03840
Geländereifen / cross-country tyre 03839
gelenktes Rad / steered wheel 07220
genieteter Rahmen / riveted frame 06692
Geradeauslauf / straight ahead tracking 07260
Gieren / yaw 08108
Gierverhalten / yaw behavior 08109
gleichseitige Federung / parallel springing 06294
Gleitfeder / free spring 04790
Gleitplatte / guide plate 05002
Gummianschlag / bump rubber 03318
Gummifederung / rubber suspension 06757
Gummikreuzgelenk / rubber universal joint 01493
Gummiventil / rubber valve 06759
Gürtelreifen / radial tyre 01391
Halbelliptikfeder / semi-elliptic spring 02250
halbfliegende Achse / semi-floating axle 01524
Hebellenkung / tiller steering 02263
Hebelstoßdämpfer / lever type damper 05694
Hilfsfeder / helper spring 05109
Hinterachsantrieb / rear axle drive 06591
Hinterachse / rear axle 02268
Hinterachse mit doppelter Untersetzung / double reduction rear axle 00594
Hinterachsgehäusedeckel / rear axle cover 01414
Hinterachskörper / rear axle assembly 01412
Hinterachsschubstange / rear axle radius rod 01417
Hinterachsstrebe / rear axle strut 01420
Hinterachstrichter / rear axle flared tube 01416
Hinterachsübersetzung / rear axle ratio 01418
Hinterrad / rear wheel 02269
Hinterradaufhängung / rear suspension 06604
Hochdruckreifen / high pressure tyre 05127

Hochschulterfelge / flanged rim *09887*
Holzkranz / wooden rim *08085*
Holzspeiche / wooden spoke *02273*
homokinetisches Gelenk / homokinetic joint *00897*
Humpfelge / hump type rim *05204*
Hydragasfederung / hydragas suspension *05203*
hydraulischer Stoßdämpfer / hydraulic shock absorber *00915*
Hydrolastikfederung / hydrolastic suspension *05216*
hydropneumatischer Stoßdämpfer / hydro-pneumatic shock absorber *05219*
Hypoidachsantrieb / hypoid drive *05220*
indirekte Lenkung / indirect steering *05325*
innenliegende Schraubenfeder / inboard coil spring *05311*
Innenschulter / inside shoulder *05434*
Karkasse / carcass *00260*
Kegelumlauflenkung / recirculating ball steering *01435*
kinematisches Flattern / kinematic shimmy *05581*
Kompressor für Federung / suspension compressor *07266*
Kreuzkopf / cross *03836*
Kugelgelenk-Vorderradaufhängung / balljoint front suspension *10484*
Kugelhals / ball neck *03215*
Kupplungskugel / coupling ball *03769*
Lage / ply *06394*
Lagenzahl / ply-rating *01318*
langer Radstand / long wheel base *02453*
Längslenker / trailing link *07647*
Lauffläche / tread *01852*
Laufflächenmischung / tread compound *07687*
Laufflächenprofil / tread design *03195*
Laufflächenverstärkung / tread bracing *07686*
Leichtmetallfelge / light metal wheel *05726*
Lenkachse / steering axle *07221*
Lenkanlage / steering system

07241
Lenkanschlag / steering stop *05768*
Lenkanschlagbereich / lock-to-lock *10550*
lenkbar / steerable *07218*
Lenkeinschlag / steer angle *07219*
lenken / steer *07216*
Lenker / link *05739*
Lenkeranlenkung / suspension link joint *07330*
Lenkerlager / suspension link bearing *07329*
Lenkerstange / link strut *05744*
Lenkgeometrie / steering geometry *07233*
Lenkgetriebe / steering gear *01657*
Lenkhebel / steering drop arm *00611*
Lenkmanschette / steering gaiter *09476*
Lenkrad / steering wheel *01682*
Lenkraddurchmesser / steering wheel diameter *07242*
Lenkradkranz / steering wheel rim *07243*
Lenkradschaltung / steering column change *07222*
Lenkradschloß / steering column lock *07224*
Lenkradspeichenkreuz / steering wheel spider *07244*
Lenkreaktion des Fahrzeugs / steering response *07237*
Lenkrohr / steering column jacket *01654*
Lenkrollhalbmesser / swivelling radius *01738*
Lenksäule / steering column *02130*
Lenksäulengelenk / steering joint *07235*
Lenksäulenschalter / combination stalk *09545*
Lenkschnecke / steering worm *07246*
Lenkspiel / steering free travel *01656*
Lenkspindellager / steering spindle gearing *05810*
Lenkspurstange / steering rod *07238*
Lenktrapez / Ackermann steering *00031*
Lenkübersetzungsverhältnis /

steering reduction ratio *01671*
Lenkung / steering *01652*
Lenkverbindungsstange / steering connection rod *07225*
Lenkzwischenhebel / idler arm *05249*
Lochkreis / hole circle *05156*
Luft ablassen / deflate *04036*
Luftdrucktabelle / inflation table *05348*
Luftfederung / pneumatic springing *06402*
Luftverlust / tyre blow-out *07543*
Matsch-und-Schnee-Reifen / mud and snow tyre *06030*
Maulweite / rim width *10419*
maximal zulässiger Reifendruck / maximal permissible inflation pressure *05945*
McPherson-Achse / McPherson axle *05949*
McPherson-Federbein / McPherson strut *01103*
Mindestprofiltiefe / minimum tread thickness *01110*
mittengeteilte Felge / center split rim *03442*
Nabe / hub *00910*
Nachlauf / caster *06419*
Nachlaufmoment / centrifugal caster *03447*
Nachlaufwinkel / caster angle *03429*
Nachspur / toe out *01811*
Nachspurvergrößerung bei Volleinfederung / bump toe-out *03321*
negativer Lenkrollradius / outboard scrub radius *06234*
negativer Sturz / negative camber *01145*
Nicken / pitch *06364*
Niederdruckreifen / low pressure tyre *09917*
Niederquerschnittsreifen / low section tyre *05816*
Niveauregulierung / level control system *05689*
oberer Lenkspindelteil / upper steering shaft *07811*
oberer Querlenker / upper transverse link *07812*
platzen / blowout *03249*
positiver Lenkrollradius / in-

board scrub radius *05312*
positiver Sturz / positive camber *01322*
Pralltopf / impact absorber *05294*
Profilmuster / pattern *06319*
Profilrille / tread groove *07696*
Profilstollen / tread element *07695*
Profiltiefe / tread depth *07692*
Querfeder / transverse spring *02171*
quergeteilte Felge / cross-divided rim *03842*
Querlenker / control arm *03718*
Querrillenprofil / cross-groove pattern *03846*
Querstollenprofil / cross bar pattern *03838*
Rad / wheel *01996*
Radaufhängung / suspension *01725*
Radaufhängungsarten / suspension types *07333*
Radauswuchten / wheel balancing *07999*
Radbefestigung / wheel mounting *08019*
Radblockiergrenze / wheel locking limit *08018*
Radflattern / wheel shimmy *08022*
Radfreiheit / wheel clearance *08008*
Radgelenk / wheel joint *08014*
Radgröße / wheel size *08023*
Radkörper / wheel disc *02003*
Radlager / wheel bearing *08001*
Radlagerspiel / wheel bearing clearance *08002*
Radlast / wheel load *08015*
Radlastverteilung / wheel load distribution *08016*
Radmittenbohrung / wheel center hole *08005*
Radnabe / wheel hub *00909*
Radnabenbolzen / hub pin *05320*
Radnabenteil / center member *03437*
Radschlupf / wheel slip *08024*
Radstand / wheel base *01998*
Radsturz / camber *00241*
Radsturzwinkel / camber angle *00244*
Radunwucht / wheel inbalance *08013*
Radzierkappe / axle cap *00113*

Randsteinscheuern / curbstone chafing *03864*
Rechtslenkung / right-hand-steering *06678*
Reibungsstoßdämpfer / friction shock absorber *02179*
Reifen / tyre *01892*
Reifen mit niedrigem Luftdruck / soft tyre *07054*
Reifen mit zu niedrigem Luftdruck / underinflated tyre *07782*
Reifenbezeichnung / designation of tyre *04069*
Reifenbreite / tyre section width *09102*
Reifenflanke / sidewall *01549*
Reifengröße / tyre size *02180*
Reifenhaftung / tyre adhesion *07540*
Reifenhalter / tyre carrier *02181*
Reifenlauffläche / tyre tread *07558*
Reifenluftdruck / tyre inflating pressure *01896*
Reifenseitenwand / tyre side wall *09103*
Reifenventil / tyre valve *07560*
Reifenverschleiß / tyre wear *07562*
Reifenwulst / tyre bead *02371*
Richtungsstabilität / directional stability *04128*
Rohrachse / tubular axle *07723*
Rollwiderstand / rolling resistance *06700*
Rollwinkel / roll angle *06715*
Runderneuerung / rebuilding *01433*
rundlaufend / true-running *07715*
sägezahnförmige Abnutzung / heel and toe wear *05100*
Schiebegelenk / slip joint *01569*
Schlauch / tube *02309*
schlauchloser Reifen / tubeless tyre *01867*
Schlauchreifen / tubed tyre *07721*
Schlauchventileinsatz / valve barrel *07852*
Schleppachse / dummy axle *04287*
Schlepprad / fifth wheel *04565*
Schlitz / kerf *05573*
Schmalreifen / narrow tyre *08942*
Schneckenlenkung / worm and sector steering *02026*
Schneekette / snow chain *07544*
Schräglenker / semi-trailing arm

01527
Schräglenker-Hinterachse / trailing arm suspension *10477*
Schräglenkerachse / diagonal swing axle *04078*
Schubstangenkopf / tie bar end *07512*
Schubstrebe / torque rod *02724*
schwergängige Lenkung / hard steering *10551*
Schwingachse / swing axle *01730*
Seitenneigung / sway *07334*
Servolenkung / power-assisted steering *01328*
Slick / slick *07016*
Speiche / spoke *04776*
Speichenknick / bend of spoke *08422*
Speichenrad / spoked wheel *07157*
Speichenschutzscheibe / spoke-protector *09071*
Speichenspannung / spoke tension *09072*
Spike / spike *07134*
Spikereifen / spiked tyre *07138*
Spindellenkung / screw and nut steering *06828*
Spur / toe *07563*
Spurdifferenzwinkel / relative steering angle *01441*
Spurstange / tie bar *01797*
Spurstangenhebel / track rod arm *01830*
Spurweite / tread *06606*
Spurweite hinten / rear tread *06607*
Spurwendekreis / outer turning lock *06238*
Stabilisator / anti-roll bar *00092*
Stahlfederung / steel springing *07215*
Stahlfelgen / steel disc wheel *10209*
Stahlgürtelreifen / steel belted tyre *07212*
Starrachse / rigid axle *03227*
Staubkappe / dust cap *08582*
Staubschutzbalg / dust gaiter *04298*
Steckachse / full floating axle *00808*
Stollen / cleat *03530*
Stoßdämpfer / shock absorber *04014*

Stoßdämpferbock / shock absorber bracket 06945
Stoßdämpferlager / shock absorber mount 06947
Stoßdämpferöl / shock absorber fluid 06946
Sturzänderung bei Einfederung / bump camber change 03307
Sturzsteifigkeit / camber stiffness 03351
Tandemachse / tandem axle 07414
Tandemhinterachse / tandem rear axle 07419
Teleskopfederung / sliding tube suspension 09086
Teleskopstoßdämpfer / telescopic damper 09085
Tragarm / supporting arm 07317
Traghebel / link arm 10485
Transaxle / transaxle 07654
Überdruck / overinflation 06259
übersteuern / oversteer 01239
Unterbereifung / undersizing 07788
unterer Querlenker / lower transverse link 05811

untersteuern / understeer 01908
Ventilkappe / valve cap 07855
Ventilverlängerung / valve extension 07866
Verschlußring / lockring 05781
verstellbare Lenksäule / tilt steering column 07520
Vierradantrieb / four wheel drive 02359
Viertelelliptikfeder / quarter-elliptic spring 06521
Vollgummireifen / solid tyre 02362
Vorderachse / front axle 00783
Vorderachswelle / front axle shaft 04809
Vorderrad / front wheel 10497
Vorlauf / negative caster 06097
Vorspur / toe in 01810
Vorspurvergrößerung bei Volleinfederung / bump toe-in 03320
Walkung / flexing 04665
Weißwandreifen / white wall tyre 02464
Wendekreis / turning clearance circle 07741

Winterreifen / winter tyre 02020
Wulstfelge / clincher rim 08547
Wulstkern / bead core 00137
Zahnstangenlenkung / rack and pinion steering 01389
Zentralverschluß / center wheel lock 02376
zu geringer Luftdruck / underinflation 07783
zusammenschiebbare Sicherheitslenksäule / collapsible safety steering column 00356
Zweigang-Hinterachse / Columbia rear axle 09210
Zweispeichenlenkrad / two-spoke steering wheel 07759
Zwillingsbereifung / dual tyres 04283
Zwillingsrad / dual wheel 04286
Zwischenlager / intermediate bearing 05506

 Generelle Begriffe und Bauteile (G)

Abdeckkappe / cap 08733
Abdeckung / cover 03774
abgeknickt / bent 08714
abgewinkelt / angled 08685
abhängen / disconnect 04140
Ablagerung / sediment 06864
Ablaßhahn / bibcock 00015
Ablaßschraube / drain plug 02034
Ablenkung / deviation 08759
abriebfest / wear resistant 07977
abschließbar / lockable 05770
abschließen / lock 05766
abschrägen / bevel 08715
Abstand / space 10304
Abstandsring / spacer ring 07072
Abzeichen / emblem 08786
Abzugsbügel / trigger 08140
Achslast / maximum axle weight 09540
Achslast nach Angabe des Herstellers / maximum manufacturer's axle weight 09541
Achsstumpf / stub shaft 07286

Additiv / additive 03104
Adhäsionsfett / adhesive grease 00310
Aggregat / unit 07792
Aluminium / aluminium 10553
Aluminium-Guß / aluminium casting 00012
Aluminium-Legierung / aluminium alloy 00013
Aluminiumfolie / aluminium foil 08683
Analoganzeiger / analog indicator 08684
aneinander kleben / stick 08387
anfänglich / initital 05354
Anforderungen / requirements 06646
angelötet / soldered on 09064
Anhängelast / towed weight 09543
anheben / lift 05704
Anlötteil / solder-on part 09062
Anschlagstift / stop pin 07255
Anschluß / connection 02048

Anschlußflansch / connecting flange 03688
Anschlußstutzen / connecting tube 03686
Antibeschlagbeschichtung / anti-damp coating 08686
Anwendungsbereich / scope 06817
Anzeige / indication 05321
Anzeigefenster / display 08763
Anzeigenbereich / indicating range 05320
Anzugsdrehmoment / tightening torque 07515
Asbestband / asbestos tape 03190
Asbestschnur / asbestos line 09801
auf das Kraftfahrzeug bezogen / automotive 08698
aufblasbar / inflatable 05344
Auffangschale / catch pan 03431
auffrischen / purify 06512
Auffrischung / purification 06511
auffüllen / refill 06621

aufgerollt / stowed 07259
Aufhängeöse / lifting lug 05709
aufschrumpfen / shrink on 06958
Ausdehnungskoeffizient / coefficient of expansion 02695
äußerer / exterior 04487
Ausfall / failure 04519
ausfallen / fail 04517
Ausgang / exit 09508
ausgeschäumt / foam filled 04703
ausgleichen / compensate 03623
Ausgleichscheibe / shim 09504
Auslaß / outlet 06239
Auslegung / layout 05653
Ausrüstung / equipment 04326
ausschalten / switch off 02057
Ausschnitt / section 06861
austauschbar˙ / exchangeable 08794
auswechseln / replace 06645
automatisch / automatic 03196
Azetylen / acetylene 10016
Azetylenlampe / acetylene lamp 02065
Band / tape 10305
Bauteil / component 03628
Bedienung / handling 05039
Bedienungshebel / operating lever 01211
Bedienungsknopf / control knob 03720
befestigen / fix 08809
Befestigung / mounting 02070
Befestigungsloch / pilot hole 10185
Befestigungsschraube / fastening screw 02555
Begriff / term 07452
Behälter / container 09258
behindert / handicapped 08856
Beilagscheibe / washer 07070
Belastung / strain 07262
Belüftung / ventilation 04668
Belüftungsventil / vent valve 04669
beschlagen / misting 05974
Beschlagteile / fittings 04630
Beschriftung / labelling 05610
Betätigung / operation 06213
Betätigungshebel / control lever 00424
Betätigungsseil / control cable 08560
betriebsbereit / ready for use

06588
bewährt / proved 08996
Bezeichnung / identification 05225
biegsame Welle / flexible cable 08819
blankes Metall / bare metal 10167
Blei / lead 05656
Blende / bezel 10127
blockieren / jam 02078
Blockpedal / block pedal 08720
Bolzen / bolt 04178
Bowdenzug / bowden cable 00153
Brandgefahr / fire risk 04609
brennbar / combustible 03614
brennen / burn 03323
Bronze / bronze 08370
Bronzebuchse / bronze bushing 08371
Bruch / fracture 04780
Büchse / sleeve 03121
Buchse / bush 02091
Bügel / bow 08457
Bürste / brush 02092
Bypass / bypass 03339
Chrom / chrome 02096
Chromnickelstahl / nickel chromium steel 08945
Dämpfe / fumes 10010
Dauerschmierung / lifetime lubrication 08903
Deckel / lid 04937
Defroster / defroster 04043
destilliertes Wasser / distilled water 04152
Detergentzusatz / detergent additive 00487
Dichte / density 04059
Dichtlippe / lip 10202
Dichtmittel / sealing compound 01506
Dichtring / sealing ring 06836
Dichtung / sealing 06834
Dichtwirkung / joint 04559
Diebstahlsicherung / theft protection 07471
Distanzrohr / spacer tube 02789
doppelt wirkend / double acting 04205
Dose / can 03377
Draht / wire 08074
Drahtdurchmesser / wire diameter 08076
Drahtgeflecht / wire gauze 08077
Drahtseil / wire cable 05853

Drahtsprengring / wire retaining ring 02022
Drehgeschwindigkeit / rotational velocity 07142
Drehmoment / torque 02723
Drehpunkt / pivot 05583
Drehrichtung / direction of rotation 02585
Drehschalter / rotary switch 06736
Drehung entgegen den Uhrzeigersinn / counterclockwise 02581
Drehzahlmesser / revolution counter 01467
dringend / urgent 07820
Druck / pressure 01350
Druckabfall / pressure drop 06454
Druckausgleich / pressure balance 06452
Druckbegrenzungsventil / pressure limiting valve 06457
Druckbehälter / pressure feed tank 06455
Druckfeder / pressure spring 06462
Druckkessel / pressure vessel 06464
Druckknopf / press-stud clip 10203
Drucklager / thrust bearing 02203
Druckluftbehälter / compressed air reservoir 03633
Druckluftschlauch / compressed air hose 03630
Druckluftverteiler / compressed air distributor 03631
Druckminderventil / pressure reducing valve 06460
Druckölleitung / pressure oil pipe 06458
Druckschalter / pressure switch 06468
Druckschlauch / pressure hose 06456
Druckspeicher / pressure accumulator 06451
Drucksteuerventil / pressure control valve 06453
Druckunterschied / pressure differential 02645
Druckverlust / loss of compression 02683
Duplexkette / duplex chain 09512
Durchmesser / diameter 04085

110

durchstoßen / poke 08168
Einbau / installation 05441
Eindringung / penetration 06327
einfachwirkend / single-acting 06983
Einfingerhebel / one-finger lever 08669
Einlaß / inlet 05380
einschalten / switch on 07346
Einschränkung / restriction 06659
Einspritzdruck / injection pressure 05370
Einstellbeschläge / adjustment hardware 03123
Einstellmutter / adjusting nut 01028
Einstellung / setting 04948
Einstieg / entrance 04414
Einwegventil / one-way valve 06208
Eisen / iron 10299
elastisch / flexible 04663
endlose Kette / endless chain 08586
energieaufnehmend / energy dissipating 04357
enteisen / defrost 04041
entladen / unload 07802
Entlüftungsrohr / vent tube 07914
Entriegelung / release 04384
Entriegelungsgriff / release lever 04385
Entwicklung / development 08756
Epoxid / epoxy 08792
Erdgas / natural gas 06085
Erfahrung / experience 08184
erhaben / embossed 08787
erhältlich / available 08696
erneuern / renew 06641
Ersatz / spare 07074
Etikett / label 05608
Evolventenverzahnung / involute gearing 05531
Explosionsgefahr / explosion hazard 04481
Explosionskraft / force of explosion 02679
Exzenterwinkel / eccentric angle 04317
exzentrisch / eccentric 04315
Fahrzeuggesamtgewicht / gross vehicle weight 04993
Faser / fiber 10402
Fassungsvermögen / capacity 08732
Feder / spring 02220
federbetätigt / spring actuated 07166
Federbruch / spring fracture 07170
Federhaken / spring hook 07175
Federklammer / spring clip 10197
Federscheibe / spring washer 02531
Federstift / spring pin 09516
Federteller / spring seat 02224
Federung / springing 07325
Federweg / spring travel 07176
Fehler / fault 04378
Feinfilter / fine filter 04597
Feinprofilierung / sipes 06999
Fernsteuerung / radio control 06555
Fernthermometer / telethermometer 07434
festfressen / seize 02225
Feststellhebel / locking lever 05775
Fettabdichtung / grease retainer 04970
Fettbeständigkeit / grease resistance 04969
Fettbüchse / grease cup 04968
Fettkappe / grease cap 04967
Feuergefährlichkeit / flammability 04646
feuersicher / fireproof 04608
Feuerwehr / fire brigade 09215
Filter / filter 03527
Filterpatrone / filter cartridge 00723
Filtersieb / filter screen 04885
Filtertopf / filter bowl 04579
Filz / felt 04554
Filzdichtung / felt joint 02522
Firmenzeichen / logo 08908
flach / flat 04656
Flachdichtung / gasket 03058
Flacheisen / flat bar 08813
Flachkeil / flat key 08814
Flachmutter / plain nut 08979
Flachriemen / flat belt 09852
Flachrund-Schloßschraube / coach bolt 10148
Flamme / flame 04645
Flansch / flange 10153
Flügelmutter / wing nut 03055
Flüssigkeitsstandsensor / level sensor 05692

Folie / foil 04711
Förderpumpe / supply pump 07315
Form / shape 06913
Formel / formula 04759
Frequenz / frequency 04797
Führung / guide 05000
Führungsbuchse / pilot bushing 02733
Funke / spark 07082
Gabel / fork 04752
galvanisiert / galvanized 04869
Geber / sender 07670
gefedert / elastic 08776
geformt / shaped 06914
Gefrierpunkt / freezing point 04794
gegenläufig / opposed 08954
gehärteter Stahl / hardened steel 08863
Gehäuse / housing 03205
Gehäusedeckel / housing cover 05198
Gel-Schicht / gel-coat 10188
Gelenk / knuckle 02239
Gelierharz / gel-coat resin 10189
gelocht / perforated 08973
geneigt / declined 10293
genutet / grooved 02798
gepolstert / upholstered 08344
Gerät / device 08758
Geräusch / noise 06113
Geräuschpegelgrenze / noise level limit 06115
Gesamtbreite / overall width 06249
Gesamtgewicht / laden weight 05616
Gesamtgewicht des Fahrzeuges / maximum total weight 04348
Gesamtgewicht von Zügen / maximum weight of road train 09544
Gesamthöhe / overall height 06247
Gesamtlänge / overall length 06248
geschlossen / closed 00563
geschlossener Kreislauf / closed circuit 03536
geschmiedet / forged 04751
Geschwindigkeit / velocity 07908
gespritzt / extruded 08800
Gestänge / linkage 04732
Gesundheitsrisiko / health hazard

08210
geteilt / split *07153*
geteilte Lagerbuchse / split bushing *07152*
geteiltes Lager / split bearing *07148*
Gewichtsverlagerung / weight transfer *07985*
Gewichtsverteilung / weight distribution *07984*
Gewinde / thread *02246*
Gewindebohrung / threaded hole *10449*
Gewindeeinschraubtiefe / thread reach *07480*
Gewindesteigung / thread pitch *09527*
giftig / toxic *07612*
Gips / plaster *09342*
Glas / glass *04927*
Glasfaser / glassfiber *04560*
Glasfasergewebe / glass fabric *08845*
Glasfaserverstärkung / fiberglass reinforcement *04562*
Gleichförmigkeit / uniformity *07790*
Gleichgewicht / balance *04420*
Gleitlager / plain bearing *01306*
Gleitschutz / non-skid *02247*
Gliederkette / link chain *05742*
Granulat / granulat *04956*
graphitiertes Fett / graphite grease *04960*
Graphitlager / graphite bearing *04958*
Graphitring / graphite ring *04962*
Graphitschmiermittel / graphite lubrication *04961*
Griff / grip *04939*
Größe / size *07002*
Gummi / rubber *06745*
Gummibalg / rubber bellow *06746*
Gummiband / elastic *08775*
Gummibuchse / rubber bush *06748*
Gummidichtung / rubber seal *06753*
Gummifeder / rubber spring *06755*
Gummigurt / elastic strap *08774*
Gummilager / rubber mounting *02564*
Gummimanschette / rubber sleeve *06754*

Gummischlauch / rubber hose *06752*
Guß / casting *03164*
Gußeisen / grey iron *04964*
Haarriß / hair crack *05006*
Hahn / cock *10292*
Haken / hook *05173*
Halter / bracket *05155*
Halterung / mounting bracket *02252*
Handgriff / hand grip *05028*
Handhebel / hand lever *05037*
Handlichkeit / handiness *08857*
Hartgummi / hard rubber *04314*
Hartlot / hard brazing solder *08859*
Hartschaum / hard foam *08858*
Harz / resin *06652*
Hauptfeder / main spring *05898*
Hebel / lever *02262*
Hebelarm / lever arm *05693*
Heckbügel / rear hook *09015*
Heckpartie / rear section *09019*
Hochdruck / high pressure *05125*
Hochdruck-Schmiermittel / extreme pressure lubricant *00710*
Hochleistungsöl / heavy duty oil *05096*
Höchstlast / maximum load *05944*
Höchstleistung / peak output *06008*
Hohlschraube / hollow screw *02271*
Hohlwelle / hollow shaft *05157*
homokinetisch / homokinetic *05158*
Hülsenkette / bush roller chain *08464*
Hydraulikflüssigkeit / hydraulic fluid *05210*
im Uhrzeigersinn / clockwise *02579*
Inbusschraube / Allen screw *08680*
Infrarot / infrared *05350*
Innendurchmesser / internal diameter *05512*
Innenverzahnung / internal gearing *05514*
Instrument / instrument *05448*
Instrumentenfehler / instrument error *05452*
Instrumentengruppe / instrument cluster *05450*
Isoliermaterial / insulating material *05456*
isothermisch / isothermal *05533*
Kabelmantel / cable casing *08472*
Kabelschelle / cable clip *06778*
Kalibrierung / calibration *03348*
Kanister / jerrican *03376*
Karbidbeleuchtung / carbide lighting *09806*
Kegelfeder / conical spring *03672*
kegelförmig / tapered *07421*
Kegellager / tapered bearing *07423*
Keil / key *05576*
Keilbolzen / key bolt *05877*
Keilform / wedge profile *07981*
Keilnut / key groove *02780*
Keilnutverzahnung / splines *07147*
Keilriemen / V-belt *01974*
Keilriemenantrieb / V-belt drive *03813*
Keilriemenscheibe / V-belt pulley *07902*
Keilriemenschlupf / V-belt slip *07903*
Kernleder / band leather *08705*
Kette / chain *10306*
Kettenantrieb / chain drive *02770*
Kettenflucht / chain alignment *08500*
Kettenführung / chain guide *08506*
Kettenführungsrolle / chain guide roller *08508*
Kettenglied / chain link *08511*
Kettenkranz / chain cog *08503*
Kettenlinie / chain line *08510*
kettenlos / chainless *08524*
Kettenradgarnitur / chain wheel and crank set *08520*
Kettenrolle / chain pulley *03491*
Kettenschutz / chain guard *08505*
Kettenschutzscheibe / chain wheel disc *08521*
Kettenspannrolle / chain idler roller *08509*
Kettenspannung / chain tension *08515*
Kettenteilung / chain pitch *03490*
Kettenübersetzung / chain gearing *02771*
Kettenverschlußbolzen / link pin *02759*
Kilometerzähler / mileage recorder *05964*

Kippvorrichtung / dumping system *04290*
Klammer / grommet *10145*
klappbar / foldable *04712*
Klappe / flap *04367*
klappern / rattle *06582*
Klaue / claw *03522*
Klauenmuffe / dog sleeve *04169*
kleben / glue *04944*
Klebstoff / cement *03434*
Klemme / retainer *06660*
Klemmstück / clamp *04940*
Klinke / latch *04193*
Knopf / button *03334*
Kohle / coal *03574*
Kohlehydrierung / hydration of coal *05206*
Kohlendioxid / carbon dioxide *03384*
Kohlenwasserstoff / hydrocarbon *05215*
Kondensierung / condensation *03666*
Konkavspiegel / concave mirror *03662*
Kontermutter / lock nut *03466*
Kontrollpunkt / check point *03468*
Konvexspiegel / convex mirror *03727*
kopflastig / top heavy *07585*
Korkdichtung / cork gasket *03744*
korrodiert / corroded *03751*
korrodierte Schraube / corroded screw *03001*
Kotflügelschraube / bumper bolt *10149*
Kraft / power *06426*
kraftverteilend / load distributing *05754*
Kreis / cycle *03879*
Kreiselpumpe / centrifugal pump *03448*
Kreislauf / circulation *03514*
kreuzen / intersect *05519*
Kronenmutter / castle nut *03855*
Kugel / ball *08702*
Kugelbolzen / knuckle belt *05592*
Kugeldüse / eye ball socket *04498*
Kugellager / ball bearing *00118*
Kugelzapfen / knuckle ball pivot *05591*
Kühlrippe / cooling rib *03887*
Kunstharz für Handlaminierverfahren / lay-up resin *10190*

Kunstleder / imitation leather *05292*
Kunststoff / plastic *06370*
Kupfer / copper *10403*
labil / unstable *07805*
Laderampe / loading ramp *05757*
Lagerzapfen / journal *05564*
Länge / length *05684*
Langlebigkeit / long durability *08912*
langsam / slow *10560*
Lappen / rag *08167*
Lärmpegel / noise level *08948*
Lasche / shackle *06907*
Last / load *05752*
Laufrad / impeller *05296*
Laufradwelle / impeller shaft *05299*
Lebensdauer / running life *06763*
Leck / leak *05670*
Leder / leather *05676*
Lederhaut / hide *08393*
Lederriemen / leather belt *08896*
Leergewicht / curb weight *03865*
Leergewicht des betriebsfähigen Fahrzeuges / complete vehicle kerb weight *04031*
Leergewicht des trockenen Fahrzeuges / complete vehicle dry weight *04030*
legierter Stahl / alloyed steel *08682*
legiertes Öl / oil with additives *03241*
Lehre / gauge *04865*
leicht / light *05715*
Leichtmetall / light metal *05725*
Leistung / performance *06245*
Leistungsdaten / performance data *06329*
Leistungsgewicht / power-to-weight ratio *06441*
Leistungsverlust / loss in efficiency *08916*
Leitung / line *05734*
lesbar / legible *08900*
Leuchtzifferblatt / luminous dial *05832*
Linksgewinde / left-hand thread *08897*
Litze / strand *07265*
Lochung / perforation *08974*
Lötnippel / solder nipple *09061*
Lötöse / soldering eye *09065*

Luft / air *08394*
Luftblase / air bubble *03146*
luftdicht / air tight *03158*
Luftfeuchtigkeit / air humidity *03151*
luftgekühlt / air cooled *02137*
Luftkühlung / air cooling *00043*
Luftverschmutzung / air pollution *03155*
Luftzug / current of air *08745*
Magnesiumlegierung / magnesium alloy *05863*
Magnetventil / solenoid valve *07059*
Mangel / lack *05611*
Manometer / manometer *05914*
Marke / mark *05932*
Maß / measure *05956*
Maschine / machine *05833*
Maschinenschraube / machine screw *02520*
Maßeinheit / measuring unit *10517*
Masse / mass *05937*
Massenträgheit / inertia *05339*
Material / material *08923*
Matte / mat *10187*
Maximalabweichung / maximum divergence *08924*
Mechanik / mechanics *10300*
mechanisch / mechanical *05961*
Mehrbereichsöl / multi-grade oil *01125*
Mehrfachschalter / combination switch *03608*
Mehrfachsteckverbindung / multiconductor plug *06036*
mehrschichtig / laminated *05612*
Mehrzweck / multipurpose *10301*
Mehrzweckfett / multipurpose grease *01136*
Meilen pro Gallone / miles per gallon *02466*
Meilen pro Stunde / miles per hour *02468*
Membrane / diaphragm *04086*
Meßfehler / measuring error *05958*
messen / measure *05957*
Messing / brass *03292*
Meßtechnik / measurement techniques *08926*
Meßwert / measured value *08925*
Metall / metal *08927*
Mikroprozessor / microprozessor *08929*

Mindestanforderungen / minimum requirements 05968
Mineralöl / mineral oil 01109
Mischung / mixture 05976
Mitnehmer / driving dog 04251
Mittelwert / mean value 05951
Mündung / orifice 06226
Mutter / nut 03117
Nachteil / handicap 05031
Nadel / needle 06092
Nadelkäfig / needle cage 06094
Nagel / nail 07392
Naht / seam 06838
nahtlos / seamless 06840
narrensicher / foolproof 04738
Nase / snug 07050
Nebenaggregate / auxiliaries 03199
Neigung / tilt 07518
Neigungsverstellmechanismus / tilt adjust mechanism 07517
Nennleistung / nominal output 06116
Nennweite / nominal diameter 05407
netto / net 06102
Nettogewicht / net weight 06105
Netz / net 06103
neu belegen / reline 06639
nicht angetrieben / non-powered 06119
nicht ausgewuchtet / unbalanced 02702
nicht rostend / non-rusting 06121
Nickel / nickel 10404
Nickellegierung / nickel alloy 08943
Niet / cock 10204
Niete / rivet 06690
nieten / rivet 06691
Nippel / nipple 06106
Nocken / cam 02784
Nockenerhebung / cam dwell 03359
Nockenform / cam contour 03357
Nockenscheibe / cam disc 03358
Norm / standard 07189
Normung / standardization 07190
Notfall / emergency condition 04341
Null / zero 08116
Nut / groove 04980
Nutbreite / groove width 04990
Nutflanke / groove side 04989

Nutgrund / groove root 04988
Nutzlast / maximum payload 07803
Nutzlast nach Angabe des Herstellers / maximum manufacturer's payload 09539
Nutzung / utilization 07825
Nylon / nylon 08950
O-Ring / o-ring 06231
Oberfläche / surface 07322
Obergrenze / limit 08905
Oberkante / upper edge 07808
Öl / oil 02153
Öladditiv / oil additive 06156
Ölalterung / oil aging 06158
Ölbeständigkeit / oil resistance 06188
öldicht / oil-tight 06199
Ölfeder / liquid spring 05750
Ölfilm / oil film 06176
Öllebensdauer / oil life 06178
Ölreiniger / oil cleaner 06164
Öltemperatur / oil temperature 06196
Ölthermometer / oil thermometer 01204
Ölverdünnung / oil dilution 01174
Öse / lug 05827
Papierfilter / paper filter 06293
Paßfläche / surface to be joint 10182
Paßschraube / fit bolt 04629
Paßstift / locating pin 10494
Patrone / cartridge 03426
Pedal / pedal 01250
Pedalanordnung / pedal assembly 03050
Pedalbelag / pedal cover 06322
Pedalgummi / pedal rubber 06324
Pflanzenöl / vegetable oil 01975
Phase / phase 02602
Piepton / beeper 08713
Plakette / badge 02118
Planspiegel / flat mirror 04659
Platte / plate 02523
Plattform / platform 08982
Plexiglas / plexiglass 08983
pneumatisch / pneumatic 06399
poliertes Aluminium / polished aluminium finish 08673
Popniete / pop-rivet 10132
Premiumöl / straight oil 09921
Probe / sample 06800
Profilaluminium / profiled alumi-

nium alloy 08992
Prüfbedingungen / test conditions 07459
prüfen / inspect 05435
PS / hp 05185
Pumpe / pump 02170
pumpen / pump 06505
Pumpenförderleistung / pump delivery 06506
qualifizieren / qualify 06517
Qualität / quality 06519
quer / transverse 07674
Quetschung / squeezing 07180
radial / radial 06543
Rändelkopfschraube / knurled head screw 05593
Rändelmutter / knurled nut 05594
Ratenzahlung / pay down 10313
Rauch / smoke 07037
rauchfrei / smokeless 07039
Raum / space 07068
regeln / regulate 06629
Reibung / friction 04800
Reibungskoeffizient / coefficient of friction 02696
Reibungswärme / friction heat 04804
Reichweite / range 06575
Reihenfolge / sequence 06887
rein / pure 06508
reinigen / clean 03826
Reinigung / purge 06509
Reißverschluß / zipper 08119
Rennöl / racing oil 06536
Reserve / reserve 06649
Resonanz / resonance 06655
revidieren / revise 06673
Richtung / direction 04127
Riemen / belt 04655
Riemenscheibe / pulley 01379
Ring / ring 06683
Ringdichtung / oil sealing 04472
Rippe / fin 04590
Riß / crack 03783
Rißbildung / cracking 03785
Ritzel / pinion 01258
Rohöl / crude oil 03856
Rohr / pipe 06344
Rohrleitung / tubing 09777
Rohrschelle / pipe clamp 06345
Röntgenstrahl / x-ray 08106
Roßhaar / horse hair 05184
rostfreier Stahl / stainless steel 07185

Ruck / jerk *05550*
Rückprall / rebound *06612*
Rückstände / settings *06906*
Rückstellknopf / reset *07706*
Rückzugfeder / pull-back spring *06497*
rutschig / slippery *07026*
rütteln / shake *06911*
Sättigung / saturation *06806*
Satz / set *06901*
Sauberkeit / cleanliness *08152*
Sauganschluß / suction connection *07293*
Saugrohr / suction pipe *07294*
Saugventil / suction valve *01712*
Säure / acid *03094*
Säurebeständigkeit / acid resistance *03097*
säurefest / acidproof *03096*
Säurefraß / acid corrosion *03095*
Schablone / template *07442*
Schaden / damage *04012*
Schadstoffausstoß / pollution *06410*
Schaft / shank *06912*
Schall / sound *07065*
Schallpegel / sound level *04488*
Schalter / switch *02298*
Scharnier / hinge *02300*
Scharnierbolzen / hinge pin *08338*
Scharnierhebel / hinge arm *05132*
Schaubild / graph *04957*
Schauloch / inspection hole *05439*
Schaulochdeckel / inspection hole cover *05440*
Schaum / foam *04701*
Schaumgummi / foam rubber *04706*
Scherkraft / shear force *06917*
scheuern / scuffing *06832*
Schild / plate *09197*
Schlagfestigkeit / impact resistance *05295*
Schlauch / hose *05189*
Schlauchschelle / hose clip *02310*
Schlauchtrommel / hose reel *05195*
Schlauchverbindung / hose connection *05193*
Schleifring / slip ring *07028*
Schließfeder / closing spring *03539*
Schließmechanismus / latch mechanism *05641*

Schlitz / port *06414*
Schlitzschraube / slotted bolt *07032*
Schloß / lock *05762*
Schloßzylinder / lock cylinder *05772*
Schlupf / slip *07023*
Schlüssel / key *05575*
Schmierfähigkeit / oiliness *01205*
Schmierfett / grease *01084*
Schmiermittel / lubricant *04966*
Schmiernippel / grease nipple *00851*
Schmieröl / lubrication oil *01077*
Schmutz / dirt *08302*
Schnappverschluß / snap-on cap *07043*
Schnecke / worm *08089*
schneiden / cut *10582*
schnell / quick *06526*
schnelle Abnutzung / rapid wear *06576*
Schnellverschluß / quick release *09003*
Schnitt / cut *09452*
Schnorchel / snorkel *07044*
Schnürband / lace *08890*
Schnürsystem / lacing system *08891*
Schrägrollenlager / angular contact roller bearing *05316*
Schramme / scratch *06822*
Schraube / screw *03120*
Schraube mit selbstschneidendem Gewinde / self-tapping screw *10133*
Schraubenfeder / helical spring *05106*
Schraubenkopf / dome of the bolt *10150*
Schraubensicherung / nut lock *06131*
schrumpfen / shrink *06956*
Schrumpfsitz / shrink fit *06957*
Schub / thrust *07505*
Schubkugel / torque ball *07591*
Schutzschlauch / protecting hose *06491*
Schwerkraft / gravity *04963*
Schwerpunkt / center of gravity *03439*
Schwimmen / floating *02575*
Schwingung / oscillation *06233*
Schwingungsdämpfer / vibration

damper *10522*
schwingungsfrei / vibration free *07920*
sechskantig / hexagonal *08871*
Sechskantmutter / hexagon nut *05113*
Sechskantschraube / hexagon bolt *05114*
Segment / segment *06516*
Seil / rope *03344*
Seiltrommel / rope drum *06728*
Seitenansicht / side view *06975*
Sekundäröl / secondary oil *09922*
selbstdichtend / self-sealing *06879*
selbstnachstellend / self-adjusting *06873*
selbstreinigend / self-cleaning *06876*
selbstrückstellend / self-cancelling *06875*
selbstschmierend / permanently lubricated *06330*
selbstsperrend / self-locking *06878*
senkrecht / vertical *05858*
Sensor / sensor *06883*
sicher / safe *06792*
Sicherheit / safety *06793*
Sicherheitsventil / safety valve *06186*
Sicherheitsvorschriften / safety regulations *06795*
sichern / secure *06863*
Sicherungsblech / tab washer *09506*
Sicherungsring / circlip *00315*
Sicherungsscheibe / lock washer *05785*
Sicht / visibility *07925*
Sieb / strainer *06193*
Simmerring / oil-seal ring *05986*
Simplexkette / simplex chain *06982*
Sitzfläche / seating area *09040*
Sitzhöhe / seating height *09041*
Skala / scale *06808*
Skizze / sketch *07004*
Smog / smog *07036*
Spalt / gap *04871*
Spannband / restraining strap *06658*
Spannrolle / tension roller *05247*
Spannung / tension *07444*
Speicherkapazität / working ca-

pacity *08086*
Sperrholz / plywood *06398*
Sperrklinke / locking pawl *05776*
Sperrkugel / lock ball *05771*
Sperrventil / lock valve *05784*
Spiegel / mirror *01100*
Spiegelung / reflection *06623*
Spiel / play *06058*
Spindel / spindle *07141*
Spiralfeder / spiral spring *07143*
spiralförmig / helical *08864*
Splint / split pin *03757*
Spriegel / stake *09555*
spritzen / splash *07144*
spritzgeformt / injection mold *05365*
Sprühdüse / nozzle *03982*
Spur / track *10307*
Stab / staff *07184*
Stahl / steel *07211*
Stahlblech / steel sheet *06919*
Stahlblech-Preßrahmen / pressed sheet steel frame *08988*
Stange / bar *06712*
starr / rigid *06680*
statisch / static *07209*
Staub / dust *08213*
staubdicht / dustproof *08770*
Staubschutz / dust cover *04295*
Staufferfett / stauffer grease *01651*
Steckdose / socket *07051*
Stecker / male plug *05912*
Steckverbindung / plug and socket connection *06383*
Stehbolzen / stud *02547*
Steigung / grade *04951*
Steuerung / control *04325*
Stickoxyd / nitrogen oxide *06109*
Stickstoff / nitrogen *06108*
Stift / dowel *02524*
Stopfbuchse / packing gland *07289*
Stopfen / plug *00011*
Stoß / push *09189*
Strahldüse / jet *03987*
Strahlung / radiation *06545*
Strahlungswärme / radiant heat *06544*
Strebe / strut *04733*
Streifen / strip *07277*
strömen / flow *04690*
Strömungsbild / flow pattern *04695*
Strömungsrichtung / flow direction *04692*

Strömungsverlust / flow loss *04693*
Stück / piece *08977*
Stutzen / neck *06088*
Styropor / styrofoam *08795*
summen / buzz *08729*
symmetrisch / symmetric *07352*
synthetisch / synthetic *07356*
System / system *07357*
Tabelle / chart *03461*
technische Daten / technical data *07430*
Teerfleck / tar stain *07425*
Teil / part *08964*
Teilung / separation *06885*
Temperatur / temperature *07436*
Thermostat / thermostat *01774*
tiefliegender Schwerpunkt / low centre of gravity *08640*
Topfgelenk / pot joint *06424*
Torsion / torsion *07597*
Totgang / slack *07013*
Tourenzahl / revolution *02342*
tragbar / portable *06416*
Trageriemen / carrying strap *08734*
Tragfähigkeit / load carrying capacity *05753*
Trägheitsmoment / moment of inertia *05993*
Training / practice *06444*
Transformator / transformer *07660*
Tuch / fabric *02358*
Tuchfilter / cloth filter *03541*
überaltert / out-of-date *06244*
Überbeanspruchung / overstress *06268*
Überdruck / excessive pressure *04429*
Überdruckventil / pressure relief valve *01361*
überfließen / flow over *04694*
Übergewicht / excess weight *04431*
Übergröße / oversize *06263*
Überhang / overhang *06252*
überhitzte Stelle / hot spot *05196*
Überhitzung / overheating *06258*
überlappen / overlap *06260*
Überlappung / lap *05630*
Überlastung / overload *06261*
Überlaufventil / spill valve *07139*
Überprüfung / check *03505*

Übersetzung / step-up *07252*
Übersetzungsverhältnis / step-up ratio *10555*
überwachen / supervise *07309*
Überwurfmutter / coupling nut *03771*
Überzug / coat *03577*
Uhr / clock *03533*
Umdrehung / rotation *06738*
Umdrehungen pro Minute / revolutions per minute *02720*
umkehrbar / reversible *06670*
Umkreis / periphery *08975*
Umlenkrolle / return pulley *06662*
unbequem / uncomfortable *07774*
unbeschädigt / undamaged *07775*
ungedämpft / undamped *07776*
ungefederte Masse / unsprung mass *07804*
Ungenauigkeit / inaccuracy *05309*
ungleichmäßig / uneven *07789*
unregelmäßig / irregular *05532*
unterbrechen / interrupt *05518*
Unterdruck / partial vacuum *02680*
Unterdruckanschluß / vacuum connection *07836*
Unterdruckschalter / vacuum switch *07839*
Untergröße / undersize *07786*
Unterlegplatte / plate bar *08981*
Unterlegrosette / cup washer *10201*
Untersetzungsverhältnis / reduction ratio *06620*
Unterstützung / support *07316*
Unversehrtheit / integrity *04842*
Unwucht / imbalance *05290*
unzugänglich / inaccessible *05308*
V-förmig / V-shaped *07932*
Vakuum / vacuum *07829*
Ventilator / fan *00713*
Ventilklappe / valve flap *07869*
verändern / modify *05307*
Veranstaltung / event *08793*
verbessern / improve *05306*
verbinden / join *05560*
Verbindung / joint *03980*
Verbindungsschlauch / connecting hose *03687*
Verbrauch / consumption *03702*
Verbrennung / combustion *03616*
verchromt / chrome-plated *03480*
verchromter Kunststoff /

116

chrome-plated plastic *03481*
Verchromung / chrome-plating *03483*
Verdampfer / vaporizer *07900*
verdichten / compress *06067*
verdunsten / evaporate *08193*
Verdunstung / evaporation *04424*
Verfahren / procedure *06475*
verflüssigen / liquefy *05745*
Vergleich / comparison *03621*
Verhältnis / ratio *06581*
Verhältnis von Fahrzeugleergewicht zu Fahrzeuggesamtgewicht / loaded-to-empty vehicle weight ratio *05755*
Verkupferung / copper plating *10405*
Verlängerung / extension *04786*
verlieren / leak *08895*
Verlust / loss *04844*
Verminderung / reduction *06619*
vernickelt / nickel-plated *09192*
Vernickelung / nickel-plating *02144*
Verpackung / packing *08960*
verriegelt / latched *05638*
verrippt / finned *04600*
Verschleiß / wear *07975*
Verschleißspur / score mark *06818*
Verschleißteil / part subject to wear *08965*
verschlissen / worn *08095*
Verschluß / fastener *04731*
Verschlußdeckel / cover lid *03775*
Verschlußstopfen / stopper *07254*
verstärken / reinforce *06634*
Verstärker / booster *05023*
verstellbar / adjustable *03107*
verstellbare Pedale / movable pedals *06027*
verstreben / brace *08723*
Verstrebung / strutting *07285*
Versuch / experiment *04478*
Verwendung / use *09110*
Verwindungssteifigkeit / torsional resistance *07599*
verziehen / warp *09118*
verzinkt / zinc-coated *08118*
verzogen / distorted *07807*
Verzögerung / lag *05617*
Verzurrhaken / lashing hook *05635*
Vierkantmutter / square nut *07178*
Vierkantschraube / square bolt *07177*
Vierwegehahn / four-way cock *04778*
Viskosität / viscosity *07923*
vollautomatisch / fully automatic *04861*
Volumen / volume *07930*
vorgeschrieben / specified *07124*
Vorlaufzeit / lead time *05667*
vorrübergehend / temporary *03970*
Vorschlag / proposal *06488*
Vorschriften / specifications *07123*
Vorsicht zerbrechlich / handle with care *05038*
vorwärmen / preheat *06447*
Vulkanisierung / vulcanisation *07933*
waagerecht / horizontal *05174*
Wabe / honeycomb *05164*
Wand / wall *07937*
Wandstärke / wall thickness *07938*
Wanne / pan *06287*
Wärme / heat *05074*
Wärmeabführung / heat dissipation *05078*
Wärmeausdehnung / thermal expansion *07474*
Wärmebehandlung / heat treatment *05094*
Wärmebeständigkeit / heat resistance *05093*
Wärmedämmung / heat insulation *05092*
Wärmeleitfähigkeit / thermal conductivity *07473*
Wärmestau / heat accumulation *05077*
wasserbeheizt / water heated *07962*
wasserdicht / waterproof *07970*
wassergekühlt / water cooled *10308*
Wasserpumpenfett / water pump grease *01993*
wattiert / padded *06281*
Wattierung / padding *06282*
Weichgummi / soft rubber *07053*
Weißmetall / white metal *03209*
Welle / shaft *06909*
Wellendichtung / seal *03059*
Wellenlager / shaft bearing *06910*
Werkzeugtasche / wallet *09117*
Wicklung / winding *08042*
Widerstand / resistance *06653*
WIG / TIG *10061*
Wind / wind *08041*
Windung / turn *08043*
Winkel / angle *03169*
Wirbelung / turbulence *02648*
wirksam / effective *04321*
Wirkungsgrad / efficiency *04323*
Wrack / wreck *08099*
zackenförmig / serrated *06893*
zähflüssig / viscous *07924*
zahlenmäßig erfaßbar / numerically evaluable *08949*
Zahn / tooth *07574*
Zahneingriff / tooth meshing *07578*
Zahnkette / toothed chain *07576*
Zahnkranz / toothed rim *07577*
Zahnradsatz / train of gears *07651*
Zahnriemen / cogged belt *03584*
Zahnstange / rack *06538*
Zahnstangenritzel / rack pinion *06542*
Zahnteilung / tooth pitch *07579*
Zapfen / swivel *05587*
Zeichnung / drawing *04239*
Zeiger / pointer *06403*
Zentralschmierung / centralized lubrication *00274*
Zentrierstift / dowel bolt *02750*
Zentrifugalgebläse / centrifugal blower *03446*
zerbrechlich / breakable *10298*
zerlegen / dismantle *04146*
Zerstäuber / atomizer *08692*
zerstören / destroy *04073*
Ziel / target *07424*
Zifferblatt / dial *04083*
Zink / zinc *10543*
Zinkbeschichtung / zinc-coat *08117*
Zufuhr / feed *04546*
Zug / pull *06496*
Zuganker / tension rod *07449*
Zuggriff / pulling handle *06500*
Zugkraft / towing force *07608*
Zuladung / payload *08972*
zulässig / permissable *06331*
zulässige Achslast / maximum authorized axle weight *09542*
zulässige Nutzlast / maximum authorized payload *09538*

zulässiges Gesamtgewicht / maximum permissible weight 05947
zulässiges Gesamtgewicht des Fahrzeuges / maximum total weight authorized 04272
zulässiges Zuggesamtgewicht /

gross combination weight rating 04992
Zusatz / supplement 07310
Zuverlässigkeit / reliability 06638
Zwangsumlauf / forced circulation 04745

Zwischengröße / intermediate size 05509
Zwischenrad / idler 05245
Zwischenwelle / idler shaft 05253

 Handel, Kauf, Klassifizierung (H)

1000 $ / K $ 09204
Abschleppfahrzeug / recovery vehicle 08100
Abschreibung / degression 04064
Absichtserklärung / letter of intend 09250
Ackerschlepper / agricultural tractor 03136
Agent / agent 09261
Anlageberater / investment consultant 03932
Anlagen / enclosures 04351
antikes Automobil / antique automobile 02866
Anzahlung / deposit 09266
Anzeige / advertisement 02936
Archiv / archive 02916
Auflieger / semi-trailer 09366
Aufwendungen / costs 02964
Auktion / auction 02925
Auktionshaus / auction company 02934
Ausfuhr / export 09255
Ausfuhrhafen / port of embarcation 09256
ausländisches Fahrzeug / foreign car 04748
Ausstellungsfläche / exhibition space 08796
Austauschmotor / replacement engine 02508
Automobil aus der Kutschwagenzeit / brass era vehicle 03027
Autosalon / motor show 06017
Bankverbindung / bank account 02907
Baukastenwagen / kit car 09346
Baustellenfahrzeug / building site truck 03304
Behörde / authority 09249
Besitzer / owner 02913
Bestätigung / confirmation 09353

Bestimmung / regulation 06631
Bestzustand für Schönheitswettbewerbe / concours condition 03047
Bus / bus 03329
Cabriolet / cabriolet 02923
Club / club 08384
Coupé / coupe 02922
Dach niedriger gelegt / chopped 09583
Dach niedriger gelegt und Karosserie modifiziert / chopped and channeled 09584
Dampfwagen / steam car 02098
Diebstahlversicherung / theft insurance 02996
Doppeldecker / double-decker 04207
Dreiachsfahrzeug / sixwheeler 07001
Dreiradwagen / threewheeler 02202
Eigentumsübertragung / title / logbook transfer 09221
Einachsanhänger / two-wheel trailer 07765
Einachsschlepper / two-wheel tractor 07764
Einbruchversicherung / burglary insurance 02994
Einfachbereifung / single tyres 06996
Einfuhr / import 09254
Einfuhrformalitäten / import formalities 02962
einheimisches Fahrzeug / domestic car 04172
Einkaufspreis / buying price 02967
Einzelteile / bits and pieces 09217
Elektrofahrzeug / electric car 00640
empfehlen / recommend 06617

Entwerten des Kfz-Briefes / endorsement of log book/title 03969
Erdbewegungsmaschinen / earthmoving vehicles 04313
Ersatzteillage / spare parts situation 02904
Ersatzteilnummer / spare part number 07076
Erstausrüstung / original equipment 06229
erstklassiger Zustand / mint condition 03670
erwerben / purchase 09243
Europäische Wirtschaftsgemeinschaft / European Common Market 02990
Exote / exotic car 02944
fabrikneu / factory-new 08801
Fachmann / specialist 08798
fahrbereit / running condition 05419
Fahrzeug / vehicle 09111
Fahrzeug vor der Vintage-Äara / Veteran car 09605
Fahrzeugausrüstung / vehicle equipment 07905
Fahrzeugprüfung in England entsprechend dem deutschen TÜV / MOT 02480
Fahrzeugsammlung / car collection 02917
Faltdach / folding roof 04727
Familienauto / family car 03019
Feuerversicherung / fire insurance 02993
Feuerwehrfahrzeug / fire-fighting vehicle 04603
Flohmarkt / flee-market 02927
Fracht / freight 04795
Frachtkosten / freight charges 04796
freibleibend / freehold 09252
frisierter Motor / hotted-up en-

gine *05990*
Frontlenker / forward control vehicle *04760*
Fuhrunternehmer / motor carrier *06025*
Gabelstapler / fork lift *04757*
Garantie / guarantee *02933*
Gebraucht-Ersatzteil / secondhand part *10154*
Gebrauchtwagen / second-hand car *02893*
Geländefahrzeug / cross-country vehicle *05551*
Gepäckanhänger / trailer *09869*
getunter Motor / modified engine *05989*
grauer Markt / grey market *08849*
Großhandel / wholesale *08032*
Großhandelspreis / wholesale price *08033*
Großhändler / distributor *08764*
Grundmodell / standard model *07191*
Gutachten / expertise *02948*
Gutachter / expert *02949*
Haftpflichtversicherung / third party insurance *02975*
Handel / trade *09245*
handeln / deal *09334*
Händler / dealer *02928*
Händlernetz / dealer network *09238*
Händlerschaft / dealership *09580*
Hardtop / hardtop *02455*
Heckmotorfahrzeug / rear-engined car *06594*
Importfahrzeug / imported vehicle *05305*
Interessengemeinschaft / register *02911*
Invalidenfahrzeug / invalid carriage *05528*
Investition / investment *02889*
Inzahlungnahme / trade-in *09212*
Kabinenroller / cabin scooter *08730*
kalkulieren / calculate *02892*
Karosserie und Fahrwerk tiefergelegt / sectioned and lowered *09585*
Kaufberater / buyer's guide *10530*
kaufen / buy *09244*
Kaufentscheidung / buying decision *02888*

Käufer / buyer *03005*
Kaufvertrag / sales contract *09247*
Kehrmaschine / sweeper *07339*
Kipper / dump truck *04289*
Klassischer Wagen / classic car *02104*
Kleinanzeige / small ad *02891*
Kleinlastwagen / pick-up *06338*
Kombiwagen / utility car *02108*
Kostenvoranschlag / cost proposal *03754*
Kraftfahrzeug / motor vehicle *06020*
Kraftfahrzeugbrief / logbook (GB) *02971*
Kraftfahrzeugbrief / title (US) *10406*
Kraftfahrzeughalter / car owner *03408*
Kreditbrief / letter of credit *09251*
kurzer Radstand / short wheel base *02451*
Lagerbestand / inventory *08884*
Lagerraum / depot *04063*
Langgutanhänger / pole trailer *06405*
Lastenroller / delivery scooter *08753*
Lastkraftwagen / truck *07712*
leichter Lkw / light truck *05731*
Leihgabe für Museum / exhibit on loan *03009*
Liebhaberstück / collector's item *02940*
Lieblingsauto / favourite car *02903*
Lieferdatum / date of delivery *04028*
Lieferprogramm / product line *08991*
Lieferwagen / delivery car *04051*
Limousine / limousine *05733*
Limousine / saloon *02135*
Marke / marque *06161*
Markt / market *02926*
Marktforschung / market research *05935*
Marktwert / market value *02896*
Mehrwertsteuer / VAT *02985*
Mehrzweckfahrzeug / multipurpose vehicle *06045*
Mietwagen / hire car *05142*
Mindestgebot / minimum offer *02941*
Mindestwert / minimum value

08934
Modell / model *05982*
Modelljahr / model year *08937*
Modellreihe / model line *05984*
Monoposto / monoposto *05998*
Motorschlitten / snowmobile *07047*
Müllwagen / garbage collector *04877*
Museum / museum *02884*
nach oben eingewölbte Tourenwagen-Karosserie / barrel sided body *03032*
Nachkriegswagen / post war vehicle *02870*
Neuwert / list price *02898*
nicht serienmäßig / non-standard *02319*
Noteinsatzfahrzeug / emergency vehicle *04343*
Nutzfahrzeug / commercial vehicle *03620*
Oberleitungsbus / trolley bus *07709*
oder gegen bestes Gebot / or best offer *09201*
oder gegen nächstes Gebot / or nearest offer *09203*
ohne Mindestgebot / no limit *02942*
Oldtimer / oldtimer *02871*
Oldtimer-Händler / old car dealer *02929*
Oldtimerveranstaltung / classic car event *02912*
Original-Ersatzteil / genuine spare part *02951*
originalgetreue Restaurierung / restoration to original standard *02895*
Originalzustand / genuine condition *02894*
Personenkraftwagen / passenger car *06309*
Pferdeanhänger / horse box *05188*
Pflug / plough *06376*
Polizeiauto / police car *09351*
Preis-Leistungsverhältnis / cost-performance ratio *09381*
Prestige-Auto / prestige car *03021*
Pritschenaufbau / platform body *06374*
Privatmann / private person *02932*
Probefahrt / test ride *02915*

119

Pullman-Limousine / pullman saloon *06501*
Pw (CH) / passenger car *09611*
Quittung / receipt *09248*
Rabatt / discount *06609*
Radlader / wheel loader *08017*
Rate / instalment *09269*
Ratenkauf / hire purchase *09268*
Raupenfahrzeug / dozer *04224*
Raupenlader / crawler loader *03829*
Reifendienst / tyre service *07554*
reinrassiger Klassiker nach der Vintage-Zeit / post vintage thoroughbred *03029*
Reisebus / coach *03573*
Reklamation / complaint *03627*
Rennwagen / racing car *02182*
Restaurierungskosten / restoration costs *02931*
Restaurierungsversicherung / restoration insurance *02979*
Rettungswagen / ambulance *03165*
Roadster / roadster *06701*
rotes Kennzeichen / trade number plate *09790*
Rückvergütung / refund *09265*
Sammler / collector *02886*
Sammlerwagen / collectible car *02105*
Sandstreuer / grit sprayer *04979*
Sattelauflieger / semitrailer *06882*
Scheingebot / fake bid *02937*
Schiebedach / sliding roof *05004*
Schnäppchen / dark horse *09222*
Schneefräse / snow blower *07045*
Schneepflug / snow plough *07048*
Schrott / junk *02314*
Schrottplatz / junk yard *02945*
Schulbus / school bus *06813*
Schwerlastwagen / heavy duty truck *05098*
Schwimmwagen / amphibious vehicle *02315*
sechsfenstrige Limousine / six-light saloon *09421*
Selbstfahrer-Limousine / owner-driver saloon *03037*
serienmäßig / standard (-type) *02318*
serienmäßig ab Werk eingebaute Klimaanlage / factory air conditioning *03051*

Serienmotor / production engine *06479*
Serienwagen / production car *06477*
Sonderzubehör / optional equipment *04496*
Sonnenverdeck / sun roof *02479*
Spediteur / shipping agent *09264*
Spekulant / speculator *02939*
Spezialkarosserie / special body *07120*
Spezialzeitschrift / special magazine *02902*
Spider / spider *09594*
Spitzenprodukt / leading product *08894*
Spitzheck / boat tail *02324*
sportlicher Reisewagen / Gran Turismo *03067*
Sportwagen / sports car *02327*
Stadtbus / city bus *03516*
Stadtwagen / city car *03518*
Steuer / tax *04302*
Stillegung / lay-up *09599*
Straßenbahn / tram *07652*
stromlinienförmig / streamlined *07272*
Superclassic / superclassic *02880*
Taxi / cab *03341*
Technischer Überwachungsverein / german institution according to the MOT *02910*
Technisches Denkmal / technical monument *03017*
Teilemarkt / autojumble (GB) *03023*
Teilkaskoversicherung / partial comprehensive insurance *02977*
Teilrestaurierung / part restoration *03049*
Tieflader-Anhänger / low-bed trailer *05806*
Tieflader-Lkw / low-bed truck *05807*
Torpedo / skiff *03033*
Tourenwagen / tourer *02339*
Tourenwagen mit zwei Cockpits / dual cowl phaeton *09224*
Transport / transportation *02959*
Transportbetonmischer / mobile concrete mixer *05979*
Transportgewicht / shipping weight *06944*
Transportkosten / shipping charges *06942*
Transportpapiere / shipping papers *06943*
Transportversicherung / transport insurance *02978*
Traumwagen / dream car *02906*
Traumzustand / dream condition *02957*
tulpenförmige Tourenwagen-Karosserie / tulip shaped body *03031*
Typenbezeichnung / type designation *07766*
Typzulassung / type approval *10316*
überholter Motor / rebuilt engine *06613*
Überlandbus / intercity bus *05488*
Überrestaurierung / over-restoration *09949*
Überweisung / transfer *02909*
unter der Motorhaube / underhood area *03045*
Verbraucher / consumer *03700*
Verbraucherinformation / consumer information *03701*
Vergütung / fee *02960*
Verkauf / sale *02877*
Verkäufer (als Angestellter) / salesman *06798*
Verkäufer (als Privatmann) / seller *03006*
Verkaufserlös / sales figure *02873*
Verkaufsleiter / sales manager *06799*
Verkaufspreis / sales price *02970*
Verkehrsministerium / Ministry of Transport *05970*
verlängerte Limousine / stretched limousine *09349*
Versandkäfig / cradle *09257*
Versicherung / insurance *02953*
Versicherungspolice / insurance policy *09375*
Versicherungsprämie / premium *02954*
Vertrag / contract *09246*
Vertragshändler / main dealer *10138*
verzollt / duty-payed *05850*
Verzollung / customs clearance *02961*
Viehwagen / livestock transporter *05751*

120

vierfenstrige Limousine / fourlight saloon *03035*
Viersitzer / four seater *04773*
viertürige Limousine / four door saloon *04768*
Vintage-Kategorie / Vintage car *02868*
Vollkaskoversicherung / full comprehensive insurance *04853*
Vor-Vintage-Ära / Pre-vintage-era *03018*
Vorführwagen / demonstration car *04058*
Wagen ohne Papiere / car without U5 document (GB) *09606*
Wagen ohne Papiere / car without documents (US) *02930*
Warenlager / warehouse *09116*
Warenzeichen / trade mark *07621*
Weiterverkauf / resale *02890*

Wert / value *02899*
Wertverlust / loss of resale value *05801*
Wertzuwachs / added value *03003*
Wettbewerbsfahrzeug / competition vehicle *03626*
wie aus dem Schaufenster / showroom condition *03048*
Wiederverkaufswert / resale value *06647*
Wohnwagen / motorhome *03354*
Youngtimer / Youngtimer *02876*
Zoll / inch *03967*
Zollabgabe / custom *02983*
Zollbehörde / customs *02984*
zu mieten / for hire *02879*
zu verkaufen / for sale *02878*
Zubehör / accessories *03089*
Zug / combination *03606*
Zugmaschine / tractor *05150*

Zulassung / registration *06626*
Zulassungsmodalitäten / registration procedures *02963*
Zulassungsnummer / licence number *05698*
Zulassungsstelle / registration office *02981*
Zustand / condition *03668*
Zweisitzer / twoseater *02459*
zweisitziges Coupé mit Gelegenheit, zwei weitere Personen unterzubringen / foursome coupe *03036*
zweitürige Limousine / two-door saloon *07756*

Interieur (I)

abblendbarer Rückspiegel / dipping mirror *04115*
Ablageschale / shelf *06924*
Armaturen / instruments *02050*
Armaturenbrett / dashboard *00470*
Armaturenbrettoberteil / dashboard top roll *09968*
Armstütze / arm rest *03185*
Armstütze mit Türgriff kombiniert / combined arm rest-handle *03613*
Aschenbecher / ash tray *03189*
Aufrollautomatik / belt retractor *03231*
auskleiden / line *05735*
Auskleidung / trim panels *07703*
Automatikgurt / inertia reel seat belt *10129*
Bank / bench *03232*
Beckengurt / lap belt *05632*
Beschläge / hardware *05047*
Bodenteppich / floor carpet *04682*
Bordcomputer / econometer *00634*
Dachhimmel / headlining *02267*
Dreipunktgurt / three-point safety belt *01780*
Ein-Aus / on-off *08951*

Einhandbedienung / single-hand operation *06990*
Einspeichenlenkrad / one-spoke steering wheel *06049*
Einstellhebel für den Rückspiegel / mirror control *05973*
Einzelsitz / single seat *06993*
Fahrersitz / driver's seat *02408*
Fenstervorhang / window curtain *08053*
fest eingebauter Sitz / fixed seat *04640*
Fußboden / floor *04680*
Fußraumauskleidung / floor carpeting *04683*
gepolstertes Armaturenbrett / padded dashboard *06280*
Getriebetunnel / transmission tunnel *04899*
Gurtband / belt strap *07979*
Halteschlaufe / supporting loop *07319*
Handschuhkasten / glove box *02257*
herausziehbarer Aschenbecher / pull-out ash tray *06502*
hinterste Fahrposition / aftmost driving position *03133*
hinterste und unterste Sitzposi-

tion / rearmost and downmost seating position *06598*
Hosenträgergurt / full harness seat belt *04858*
Hutablage / backlight shelf *03211*
Innenausstattung / inside fittings *04863*
Innenbeleuchtung / courtesy light *02280*
Innenspiegel / interior mirror *02282*
integrierte Kopfstütze / integral head rest *05487*
Jalousie / blind *03246*
Kindersitz / child car seat *03473*
Klappsitz / folding seat *02103*
Kleiderhaken / coat hook *03579*
Kofferraumteppich / trunk mat *09226*
Kokosmatte / coir mat *03589*
Kopffreiheit / overhead space *06257*
Kopfstütze / head rest *03112*
körpergerecht / ergonomic *04423*
Kunstlederbezug / vinyl seating *10215*
Lederkranz / leather rim *05679*
Ledersitz / leather seat *10213*
Lehne / rest *06657*

121

Lenkrad-Nabenabdeckung / steering wheel hub cap *05202*
Liegesitz / reclining seat *06616*
Luftgurt / air belt *03138*
Luftsack / air bag *03098*
Make-up Spiegel / make-up mirror *05911*
manuelle Sitzgurtverstellung / manual length adjustment *05923*
Mittelarmstütze / center arm rest *04714*
Mittelkonsole / center console *03435*
nicht sperrende Aufrollvorrichtung / non-locking retractor *06118*
Notsitz / occasional seat *09424*
Pedalerie / pedal layout *10493*
Pfeife / pipe *10412*
Polsterung / upholstry *02168*
Rolljalousie / roller blind *00672*
Rückenlehne / seat back *03115*
Rücksitz / rear seat *06600*
Rücksitzbank / rear bench *04722*
Rückspiegel / rear-view mirror *03175*

Schalensitz / bucket seat *03302*
Schlafkoje / berth *03234*
Schonbezug / seat cover *09620*
Schultergurt / sash belt *06805*
Sitz / seat *03114*
Sitzbank / seat bench *06849*
Sitzbezug / seat cover *06851*
Sitzbezugstoff / seat cover cloth *09619*
Sitzfeder / seat spring *06855*
Sitzgurt / seat belt *04079*
Sitzgurtverankerungspunkt / anchor point *03168*
Sitzgurtverstellung / seat belt adjustment *06846*
Sitzlaufschiene / seat guide rail *06853*
Sitzschale / seat bucket *06850*
Sitzverankerung / seat anchorage *06844*
Sitzverstellung / seat adjustment *06842*
Sonnenblende / visor *02323*
Stoff / cloth *03540*
Stoffbezug / velour pile seat *10170*
Stoffpolsterung / textile uphol-

stery *07470*
Teppich / carpet *03590*
Türarmlehne / runner *10193*
Türverkleidung / door covering *04181*
Türziehgriff / grab handle *04949*
Überziehbezug / slip-on cover *10211*
Verkleidung / lining *10319*
verstellbarer Sitz / sliding seat *07021*
Verzögerungsaufrolleinrichtung / inertia reel divice *05341*
Vierspeichenlenkrad / four-spoke steering wheel *04777*
vorderer Fahrgastraum / front compartment *04810*
vorderste Fahrposition / front driving seating position *09627*
Vorhang / curtain *03869*

 Kraftstoffsystem, Auspuff und Abgase (K)

Abgaskontrolle / exhaust gas analysis *00686*
Abgasreinigung / emission control *04324*
Abgasreinigungsanlage / anti-pollution device *03176*
Abgasrückführung / exhaust gas recirculation *04446*
Abgasrückführungsleitung / exhaust gas recirculation pipe *04448*
Abgasrückführungsventil / exhaust gas recirculation valve *04449*
Abgasschalldämpfer / exhaust silencer *00694*
Abgasturbine / exhaust gas turbine *04451*
Abgasturbolader / exhaust turbocharger *00699*
Abgaszusammensetzung / exhaust gas composition *04441*
absaufen / flood *00744*
Abspritzdruck / opening pressure

06211
Adsorptionsmittel / adsorbent *06510*
Anreicherungsdüse / enrichment jet *04413*
Ansaugfilter / suction screen *02045*
anspringen / light off *05727*
Antiklopfmittel / anti-knock additive *00085*
Ausgleichluftdüse / air correction jet *00044*
Ausgleichsbehälter / equalizing tank *04419*
Auspuff / exhaust *04433*
Auspuff-Hauptschalldämpfer / main muffler *01096*
Auspuffanlage / exhaust system *00698*
Auspuffanlage aus rostfreiem Stahl / stainless steel exhaust system *07186*
Auspuffendrohr / tailpipe *07410*
Auspuffgase / exhaust gases *00678*

Auspuffhalterung / exhaust support *04460*
Auspuffhub / exhaust stroke *00697*
Auspuffkrümmer / exhaust manifold *00690*
Auspuffreinigung / exhaust decarbonisation *00682*
Auspuffrohr / exhaust pipe *02056*
Auspuffschlauch / exhaust hose *04456*
Auspufftakt / exhaust cycle *04437*
automatischer Einspritzregler / automatic injection governor *00099*
Benzol / benzene *03233*
Beschleunigungspumpe / accelerator pump *03080*
Betriebsstoffe / operating agents *06212*
bleifreies Benzin / unleaded fuel *05663*
Bleitetraäthyl / tetraethyl lead *01767*

Bleitetramethyl / tetramethyl lead 01769
brennbares Gemisch / combustible mixture 03615
Bypassbohrung / bypass bore 00237
Cetanzahl / cetane number 00293
Dampfblasenbildung / vapour lock 01969
Dieselkraftstoff / diesel fuel 00497
Dieselqualm / diesel smoke 04091
direkte Einspritzung / direct injection 00540
Doppelauspuff / dual exhaust 04277
Doppelfallstromvergaser / dual throat downdraft carburetor 00623
Doppelvergaser / dual carburetor 00620
Dreibett-Katalysator / three-bed catalyst 07484
Dreifachvergaser / three-barrel carburetor 07482
Drosselklappe / throttle valve 01790
Drosselklappenanschlagschraube / throttle stop screw 01788
Drosselklappendämpfer / throttle dashpot 07496
Drosselklappengehäuse / throttle body 07492
Drosselklappengestänge / throttle control linkage 01787
Drosselklappenhebel / throttle control lever 01786
Drosselklappenöffnungswinkel / throttle opening angle 07499
Drosselklappensteuerung / throttle control 07493
Drosselklappenstutzen / throttle housing 07497
Drosselklappenwelle / throttle shaft 07502
Drosselring / throttle ring 07500
Drosselschieber / throttle slide 07503
Drosselzapfendüse / throttling pintle nozzle 01792
Druckbolzen / nozzle holder spindle 01155
Druckfeder / nozzle spring 01160
Druckrohrstutzen / pressure pipe tube 01356
Druckventil / delivery valve 00700
Düsenaustrittsöffnung / jet orifice 05557
Düsenbohrung / jet bore 05554
Düsendruck / jet pressure 05558
Düsenhalter / jet holder 01154
Düsenhebel / jet lever 01030
Düsenkaliber / jet size 05559
Düsenkopf / nozzle tip 06129
Düsenkörper / nozzle body 01153
Düsenmantel / injector bushing 05378
Düsennadel / jet needle 05556
Düsenöffnung / spray hole 01626
Düsenöffnungsdruck / nozzle opening pressure 01158
Düsenstock / jet carrier 05555
Düsenzapfen / pintle 06343
Edelmetallkatalysator / noble metal engine catalyst 06112
Einfüllschlauch / filler pipe 09632
Einfüllstutzen / filler inlet 04566
Einfüllstutzenansatz / filler neck 09633
Einlochdüse / single-hole nozzle 01555
Einspritzanlasser / engine primer 04404
Einspritzdauer / injection period 05369
Einspritzdüse / injection nozzle 00980
Einspritzdüsennadel / nozzle needle 01156
Einspritzleitung / delivery pipe 00479
Einspritzpumpe / injection pump 00983
Einspritzpumpenantrieb / injection pump drive 05371
Einspritzpumpenbefestigungsflansch / injection pump mounting flange 05372
Einspritzschlauch / injection hose 05359
Einspritzverstellung / injection timing mechanism 00989
Einspritzverstellungskurve / injection timing curve 05376
Einspritzverzug / injection lag 05362
Einspritzzapfendüse / pintle nozzle 01259
Einspritzzeit / injection time 05373
elektronische Kraftstoffeinspritzung / electronic fuel injection 04336
Emission / emission 03973
Entlastungskölbchen / relief piston 01447
erste Stufe / first stage 04628
Explosionsgemisch / explosive mixture 00708
Fallstromvergaser / downdraft carburetor 00596
Festdüsenvergaser / fixed choke carburetor 04637
fettes Gemisch / rich mixture 01471
Fischschwanz / fishtail 09851
Flachstromvergaser / horizontal draft carburetor 00902
Fluten / tickle 09855
Förderdruck / delivery pressure 04053
Förderkolben / delivery plunger 04052
Gasgestänge / accelerator control linkage 03087
Gaspedal / gas pedal 00812
Gasseilzug / accelerator cable 03086
gefärbter Kraftstoff / tinted fuel 07534
Gemisch / mixture 06336
Gemischeinstellschraube / idle mixture control screw 05977
Gleichdruckvergaser / constant pressure carburetor 01706
Halbgas / half throttle 05017
Handförderpumpe / hand pump 00863
Handgas / hand throttle 02255
Handpumpvorrichtung / hand primer 05041
Hauptdüse / main jet 05883
Hauptdüsensystem / main jet system 01092
Hauptdüsenträger / main jet carrier 05885
Haupttank / main tank 05906
hochgezogener Auspuff / upswept exhaust 07816
Höhenkorrektor / altitude correction module 00063
Holzgasanlage / wood gas gener-

ator *02272*
Inhibitor / inhibiting additive *05351*
Innenbelüftung / internal ventilation *05517*
K-Jetronic-Einspritzanlage / K-Jetronic fuel injection *01039*
Kaltstartvorrichtung / cold start device *03593*
Katalysator / catalytic converter *06111*
Katalysator mit Lambdaregelung / catalytic converter closed loop *09673*
Katalysator ohne Lambdaregelung / catalytic converter open loop *09674*
Klopffestigkeit / anti-knock quality *00090*
Kolbenfahne / plunger flange *01315*
Kolbenfeder / plunger spring *06393*
Kraftstoff / fuel *00788*
Kraftstoff-Luft-Mischungsverhältnis / mixture ratio *01120*
Kraftstoffablaßhahn / fuel drain cock *04829*
Kraftstoffanlage / fuel system *00802*
Kraftstoffanzeige / fuel indicator *04831*
Kraftstoffbehälter / fuel tank *00804*
Kraftstoffdampfabscheider / fuel vapour separator *04851*
Kraftstoffdüse / fuel jet *04837*
Kraftstoffeinspritzung / fuel injection *02395*
Kraftstoffhahn / fuel cock *08602*
Kraftstoffhauptfilter / fuel filter *00791*
Kraftstoffleitung / fuel pipe *02073*
Kraftstofförderung / fuel delivery *04828*
Kraftstoffpumpe / fuel pump *00797*
Kraftstoffpumpenmembran / fuel pump diaphragm *00798*
Kraftstoffpumpenstößel / fuel pump tappet *00799*
Kraftstoffreservebehälter / auxiliary fuel tank *03200*
Kraftstoffsieb / fuel strainer *08842*

Kraftstoffstand / fuel level *04838*
Kraftstoffverbrauch / fuel consumption *04827*
Kraftstoffverdunstung / evaporative emission system *04425*
Kraftstoffverlust / fuel loss *04836*
Kraftstoffzusatz / fuel additive *04823*
Lambdasonde / lambda dissector *09337*
Leckkraftstoff / leakage fuel *05673*
Leckölanschluß / overflow oil line connection *01228*
Leerlauf / idle *05232*
Leerlaufabschaltventil / idle cut-off valve *05239*
Leerlaufbegrenzungsschraube / idle adjusting screw *05235*
Leerlaufbohrung / idle feed orifice *05261*
Leerlaufdrehzahl / idle speed *05256*
Leerlaufdüse / idle jet *00925*
Leerlaufdüsenträger / idle jet carrier *05240*
Leerlaufeinstellung / idle adjustment *00931*
Leerlaufgemisch / idle mixture *05242*
Leerlaufluftschraube / idle air adjusting screw *00923*
Leerlaufstabilisierung / idle stabilization *05259*
Leerlaufstellung / idle position *05243*
Leerlaufsystem / idle fuel system *00924*
Leichtbenzin / light fuel *05720*
Lufteinblasung in den Auspuffkrümmer / manifold air injection *05913*
Luftfilter / air filter *00046*
mageres Gemisch / lean mixture *01049*
mechanischer Regler / mechanical governor *05962*
Mehrdüsenvergaser / multiple jet carburetor *05043*
Mehrlocheinspritzdüse / multi-hole nozzle *01126*
mehrteiliger Düsenkörper / multi-piece nozzle body *06039*
Membranregler / suction gov-

ernor *01708*
Mischkammer / mixing chamber *01113*
Mischrohr / emulsion tube *00660*
Nadeldüse / needle jet *06096*
Nadelregelung / needle control *06093*
Nebenluft / secondary air *00048*
Normalbenzin / regular grade fuel *01440*
Nullförderung / no delivery *01150*
Oktanbedarf / octane requirement *06147*
Oktanzahl / octane number *01162*
Öldunst / oil mist *06180*
Ölkohle / oil carbon deposit *01168*
Ölkohlebildung / coking *03591*
Ölreinigung / oil purification *06187*
Pumpenkolben / pump plunger *01386*
Pumpenzylinder / pump cylinder *01385*
Regelhülse / adjusting sleeve *00024*
Regler / governor *04946*
Reglerstange / control rod *00425*
Reiheneinspritzpumpe / multi-cylinder injection pump *01122*
Rennkraftstoff / racing fuel *06535*
Research-Oktan-Zahl / research octane number *01452*
SAE-Viskositätsklasse / SAE-grade *01499*
Saugrohreinspritzung / indirect injection *00963*
Schadstoffemission / pollutant emission *08984*
Schaumbremse / foam inhibitor *04704*
schneller Leerlauf / fast idle *04540*
Schwimmer / float *00737*
Schwimmerachse / float pivot pin *04675*
Schwimmerkammer / float chamber *00739*
Schwimmernadel / float needle *00740*
Schwimmernadelventil / float needle valve *00741*
Schwimmerventil / float valve *04678*
Sidepipes / side pipes *03041*
Solex-Vergaser / Solex carburetor

01578
Spardüse / economizer jet *04318*
Spiralgehäuse / volute casing *01989*
Spritzverstellergehäuse / injection control housing *05357*
Spritzverstellermuffe / injection timing sleeve *00990*
Spritzverstellernabe / injection control hub *05358*
Stabfilter / edge-type filter *00637*
Startdüse / starter jet *07197*
Starterklappe / choke *00310*
Startvergaser / starter carburetor *01636*
Steigstromvergaser / updraft carburetor *01912*
Steuergerät / injection computer *05356*
Steuerkante / helical groove *00885*
Stockpunkt / pour point *01325*
Stockpunktverbesserer / pour point improver *06425*
Strahlkegel / jet cone *01029*
Stromberg-Vergaser / Stromberg carburetor *01701*
Stufenvergaser / two-phase carburetor *01885*
SU-Vergaser / SU-carburetor *01703*
Superbenzin / high octane fuel *00890*
Tankdeckel / filler cap *00719*
tanken / fuel *06622*
Tankklappe / filler inlet compartment lid *04569*
Tankschloß / fuel tank lock *04849*
Tankvolumen / fuel capacity *04826*
thermische Nachverbrennung / thermal afterburning *07472*
thermischer Reaktor / thermal re-

actor *07475*
Trockenluftfilter / dry-type air cleaner *00617*
Tropfenprobe / drop test *04262*
Trübung / opacity *04445*
Trübungspunkt / cloud point *03543*
Tupfer / tickler *09948*
Turbinenschaufel / turbine blade *07734*
Turbokompressor / centrifugal supercharger *00287*
Turbolader / turbocharger *04439*
Turboladerverdichter / turbocharger compressor *07737*
überfettes Gemisch / too rich mixture *07573*
Überströmleitung / overflow pipe *01229*
Überströmventil / overflow valve *01230*
Unterdruckförderung / vacuum feed *02347*
Unterdruckleitung / vacuum hose *01918*
unverbrannter Kraftstoff / unburnt fuel *07772*
verbleiter Kraftstoff / leaded fuel *05661*
Verbrauchsanzeige / consumption indicator *00403*
Verengung am Einfüllstutzen / filler neck restriction *09514*
Vergaser / carburetor *00257*
Vergaserbrand / carburetor fire *03398*
Vergaserdeckel / carburetor cover *03396*
Vergaserdüse / carburetor jet *03401*
Vergaserenteisung / carburetor de-icing *03397*

Vergasergehäuse / carburetor housing *03400*
Vergaserglocke / suction chamber *01707*
Vergaserluft / carburetor air *03392*
Vergaserschwimmer / carburetor float *03399*
Vergaserzwischenstück / carburetor adapter *03390*
Vergasung / carburation *00254*
Verstellkurve des Spritzverstellers / injection advance curve *05355*
Verteilereinspritzpumpe / distributor injection pump *00572*
Vierfachvergaser / four-barrel carburetor *00772*
Vollgas / full throttle *04860*
vorderes Auspuffrohr / inlet pipe *05392*
Voreinspritzung / injection advance *00976*
Vorfilter / pre-filter *01339*
Vorratsgeber / tank gauge *07420*
Vorschalldämpfer / pre-muffler *01349*
Vorzerstäuber / secondary venturi *01511*
Wabenkörper-Katalysator / honeycomb catalyst *05165*
Zenith-Vergaser / Zenith carburetor *02032*
Zulaufleitung / feed line *04548*
Zwangsversorgung / pressure feed *02380*
Zwei-Vergaser-Anlage / twin carburetor *01878*
Zweitaktgemisch / two-stroke mixture *06333*
zweite Stufe / secondary barrel *06857*

Lack, Oberflächenbearbeitung, Rostschutz (L)

Abdeckpapier / masking paper *10103*
abgeblätterter Lack / loose paint *08258*
Abkleben / masking off *08273*
abreiben / rub *08160*
Abziehbild / decal *08750*

Acryl-Lack / acrylic lacquer *00023*
alter Kutschenlack / old style coach paint *08197*
alterungsbeständiges Finish / durable finish *08220*
Altlack / old paint *08257*
Aluminiumflitter / flakes of

aluminium *08225*
anschleifen / flat *08190*
Antidröhnmittel / body deadener *03250*
Atemschutzmaske / breathing mask *08221*
Ausbluten / bleeding *08291*

Außenmischdüse / external mix air cap *08142*
Autolackierer / car sprayer *08144*
Autopflegemittel / car polish *03412*
Bindemittel / binder *08127*
Bläschenbildung / blistering *08290*
Bleimennigegrundierung / red lead primer *08125*
Decklack / final coat *04594*
Druckbecher / pressure feed *08147*
Druckbecherpistole / pressure feed gun *08134*
Durchrostung / rust breakthrough *09454*
Einbrennkabine / low bake spray booth *08223*
Einbrennlack / low bake paint *08222*
Einsinken / sinkage *08305*
Eintrübung / blooming *08295*
Emulsionsfarbe / emulsion paint *08248*
Entroster / rust remover *06769*
Epoxydharz / epoxy resin *04416*
Farbbecher / paint pot *08136*
Farbdüse / fluid tip *08155*
Farbkanal / passageway *08166*
farbloser Decklack / clear-cover base *08176*
Farbrückstand / paint residue *08164*
Farbskala / colour key *03603*
Farbton / colour of paint *08262*
feingemahlenes Pulver / finely ground powder *08189*
Flecken im Lack / bits in the gloss coat *08278*
Fließbecher / gravity feed *08148*
flüssige Farbe / runny paint *08131*
Füllprimer / primer filler *08232*
Galvano / electroplate *08784*
getrocknet / dried *08192*
gewöhnlicher Pinselhochglanzlack / ordinary gloss paint *08198*
giftiger Spritznebel / toxic spray of paint *10104*
Glanz / gloss *04935*
grobe Körnung / coarse grade *08269*
Grundierung / prime coat *06471*
Grundlackierung / primer *06472*
Haftgrund / primer surfacer *09650*
Haftprimer / etch primer *08230*

Haftvermittler / surfacer *09649*
Haftvermögen der Farbe / hold of paint *08231*
Handspritze / hand sprayer *10092*
härten durch Oxidation / harden by oxidation *08216*
Hartverchromung / hard chrome plating *05042*
Harzabbeizer / resin stripper *10181*
hochglanzpoliert / highly polished *08875*
Hohlraumkonservierung mit Wachs / wax injection and treatment *10089*
Innenmischdüse / internal mix air cap *08141*
Klebeband / masking tape *08275*
Kochbläschen / solvent pop *08293*
Komplettlackierung / total respray *08181*
Kontrastfarben / contrasting colours *03716*
Kontrastschicht / guide coat *08274*
Korrosion / corrosion *03954*
Kraterbildungen im Lack / eruptions in the paint *08254*
Kunstharz-Einbrennlack / low bake enamel *08206*
Kunstharzlack / synthetic enamel *01755*
Lack / paint *06283*
Lack abbeizen / paint stripping *08308*
Lack aufpolieren / compound the paint *08202*
Lackabbeizer / paint stripper *08309*
Lackdicke / depth of paint *08203*
Lackfehler / paint faults *08287*
lackieren / paint *06284*
Lackiererei / paint shop *08132*
Lackierkabine / spray booth *08183*
Lackierung / paintwork *06286*
Lackrand / edge of the paint *08272*
Lackschicht / paint coating *06285*
Lacktropfen / paint leakage *08286*
Läufer / run *08283*
Leuchtfarbe / fluorescent paint *10507*
Lösungsmittel / solvent *07064*
Luftbläschenbildung / pinholing *08300*

Luftdüse / air cap *08139*
Luftkanal / airway *08165*
Luftstrom / flow of air *08135*
Lufttransformator / air transformer *08138*
mangelnde Deckfähigkeit / poor opacity *08306*
Materialmengenreguliersschraube / fluid adjustment screw *08179*
matter Lack / faded paint *10208*
Metallglanzeffekt / metallic effect *08224*
Metallic-Lackierung / metallic paint *08928*
nachlackieren / respray *08250*
Naßschleifpapier / wet flatting paper *08266*
Niederdruckteil / low pressure area *08145*
Nitrofeinspachtel / cellulose stopper *10101*
Nitroverdünnung / nitrocellulose thinner *08251*
Nitrozelluloselack / nitrocellulose lacquer *01148*
Oberflächenrost / surface rust *10165*
Orangenhaut / orange peel effect *08285*
Papierkörnung / grit size *08268*
phosphatieren / phosphate *01257*
Pigment / pigment *08123*
Pinsellackierung / brush-painting *10105*
Pistolengehäuse / gun body *08175*
Polierpaste / polishing paste *01320*
Polyester-Spritzfüller / polyester spray filler *08238*
Polyesterspachtel / polyester filler *10100*
Reinigungsbürste / flue brush *08172*
Reparaturlack / refinish paint *08205*
richtige Spritzviskosität / correct degree of runniness *08194*
Rillenbildung / grooving *08270*
Risse / wrinkling *08219*
Risse und Sprünge / cracking and checking *08296*
Rost / rust *02193*
Rostbehandlung / rust treatment *10078*

rostbeständig / rustproof *06766*
Rostblase / rust scab *10166*
Rostfraß / spreading rust *10083*
Rostschutz / rust prevention *06768*
Rostschutzbehandlung / rustproof treatment *06767*
Rostumwandler / rust converter *01498*
rostunterwanderter Lack / bubbling paint *10081*
Runzeln / crazing *08218*
Saugbecherpistole / suction feed gun *08133*
Schichtdicke / deep film *08235*
Schleifpapier / abrasive paper *08264*
Schleifspuren / sand cratches *08292*
Schutzfilm / protective film *08129*
Silikonentferner / grease remover *08259*
Silikonkrater / cratering *08297*
Spachtel / filler *01722*
Spraydose / aerosol can *08314*
Spritzbild / spray pattern *08169*
Spritzbreiteneinstellventil / spreader adjustment valve *08178*
spritzen / spray-paint *08311*

Spritzhand / spraying hand *08174*
Spritznebel / spray fog *10505*
Spritzpistole / spray gun *10591*
Spritzspachtel / spray putty *08126*
Spritztechnik / air brushing *10416*
Sprühventil / spreader valve *08150*
spucken / splutter *08143*
steinschlagfeste Dickschichtgrundierung / chip resistant primer *08242*
Stippen / dirt contamination *08303*
Störung des Spritzbildes / defective spray pattern *08280*
Streifenbildung / mottling *08289*
stumpfer Lack / dull paint *08255*
Stutzen des Spritzbechers / neck of the spray gun cup *08170*
Trenngrund / isolator *08211*
Trockenkammer / drying chamber *04269*
Trockenschleifpapier / dry flatting paper *08267*
Trockentunnel / drying tunnel *04270*
trocknen / dry *08215*
Tupflack / touch-up lacquer *01824*
Übergang / feather edge *08277*
Übergang von Zweifarbenlacken / duotone line *08276*
übermäßige Spritznebelbildung / excessive spray fog *08281*
Überspritznebel / overspray *08301*
Unterbodenschutz / underbody protection *01904*
unverträgliche Lacksorten / quarelling paint types *08214*
Verfärbung / off colour *08307*
Versiegelung / sealer *08241*
Verstopfung / blockage *08163*
Vorhang / sag *08282*
Wachsbeschichtung / wax coating *07974*
weicher Lack / soft paint *08263*
Zerstäuberluft / atomizing air *08149*
Zierlinien / coachlines *03043*
Zweifarbenlackierung / two-color paintwork *07755*
Zweikomponenten-Acryllack / two-pack paint *08207*
zweiter Grundlack / second primer *06860*

Motor, Kühlung, Heizung (M)

4-Zylinderboxermotor / flat-four engine *10353*
abnehmbarer Zylinderkopf / detachable cylinder head *02036*
Abwärtsbewegung des Kolbens / downward movement of piston *02596*
Achtzylinder-Reihenmotor / straight-eight engine *02040*
Achtzylinder-V-Motor / Vee-eight engine *02042*
Aktivkohlering / activated carbon ring *03099*
Alfin-Zylinder / alloy barrel with liner *09795*
Alkoholmotor / dope engine *09796*
Aluminium-Chrom-Zylinder / aluminium-chromium-cylinder *02624*
Anbauteil / ancillary *10453*
Andrehklaue / cranking jaw *00444*

Andrückfeder / expander *04471*
angegossener Zylinderkopf / integral cylinder head *05486*
Anlaßgeschwindigkeit / cranking speed *02746*
anlassen / start *07193*
Anlaßzahnkranz / starter ring gear *01641*
Ansaugdämpfer / silencer filter *01550*
Ansaugdruck / intake pressure *05480*
ansaugen / intake *07292*
Ansauggeräusch / intake noise *05478*
Ansaugkrümmer / intake manifold *05477*
Ansaugleitung / intake line *05476*
Ansaugluft / intake air *05080*
Ansauglufttemperatur / intake air temperature *05468*

Ansaugluftvorwärmer / intake air heater *05467*
Ansaugquerschnitt / intake cross-section *05472*
Ansaugschlauch / intake hose *05474*
Ansaugseite / intake side *05482*
Ansaugtakt / intake stroke *02597*
Ansaugtrichter / intake trumpet *05483*
Antriebsnocken / actuating cam *02799*
anwärmen / warming up *07941*
Anzugsdrehmoment / starting torque *01648*
Arbeitshub / expansion stroke *02600*
aufbrüllen / roar *06703*
aufgeladen / supercharged *02440*
Aufladeverhältnis / supercharging ratio *07306*

Aufladung / supercharging *07302*
Aufwärtshub des Kolbens / upstroke of piston *02595*
Außenverzahnung / external teeth *02744*
ausgelaufenes Lager / run out bearing *01496*
ausgewuchtete Kurbelwelle / counterbalanced crankshaft *02700*
Ausgleichsmasse auf Schwungrad / balancer *09708*
Auslaßkanal / exhaust port *04440*
Auslaßnocken / exhaust cam *00681*
Auslaßnockenwelle / exhaust camshaft *06242*
Auslaßventil / exhaust valve *10233*
Auslaßventilaufsatz / exhaust valve cap *04465*
Auslaßventilfeder / exhaust valve spring *04470*
Auslaßventilführung / exhaust valve guide *04467*
Auslaßventilsitz / exhaust valve seat *04468*
automatisches Einlaßventil / automatic inlet valve *10349*
Axiallager / axial bearing *00106*
Axialspiel / end play *04354*
bei niedriger Drehzahl / at low speeds *08691*
Beschleunigungsloch / flat spot *04660*
Bimetallkolben / bimetal piston *00142*
Blockmotor / block engine *02079*
Bodenmitte / head center *05053*
Boxermotor / flat engine *00733*
Brennraum / combustion chamber *00362*
Brennraumablagerung / combustion chamber deposit *03617*
Brennraumform / combustion chamber shape *03618*
Brennraumtiefe / depth of combustion chamber *04066*
Brennraumwand / combustion chamber wall *03619*
Brennrohr / burner tube *03325*
Brennzeit / burning time *03328*
Bronzekopf / bronze head *09818*
desmodromische Ventilsteuerung / desmo valve gear *09829*

Dieselmotor / diesel engine *00495*
Dieselmotor mit Strahleinspritzung / solid injection diesel engine *01582*
Dieselnageln / diesel knock *04089*
Doppelkolbenmotor / double piston engine *02492*
Drallkanal / swirl duct *01735*
Drehkolben / rotary piston *01485*
Drehkolbenmotor / rotary piston engine *02391*
Drehmomentkurve / torque curve *07593*
Drehmomentverlust / torque loss *07594*
Drehschieber / rotary valve *02805*
Drehzahl / speed *04533*
Drehzahlbegrenzer / overspeed governor *06265*
Drehzahlbereich / speed range *02722*
dreifach gelagerte Kurbelwelle / three-bearing crankshaft *07483*
Dreikanal-Zweitaktmotor / three-port two-stroke engine *01783*
Dreipunktaufhängung / three-point suspension *01781*
dreiteiliger Zylinderkopf / three-piece cylinder head *07488*
Dreizylindermotor / three-cylinder engine *07485*
Druckölpumpe / oil pressure pump *06185*
Druckschmierung / pressure lubrication *02204*
Druckseite / major thrust face *05907*
Einfahröl / break-in oil *03298*
Einlaß gegen Auslaß / intake opposite exhaust *02619*
Einlaßkanal / inlet port *05393*
Einlaßkanal (Kreiskolbenmotor) / inlet passage (rotary engine) *05390*
Einlaßnocken / inlet cam *00993*
Einlaßnockenwelle / inlet camshaft *00994*
Einlaßseite / induction side *05334*
Einlaßtrichter / inlet horn *05386*
Einlaßunterdruck / inlet depression *05383*
Einlaßventil / inlet valve *05399*
Einlaufgehäuse / inlet housing *05388*
Einlaufstutzen / inlet connection *05382*
einseitiger Trapezring / half keystone ring *05011*
Einspritzmotor / injection engine *00978*
einzeln gegossene Zylinder / single-cast cylinder *02209*
Einzylindermotor / single-cylinder engine *02210*
Elektromotor / electric motor *04331*
Exzenterwelle / eccentric shaft *02790*
Feuersteg / piston top land *04605*
Flachkolben / flat top piston *02673*
Flachkühler / flat-radiator *03038*
Flammpunkt / flashpoint *00731*
Flammsieb / flame trap *04648*
Flankenspiel / side clearance *10468*
Gabelpleuelstange / forked connecting rod *04755*
Gebläse / blower *09741*
Gebläsegehäuse / fan housing *10451*
Gegengewicht / counterweight *03761*
Gegenkolbenmotor / opposed-piston engine *02236*
Gemischschmierung / mixture method lubrication *01118*
Geräuschdämpferfeder / anti-vibration spring *02572*
geräuschlose Kette / silent chain *02761*
Gesamthubraum / total displacement *07604*
geteiltes Kurbelgehäuse / divided crankcase *04163*
gewölbter Kolbenboden / curved piston top *03875*
Glühkopf / hot bulb *00907*
Glühkopfmotor / semi-diesel engine *01523*
Gummilagerung des Motors / rubber mounting of the engine *02554*
harter Lauf / rough running *06741*
Hauptkammer / main chamber *05876*
Hauptkühlgebläsegehäuse / main fan housing *10456*

Hauptlager / main bearing *02706*
Hauptlagerdeckel / main bearing cap *05870*
Hauptlagerdeckelschraube / main bearing bolt *05865*
Hauptlagerschale / main bearing shell *05872*
Hauptlagerzapfen / main journal *05888*
Hauptölleitung / main oil gallery *05891*
Hauptstromölfilter / full-flow oil filter *00806*
Heckmotor / rear engine *01422*
Heizflansch / heating flange *00882*
Heizgebläse / heater blower *05083*
Heizklappe / heater flap *10441*
Heizung / heater *02265*
hemisphärischer Brennraum / hemispherical combustion chamber *05111*
hinterer Kolben / rear piston *01427*
Hochdruckschmierung / high pressure lubrication *05126*
hochkomprimierter Motor / high compression engine *02485*
Hochleistungsmotor / high-performance engine *05095*
hochliegende Nockenwelle / high cam *10418*
Hub / stroke travel *01698*
Hub-Bohrungs-Verhältnis / stroke-bore ratio *01696*
Hubkolbenmotor / piston engine *01269*
Hubraum / displacement *00563*
Hubraumleistung / liter output *01061*
Hufeisenkühler / horseshoe radiator *02275*
Hydro-Stößel / hydraulic valve tappet *00916*
innere Ventilfeder / inner spring *05409*
kalter Bogen / compression lobe *03645*
Kanalbuchse / port liner *06417*
Kegelsitzventil / bevel seated valve *02794*
keilförmiger Brennraum / wedge shaped combustion chamber *07980*
Keilwelle / fluted shaft *02704*

Kettengeräusch / rattle of chain *02779*
Kettenrad / chain wheel *08512*
Kettenspanner / chain tensioner *02766*
Kipphebel / rocker arm *03991*
Kipphebelbock / rocker arm bracket *06704*
Kipphebelbuchse / rocker arm bush *06710*
Kipphebelstützfeder / rocker spacing spring *06711*
klebende Ventile / sticky valves *02809*
klopfen / knock *08889*
Kolben / piston *01260*
Kolben für kleine Bohrung / small bore piston *02668*
Kolben mit gewölbtem Boden / dome head piston *02674*
Kolbenauge / piston boss *01263*
Kolbenbeschleunigung / piston acceleration *06346*
Kolbenboden / piston top *01297*
Kolbenbodenkante / edge of piston head *04320*
Kolbenbodenstärke / piston head thickness *05072*
Kolbenbolzen / piston pin *01276*
Kolbenbolzenbohrung / piston pin bore *06350*
Kolbenbolzenbüchse / piston pin bushing *06341*
Kolbenbolzensicherung / piston pin retainer *01278*
Kolbenbuchse / piston boss bushing *02686*
Kolbendämpfer / piston damper *01266*
Kolbendruck / piston pressure *06352*
Kolbendurchmesser / piston diameter *01267*
Kolbenfresser / piston seizure *01270*
Kolbengröße / piston size *06357*
Kolbenhöhe / piston depth *06349*
Kolbenkippen / piston gouging *01271*
Kolbenkörper / piston barrel *06347*
Kolbenmantel / piston skirt *01261*
Kolbennase / deflector *09713*
Kolbenpumpe / piston pump *01281*
Kolbenring / piston ring *01282*
Kolbenringfeder / piston ring expander *06353*
Kolbenringflattern / piston ring flutter *01286*
Kolbenringkleben / piston ring sticking *01476*
Kolbenringnut / piston groove *01272*
Kolbenringsicherung / piston ring lock *06355*
Kolbenringspannband / piston ring compressor *01284*
Kolbenringstoß / piston ring gap *01287*
Kolbenringträger / groove insert *04986*
Kolbenringzone / piston ring zone *01292*
Kolbenschlag / piston slack *06358*
Kolbenschlitz / thermal slot *07476*
Kolbenspiel / piston clearance *02688*
Kolbensteg / piston land *05625*
Kolbenwerkstoff / piston material *01275*
Kompressionsdruck / compression pressure *02647*
Kompressionshub / compression stroke *00377*
Kompressionsraum / compression chamber *00368*
Kompressionsring / compression ring *00375*
Kompressionsringnut / compression ring groove *03647*
Kompressionsverhältnis / compression ratio *00373*
Kompressionszündung / compression ignition *03641*
Kompressor / supercharger *01717*
kopfgesteuert / overhead valves *06256*
Kreiskolbenmotor / orbiting piston engine *02392*
Kreuzkopf / crosshead *09482*
Kreuzkopfende der Pleuelstange / crosshead end of connecting rod *02697*
Kugelbrennraum / spherical combustion chamber *01624*
Kühler / radiator *01394*
Kühlerblock / radiator core *01396*

129

Kühlereinlaufstutzen / radiator inlet connection 01398
Kühlerklappe / radiator flap 06547
Kühlerrippen / radiator slats 09967
Kühlerschutz / radiator guard 06549
Kühlerthermometer / radiator thermometer 09335
Kühlerverstrebung / radiator strut 06553
Kühlerwasserauslaufstutzen / radiator outlet connection 01399
Kühlmittel / coolant 03737
Kühlmittelablaßschraube / coolant drain plug 03731
Kühlmittelleitung / coolant pipe 03736
Kühlmittelpumpe / coolant pump 09736
Kühlmittelschlauch / coolant hose 03732
Kühlmittelstand / coolant level 03733
Kühlmittelstandanzeige / coolant level indicator 03734
Kühlung / cooling 10574
Kühlwasser / cooling water 02120
Kühlwasserauslaufstutzen / water outlet flange 07968
Kühlwassereinlaufstutzen / water inlet flange 07965
Kühlwasserfilter / water filter 07961
Kühlwasserleitung / water pipe 07969
Kühlwassermantel / water jacket 07966
Kühlwasserschlauch / water hose 07963
Kupferasbestdichtung / copper-asbestos gasket 00429
Kurbelarm / crank arm 03788
Kurbelgehäuse / crankcase 00432
Kurbelgehäuseentlüfter / crankcase breather 06066
Kurbelgehäusekompression / crankcase compression 02741
Kurbelgehäuseoberteil / crankcase top half 00442
Kurbelgehäusespülung / crankcase scavenging 03795
Kurbelgehäuseunterteil / crankcase bottom half 09691

Kurbelkastenexplosion / crankcase explosion 02740
Kurbelstellung / crankshaft position 03811
Kurbeltrieb / crankgear 03799
Kurbelwange / crankweb 00454
Kurbelwelle / crankshaft 00447
Kurbelwellengegengewicht / crankshaft counterweight 03805
Kurbelwellenhauptlager / crankshaft main bearing 03809
Kurbelwellenkröpfung / crankshaft throw 03814
Kurbelwellenpaßlager / crankshaft thrust bearing 03815
Kurbelwellenrad / crankshaft timing gear 02764
Kurbelwellenriemenscheibe / crankshaft pulley 10439
Kurbelwellenritzel / crankshaft pinion 03810
Kurbelwellenschwingungen / crankshaft vibrations 03818
Kurbelwellenwinkel / crankshaft angle 03804
Kurbelwellenzapfen / crankshaft journal 00449
Kurzhubmotor / short stroke engine 06953
Labyrintdichtung / oil seal 09909
Ladedruck / supercharging pressure 07303
Ladedruckbegrenzer / supercharging pressure limiter 07305
Ladedruckregler / boost pressure control 07304
laden / supercharge 03985
Ladepumpe / charge pump 03502
Ladermotor / supercharged engine 01715
Lagerbuchse / bearing bushing 02728
Lagerdeckel / bearing cap 02635
Lagerschale / bearing shell 02727
Lagerstützschale / bearing support 02732
Lamellen-Kühler / ribbed radiator 01470
Langhubmotor / long stroke engine 05792
Leichtmetallkolben / light-alloy piston 01057
Leistungsabfall / power decrease 06435

Leistungsanstieg / power increase 06437
Leistungskurve / power curve 06434
liegender Motor / horizontal engine 10326
liegender Zylinder / horizontal cylinder 02134
Linearmotor / linear engine 08638
Lochdüse / orifice nozzle 01214
Lüfterbock / fan bracket 04524
Lüfterflügel / fan blade 04523
Lüfterhaube / fan cowl 04526
Lüfterkupplung / fan clutch 04525
Lüfterrad / fan wheel 00717
Lüfterriemen / fan belt 04522
Lüfterwelle / fan drive shaft 04527
Luftfilter / air cleaner 10447
luftgekühlter Motor / air-cooled engine 03147
Luftspeicherdieselmotor / air cell diesel engine 00026
Maulweite / free gap 04789
maximale Motordrehzahl / maximum engine speed 05943
maximales Drehmoment / maximum torque 05948
Mehrkammermotor / multichamber engine 06035
Mehrschichtendichtung / laminated gasket 05619
Mehrstoff-Dieselmotor / multifuel engine 01124
mehrteiliger Kompressionsring / multipiece compression ring 06038
mehrteiliger Ölabstreifring / multipiece oil ring 06040
Mehrzylindermotor / multi-cylinder engine 02502
Membranblock / diaphragm unit 00494
Membransteuerung / diaphragm control 04087
Metall-Asbest-Zylinderkopfdichtung / metal-asbestos cylinder head gasket 01107
mittlere Kolbengeschwindigkeit / mean piston speed 05953
Mondsichelpumpe / crescent oil pump 03833
Motor / engine 09738
Motor abwürgen / stall 07187
Motor mit einteiligem Zylinder-

block / engine-cylinder block *02489*
Motor mit hohem Wirkungsgrad / high efficiency engine *05119*
Motor-Getriebeblock / engine gearbox unit *02560*
Motorabmessungen / engine dimensions *04374*
Motoraufhängung / engine lug *02557*
Motorbelastung / engine load *04389*
Motorbetriebsstunden / engine hours *04386*
Motorblock / engine block *00665*
Motorbolzen / engine bolt *02553*
Motorbremse / engine brake *00667*
Motorbremsklappe / engine brake flap *04368*
Motordaten / engine data *04373*
Motordrehmoment / engine torque *00674*
Motordrehrichtung / engine rotation *02718*
Motordrehzahl / engine speed *00672*
Motoreinstelldaten / engine tune-up specifications *04411*
Motorenaussetzer / cutout of the engine *03873*
Motorenzubehör / engine accessories *02545*
Motorgummilagerung / engine mounting in rubber *02546*
Motorkühlmittel / engine coolant *04372*
Motorleistung / engine power *04403*
Motornummer / engine identification number *02512*
Motoröl / engine oil *00670*
Motoröldruck / engine oil pressure *04398*
Motorölkühler / engine oil cooler *04397*
Motoröltemperatur / engine oil temperature *04399*
Motorschild / engine plate *04402*
Motorschmierung / engine lubrication *04391*
Motorsteuerung / engine timing *04409*
nachbohren / rebore *01431*

Nachlaufbohrung / breather port *00225*
Nasenkolben / deflector piston *00477*
Naßluftfilter / wet-type air filter *01995*
nasse Zylinderlaufbuchse / wet cylinder liner *01994*
Naßsumpfschmierung / wet sump lubrication *07995*
Nettomotorleistung / net engine power *06104*
Niederdruckmotor / low compression engine *02484*
Nockenerhebungszeit / cam dwell period *03360*
Nockensteuerung / cam control *03352*
Nockenwelle / camshaft *00245*
Nockenwellenantrieb / camshaft drive *00247*
Nockenwellenantriebsgehäuse / timing camshaft casing *01804*
Nockenwellenantriebsgehäusedeckel / camshaft timing gear cover *02773*
Nockenwellenantriebsgeräusch / camshaft drive noise *03368*
Nockenwellenantriebskette / camshaft timing chain *03375*
Nockenwellenaxialsicherung / camshaft thrust bearing *03371*
Nockenwellenbuchse / camshaft bush *03362*
Nockenwellendeckel / camshaft cover *03364*
Nockenwellengehäuse / camshaft casing *03363*
Nockenwellenkettenrad / camshaft sprocket *03370*
Nockenwellenlager / camshaft bearing *02783*
Nockenwellenrad / camshaft gear wheel *02765*
Nockenwellensteuerung / camshaft timing *03374*
obengesteuerter Motor / overhead-type engine *01231*
obengesteuertes Ventil / overhead valve *02151*
obenliegende Nockenwelle / overhead camshaft *02152*
oberer Drehzahlbereich / upper speed range *07810*

oberer Totpunkt / top dead center *01914*
oberer Wasserkasten / radiator top tank *01404*
oberster Kolbenring / top piston ring *09715*
Öffnungswinkel / opening angle *06210*
Ölablaßschraube / oil sump plug *01202*
Ölablenkblech / oil deflector *06166*
Ölabscheider / oil separator *06190*
Ölabstreifnase / oil scraper nose *06189*
Ölabstreifring / oil ring *04985*
Ölbohrung / oil supply bore *06194*
Öldruckkontrolleuchte / oil pressure indicator lamp *01189*
Öldruckregelung / oil pressure control *06184*
Öldruckschalter / oil pressure switch *01191*
Öleinfüllstutzen / oil filler *06171*
Ölfilter / oil filter *01179*
Ölgrobfilter / oil pump strainer *01194*
Ölkanal / oil way *10471*
Ölkühler / oil cooler *01173*
Ölleitung / oil pipe *06182*
Ölmanometer / oil pressure gauge *01188*
Ölmeßstab / crankcase oil dipstick *00438*
Ölmeßstabmarkierung / dipstick marking *04120*
Ölpumpe / oil pump *02155*
Ölschaum / oil foam *06177*
Ölschlamm / oil sludge *01198*
Ölschleuderring / oil thrower ring *06197*
Ölschlitzring / ventilated oil ring *07911*
Ölsieb / oil strainer *06192*
Ölsumpf / wet sump *07994*
Öltank / oil tank *06179*
Ölüberdruckventil / oil pressure relieve valve *10467*
Ölumlauf / oil circulation *06163*
Ölverbrauch / oil consumption *01172*
Ölwanne / oil sump *00435*
Ottomotor / spark ignition engine *00007*

Panzerventil / hard-faced valve *00864*
Paßfeder / Woodruff key *02748*
Pilzstößel / mushroom tappet *01138*
Pleuelbuchse / connecting rod small end bush *01277*
Pleueldeckel / connecting rod bearing cap *03679*
Pleuellager / connecting rod bearing *00389*
Pleuellagerzapfen / connecting rod journal *00393*
Pleuelschaft / connecting rod shank *00395*
Pleuelstange / connecting rod *00388*
Pleuelstange mit Scharnierkopf / hinged type connecting rod *02699*
Pleuelstangenfuß / connecting rod big end *00391*
Pleuelstangenkopf / connecting rod small end *00396*
Pumpenumlaufkühlung / pump circulated cooling *01384*
quadratischer Motor / square engine *02499*
Quermotor / transverse engine *01849*
Querschlitzkolben / trans slot piston *07673*
Querstromspülung / crossflow scavenging *02620*
Quetschfläche / squish area *06525*
Rauchen / smoking *07041*
Rauchgrenze / smoke limit *07040*
Reihenmotor / in line engine *00014*
Ring mit Innenfase / inside bevel ring *05422*
Ringnut / ring groove *06689*
Rippenrohrkühler / gilled-tube radiator *04924*
Rollenkette / roller chain *02754*
Rollenlager / roller bearing *02731*
Rollenstößel / roller tappet *01481*
Roots-Gebläse / Roots-blower *01483*
Rückschlagdrosselklappe / non-return throttle *06120*
runder Motorlauf / smooth running *07042*
Saugmotor / naturally aspirated engine *01911*

Saugpumpe / suction pump *07295*
Saugwiderstand / intake resistance *05481*
Schauloch / timing pointer hole *02777*
Schiebermotor / sleeve valve engine *02308*
Schlammraum / sediment bowl *02738*
Schleuderluftfilter / centrifugal air cleaner *00280*
schlitzgesteuerter Motor / piston valve engine *06361*
Schlitzmantelkolben / split-skirt piston *02672*
Schmiedekolben / forged piston *02676*
schnellaufender Dieselmotor / high speed oil engine *02509*
Schott / partition *02735*
schräggestelltes Ventil / inclined valve *02802*
Schwimmeinrichtung / floating device *02573*
schwimmend gelagerter Kolbenbolzen / floating piston pin *00743*
schwimmende Aufhängung / floating saddle *02574*
Schwungrad / flywheel *00755*
Schwungradflansch / flywheel flange *04698*
Schwungradkranz / flywheel starter ring gear *02743*
Schwungradmarkierung / flywheel timing mark *00759*
Sechszylindermotor / six-cylinder engine *07000*
seitengesteuerter Motor / side valve engine *02504*
seitlich stehende Ventile / side valves *06973*
seitlicher Kühler / hip-mounted radiator *05141*
Slipper-Kolben / slipper-type piston *09933*
Spannrolle / tensioning pulley *07448*
Spannschiene / tensioner blade *07447*
Spitzkühler / pointed radiator *02325*
spülen / scavenge *02610*
Spülperiode / scavenging period *01502*

Spülpumpe / scavenging pump *06811*
Spültakt / scavenging stroke *02608*
Spülung / scavenging *02611*
Stahlguß-Kolben / all-steel cast piston *02675*
Starthilfe / starting aid *07204*
stehender Motor / vertical engine *02498*
stehendes Ventil / vertical valve *07918*
Sternmotor / radial engine *02501*
Steuerrad / secondary gear *02749*
Steuerventil / spool valve *02807*
Stirnrad / distribution gear *02768*
Stößeleinsteckstück / tappet adjuster *10460*
Stößelschutzrohr / push rod tube *10461*
Stoßöffnung / gap *04872*
Stoßspiel / compressed gap *03634*
T-Schlitzkolben / T-slot piston *07719*
Teillast / partial load *01246*
Tellerstößel / flat-bottom tappet *00732*
Tellerventil / mushroom valve *02801*
Thermosiphon-Kühlung / natural circulation water cooling *01139*
Totpunkt / dead center *02586*
Totpunktlage / dead center position *02588*
Triebwerk / power unit *02494*
Triplexkette / triplex chain *07704*
trockene Laufbuchse / dry cylinder liner *00616*
Trockensumpfschmierung / dry sump lubrication *02344*
Turbine / turbine impeller *02511*
U-Schlitzkolben / U-slot piston *07824*
überdrehen / overspeed *06264*
Überdruckflüssigkeitskühlung / liquid pressurized type cooling *05749*
überlappter Kolbenring / lap-ended piston ring *02689*
überquadratischer Motor / over-square engine *09702*
Überströmschlitz / transfer port *01838*
Umkehrspülung / loop scaven-

ging *01070*
Umlaufschmierung / circulating lubrication *03513*
Unrundwerden / ovolization *02665*
Unterdruck im Ansaugkrümmer / induction manifold vacuum *05331*
unterer Drehzahlbereich / lower speed range *05809*
unterer Totpunkt / lower dead center *01076*
unterer Wasserkasten / radiator lower tank *06554*
Unterflurmotor / underfloor engine *02565*
unterquadratischer Motor / under-square engine *09701*
unvollständige Verbrennung / imperfect combustion *05301*
V-Motor / V-engine *02351*
Ventil / valve *01927*
Ventil schließen / closing of the valve *02817*
Ventilanordnung / valve arrangement *07850*
Ventilauslaß / valve outlet *07887*
Ventilaussparung / valve relief *07892*
Ventilbetätigung / valve actuation *07841*
Ventildeckel / valve cover *02400*
Ventildrehvorrichtung / valve rotator *01949*
Ventildurchmesser / valve diameter *07865*
Ventileinlaß / valve inlet *07875*
Ventileinsatz / valve core *02813*
Ventileinstellschraube / valve adjusting screw *07842*
Ventilfeder / valve spring *01960*
Ventilfederheber / valve spring lifter *01962*
Ventilfederplatte / valve spring retainer *01963*
Ventilfederteller / valve spring cover *02795*
Ventilführung / valve guide *01933*
Ventilführungsbuchse / valve guide bush *07872*
Ventilgehäuse / valve box *02815*
Ventilhalter / valve holder *01935*
Ventilhub / valve lift *02252*
Ventilkammer / valve chamber *02810*
Ventilkanal / valve port *07891*
Ventilkegel / valve cone *07860*
Ventilkehle / valve neck *07882*
Ventilkeil / valve spring key *02793*
Ventilklappern / valve noise *07883*
Ventilkorb / valve cage *07854*
Ventilloch / valve hole *07873*
ventilloser Motor / valveless engine *02506*
Ventilöffnung / opening of the valve *02808*
Ventilöffnungsdauer / valve opening period *07886*
Ventilring / valve ring *07893*
Ventilschaft / valve stem *01955*
Ventilschaftabdichtung / valve stem seal *01957*
Ventilschnarren / valve bouncing *07853*
Ventilsitz / valve seat *01950*
Ventilsitzbreite / valve face width *07868*
Ventilsitzfläche / valve face *07867*
Ventilsitzring / valve seat insert *02818*
Ventilsitzwinkel / angle of valve seat *00068*
Ventilspiel / valve clearance *02354*
Ventilstößel / valve lifter *01965*
Ventilstößelführung / valve lifter guide *02796*
Ventilstößelspiel / valve-tappet clearance *02786*
Ventilstößelstange / valve push rod *01943*
Ventilstößelverkleidung / valve push rod cover *00018*
Ventilteller / valve head *01934*
Ventilträger / valve carrier *07856*
Ventiltrieb / valve gear *09710*
Ventilüberdeckung / valve lap *01938*
Ventilverzögerung / valve lag *07877*
Verbrennungsdruck / explosion pressure *04482*
Verbrennungshub / ignition stroke *00950*
Verbrennungsmotor / internal combustion engine *01017*
Verdichterauslauf / compressor outlet *03661*

Verdichtereinlauf / compressor inlet *03660*
Verdichtung / compression *02640*
Verdichtungswärme / compression heat *03640*
verdrehte Welle / bent shaft *02703*
Verkleben der Kolbenringe / clogging of piston rings *03535*
verschiebbare Nockenwelle / shifting camshaft *02785*
verschlissene Laufbahn / worn bore *10469*
Viertakt / four-stroke *02488*
Viertaktmotor / four-stroke engine *02487*
Viertaktverfahren / four-stroke process *00775*
Vierzylinderboxermotor / flat-four engine *04657*
Vierzylindermotor / four-cylinder engine *02490*
Viskose-Lüfter / viscose radiator fan *01984*
Vollast / full load *00807*
Vollschaftkolben / solid-skirt piston *01584*
volumetrischer Wirkungsgrad / volumetric efficiency *01987*
vordere Motoraufhängung / engine front mounting *02551*
Vorkammer / antechamber *00071*
Vorkammermotor / antechamber compression ignition engine *00073*
Vorverdichtung / precompression *06446*
Wabenkühler / honeycomb radiator *00899*
Wandlungsgrad / torque ratio *07595*
Wankelmotor / Wankel engine *07939*
Wärmetauscher / heat exchanger *05084*
Warmlaufzeit / warming up period *07942*
Warmluftentnahmerohr / heat riser pipes *10455*
Warmluftgebläse / warm air blower *07940*
Warmwasserheizung / hot-water heater *05197*
Wasserablaßhahn / water drain cock *07957*

Wasseraustritt / water outlet *07967*
wassergekühlter Motor / water-cooled engine *07955*
Wasserkasten / radiator tank *01402*
Wasserkühlung / water cooling *01991*
Wasserpumpe / water pump *01992*
Wasserpumpenlager / water pump bearing *07971*
Wasserpumpenrotor / water pump impeller *07972*
Wasserstoffmotor / oxygen engine *10557*
Wasserumlauf / water circulation *07954*
wechselgesteuert / inlet-over-exhaust *02470*
Winkelring / grooved face type ring *04983*
Winkelstellung der Pleuelstange / angularity of connecting rod *02698*
Wirbelgeschwindigkeit / swirl speed *07342*
Wirbelkammer / swirl chamber *01732*
Wirbelkammer-Dieselmotor / swirl chamber diesel engine *01734*
Wirbelkammerbrennraum / swirl type combustion chamber *07343*
Zahnradpumpe / gear pump *00823*
Zentrifugalwasserpumpe / centrifugal water pump *03450*
Zündkanal / flash hole *04653*
Zusatzluft / additional air *03102*
Zusatzluftventil / additional air valve *03103*
Zwangssteuerung / forced valve closure *09954*
zwei obenliegende Nockenwellen / twin overhead camshaft *07749*
Zweitaktmotor / two-stroke engine *01889*
Zweiwegeventil / double check valve *04206*
Zweizylinder / twin *02381*
Zweizylinderboxermotor / flat-twin engine *09794*
Zwischenkühler / intercooler *05490*
Zylinder / cylinder *00462*
Zylinder mit beidseitig stehend angeordneten Ventilen / T-head cylinder *02628*
Zylinder mit einseitig stehend angeordneten Ventilen / L-head cylinder *10422*
Zylinder mit halbkugelförmigen Brennraum / dome head cylinder *02623*
Zylinder mit übereinander angeordneten Ventilen / F-head cylinder *02633*
Zylinderabnutzung / cylinder wear *02663*
Zylinderanordnung / cylinder arrangement *03883*
Zylinderblock / cylinder block *00001*
Zylinderbohrung / cylinder bore *02081*
Zylinderfuß / cylinder base *02637*
Zylinderfußdichtung / cylinder gasket *10457*
Zylinderkopf / cylinder head *00463*
Zylinderkopfdichtung / cylinder head gasket *00465*
Zylinderkopfschraube / cylinder head bolt *02538*
Zylinderkopfunterseite / cylinder head lower face *03889*
Zylinderkurbelgehäuse / cylinder block and crankcase *03884*
Zylinderlaufbüchse / cylinder liner *00467*
Zylindermantel / cylinder jacket *02631*
Zylinderverschleiß / cylinder bore wear *03885*

Rennen und Rallies (R)

Anmeldeformular / entry form *09272*
Aschenbahnrennen / ash-track racing *08687*
Aufwärmrunde / warm-up-lap *09280*
Ausscheidungsrennen / elimination trial *09330*
Bahnrennen / track-racing *09091*
Bergrennen / hillclimb *05131*
Beschleunigungsrennen / drag-racing *09831*
Bewerber / entrant *09274*
Box / pit *06362*
Boxenstop / pit stop *06366*
Boxenstraße / pit road *06365*
Bremsfallschirm / braking parachute *09306*
Britisches Renngrün / British racing green *09326*
Copilot / team-mate *07429*
Damenpokal / lady's cup *09329*
Disqualifikation / disqualification *09284*
Ehrenrunde / lap of honour *09279*
Endspurt / final spurt *09299*
Enduro-Rennen / off-road race *09843*
Europameisterschaft / European Championship *09844*
Fahrerlager / paddock *09282*
Fehlstart / false start *09298*
fliegender Start / flying start *04697*
Formel-1-Rennfahrer / formula-1 driver *08835*
Formelrennen / formula race *09308*
führen / lead *05659*
Geschicklichkeitsrennen / ability race *08404*
Gleichmäßigkeitsprüfung / regularity trial *09774*
Grasbahnrennen / grass track race *09816*
Hallenbahn / indoor track *08878*
Handicap / handicap *05029*
Herausforderung / challenge *09305*
Hilfsposten / marshal *09310*
Kategorie-Sieg / category victory

09301
Klassensieger / class winner *09302*
Landesmeisterschaft / national championship *09293*
Langstreckenfahrt / long distance trial *09867*
Langstreckenrennen / endurance race *09315*
Mannschaftpreis / team-prize *09328*
Meile mit fliegendem Start / flying mile *09318*
Meile mit stehendem Start / standing mile *09317*
Meister / champion *09290*
Meisterschaft / championship *03497*
Motocross / moto-cross *08938*
Motorradrennstrecke / drag strip *08766*
Nachwuchsfahrer / novice rider *09915*
Neutralisierung / neutralization *09324*
Pokal / trophy *09303*
Preisgeld / prize money *09307*
Preisverleihung / prize giving *09327*
privater Rennfahrer / private competitor *09374*
Qualifikationslauf / qualifying run *06518*
Querfeldeinrennen / cross-country race *08742*
Radrennbahn / cycling track *08748*
Rallye / rally *02176*
Rallyefahrer / rally driver *09296*
Rekord / record *10327*
Rekordbrecher / record breaker *09313*
Rekordrunde / record lap *09312*
Rennabteilung / competition department *09322*
Rennbahn / speedway *07132*
Rennen / race *03008*
Rennen gegen die Zeit / race against the clock *08675*
Rennfahrer / racing driver *09295*
Rennformel / racing formula *06534*
Rennleiter / competition manager *09320*
Rennleitung / racing headquarter *09331*
Rennmechaniker / racing mechanic *09294*
Rennscheibe / racing screen *09333*
Rennstall / racing stable *08676*
Rennstrecke / racing circuit *06532*
Rennteam / racing team *08677*
Runde / lap *05631*
Rundstrecke / circuit *03510*
Sandbahn / dirt track *04131*
Sandbahnrennen / dirt track racing *08578*
Schikane / chicane *03472*
Schrittmacher / pacer *08959*
Schrittmacher-Wagen / pace car *09213*
Serienwagenrennen / production car race *09332*
Sicherheitsspur / safety lane *09288*
Sieg / victory *09300*
Sieg erringen / taking the flag *09316*
Speedway-Rennen / speedway-race *09934*
Sponsorschaft / sponsorship *09323*
Sprintrennen / sprint race *09275*
Start / start *08808*
Start- und Ziellinie / score *09286*
Startgeld / starting money *09273*
Startlinie / starting grid *09271*
stehender Start / standing start *09077*
Steher / stayer *09078*
Steherrennen / stayer race *09079*
Stoppuhr / timer *09089*
Strafpunkt / penalty point *09276*
Straßenrennen / road race *09026*
Strecke / course *03772*
Strohbarriere / straw barrier *09289*
Tagesbestzeit / fastest time of day *10242*
Tank-Stop / fuel stop *09008*
Team / team *09083*
Trial / trial *09944*
Trial-Zeitfahren / trial time racing *09095*
Trialfahrer / trial rider *09094*
Trialmaschine / trial machine *09096*
Veranstalter / organizer *06225*
Verfolgungsrennen / pursuit racing *09001*
vorderste Startposition / pole position *06050*
Weltmeister / world champion *09291*
Weltrekord / world record *10328*
Wettbewerb / competition *03625*
Wettbewerbswagen / competition car *09321*
Zeitnehmer / timekeeper *09297*
Zeitschreiber / time recorder *07525*
Ziel / finish *08807*
Zielflagge / chequered flag *09277*
Zielgerade / finishing straight *09309*
Zuschauertribüne / grand stand *09287*

 Fahren, Verkehr, Zubehör (T)

Abdeckhaube / car cover *08995*
abschleppen / haul *05249*
Abschleppseil / towing rope *07610*
Abschleppstange / tow bar *07607*
Alkoholprobe / alcotest *09353*
Andrehkurbel / starting crank *01647*
anfahren / drive away *08327*
anstoßen / hit *05146*
Atemgerät / breathing apparatus *03299*
Atemschlauch / breathing hose *03300*
ausbrechen / breakaway *03294*
Außenkoffer / detachable boot *02059*
ausrollen / coast *03575*
Autobahn / express highway *04484*
Autobahnkreuz / turnpike *09380*
Autobahnpolizei / highway patrol *09352*

135

Autobahnzubringer / approach road 03180
Autovermietung / car rental service 03418
Bahnübergang / railway crossing 06565
Ballhupe / bulb horn 02066
Barriere / barrier 03218
Beifahrer / front seat passenger 04816
Benzinkanister / fuel can 04824
Bergsteigefähigkeit / climbing ability 08546
Bergstütze / dog-type sprag 02074
beschleunigen / accelerate 03078
Betonbelag / concrete pavement 03664
Bewässerungsanlage / watering system 07964
Blutprobe / blood test 03245
Bordstein / curbstone 05572
Bremsschuh / wheel chock 03478
Bremsspur / skid mark 07006
Bremszeit / stopping time 07256
Bügelschloß / long-shackle lock 08913
Busbahnhof / terminal 08363
Bußgeldbescheid / endorsement 09344
Bushaltestelle / bus stop 03332
Drift / power glide 06436
driften / drift 09338
durchdrehen / spin 07140
Durchdrehen der Räder / wheel spin 08026
Durchschnittsgeschwindigkeit / average speed 08697
Einbahnstraße / one-way street 06206
Einbahnverkehr / one-way traffic 06207
Einfahren / breaking-in 03297
Eisenbahnschranke / railway gate 06566
Eiskratzer / ice-scraper 05223
Erste-Hilfe-Ausrüstung / first aid kit 04616
Fahrbahn / driveway 05628
Fahrbahnstoß / road shock 09865
Fahrer / driver 02914
Fahrerflucht / hit-and-run 05148
Fahrerverhalten / driver behavior 04244
Fahrgeschwindigkeitsregelanlage / cruise control 03857
Fahrkomfort / riding comfort 09022
Fahrraddachträger / bicycle roof carrier 08435
Fahrsicherheit / driving safety 04253
Fahrspur / lane 05627
Fahrspurwechsel / lane change 05629
Fahrtenschreiber / tachograph 07400
Fahrtrichtung / direction of travel 08760
Fahrtüchtigkeit / driving ability 04248
Fahrtwind / relative wind 09020
Fahrverhalten / handling 05040
Fahrzeugführer / operator 06214
Fahrzeuggeschwindigkeit / vehicle velocity 09525
Fahrzeuginsasse / passenger 06145
Feldweg / country lane 03763
Ferienreise / holiday trip 09362
Fernverkehr / long distance traffic 05787
Fernverkehrsstraße / highway 03188
Führerschein / driver's licence 04246
Führerscheinentzug / cancellation of driver's license 03378
Fußgänger / pedestrian 06326
Fußgängerübergang / crosswalk 03853
Gebrauchsanweisung / instructions for use 05445
gebührenpflichtige Autostraße / toll road 07569
Gefahr / danger 04021
Gefälle / slope 07030
Gegenverkehr / oncoming traffic 06204
Gegenwind / contrary wind 08735
Gehirnerschütterung / brain concussion 03269
Gehweg / sidewalk 06976
geländegängig / cross-country 08741
Gepäck / luggage 03212
Gepäcknetz / package net 06278
Gesamtfahreigenschaften / total roadholding performance 07605
Gurt anlegen / fasten seat belt 04537
Haarnadelkurve / hair pin bend 05007
Halteplatz / lay-by 09370
Halteverbot / no waiting 06127
Handschuh / glove 08846
Hauptstraße / main road 05895
Hauptverkehrszeit / rush hour 06765
Hautabschürfung / skin abrasion 07007
Herrenfahrer / owner-driver 02266
Hinweisschild / sign board 10329
Höchstgeschwindigkeit / top speed 07589
Holperstrecke / bumpy road 03322
hupen / hoot 09218
hydraulischer Wagenheber / hydraulic jack 05211
im Schlepp / on tow 09211
in Fahrtrichtung links / nearside 02443
in Fahrtrichtung rechts / offside 02442
Kartenhalter / map holder 08921
Kartentasche / map pocket 05930
Kehrtwendung / U-turn 07827
Kilometerzahl / mileage 08930
Kleeblattkreuzung / cloverleaf crossing 03544
Knochenbruch / bone fracture 03256
Kopfsteinpflaster / cobble stone pavement 03582
Krankentrage / barrow 03219
Kreisverkehr / roundabout 09369
Kreuzung / crossing 03847
Kurve / bend 03235
Kurvenfahrt / cornering 08561
kurvenfreudig / showing good agility in bends 09050
Landstraße / country road 03764
leichte Verletzung / minor injury 05972
Linkskurve / left-hand bend 05680
Linksverkehr / left-hand traffic 05683
mechanischer Wagenheber / mechanical jack 05963
Mindestgeschwindigkeit / minimum speed 05969
Motor abstellen / shut off 06959

Nahverkehr / local traffic 05759
Nebenstraße / branch road 03288
nicht angeschnallt / unbelted 07771
normale Fahrposition / normal driving position 06123
Notbremsung / panic braking 06291
Notrufsäule / emergency telephone 10559
Panne / breakdown 02159
parken / park 06296
Parkhaus / parking garage 06299
Parkplatz / parking place 03410
Parkraumnot / lack of parking space 05613
Parkscheibe / parking disc 06298
Parkspur / parking lane 06300
Parkuhr / parking meter 06301
Parkuhrenbereich / meter zone 09372
Parkverbot / no parking 06122
Pendelbus / shuttle bus 09364
Polizei / police 06407
Polizist / constable 03693
Querstellen des Anhängers / jackknifing 05540
Querstraße / crossroad 03848
Quetschung / bruise 03301
Radarfalle / speed trap 07131
Rampe / ramp 06573
Reaktion / reaction 06584
Reaktionszeit / reaction time 01410
Rechtskurve / right-hand bend 06677
Rechtsverkehr / right-hand traffic 06679
Reifenpanne / flat spot 04661
Reifenquietschen / tyre squeal 09104
Reise / journey 09361
Reisegeschwindigkeit / cruising speed 03858
Reservebehälter / reserve tank 06650
Richtungswechsel / change of direction 03498
Rollsplit / loose chippings 08914
Rotes Kreuz / red cross 06718
Route / route 06742
Rückenwind / rear wind 06608
Sachschaden / material damage 05942

Sackgasse / dead end 03242
scharfe Kurve / sharp turn 06915
Schaumlöscher / foam extinguisher 04702
Schlagloch / chuck-hole 03484
Schlamm / mud 06028
Schlüsselanhänger / key fob 05578
Schräglage / side sway 09054
Schraubwagenheber / screw pillar type jack 06831
Schrittgeschwindigkeit / walking speed 07936
Seitenaufprall / side impact 06964
Seitenstraße / side road 06971
Seitenstreifen / shoulder 06954
Seitenwind / side wind 06978
Sichtfeld / field of view 05323
Sitzposition / seating position 09042
Skihalter / ski rack 07008
starker Verkehr / heavy traffic 05099
staubige Straße / dusty road 04299
Stopschild / stop sign 09359
Straße / street 07273
Straßenbau / road building 06694
Straßenbelag / pavement 03191
Straßenbeleuchtung / street lighting 07274
Straßenbenutzungsgebühr / toll 07568
Straßengraben / road ditch 06695
Straßenkarte / road map 06699
Straßenlage / road adherence 09024
Straßenschild / road sign 09336
Stufenführerschein / graded driving licence 08847
Tachometer / speedometer 01622
Tachometergenauigkeit / speedometer accuracy 07127
Tageskilometerzähler / trip meter 07705
Tanksäule / petrol pump 04623
Tankstelle / service station 04879
Tankwart / service station attendant 09191
tödlicher Unfall / fatal accident 04541
Totalschaden / total loss 09371
Trinkwasser / drinking water 08769
Trunkenheit am Steuer / drunken

driving 04265
Tunnelbenutzungsgebühr / tunnel fee 07733
Überführung / fly-over 09357
überhöhte Kurve / superelevated bend 07308
überholen / pass 06270
Überholspur / passing lane 06311
Überlandverkehr / interstate traffic 05524
überschlagen / overturn 06271
Überwachungsgerät / monitor 05995
Umleitung / diversion 04161
Unfall / accident 03090
Unfallrate / accident rate 03092
Unfallversicherung / accident insurance 03091
unterbringen / accomodate 03093
unübersichtliche Kurve / blind curve 03244
Veranstaltungskalender / calendar of events 03012
Verkehrsampel / traffic light 07632
Verkehrsdichte / traffic density 07626
Verkehrslärm / traffic noise 07634
Verkehrsmittel / means of communication 05954
Verkehrsregel / traffic rule 07636
Verkehrssicherheit / traffic safety 07637
Verkehrsstau / traffic jam 07627
Verkehrsüberwacher / traffic warden 09356
Verkehrsüberwachung / traffic control 09368
Verkehrsunfall / traffic accident 07624
Verkehrszählung / traffic count 07625
Verkehrszeichen / traffic sign 07638
Verletzung / injury 05379
vierspurig / four-lane 04772
vorfahren / pull up 06504
Vorfahrt / priority 06474
vorübergehender Führerscheinentzug / temporary suspension of driver's licence 07332
Warndreieck / warning triangle 07945
Warnschild / warning board 07943

137

Warnzeichen / warning sign *07947*
Waschbrettstraße / washboard road *07949*
Wasserschicht / water film *07960*
Wegweiser / sign post *10330*
weiches Bankett / soft verge *10331*

Wildwechsel / deer pass *04035*
Windgeräusch / wind noise *08044*
Witterungsbedingungen / weather conditions *07978*
Zahnstangenwagenheber / rack and pinion jack *06541*

Zeuge / witness *08084*
zulässige Höchstgeschwindigkeit / speed limit *05946*
Zusammenstoß / collision *03599*
zweispurig / dual lane *04214*

 Werkstatt und Fabrikation (W)

Abkantwerkzeug / folder *09990*
Abschleppdienst / wrecking service *08101*
abschmieren / lubricate *05820*
Abschmierintervall / lubrication interval *05826*
Abschmierplan / lubrication chart *05825*
Abstechmaschine / cropping machine *08740*
Achsmeßgerät / wheel alignment unit *00055*
Altöl / used oil *07823*
Anlagentechnik / plant engineering *08980*
Anlasserprüfstand / starter test bench *01645*
Anpunkten / tacking *10039*
anschweißen / weld on *09121*
Asbeststaub / asbestos dust *10487*
Attrappe / mock-up *05980*
aufarbeiten / work up *09131*
aufbohren / bore *02660*
Aufprall / crash *03820*
Aufprallprüfung / crash test *03827*
Aufprallverhalten / crash behavior *03823*
Augenschutz / eye protection *10005*
ausbauen / remove *02099*
Ausbesserung / spot repair *08182*
Ausbeulen von kleinen Dellen / dinging operation *10267*
Ausbildung / instruction *10424*
ausbuchsen / bush a bearing *02710*
ausgießen / re-metal *02712*
ausschlachten / break for spares *09500*
Austrennen von Roststellen / cutting out rust parts *10264*
auswuchten / counterbalance *02701*
Auszubildender / trainee *10423*
Autogenschweißen / oxy-ace-

tylene welding *10048*
Axialspiel an der Kurbelwelle / crankshaft end-float *10454*
Balkendiagramm / bar chart *08706*
Batterie aufladen / charge the battery *02067*
Batterieladegerät / battery charger *00129*
Batterieschnelladegerät / battery quick charger *03223*
Baueinheit / modular unit *08935*
Baukastenprinzip / assembly of prefabricated parts *08690*
Baureihe / line of products *08906*
Bausatz / kit *08888*
Bedienungsanleitung / owner's manual *05919*
Belastungsprobe / fatigue test *04542*
Betriebsdauer / working time *09133*
Blechbearbeitung / panel beating *06450*
Bleche überlappend zusammensetzen / join panels by an overlap *09973*
Blechpreßteil / sheet metal stamping *06921*
Blechschere / sheet metal cutter *09999*
Blechschneidewerkzeug / tool for cutting out sheet steel *09989*
bohren / drill *02652*
Bohrer / drill *02658*
Bohrmaschine / electric drill machine *05859*
Bolzenschneider / bolt-cutter *08721*
Bördelwerkzeug / flaring tool *09161*
Bordwerkzeug / on-board tool kit *08668*

Bremsanlagenentlüftung / brake system bleeding *00209*
Bremsbelagkleber / brake lining adhesive *03275*
Bremsbelagschleifmaschine / brake lining grinder *00189*
Bremsbelagwechsel / brake lining change *03277*
Bremse belegen / line the brake *02085*
Bremseneinstellung / brake adjustment *00157*
Bremsfederzange / brake spring pliers *00206*
Bremstest / braking test *03286*
Bremstrommel abziehen / pull off the drum brake *10488*
Bremsverzögerungsmesser / decelerometer *00474*
Bremszylinder-Reparatursatz / brake cylinder repair kit *09156*
Bremszylinderpaste / brake cylinder paste *00171*
Bügelsäge / junior hacksaw *10159*
Dampfstrahlreinigen / steam cleaning *10080*
Dehnmeßstreifen / strain gauge *07264*
den Motor vom Getriebe abflanschen / pull the engine off the gearbox *10437*
Design / design *04067*
Designabteilung / design department *04070*
Detailzeichnung / detail drawing *04075*
Dichtungsspray / sealing spray *09037*
Doppeldruckmesser / dual air pressure gauge *00618*
Drahtbürste / wire brush *09127*
Drahtzange / cutting pliers *03996*
Drehbank / lathe *05650*

138

Drehmomentschlüssel / torque wrench *01821*
Drehmomentwerte / torque specifications *10564*
Dreiecksbock / triangular stand *10019*
Drosselklappeneinstellung / throttle setting *07501*
Druckluftkompressor / air compressor *08137*
Druckluftwagenheber / air jack *03152*
Druckluftwerkzeug / air tool *09991*
Dummy / dummy *03255*
Dünnblechschweißen / weld thin metals *09988*
Düsenprüfvorrichtung / nozzle tester *06128*
Düsenreinigungsnadel / nozzle cleaning reamer *10052*
Ecknaht / corner weld *10024*
einbauen / fit in *08805*
Einbaumotor / proprietary engine *09782*
einölen / oil *08173*
einspeichen / spoking *09074*
Einspritzdüsen-Prüfgerät / injection jet test stand *00979*
Einspritzpumpen-Prüfgerät / fuel pump test bench *00800*
einstellen / tune *02208*
Einstellen der Scheinwerfer / headlamps aiming *10544*
Einstellen des Motors / tuning *01869*
Einstellwerte / tune-up specification *10562*
Einziehen von Blechen / heat-shrinking a panel *10056*
Einziehhammer / shrinking beater *10075*
Elektrode / electrode *10031*
Elektrodendurchmesser / electrode diameter *10033*
Elektroschweißen / arc welding *03183*
Elektroschweißgerät / arc welder *09987*
Endmontage / final assembly *09237*
Entfettungsmittel / degreaser *04045*
Entwicklungsingenieur / development engineer *08757*
Entwurf / draft *06489*
erfinden / invent *08881*
Erfinder / inventor *08883*
Erfindung / invention *08882*
Ersatzteil / spare part *02217*
Ersatzteilliste / spare parts list *02186*
Explosionszeichnung / exploded view *04480*
Fabrik / factory *04509*
Fachwerkstatt / specialized workshop *02905*
Fahrgestellabstimmung / chassis tuning *09470*
Fahrwerk-Einstellwerte / wheel alignment specifications *10565*
Fahrzeugbau / construction of cars *04071*
Fallnaht / vertical-down weld *10041*
falsche Einstellung / wrong adjustment *08103*
Feder aushängen / unhook the spring *10489*
Federhammerlöffel / spring beating spoon *10073*
Fehlerquelle / source of errors *09067*
Feile / file *08804*
Feinarbeit / precision work *08986*
Feinguß / lost-wax casting *08917*
Felgenabziehhebel / rim tool *09471*
Fensterleder / chamois *03456*
Fertigungskontrolle / production control *08989*
fest anziehen / tighten *06869*
festgerostete Schraube / stubborn fixing *10146*
Fettpresse / grease gun *00848*
Feuerlöscher / fire extinguisher *04602*
Flächenschleifer / random orbit sander *10097*
Flaschenzug / lifting tackle *05152*
Flickzeug / patching set *08967*
Fließband / production line *06481*
Flußmittel / flux *10028*
Flußmittelumhüllung / flux coating *10035*
Flüssiggas / liquid petroleum gas *10017*
Forschung / research *06548*
fräsen / mill *08931*
Fräsmaschine / miller *08855*
Fühlerlehre / feeler gauge *04552*
Gabelschlüssel / fork wrench *08834*
Gas-Autogenschweißgerät / gas-welding set *09984*
Gasflasche / compressed gas cylinder *10013*
gekröpftes Löffeleisen / high crown spoon *10072*
geschmolzenes Metall / molten metal *10029*
geschraubtes Blech / bolt-on panel *10116*
Gesichtsmaske / face shield *10047*
gießen / cast *03428*
Gießerei / foundry *04764*
Gripzange / self-grip wrench *10442*
Großserienfertigung / mass production *05938*
Grube / pit *10537*
Gummidichtkitt / rubber cement *06749*
Halbfabrikat / half-finished product *08850*
Hammerschlag / blow *10066*
Handbuch / handbook *05020*
Handfaust / dolly *09756*
Handfäustel / mallet *00861*
Handfeuerlöscher / hand fire extinguisher *05027*
Handfräser / hand miller *08854*
handgefertigt / hand-made *08853*
Handlaminieren / laying-up *10191*
Handschleifmaschine / hand grinder *08852*
Handwerkstechnik / workmanship *08158*
Hartlötbrenner / carbon-arc torch *10045*
hartlöten / braze *03293*
Hauptbauteile / principal parts *08176*
Hebebühne / lifting platform *04686*
Hebeleisen / pry spoon *10071*
Heimwerker / home mechanic *08876*
herausschrauben / unscrew *09106*
Hersteller / manufacturer *05926*
Herstellung / manufacturing *06004*

139

Herstellungskosten / manufacturing costs *05927*
Hobbybastler / do-it-yourselfer *08154*
Hochdruck-Autogenschweißgerät / high pressure gas welding outfit *10050*
Hochdruckreiniger / high pressure cleaner *08873*
Hohlraumkonservierung / hollow cavity insulation *00896*
Homologation / homologation *05160*
Honahle für Kolbenauge / gudgeon hole hone *02693*
honen / hone *05163*
Hufeisenmagnet / horseshoe magneto *02276*
hydraulische Hebebühne / hydraulic lifting platform *05209*
hydraulische Presse / hydraulic press *05212*
hydraulischer Zugbalken / hydraulic ram *10110*
Inbusschlüssel / Allen key *08678*
Inspektion / inspection *05437*
Isolierband / insulation tape *02286*
Kabel in Windungen aufrollen / coil a wire *10496*
Kabel lösen / disconnect the wire *10440*
Karosseriefeile / body file *10102*
Karosserieinstandsetzung / bodywork repair *10106*
Karosseriepresse / body press *03254*
Karosserierichtbank / body repair jig *10122*
Karosseriewerkstatt / body repair shop *08180*
Karosseriezinn / body lead *09457*
Karossier / coachbuilder *02294*
Kehlnaht / fillet weld *10020*
Kerzenbürste / plug brush *06384*
Kettennietausdrücker / chain rivet ejector *08513*
Kettenreiniger / chain cleaner *08502*
klammern / clip *10126*
Kleinserienproduktion / low volume production run *09779*
Kohlelichtbogen-Hartlöten / carbon-arc brazing *10044*
Kolbenringzange / piston ring pliers *01289*
Kollektorlamellen einsägen / undercut the mica insulation *09443*
Kompressionsdruckprüfer / compression tester *00381*
Kompressor / compressor *08313*
konstruieren / engineer *08790*
Konstruktionsabteilung / engineering department *09241*
Körner / punch *10473*
Körnermarkierung / punch mark *10474*
Kraftfahrzeugindustrie / automotive industry *08694*
Kraftfahrzeugpflege / car care *03403*
Kraftfahrzeugtechnik / automotive engineering *03198*
Kran / hoist *05713*
Kreuzschlitzschraubendreher / screw driver for recessed-head screws *09036*
Kreuzschlüssel / four-way rim wrench *03852*
Kühlerdichtungsmittel / radiator sealing compound *06551*
Kundendienst / service *06895*
Kundendiensthoft / service manual *06898*
Kundendienstwerkstätte / service station *06899*
Kunststoffspatel / plastic spreader *10123*
Kupplungsnachstellung / clutch adjustment *03545*
laden / charge *03460*
langschenklige Spitzzange / long-nosed circlip pliers *10463*
Langstreckentest / long-distance test *08911*
Langzeitkonservierung / long-term conservation *03007*
Ledernahrung / hide food *10214*
leichte Beule / shallow dent *10096*
Lichtbogen / arc *10027*
Lieferant / supplier *06006*
lockern / loosen *08915*
Löffeleisen / spoon *10068*
lösen / detach *04074*
Lot / solder *10450*
Luftpumpe / air pump *03156*
mangelnde Schmierung / underlubrication *07784*

Maulweite des Schraubenschlüssels / opening of the spanner *10516*
Mechaniker / mechanic *05959*
Mehrschichten-Bauweise / sandwich construction *10399*
Meißel / chisel *10085*
Meister / foreman *10428*
Metallsäge / hacksaw *10157*
MIG-Schutzgasschweißen / MIG-welding *10060*
Mikrometer / micrometer *10472*
Montage / assembly *09180*
Montageanweisung / assembly instruction *09345*
Montageband / assembly line *08689*
Montagesatz / CKD unit *09235*
Montagezeichnung / assembly drawing *03194*
Motoranalyse / engine analysis *04362*
Motorenausbau / engine removal *10436*
Motorenprüfstand / test bed *02566*
Motorenüberholung / engine overhaul *02999*
Motorkran / engine hoist *09755*
Motorprüfstand / engine test bed *02568*
Motorschaden / engine breakdown *04364*
Motorzerlegung / engine strip *10452*
Mutter mit hohem Drehmoment angezogen / high-torque nut *10002*
nachgeschliffene Kurbelwelle / reground crankshaft *10470*
nachschleifen / regrind *10519*
Nahtschweißung / seam welding *06841*
neu belegte Bremsbacken / new fitted brake shoe *10492*
nicht aushärtende Dichtpaste / non-setting jointing paste *10475*
Nippelspannschlüssel / nipple screwing-up key *08947*
Niveaukontrolle der Bremsflüssigkeit / brake fluid level gauge *00179*
Nullserie / pilot run *06389*
Öleinfüllpistole / oil suction gun

01199
Ölwechsel / oil change *02158*
Oszilloskop / oscilloscope *01215*
Patent / patent *08968*
Patentanmeldung / patent application *06317*
patentiert / patented *06318*
Patentinhaber / patentee *08970*
Patentschlüssel / patent key *08969*
Patenturkunde / letters patent *05688*
Plastigage-Synthetikfaden / plastigage *01311*
polieren / polish *06408*
praktischer Versuch / field test *04564*
Preßteil / pressing *06448*
Produktionszeit / production period *02952*
Profi / professional *08186*
profilierte Handfaust / grid dolly *10076*
Profiltiefenmesser / tread depth gauge *07694*
Prototyp / prototype *06492*
Prüfdüsenhalter / test nozzle holder *01766*
Prüfung / examination *04427*
Punktschweißgerät / spot welder *09986*
Punktschweißung / spot welding *07165*
Qualitätskontrolle / quality control *06520*
Radauswuchtmaschine / wheel balancing equipment *08000*
Radmutternschlüssel / rim wrench *06682*
Radvermessung / wheel alignment *07997*
Radwechsel / wheel changing *08006*
Rahmenpresse / frame press *08836*
Rahmenschaden / frame damage *09456*
Rangierwagenheber / trolley jack *10443*
Raspel / rasp *09010*
Ratsche / ratchet *09553*
Reibahle / ream *09750*
reiben mit der Reibahle / ream *02659*
Reifenaufziehmaschine / tyre mounting machine *09101*

Reifendruckprüfer / tyre gauge *01895*
Reifenflickzeug / tyre repair kit *07551*
Reifenfüllflasche / tyre inflation boule *01898*
Reifenmontage / tyre fitting *07548*
Reifenmontierhebel / tip lever *07536*
Reifenwechsel / changing of tyres *03499*
Reinigungsmittel / cleaning fluid *10011*
Reinigungsschaum / foam cleaner *10171*
Reparatur / repair *02183*
Reparaturblech / repair panel *09977*
Reparaturhandbuch / repair manual *02184*
Reparaturwerkstätte / garage *04875*
reparieren / repair *06643*
restaurieren / restore *02188*
Richthammer / beater *10064*
Ringschlüssel / ring spanner *09023*
Ritzelabzieher / pinion puller *08978*
Rolle / roller *06722*
Rollenprüfstand / roller dynamometer *06725*
Rückrufaktion / recall campaign *06615*
sägen / saw *06807*
Sandguß / sand casting *06803*
Sandstrahlen / sand blast cleaning *10160*
Sandstrahlgebläse / sandblasting equipment *06802*
Sandstrahlpistole / spot sandblaster *10088*
Sauerstoff / oxygen *10014*
Sauerstofflasche / oxygen bottle *06276*
Säureprüfer / acid tester *00022*
Scherenwagenheber / scissors type jack *06814*
Schlackenhammer / chipping hammer *10038*
Schlackenschutzschicht / protective slag *10030*
Schlagschrauber / impact driver *10147*
schleifen / grind *04974*

Schleifklotz / rubbing block *08271*
Schleifmaschine / grinder *04975*
Schleifpaste / grinding paste *00852*
Schließwinkelmeßgerät / dwell angle tester *00629*
Schmelzbad / weld puddle *10037*
Schmelzbereich / melt-range *10051*
Schmiede / smithery *09056*
schmieden / forge *08827*
Schmiederohling / forged blank *04750*
Schmierung / lubrication *05819*
Schneidbrenner / flame cutter *10054*
Schneidhebel / cutting lever *10053*
Schnellbefestigung / quick-fixing device *09002*
Schnellreparatur / repair on a shoestring *05538*
Schnellspanner / quick gripping device *08674*
Schnittmodell / cut-away *08160*
Schnittmodellzeichnung / phantom view *06337*
Schnittzeichnung / cross-section *10482*
schrauben / screw on *06827*
Schraubendreher / screw driver *09035*
Schraubendreher für Innensechskantschrauben / Allen key driver *08865*
Schraubenschlüssel / spanner *09136*
Schraubstock / vice *09114*
Schraubstockbacke / vice jaw *10478*
Schraubzwinge / G-cramp *10168*
Schutzbrille / goggles *08310*
Schutzcreme / barrier cream *10006*
Schutzgas / MIG *10058*
Schutzgasschweißung / inert gas shielded arc welding *08879*
Schutzmaske / safety mask *10007*
Schweißanlage / welding installation *09125*
schweißen / weld *07986*
Schweißfehler / welding defect *09123*
Schweißflamme / welding flame *09124*
Schweißgerät / welder *09983*
Schweißnaht / weld joint *07988*

Schweißnahtart / weld type *10025*
Schwingschleifer / power sander *10169*
Seilwinde / rope winch *06729*
Seitenschneider / side cutter *09053*
selbstklebender Gummistreifen / self-adhesive rubbing pad *10144*
Serie / series *06890*
Sicherungsringzange / circlip pliers *10462*
Sintermetall / sintered metal *06998*
Sollbruchstelle / predetermined breaking point *08987*
Spachtel / scraper *10277*
Spachtelmesser / putty knife *10278*
Spannvorrichtung / jig *10338*
Spatel / spreader *10095*
Speichenschlüssel / spoke wrench *09073*
Speichenspanner / spoke tightener *07158*
Spezialwerkzeug / special tool *10120*
Spitzwerkzeug / body spoon *10070*
Springbeulen im Blech / buckled panel *10057*
Stahlblech / sheet-steel *06922*
Stahlhammer / steel hammer *10098*
stanzen / punch *02656*
Starthilfekabel / battery booster cable *00124*
Staubsauger / vacuum cleaner *08247*
Stecheisen / wood chisel *10084*
Stecknuß / socket *10481*
Steckschlüssel / socket spanner *09058*
Steignaht / vertical-up weld *10040*
Steuerzeiten in Grad / valve timing, deg. *07897*
Stichprobe / random test *06574*
Stirnnaht / edge weld *10023*
Störungssuche / trouble shooting *09767*
Stroboskop / timing lamp *01805*
Stückliste / specification *06306*
stumpf löten / solder end to end *09060*
Stumpfnaht / butt weld *10022*
stumpfschweißen / butt weld *08728*
Styling / styling *07290*

Synchrograph / synchrograph *01741*
Technik / engineering *08791*
Testauswertung / test evaluation *07464*
Tonmodell / clay model *09341*
tragendes Teil / structural component *09455*
tränken / wet-out *10192*
Treibdorn / drift *10480*
Treibeisen / bumping blade *10074*
Trennen der Gehäusehälften / split the two halves of the crankcase *10465*
Trennschleifer / mini grinder *09993*
Trübungsmeßgerät / opacimeter *06209*
Tuninghandbuch / tune-up guide *02185*
Typenblatt / data sheet *08749*
überholen / overhaul *06254*
Überholung / recondition *10466*
Überkopfschweißen / overhead welding *10043*
Überlappnaht / lap weld *10021*
Übertragungsgerät / transducer *06469*
Umrüstsatz / conversion kit *08736*
unfallbeschädigtes Fahrzeug / crash damaged car *10108*
Unfallschaden / accident damage *10107*
ungenau passende Schlüssel / ill-fitting spanner *10004*
Universalschlüssel / adjustable spanner *03116*
Unterstellbock / axle stand *10001*
Ventil-Einstellwert / valve specifications *10563*
Ventileinschleifen / valve grinding *02825*
Ventileinstellung / valve setting *01953*
Ventilschleifmaschine / valve refacer *01944*
Ventilschleifpaste / valve grinding paste *07871*
Ventilsitzfräsen / valve reseating *01946*
Ventilsitzfräser-Satz / valve seat grinding set *01951*
Veredelungsindustrie / processing industry *08990*

Verformung / distortion *10531*
Vergasereinstellung / carburetor adjustment *03391*
Vergleichstest / comparison test *03622*
Vergrößerungsglas / magnifying glass *08256*
verschüttetes Öl / spilt oil *10003*
verschweißen / weld up *09122*
Versuchsabteilung / test department *07460*
Versuchsgelände / test site *07467*
Verteilerprüfgerät / distributor test bench *00578*
verzinnen / body soldering *09461*
Verzinnungspaste / solder paint *10124*
Volt-Ampère-Tester / volt-ampere tester *01985*
vormontiert / pre-assembled *08985*
Vulkanisierlösung / patching cement *08966*
Waage / scales *06809*
Wagenheber / jack *02364*
Walzstahl / rolled steel *06721*
warmgeschmiedet / hot-forged *08877*
warten / service *02190*
Wartung / maintenance *05901*
Wartungsarbeiten / maintenance jobs *05905*
Wartungsvorschriften / maintenance instructions *05903*
Wasserwaage / spirit level *10161*
weichlöten / solder *07056*
Werkbank / workmate *09998*
Werksfahrer / works rider *09134*
Werkstatt / workshop *02365*
Werkstatthandbuch / workshop manual *03425*
Werkstattkleidung / workshop clothing *09135*
Werkstattzeichnung / workshop drawing *08088*
Werkzeug / tool *05302*
Werkzeugausrüstung / tool kit *07572*
Werkzeugkasten / tool box *02367*
Werkzeugmaschine / machine tool *05861*
Wiederverwendung / recycling *10340*
WIG-Schweißen / TIG-welding

10062
Winde / winch *08039*
Windkanal / wind tunnel *08064*
Windungsschlußprüfer / shorted-turn tester *01546*
Winkelschleifer / orbital sander *09992*
Zange / pliers *06375*
zerlegen / dissemble *09752*
ziehen / draw *04234*
Ziehwerkzeug / body puller *10121*

Zünden des Lichtbogens / struck the arc *10036*
Zunder / scale *10046*
Zündkerzen-Prüf- und Reinigungsgerät / spark plug testing and cleaning unit *01610*
Zündkerzenlehre / spark plug gap tool *01605*
Zündkerzenprüfvorrichtung / spark plug test bench *07116*
Zündkerzenschlüssel / spark plug socket wrench *07113*
Zündzeitpunkteinstellung / ignition setting *00948*
zusammenbauen / assemble *03192*
Zylinder ausschleifen / bore out a cylinder *02657*
Zylinder schleifen / cylinder grinding *02662*

 Zweirad, Fahrrad, Motorrad (Z)

Ansaugtrichter / velocity stack *10346*
Ausleger bei Stützrädern / bracket *08463*
Bahnmotor / truck engine *09805*
Beinarbeit / leg-work *08898*
Beinschild / leg-guard *08636*
Beinschutzschild / leg-shield *08899*
Blechverkleidung / steel paneling *10351*
BMX / bicycle moto cross *10390*
BMX-Fahrer / BMX-rider *08443*
BMX-Rad / BMX-cycle *08442*
BMX-Sport / BMX-sport *08444*
bocken / buck *08727*
Bremsbügel / brake arm *08722*
Bremsentspanner / cable release *08482*
Bremsentspannerhalter / cable release carrier *08483*
Brooklands-Topf / Brooklands can *09819*
Brustschutz / chest protector *08528*
Choppersattel / banana saddle *08414*
Cross-Maschine / crosser *08743*
Damenrahmen / lady's frame *08892*
Doppeldickendspeiche / double butted end spoke *08579*
Doppelgelenkschwinge / double joint swinging arm *08580*
Doppelport-Zylinderkopf / twin port head *09829*
Doppelrohrrahmen / double tube frame *08581*

Doppelschleifenrahmen / double loop frame *04215*
Doppelsitzbank / twin seat *09099*
Drehgriff / twist grip *09097*
Drehgriffschaltung / twist grip control *09833*
Dreikanalmotor / three port engine *09834*
Dreizylinder-Sternmotor / three cylinder radial engine *09824*
Druckgußrad / diecast wheel *08576*
Durchstiegsrahmen / open frame *08952*
Dynamohalter / dynamo bracket *08773*
Earles-Gabel / Earles forks *09837*
ECE-Norm für Helme / ECE-standard for helmets *08584*
Einarmschwinge / monolever *08650*
Einhebelvergaser / single lever carburetor *09838*
Einzelsitzbank / solo seat *09066*
Ellbogenschützer / elbow guard *08585*
Enduro-Fahrer / enduro rider *08588*
Expansionstopf / expansion chamber *09945*
Fahrrad / bicycle *03877*
Fahrrad mit Hilfsmotor / motor-assisted bicycle *06001*
Fahrradcomputer / bicycle computer *08424*
Fahrradglocke / bicycle bell *08420*
Fahrradhalter / bicycle holder

08428
Fahrradhändler / bicycle dealer *08425*
Fahrradhilfsmotor / bicycle attachment engine *09848*
Fahrradkette / bicycle chain *08423*
Fahrradkippständer / bicycle kick stand *08429*
Fahrradkoffer / bicycle box *08421*
Fahrradnetz / bicycle net *08431*
Fahrradschloß / bicycle lock *08430*
Fahrradständer / bicycle stand *08432*
Federbettrahmen / featherbed frame *09847*
flacher Lenker / flat handlebar *08593*
Flaschenhalter / bottle holder *08447*
Flatterbremse / steering damper *09853*
flexibler Beiwagen / banking sidecar *09854*
Fluchtlinienabweichung / misalignment *08648*
Freilaufrücktrittbremse / freewheel back-pedalling brake *08837*
Friktionsschaltung / friction-type gear-shift *08601*
Führungsbügel / guide *08607*
Fußbrett / foot board *09859*
Fußkupplung / foot clutch *09860*
Fußraste / foot rest *08596*
Fußrastengummi / foot rest rubber *09898*

143

Fußschaltung / foot change control *09861*
Fußschaltung mit Ratschenmechanismus / positive control foot change *09862*
Gabelbrücke / fork bridge *08829*
Gabelende / chainstay end *08525*
Gabelkopf / fork head *08830*
Gabelschaft / fork stem *08831*
Gabelscheide / fork girder *09863*
Gabelstabilisator / fork stabilizer *08597*
Gabelweite / fork width *08833*
Ganganzeige / gear indicator *09864*
Gasdrehgriff / twist grip throttle control *09100*
gekapseltes Ventil / enclosed valve *09785*
Geländefahrt / trail ride *09866*
Geländemotorrad / off-road motorcycle *09825*
Geländerad / mountain bike *08939*
Gepäcktasche / pannier bag *08963*
Geradwegfederung / plunger suspension *09870*
geschlossener Rahmen / cradle frame *09871*
geschlossener Seitenwagen / saloon-type sidecar *09873*
gezogenes Vorderrad / leading axle front wheel *09872*
Gleichgewicht halten / hold the balance *08624*
Gleitschutzreifen / non-skid tyre *09876*
Glührohrzündung / hot tube ignition *09877*
Gummiballhupe / ball horn *09888*
Gummibandfederung / rubber band suspension *09879*
Gummihandgriff / rubber handlebar grip *09129*
Gußspeichenrad / cast spoke wheel *08493*
Haarnadel-Ventilfeder / hair pin valve spring *09880*
Hackenbremse / heel operated brake *09881*
Halbschalenhelm / pudding basin-type helmet *09882*
Handöler / hand operated plunger oilpump *09884*
Handschaltung / hand change control *09883*
Hebebock / motorcycle jack *08654*
Helmaußenschale / helmet outer shell *08620*
Helminnenschale / helmet inner shell *08618*
Helmsicherung / helmet lock *08619*
Helmtragepflicht / compulsory helmet wear *08558*
Hinterradgabel / chainstays *08526*
Hochrad / high cycle *08872*
in Schräglage gehen / kick *08625*
Innenzughebel / inverted handlebar lever *09890*
Jugendrad / juvenile bicycle *08886*
Kabelhalter / cable bearer *08467*
Kettenkasten / chain case *08501*
Kettenkrad / Kettenkrad *09901*
Kickstarter / kick starter *08627*
Kinderfahrrad / childrens bicycle *08529*
Kinnbügel / chin-piece *08534*
Kinnriemen / chin-strap *08537*
Kinnschutz / chin-guard *08533*
Kippständer / kick stand *08626*
Klapprad / folding bicycle *08825*
Klemmenrollenfreilaufkupplung / overrunning clutch *10257*
Klickschalter / click shifter *08543*
knattern / chug *08538*
Kneeler / kneeler sidecar outfit *09902*
Kniekissen / knee pad *09868*
Knieschutz / knee-guard *08629*
Königswellenmotor / shaft and bevel drive engine *09814*
Korbseitenwagen / wickerwork sidecar body *09905*
Kork-Kupplung / cork lined clutch *09906*
Kreuzspeichenrad / cross-spoked wheel *08570*
Kupplungshebel / clutch lever *09895*
Kurvenlage / cornering ability *08562*
Kurvenverhalten / cornering behaviour *08563*
Ladepumpe / charging piston *09807*
Ladepumpenrennmotor / piston charged engine *09827*
Langstrecken-Rennmaschine / endurance race machine *08587*
Laufrädchen / pulley *08998*
Laufrolle / dynamo pulley *08771*
Lederhose / leather trouser *08635*
Lederjacke / leather jacket *08633*
Lederkombination / leather overall *08634*
Leichtkraftrad / light motorcycle *08904*
Leichtmotorrad / lightweight motorcycle *09911*
Lenkerarmatur / handlebar control *09889*
Lenkergummi / handlebar rubber grip *09899*
Lenkerpolster / handlebar padding *08613*
Lenkerprallplatte / handlebar impact boss *08611*
Lenkerschaft / handlebar stem *08615*
Lenkerschalter / handlebar shifter *08614*
Lenkervorbau / stem *09081*
Lenkstange / handlebar *08616*
Lufthebel / choke lever *09893*
Mantelschoner / coat protector *08554*
Mittelständer / center stand *08498*
Mittelzugbremse / central cable brake *08494*
Mofa / motorized bicycle *10518*
Mofafahrer / motorized bicycle rider *08661*
Mokick / mokick *08649*
Moped / moped *06000*
Motorrad / motorcycle *03878*
Motorrad abbocken / lower the motorcycle stand *08641*
Motorrad-Anhängerkarren / every-day-motorcyle trailer *09797*
Motorradanhänger / motorcycle trailer *08659*
Motorradfachzeitschrift / motorcycle magazine *08656*
Motorradfahrer / motorcyclist *06011*
Motorradführerschein / motorcycle licence *08655*
Motorradgespann / motorcycle with sidecar *08555*
Motorradhändler / motorcycle

dealer *08653*
Motorroller / scooter *06815*
Mousetrap-Vergaser / mousetrap-carburetor *09916*
nach oben gezogener Lenker / upright handlebars *09107*
Nadellager / needle roller bearing *09836*
Nierengurt / kidney belt *08628*
Packtasche / saddle bag *09032*
Parallelogrammgabel / girder forks *09918*
Pedalversetzer / crank shortener *08566*
Pendelgabel / horizontal spring girder forks *09920*
Polsterlager / padded layer *08961*
Preßstahlfahrwerk / pressed steel frame *09783*
Radfahrer / cyclist *03882*
Rasterschaltung / detend control *08574*
Rastvorrichtung / click-stop device *08544*
Reibrollendynamo / friction roller dynamo *08772*
Reibrollenmotor / friction roller engine *08600*
Reifenhalter / tyre security bolt *09923*
Rennbrötchen / bum pad *09930*
Rennrahmen / racing frame *09007*
Rücktrittbremse / back-pedalling brake *08410*
Sattel / saddle *06791*
Sattelbügel / saddle hoop *09033*
Sattelstützbügel / rear saddle strut *09016*
Satteltank / saddle tank *09925*
Schaltklinke / click *08542*
Schaltwerkschutz / rear derailleur protector *09013*
Schaltzugwiderlager / cable casing stop *08474*
Schienbeinschutz / shin-guard *09048*
Schraubenfeder / saddle tank coil spring *09809*
Schutzblech / mudguard *08663*
Schutzblech mit Seitenteilen / valanced mudguard *10584*
Schutzblechfigur / mudguard decoration *08664*
Schutzblechprofil / mudguard design *08665*
Schutzkleidung / protective clothing *08994*
Schutznetz / coat protection net *08553*
Schwenkergespann / banking sidecar outfit *09927*
schweres Motorrad / heavyweight motorcycle *08617*
Schwingrahmen / sprung frame *09928*
Schwingsattel / single spring seat *09929*
Seilrollenrohrschelle / cable pulley clip *08481*
Seilschloß / cable lock *08466*
Seilzugklemmenhalter / cable casing clip *08471*
Seilzugschutz / cable saver *08484*
Seilzugstarter / cable starter *08485*
Seitenlage / lateral inclination *08631*
Seitenständer / lateral stand *08632*
Seitenwagen / sidecar *06960*
Seitenwagenhersteller / sidecar manufacturer *09821*
Sesselrad / laid-back bicycle *08893*
Sitz mit Halbrückenlehne / seat with half a back *09039*
Sitzbank-Tank-Einheit / seat-tank unit *09038*
Sitzbankhöcker / rear seat hump *09018*
Sozius / co-rider *08549*
Soziussitz / pillion *08672*
Speichenschloß / spoke lock *09070*
Sportmaschine / sporting-type motorcycle *09781*
Sportpedal / bow pedal *08458*
Stahlroß / iron horse *08885*
Staubschutz / dust-guard *08583*
Staufach / stowage ace *08946*
Steckachse / drop out axle *09937*
Stecktank / flat tank *09938*
Steilwandfahrer / Wall of Death rider *09939*
Stiefel / boot *08446*
Straßenmaschine / street machine *09082*
Sturzbügel / crash bar *08738*
Sturzhelm / motorcycle helmet *03825*
Supersportmaschine / high performance roadster *09940*
Taschenhalter / bag holder *08413*
Tauchschmierung / splash lubrication *09941*
Teleskop-Hinterradfederung / plunger rear suspension *09900*
Teleskopgabel / telescopic fork *07432*
Tourenmaschine / touring motorcycle *09780*
Tretlager / bottom bracket bearing *08448*
Tretlagergehäuse / bottom bracket housing *08451*
Tretlagersatz / bottom bracket set *08452*
Tretlagerschale / bottom bracket cup *08449*
Tretlagerüberstand / bottom bracket excess end *08450*
Tretlagerwelle / bottom bracket spindle *08454*
Triebsatzschwinge / sprung rear wheel transmission unit *09946*
Trimmrad / fitness cycle *08806*
Tropfschmierung / drip feed control *09885*
Überhandschuhe / overglove *08957*
Überschuh / overshoe *08958*
Überstiefel / overboot *08955*
Upside-down-Gabel / upside-down fork *09108*
Ventilausheber / valve lifter *09950*
Verbundrad / composite wheel *08557*
Veteranenmotorrad bis 1914 / Veteran motorcycle *09789*
Veteranenmotorrad bis 1930 / Vintage motorcycle *10386*
Veteranenmotorrad bis 1945 / Post-Vintage motorcycle *10387*
Vierzylindermotorrad mit quadratischen Zylindern / square-four motorcycle *09935*
Visier / visor *08712*
Vollverkleidung / full fairing *08840*
vom Motorrad absteigen / climb off the bike *08545*
Vorderrad einschlagen / cramp the front wheel *08568*
Vorderradgabel / front forks *09808*
Vorhängeschloß / padlock *08962*

145

Vorsteckwagen / forecar attachment *09952*
Wärmeschutzblech / metal heat insulator *08647*
Wehrmachtsgespann / military sidecar outfit *09953*

Werksrenner / works racer *09788*
Wettbewerbsrennrad / competition racing cycle *08556*
Zentralfederbein / monoshock *08651*
Zentrallenkschloß / central lock *08495*
Zischhahn / priming tap *09840*
Zündhebel / ignition retard lever *09894*

Automotive Dictionary
including Motorcycles

English • German

Preface

Not only automotive engineers, sales and marketing experts, professional mechanics and executives involved in different levels of international motor business need assistance when it comes to multilingual conversation or correspondence, but also collectors, car enthusiasts, shipping agents, restorers and dealers, all sharing the increasing interest in historic vehicles.

This dictionary, containing some 8400 entry words, is dedicated to users who want to identify all sorts of car or motorcycle parts and wish to describe details of working on motor vehicles, be it for mutual understanding during negotiations or to enable them to read foreign publications before starting restoration activities. As a result journalists and historians may improve on their research work, participants in competitions may acquire a better understanding of their competitors racing team.

In the past, the majority of this kind of literature has been originated by engineers for engineers. Usually, all these books lack special terms used by old car aficionados, auctioneers, garage people and specialized workshops, small ad bargain hunters and competition experts, nor is the standard dictionary of great help when browsing through a foreign language workshop or restoration manual, sales brochure or spare-parts catalogue in order to learn the location and function of parts.

So this dictionary, on the one hand, tries to determine both in German and in English all important car and motorcycle parts, but also intends to assist collectors and enthusiasts in finding their way through literature of any kind devoted to their hobby, such as sales material, manuals, books, magazine articles and advertisements, but published in "the other language".

Schrader Verlag, long-time specialist publisher of automotive literature, believe this book will fill a gap which their experience has shown to exist on many occasions. The publisher have brought many books from the English-speaking world to Germany by translating them, and have also helped to launch originally German language car books for publication in England and the United States. Well known specialists in different fields are among our main contributors to this publication; up-to-date communication devices and electronic data processing methods have been used, enabling us to rationalize such a work to latest standards to the benefit of an international readership.

As not one single motor-car is able to provide all the requirements of transport today (that's why second and third cars are common practice), this dictionary cannot always provide the definitive answer to all questions and queries. But we will keep up with lingual developments and intend to update and enlarge the dictionary for future editions, to this end: we cordially invite all our readers to send us their comments and proposals. Each entry has been given an identity number in italics, and whenever referring to a special term, this number should be quoted. Thank you for your kind co-operation!

Hösseringen, September 1991

Dipl. Volkswirt Mila Schrader
Publisher

How to use this dictionary

With the help of a computer data sheet, all entry words in this dictionary have commonly been registered in the both English and German language. Each entry has been given a data base identity ease of reference without any risk of confusion.
The English as well as the German language is rich in similar or nearly similar terms for one part, function or description. For example: the "A-pillar" in the English language is identical with the expression "hinge post" or "windscreen pillar". The first term is classified in this dictionary as the commonly used expression and is always translated in the other language. The other terms are classified as synonyms in the widest sense, these might be different expressions, abbreviations or differnt spellings. They are listed as entry words too, but we refer them to the main entry word and use the mark of reference (→) to link this subsidiary entry word to the main entry word, where the reader will then find the translation and the complete word family. Spelling variations, like "tyre" and "tire" and abbreviations, for example "OHV" for "overhead valve" are typical of these synonymous meanings.
In the second part of the dictionary, you will find only those entry words which were classified as main keywords, not their subsidiary synonym entries, arranged in their relevant groups. This glossary is composed of 15 sections, identified by a capital letter as follows:

 drivetrain, gearbox, clutch (A)

 brakes (B)

 bodywork, glazing (C)

 electrical and electronic systems, ignition (E)

 suspension, steering, wheels, tyres (F)

 general terms and parts (G)

 trade, purchase, classification (H)

 interior (I)

 fuel system, exhaust, exhaust gases (K)

 paintwork, surface treatment, rust prevention (L)

 engine, cooling, heating (M)

 racing and rallying (R)

 traffic, driving, accessories (T)

 workshop, manufacturing (W)

 motorcycle, bicycle (Z)

The oblique (/) simply divides one language from another.
Paranthesis ( ) are used to show the context of the entry word. For example "thermal slot" refers to (piston).
The five-digit identity number attached to each entry is the key to the word processor's data base and should be used as a reference code when corresponding with the publisher on editorial matters.
The entry words are listed in purely alphabetical order, regardless of the word sense or dominant meaning. For example: you will find the entry "abnehmbare Felge" in the German part under "a" and not under "F", the entry "demountable rim" in the English part under "d" and not under "r".

Automotive Dictionary
including Motorcycles

English • German

Glossary in alphabetical order

A

A-pillar, C, hinge post, windscreen pillar / A-Säule, Windschutzscheibensäule, Scharniersäule. *03178*
a/c, H → air conditioning. *02472*
ability race, R / Geschicklichkeitsrennen. *08404*
abrasion, F, (tyre) / Abrieb. *03075*
abrasive paper, L, flatting paper, sand paper, emery paper / Schleifpapier, Schmirgelpapier, Sandpapier. *08264*
abs, B → anti-block-system. *00168*
accelerate, T / beschleunigen, Gas geben. *03078*
accelerator cable, K, throttle control cable / Gasseilzug. *03086*
accelerator control linkage, K, carburetor linkage / Gasgestänge, Vergasergestänge. *03087*
accelerator pedal, K → gas pedal. *00028*
accelerator pump, K, accelerating pump, (carburetor) / Beschleunigungspumpe. *03080*
accelerator pump, K → accelerating pump. *00029*
accessories, H / Zubehör. *03089*
accident, T / Unfall. *03090*
accident damage, W / Unfallschaden. *10107*
accident insurance, T / Unfallversicherung. *03091*
accident rate, T / Unfallrate. *03092*
accomodate, T / unterbringen. *03093*
accumulator, E → battery. *10532*
accumulator acid, E → battery acid. *00030*
acetylene, G, (compressed gas) / Azetylen. *10016*
acetylene lamp, G / Azetylenlampe. *02065*
acid, G / Säure. *03094*
acid corrosion, G / Säurefraß. *03095*
acid density, E, electrolyte density / Säurekonzentration, Säuredichte. *00019*
acid level, E, electrolyte level, solution level / Säurespiegel, Säurestand. *00021*
acid resistance, G / Säurebeständigkeit. *03097*
acid tester, W, syringe hydrometer, hydrometer / Säureprüfer, Meßspindel, Dichtemesser. *00022*
acidproof, G / säurefest. *03096*
Ackermann steering, F / Lenktrapez, Drehschemellenkung, Achsschenkellenkung. *00031*
acryl lacquer, L → acrylic lacquer. *08201*
acrylic lacquer, L, acryl lacquer / Acryl-Lack. *00023*
activated carbon ring, M, (air cleaner) / Aktivkohlering. *03099*
actuating cam, M / Antriebsnocken. *02799*
ad, H → advertisement. *02935*
adapter, E / Adapter, Zwischenstück. *03100*
added value, H / Wertzuwachs. *03003*
additional air, M, (engine) / Zusatzluft. *03102*
additional air valve, M / Zusatzluftventil. *03103*
additive, G, agent, (oil, fuel) / Additiv, Zusatz. *03104*
adhesive grease, G / Adhäsionsfett. *00310*
adjustable, G / verstellbar, einstellbar. *03107*
adjustable anti-roll bar, F, adjustable anti-sway bar / einstellbarer Stabilisator. *03109*
adjustable anti-sway bar, F → adjustable anti-roll bar. *03110*
adjustable damper, F / einstellbarer Stoßdämpfer. *03111*
adjustable spanner, W, universal spanner, monkey wrench / Universalschlüssel, Rollgabelschlüssel. *03116*
adjuster screw, B / Nachstellschraube. *10490*
adjusting nut, G / Einstellmutter. *01028*
adjusting sleeve, K, control sleeve / Regelhülse, verdrehbare Büchse. *00024*
adjustment hardware, G / Einstellbeschläge, Versteileinrichtung. *03123*
adjustment of ignition timing, W → ignition setting. *06780*
adsorbent, K, (purge) / Adsorptionsmittel. *06510*
advance characteristic, E, ignition-timing characteristic, spark advance curve / Frühzündkurve, Verstellinie, Zündverstellinie. *00032*
advance curve, E → distributor curve. *03127*
advance ignition, E, ignition advance, advance time, spark advance / Zündverstellung in Richtung früh. *09680*
advance ignition, E → premature ignition. *10523*
advance time, E → advance ignition. *08342*
advertisement, H, ad / Anzeige, Annonce, Inserat. *02936*
aerial, E, antenna / Antenne. *03129*
aerodynamic, C / aerodynamisch, windschlüpfrig. *03130*
aerodynamic drag, C, drag / Luftwiderstand, Strömungswiderstand. *03132*
aerosol can, L / Spraydose. *08314*
aftmost driving position, I, (seat) / hinterste Fahrposition. *03133*
agent, H / Agent, Vermittler. *09261*
agent, K → additive. *03135*
agricultural tractor, H, farm tractor / Ackerschlepper, landwirtschaftlicher Traktor, Traktor. *03136*
air, G / Luft. *08394*
air bag, I, air cushion / Luftsack, Airbag. *03098*
air belt, I / Luftgurt. *03138*
air brushing, L / Spritztechnik. *10416*
air bubble, G / Luftblase. *03146*
air cap, L, (spray gun) / Luftdüse. *08139*
air cell diesel engine, M, energy-cell diesel engine / Luftspeicherdieselmotor. *00026*
air choke, K → choke. *00040*
air cleaner → airfilter. *10447*
air compressor, W / Druckluft-

151

air conditioning

kompressor, Drucklufterzeuger. *08137*
air conditioning, E, a/c / Klimaanlage. *02473*
air cooled, G / luftgekühlt. *02137*
air cooling, G / Luftkühlung. *00043*
air correction jet, K / Ausgleichluftdüse, Luftkorrekturdüse. *00044*
air cushion, I → air bag. *08395*
air deflector, C / Leitblech. *03148*
air duct, C / Lufteinlaßschlitz. *09230*
air filter, M, air cleaner / Luftfilter. *00046*
air flap, K → choke. *03150*
air humidity, G / Luftfeuchtigkeit. *03151*
air jack, W / Druckluftwagenheber, Luftpolsterwagenheber. *03152*
air lever, Z → choke lever. *10371*
air loss, F → tyre blow-out. *03154*
air pollution, G / Luftverschmutzung. *03155*
air pressure brake, B, air-brake system, compressed air-brake / Druckluft-Bremsanlage. *00050*
air pump, W, tyre pump, inflator / Luftpumpe. *03156*
air reservoir, B, air tank / Luftbehälter. *0005l*
air scoop, C → engine air box. *09229*
air silencer, K → silencer filter. *00052*
air strangler, K → choke. *03157*
air tank, B → air reservoir. *00053*
air tight, G / luftdicht. *03158*
air tool, W / Druckluftwerkzeug. *09991*
air transformer, L (spray gun) / Lufttransformator. *08138*
air-brake system, B → air pressure brake. *00039*
air-cooled engine, M / luftgekühlter Motor. *03147*
air-fuel ratio, K → mixture ratio. *00047*
airway, L, (spray gun) / Luftkanal. *08165*
alcohol burning engine, M → dope engine. *10344*
alcotest, T / Alkoholprobe. *09353*

alignment, F / Ausrichtung. *03159*
alkaline accumulator, E, Edison storage battery, Edison accumulator, iron-nickel accumulator, nife-accumulator / alkalische Batterie, alkalischer Sammler, Laugenbatterie, Stahlakkumulator. *00057*
all wheel drive, F → four wheel drive. *09467*
all-purpose tyre, F / Allzweckreifen. *03161*
all-steel body, C / Ganzstahl-Karosserie. *02235*
all-steel cast piston, M / Stahlguß-Kolben. *02675*
all-wheel driven, F → four-wheel driven. *03162*
all-wheel steering, F / Allradlenkung. *03163*
Allen key, W, hexagon socket screw key / Inbusschlüssel, Innensechskantschlüssel. *08678*
Allen key driver, W / Schraubendreher für Innensechskantschrauben. *08865*
Allen screw, G, hexagon socket screw / Inbusschraube, Innensechskantschraube. *08680*
alloy barrel with liner, M / Alfin-Zylinder. *09795*
alloyed steel, G / legierter Stahl. *08682*
alternative current, E / Wechselstrom. *10605*
alternator, E / Wechselstromlichtmaschine, Alternator. *00060*
alternator charge indicator lamp, E → charging control lamp. *00062*
altitude correction carburetor, K → altitude correction module. *09637*
altitude correction module, K, altitude correction, (carburetor) / Höhenkorrektor, Höhendose. *00063*
aluminium, G, aluminum / Aluminium. *10553*
aluminium alloy, G, aluminum alloy / Aluminium-Legierung, Aluminium-Verbindung. *00013*
aluminium casting, G / Aluminium-Guß. *00012*

antechamber

aluminium foil, G / Aluminiumfolie. *08683*
aluminium-chromium-cylinder, M / Aluminium-Chrom-Zylinder. *02624*
aluminum, G → aluminium. *10554*
aluminum alloy, G → aluminium alloy. *02514*
ambulance, H / Rettungswagen, Krankenwagen. *03165*
ammeter, E / Ampèremeter. *00064*
amortization, H → degression. *03167*
ampere-hour, E / Ampèrestunde. *00065*
amphibian vehicle, H → amphibious vehicle. *09549*
amphibious vehicle, H, amphibian vehicle / Schwimmwagen, Amphibienfahrzeug. *02315*
amplifier, E / Verstärker. *10528*
analog indicator, G / Analoganzeiger. *08684*
anchor point, I, seat belt mounting point, seat belt mounting eye, belt mounting point, belt mounting eye / Sitzgurtverankerungspunkt, Gurtverankerungspunkt. *03168*
ancillary, M, (engine) / Anbauteil. *10453*
angle, G / Winkel. *03169*
angle bracket, C / Stützwinkel, Verstärkungswinkel. *03170*
angle drive, A → angle transmission. *00066*
angle of lock, F / Einschlagwinkel der Vorderräder. *00067*
angle of valve seat, M / Ventilsitzwinkel. *00068*
angle transmission, A, angle drive / Winkelgetriebe. *00069*
angled, G / abgewinkelt. *08685*
angular contact roller bearing, G / Schrägrollenlager. *05316*
angularity of connecting rod, M / Winkelstellung der Pleuelstange. *02698*
annulus, A, internal gear, (planetary gear) / Hohlrad. *05513*
ante-combustion chamber, M → antechamber. *00075*
antechamber, M, ante-combustion chamber, precombustion

152

antechamber compression ignition engine

chamber, pre-combustion chamber, prechamber / Vorkammer. *00071*
antechamber compression ignition engine, M, pre-combustion chamber engine, prechamber engine / Vorkammermotor, Dieselmotor mit Vorkammer. *00073*
antenna, C → aerial. *03173*
anti-block system, B, ABS, brake slip control drive, skid-control system / Antiblockiersystem, ABS, Blockierregler, Blockierschutz, Bremsschlupfregler. *00076*
anti-clockwise, G → counterclockwise. *02583*
anti-damp coating, G / Antibeschlagbeschichtung. *08686*
anti-dazzle cap, C → dimming cap. *03174*
anti-dazzle light, E → low beam. *00080*
anti-detonant agent, K → anti-knock additive. *00081*
anti-glare light, E → low beam. *00084*
anti-knock additive, K, knock suppressor, knock inhibitor, fuel inhibitor, detonation suppressant, anti-knock agent, anti-detonant agent / Antiklopfmittel, Klopfbremse, Gegenklopfstoff, OZ-Verbesserer. *00085*
anti-knock agent, K → anti-knock additive. *00089*
anti-knock quality, K, knock resistance, knocking resistance / Klopffestigkeit. *00090*
anti-pollution device, K / Abgasreinigungsanlage. *03176*
anti-roll bar, F, stabilizer, stabilizer bar, sway bar, roll bar / Stabilisator, Querstabilisator. *00092*
anti-theft device, G → theft protection. *03177*
anti-vibration spring, M / Geräuschdämpferfeder. *02572*
antifreeze pump, B, de-icing pump / Frostschutzpumpe. *00083*
antique automobile, H / antikes Automobil. *02866*
appraisal, H → expertise. *09225*
approach road, T / Autobahnzubringer. *03180*

apron, C → front apron. *08244*
aquaplaning, F, hydroplaning / Aquaplaning, Wassergleiten. *00095*
arc, W, (welding) / Lichtbogen. *10027*
arc welder, W / Elektroschweißgerät. *09987*
arc welding, W, electrical arc welding / Elektroschweißen, Lichtbogenschweißen. *03183*
archive, H / Archiv. *02916*
arcing, E / Funkenbildung, Funkenüberschlag. *03181*
arm rest, I, arm support / Armstütze, Armlehne. *03185*
arm support, I → arm rest. *03186*
armature, E / Anker. *00096*
artillery wheels, F / Artillerieräder. *02052*
asbestos dust, W / Asbeststaub. *10487*
asbestos line, G / Asbestschnur. *09801*
asbestos tape, G / Asbestband. *03190*
ash tray, I / Aschenbecher. *03189*
ash-track racing, R / Aschenbahnrennen. *08687*
assemble, W / zusammenbauen, montieren. *03192*
assembly, W / Montage. *09180*
assembly, G → unit. *05055*
assembly drawing, W / Montagezeichnung. *03194*
assembly instruction, W / Montageanweisung. *09345*
assembly kit, W → kit. *08688*
assembly line, W / Montageband. *08689*
assembly of prefabricated parts, W / Baukastenprinzip. *08690*
asymmetric low beam, E / asymmetrisches Abblendlicht. *00097*
at low speeds, M / bei niedriger Drehzahl. *08691*
atomizer, G / Zerstäuber. *08692*
atomizing air, L, (spray gun) / Zerstäuberluft. *08149*
attachment, G → mounting. *08693*
attendant, T → service station attendant. *10597*
auction, H / Auktion, Versteigerung. *02925*

axle driving shaft

auction company, H / Auktionshaus. *02934*
authority, H / Behörde. *09249*
autojumble (GB), H, swap meet (USA) / Teilemarkt. *03023*
automatic, G, self-acting / automatisch, selbsttätig. *03196*
automatic gearbox, A, automatic transmission / automatisches Getriebe, Getriebeautomat. *02063*
automatic injection governor, K / automatischer Einspritzregler. *00099*
automatic inlet valve, M, suction valve / automatisches Einlaßventil, Schnüffelventil. *10349*
automatic transmission, A → automatic gearbox. *02064*
automotive, G / auf das Kraftfahrzeug bezogen. *08698*
automotive diesel engine, M → diesel engine. *00103*
automotive engineering, W / Kraftfahrzeugtechnik. *03198*
automotive industry, W / Kraftfahrzeugindustrie. *08694*
auxiliaries, G, auxiliary units / Nebenaggregate. *03199*
auxiliary bicycle engine, Z → bicycle attachment engine. *06003*
auxiliary brake, B → hand brake. *00105*
auxiliary fuel tank, K / Kraftstoffreservebehälter. *03200*
auxiliary reduction gear, A → reduction gear. *07372*
auxiliary shaft, A → countershaft. *07397*
auxiliary units, G → auxiliaries. *08695*
available, G / erhältlich. *08696*
average speed, T / Durchschnittsgeschwindigkeit. *08697*
axial bearing, M / Axiallager, Längslager. *00106*
axle, F / Achse, Radachse. *00109*
axle base, F → wheel base. *00112*
axle cap, F, dust cap, hub cap, wheel cap, wheel cover, wheel hub cap / Radzierkappe, Radkappe, Zierkappe, Nabendeckel. *00113*
axle driving shaft, F → axle shaft. *02855*

153

axle load distribution

axle load distribution, F, axle weight distribution / Achslastverteilung. *03207*
axle shaft, F, half shaft, axle driving shaft, wheel shaft, half axle, output shaft, split axle / Achswelle, Halbwelle, Halbachse, geteilte Achse. *02854*
axle stand, W / Unterstellbock. *10001*
axle strut, F → torque rod. *03656*
axle tramping, F / Achsstrampeln. *10549*
axle weight distribution, F → axle load distribution. *03208*
azetylene lighting, Z → carbide lighting. *10368*

B

B-pillar, C, center pillar, B-post, lock pillar / B-Säule, Mittelpfosten, Schloßsäule. *03266*
B-post, C → B-pillar. *09390*
babbitt, G → white metal. *08030*
back axle, F → rear axle. *08383*
back of seat, I → seat back. *08699*
back rest, I → seat back. *08700*
back seat, I → rear seat. *10538*
back-pedal brake, Z → back pedalling brake. *08411*
back-pedalling brake, Z, backpedal brake, coaster brake / Rücktrittbremse. *08410*
back-up lamp, E → reversing light. *00115*
backbone type frame, C → center tubular chassis. *02374*
backfire, E → misfire. *00116*
backlight, C → rear window. *05082*
backlight heater, E → heated rear window. *09435*
backlight shelf, I, rear package tray, package tray / Hutablage, Heckablage. *03211*
badge, G, plaque / Plakette. *02118*
baffle, C → deflector. *09408*
baffled piston, M → deflector piston. *02622*
bag holder, Z / Taschenhalter. *08413*
baggage, T → luggage. *03213*
balance, G, equilibrium / Gleichgewicht. *04420*
balance weight, F / Auswuchtgewicht. *08701*
balance wheel, M → flywheel. *02745*
balancer, M / Ausgleichsmasse auf Schwungrad. *09708*
balancing, F / Auswuchtung. *00117*
bald tyre, F, worn tyre / abgefahrener Reifen. *03214*

ball, G / Kugel. *08702*
ball and socket gear shifting, A / Kugelschaltung. *02113*
ball bearing, G / Kugellager. *00118*
ball horn, Z / Gummiballhupe. *09888*
ball neck, F, (towing device) / Kugelhals. *03215*
ball type towing attachment, C / Kugelkopfanhängevorrichtung. *03216*
ballast resistor, E, compensating resistance / Vorwiderstand. *00119*
balljoint front suspension, F / Kugelgelenk-Vorderradaufhängung. *10484*
baloon tyre, F / Ballonreifen. *08703*
banana saddle, Z / Choppersattel. *08414*
band brake, B / Bandbremse. *03217*
band leather, G / Kernleder. *08705*
bank account, H, giro account / Bankverbindung. *02907*
banking, R → superelevated bend. *09319*
banking sidecar, Z / flexibler Beiwagen. *09854*
banking sidecar outfit, Z / Schwenkergespann. *09927*
bar, G, rod / Stange, Strebe. *06712*
bar chart, W / Balkendiagramm. *08706*
bare metal, G / blankes Metall. *10167*
barrel sided body, H / nach oben eingewölbte Tourenwagen-Karosserie. *03032*
barrier, T / Barriere. *03218*
barrier cream, W / Schutzcreme. *10006*
barrier paint, L → isolator. *09664*

battery quick charger

barrow, T, stretcher / Krankentrage, Tragbahre. *03219*
base bearing, M → main bearing. *02707*
base of rim, F → rim base. *08707*
basic model, H → standard model. *08375*
battery, E, storage battery, accumulator / Batterie, Akkumulator, Sammler. *00120*
battery acid, E, accumulator acid, battery liquid, electrolyte / Batteriesäure, Füllsäure, Akkumulatorensäure, Elektrolyt. *00123*
battery booster cable, W, jumper cable, jump leads, battery jump lead / Starthilfekabel, Starterkabel, Überbrückungskabel. *00124*
battery box, E, battery case, battery container / Batteriegehäuse, Batteriekasten. *00126*
battery case, E → battery box. *00128*
battery charger, W, charging set / Batterieladegerät, Ladegerät, Ladeaggregat. *00129*
battery container, E → battery box. *00133*
battery discharge indicator, E / Batterieladeanzeige. *08708*
battery ground lead, E / Batteriemassekabel. *03221*
battery ignition, E, coil ignition, battery-and-coil ignition / Batteriezündung, Accumulatorzündung. *00134*
battery jump lead, E → battery booster cable. *10219*
battery liquid, E → battery acid. *00135*
battery powered, E, battery-operated / batteriebetrieben. *08709*
battery quick charger, W, quick charger / Batterieschnelladege-

154

battery voltage / **blooming**

rät, Schnelladegerät. *03223*
battery voltage, E / Batteriespannung. *00136*
battery-and-coil ignition, E → battery ignition. *00132*
battery-operated, E → battery-powered. *08710*
bayonet socket, E / Bajonettfassung. *03225*
BDC (bottom dead center), M → lower dead center. *03226*
bead core, F / Wulstkern. *00137*
bead edged rim, Z → clincher rim. *09144*
beaded edge, F → tyre bead. *02370*
beaded edge rim, Z → clincher rim. *08711*
beading fluting, C / Sicke. *10158*
beam axle, F → rigid axle. *01472*
bearing, M → bearing shell. *09696*
bearing bushing, M / Lagerbuchse. *02728*
bearing cap, M, bearing cover / Lagerdeckel, Lagerschalendeckel. *02635*
bearing cover, M → bearing cap. *03975*
bearing neck, F → journal. *01037*
bearing roller, M → roller bearing. *01480*
bearing shell, M, bearing / Lagerschale, Lager. *02727*
bearing support, M / Lagerstützschale. *02732*
beater, W, (panel beating) / Richthammer. *10064*
beeper, G / Piepton. *08713*
bellhousing, A / Kupplungsglocke. *10446*
bellows, F → gaiter. *09473*
belt, G, strap / Riemen, Band. *04655*
belt drive, A / Riemenantrieb. *02191*
belt line, C / Gürtellinie. *03230*
belt mounting eye, I → anchor point. *09624*
belt mounting point, I → anchor point. *09623*
belt retractor, I / Aufrollautomatik. *03231*
belt strap, I, (seat belt) / Gurtband. *07979*
belted tire, F → radial tyre. *03229*

bench, I / Bank. *03232*
bend, T, curve, turn / Kurve. *03235*
bend of spoke, F / Speichenknick. *08422*
Bendix-type starter, E, inertia-drive starting motor / Bendix-Anlasser, Schraubtriebanlasser. *00138*
bent, G / abgeknickt. *08714*
bent shaft, M / verdrehte Welle. *02703*
benzene, K / Benzol. *03233*
benzine, K → light fuel. *03240*
berth, I, (truck) / Schlafkoje. *03234*
bevel, G / abschrägen. *08715*
bevel drive engine, Z → shaft and bevel drive engine. *10370*
bevel drive pinion, A → differential bevel gear. *00505*
bevel seated valve, M, conical seat valve / Kegelsitzventil. *02794*
bezel, G, vane / Blende, Zierring. *10127*
bhp, B → brake horse power. *03238*
bibcock, G, drain cock, drain tap / Ablaßhahn, Abflußhahn. *00015*
bicycle, Z, cycle, bike / Fahrrad, Rad. *03877*
bicycle attachment engine, Z, cyclemotor, auxiliary bicycle engine / Fahrradhilfsmotor. *09848*
bicycle bell, Z / Fahrradglocke. *08420*
bicycle box, Z / Fahrradkoffer. *08421*
bicycle chain, Z / Fahrradkette. *08423*
bicycle computer, Z / Fahrradcomputer. *08424*
bicycle dealer, Z / Fahrradhändler. *08425*
bicycle holder, Z / Fahrradhalter. *08428*
bicycle kick stand, Z / Fahrradkippständer. *08429*
bicycle lock, Z / Fahrradschloß. *08430*
bicycle moto cross, Z / BMX. *10390*
bicycle net, Z / Fahrradnetz. *08431*
bicycle roof carrier, T / Fahrraddachträger. *08435*

bicycle stand, Z / Fahrradständer. *08432*
bicycle with auxiliary engine, Z → motor-assisted bicycle. *08717*
big end, M → connecting rod big end. *06080*
big end bearing, M → connecting rod bearing. *03682*
bike, Z → bicycle. *08719*
bike, Z → motorcycle. *08323*
bike rider, Z → motorcyclist. *08324*
biker, Z → motorcyclist. *08401*
bilux bulb, E, double filament bulb, double filament incandescent lamp, twin-filament bulb / Biluxlampe, Zweifadenlampe, Zweidrahtlampe. *00139*
bimetal piston, M / Bimetallkolben, Zweimetall-Kolben. *00142*
bimetal strip, E / Bimetallstreifen. *00144*
binder, L, vehicle / Bindemittel, Trägermittel. *08127*
bits and pieces, H / Einzelteile. *09217*
bits in the gloss coat, L / Flecken im Lack. *08278*
bleeder nipple, B / Entlüfungsnippel. *10491*
bleeder screw, B, vent screw / Entlüftungsschraube. *00145*
bleeding, B / Entlüften. *10394*
bleeding, L, (spray pattern) / Ausbluten. *08291*
blind, I / Jalousie, Rollo. *03246*
blind alley, T → dead end. *03243*
blind curve, T / unübersichtliche Kurve. *03244*
blind street, T → dead end. *04029*
blistering, L, micro blistering, (spray pattern) / Bläschenbildung. *08290*
block brake, B → shoe brake. *01545*
block chain, M → roller chain. *02755*
block engine, M / Blockmotor. *02079*
block pedal, G / Blockpedal. *08720*
blockage, L, (spray gun) / Verstopfung. *08163*
blood test, T / Blutprobe. *03245*
blooming, L / Eintrübung. *08295*

155

blow

blow, W, (panel beating) / Hammerschlag. *10066*
blow, E → blowout. *09436*
blower, M / Gebläse. *09741*
blowout, F, (tyre) / platzen. *03249*
blowout, E, blow, (fuse) / durchbrennen. *03248*
BMX-cycle, Z / BMX-Rad. *08442*
BMX-rider, Z / BMX-Fahrer. *08443*
BMX-sport, Z / BMX-Sport. *08444*
boat tail, H, pointed tail / Spitzheck. *02324*
body, C, bodywork, car body, coachwork / Karosserie, Aufbau. *02292*
body deadener, L, sound deadener / Antidröhnmittel. *03250*
body file, W / Karosseriefeile. *10102*
body filler, L → filler. *09660*
body fitting, C / Karosseriebeschlag. *10125*
body in white, C / Rohbaukarosserie, Rohkarosserie. *03253*
body jig, W → body repair jig. *10111*
body lead, W, body solder, lead solder / Karosseriezinn, Stangenzinn. *09457*
body platform, C / Bodengruppe. *09970*
body press, W / Karosseriepresse. *03254*
body puller, W / Ziehwerkzeug. *10121*
body repair jig, W, body jig / Karosserierichtbank, Richtbank. *10122*
body repair shop, W, body shop / Karosseriewerkstatt. *08180*
body rocker, C → door sill. *09414*
body shell, C, shell / Karosseriekörper. *09234*
body shop, W → body repair shop. *10514*
body solder, W → body lead. *09458*
body soldering, W, lead loading / verzinnen. *09461*
body spoon, W / Spitzwerkzeug. *10070*

bodyshell stiffness, C / Steifigkeit der Karosserie. *09975*
bodywork, C → body. *00149*
bodywork repair, W / Karosserieinstandsetzung. *10106*
bolt, G, pin, pivot / Bolzen. *04178*
bolt on, W → screw on. *09765*
bolt-cutter, W / Bolzenschneider. *08721*
bolt-on panel, W / geschraubtes Blech. *10116*
bone fracture, T / Knochenbruch. *03256*
bonnet, C, hood, engine bonnet, engine hood / Motorhaube. *00901*
bonnet catch, C / Motorhaubenverriegelung. *03257*
bonnet fastener, C → bonnet strap. *02258*
bonnet stay, C, hood support stay, hood lock / Motorhaubenständer, Motorhaubenaufsteller. *03258*
bonnet strap, C, bonnet fastener, hood strap, hood fastener / Haubenriemen. *02259*
boost pressure control, M, supercharging pressure control / Ladedruckregler. *07304*
booster, G, servo unit, power assistance, (mechanical) / Verstärker. *05023*
boot, Z / Stiefel. *08446*
boot, F → gaiter. *09474*
boot, C → luggage boot. *10284*
boot carrier, C, trunk carrier / Gepäckhalter. *02242*
boot lid, C, deck lid / Kofferraumdeckel. *02106*
boot lid hinge, C / Kofferraumdeckelscharnier. *03262*
boot lid lock, C / Kofferraumdeckelschloß. *03263*
bore, W, ream / aufbohren. *02660*
bore out a cylinder, W / Zylinder ausschleifen. *02657*
bottle holder, Z / Flaschenhalter. *08447*
bottom bracket bearing, Z / Tretlager. *08448*
bottom bracket cup, Z / Tretlagerschale. *08449*
bottom bracket excess end, Z / Tretlagerüberstand. *08450*
bottom bracket housing, Z, bot-

brake buffer

tom bracket shell / Tretlagergehäuse. *08451*
bottom bracket set, Z / Tretlagersatz. *08452*
bottom bracket shell, Z → bottom bracket housing. *08453*
bottom bracket spindle, Z / Tretlagerwelle. *08454*
bottom dead center, M → lower dead center. *02591*
bottom gear, A → first gear. *04626*
bottom valve, B / Bodenventil. *09162*
bow, G / Bügel. *08457*
bow pedal, Z / Sportpedal. *08458*
bowden cable, G, Seilzug / Bowdenzug. *00153*
box section, C / Kastenquerschnitt, Kastenprofil. *08459*
box section chassis, C, box section frame / Kastenrahmen. *08460*
box section frame, C → box section chassis. *08462*
brace, G / verstreben. *08723*
bracing, C / Versteifung. *03268*
bracket, Z / Ausleger bei Stützrädern. *08463*
bracket, G, holder, support / Halter, Träger. *05155*
bracket, G → mounting bracket. *08377*
brain concussion, T / Gehirnerschütterung. *03269*
brake, B / Bremse. *00156*
brake adjustment, W / Bremseneinstellung. *00157*
brake anchor plate, B, brake backing plate, brake back plate, brake-shield, carrier plate / Bremsträger, Bremsankerplatte, Bremsträgerplatte, Bremsschild. *00158*
brake arm, Z / Bremsbügel. *08722*
brake back plate, B → brake anchor plate. *10222*
brake backing plate, B → brake anchor plate. *00162*
brake band, B / Bremsband. *02083*
brake bleeder unit, B / Druckentlüfter, Entlüftergerät. *00163*
brake block, B / Bremsklotz. *01047*
brake buffer, B / Bremsanschlag. *03270*

brake cable, B / Bremsseil. *02089*
brake cable assembly, B / Bremsseilzug. *03271*
brake caliper, B, caliper, calliper, disc brake caliper / Bremssattel. *00165*
brake cam, B / Bremsnocken. *00167*
brake cam bushing, B / Bremsnockenlager. *03272*
brake clearance, B / Bremslüftspiel. *00169*
brake cup, B → brake cylinder cup. *09153*
brake cylinder, B / Bremszylinder. *02090*
brake cylinder cup, B, brake cup / Bremsmanschette. *09152*
brake cylinder overhaul kit, W → brake cylinder repair kit. *09158*
brake cylinder paste, W, brake grease / Bremszylinderpaste, Bremsmontagepaste. *00171*
brake cylinder repair kit, W, brake cylinder overhaul kit / Bremszylinder-Reparatursatz. *09156*
brake disc, B, disc, rotor / Bremsscheibe. *00172*
brake drum, B, drum / Bremstrommel. *00173*
brake drum hub, B / Bremstrommelnabe. *04264*
brake facing, B → brake lining. *00174*
brake fading, B, fading, fade / Bremsschwund, Bremsfading, Fading. *0213*
brake fluid, B, fluid for brakes, hydraulic brake fluid / Bremsflüssigkeit, Bremsöl. *00175*
brake fluid container, B → brake fluid reservoir. *00178*
brake fluid level gauge, W / Niveaukontrolle der Bremsflüssigkeit. *00179*
brake fluid reservoir, B, brake fluid container, brake supply tank / Bremsflüssigkeitsbehälter, Ausgleichsbehälter, Nachfüllbehälter. *00180*
brake grease, W → brake cylinder paste. *09751*

brake horse power, B, bhp / Bremsleistung. *01003*
brake hose, B, flexible brake pipe / Bremsschlauch. *00183*
brake lever, B, brake rod / Bremshebel. *02087*
brake light, E → stop light. *00184*
brake light switch, E, brake stop light switch / Stoplichtschalter, Bremslichtschalter. *00185*
brake line, B, (truck) / Bremsleitung. *00186*
brake lining, B, brake facing, (drum brake) / Bremsbelag. *00187*
brake lining adhesive, W, brake lining bond / Bremsbelagkleber. *03275*
brake lining bond, B → brake lining adhesive. *03276*
brake lining change, W / Bremsbelagwechsel. *03277*
brake lining grinder, W / Bremsbelagschleifmaschine. *00189*
brake linkage, B / Bremsgestänge. *03054*
brake master cylinder, B, master brake cylinder, master cylinder, main brake cylinder / Hauptbremszylinder, Hydraulikhauptzylinder, Bremshauptzylinder. *00191*
brake master cylinder outlet, B / Hauptbremszylinderausgang. *05941*
brake pad, B, (disc brake) / Scheibenbremsbelag. *08725*
brake pad warning light, B, (disc brake) / Bremsbelagverschleißanzeige. *00190*
brake pedal, B / Fußbremshebel, Bremsfußhebel, Bremspedal. *00194*
brake pedal depressor, B / Bremspedalspanner. *00197*
brake pedal free travel, B / Fußbremshebel-Leerweg. *00198*
brake pipe, B, (passenger car) / Bremsleitung aus Metall. *02088*
brake pipe fitting, B, brake pipe nut / Bremsnippel. *09159*
brake pipe nut, B → brake pipe fitting. *09160*
brake piston, B / Bremskolben.

09155
brake power assist, B → power brakes. *09170*
brake power distributor, B / Bremskraftverteiler. *00199*
brake power unit, B → power brakes. *10260*
brake release spring, B → brake return spring. *00200*
brake return spring, B, brake release spring / Bremsbackenrückzugfeder. *00201*
brake rod, B → brake lever. *02086*
brake shield, B → brake anchor plate. *00203*
brake shoe, B, shoe, (drum brake) / Bremsbacke. *00204*
brake slip control drive, B → anti-block system. *00205*
brake spring pliers, W / Bremsfederzange. *00206*
brake stop light switch, E → brake light switch. *00207*
brake supply tank, B → brake fluid reservoir. *00208*
brake system bleeding, W / Bremsanlagenentlüftung. *00209*
brake warming, B / Bremsenerhitzung. *03278*
brake warning lamp, B / Bremsenkontrollleuchte. *03279*
brake wheel cylinder, B, wheel cylinder / Radbremszylinder, Radzylinder. *09166*
braking area, B / Bremsfläche. *03280*
braking deceleration, B / Bremsverzögerung. *03281*
braking distance, B, stopping distance / Bremsweg. *00212*
braking effect, B / Bremswirkung. *03282*
braking energy, B / Bremsenergie. *03283*
braking force, B → braking power. *03285*
braking parachute, R / Bremsfallschirm. *09306*
braking power, B, braking force / Bremskraft. *03284*
braking test, W / Bremstest. *03286*
braking torque, B / Bremsmoment. *03287*
branch road, T / Nebenstraße.

brand

03288
brand, H → marque. *03290*
brass, G / Messing. *03292*
brass era vehicle, H / Automobil aus der Kutschwagenzeit. *03027*
braze, W / hartlöten, löten. *03293*
bread and butter model trailer, Z → every-day-motorcycle trailer. *10345*
break, W → break for spares. *09501*
break, H → utility car. *10269*
break for spares, W, break, part out, cut up for spares / ausschlachten. *09500*
break-in oil, M / Einfahröl. *03298*
breakable, G, fragile / zerbrechlich. *10298*
breakaway, T, (handling) / ausbrechen. *03294*
breakdown, T / Panne. *02159*
breaker, E → contact breaker. *00216*
breaker cam, E → contact breaker cam. *00464*
breaker point, E → contact breaker point. *00218*
breaker triggered induction semiconductor ingnition, E / kontaktgesteuerte Transistor-Spulenzündung, TSZ-K. *00219*
breaker triggering, E / Kontaktsteuerung. *00221*
breaker's yard, H → junk yard. *09595*
breakerless ignition system, E / unterbrecherlose Zündanlage. *03296*
breakerless inductive semiconductor ignition, E / kontaktlos gesteuerte Transistor-Spulenzündung. *00222*
breakerless triggering, E / kontaktlose Steuerung. *00223*
breaking-in, T, running-in / Einfahren. *03297*
breather, M → crankcase breather. *00436*
breather port, M / Nachlaufbohrung. *00225*
breathing apparatus, T, respirator / Atemgerät. *03299*
breathing hose, T / Atemschlauch. *03300*

breathing mask, L / Atemschutzmaske. *08221*
BRG, R → British racing green. *09325*
British racing green, R, BRG / Britisches Renngrün. *09326*
broad-beam headlight, E → wide-beam headlight. *00227*
bronze, G / Bronze. *08370*
bronze bushing, G / Bronzebuchse. *08371*
bronze head, M, (cylinder head) / Bronzekopf. *09818*
Brooklands can, Z, (exhaust system) / Brooklands-Topf. *09819*
bruise, T, (human body) / Quetschung, Prellung. *03301*
brush, G / Bürste. *02092*
brush, E → carbon brush. *00252*
brush-painting, L / Pinsellackierung. *10105*
bubbling paint, L / rostunterwanderter Lack. *10081*
buck, Z, lurch / bocken. *08727*
bucket seat, I / Schalensitz. *03302*
buckled panel, W / Springbeulen im Blech. *10057*
building site truck, H, construction site truck / Baustellenfahrzeug. *03304*
bulb, E, lamp bulb, electric bulb / Glühlampe, Glühbirne. *04329*
bulb horn, T / Ballhupe. *02066*
bulkhead, C → cowl. *10093*
bull's eye, E → reflector. *09451*
bum pad, Z, pillion pad / Rennbrötchen, zusätzliches Sitzkissen am hinteren Schutzblech. *09930*
bump, C / Beule. *04060*
bump camber change, F / Sturzänderung bei Einfederung. *03307*
bump rubber, F / Gummianschlag, Gummipuffer, Einfederungsanschlag. *03318*
bump toe-in, F / Vorspurvergrößerung bei Volleinfederung. *03320*
bump toe-out, F / Nachspurvergrößerung bei Volleinfederung. *03321*
bumper, C, bumper bar, crash bar / Stoßfänger, Stoßstange. *02332*
bumper bar, C → bumper. *03311*
bumper blade, C / Stoßstangen-

buyer

blatt. *09420*
bumper bolt, G / Kotflügelschraube. *10149*
bumper bow, C, hudge bar / Stoßstangenbügel, Amerikabügel. *09417*
bumper center section, C / Stoßstangenmittelteil. *03312*
bumper guard, C, overrider / Stoßstangenhorn. *03313*
bumper height, C / Stoßstangenhöhe. *03314*
bumper mounting, C → bumper suspension. *09425*
bumper rubber strip, C / Stoßstangengummileiste. *03315*
bumper side parts, C / Stoßstangenseitenteil. *03316*
bumper suspension, C, bumper mounting / Stoßstangenaufhängung. *03317*
bumping blade, W / Treibeisen. *10074*
bumpy road, T / Holperstrecke. *03322*
burglary insurance, H / Einbruchversicherung. *02994*
burn, G / brennen, verbrennen. *03323*
burn-off temperature, E → self-cleaning temperature. *00233*
burner tube, M / Brennrohr. *03325*
burning time, M / Brennzeit. *03328*
bus, H, omnibus / Bus, Autobus, Omnibus. *03329*
bus stop, T / Bushaltestelle. *03332*
bush, G, bushing / Buchse. *02091*
bush a bearing, W, line a bearing / ausbuchsen. *02710*
bush roller chain, G, bushing chain / Hülsenkette. *08464*
bushing, G → bush. *03905*
bushing chain, G → bush roller chain. *08465*
butt weld, W / stumpfschweißen. *08728*
butt weld, W, (welding) / Stumpfnaht. *10022*
butterfly valve, K → throttle valve. *03911*
button, G, knob / Knopf. *03334*
buy, H / kaufen. *09244*
buyer, H / Käufer. *03005*

buyer's guide   **capacitor-discharge ignition system**

buyer's guide, H / Kaufberater. *10530*
buying decision, H / Kaufentscheidung. *02888*
buying price, H, price / Einkaufspreis, Preis. *02967*

buzz, G / summen. *08729*
buzzer, E / Summer, Warnsummer. *03336*
bypass, G / Bypass, Umleitung. *03339*
bypass bore, K / Bypassbohrung,

Übergangsbohrung, Teillastbohrung. *00237*

C

cab, C, driver's cab, (truck) / Fahrerhaus. *03343*
cab, H, taxi / Taxi. *03341*
cab over engine, H → forward control vehicle. *05855*
cab tilting system, C / Fahrerhauskippvorrichtung. *03347*
cabin scooter, H / Kabinenroller. *08730*
cable, E, lead, wire / Kabel, Leitung. *05657*
cable anti theft device, Z → cable lock. *08490*
cable bearer, Z / Kabelhalter, Bremszughalter. *08467*
cable brake, B / Seilzugbremse. *03011*
cable casing, G, cable covering / Kabelmantel, Kabelhülle. *08472*
cable casing clip, Z / Seilzugklemmenhalter. *08471*
cable casing stop, Z / Schaltzugwiderlager. *08474*
cable clip, G / Kabelschelle. *06778*
cable covering, G → cable casing. *08487*
cable lock, Z, cable anti theft device / Seilschloß. *08466*
cable pulley clip, Z / Seilrollenrohrschelle. *08481*
cable release, Z, release device / Bremsentspanner. *08482*
cable release carrier, Z / Bremsentspannerhalter. *08483*
cable saver, Z / Seilzugschutz. *08484*
cable socket, E → connector lug. *03691*
cable starter, Z / Seilzugstarter. *08485*
cable winch, W → rope winch. *03346*
cabriolet, H, convertible, cvt, drophead, drophead coupe, dht, rag top / Cabriolet, Cabrio, Ka-

briolett. *02923*
caged valve, M → overhead valve. *02803*
calculate, H / kalkulieren. *02892*
calendar of events, T / Veranstaltungskalender. *03012*
calibration, G / Kalibrierung. *03348*
caliper, B → brake caliper. *04635*
caliper brake, B / Felgenbremse. *08492*
calliper, G → brake caliper. *04636*
cam, G / Nocken, Steuernocken. *02784*
cam contour, G / Nockenform. *03357*
cam control, M / Nockensteuerung, Nockenbetätigung. *03352*
cam disc, G / Nockenscheibe. *03358*
cam dwell, G / Nockenerhebung. *03359*
cam dwell period, M / Nockenerhebungszeit. *03360*
camber, F, wheel camber, wheel rake, splay / Radsturz, Sturz. *00241*
camber angle, F / Radsturzwinkel, Sturzwinkel. *00244*
camber stiffness, F / Sturzsteifigkeit. *03351*
camhousing, M → camshaft casing. *09714*
camper, H → motor home. *06016*
camshaft, M / Nockenwelle, Steuerwelle. *00245*
camshaft bearing, M / Nockenwellenlager. *02783*
camshaft bush, M / Nockenwellenbuchse. *03362*
camshaft casing, M, cam housing / Nockenwellengehäuse. *03363*
camshaft cover, M / Nockenwellendeckel, Nockenwellenabdichtung. *03364*
camshaft drive, M / Nockenwel-

lenantrieb. *00247*
camshaft drive chain, M → camshaft timing chain. *03366*
camshaft drive noise, M / Nockenwellenantriebsgeräusch. *03368*
camshaft gear, M → camshaft gear wheel. *03949*
camshaft gear wheel, M, camshaft gear, camshaft timing gear / Nockenwellenrad. *02765*
camshaft sprocket, M / Nockenwellenkettenrad. *03370*
camshaft thrust bearing, M, camshaft thrust plate / Nockenwellenaxialsicherung. *03371*
camshaft thrust plate, M → camshaft thrust bearing. *03373*
camshaft timing, M / Nockenwellensteuerung. *03374*
camshaft timing chain, M, timing chain, camshaft drive chain / Nockenwellenantriebskette, Steuerkette. *03375*
camshaft timing gear, M → camshaft gear wheel. *02772*
camshaft timing gear cover, M, engine front cover, timing case cover, crankcase front end cover / Nockenwellenantriebsgehäusedeckel. *02773*
can, G / Dose. *03377*
cancellation of driver's license, T, suspension of driver's licence / Führerscheinentzug. *03378*
cantilever spring, F / Auslegefeder, Cantilever-Feder. *02053*
cantilever spring saddle, Z → single spring seat. *10376*
cap, G / Abdeckkappe. *08733*
cap nut, G → coupling nut. *03382*
capacitor, E → condenser. *00248*
capacitor-discharge ignition system, E / Hochspannungs-Kondensatorzündung. *00249*

159

capacity

capacity, G / Fassungsvermögen. *08732*
capacity, M → displacement. *02593*
car body, C → body. *00250*
car care, W / Kraftfahrzeugpflege. *03403*
car collection, H / Fahrzeugsammlung, Sammlung. *02917*
car cover, T / Abdeckhaube. *08995*
car owner, H / Kraftfahrzeughalter, Fahrzeughalter, Kraftfahrzeugbesitzer. *03408*
car polish, L / Autopflegemittel. *03412*
car radio, E, radio / Autoradio. *03413*
car rental service, T, rent-a-car service / Autovermietung, Leihwagenservice. *03418*
car shop manual, W → workshop manual. *03423*
car sprayer, L / Autolackierer. *08144*
car without documents (US), H / Wagen ohne Papiere. *02930*
car without U5 document (GB), H, car not on Swansea register / Wagen ohne Papiere. *09606*
caravan, H → motor home. *03383*
carbide generator, E / Entwickler. *02215*
carbide lighting, G, acetylene lighting / Karbidbeleuchtung, Azetylenbeleuchtung. *09806*
carbon brush, E, brush, contact brush / Kohlebürste, Bürste, Schleifkohle. *00228*
carbon deposit, M → oil carbon deposit. *02666*
carbon dioxide, G / Kohlendioxid. *03384*
carbon residue, M → oil carbon deposit. *00153*
carbon-arc brazing, W / Kohlelichtbogen-Hartlöten. *10044*
carbon-arc torch, W / Hartlötbrenner. *10045*
carbonic acid, G → carbon dioxide. *03388*
carburation, K / Vergasung. *00254*
carbureted mixture, K → explosive mixture. *00256*
carburetor, K, carburettor, carbu-

retter / Vergaser. *00257*
carburetor adapter, K / Vergaserzwischenstück. *03390*
carburetor adjustment, W / Vergasereinstellung. *03391*
carburetor air, K / Vergaserluft. *03392*
carburetor bowl, K → float chamber. *03393*
carburetor cover, K / Vergaserdeckel. *03396*
carburetor de-icing, K / Vergaserenteisung. *03397*
carburetor fire, K / Vergaserbrand. *03398*
carburetor float, K / Vergaserschwimmer. *03399*
carburetor housing, K / Vergasergehäuse. *03400*
carburetor jet, K / Vergaserdüse. *03401*
carburetor linkage, K → accelerator control linkage. *00258*
carburetor throat, K → emulsion tube. *00259*
carburetter, K → carburetor. *02845*
carburettor, K → carburetor. *10224*
carcass, F, fabric body, tyre carcass, cord body / Karkasse, Reifenunterbau. *00260*
cardan universal joint, A → universal joint. *00266*
cargo space, C → loading space. *03404*
carpet, I / Teppich. *03590*
carrier, H → motor carrier. *03419*
carrier plate, B → brake anchor plate. *00268*
carrying capacity, C / Ladefähigkeit. *03421*
carrying strap, G / Trageriemen. *08734*
cartridge, G / Patrone, Einsatz. *03426*
casing, G → housing. *02237*
cast, W / gießen, gegossen. *03428*
cast spoke wheel, Z / Gußspeichenrad. *08493*
caster, F, wheel caster, positive caster, castor, trail / Nachlauf. *06419*
caster angle, F / Nachlaufwinkel.

center pull brake

03429
casting, G / Guß. *03164*
castle nut, G, crown nut / Kronenmutter. *03855*
castor, F → caster. *00270*
catalyst, K → catalytic converter. *09676*
catalytic converter, K, catalyst / Katalysator. *06111*
catalytic converter closed loop, K / Katalysator mit Lambdaregelung. *09673*
catalytic converter open loop, K / Katalysator ohne Lambdaregelung. *09674*
catch pan, G / Auffangschale. *03431*
category victory, R / Kategorie-Sieg. *09301*
CD-ignition system, E / Zündanlage mit Unterbrecher und Kondensator. *03432*
ceiling lamp, E / Deckenleuchte. *03433*
cell bridge, E / Zellenverbinder. *00272*
cellular radiator, M → honeycomb radiator. *00273*
cellulose, L → nitrocellulose lacquer. *08208*
cellulose stopper, L / Nitrofeinspachtel. *10101*
cellulose thinner, L → nitrocellulose thinner. *08252*
cement, G / Klebstoff. *03434*
center arm rest, I / Mittelarmstütze. *04714*
center bolt, M → dowel bolt. *02751*
center console, I / Mittelkonsole. *03435*
center electrode, E / Zündkerzen-Mittelelektrode, Mittelelektrode. *03436*
center floor shift, A → floor shift. *08399*
center member, F, (wire spoke wheel) / Radnabenteil. *03437*
center of gravity, G / Schwerpunkt. *03439*
center pillar, C → B-pillar. *03441*
center pivot, F / Drehschemel. *02199*
center pull brake, Z → central

cable brake. *08497*
center split rim, F / mittengeteilte Felge. *03442*
center stand, Z / Mittelständer. *08498*
center tubular chassis, C, backbone type frame, central tube frame / Zentralrohrrahmen, Mittelrohrrahmen. *03443*
center wheel lock, F / Zentralverschluß. *02376*
central cable brake, Z, center pull brake / Mittelzugbremse. *08494*
central chassis lubrication, C → centralized lubrication. *03445*
central lock, Z / Zentrallenkschloß. *08495*
central tube frame, C → center tubular chassis. *08496*
centralized lubrication, G, central chassis lubrication, one-shot lubrication / Zentralschmierung. *00274*
centrifugal advance mechanism, E, centrifugal spark advance, centrifugal timer, timing advance, centrifugally controlled advance, centrifugal governor, flyweight governor / Fliehkraftversteller, Fliehkraft-Zündversteller, Fliehkraftregler. *00277*
centrifugal advance weight, M → flyweight. *00279*
centrifugal air cleaner, M / Schleuderluftfilter, Wirbel-Luftfilter, Zyklonfilter. *00280*
centrifugal blower, G / Zentrifugalgebläse. *03446*
centrifugal caster, F / Nachlaufmoment. *03447*
centrifugal clutch, A / Fliehkraftkupplung. *00283*
centrifugal governor, E → centrifugal advance mechanism. *10228*
centrifugal pump, G, rotary pump / Kreiselpumpe. *03448*
centrifugal spark advance, K → centrifugal advance mechanism. *03449*
centrifugal supercharger, K / Turbokompressor, Turboverdichter, Kreisellader, Kreiselgebläse, Kreiselverdichter. *00287*

centrifugal timer, E → centrifugal advance mechanism. *10226*
centrifugal water pump, M / Zentrifugalwasserpumpe. *03450*
centrifugal weight, E → flyweight. *02846*
centrifugally controlled advance, M → centrifugal advance mechanism. *00292*
ceramic insulation, E, ceramic insulator, (spark plug) / Keramikisolation. *03451*
ceramic insulator, E → ceramic insulation. *03452*
cetane number, K / Cetanzahl, CaZ. *00293*
chafing, G → scuffing. *03453*
chain, G, track / Kette. *10306*
chain adjuster, G → chain tensioner. *08499*
chain alignment, G / Kettenflucht. *08500*
chain case, Z / Kettenkasten. *08501*
chain cleaner, W / Kettenreiniger. *08502*
chain cog, G / Kettenkranz. *08503*
chain drive, G / Kettenantrieb. *02770*
chain gearing, G, chain transmission / Kettenübersetzung. *02771*
chain guard, G / Kettenschutz. *08505*
chain guide, G / Kettenführung. *08506*
chain guide roller, G / Kettenführungsrolle. *08508*
chain idler roller, G / Kettenspannrolle. *08509*
chain line, G / Kettenlinie. *08510*
chain link, G / Kettenglied. *08511*
chain pin, G → link pin. *97570*
chain pitch, G / Kettenteilung. *03490*
chain pulley, G / Kettenrolle. *03491*
chain ring, G → chain wheel. *08519*
chain rivet ejector, W / Kettennietausdrücker. *08513*
chain sprocket, G → chain wheel. *02762*
chain stretching drive, M → chain tensioner. *02767*

chain tension, G / Kettenspannung. *08515*
chain tensioner, M, chain stretching drive, tensioner, chain adjuster, (camshaft drive) / Kettenspanner. *02766*
chain transmission, A → chain gearing. *03496*
chain wheel, M, chain ring, sprocket, chain sprocket / Kettenrad, Kettenwellenrad. *08512*
chain wheel and crank set, G, chain wheel fittings / Kettenradgarnitur. *08520*
chain wheel disc, G, circular chain guard / Kettenschutzscheibe. *08521*
chain wheel fittings, G → chain wheel and crank set. *08523*
chainless, G / kettenlos. *08524*
chainstay end, Z / Gabelende. *08525*
chainstays, Z / Hinterradgabel. *08526*
challenge, R / Herausforderung. *09305*
chamois, W / Fensterleder. *03456*
champion, R / Meister. *09290*
championship, R / Meisterschaft. *03497*
change, G → replace. *08331*
change of direction, T / Richtungswechsel. *03498*
change speed box, A → gearbox. *00295*
change speed gear, A → gearbox. *00296*
change speed lever, A → gear shift lever. *00297*
changing of tyres, W / Reifenwechsel. *03499*
charge, W, (battery) / laden. *03460*
charge control lamp, E → charging control lamp. *00298*
charge indicator lamp, E → charging control lamp. *00299*
charge pump, M / Ladepumpe. *03502*
charge the battery, W / Batterie aufladen. *02067*
charging control lamp, E, generator charging indicator, generator charging tell-tale, charge control lamp, charge indicator

lamp, generator indicator lamp / Ladekontrolleuchte, Ladestrom-Kontrolleuchte, Ladeanzeigeleuchte, Zündlicht. *00300*
charging device, E → charging stage. *00304*
charging indicator lamp, E → charging control lamp. *00305*
charging piston, Z / Ladepumpe, Kolbenladepumpe. *09807*
charging pressure, M → supercharging pressure. *03503*
charging set, E → battery charger. *00306*
charging stage, E, charging device / Ladeteil. *00307*
chart, G, schedule, table / Tabelle. *03461*
chassis, C, frame, undercarriage / Fahrgestell, Chassis, Unterbau. *02174*
chassis cross member, C → cross member. *02863*
chassis frame, C / Fahrgestellrahmen. *03463*
chassis member, C / Rahmenträger. *06564*
chassis number, C, vehicle identification number / Fahrgestellnummer, Fg.-Nr, Chassisnummer. *10270*
chassis tuning, W / Fahrgestellabstimmung. *09470*
check, G, control / Überprüfung, Kontrolle. *03505*
check nut, G → lock nut. *05778*
check point, G / Kontrollpunkt. *03468*
check valve, M → non-return valve. *00309*
check-up, W → examination. *09182*
chequered flag, R / Zielflagge. *09277*
chest protector, Z / Brustschutz. *08528*
chicane, R / Schikane. *03472*
child car seat, I, child seat, children's seat / Kindersitz. *03473*
child safety catch, C → childproof door lock. *03476*
child seat, I → child car seat. *03477*
child-proof door lock, C, child safety catch / Türschloß mit Kin-

dersicherung. *03474*
children's seat, I → child car seat. *08530*
childrens bicycle, Z / Kinderfahrrad. *08529*
chin-bar, Z → chin-piece. *08531*
chin-guard, Z, chin-protector / Kinnschutz. *08533*
chin-piece, Z, chin-bar / Kinnbügel. *08534*
chin-protector, Z → chin-guard. *08535*
chin-strap, Z / Kinnriemen. *08537*
chip resistant primer, L / steinschlagfeste Dickschichtgrundierung. *08242*
chipping hammer, W / Schlakkenhammer. *10038*
chisel, W / Meißel. *10085*
chock, T → wheel chock. *08007*
choke, K, air-choke, strangler, strangler butterfly, air flap, air strangler, starting butterfly valve / Starterklappe, Luftklappe, Vordrossel, Starterdrosselklappe. *00310*
choke lever, Z, air lever, (handlebar control) / Lufthebel. *09893*
choke tube, K → venturi. *00313*
chopped, H / Dach niedriger gelegt. *09583*
chopped and channeled, H / Dach niedriger gelegt und Karosserie modifiziert. *09584*
chrome, G / Chrom. *02096*
chrome letters, C / Chrombuchstaben. *10401*
chrome molding, C / Chromleiste. *09969*
chrome-plated, G / verchromt. *03480*
chrome-plated plastic, G / verchromter Kunststoff. *03481*
chrome-plating, G / Verchromung. *03483*
chuck-hole, T, road hole, pothole / Schlagloch. *03484*
chug, Z / knattern. *08538*
cigarette lighter, E / Zigarettenanzünder. *03485*
circlip, G, lock ring, snap ring / Sicherungsring, Seegerring, Sprengring. *00315*
circlip pliers, W / Sicherungs-

zange. *10462*
circuit, R / Rundstrecke. *03510*
circuit, E → electric circuit. *08777*
circuit breaker, E → contact breaker. *03512*
circular chain guard, G → chain wheel disc. *08539*
circulating lubrication, M / Umlaufschmierung. *03513*
circulation, G / Kreislauf. *03514*
cissing, L → cratering. *08299*
city bus, H, city motor bus / Stadtbus. *03516*
city car, H / Stadtwagen. *03518*
city motor bus, H → city bus. *03520*
CKD unit, W, completely knocked down unit, (manufacturing) / Montagesatz. *09235*
clamp, G / Klemmstück. *04940*
clap-hands type wipers, E / gegenläufige Scheibenwischer. *03521*
class winner, R / Klassensieger. *09302*
classic car, H / Klassischer Wagen. *02104*
classic car event, H / Oldtimerveranstaltung. *02912*
claw, G / Klaue. *03522*
claw clutch, A, claw coupling, jaw clutch, dog clutch / Klauenkupplung. *03523*
claw coupling, A → claw clutch. *03525*
claw-pole generator, E / Klauenpolgenerator, Klauenpolmaschine. *00316*
clay model, W / Tonmodell. *09341*
clean, G / reinigen. *03526*
cleaner, G → filter. *02226*
cleaning fluid, W, detergent / Reinigungsmittel. *10011*
cleanliness, G / Sauberkeit. *08152*
clear-cover base, L / farbloser Decklack. *07175*
clearance, G → play. *02690*
cleat, F, lug, (tyre) / Stollen. *03530*
click, Z / Schaltklinke. *08542*
click shifter, Z / Klickschalter. *08543*
click-stop device, Z / Rastvorrichtung. *08544*
climb off the bike, Z / vom Motor-

climbing ability

rad absteigen. *08545*
climbing ability, T / Bergsteigefähigkeit, Steigfähigkeit. *08546*
clincher bead tyre, Z → clincher rim. *08548*
clincher rim, F, clincher bead tyre, beaded edge rim, bead edged rim / Wulstfelge. *08547*
clincher tyre, F → tyre bead. *03532*
clip, W / klammern. *10126*
clock, G / Uhr. *03533*
clockwise, G / im Uhrzeigersinn, rechtslaufend. *02579*
clogging of piston rings, M, sticking of piston rings / Verkleben der Kolbenringe. *03535*
close ratio gearbox, A / enggestuftes Getriebe. *03537*
closed, G / geschlossen. *00563*
closed circuit, G / geschlossener Kreislauf. *03536*
closing angle, E → dwell angle. *03538*
closing of the valve, M / Ventil schließen. *02817*
closing spring, G / Schließfeder. *03539*
cloth, I / Stoff. *03540*
cloth filter, G / Tuchfilter. *03541*
cloth upholstery, I → textile upholstery. *03542*
cloud point, K / Trübungspunkt. *03543*
cloverleaf crossing, T / Kleeblattkreuzung. *03544*
club, H / Club. *08384*
clutch, A, coupling / Kupplung. *00318*
clutch adjustment, W / Kupplungsnachstellung. *03545*
clutch bearing, A, clutch guide bearing / Kupplungsführungslager. *03546*
clutch brake, A, clutch stop / Kupplungsbremse. *03547*
clutch cable, A, clutch-control cable / Kupplungsseilzug. *00319*
clutch coil spring, A / Kupplungsschraubenfeder. *03548*
clutch cone, A / Kupplungskegel. *03549*
clutch cover, A / Kupplungsdeckel, Kupplungsabdeckscheibe. *00321*

clutch diaphragm spring, A / Kupplungstellerfeder, Kupplungsmembranfeder. *03553*
clutch disc, A, driven plate assembly, drive shaft tube, friction disk, drive plate, clutch drive plate / Kupplungsscheibe, Mitnehmerscheibe. *00603*
clutch disc lining, A → clutch lining. *03556*
clutch dog, A / Kupplungsklaue. *03557*
clutch drive plate, A → clutch disc. *03558*
clutch facing, A → clutch lining. *00325*
clutch fading, A, fading, fade / Kupplungsschwund. *03559*
clutch fork, A, clutch release yoke, release fork / Kupplungsausrückgabel, Ausrückgabel. *00326*
clutch free play, A → clutch pedal clearance. *00327*
clutch gear, A / Antriebszahnrad der Antriebswelle. *00328*
clutch grabbing, A / Kupplungsrupfen, Rupfen. *00844*
clutch guide bearing, A → clutch bearing. *03561*
clutch housing, A / Kupplungsgehäuse. *03562*
clutch hub, A / Kupplungsnabe. *03563*
clutch input cylinder, A → clutch master cylinder. *00329*
clutch inspection hole, A / Kupplungskontrolloch, Kupplungsschauloch. *00330*
clutch lever, Z, (handlebar) / Kupplungshebel. *09895*
clutch lining, A, clutch facing, clutch disc lining / Kupplungsbelag, Kupplungsreibbelag, Kupplungsabdeckscheibe. *00331*
clutch linkage, A → clutch operating linkage. *03564*
clutch master cylinder, A, clutch input cylinder, input cylinder / Kupplungshauptzylinder, Geberzylinder. *00332*
clutch monitor lamp, E / Kupplungs-Kontrolleuchte. *00334*
clutch operating linkage, A,

co-rider

clutch linkage / Kupplungsgestänge. *00335*
clutch output cylinder, A → clutch slave cylinder. *03926*
clutch pedal, A / Kupplungspedal, Kupplungsfußhebel. *00338*
clutch pedal clearance, A, clutch free play, free travel of clutch pedal, clutch pedal free travel, clutch play / Kupplungspedalspiel, Kupplungsspiel. *00339*
clutch pedal free travel, A → clutch pedal clearance. *00340*
clutch play, A → clutch pedal clearance. *00341*
clutch pressure plate, A → pressure plate. *00342*
clutch pressure spring, A → clutch spring. *03567*
clutch release bearing, A, release bearing cup, thrust release bearing / Kupplungsdrucklager, Ausrücklager, Kupplungsausrücklager. *01442*
clutch release lever, A, disengaging lever, declutching lever, release lever / Kupplungsausrückhebel. *00344*
clutch release mechanism, A / Kupplungsausrückmechanismus. *00343*
clutch release shaft, A / Kupplungsausrückwelle. *03569*
clutch release yoke, A → clutch fork. *00347*
clutch slave cylinder, A, output cylinder, clutch output cylinder / Kupplungsnehmerzylinder, Nehmerzylinder. *00336*
clutch slip, A / Kupplungsschlupf. *03570*
clutch spring, A, clutch pressure spring / Kupplungsdruckfeder, Andruckfeder, Anpreßfeder, Kupplungsfeder. *00348*
clutch stop, A → clutch brake. *08391*
clutch weight, A / Kupplungsfliehgewicht. *03572*
clutch-control cable, A → clutch cable. *00320*
co-driver, R → team-mate. *09383*
co-rider, Z, pillion rider / Sozius. *08549*

163

coach

coach, H / Reisebus. *03573*
coach bolt, G / Flachrund-Schloßschraube. *10148*
coachbuilder, W / Karossier, Karosseriebauer. *02294*
coachlines, L, pinstripes / Zierlinien. *03043*
coachwork, C → body. *00352*
coal, G / Kohle. *03574*
coarse grade, L, (flatting paper) / grobe Körnung. *08269*
coast, T, coastdown / ausrollen, im Leerlauf fahren, im Schiebelauf fahren. *03575*
coaster brake, Z → back pedalling brake. *08552*
coat, G, coating / Überzug, Belag. *03577*
coat hook, I / Kleiderhaken. *03579*
coat of paint, L → paint coating. *03581*
coat protection net, Z / Schutznetz. *08553*
coat protector, Z / Mantelschoner. *08554*
coating, G → coat. *03580*
coaxial-type starting motor, E → sliding-gear starting motor. *00353*
cobble stone pavement, T / Kopfsteinpflaster. *03582*
cock, G, tap / Hahn. *10292*
cock, G, (press-stud clip) / Niet. *10204*
cockpit, C / Cockpit. *10395*
coe, H → forward control vehicle. *05854*
coefficient of expansion, G / Ausdehnungskoeffizient. *02695*
coefficient of friction, G / Reibungskoeffizient. *02696*
cog, G → tooth. *03583*
cogged belt, G, toothed belt / Zahnriemen. *03584*
cogged wheel, A → gear wheel. *03588*
cogwheel, A → gear wheel. *03585*
coil, E → ignition coil. *02378*
coil a wire, W / Kabel in Windungen aufrollen. *10496*
coil ignition, E → battery ignition. *02416*
coil spring clutch, A / Schraubenfederkupplung. *00354*

coir mat, I / Kokosmatte. *03589*
coking, K / Ölkohlebildung. *03591*
cold start device, K / Kaltstartvorrichtung. *03593*
collapsible gear shift lever, A / zusammenschiebbarer Schalthebel. *03594*
collapsible safety steering column, F / zusammenschiebbare Sicherheitslenksäule. *00356*
collapsible spare tyre, F / Faltreifen. *03595*
collectible car, H, collectors car / Sammlerwagen, Liebhaberwagen. *02105*
collecting cable, E / Sammelkabel. *03598*
collector, H / Sammler. *02886*
collector ring, E / Schleifring. *00357*
collector's car, H → collectible car. *02875*
collector's item, H / Liebhaberstück. *02940*
collision, T / Zusammenstoß. *03599*
colour coded cable, E / Kabel mit Farbkodierung. *03602*
colour key, L / Farbskala. *03603*
colour of paint, L, paint color / Farbton. *08262*
Columbia rear axle, F / Zweigang-Hinterachse. *09210*
column change, L → steering column change. *07367*
column gear shift, F → steering column change. *07368*
column shift, F → steering column change. *07370*
combination, H, (vehicle combination truck and trailer) / Zug. *03606*
combination, Z → motorcycle with sidecar. *09142*
combination stalk, F / Lenksäulenschalter. *09545*
combination switch, G / Mehrfachschalter, Kombinationsschalter. *03608*
combined arm rest-handle, I / Armstütze mit Türgriff kombiniert. *03613*
combined ignition and steering lock, E / Lenkschloß mit Zünd-

complete vehicle dry weight

anlaßschalter. *00358*
combined lighting and starting generator, E, dynastart, starter-generator-ignition unit / Anlaßlichtmaschine, Lichtanlaßzünder, Start-Zünd-Generator, Dynastarter. *00359*
combustible, G / brennbar. *03614*
combustible mixture, K / brennbares Gemisch. *03615*
combustion, G / Verbrennung. *03616*
combustion chamber, M, combustion space / Brennraum, Verbrennungsraum. *00362*
combustion chamber deposit, M / Brennraumablagerung. *03617*
combustion chamber shape, M / Brennraumform. *03618*
combustion chamber wall, M / Brennraumwand. *03619*
combustion engine, M → internal combustion engine. *01216*
combustion pressure, M → explosion pressure. *09731*
combustion space, M → combustion chamber. *03683*
commercial vehicle, H, utility vehicle / Nutzfahrzeug. *03620*
common market, H → european common market. *02991*
commutator, E / Kollektor. *06867*
comparison, G / Vergleich. *03621*
comparison test, W / Vergleichstest. *03622*
compensate, G / ausgleichen. *03623*
compensating resistance, E → ballast resistor. *03624*
competition, R / Wettbewerb. *03625*
competition car, R / Wettbewerbswagen. *09321*
competition department, R / Rennabteilung. *09322*
competition manager, R / Rennleiter. *09320*
competition racing cycle, Z / Wettbewerbsrennrad. *08556*
competition vehicle, H / Wettbewerbsfahrzeug. *03626*
complaint, H / Reklamation. *03627*
complete vehicle dry weight, G / Leergewicht des trockenen Fahrzeuges. *04030*

164

complete vehicle kerb weight

complete vehicle kerb weight, G / Leergewicht des betriebsfähigen Fahrzeuges. *04031*
completely knocked down unit, W → CKD unit. *09236*
component, G / Bauteil. *03628*
composite wheel, Z / Verbundrad. *08557*
compound the paint, L / Lack aufpolieren. *08202*
compress, G / verdichten, komprimieren. *06067*
compressed air brake, B → air pressure brake. *00367*
compressed air distributor, G / Druckluftverteiler. *03631*
compressed air hose, G / Druckluftschlauch. *03630*
compressed air reservoir, G / Druckluftbehälter. *03633*
compressed gap, M / Stoßspiel. *03634*
compressed gas cylinder, W / Gasflasche. *10013*
compression, M / Verdichtung, Kompression, Komprimierung. *02640*
compression chamber, M, compression space / Kompressionsraum, Verdichtungsraum. *00368*
compression cycle, M → compression stroke. *03637*
compression gauge, W → compression tester. *03638*
compression heat, M / Verdichtungswärme. *03640*
compression ignition, M, (Diesel engine) / Kompressionszündung, Verdichtungszündung, Eigenzündung. *03641*
compression lobe, M, (rotary engine) / kalter Bogen. *03645*
compression pressure, M / Kompressionsdruck, Verdichtungsdruck. *02647*
compression ratio, M, ratio of compression, c/r / Kompressionsverhältnis, Verdichtungsverhältnis. *00373*
compression ring, M / Kompressionsring, Verdichtungsring. *00375*
compression ring groove, M / Kompressionsringnut, Verdichtungsringnut. *03647*
compression space, M → compression chamber. *02642*
compression stroke, M, compression cycle, expansion stroke / Kompressionshub, Verdichtungshub, Verdichtungstakt, Kompressionstakt. *00377*
compression strut, F → torque rod. *03655*
compression tester, W, compression gauge / Kompressionsdruckprüfer, Kompressionsmesser. *00381*
compression-ignition engine, M → diesel engine. *00370*
compression-ignition oil engine, M → diesel engine. *00371*
compressor, W, (production of compressed air as a tool) / Kompressor. *08313*
compressor inlet, M / Verdichtereinlauf. *03660*
compressor outlet, M / Verdichterauslauf, Verdichteraustritt. *03661*
compulsory helmet wear, Z / Helmtragepflicht. *08558*
con-rod, M → connecting rod. *00401*
concave mirror, G / Konkavspiegel, Hohlspiegel. *03662*
concours condition, H / Bestzustand für Schönheitswettbewerbe. *03047*
concrete pavement, T / Betonbelag. *03664*
condensate shield, E / Kondenssperre. *00382*
condensation, G / Kondensierung, Beschlag. *03666*
condenser, E, capacitor, ignition capacitor, ignition condenser / Kondensator. *00383*
condition, H / Zustand, Beschaffenheit. *03668*
cone clutch, A / Konuskupplung, Kegelkupplung. *00386*
confirmation, H / Bestätigung. *09253*
conical seat valve, M → bevel seated valve. *02816*
conical spring, G / Kegelfeder. *03672*

construction of cars

connect, E, contact, (cable) / verbinden. *03673*
connecting flange, G / Anschlußflansch. *03688*
connecting hose, G / Verbindungsschlauch. *03687*
connecting rod, M / Pleuelstange, Pleuel. *00388*
connecting rod, F → steering connecting rod. *02164*
connecting rod bearing, M, big end bearing / Pleuellager, Pleuelfußlager. *00389*
connecting rod bearing cap, M / Pleueldeckel, Pleuellagerdeckel. *03679*
connecting rod big end, M, big end / Pleuelstangenfuß, unteres Pleuelauge, Pleuelfuß. *03691*
connecting rod blade, M → connecting rod shank. *03684*
connecting rod journal, M / Pleuellagerzapfen. *00393*
connecting rod shank, M, connecting rod blade, rod / Pleuelschaft. *00395*
connecting rod small end, M, small end / Pleuelstangenkopf, oberes Pleuelauge, Pleuelkopf. *00396*
connecting rod small end bush, M, small end bushing / Pleuelbuchse. *01277*
connecting tube, G / Anschlußstutzen. *03686*
connection, G / Anschluß. *02048*
connector, E, quick coupler / Steckverbindung. *03689*
connector lug, E, cable socket / Kabelschuh. *03057*
console, C / Konsole. *03692*
constable, T, cop, policeman / Polizist. *03693*
constant mesh, A / Daueringriff. *00402*
constant mesh countershaft, A / Vorgelegegetriebe mit Dauereingriff. *03695*
constant pressure carburetor, K, suction carburetor / Gleichdruckvergaser. *01706*
constant velocity joint, F → homokinetic joint. *10245*
construction of cars, W /

165

construction site truck

Fahrzeugbau. *04071*
construction site truck, T → building site truck. *03699*
consumer, H / Verbraucher. *03700*
consumer information, H / Verbraucherinformation. *03701*
consumption, G / Verbrauch. *03702*
consumption indicator, K / Verbrauchsanzeige. *00403*
contact, E → connect. *03704*
contact arm, E → contact lever. *03705*
contact breaker, E, circuit breaker, trembler, breaker / Unterbrecher, Zündunterbrecher, Kontaktunterbrecher. *00404*
contact breaker cam, E, breaker cam, ignition cam, ignition distributor cam, interrupter cam / Unterbrechernocken, Verteilernocken. *00407*
contact breaker contact, E → contact breaker point. *03707*
contact breaker gap, E / Unterbrecherabstand, Unterbrecherspalt. *03295*
contact breaker point, E, contact breaker contact, contact point, points, breaker point, distributor contact point / Unterbrecherkontakt. *00409*
contact breaker resistance, E, gap resistor / Unterbrecherwiderstand. *04874*
contact breaker spring, E / Unterbrecherfeder. *03713*
contact gap, E / Kontaktabstand. *00411*
contact lever, E, contact arm / Unterbrecherhebel, Unterbrecherhammer, Unterbrecherarm. *03714*
contact point, E → contact breaker point. *00413*
contact-free transistor ignition, E → contactless transistorized ignition. *00412*
contactless transistorized ignition, E, contact-free transistor ignition, cti / kontaktlose Transistorzündung. *00414*
container, G / Behälter, Container. *09258*

continuous-injection system, K → K-Jetronic fuel injection. *00415*
contouring, L → sinkage. *09643*
contract, H / Vertrag. *09246*
contrary wind, T, headwind / Gegenwind. *08735*
contrasting colours, L / Kontrastfarben. *03716*
control, G / Steuerung. *04325*
control, G → check. *04709*
control, G → handling. *10128*
control arm, F, transverse link / Querlenker, Schwingarm. *03718*
control box, E → voltage regulator. *09498*
control cable, G / Betätigungsseil. *08560*
control current, E / Steuerstrom. *00419*
control current amplifier, E → driver stage. *00420*
control edge, K → helical groove. *00421*
control fork, A → shift fork. *00422*
control knob, G / Bedienungsknopf. *03720*
control lever, G / Betätigungshebel, Verstellhebel. *00424*
control rod, K, control rack / Reglerstange, Zahnstange, Regelstange. *00425*
control sleeve, K → adjusting sleeve. *00427*
conventional tyre, F → cross-ply tyre. *00428*
conversion kit, W / Umrüstsatz. *08736*
converter, A → torque converter. *01903*
convertible, H → cabriolet. *02095*
convex mirror, G / Konvexspiegel. *03727*
convex window, C / gewölbte Scheibe. *03728*
coolant, M, refrigerant, cooling liquid / Kühlmittel, Kühlflüssigkeit. *03737*
coolant drain cock, M → radiator outlet connection. *03729*
coolant drain plug, M / Kühlmittelablaßschraube. *03731*
coolant hose, M / Kühlmittelschlauch. *03732*

cost proposal

coolant level, M / Kühlmittelstand. *03733*
coolant level indicator, M / Kühlmittelstandanzeige, Wasserstandsanzeige. *03734*
coolant pipe, M / Kühlmittelleitung. *03736*
coolant pump, M / Kühlmittelpumpe. *09736*
cooling, M / Kühlung. *10574*
cooling fin, G → cooling rib. *03888*
cooling liquid, M → coolant. *02119*
cooling rib, G, cooling fin, radiating fin / Kühlrippe. *03887*
cooling water, M / Kühlwasser. *02120*
cop, T → constabler. *03741*
copper, G / Kupfer. *10403*
copper plating, G / Verkupferung. *10405*
copper-asbestos gasket, M / Kupferasbestdichtung. *00429*
cord body, F → carcass. *03743*
core, E, wire / Ader, Kabelader. *06771*
cork gasket, G / Korkdichtung. *03744*
cork lined clutch, Z / Kork-Kupplung. *09906*
corner marker lamp, E → side light. *03748*
corner plate, C / Eckblech. *03746*
corner weld, W, (welding) / Ecknaht. *10024*
cornering, T / Kurvenfahrt. *08561*
cornering ability, Z / Kurvenlage. *08562*
cornering behaviour, Z / Kurvenverhalten. *08563*
correct degree of runniness, L / richtige Spritzviskosität. *08194*
corroded, G / korrodiert, zerfressen. *03751*
corroded screw, G / korrodierte Schraube. *03001*
corrosion, L / Korrosion. *03954*
corrugated plate, C → corrugated sheet. *03756*
corrugated sheet, C, corrugated plate / Wellblech. *03753*
corrugated washer, G → spring washer. *10458*
cost proposal, H / Kostenvor-

cost-performance ratio

anschlag. *03754*
cost-performance ratio, H / Preis-Leistungsverhältnis. *09381*
costs, H, expenses / Aufwendungen, Ausgaben, Kosten. *02964*
cotter, G → split pin. *03758*
counter nut, G → lock nut. *03760*
counterbalance, W / auswuchten. *02701*
counterbalanced crankshaft, M / ausgewuchtete Kurbelwelle. *02700*
counterclockwise, G, left-handed, anticlockwise, ccw / Drehung entgegen den Uhrzeigersinn. *02581*
countershaft, A, intermediate shaft, layshaft, secondary shaft, auxiliary shaft / Vorgelegewelle. *00430*
counterweight, M, (crankshaft) / Gegengewicht, Ausgleichgewicht. *03761*
country lane, T / Feldweg. *03763*
country road, T / Landstraße. *03764*
coupe, H, fixed head coupe, fhc / Coupé. *02922*
coupling, A → clutch. *03766*
coupling ball, F, (towing device) / Kupplungskugel. *03769*
coupling device, F / Anhängerkupplung. *03768*
coupling nut, G, cap nut, union nut / Überwurfmutter. *03771*
course, R / Strecke, Kurs. *03772*
courtesy light, I, dome light / Innenbeleuchtung. *02280*
cover, G / Abdeckung. *03774*
cover lid, G / Verschlußdeckel. *03775*
coverstrip, C → moldling. *03777*
cowl, C, bulkhead / Spritzwand. *02328*
crack, G, tear / Riß, Sprung. *03783*
cracking, G / Rißbildung. *03785*
cracking and checking, L / Risse und Sprünge. *08296*
cradle, H / Versandkäfig. *09257*
cradle frame, Z / geschlossener Rahmen. *09871*
cramp the front wheel, Z / Vorderrad einschlagen. *08568*
crane, W → hoist. *09587*

crank arm, M / Kurbelarm. *03788*
crank handle, T → starting crank. *02043*
crank operated window, C / Kurbelfenster. *08049*
crank pin, M → crankshaft journal. *03803*
crank pit, M → oil sump. *00431*
crank shortener, Z / Pedalversetzer. *08566*
crankcase, M, engine case, crankshaft housing / Kurbelgehäuse, Kurbelkammer, Kurbelkasten. *00432*
crankcase bottom half, M, lower crankcase / Kurbelgehäuseunterteil. *09691*
crankcase breather, M, breather, crankcase ventilation / Kurbelgehäuseentlüfter, Entlüftungsrohr. *06066*
crankcase compression, M / Kurbelgehäusekompression. *02741*
crankcase explosion, M / Kurbelkastenexplosion. *02740*
crankcase front end cover, M → camshaft timing gear cover. *03791*
crankcase oil, K → engine oil. *00437*
crankcase oil dipstick, M, dip rod, dipper, dipstick, oil dipper rod, oil dipstick, oil level dipstick, oil level rod, oil level gauge / Ölmeßstab, Ölstab, Ölpeilstab, Peilstab. *00438*
crankcase pit, M → oil sump. *03792*
crankcase scavenging, M, (two stroke) / Kurbelgehäusespülung. *03795*
crankcase sump, M → oil sump. *03796*
crankcase top half, M, crankcase upper half / Kurbelgehäuseoberteil. *00442*
crankcase upper half, M → crankcase top half. *00443*
crankcase ventilation, M → crankcase breather. *03790*
crankgear, M, crankshaft drive / Kurbeltrieb. *03799*
cranking handle, M → starting crank. *03802*

crankshaft web

cranking jaw, M, starting dog, starter clutch / Andrehklaue. *00444*
cranking motor, E → starter. *00446*
cranking speed, M / Anlaßgeschwindigkeit. *02746*
crankshaft, M / Kurbelwelle. *00447*
crankshaft angle, M / Kurbelwellenwinkel. *03804*
crankshaft counterweight, M / Kurbelwellengegengewicht. *03805*
crankshaft drive, M → crankgear. *03806*
crankshaft end-float, W / Axialspiel an der Kurbelwelle. *10454*
crankshaft gear, M → crankshaft timing gear. *03807*
crankshaft gear wheel, M → crankshaft timing gear. *03808*
crankshaft housing, M → crankcase. *00448*
crankshaft journal, M, crank pin / Kurbelzapfen, Kurbelzapfen, Hubzapfen. *00449*
crankshaft main bearing, M / Kurbelwellenhauptlager. *03809*
crankshaft pinion, M / Kurbelwellenritzel. *03810*
crankshaft position, M / Kurbelstellung. *03811*
crankshaft pulley, M, (V-belt drive) / Kurbelwellenriemenscheibe, Kurbelwellenscheibe. *10439*
crankshaft speed, M → engine speed. *10239*
crankshaft throw, M / Kurbelwellenkröpfung. *03814*
crankshaft thrust bearing, M / Kurbelwellenpaßlager, Kurbelwellendrucklager. *03815*
crankshaft timing gear, M, crankshaft gear, crankshaft gear wheel / Kurbelwellenrad, Kurbelwellenzahnrad. *02764*
crankshaft torque, M → engine torque. *00451*
crankshaft vibrations, M / Kurbelwellenschwingungen. *03818*
crankshaft web, M → crankweb. *00452*

crankweb / cylinder barrel

crankweb, M, crankshaft web / Kurbelwange, Kurbelwellenwagen. *00454*
crash, W, impact / Aufprall, Verformung. *03820*
crash bar, Z / Sturzbügel. *08738*
crash behavior, W / Aufprallverhalten, Verformungsverhalten. *03823*
crash damaged car, W / unfallbeschädigtes Fahrzeug. *10108*
crash helmet, Z → motorcycle helmet. *06012*
crash test, W / Aufprallprüfung. *03827*
cratering, L, fish eyes, cissing / Silikonkrater, Krater. *08297*
crawler loader, H / Raupenlader. *03829*
crazing, L, (paint coating) / Runzeln. *08218*
creep, F → wheel slip. *10275*
crescent oil pump, M / Mondsichelpumpe. *03833*
cropping machine, W / Abstechmaschine. *08740*
cross, F, (universal joint) / Kreuzkopf, Kardankreuz. *03836*
cross bar pattern, F / Querstollenprofil. *03838*
cross country bike, Z → offroad motorcycle. *10365*
cross member, C, transverse member, chassis cross member / Rahmenquerträger, Querträger, Traverse. *07679*
cross wind, T → side wind. *03854*
cross-country, T / geländegängig. *08741*
cross-country race, R / Querfeldeinrennen. *08742*
cross-country tread, F / Geländeprofil. *03840*
cross-country tyre, F, ground grip tyre / Geländereifen. *03839*
cross-country vehicle, H, off-road vehicle / Geländefahrzeug. *05551*
cross-divided rim, F / quergeteilte Felge. *03842*
cross-draft carburetor, K → horizontal draft carburetor. *03845*
cross-groove pattern, F / Querrillenprofil. *03846*
cross-ply tyre, F, conventional tyre, diagonal tyre / Diagonalreifen. *00456*
cross-section, W / Schnittzeichnung. *10482*
cross-spoked wheel, Z / Kreuzspeichenrad. *08570*
crosser, Z / Cross-Maschine. *08743*
crossflow scavenging, M / Querstromspülung. *02620*
crosshead, M, (two-stroke diesel engine) / Kreuzkopf. *09482*
crosshead end of connecting rod, M / Kreuzkopfende der Pleuelstange. *02697*
crossing, T, crossroads, intersection / Kreuzung, Straßenkreuzung. *03847*
crossroad, T, intersecting road / Querstraße. *03848*
crossroads, T → crossing. *03851*
crosswalk, T, zebra crossing / Fußgängerübergang, Zebrastreifen. *03853*
crown nut, G → castle nut. *09536*
crown wheel, A → differential crown wheel. *00457*
crude oil, G / Rohöl. *03856*
cruise control, T / Fahrgeschwindigkeitsregelanlage, Tempomat. *03857*
cruising speed, T / Reisegeschwindigkeit, Dauergeschwindigkeit. *03858*
crumple zone, C → crush zone. *09400*
crush zone, C, deformable zone, crumble zone / Knautschzone. *03860*
crypto gear, A → planetary transmission. *02163*
cti, E → contactless transistorized ignition. *09179*
cubic capacity, M → displacement. *00458*
cup, R → trophy. *09304*
cup washer, G / Unterlegrosette. *10201*
curb, T → curbstone. *03861*
curb weight, G, kerb weight / Leergewicht. *03865*
curbstone, T, kerb, curb / Bordstein, Randstein, Bordkante. *05572*
curbstone chafing, F, (tyre) / Randsteinscheuern. *03864*
cure, F → vulcanisation. *03866*
curing, F → vulcanisation. *03867*
current, E / Strom. *03868*
current consumption, E / Stromverbrauch. *08744*
current of air, G / Luftzug. *08745*
current supply, E / Stromversorgung. *08746*
curtain, I / Vorhang. *03869*
curve, T → bend. *03871*
curved piston top, M / gewölbter Kolbenboden. *03875*
cushioning, I → upholstery. *03874*
custom, H, (excise) / Zollabgabe, Zoll. *02983*
customs, H, (institution) / Zollbehörde, Zoll. *02984*
customs clearance, H / Verzollung. *02961*
cut, G / Schnitt. *09452*
cut, G / schneiden. *10582*
cut up for spares, W → break for spares. *09503*
cut-away, W / Schnittmodell. *08160*
cutout of the engine, M / Motorenaussetzer. *03873*
cutout relay, E, reverse current cutout / Rückstromschalter. *00459*
cutter, W → sheet metal cutter. *10596*
cutting lever, W, (flame cutter) / Schneidhebel. *10053*
cutting out rust parts, W / Austrennen von Roststellen. *10164*
cutting pliers, W / Drahtzange. *03996*
CV joint, F → homokinetic joint. *09481*
cvt, H → cabriolet. *02456*
cycle, G / Kreis, Takt. *03879*
cycle, Z → bicycle. *08322*
cyclemotor, Z → bicycle attachment engine. *10362*
cycling track, R / Radrennbahn. *08748*
cyclist, Z / Radfahrer. *03882*
cylinder, M / Zylinder. *00462*
cylinder arrangement, M / Zylinderanordnung. *03883*
cylinder barrel, M → cylinder liner. *02636*

cylinder base   degreaser

cylinder base, M / Zylinderfuß Zylinderflansch. *02637*
cylinder block, M / Zylinderblock. *00001*
cylinder block and crankcase, M / Zylinderkurbelgehäuse. *03884*
cylinder bore, M, cylinder diameter / Zylinderbohrung. *02081*
cylinder bore wear, M / Zylinderverschleiß. *03885*
cylinder capacity, M → displacement. *02421*
cylinder casing, M → cylinder jacket. *02632*
cylinder cover, B, cylinder top, cylinder lid / Zylinderdeckel. *00464*
cylinder cover, M → valve cover. *06052*

cylinder diameter, M → cylinder bore. *02651*
cylinder gasket, M / Zylinderfußdichtung. *10457*
cylinder grinding, W / Zylinder schleifen. *02662*
cylinder head, M / Zylinderkopf. *00463*
cylinder head bolt, M, cylinder head stud / Zylinderkopfschraube. *02538*
cylinder head cover, M → valve cover. *02627*
cylinder head gasket, M, head gasket / Zylinderkopfdichtung, Kopfdichtung. *00465*
cylinder head lower face, M / Zylinderkopfunterseite. *03889*
cylinder head stud, M → cylinder head bolt. *03890*

cylinder jacket, M, cylinder casing / Zylindermantel. *02631*
cylinder lid, B → cylinder cover. *10232*
cylinder liner, M, sleeve, cylinder sleeve, cylinder barrel, liner / Zylinderlaufbüchse, Laufbüchse, Kolbenlaufmantel, Zylinderbüchse. *00467*
cylinder lock, C / Zylinderschloß. *03894*
cylinder sleeve, M → cylinder liner. *00468*
cylinder top, B → cylinder cover. *10231*
cylinder wear, M / Zylinderabnutzung, Zylinderabrieb. *02663*

D

damage, G / Schaden, Beschädigung. *04012*
damper, F → shock absorber. *04025*
damper bracket, F → shock absorber bracket. *04016*
damper mounting, F → shock absorber mount. *04017*
damper oil → shock absorber fluid. *04019*
damper strut, F, shock absorber strut / Dämpferbein. *04020*
danger, T / Gefahr. *04021*
danger signal, T → warning board. *04022*
dark horse, H, (car trade) / Schnäppchen. *09222*
dash lamp, E / Instrumentenbeleuchtung. *02283*
dashboard, I, facia, instrument panel, instrument board / Armaturenbrett, Instrumententafel, Instrumentenbrett. *00470*
dashboard gear change, A / Krückstockschaltung. *04023*
dashboard top roll, I / Armaturenbrettoberteil. *09968*
dashpot, F → shock absorber. *10502*
dashpot cussion, F → shock absorber. *04026*

data plate, G → identification plate. *04027*
data sheet, W / Typenblatt. *08749*
date of delivery, H / Lieferdatum. *04028*
DC, E → direct current. *04122*
de-Dion-axle, F / De-Dion-Achse. *00476*
de-icing pump, B → antifreeze pump. *00478*
dead center, M, dead centre / Totpunkt. *02586*
dead center position, M / Totpunktlage. *02588*
dead centre, M → dead center. *02587*
dead end, T, blind alley, blind street / Sackgasse. *03242*
deal, H / handeln. *09334*
dealer, H / Händler. *02928*
dealer network, H / Händlernetz. *09238*
dealership, H / Händlerschaft. *09580*
decal, L / Abziehbild. *08750*
decelerate, B, slow down / abbremsen. *04032*
decelerometer, W / Bremsverzögerungsmesser. *00474*
deck lid, C → boot lid. *09401*
declined, G / geneigt. *10293*

declutch, A / auskuppeln. *01901*
declutching lever, A → clutch release lever. *00475*
decorative parts, C, trim / Zierteile. *08751*
decorative strip, C → trim strip. *08752*
deep film, L / Schichtdicke. *08235*
deer crossing, T → deer pass. *09430*
deer pass, T, deer crossing / Wildwechsel. *04035*
defective spray pattern, L / Störung des Spritzbildes. *08280*
deflate, F / Luft ablassen. *04036*
deflector, M / Kolbennase. *09713*
deflector, C, baffle / Prallblech. *04037*
deflector piston, M, baffled piston, deflector-topped piston / Nasenkolben. *00477*
deflector-topped piston, M → deflector piston. *09712*
deformable zone, C → crush zone. *04040*
defrost, G / enteisen, entfrosten. *04041*
defroster, G / Defroster, Entfroster. *04043*
degreaser, W, degreasing agent / Entfettungsmittel. *04045*

169

degreasing agent, W → degreaser. *04047*
degression, H, depreciation, amortization / Abschreibung. *04064*
delay, G → lag. *10248*
delayed firing, E → retarded ignition. *04050*
delivery car, H, delivery truck, delivery van, van / Lieferwagen, Kastenwagen. *04051*
delivery pipe, K, discharge tubing, high pressure delivery line, injection line, fuel injection tubing / Einspritzleitung, Druckrohr, Druckleitung. *00479*
delivery plunger, K / Förderkolben. *04052*
delivery pressure, K, feed pressure, delivery pressure / Förderdruck. *04053*
delivery scooter, H / Lastenroller. *08753*
delivery truck, H → delivery car. *04056*
delivery valve, K, pressure valve / Druckventil, Entlastungsventil. *00700*
delivery van, H → delivery car. *04057*
delta circuit, E → delta connection. *00484*
delta connection, E, delta circuit / Dreiecksschaltung, Drehstrom-Dreiecksschaltung. *00485*
demonstration car, H / Vorführwagen. *04058*
demountable rim, F / abnehmbare Felge. *02035*
density, G / Dichte. *04059*
dent, C / Delle. *04061*
deposit, H, first instalment / Anzahlung. *09266*
deposit, G → sediment. *04062*
depot, H, store / Lagerraum. *04063*
depreciation, H → degression. *04065*
depression, M → partial vacuum. *02681*
depth of combustion chamber, M / Brennraumtiefe. *04066*
depth of paint, L / Lackdicke. *08203*
depth of the piston, M → piston depth. *02678*

design, W / Design, Ausführung. *04067*
design department, W / Designabteilung. *04070*
design gross weight, G → maximum permissible weight. *04072*
designation of tyre, F / Reifenbezeichnung. *04069*
desmo valve gear, M / desmodromische Ventilsteuerung. *09826*
destroy, G / zerstören. *04073*
detach, W, loosen, slacken, (screw, part) / lösen. *04074*
detachable boot, T, trunk / Außenkoffer. *02059*
detachable cylinder head, M / abnehmbarer Zylinderkopf. *02036*
detail drawing, W / Detailzeichnung. *04075*
detend control, Z, detend lever / Rasterschaltung. *08574*
detend lever, Z → detend control. *08575*
detergent, W → cleaning fluid. *08754*
detergent additive, G / Detergentzusatz, Dispergiermittel. *04087*
detonate, M → knock. *05604*
detonation suppressant, K → anti-knock additive. *00489*
development, G / Entwicklung. *08756*
development engineer, W / Entwicklungsingenieur. *08757*
deviation, G, (light) / Ablenkung. *08759*
device, G / Gerät. *08758*
dhc, H → cabriolet. *10610*
diagonal casing, F / Diagonalkarkasse. *04077*
diagonal swing axle, F / Schräglenkerachse. *04078*
diagonal twin circuit braking system, B / Diagonal-Zweikreisbremsanlage. *04090*
diagonal tyre, F → cross-ply tyre. *04080*
diagram, W → graph. *04082*
dial, G, (instrument) / Zifferblatt, Skala. *04083*
diameter, G / Durchmesser. *04085*
diaphragm, G / Membrane. *04086*
diaphragm clutch, A / Membran-

federkupplung, Tellerfederkupplung, Scheibenfederkupplung. *00491*
diaphragm control, M / Membransteuerung. *04087*
diaphragm unit, M, (diesel engine) / Membranblock. *04094*
dickey seat, C, rumble seat / Schwiegermuttersitz. *09422*
diecast wheel, Z / Druckgußrad. *08576*
diesel engine, M, automotive diesel engine, C.I. engine, compression-ignition engine, compression-ignition oil engine, diesel oil engine, injection oil engine / Dieselmotor, Schwerölmotor. *04095*
diesel fuel, K, diesel oil / Dieselkraftstoff, Dieseltreibstoff, Dieselöl. *04097*
diesel knock, M / Dieselnageln, Nageln. *04089*
diesel oil, K → diesel fuel. *00500*
diesel oil engine, M → diesel engine. *00501*
diesel smoke, K / Dieselqualm. *04091*
difference of pressure, G → pressure differential. *09511*
differential, A, differential gear unit, differential gearing, differential gears / Ausgleichsgetriebe, Differential, Differentialgetriebe. *00502*
differential bevel, A → differential crown wheel. *10234*
differential bevel gear, A, star pinion, differential pinion, differential bevel pinion, bevel drive pinion / Ausgleichskegelrad, Ausgleichsrad, Differentialzwischenrad, Ausgleichszwischenrad. *00516*
differential bevel pinion, A → differential bevel gear. *04095*
differential bevel wheel, A → ring gear. *04096*
differential brake, A / Ausgleichsgetriebebremse, Differentialbremse. *04097*
differential case, A, differential housing / Ausgleichsgehäuse, Ausgleichkorb. *00506*

differential crown wheel

differential crown wheel, A, ring gear, differential master gear, differential ring gear, crown wheel, differential bevel / Tellerrad. *01475*
differential filler plug, A / Ausgleichsgetriebe-Einfüllschraube. *04101*
differential gear unit, A → differential. *00511*
differential gearing, A → differential. *00512*
differential gears, A → differential. *00513*
differential housing, A → differential case. *00515*
differential lock, A → limited-slip differential. *07365*
differential master gear, A → differential crown wheel. *00514*
differential oil, A / Ausgleichsgetriebeöl, Differentialöl. *04104*
differential pinion, A → differential bevel gear. *04093*
differential pinion shaft, A / Ausgleichsradachse. *04106*
differential ring gear, A → differential crown wheel. *00520*
differential shaft, A → rear axle shaft. *00524*
differential side gear, A / Achswellenrad, Achswellenkegelrad. *00521*
differential side shaft, A → rear axle shaft. *00523*
differential spur gear, A / Ausgleichstirnrad. *04107*
diffuser, K → emulsion tube. *00525*
diffusion, E, (light) / Streuung, Diffusion. *04108*
dim, E, dip / abblenden. *04110*
dimmed beam, E → low beam. *03930*
dimmed light, E → low beam. *00527*
dimming cap, C, anti-dazzle cap / Abblendhaube. *04111*
dinging operation, W / Ausbeulen von kleinen Dellen. *10067*
diode housing, E, diode plate / Diodengehäuse, Diodenplatte, Diodenträger. *00528*
diode plate, E → diode housing.

00531
dip, E → dim. *04114*
dip beam, E → low beam. *00532*
dip rod, M → crankcase oil dipstick. *00533*
dip switch, E, headlight dip control / Abblendschalter. *04742*
dipped beam, E → low beam. *00534*
dipper, M → crankcase oil dipstick. *00535*
dipping mirror, I, dipping rear mirror / abblendbarer Rückspiegel. *04115*
dipping rear mirror, I → dipping mirror. *04117*
dipstick, M → crankcase oil dipstick. *00536*
dipstick marking, M / Ölmeßstabmarkierung, Peilstabmarkierung. *04120*
direct braking, B / Direktbremsung. *00537*
direct current, E, DC / Gleichstrom. *04121*
direct current dynamo, E / Gleichstromlichtmaschine. *04125*
direct drive, A, direct gear / direkter Gang. *00538*
direct gear, A → direct drive. *04126*
direct injection, K / direkte Einspritzung. *00540*
direct injection diesel engine, M → solid injection diesel engine. *00453*
direct steering, F, low ratio steering / direkte Lenkung. *04130*
direction, G / Richtung. *04127*
direction indicator, E, flasher lamp, direction indicator lamp, flasher, indicator lamp, direction signal, flashing direction indicator, indicator, trafficator, turn signal / Fahrtrichtungsanzeiger, Blinker, Blinkleuchte. *00543*
direction indicator lamp, E → direction indicator. *04129*
direction of rotation, G / Drehrichtung. *02585*
direction of travel, T / Fahrtrichtung. *08760*
direction signal, E → direction in-

distilled water

dicator. *00557*
directional stability, F / Richtungsstabilität. *04128*
dirt, G / Schmutz. *08302*
dirt contamination, L / Stippen, Pickelbildung. *08303*
dirt track, R / Sandbahn, Aschenbahn. *04131*
dirt track racing, R / Sandbahnrennen. *08578*
disabled vehicle, H → invalid carriage. *08386*
disc, B → brake disc. *07363*
disc brake, B / Scheibenbremse. *00558*
disc brake caliper, B → brake caliper. *00559*
disc chamber, B / Bremsscheibentopf. *04136*
disc clutch, A / Scheibenkupplung. *04137*
disc filter, A / Plattenspaltfilter. *00560*
discharge, E / entladen. *04138*
discharge tubing, K → delivery pipe. *00561*
disconnect, G, disengage / abhängen, lösen. *04140*
disconnect the wire, W / Kabel lösen. *10440*
discount, H, rebate / Rabatt. *06609*
disengage, G → disconnect. *04143*
disengage the clutch, A / Kupplung ausrücken, Kupplung lösen. *04144*
disengaging lever, A → clutch release lever. *00562*
dismantle, G, strip / zerlegen, auseinandernehmen. *04146*
displacement, M, cylinder capacity, stroke capacity, capacity, cubic capacity, piston displacement, swept volume / Hubraum, Hubvolumen, Zylinderinhalt. *00563*
display, G / Anzeigefenster. *08763*
disqualification, R / Disqualifikation. *09284*
dissemble, W / zerlegen, demontieren. *09752*
distance ring, G → spacer ring. *04151*
distilled water, G / destilliertes Wasser. *04152*

distorted

distorted, G, untrue / verzogen. *07807*
distortion, W / Verformung. *10531*
distribution gear, M / Stirnrad. *02768*
distributor, H / Großhändler. *08764*
distributor, E → ignition distributor. *00564*
distributor arm, E → distributor rotor. *04154*
distributor cap, E, distributor head / Verteilerkappe, Verteilerdeckel, Verteilerscheibe. *00565*
distributor cap segment, E / Verteilersegment. *00568*
distributor contact point, E → contact breaker point. *00569*
distributor curve, E, ignition setting curve, advance curve / Zündverstellkurve, Verteilerkurve. *04156*
distributor head, E → distributor cap. *00570*
distributor injection pump, K, distributor-type fuel-injection pump / Verteilereinspritzpumpe, Verteilerpumpe. *00572*
distributor rotor, E, distributor arm, rotor arm / Verteilerfinger, Verteilerläufer. *00574*
distributor shaft, E / Verteilerwelle, Zündverteilerwelle. *00576*
distributor terminal, E / Verteilerklemme. *04159*
distributor test bench, W / Verteilerprüfgerät. *00578*
distributor-type fuel-injection pump, E → distributor injection pump. *00580*
distributorless semiconductor ignition, E / vollelektronische Batteriezündung, Computerzündung. *00581*
ditch, T → road ditch. *04160*
diversion, T / Umleitung. *04161*
divided crankcase, M / geteiltes Kurbelgehäuse. *04163*
divided line brake system, B → double circuit braking system. *04164*
DIY-mechanic, W → do-it-yourselfer. *08153*
do-it-yourselfer, W, DIY-mech-

anic / Hobbybastler, Do-it-Yourselfer. *08154*
dog, G → driving dog. *08765*
dog clutch, A → claw clutch. *04168*
dog sleeve, G / Klauenmuffe. *04169*
dog-type sprag, T / Bergstütze. *02074*
dolly, W, (panel beating) / Handfaust, Vorhalteisen. *09756*
dolly axle, F → dummy axle. *09486*
dome head cylinder, M / Zylinder mit halbkugelförmigen Brennraum. *02623*
dome head piston, M, domed piston / Kolben mit gewölbtem Boden. *02674*
dome light, I → courtesy light. *04171*
dome of the bolt, G / Schraubenkopf. *10150*
domed piston, M → dome head piston. *09682*
domestic car, H / einheimisches Fahrzeug. *04172*
door, C / Tür. *04173*
door arrester, C, door catch, door stop / Türhalter, Türarretierung, Türanschlag. *04174*
door beam, C → door reinforcement. *09428*
door bolt, C / Türverriegelungsbolzen. *04177*
door catch, C → door arrester. *04179*
door closing device, C / Türschließanlage. *04180*
door covering, I, door padding / Türverkleidung, Türpolsterung. *04181*
door fitting, C / Türbeschlag. *04182*
door frame, C / Türrahmen. *04183*
door handle, C / Türgriff. *04184*
door handle push button, C / Türgriffdrucktaste. *10200*
door hinge, C / Türscharnier. *10118*
door hinge pillar, C, door hinge post / Türscharniersäule. *04188*
door hinge post, C → door hinge pillar. *04190*
door joint, C / Türspalt, Türfuge.

double lever contact breaker

04191
door latch, C / Türschloß. *10198*
door padding, I → door covering. *04196*
door pull, C / Türzuzieher. *04198*
door reinforcement, C, door beam / Türversteifung. *04176*
door seal, C / Türdichtung. *04199*
door sill, C, sill, rocker panel, body rocker / Türschweller, Schweller. *04200*
door skin, C → outer door panel. *09426*
door speaker, E / Türlautsprecher. *10196*
door stop, C → door arrester. *04202*
dope engine, M, alcohol burning engine / Alkoholmotor. *09796*
doped oil, K → oil with additives. *04204*
dot fastener, G → press-stud clip. *10294*
double acting, G / doppelt wirkend. *04205*
double acting shock absorber, F / doppeltwirkender Stoßdämpfer. *00583*
double butted end spoke, Z / Doppeldickendspeiche. *08579*
double carburetor, K → dual carburetor. *00584*
double check valve, M, two-way-valve / Zweiwegeventil. *04206*
double circuit braking system, B, two-circuit braking system, divided line brake system, split brake system / Zweikreisbremse, Zweikreisbremsanlage. *00585*
double circuit protection valve, B / Zweikreisschutzventil. *00586*
double contact regulator, E → two-contact regulator. *00587*
double disc clutch, A / Zweischeibenkupplung. *04209*
double filament bulb, E → bilux bulb. *00589*
double filament incandescent lamp, E → bilux bulb. *00590*
double ignition, E → dual ignition. *04210*
double joint swinging arm, Z / Doppelgelenkschwinge. *08580*
double lever contact breaker, E

double loop frame

→ two-system contact breaker. *00591*
double loop frame, Z, tubular double cradle frame / Doppelschleifenrahmen, Doppelschleifenrohrrahmen. *04215*
double piston engine, M, twin piston engine, split-single engine / Doppelkolbenmotor. *02492*
double plate dry clutch, A / Zweischeibentrockenkupplung. *00592*
double pole glow plug, E / zweipolige Drahtglühkerze. *00593*
double port head, Z → twin port head. *10355*
double reduction rear axle, F / Hinterachse mit doppelter Untersetzung. *00594*
double shoe brake, B / Doppelbackenbremse. *04217*
double track, T → dual lane. *04219*
double tube frame, Z / Doppelrohrrahmen. *08581*
double universal joint, F / Doppelgelenk. *02197*
double-decker, H / Doppeldecker. *04207*
double-jointed driveshaft, F / Doppelgelenkachse. *10476*
dowel, G / Stift. *02524*
dowel bolt, G, center bolt / Zentrierstift, Zentrierzapfen. *02750*
downdraft carburetor, K, downdraught carburetter / Fallstromvergaser. *00596*
downdraught carburetter, K → downdraft carburetor. *00595*
downgrade, T → slope. *04223*
downward movement of piston, M / Abwärtsbewegung des Kolbens. *02596*
dozer, H / Raupenfahrzeug. *04224*
draft, W / Entwurf. *06489*
drag, G → aerodynamic drag. *04375*
drag link, F → tie bar. *04228*
drag strip, R / Motorradrennstrecke. *08766*
drag-racing, R, drag-strip race / Beschleunigungsrennen. *09831*
drag-strip race, R → drag-racing. *10343*
dragging brake, B / schleifende Bremse. *08767*

drain, C, drip moulding / Dachrinne. *04230*
drain cock, G → bibcock. *02515*
drain plug, G / Ablaßschraube. *02034*
drain tap, G → bibcock. *04232*
drained battery, E → run-down battery. *09438*
draw, W, (sheet-metal-working) / ziehen. *04234*
draw in, G → intake. *05381*
drawbar, C, (trailer) / Deichsel, Zugstange. *04235*
drawing, G / Zeichnung. *04239*
dream car, H / Traumwagen. *02906*
dream condition, H / Traumzustand. *02957*
dried, L, (paint) / getrocknet. *08192*
drift, T / driften. *09338*
drift, W / Treibdorn, Dorn. *10480*
drill, W / Bohrer, Spiralbohrer. *02658*
drill, W, perforate, (holes) / bohren. *02652*
drinking water, T / Trinkwasser. *08769*
drip feed control, Z, drip feed lubrication / Tropfschmierung, Tropföler. *09885*
drip feed lubrication, Z → drip feed control. *10384*
drip moulding, C → drain. *04240*
drive away, T / anfahren. *08327*
drive chain, A / Antriebskette. *10295*
drive joint, A → cardan joint. *04242*
drive line, A → propeller shaft. *04243*
drive pinion, E → starter pinion. *00599*
drive shaft, F, (axle) / Antriebswelle. *01370*
drive shaft housing, A → propeller shaft housing. *00600*
drive shaft tube, A → clutch disk. *00601*
drive shaft tunnel, I → transmission tunnel. *04247*
drive train, A → drive unit. *09223*
drive wheel, A / Antriebsrad. *00602*

drunken driving

driven plate assembly, A → clutch disk. *02122*
driver, T / Fahrer. *02914*
driver amplifier, E → driver stage. *00605*
driver behavior, T / Fahrerverhalten. *04244*
driver stage, E, control current amplifier, driver amplifier / Treiber, Steuerstromverstärker. *00608*
driver's cab, C → cab. *04245*
driver's licence, T / Führerschein. *04246*
driver's seat, I / Fahrersitz. *02408*
driveway, T, roadway / Fahrbahn. *05628*
driving ability, T / Fahrtüchtigkeit. *04248*
driving axle, F, power axle / Antriebsachse. *04249*
driving dog, G, dog / Mitnehmer. *04251*
driving light, E → high beam. *04252*
driving mirror, C → outside mirror. *02061*
driving safety, T / Fahrsicherheit. *04253*
driving speed, T → velocity. *04255*
drop arm, F → steering drop arm. *07231*
drop lever, F → track rod arm. *04260*
drop out axle, Z / Steckachse. *09937*
drop steering lever, F → steering drop arm. *07229*
drop test, K / Tropfenprobe. *04262*
drop valve, M → overhead valve. *00613*
drophead, H → cabriolet. *10223*
drophead coupe, H → cabriolet. *10609*
dropped axle, F / gekröpfte Achse. *04261*
drum, B → brake drum. *04263*
drum brake, B / Trommelbremse. *00615*
drumming noise, C / Dröhngeräusch. *08245*
drunken driving, T, intoxicated driving / Trunkenheit am Steuer. *04265*

dry, L, (paint) / trocknen. *08215*
dry battery, E / Trockenbatterie. *04266*
dry clutch, A / Trockenkupplung. *04267*
dry cylinder liner, M / trockene Laufbuchse. *00616*
dry flatting paper, L / Trockenschleifpapier. *08267*
dry single plate clutch, A → dry single-disc clutch. *01557*
dry single-disc clutch, A, dry single-plate clutch / Einscheibentrockenkupplung. *01554*
dry sump lubrication, M, dry sump system / Trockensumpfschmierung. *02344*
dry sump system, M → dry sump lubrication. *04271*
dry-type air cleaner, G / Trockenluftfilter. *00617*
drying chamber, L / Trockenkammer. *04269*
drying tunnel, L / Trockentunnel. *04270*
dual air pressure gauge, W, twin pressure gauge / Doppeldruckmesser. *00618*
dual barrel carburetor, K → dual carburetor. *04273*
dual brake master cylinder, B → dual master cylinder. *04274*
dual carburetor, K, duplex carburetor, double carburetor, dual barrel carburetor, twin choke carburetor / Doppelvergaser. *00620*
dual circuit braking system, B → double circuit braking system. *00621*
dual cowl phaeton, H / Tourenwagen mit zwei Cockpits. *09224*
dual exhaust, K / Doppelauspuff. *04277*
dual ignition, E, double ignition / Doppelzündung, Zweifachzündung. *02198*
dual intensity light, E, dual level light / Zweipegellicht. *04278*
dual lane, T, double track / zweispurig, zweibahnig. *04214*
dual level light, E → dual intensity light. *04280*
dual master cylinder, B, dual brake master cylinder, tandem master cylinder / Tandem-Hauptbremszylinder, Zweikammer-Hauptzylinder, Zweikreis-Hauptzylinder, Tandem-Hauptzylinder. *00622*
dual purpose lamp, E / Zweizweck-Leuchte. *04281*
dual rear axle, F → tandem rear axle. *04282*
dual side mounts, C / rechts und links auf den Trittbrettern montierte Ersatzräder. *03024*
dual throat downdraft carburetor, K / Doppelfallstromvergaser. *00623*
dual tone horn, E / Zweiklanghupe. *04285*
dual tyres, F, twin tyres / Zwillingsbereifung, Doppelbereifung. *04283*
dual wheel, F, twin wheel / Zwillingsrad. *04286*
dull paint, L / stumpfer Lack. *08255*
dummy, W, test dummy / Dummy, Testpuppe. *03255*
dummy axle, F, dolly axle, trailing axle / Schleppachse, Nachlaufachse, Nachläufer, Hund. *04287*
dump truck, H, dumper / Kipper. *04289*
dumper, H → dump truck. *04292*
dumping system, G / Kippvorrichtung. *04290*
duotone line, L / Übergang von Zweifarbenlacken. *08276*
duplex brake, B / Duplexbremse. *00624*
duplex carburetor, K → dual carburetor. *00625*
duplex chain, G, twin-row chain / Duplexkette. *09512*
durable finish, L / alterungsbeständiges Finish. *08220*
dust, G / Staub. *08213*
dust cap, F / Staubkappe. *08582*
dust cover, G, dust protection / Staubschutz. *04295*
dust gaiter, F / Staubschutzbalg, Staubmanschette. *04298*
dust protection, G → dust cover. *04297*
dust-cap, F → axle cap. *00626*
dust-guard, Z / Staubschutz. *08583*
dustproof, G / staubdicht. *08770*
dusty road, T / staubige Straße. *04299*
duty-payed, H / verzollt. *05850*
dwell angle, E, closing angle / Schließwinkel. *00627*
dwell angle control, E / Schließwinkelsteuerung. *00628*
dwell angle tester, W, dwell-tach tester, tach-dwell meter / Schließwinkelmeßgerät, Schließwinkel-Drehzahltester, Drehzahl-Schließwinkelmeßgerät. *00629*
dwell period, E / Schließzeit. *00632*
dwell-tach tester, E → dwell-angle tester. *00633*
dynamo, E → generator. *04912*
dynamo armature, E / Lichtmaschinenanker. *04303*
dynamo bracket, Z / Dynamohalter. *08773*
dynamo charging indicator, E / Ladekontrolle. *04304*
dynamo drive, E → generator drive. *04305*
dynamo governor, E / Regler. *02177*
dynamo pulley, Z / Laufrolle. *08771*
dynamo yoke, E → generator yoke. *04306*
dynamo-magneto, E / Lichtmagnetzünder. *02132*
dynastart, E → combined lighting and starting generator. *09433*

E

Earles forks, Z, leading link forks / Earles-Gabel, geschobene Langarm-Vorderradschwinge. *09837*
earthmoving vehicles, H / Erdbewegungsmaschinen. *04313*
ebonite, G → hard rubber. *05045*
eccentric, G / exzentrisch, außermittig. *04315*
eccentric angle, G / Exzenterwinkel. *04317*
eccentric bush, F / Exzenterbuchse. *10486*
eccentric shaft, M / Excenterwelle. *02790*
ECE-standard for helmets, Z / ECE-Norm für Helme. *08584*
ECM, H → European Common Market. *10312*
econometer, I / Bordcomputer. *00634*
economizer jet, K / Spardüse. *04318*
eddy-current brake, B / Wirbelstrombremse, Telmabremse. *00635*
eddy-current speedometer, E / Wirbelstromtachometer. *04319*
edge of piston head, M / Kolbenbodenkante. *04320*
edge of the paint, L / Lackrand. *08272*
edge weld, W, (welding) / Stirnnaht. *10023*
edge-type filter, K / Stabfilter. *00637*
Edison storage battery, E → alkaline accumulator. *00639*
Edsion accumulator, E → alkaline accumulator. *00638*
effective, G / wirksam. *04321*
efficiency, G / Wirkungsgrad. *04323*
EGR, K → exhaust gas recirculation. *04447*
eight-in-line engine, M → straight-eight engine. *02041*
elastic, G / Gummiband. *08775*
elastic, G / gefedert. *08776*
elastic strap, G / Gummigurt. *08774*
elbow guard, Z / Ellbogenschützer. *08585*

electric, E / elektrisch. *04327*
electric bulb, E → bulb. *03305*
electric car, H, electric vehicle, electromobile / Elektrofahrzeug, Elektromobil. *00640*
electric circuit, E, circuit / Stromkreis. *03511*
electric drill machine, W / Bohrmaschine, elektrische Bohrmaschine. *05859*
electric motor, M / Elektromotor. *04331*
electric rear window defroster, E / heizbare Heckscheibe. *04332*
electric starter, E / elektrischer Anlasser. *02212*
electric system, E / Elektrik. *08778*
electric tension, E / elektrische Spannung. *08779*
electric vehicle, H → electric car. *00643*
electrical arc welding, W → arc welding. *04328*
electrical equipment, E / elektrische Anlage. *02211*
electrically driven, E / elektrisch angetrieben. *08780*
electrically operated, E / elektrisch betrieben. *08781*
electrode, W, (welding) / Elektrode, Schweißdraht. *10031*
electrode, E, pole / Elektrode, Pol. *02214*
electrode burning, E / Elektrodenabbrand. *00644*
electrode diameter, W / Elektrodendurchmesser, Schweißdrahtdurchmesser. *10033*
electrode gap, E → spark plug gap. *08337*
electrode wear, E / Elektrodenverschleiß. *04334*
electrolyte, E → battery acid. *00650*
electrolyte density, E → acid density. *00651*
electrolyte level, E → acid level. *00652*
electromagnetic clutch, A / elektromagnetische Kupplung. *04335*
electromobile, H → electric car. *00653*

electronic fuel injection, K / elektronische Kraftstoffeinspritzung. *04336*
electronic ignition, E, semiconductor ignition / elektronische Zündung. *04339*
electronically controlled ignition sytem, E / elektronisch gesteuerte Zündanlage. *08782*
electronics, E / Elektronik. *08783*
electroplate, L / Galvano. *08784*
electrostatic, E / elektrostatisch. *08785*
elevated frame, C / Hochrahmen. *04340*
elimination trial, R / Ausscheidungsrennen. *09330*
Elliot type axle, F → fork axle. *02234*
elliptic spring, F / Elliptikfeder. *02213*
emblem, G / Abzeichen. *08786*
embossed, G / erhaben. *08787*
emergency brake, B → hand brake. *00657*
emergency condition, G / Notfall. *04341*
emergency flasher, E → warning flasher. *09453*
emergency flasher system, E / Warnblinkanlage, Rundumlicht. *00658*
emergency stop, T → panic braking. *04342*
emergency telephone, T / Notrufsäule. *10559*
emergency vehicle, H / Noteinsatzfahrzeug. *04343*
emery paper, W → abrasive paper. *08788*
emission, K / Emission, Austritt. *03973*
emission, K → exhaust gases. *04346*
emission control, K / Abgasreinigung. *04324*
emulsion paint, L / Emulsionsfarbe. *08248*
emulsion tube, K, venturi, venturi tube, main discharge jet tube, carburetor throat, diffuser, throat, mixing tube / Mischrohr,

175

Lufttrichter, Venturieinsatz, Vergaserlufttrichter. *00660*
enamel, L → paint. *04349*
enclosed valve, Z / gekapseltes Ventil. *09785*
enclosures, H, (letter) / Anlagen. *04351*
end connection, B, (brake hose) / Endverbindung, Fitting. *04352*
end play, M / Axialspiel. *04354*
endless chain, G / endlose Kette. *08586*
endorsement, T / Bußgeldbescheid. *09344*
endorsement of log book/title, H / Entwerten des Kfz-Briefes. *03969*
endurance race, R, long-distance race / Langstreckenrennen. *09315*
endurance race machine, Z / Langstrecken-Rennmaschine. *08587*
endurance test, W → fatigue test. *04355*
enduro race, R → off-road race. *10359*
enduro rider, Z / Enduro-Fahrer. *08588*
energy, G → power. *04356*
energy dissipating, G / energieaufnehmend. *04357*
energy-cell diesel engine, M → air-cell diesel engine. *00661*
engage the clutch, A / einkuppeln, einrücken der Kupplung. *04358*
engaging lever, A / Einrückhebel. *00662*
engine, M / Motor. *09738*
engine accessories, M / Motorenzubehör. *02545*
engine air box, C, rambox, air scoop / Motorlufthutze, Lufthutze. *03139*
engine analysis, W / Motoranalyse. *04362*
engine bay, C, engine compartment / Motorraum. *02142*
engine bay side panel, C / Motorraum-Seitenwand. *09979*
engine block, M / Motorblock. *00665*
engine blow-up, W → engine breakdown. *04370*
engine bolt, M / Motorbolzen.

02553
engine bonnet, C → bonnet. *04366*
engine bracket, M → engine lug. *02558*
engine brake, M, exhaust brake / Motorbremse. *00667*
engine brake flap, M / Motorbremsklappe. *04368*
engine breakdown, W, engine blow-up, engine failure / Motorschaden. *04364*
engine case, M → crankcase. *03979*
engine compartment, C → engine bay. *04371*
engine coolant, M / Motorkühlmittel. *04372*
engine cross member, C / Motorquerträger. *04395*
engine data, M / Motordaten. *04373*
engine dimensions, M / Motorabmessungen. *04374*
engine failure, W → engine breakdown. *04377*
engine flywheel, M → flywheel. *04363*
engine front cover, M → camshaft timing gear cover. *02774*
engine front mounting, M / vordere Motoraufhängung, vordere Motorlagerung. *02551*
engine gearbox unit, M / Motor-Getriebeblock, Motor mit angeflanschtem Getriebe. *02560*
engine hoist, W / Motorkran. *09755*
engine hood, C → bonnet. *04382*
engine hours, M, engine running hours / Motorbetriebsstunden. *04386*
engine identification number, M, engine number / Motornummer. *02512*
engine load, M / Motorbelastung. *04389*
engine lubrication, M / Motorschmierung. *04391*
engine lug, M, engine bracket, engine mount / Motoraufhängung, Motorlager, Motorträger. *02557*
engine mount, M → engine lug. *04393*
engine mounting in rubber, M /

Motorgummilagerung. *02546*
engine number, M → engine identification number. *04388*
engine oil, M / Motoröl, Motorenschmieröl. *00670*
engine oil cooler, M / Motorölkühler. *04397*
engine oil pressure, M / Motoröldruck. *04398*
engine oil temperature, M / Motoröltemperatur. *04399*
engine overhaul, W, engine rebuild / Motorenüberholung. *02999*
engine plate, M / Motorschild. *04402*
engine power, M / Motorleistung. *04403*
engine primer, K / Einspritzanlasser. *04404*
engine protection plate, C / Motorschutzblech. *02571*
engine rebuild, W → engine overhaul. *09763*
engine removal, W / Motorenausbau. *10436*
engine rotation, M / Motordrehrichtung. *02718*
engine running hours, M → engine hours. *04407*
engine speed, M, crankshaft speed / Motordrehzahl, Kurbelwellendrehzahl. *00672*
engine strip, W / Motorzerlegung. *10452*
engine test bed, W / Motorprüfstand. *02568*
engine timing, M, engine timing gear / Motorsteuerung. *04409*
engine timing gear, M → engine timing. *09709*
engine torque, M, crankshaft torque / Motordrehmoment, Drehmoment des Motors. *00674*
engine tune-up specifications, M / Motoreinstelldaten. *04411*
engine-cylinder block, M / Motor mit einteiligem Zylinderblock. *02489*
engine-lubricating oil, K → engine oil. *00669*
engineer, W / konstruieren. *08790*
engineering, W / Technik. *08791*
engineering department, W /

Konstruktionsabteilung. *09241*
enrichment jet, K / Anreicherungsdüse. *04413*
entrance, G / Einstieg, Eingang. *04414*
entrant, R / Bewerber. *09274*
entry form, R / Anmeldeformular. *09272*
epoxy, G / Epoxid. *08792*
epoxy resin, L / Epoxydharz. *04416*
equalizer lever, B / Ausgleichhebel. *04417*
equalizing tank, K, expansion tank / Ausgleichsbehälter. *04419*
equilibrium, G → balance. *07387*
equipment, G / Ausrüstung, Ausstattung. *04326*
ergonomic, I / körpergerecht. *04423*
eruptions in the paint, L / Kraterbildungen im Lack. *08254*
estate car, C → utility car. *02839*
etch primer, L / Haftprimer. *08230*
European Championship, R / Europameisterschaft. *09844*
European Common Market, H, common market, ECM / Europäische Wirtschaftsgemeinschaft, EWG. *02990*
evaporate, G / verdunsten. *08193*
evaporation, G / Verdunstung. *04424*
evaporative emission system, K / Kraftstoffverdunstung. *04425*
evaporator, G → vaporizer. *04426*
event, G / Veranstaltung. *08793*
every-day-motorcyle trailer, Z, bread and butter model trailer / Motorrad-Anhängerkarren, Handkarren mit Anhängekupplung. *09797*
examination, W, test, check-up / Prüfung, Untersuchung. *04427*
excess weight, G / Übergewicht, Mehrgewicht. *04431*
excessive pressure, G / Überdruck. *04429*
excessive spray fog, L / übermäßige Spritznebelbildung. *08281*
excessive stress, G → overstress. *04430*
exchangeable, G / austauschbar. *08794*

exhaust, K / Auspuff. *04433*
exhaust brake, K → engine brake. *00680*
exhaust branch, K → exhaust manifold. *04435*
exhaust cam, M, exhaust valve cam / Auslaßnocken. *00681*
exhaust camshaft, M / Auslaßnockenwelle. *06242*
exhaust cycle, K / Auspufftakt. *04437*
exhaust decarbonisation, K / Auspuffreinigung. *00682*
exhaust duct, M → exhaust port. *09678*
exhaust fumes, K → exhaust gases. *00683*
exhaust gas analysis, K / Abgaskontrolle, Auspuffgasanalyse. *00686*
exhaust gas composition, K / Abgaszusammensetzung. *04441*
exhaust gas recirculation, K, EGR / Abgasrückführung. *04446*
exhaust gas recirculation pipe, K / Abgasrückführungsleitung. *04448*
exhaust gas recirculation valve, K / Abgasrückführungsventil. *04449*
exhaust gas turbine, K, (turbocharger) / Abgasturbine. *04451*
exhaust gas turbocharger, K → exhaust turbocharger. *04453*
exhaust gases, K, exhaust fumes, emission / Auspuffgase, Abgas. *00678*
exhaust header, K → exhaust manifold. *04455*
exhaust hose, K / Auspuffschlauch. *04456*
exhaust manifold, K, exhaust branch, exhaust header / Auspuffkrümmer. *00690*
exhaust muffler, K → exhaust silencer. *10240*
exhaust pipe, K, exhaust tube / Auspuffrohr, Auspuffleitung. *02056*
exhaust piping, K → exhaust system. *02055*
exhaust port, M, exhaust duct, (cylinder head) / Auslaßkanal, Auslaßschlitz. *04440*

exhaust silencer, K, silencer, exhaust muffler, muffler / Abgasschalldämpfer, Schalldämpfer, Auspufftopf. *00694*
exhaust stroke, K / Auspuffhub. *00697*
exhaust support, K, exhaust suspension / Auspuffhalterung, Auspuffaufhängung. *04460*
exhaust suspension, K → exhaust support. *04462*
exhaust system, K, exhaust piping / Auspuffanlage. *00698*
exhaust tube, K → exhaust pipe. *04464*
exhaust turbocharger, K, exhaust gas turbocharger / Abgasturbolader. *00699*
exhaust valve, M, outlet valve / Auslaßventil. *10233*
exhaust valve cam, M → exhaust cam. *00701*
exhaust valve cap, M / Auslaßventilaufsatz, Auslaßventilverschraubung. *04465*
exhaust valve guide, M / Auslaßventilführung. *04467*
exhaust valve seat, M / Auslaßventilsitz. *04468*
exhaust valve spring, M / Auslaßventilfeder. *04470*
exhibit on loan, H / Leihgabe für Museum. *03009*
exhibition space, H / Ausstellungsfläche. *08796*
exit, G / Ausgang. *09508*
exotic car, H / Exote. *02944*
expander, M, (oil sealing rotary engine) / Andrückfeder. *04471*
expansion chamber, Z / Expansionstopf. *09846*
expansion cycle, M → expansion stroke. *04475*
expansion hole, B → expansion port. *00703*
expansion port, B, expansion hole / Ausgleichsbohrung, Ausgleichsloch. *00704*
expansion stroke, M, expansion cycle / Arbeitshub, Arbeitstakt. *02600*
expansion stroke, M → compression stroke. *02601*
expansion tank, K → equalizing

expenses

tank. *04477*
expenses, H → costs. *08369*
experience, G / Erfahrung. *08184*
experiment, G, trial / Versuch, Experiment, Test. *04478*
expert, H / Gutachter, Experte. *02949*
expertise, H, appraisal / Gutachten. *02948*
exploded view, W / Explosionszeichnung. *04480*
explosion hazard, G / Explosionsgefahr. *04481*
explosion pressure, M, combustion pressure / Verbrennungsdruck. *04482*
explosive mixture, K, ignitable mixture, carbureted mixture / Explosionsgemisch. *00708*
export, H / Ausfuhr. *09255*

express highway, T, express motor road, express way, freeway, motor highway / Autobahn. *04484*
express motor road, T → express highway. *04485*
express way, T → express highway. *04486*
extension, G / Verlängerung. *04786*
exterior, G / äußerer. *04487*
external contracting band brake, B / Außenbandbremse. *04490*
external contracting block brake, B → external shoe brake. *09802*
external mix air cap, L, (spray gun) / Außenmischdüse. *08142*
external shoe brake, B, external contracting block brake / Außenbackenbremse. *04491*

feed

external teeth, M / Außenverzahnung. *02744*
extinguisher, T → fire extinguisher. *04495*
extras, H → optional equipment. *06221*
extreme pressure lubricant, G / Hochdruck-Schmiermittel. *00710*
extruded, G, (plastic) / gespritzt. *08800*
eye ball socket, G / Kugeldüse. *04498*
eye protection, W / Augenschutz. *10005*
eyelet, C, (truck) / Planenöse. *04499*

F

F-head cylinder, M / Zylinder mit übereinander angeordneten Ventilen. *02633*
fabric, G / Tuch, Gewebe. *02358*
fabric body, C / Sperrholzkarosserie mit Kunstlederbespannung. *09981*
fabric body, F → carcass. *00711*
fabric hood, C, fabric top / Stoffverdeck. *04502*
fabric joint, F → rubber universal joint. *00712*
fabric top, C → fabric hood. *04507*
face electrode, E / Stirnelektrode. *04508*
face shield, W / Gesichtsmaske. *10047*
facia, I → dashboard. *02476*
factory, W, plant, works / Fabrik, Werk. *04509*
factory air, H → factory air conditioning. *09597*
factory air conditioning, H, factory air / serienmäßig ab Werk eingebaute Klimaanlage. *03051*
factory racing motorcycle, Z → works racer. *10238*
factory-new, H / fabrikneu. *08801*
fade, B → brake fading. *04511*
fade, A → clutch fading. *04513*
faded paint, L / matter Lack. *10208*

fading, B → brake fading. *07364*
fading, A → clutch fading. *04516*
fail, G / ausfallen, versagen. *04517*
failure, G / Ausfall, Defekt. *04519*
fake bid, H, (auction) / Scheingebot. *02937*
false front, C / Kühlerattrappe. *04521*
false start, R / Fehlstart. *09298*
family car, H / Familienauto, Familienlimousine. *03019*
fan, G, ventilator / Ventilator, Lüftungsgebläse, Lüfter. *00713*
fan belt, M / Lüfterriemen. *04522*
fan blade, M / Lüfterflügel. *04523*
fan bracket, M / Lüfterbock. *04524*
fan clutch, M / Lüfterkupplung. *04525*
fan cowl, M, fan shroud / Lüfterhaube. *04526*
fan drive shaft, M, fan shaft / Lüfterwelle. *04527*
fan housing, M / Gebläsegehäuse. *10451*
fan shaft, M → fan drive shaft. *04529*
fan shroud, M → fan cowl. *04531*
fan wheel, M / Lüfterrad. *00717*
farm tractor, H → agricultural tractor. *04535*
fast back tail, C, fastback / Fließ-

heck. *04536*
fast idle, K / schneller Leerlauf. *04540*
fast idle, K → hand throttle. *09232*
fastback, H → fast back tail. *09577*
fasten seat belt, T / Gurt anlegen, anschnallen. *04537*
fastener, G, clamp / Verschluß. *04731*
fastening, G → mounting. *04848*
fastening screw, G, fixing screw / Befestigungsschraube. *02555*
fastest time of day, R, FTD / Tagesbestzeit. *10242*
fatal accident, T / tödlicher Unfall. *04541*
fatigue test, W, endurance test / Belastungsprobe, Ermüdungsprüfung. *04542*
fault, G, trouble / Fehler, Störung. *04378*
favourite car, H / Lieblingsauto. *02903*
feather edge, L, (paint) / Übergang. *08277*
featherbed frame, Z, twin loop frame / Federbettrahmen. *09847*
fee, H / Vergütung. *02960*
fee, T → toll. *04545*
feed, E, (current) / einspeisen. *08802*

feed — fixed magneto

feed, G, supply / Zufuhr, Versorgung. *04546*
feed line, K, injection pump / Zulaufleitung. *04548*
feed pressure, K → delivery pressure. *04549*
feed pump, K → fuel pump. *04550*
feeler gauge, W / Fühlerlehre, Abstandslehre. *04552*
felt, G / Filz. *04554*
felt joint, G, felt seal / Filzdichtung. *02522*
felt seal, G → felt joint. *09522*
fender, C → mudguard. *08065*
fender flap, C → mud flap. *08803*
fender flare, C → flared wheel arches. *09403*
fhc, H → coupe. *10612*
fiber, G / Faser. *10402*
fiberglass, G → glassfiber. *10173*
fiberglass body, C, reinforced fiberglass body, plastic body / GFK-Karosserie, Fiberglaskarosserie, Kunststoffkarosserie, Glasfaserkarosserie. *08199*
fiberglass reinforcement, G / Glasfaserverstärkung. *04562*
fiberglass-reinforced plastic, G → glassfiber. *04561*
field coil, E / Feldwicklung. *04563*
field of view, T / Sichtfeld. *05323*
field test, W / praktischer Versuch, Praxisversuch. *04564*
fifth wheel, F / Schlepprad, Stützrad. *04565*
file, W / Feile. *08804*
fill pipe, K → filler pipe. *04575*
filler, L, body filler, (surface treatment before paint job) / Spachtel, Spachtelkitt, Lackspachtel, Karosseriekitt, Füller, Spachtelkitt. *01722*
filler, K → filler inlet. *06170*
filler cap, K, filler inlet cap / Tankdeckel, Einfüllverschluß. *00719*
filler inlet, K, filler / Einfüllstutzen. *04566*
filler inlet cap, K → filler cap. *04568*
filler inlet compartment lid, K / Tankklappe. *04569*
filler neck, K / Einfüllstutzenansatz. *09633*
filler neck restriction, K / Verengung am Einfüllstutzen. *09514*
filler pipe, K, fill pipe, fuel filler pipe, filler tube / Einfüllschlauch, Einfüllrohr. *09632*
filler tube, K → filler pipe. *04574*
fillet weld, W, (welding) / Kehlnaht. *10020*
filling station, T → service station. *04881*
filter, G, cleaner / Filter. *03527*
filter bowl, G, filter case, filter housing / Filtertopf, Filtergehäuse. *04579*
filter cartridge, G / Filterpatrone. *00723*
filter case, G → filter bowl. *04584*
filter gauze, G → filter screen. *09523*
filter housing, G → filter bowl. *04587*
filter screen, G, filter gauze, gauze filter, filter strainer / Filtersieb. *04885*
filter strainer, G → filter screen. *04589*
fin, C / Leitflügel, Luftleitflügel. *04591*
fin, G / Rippe. *04590*
final assembly, W / Endmontage. *09237*
final coat, L, finish paint, topcoat / Decklack. *04594*
final drive, A / Achsantrieb. *04595*
final drive ratio, A / Achsuntersetzung. *04596*
final spurt, R / Endspurt. *09299*
fine filter, G / Feinfilter. *04597*
fine-cut tyre thread, F / Feinstprofil, Sommern. *09849*
finely ground powder, L / feingemahlenes Pulver. *08189*
finish, R, (race) / Ziel. *08807*
finish paint, L → final coat. *04599*
finishing straight, R / Zielgerade. *09309*
finned, G / verrippt. *04600*
finned radiator, M → ribbed radiator. *04601*
fire brigade, G / Feuerwehr. *09215*
fire engine, H → fire-fighting vehicle. *08373*
fire extinguisher, W, extinguisher / Feuerlöscher. *04602*
fire hazard, G → fire risk. *04610*
fire insurance, H / Feuerversicherung. *02993*
fire land, M → piston top land. *06360*
fire risk, G, fire hazard / Brandgefahr. *04609*
fire-fighting vehicle, H, fire engine / Feuerwehrfahrzeug, Feuerwehrwagen. *04603*
fireproof, G / feuersicher. *04608*
firing order, E → ignition order. *00725*
firing point, E → ignition point. *04613*
firing pressure, E → ignition pressure. *04614*
firing sequence, E → ignition order. *00726*
firing stroke, E → ignition stroke. *00727*
firing voltage, E → ignition voltage. *05287*
first aid kit, T / Erste-Hilfe-Ausrüstung, Verbandskasten. *04616*
first gear, A, bottom gear / erster Gang, niedrigster Gang. *03264*
first instalment, H → deposit. *09267*
first registration, H / Erstzulassung. *09569*
first stage, K, primary barrel, (carburetor) / erste Stufe. *04628*
fish eyes, L → cratering. *08298*
fishtail, M, (exhaust) / Fischschwanz. *09851*
fit bolt, G / Paßschraube. *04629*
fit in, W / einbauen. *08805*
fitness cycle, Z / Trimmrad. *08806*
fittings, G / Beschlagteile, Armaturen. *04630*
five-speed gearbox, A / Fünfgang-Getriebe. *04633*
fix, G / befestigen. *08809*
fixed caliper, B, (disc brake) / Festsattel. *04634*
fixed caliper disc brake, B / Festsattelscheibenbremse. *00729*
fixed choke carburetor, K / Festdüsenvergaser. *04637*
fixed contact, E / Unterbrecheramboß. *04638*
fixed head coupe, H → coupe. *10611*
fixed magneto, E / Standmagnet.

fixed seat

09936
fixed seat, I / fest eingebauter Sitz. *04640*
flag pole, C / Fahnenstange, Standartenhalter. *04641*
flake, F, (tyre) / abblättern. *04643*
flakes of aluminium, L, (metallic paint) / Aluminiumflitter. *08225*
flame, G / Flamme. *04645*
flame cutter, W / Schneidbrenner. *10054*
flame trap, M, spark arrester / Flammsieb, Flammrückschlagsicherung. *04648*
flammability, G, inflammability / Feuergefährlichkeit, Entflammbarkeit, Brennbarkeit. *04646*
flange, F, (road wheel) / Felgenhorn. *04699*
flange, G / Flansch. *10153*
flanged rim, F / Hochschulterfelge. *09887*
flap, G / Klappe. *04367*
flared wheel arches, C, flared wheel wings, fender flare / Kotflügelverbreiterung, verbreiterte Kotflügel. *04650*
flared wheel wings, C → flared wheel arches. *09404*
flaring tool, W / Bördelwerkzeug. *09161*
flash hole, M / Zündkanal. *04653*
flash rate, E / Blinkfrequenz. *04654*
flash signal, E / Blinkzeichen. *08811*
flash up, E / aufleuchten. *08812*
flash-over, E / Funkenüberschlag. *08810*
flasher, E → direction indicator. *04652*
flasher lamp, E → direction indicator. *02077*
flashing direction indicator, E → direction indicator. *00730*
flashpoint, M / Flammpunkt. *00731*
flat, G / flach. *04656*
flat, L, sand down / anschleifen, beischleifen. *08190*
flat bar, G / Flacheisen. *08813*
flat battery, E / leere Batterie. *02068*
flat belt, G / Flachriemen. *09852*

flat engine, M, opposed engine / Boxermotor. *00733*
flat handlebar, Z / flacher Lenker. *08593*
flat key, G / Flachkeil. *08814*
flat mirror, G / Planspiegel. *04659*
flat spot, M / Beschleunigungsloch. *04660*
flat spot, T, tyre puncture, flat tyre, puncture / Reifenpanne. *04661*
flat tank, Z / Stecktank. *09938*
flat top piston, M, flat-head piston / Flachkolben. *02673*
flat tyre, F → flat spot. *08817*
flat-bottom tappet, M / Tellerstößel. *00732*
flat-four engine, M / Vierzylinderboxermotor. *04657*
flat-four engine, M, opposed-four cylinder engine / 4-Zylinderboxermotor. *10353*
flat-head piston, M → flat top piston. *04658*
flat-radiator, M / Flachkühler. *03038*
flat-twin engine, M, opposed-twin engine / Zweizylinderboxermotor, 2-Zylinderboxermotor. *09794*
flats spots blushing, L → sinkage. *09644*
flatting paper, L → abrasive paper. *08265*
flee-market, H / Flohmarkt, Teilemarkt. *02927*
flexible, G / elastisch, biegsam. *04663*
flexible brake pipe, B → brake hose. *00735*
flexible cable, G / biegsame Welle. *08819*
flexible coupling, A / elastische Kupplung. *04662*
flexing, F, (tyre) / Walkung. *04665*
flip-flop connection, E / Kippschaltung. *00736*
flitch panel, C / Zwischenblech. *09978*
float, K / Schwimmer. *00737*
float bowl, K → float chamber. *00738*
float chamber, K, float bowl, carburetor bowl / Schwimmerkammer, Schwimmergehäuse. *00739*

floor-type gear shift

float needle, K, valve needle / Schwimmernadel. *00740*
float needle valve, K / Schwimmernadelventil. *00741*
float pivot pin, K, float shaft / Schwimmerachse. *04675*
float shaft, K → float pivot pin. *04677*
float valve, K / Schwimmerventil. *04678*
floating, G / Schwimmen, Gleiten. *02575*
floating axle, F → swing axle. *02851*
floating caliper, B / Schwimmsattel, Faustsattel. *04673*
floating caliper brake, B / Schwimmsattelscheibenbremse. *00742*
floating device, M / Schwimmeinrichtung. *02573*
floating piston pin, M / schwimmend gelagerter Kolbenbolzen. *00743*
floating saddle, M / schwimmende Aufhängung. *02574*
flood, K, (engine) / absaufen, ersaufen. *00744*
floor, I, (passenger compartment) / Fußboden, Boden. *04680*
floor bearer, C / Bodenblechaufnahme. *10162*
floor carpet, I, floor mat / Bodenteppich. *04682*
floor carpeting, I / Fußraumauskleidung, Bodenbelag. *04683*
floor change, A → floor shift. *05508*
floor mat, I → floor carpet. *09227*
floor mounting, C / Verankerungspunkt am Bodenblech. *10130*
floor pan, C, floor panel / Bodenblech. *04687*
floor panel, C → floor pan. *09394*
floor shift, A, floor-mounted shift control, center floor shift, floor change, floor type gear shift / Mittelschaltung, Stockschaltung, Knüppelschaltung. *04688*
floor-mounted shift control, A → floor shift. *04689*
floor-type gear shift, A → floor shift. *00508*

flow

flow, G / strömen, fließen. *04690*
flow direction, G / Strömungsrichtung. *04692*
flow loss, G / Strömungsverlust. *04693*
flow of air, L (spray gun) / Luftstrom. *08135*
flow over, G / überfließen. *04694*
flow pattern, G / Strömungsbild. *04695*
flue brush, L / Reinigungsbürste. *08172*
fluid adjustment screw, L, (spray gun) / Materialmengenregulierschraube. *08179*
fluid brake, B, hydraulic brake / Öldruckbremse. *00747*
fluid clutch, A, hydraulic coupling, fluid coupling / hydraulische Kupplung. *00749*
fluid coupling, A → fluid clutch. *04696*
fluid for brakes, K → brake fluid. *00752*
fluid gear, A / Flüssigkeitsgetriebe. *09149*
fluid nozzle, L → fluid tip. *09646*
fluid tip, L, fluid nozzle, (spray gun) / Farbdüse. *08155*
fluorescent paint, L / Leuchtfarbe. *10507*
fluted shaft, M, splined shaft / Keilwelle. *02704*
flux, W / Flußmittel. *10028*
flux coating, W / Flußmittelumhüllung. *10035*
fly nut, G → wing nut. *03056*
fly-over, T / Überführung, Brückenüberfahrt. *09357*
flying mile, R / Meile mit fliegendem Start. *09318*
flying start, R / fliegender Start. *04697*
flyweight, E, centrifugal advance weight, centrifugal weight / Fliehgewicht. *00753*
flyweight governor, E → centrifugal advance mechanism. *00754*
flywheel, M, balance wheel, engine flywheel / Schwungrad, Schwungscheibe, Motorschwungrad. *00755*
flywheel flange, M / Schwungradflansch. *04698*

flywheel marking, M → flywheel timing mark. *00757*
flywheel ring gear, M → starter ring gear. *00758*
flywheel starter ring gear, M / Schwungradkranz. *02743*
flywheel timing mark, M, flywheel marking, timing mark / Schwungradmarkierung, Totpunktmarke. *00759*
foam, G / Schaum. *04701*
foam cleaner, W / Reinigungsschaum. *10171*
foam extinguisher, T / Schaumlöscher. *04702*
foam filled, G / ausgeschäumt. *04703*
foam inhibitor, K, foam suppressor, (oil) / Schaumbremse, Entschäumungsmittel. *04704*
foam rubber, G, sponge rubber / Schaumgummi, Moosgummi. *04706*
foam suppressor, K → foam inhibitor. *04708*
fog, G → misting. *08824*
fog lamp, E / Nebelscheinwerfer. *00762*
fog tail lamp, E, rear fog lamp / Nebelschlußleuchte, Nebelrückleuchte. *00764*
foil, G / Folie. *04711*
fold-down, G → foldable. *04720*
foldable, G, fold-down, tilting / klappbar, umklappbar. *04712*
foldable radiator mascot, C / umklappbare Kühlerfigur. *04715*
folder, W, (sheet steel) / Abkantwerkzeug. *09990*
folding bicycle, Z / Klapprad. *08825*
folding door, C / Falttür. *04725*
folding roof, H / Faltdach, Faltschiebedach, Stoffschiebedach. *04727*
folding seat, I, jump seat, tipp-up seat / Klappsitz. *02103*
foolproof, G / narrensicher. *04738*
foot board, Z / Fußbrett. *09859*
foot brake, B / Fußbremse. *02232*
foot change control, Z / Fußschaltung. *09861*
foot clutch, Z / Fußkupplung. *09860*

formula race

foot pedal, G → pedal. *02160*
foot rest, Z / Fußraste. *08596*
foot rest rubber, Z / Fußrastengummi. *09898*
foot throttle, K → gas pedal. *00767*
for hire, H / zu mieten. *02879*
for sale, H / zu verkaufen. *02878*
force, G → power. *04744*
force of explosion, G / Explosionskraft. *02679*
forced circulation, G / Zwangsumlauf. *04745*
forced downshift, A → kickdown. *05580*
forced valve closure, M, desmodromic valve operation / Zwangssteuerung, Desmodromik. *09954*
forced-feed lubrication, M → pressure lubrication. *00768*
forecar attachment, Z / Vorsteckwagen. *09952*
foreign car, H / ausländisches Fahrzeug. *04748*
foreman, W / Meister. *10428*
forge, W / schmieden. *08827*
forged, G / geschmiedet. *04751*
forged blank, W / Schmiederohling. *04750*
forged piston, M / Schmiedekolben, geschmiedeter Kolben. *02676*
fork, G / Gabel. *04752*
fork axle, F, Elliot type axle, forked axle / Gabelachse. *00770*
fork blade, Z → fork girder. *08828*
fork bridge, Z / Gabelbrücke. *08829*
fork girder, Z, fork blade / Gabelscheide, Gabelholm. *09863*
fork head, Z / Gabelkopf. *08830*
fork joint, F / Gabelgelenk. *00771*
fork lift, H / Gabelstapler, Hubstapler. *04757*
fork stabilizer, Z / Gabelstabilisator. *08597*
fork stem, Z / Gabelschaft. *08831*
fork width, Z / Gabelweite. *08833*
fork wrench, W / Gabelschlüssel. *08834*
forked axle, F → fork axle. *04754*
forked connecting rod, M / Gabelpleuelstange, Gabelpleuel. *04755*
formula, G / Formel. *04759*
formula race, R / Formelrennen.

181

formula-1 driver FTD

09308
formula-1 driver, R / Formel-1-Rennfahrer. *08835*
forward control vehicle, H, cab over engine, coe / Frontlenker. *04760*
forward gear, A, forward speed / Vorwärtsgang. *04761*
forward speed, H → forward gear. *04763*
foundry, W / Gießerei. *04764*
four door, C / viertürig. *04766*
four door saloon, H, four door sedan / viertürige Limousine. *04768*
four door sedan, H → four door saloon. *04770*
four seater, H / Viersitzer. *04773*
four speed gearbox, A / Vierganggetriebe. *04775*
four wheel brake, B / Vierradbremse. *02361*
four wheel drive, F, FWD, 4wd, all wheel drive / Vierradantrieb, Allradantrieb. *02359*
four-barrel carburetor, K, quadrajet / Vierfachvergaser, Doppelregistervergaser. *00772*
four-cycle engine, M → four-stroke engine. *02486*
four-cycle system, M → four-stroke process. *00774*
four-cylinder engine, M, / Vierzylindermotor. *02490*
four-lane, T / vierspurig. *04772*
four-light saloon, H / vierfenstrige Limousine. *03035*
four-spoke steering wheel, I / Vierspeichenlenkrad. *04777*
four-stroke, M / Viertakt. *02488*
four-stroke cycle, M → four-stroke process. *09734*
four-stroke engine, M, four-cycle engine / Viertaktmotor. *02487*
four-stroke process, M, four-stroke cycle, four stroke system / Viertaktverfahren. *00775*
four-way cock, G / Vierwegehahn. *04778*
four-way rim wrench, W / Kreuzschlüssel. *03852*
foursome coupe, H / zweisitziges Coupé mit Gelegenheit, zwei weitere Personen unterzubrin-

gen, 2+2, 2/2-Coupé. *03036*
fracture, G, rupture / Bruch. *04780*
fragile, G → breakable. *04782*
frame, C → chassis. *02175*
frame cross member, C → cross member. *04783*
frame damage, W / Rahmenschaden. *09456*
frame drop, C / Rahmenkröpfung. *04784*
frame extension, C / Rahmenverlängerung. *04785*
frame overhang, C / Rahmenüberhang. *04788*
frame press, W / Rahmenpresse. *08836*
frameless body, C → integral body. *06786*
free engine clutch, A, free wheel clutch, one-way clutch / Freilaufkupplung. *00777*
free gap, M, (piston ring) / Maulweite. *04789*
free spring, F, (leaf spring) / Gleitfeder. *04790*
free travel of clutch pedal, A → clutch pedal clearance. *00779*
free way, T → express highway. *04792*
free wheel, A / Freilauf. *04791*
free wheel clutch, A → free engine clutch. *00780*
free wheel lock, A / Freilaufsperre. *04793*
free-wheel back-pedalling brake, Z / Freilaufrücktrittbremse. *08837*
freehold, H / freibleibend. *09252*
freezing point, G / Gefrierpunkt. *04794*
freight, H / Fracht. *04795*
freight charges, H / Frachtkosten. *04796*
frequency, G / Frequenz, Takt. *04797*
friction, G / Reibung. *04800*
friction clutch, A, slipper clutch, release clutch / Reibkupplung, Rutschkupplung. *00781*
friction disc, A → clutch disc. *02426*
friction drive, A / Reibradantrieb. *04803*
friction facing, A, friction lining /

Reibbelag. *04802*
friction gear, A / Reibradgetriebe, Friktionsgetriebe. *02402*
friction heat, G / Reibungswärme. *04804*
friction lining, A → friction facing. *04806*
friction roller dynamo, Z / Reibrollendynamo. *08772*
friction roller engine, Z / Reibrollenmotor. *08600*
friction shock absorber, F, frictional type damper / Reibungsstoßdämpfer. *02179*
friction-type gear-shift, Z / Friktionsschaltung. *08601*
frictional type damper, F → friction shock absorber. *04801*
front apron, C, apron / Frontschürze. *09958*
front auxiliary lamps, E / Zusatzscheinwerfer. *10207*
front axle, F / Vorderachse. *00783*
front axle shaft, F / Vorderachswelle. *04809*
front compartment, I / vorderer Fahrgastraum. *04810*
front door, C / Vordertür. *04811*
front drive, A → front wheel drive. *00784*
front driving seating position, I / vorderste Fahrposition. *09627*
front end, C, nose / Karosserievorbau, Vorbau, Fahrzeugfront, Schnauze. *04812*
front forks, Z / Vorderradgabel. *09808*
front grill, C → radiator grill. *04814*
front panel, C → front wall. *04815*
front piston, B / vorderer Kolben. *00785*
front seat passenger, T / Beifahrer. *04816*
front spoiler, C / Frontspoiler. *10134*
front wall, C, front panel / Vorderwand, Stirnwand. *04819*
front wheel, F / Vorderrad. *10497*
front wheel drive, A, front drive, FWD / Frontantrieb, Vorderradantrieb. *00786*
FTD, R → fastest time of day. *09314*

fuel, K, petrol, gas, gasoline / Kraftstoff, Treibstoff, Brennstoff. *00788*
fuel, K, refuel / tanken, auftanken. *06622*
fuel additive, K / Kraftstoffzusatz. *04823*
fuel can, T / Benzinkanister, Kraftstoffkanister. *04824*
fuel capacity, K, fuel tank capacity / Tankvolumen. *04826*
fuel cock, K, fuel tap / Kraftstoffhahn, Benzinhahn. *08602*
fuel consumption, K / Kraftstoffverbrauch. *04827*
fuel delivery, K, fuel supply / Kraftstofförderung. *04828*
fuel drain cock, K / Kraftstoffablaßhahn. *04829*
fuel feed pump, K → fuel pump. *04830*
fuel filler pipe, K → filler pipe. *04834*
fuel filter, K / Kraftstoffhauptfilter. *00791*
fuel gauge, K → fuel indicator. *04832*
fuel indicator, K, fuel gauge / Kraftstoffanzeige, Benzinuhr. *04831*
fuel inhibitor, K → anti-knock additive. *04835*
fuel injection, K, petrol injection, injection, P.I. / Kraftstoffeinspritzung, Einspritzung. *02395*
fuel injection nozzle, K → injection nozzle. *00793*
fuel injection pump, K → injection pump. *00794*
fuel injection tubing, K → de-

livery pipe. *00795*
fuel jet, K / Kraftstoffdüse. *04837*
fuel level, K / Kraftstoffstand. *04838*
fuel level tell-tale, E / Kraftstoffreserve-Warnleuchte. *04839*
fuel line, K → fuel pipe. *04841*
fuel loss, K / Kraftstoffverlust. *04836*
fuel pipe, K, fuel line / Kraftstoffleitung. *02073*
fuel pump, K, fuel supply pump, gasoline pump, transfer pump, fuel feed pump, gas pump, feed pump / Kraftstoffpumpe, Kraftstofförderpumpe. *00797*
fuel pump diaphragm, K / Kraftstoffpumpenmembran, Pumpenmembran. *00798*
fuel pump tappet, K / Kraftstoffpumpenstößel. *00799*
fuel pump test bench, W, injection-pump calibrating test stand, injection-pump test bench / Einspritzpumpen-Prüfgerät. *00800*
fuel stop, R / Tank-Stop. *09008*
fuel strainer, K / Kraftstoffsieb. *08842*
fuel supply, K → fuel delivery. *08389*
fuel system, K / Kraftstoffanlage, Kraftstoffsystem. *00802*
fuel tank, K, gas tank, petrol tank, tank / Kraftstoffbehälter, Benzintank. *00804*
fuel tank capacity, K → fuel capacity. *04847*
fuel tank lock, K / Tankschloß. *04849*
fuel tap, K → fuel cock. *02072*

fuel vapour separator, K / Kraftstoffdampfabscheider, Gasabscheider. *04851*
fuel-supply pump, K → fuel pump. *00801*
full beam, E → high beam. *04852*
full comprehensive insurance, H / Vollkaskoversicherung. *04853*
full fairing, Z / Vollverkleidung. *08840*
full floating axle, F, fully floating axle / Steckachse. *00808*
full harness seat belt, I, harness belt / Hosenträgergurt. *04858*
full load, M / Vollast. *00807*
full respray, L → total respray. *09652*
full throttle, K / Vollgas. *04860*
full-flow filter, M → full-flow oil filter. *04855*
full-flow oil filter, M, full-flow filter / Hauptstromölfilter, Hauptstromfilter, Vollstromfilter. *00806*
full-skirt piston, M → solid-skirt piston. *04859*
fully automatic, G / vollautomatisch. *04861*
fumes, G, (chemical) / Dämpfe. *10010*
furniture, I → inside fittings. *05425*
fuse, E / Sicherung. *00809*
fuse designation, E / Sicherungskennzeichnung. *04862*
FWD, A → four wheel drive. *02360*
FWD, A → front wheel drive. *04005*

G

G-cramp, W / Schraubzwinge. *10168*
G.T., H → Gran Turismo. *02434*
gage, G → gauge. *04884*
gaiter, F, bellows, boot / Faltenbalg, Manschette. *04868*
galvanized, G / galvanisiert. *04869*
gap, G / Spalt. *04871*
gap, M, (piston ring) / Stoßöffnung, Stoß. *04872*
gap resistor, E → contact breaker

resistance. *03712*
garage, W / Reparaturwerkstätte. *04875*
garbage collector, H → Müllwagen. *04877*
gas, K → fuel. *03922*
gas pedal, K, accelerator pedal, accelerator, foot throttle / Gaspedal, Fahrpedal, Gasfußhebel. *00812*
gas pressure shock absorber, F,

pressurized shock absorber / Gasdruckstoßdämpfer. *04878*
gas pump, K → fuel pump. *00815*
gas station, T → service station. *04880*
gas tank, K → fuel tank. *00816*
gas-welding set, W / Gas-Autogenschweißgerät. *09984*
gasket, G / Flachdichtung, Dichtung. *03058*
gasoline, K → fuel. *03924*

183

gasoline engine

gasoline engine, M → spark ignition engine. *02527*
gasoline pump, K → fuel pump. *00817*
gate, A → gear shifting gate. *00818*
gate change, A, gate shift / Kulissenschaltung. *04882*
gate shift, A → gate change. *04883*
gauge, G, gage, indicator, tell-tale / Lehre, Meßuhr. *04865*
gauze filter, G → filter screen. *04588*
gear, A / Gang. *04625*
gear, A → gear wheel. *03586*
gear change lever, A → gear shift lever. *00819*
gear control fork, A → shift fork. *00820*
gear drive, A / Zahnradantrieb. *08604*
gear indicator, Z / Ganganzeige. *09864*
gear lever, A → gear shift lever. *00821*
gear oil, A, gearbox oil, transmission oil / Getriebeöl. *00822*
gear pump, M / Zahnradpumpe. *00823*
gear ratio, A → transmission ratio. *00824*
gear reduction, A → transmission reduction. *00825*
gear segment, A, toothed quadrant, segment of gear teeth / Zahnsegment. *00826*
gear selector fork, A → shift fork. *00827*
gear selector rod, A → shifter rod. *00828*
gear shift bar, A → shifter rod. *00835*
gear shift fork, A → shift fork. *00829*
gear shift lever, A, change speed lever, gear lever, gear change lever, shift lever,transmission control / Schalthebel, Gangschalthebel, Getriebeschalthebel, Schaltknüppel. *00837*
gear shift lever bracket, A / Schaltbock. *04902*
gear shift lever housing, A / Schalthebelgehäuse. *04903*
gear shift lever knob, A, shift knob / Schalthebelknopf. *04904*
gear shift linkage, A, shift linkage / Schaltgestänge. *04905*
gear shift pattern, A, shift pattern / Schaltschema, Ganganordnung. *04906*
gear shift rod, A → shifter rod. *04908*
gear shift sleeve, A / Schaltmuffe. *04909*
gear shift system, A → gearbox. *00830*
gear shifting fork, A → shift fork. *00831*
gear shifting gate, A, gate, shifting gate / Schaltkulisse. *00832*
gear wheel, A, pinion, toothed wheel, cogged wheel, cogwheel, gear / Zahnrad, Getrieberad. *02372*
gearbox, A, change speed box, change speed gear, gear shift system, transmission / Getriebe, Wechselgetriebe, Kraftübertragung. *00833*
gearbox case, A / Getriebegehäuse. *07666*
gearbox cover, A / Getriebedeckel, Getriebegehäusedeckel. *04889*
gearbox first motion shaft, A / Getriebeingangswelle. *10445*
gearbox flange, A / Getriebeflansch. *04891*
gearbox input shaft, A, transmission shaft / Getriebeantriebswelle, Antriebswelle, Getriebeeingangswelle. *05417*
gearbox main shaft, A, output shaft, third motion shaft / Getriebehauptwelle, Hauptwelle. *04895*
gearbox oil, K → gear oil. *04897*
gearbox position, A / Getriebelage. *04898*
gearbox tunnel, I → transmission tunnel. *09614*
gel-coat, G, (glassfiber) / Gel-Schicht. *10188*
gel-coat resin, G, (glassfiber) / Gelierharz. *10189*
generator, E, dynamo / Lichtmaschine. *02133*
generator belt, E / Lichtma-

glazing

schinenantriebsriemen. *04913*
generator bracket, E / Lichtmaschinenträger. *10288*
generator charging indicator, E → charging control lamp. *04914*
generator charging tell-tale, E → charging control lamp. *04915*
generator drive, E, dynamo drive / Lichtmaschinenantrieb. *04916*
generator indicator lamp, E → charging control lamp. *00841*
generator pulley, E / Lichtmaschinenriemenscheibe. *04917*
generator yoke, E, dynamo yoke / Lichtmaschinengehäuse, Lichtmaschinenpolgehäuse. *04920*
genuine condition, H, original condition / Originalzustand. *02894*
genuine part, H → genuine spare part. *06230*
genuine spare part, H, genuine part / Original-Ersatzteil. *02951*
german institution according to the MOT, H, MOT / Technischer Überwachungsverein, TÜV. *02910*
gilled radiator, M → ribbed radiator. *04922*
gilled-tube radiator, M / Rippenrohrkühler. *04924*
girder forks, Z / Parallelogrammgabel, Rohr-Parallelogrammgabel, Trapezgabel. *09918*
giro account, H → bank account. *02908*
gland, G → packing gland. *04925*
glare, E / blenden. *04926*
glass, G / Glas. *04927*
glass channel, C, glass run, window glass channel / Scheibenführungsschiene. *04928*
glass fabric, G / Glasfasergewebe. *08845*
glass reinforced plastic, G → glassfiber. *10174*
glass run, C → glass channel. *04933*
glassfiber, G, fiberglass, glass reinforced plastic, GRP, fiberglass-reinforced plastic / Glasfaser, Fiberglas, glasfaserverstärkter Kunststoff, GFK. *04560*
glazing, C / Verglasung. *04716*

gloss, L / Glanz. *04935*
glove, T / Handschuh. *08846*
glove box, I, glove compartment / Handschuhkasten, Handschuhfach. *02257*
glove compartment, I → glove box. *04938*
glow ignition, E, surface ignition / Glühzündung. *04942*
glow indicator, E → glow plug control. *00842*
glow plug, E, heater plug / Glühkerze. *00843*
glow plug control, E, glow indicator / Glühüberwacher. *00878*
glow plug filament, E, heater filament / Glühspirale, Heizwendel. *04943*
glow plug resistor, E, (diesel engine) / Glühkerzenwiderstand. *00879*
glow plug starting switch, E, (diesel engine) / Glühkerzenschalter, Glühstartschalter. *00880*
glue, G / kleben. *04944*
goggles, W / Schutzbrille. *08310*
governor, K, (injection pump) / Regler. *04946*
grab handle, I / Türziehgriff. *04949*
grade, G, gradient, (street) / Steigung. *04951*
graded driving licence, T / Stufenführerschein. *08847*
gradient, G → grade. *04955*
Gran Turismo, H, GT / sportlicher Reisewagen, GT. *03067*
grand stand, R / Zuschauertribüne. *09287*
granulat, G / Granulat. *04956*
graph, G, diagram / Schaubild, Diagramm. *04957*
graphite bearing, G / Graphitlager, Kohlelager. *04958*
graphite grease, G / graphitiertes Fett. *04960*
graphite lubrication, G / Graphitschmiermittel. *04961*
graphite release bearing, A / Schleifringausrücker. *08846*
graphite ring, G / Graphitring. *04962*
grass track race, R / Grasbahnrennen. *09816*

gravity, G / Schwerkraft. *04963*
gravity feed, L, (spray gun) / Fließbecher. *08148*
grease, G / Schmierfett, Fett. *01084*
grease cap, G / Fettkappe. *04967*
grease cup, G / Fettbüchse. *04968*
grease fitting, K → grease nipple. *00847*
grease gun, W, lubricant gun / Fettpresse, Schmierpresse, Handpresse. *00848*
grease nipple, G, grease fitting, lubrication fitting, lubrication nipple, pressure grease fitting / Schmiernippel. *00851*
grease remover, L, wax and grease remover / Silikonentferner. *08259*
grease resistance, G / Fettbeständigkeit. *04969*
grease retainer, G / Fettabdichtung. *04970*
green lane ride, Z → trail ride. *10364*
grey cast iron, G → grey iron. *09529*
grey iron, G, grey cast iron / Gußeisen, Grauguß. *04964*
grey market, H / grauer Markt. *08849*
grid, C → luggage rack. *02241*
grid dolly, W / profilierte Handfaust. *10076*
grille, M → radiator grille. *04972*
grind, W / schleifen. *04974*
grinder, W / Schleifmaschine. *04975*
grinding paste, W / Schleifpaste. *00852*
grip, G / Griff. *04939*
grit, L → grit size. *09658*
grit size, L, grit, (flatting paper) / Papierkörnung. *08268*
grit sprayer, H / Sandstreuer. *04979*
grommet, G / Klammer. *10145*
groove, G / Nut, Rille. *04980*
groove, F → tread groove. *04982*
groove insert, M, (piston) / Kolbenringträger, Ringträger. *04986*
groove root, G / Nutgrund. *04988*
groove side, G / Nutflanke. *04989*
groove width, G / Nutbreite. *04990*
grooved, G / genutet. *02798*

grooved face type ring, M, (oil ring) / Winkelring. *04983*
grooving, L, (flatting) / Rillenbildung. *08270*
gross combination weight rating, G / zulässiges Zuggesamtgewicht. *04992*
gross vehicle weight, G, gross weight, GVWR / Fahrzeuggesamtgewicht. *04993*
gross weight, G → gross vehicle weight. *04994*
ground, E / Masse. *04307*
ground clearance, C / Bodenabstand, Bodenfreiheit. *00853*
ground connection, E / Masseanschluß. *04309*
GRP, G → glassfiber. *10175*
guarantee, H, warranty / Garantie. *02933*
gudgeon, M → piston. *04854*
gudgeon hole hone, W / Honahle für Kolbenauge. *02693*
gudgeon pin, M → piston pin. *02684*
guide, G / Führung. *05000*
guide, Z / Führungsbügel. *08607*
guide coat, L / Kontrastschicht. *08274*
guide plate, F, (leaf spring) / Gleitplatte. *05002*
guide rail, C, (sliding roof) / Laufschiene. *05003*
gullwing door, C / Flügeltür. *05005*
gun body, L / Pistolengehäuse. *08175*
gusset plate, C / Knotenblech. *10114*
GVWR, G → gross vehicle weight. *09515*

H

H-shift pattern, A / H-Schaltschema. *05199*
hacksaw, W / Metallsäge. *10157*
hair crack, G, hairline crack / Haarriß. *05006*
hair pin bend, T, hair pin turn / Haarnadelkurve, Spitzkehre. *05007*
hair pin turn, T → hair pin bend. *05010*
hair pin valve spring, Z / Haarnadel-Ventilfeder. *09880*
hairline crack, G → hair crack. *09530*
half keystone ring, M, (compression ring) / einseitiger Trapezring, Trapezring. *05011*
half throttle, K / Halbgas. *05017*
half-back seat, Z → seat with half a back. *08608*
half-elliptic spring, F → semi-elliptic spring. *02251*
half-finished product, W, semi-finished product / Halbfabrikat. *08850*
halfshaft, F → axle shaft. *00856*
halfshaft joint, F / Antriebsgelenk. *05015*
halfshaft joint housing, A / Antriebsgelenkgehäuse. *05016*
halogen fog lamp, E / Halogen-Nebelscheinwerfer. *05018*
halogen headlamp, E, halogen headlight / Halogenscheinwerfer. *00857*
halogen headlight, E → halogen headlamp. *05019*
hand brake, B, park braking system, parking brake, auxiliary brake, emergency brake / Handbremse, Feststellbremse. *00858*
hand brake booster, B / Handbremsverstärker. *05022*
hand brake control, B → hand brake lever. *05024*
hand brake lever, B, hand brake control / Handbremshebel. *02254*
hand brake warning lamp, B / Handbremswarnleuchte. *05025*
hand change control, Z, manual shifting / Handschaltung. *09883*
hand fire extinguisher, W /

Handfeuerlöscher. *05027*
hand grinder, W / Handschleifmaschine. *08852*
hand grip, G, handle / Handgriff, Haltegriff. *05028*
hand lamp, E / Handlampe. *05032*
hand lever, G / Handhebel. *05037*
hand miller, W / Handfräser. *08854*
hand operated plunger oilpump, Z / Handöler, Handölpumpe. *09884*
hand primer, K, (fuel pump) / Handpumpvorrichtung. *05041*
hand pump, K / Handförderpumpe. *00863*
hand sprayer, L / Handspritze. *10092*
hand throttle, K, manual throttle, fast idle / Handgas. *02255*
hand-made, W / handgefertigt. *08853*
handbook, W, manual / Handbuch. *05020*
handicap, G / Nachteil. *05031*
handicap, R / Handicap, Vorgabe. *05029*
handicapped, G / behindert. *08856*
handiness, G / Handlichkeit. *08857*
handle, G → hand grip. *05033*
handle with care, G / Vorsicht zerbrechlich. *05038*
handlebar, Z / Lenkstange, Lenker. *08616*
handlebar control, Z / Lenkerarmatur. *09889*
handlebar impact boss, Z / Lenkerprallplatte. *08611*
handlebar padding, Z / Lenkerpolster. *08613*
handlebar rubber grip, Z / Lenkergummi. *09899*
handlebar shifter, Z / Lenkerschalter. *08614*
handlebar stem, Z / Lenkerschaft. *08615*
handling, T, (vehicle) / Fahrverhalten. *05040*
handling, G, control / Bedienung. *05039*

hanger, L → run. *09653*
hard brazing solder, G / Hartlot. *08859*
hard chrome plating, L / Hartverchromung. *05042*
hard foam, G / Hartschaum. *08858*
hard rubber, G, ebonite / Hartgummi, Ebonit. *04314*
hard steering, F / schwergängige Lenkung. *10551*
hard-faced valve, M / Panzerventil, gepanzertes Ventil. *00864*
harden by oxidation, L, (lacquer) / härten durch Oxidation. *08216*
hardened steel, G / gehärteter Stahl. *08863*
hardtop, H, htp / Hardtop, Coupédach, Hardtop-Dach. *02455*
hardware, I, (seat belt) / Beschläge. *05047*
hardy disc, F → rubber universal joint. *00865*
harness belt, I → full harness seat belt. *05050*
hatchback, C / Schrägheck. *09445*
haul, T, towaway, tow / abschleppen. *05049*
head center, M, (piston) / Bodenmitte. *05053*
head gasket, M → cylinder head gasket. *00867*
head rest, I, head restraint, neck rest / Kopfstütze, Nackenstütze. *03112*
head restraint, I → head rest. *03113*
headlamp, E, headlight / Scheinwerfer. *00868*
headlamp adjustment, E / Scheinwerfereinstellung. *05054*
headlamp bowl, E → headlamp shell. *10151*
headlamp bracket, C / Scheinwerferstütze. *02307*
headlamp bulb, E / Scheinwerferglühlampe, Scheinwerferlampe. *00870*
headlamp cleaning unit, E / Scheinwerferwischer, Scheinwerferwaschanlage. *05057*
headlamp glass, E, headlamp lens / Scheinwerferglas, Scheinwer-

headlamp illumination pattern

ferscheibe. *05062*
headlamp illumination pattern, E / Lichtkegelbild. *10548*
headlamp insert, E / Scheinwerfereinsatz. *05065*
headlamp lens, E → headlamp glass. *00873*
headlamp reflector, E, reflector / Scheinwerferspiegel, Reflektor, Spiegelreflektor. *05066*
headlamp shell, E, headlight housing, headlamp bowl / Scheinwerfertopf, Scheinwerfergehäuse. *02306*
headlamps aiming, W / Einstellen der Scheinwerfer. *10544*
headlight, E → headlamp. *00869*
headlight dip control, E → dip switch. *05059*
headlight flasher, E, optical horn / Lichthupe. *00871*
headlight housing, E → headlamp shell. *00872*
headliner, I → headlining. *05068*
headlining, I, headliner / Dachhimmel, Himmel. *02267*
headroom, I → overhead space. *05071*
headwind, T → contrary wind. *05073*
health hazard, G / Gesundheitsrisiko. *08210*
heat, G / Wärme, Hitze. *05074*
heat absorbing glass, C / wärmedämmendes Glas. *05076*
heat accumulation, G / Wärmestau. *05077*
heat dam, M → piston top land. *05079*
heat dissipation, G / Wärmeabführung. *05078*
heat exchanger, M / Wärmetauscher. *05084*
heat fade, B / Bremsschwund durch Überhitzung. *05091*
heat insulation, G / Wärmedämmung. *05092*
heat range, E, thermal value, (spark plug) / Wärmewert. *05074*
heat resistance, G / Wärmebeständigkeit. *05093*
heat riser pipes, M / Warmluftentnahmerohr. *10455*
heat treatment, G / Würmebe-

handlung. *05094*
heat-shrinking a panel, W, (welding) / Einziehen von Blechen. *10056*
heated rear window, E, backlight heater / beheizbare Heckscheibe. *03210*
heater, M / Heizung. *02265*
heater blower, M, heater fan / Heizgebläse. *05083*
heater fan, M → heater blower. *05085*
heater filament, E → glow plug filament. *05087*
heater flap, M / Heizklappe. *10441*
heater plug, E → glow plug. *06776*
heating flange, M, (diesel engine) / Heizflansch. *00882*
heavy duty oil, G / Hochleistungsöl, HD-Öl. *05096*
heavy duty truck, H / Schwerlastwagen. *05098*
heavy traffic, T / starker Verkehr. *05099*
heavy-weight motorcycle, Z / schweres Motorrad. *08617*
heel and toe wear, F, (tyre) / sägezahnförmige Abnutzung. *05100*
heel operated brake, Z / Hackenbremse. *09881*
height of chassis above ground, C / Rahmenhöhe. *05101*
height-adjustable steering column, F → tilt steering column. *09494*
helical, G / spiralförmig. *08864*
helical bevel gear, A / Schrägzahnkegelrad, schrägverzahntes Kegelrad. *05104*
helical gear, A / Schrägzahnrad, schrägverzahntes Rad. *05102*
helical gear transmission, A / Klauengetriebe. *00884*
helical groove, K, control edge, helix / Steuerkante. *00885*
helical spring, G / Schraubenfeder. *05106*
helix, K → helical groove. *00886*
helmet, Z → motorcycle helmet. *08321*
helmet inner shell, Z → Helminnenschale. *08618*
helmet lock, Z / Helmsicherung. *08619*

high performance roadster

helmet outer shell, Z / Helmaußenschale. *08620*
helper spring, F / Hilfsfeder, Zusatzfeder. *05109*
hemi chamber, M → hemispherical combustion chamber. *08382*
hemispherical combustion chamber, M, hemi chamber / hemisphärischer Brennraum, halbkugelförmiger Brennraum. *05111*
herringbone gearing, A, V-toothed gear / Pfeilverzahnung, doppelte Schrägverzahnung. *00887*
hex bolt, G → hexagon bolt. *09551*
hex nut, G → hexagon nut. *05116*
hexagaon socket screw key, W → Allen key. *08870*
hexagon bolt, G, hex bolt / Sechskantschraube. *05114*
hexagon nut, G, hex nut / Sechskantmutter. *05113*
hexagon socket screw, G → Allen screw. *08679*
hexagonal, G / sechskantig. *08871*
hide, G / Lederhaut. *08393*
hide food, W / Ledernahrung. *10214*
high beam, E, upper beam, driving light, full beam, high mode, long distance beam / Fernlicht. *00889*
high beam indicator, E / Fernlichtkontrolle. *05117*
high cam, M / hochliegende Nockenwelle. *10418*
high compression engine, M / hochkomprimierter Motor, hochverdichteter Motor. *02485*
high crown spoon, W / gekröpftes Löffeleisen. *10072*
high cycle, Z / Hochrad. *08872*
high efficiency engine, M / Motor mit hohem Wirkungsgrad. *05119*
high gear, A, top gear / oberster Gang, höchster Gang. *05120*
high mode, E → high beam. *05122*
high octane fuel, K, super grade petrol, premium, premium grade gasoline, high octane gasoline / Superbenzin, hochoktaniger Kraftstoff. *00890*
high octane gasoline, K → high octane fuel. *05123*
high performance roadster, Z /

187

high pressure

Supersportmaschine, Rennmotorrad mit Straßenzulassung. *09940*
high pressure, G / Hochdruck. *05125*
high pressure cleaner, W / Hochdruckreiniger. *08873*
high pressure delivery line, K → delivery pipe. *00891*
high pressure gas welding outfit, W / Hochdruck-Autogenschweißgerät. *10050*
high pressure lubrication, M / Hochdruckschmierung. *05126*
high pressure tyre, F / Hochdruckreifen. *05127*
high speed oil engine, M / schnelllaufender Dieselmotor. *02509*
high stress area, C, (bodywork) / hochbeanspruchter Bereich. *09980*
high tension circuit, E → secondary circuit. *00893*
high tension ignition, E / Hochspannungszündung. *05128*
high tension ignition cable, E / Hochspannungszündkabel. *00894*
high tension magneto ignition, E / Hochspannungs-Magnetzündung. *09914*
high tension winding, E → secondary winding. *00895*
high voltage, E / Hochspannung. *08874*
high-output engine, M → high-performance engine. *05124*
high-performance engine, M, high-output engine / Hochleistungsmotor. *05095*
high-torque nut, W / Mutter mit hohem Drehmoment angezogen. *10002*
highly polished, L / hochglanzpoliert. *08875*
highway, T / Fernverkehrsstraße. *03188*
highway patrol, T / Autobahnpolizei. *09352*
hillclimb, R / Bergrennen. *05131*
hinge, G / Scharnier. *02300*
hinge arm, G / Scharnierhebel. *05132*
hinge pin, G / Scharnierbolzen. *08338*

hinge-post, C → A-pillar. *09386*
hinged caliper, B, (disc brake) / Pendelsattel, Schwenksattel. *05134*
hinged type connecting rod, M / Pleuelstange mit Scharnierkopf. *02699*
hinged window, C → quarter vent. *05138*
hip-mounted radiator, M, sidemounted radiator / seitlicher Kühler. *05141*
hire car, H, hired car, rented car / Mietwagen, Leihwagen. *05142*
hire purchase, H / Ratenkauf. *09268*
hired car, H → hire car. *05143*
hit, T / anstoßen, anfahren. *05146*
hit-and-run, T / Fahrerflucht. *05148*
hitch, C, (tractor/trailer) / Anhängerkupplung. *05149*
hoist, W, lifting hoist, crane / Kran. *05713*
hoist tackle, W → lifting tackle. *05153*
hold of paint, L / Haftvermögen der Farbe. *08231*
hold the balance, Z / Gleichgewicht halten. *08624*
holder, G → bracket. *07388*
hole circle, F / Lochkreis. *05156*
holiday trip, T, vacation trip / Ferienreise. *09362*
hollow cavity insulation, W / Hohlraumkonservierung, Hohlraumversiegelung. *00896*
hollow screw, G / Hohlschraube. *02271*
hollow shaft, G, quill / Hohlwelle. *05157*
home mechanic, W / Heimwerker. *08876*
homokinetic, G / homokinetisch, gleichlaufend. *05158*
homokinetic joint, F, constant velocity joint, CV joint / homokinetisches Gelenk, Gleichlaufgelenk. *00897*
homologation, W, (race) / Homologation. *05160*
hone, W / honen. *05163*
honeycomb, G / Wabe. *05164*
honeycomb catalyst, K / Wabenkörper-Katalysator. *05165*

horse box

honeycomb radiator, M, cellular radiator / Wabenkühler, Zellenkühler. *00899*
hood, C, soft top, top / Cabrioletverdeck, Verdeck, Klappverdeck. *03273*
hood, C → bonnet. *10220*
hood bow, C, top bow / Verdeckspriegel. *05169*
hood covering, C / Verdeckbezug. *05170*
hood fabric, C, top fabric / Verdeckstoff. *07580*
hood fastener, C → bonnet strap. *08379*
hood frame, C / Verdeckrahmen. *05172*
hood lock, C → bonnet stay. *09406*
hood ornament, C → radiator mascot. *02115*
hood strap, C → bonnet strap. *08380*
hood support stay, C → bonnet stay. *09405*
hook, G / Haken. *05173*
hoot, T / hupen, tuten. *09218*
hooter, E → horn. *10377*
horizontal, G / waagerecht, liegend. *05174*
horizontal cylinder, M / liegender Zylinder. *02134*
horizontal draft carburetor, K, side-draft carburetor, cross-draft carburetor / Flachstromvergaser, Querstromvergaser. *00902*
horizontal engine, M / liegender Motor. *10326*
horizontal spring girder forks, Z / Pendelgabel. *09920*
horn, E, trumpet, signal horn, hooter / Hupe, Horn, Signalhorn. *00904*
horn bulb, E / Hupenball. *02278*
horn button, E / Hupenknopf. *05178*
horn relay, E / Hupenrelais. *05180*
horn ring, E / Hupenring. *05181*
horn switch, E / Hupenschalter. *05182*
horn trumpet, E / Hupentrichter. *05183*
horse box, H / Pferdeanhänger. *05188*

horse hair   **idle position**

horse hair, G, (upholstery) / Roßhaar. *05184*
horsepower, G → hp. *05186*
horseshoe magneto, W / Hufeisenmagnet. *02276*
horseshoe radiator, M / Hufeisenkühler. *02275*
hose, G / Schlauch. *05189*
hose clamp, G → hose clip. *05190*
hose clip, G, hose clamp / Schlauchschelle, Schlauchklemme, Schlauchbinder. *02310*
hose connection, G / Schlauchverbindung. *05193*
hose coupling, B → trailer brake coupling. *05194*
hose reel, G / Schlauchtrommel. *05195*
hot bulb, M / Glühkopf. *00907*
hot bulb engine, M → semi-diesel engine. *00908*
hot spot, G / überhitzte Stelle. *05196*
hot tube ignition, Z / Glührohrzündung. *09877*
hot-forged, W / warmgeschmiedet. *08877*
hot-water heater, M / Warmwasserheizung. *05197*
hotted-up engine, H, souped-up engine / frisierter Motor. *05990*
housing, G, casing, shell / Gehäuse. *03205*
housing cover, G / Gehäusedeckel. *05198*

I

i.c.e., M → internal combustion engine. *10604*
i.o.e., M → inlet-over-exhaust. *02469*
ice-scraper, T / Eiskratzer. *05223*
identification, G / Bezeichnung, Kennzeichnung. *05225*
identification plate, C, maker's plate, identification tag, data plate / Typenschild. *02346*
identification tag, C → identification plate. *05231*
idle, K, idle running, idling / Leerlauf. *05232*
idle adjusting screw, K / Leerlaufbegrenzungsschraube. *05233*

hp, G, horsepower / PS, Pferdestärke. *05185*
htp, H → hardtop. *02454*
hub, F / Nabe. *00910*
hub bolt, F, wheel bolt / Radnabenbolzen, Radbolzen. *05200*
hub cap, F → axle cap. *00911*
hudge bar, C → bumper bow. *09418*
hump type rim, F / Humpfelge. *05204*
hydragas suspension, F / Hydragasfederung. *05203*
hydration of coal, G / Kohlehydrierung. *05206*
hydraulic brake, B → fluid brake. *00912*
hydraulic brake fluid, B → brake fluid. *00913*
hydraulic brake hose, B / hydraulischer Bremsschlauch. *05207*
hydraulic brake system, B / hydraulische Bremse. *00748*
hydraulic clutch control, A / hydraulische Kupplungsbetätigung. *05208*
hydraulic coupling, A → fluid clutch. *00914*
hydraulic fluid, G / Hydraulikflüssigkeit. *05210*
hydraulic jack, T / hydraulischer Wagenheber. *05211*
hydraulic lifting platform, W / hydraulische Hebebühne. *05209*

idle adjustment, K, idling setting, slow running adjustment, idling adjustment, idle setting, idle speed adjustment / Leerlaufeinstellung. *00931*
idle air adjusting screw, K / Leerlaufluftschraube, Leerlaufeinstellschraube. *00923*
idle air jet, K → idle jet. *05237*
idle cut-off valve, K / Leerlaufabschaltventil. *05239*
idle feed orifice, K / Leerlaufbohrung. *05261*
idle fuel system, K, idle system / Leerlaufsystem. *00924*
idle jet, K, idling jet, idle air jet,

hydraulic press, W / hydraulische Presse. *05212*
hydraulic ram, W / hydraulischer Zugbalken. *10110*
hydraulic shock absorber, F / hydraulischer Stoßdämpfer. *00915*
hydraulic tappet, M → hydraulic valve tappet. *05213*
hydraulic valve tappet, M, hydraulic tappet / Hydro-Stößel, hydraulischer Stößel. *00916*
hydro-pneumatic shock absorber, F / hydropneumatischer Stoßdämpfer. *05219*
hydroboost, B / hydraulischer Bremskraftverstärker. *05214*
hydrocarbon, G / Kohlenwasserstoff. *05215*
hydrolastic suspension, F / Hydrolastikfederung. *05216*
hydrometer, W → acid tester. *00918*
hydroplaning, T → aquaplaning. *05217*
hypoid drive, F / Hypoidachsantrieb. *05220*
hypoid oil, A / Hypoidgetriebeöl. *00922*
hypoid-gear, A / Hypoidgetriebe, Kegelschraubgetriebe, Schraubkegelgetriebe. *00919*

slow running jet / Leerlaufdüse, Leerlaufluftdüse. *00925*
idle jet carrier, K, idle jet holder / Leerlaufdüsenträger. *05240*
idle jet holder, K → idle jet carrier. *05241*
idle mixture, K / Leerlaufgemisch. *05242*
idle mixture control screw, K, idle speed adjusting screw, mixture control screw / Gemischeinstellschraube, Leerlaufgemisch-Regulierschraube, Gemischregulierschraube. *05977*
idle position, K, (throttle) / Leerlaufstellung. *05243*

189

idle position

idle position, A, neutral position, (transmission) / Neutral-Stellung. *05244*
idle running, K → idle. *00928*
idle setting, K → idle adjustment. *05255*
idle speed, K / Leerlaufdrehzahl. *05256*
idle speed adjusting screw, K → idle mixture control screw. *05257*
idle speed adjustment, K → idle adjustment. *05258*
idle speed adjustment screw, K → throttle stop screw. *09630*
idle stabilization, K / Leerlaufstabilisierung. *05259*
idle stop screw, K → throttle stop screw. *00929*
idle system, K → idle fuel system. *05260*
idler, G, idler gear, idler pulley / Zwischenrad, Spannrad, Umlenkrolle. *05245*
idler arm, F, steering idler arm, (steering linkage) / Lenkzwischenhebel. *05249*
idler gear, A → idler. *05250*
idler pulley, G → idler. *10317*
idler shaft, A / Vorgelegeachse. *05254*
idler shaft, G / Zwischenwelle. *05253*
idling, K → idle. *08318*
idling adjustment, K → idle adjustment. *05236*
idling jet, K → idle jet. *02127*
idling setting, K → idle adjustment. *00932*
IFS, H → independent front suspension. *02444*
ignitable mixture, K → explosive mixture. *00933*
ignition, E / Zündung. *09499*
ignition advance, E → advance ignition. *08341*
ignition assembly, E → ignition system. *05262*
ignition cable, E / Zündkabel, Zündungskabel. *05263*
ignition cam, E → contact breaker cam. *00937*
ignition capacitor, E → condenser. *00938*
ignition change-over, E / Zündumschaltung. *05265*
ignition circuit, E / Zündstromkreis. *05266*
ignition coil, E, coil / Zündspule. *00939*
ignition condenser, E → condenser. *00940*
ignition control, E, spark control / Zündverstellung, Zündzeitpunktverstellung. *02379*
ignition current, E / Zündstrom. *05268*
ignition cut out, E / Zündstromunterbrecher. *05269*
ignition cut out control, E / Kurzschlußschalter. *09908*
ignition dead center, E, (rotary engine) / Zündtotpunkt. *05270*
ignition delay, E, ignition lag, spark lag / Zündverzug. *00941*
ignition distributor, E, distributor / Zündverteiler, Verteiler. *00942*
ignition distributor cam, E → contact breaker cam. *00944*
ignition failure, E → misfire. *00945*
ignition interlock, E / Zündsperre, Zündverriegelung. *05272*
ignition interval, E / Zündungsintervall. *05274*
ignition key, E / Zündschlüssel. *05275*
ignition lag, E → ignition delay. *05276*
ignition lock, E / Zündschloß. *05278*
ignition order, E, firing order, firing sequence / Zündfolge. *00946*
ignition plug, E → spark plug. *00947*
ignition point, E, firing point / Zündzeitpunkt. *04612*
ignition pressure, E, firing pressure / Zünddruck. *04615*
ignition retard lever, Z, ignition lever, (handlebar control) / Zündhebel. *09894*
ignition setting, W, ignition timing / Zündzeitpunkteinstellung, Zündeinstellung. *00948*
ignition setting curve, E → distributor curve. *05285*
ignition spark, E, spark / Zündfunke, Funke. *05280*

import

ignition starter switch, E → ignition switch. *05281*
ignition stroke, M, power stroke, working stroke, firing stroke, working cycle / Verbrennungshub, Verbrennungstakt. *00950*
ignition switch, E, ignition starter switch / Zündschalter. *00953*
ignition system, E, ignition assembly / Zündanlage. *05283*
ignition system fault, E / Fehler in der Zündanlage. *05284*
ignition timing, E → ignition setting. *00954*
ignition timing mark, E / Zündzeitpunktmarkierung. *09722*
ignition timing range, E / Zündverstellbereich. *05286*
ignition transformer, E / Zündtransformator, Zündtrafo. *00956*
ignition vane switch, E / Magnetschranke. *00958*
ignition voltage, E, firing voltage / Zündspannung. *00728*
ignition-timing characteristic, E → advance characteristic. *00955*
ill-fitting spanner, W / ungenau passender Schlüssel. *10044*
illuminate, E / beleuchten. *05288*
illumination, E, lighting / Beleuchtung. *04941*
imbalance, G, out of balance / Unwucht, Gleichgewichtsfehler. *05290*
imitation leather, G, leatherette, vinyl / Kunstleder. *05292*
impact, G → crash. *05293*
impact absorber, F, (steering wheel) / Pralltopf. *05294*
impact driver, W, impact screwdriver / Schlagschrauber. *10147*
impact resistance, G / Schlagfestigkeit. *05295*
impact screwdriver, W → impact driver. *09982*
impeller, G / Laufrad. *05296*
impeller, A, input rotor / Pumpenrad. *05298*
impeller shaft, G / Laufradwelle, Pumpenradwelle. *05299*
imperfect combustion, M / unvollständige Verbrennung. *05301*
implement, W → tool. *05303*
import, H / Einfuhr. *09254*

import formalities, H / Einfuhrformalitäten. *02962*
imported vehicle, H / Importfahrzeug. *05305*
improve, G / verbessern. *05306*
in line engine, M, streight engine / Reihenmotor. *00014*
in line pump, K → multi-cylinder injection pump. *01001*
inaccessible, G / unzugänglich. *05308*
inaccuracy, G / Ungenauigkeit. *05309*
inboard brake, B / innenliegende Bremse. *05310*
inboard coil spring, F, (wheel suspension) / innenliegende Schraubenfeder. *05311*
inboard scrub radius, F / positiver Lenkrollradius. *05312*
inch, H / Zoll. *03967*
inclination, F → king pin inclination. *10246*
inclined valve, M / schräggestelltes Ventil. *02802*
incompatible paint types, L → quarelling paint types. *09667*
incorrect setting, G → wrong adjustment. *05317*
independent front suspension, F, IFS / Einzelradaufhängung vorne. *02445*
independent rear suspension, F, IRS / Einzelradaufhängung hinten. *02447*
independent suspension, F → independent wheel suspension. *05318*
independent wheel suspension, F, independent suspension / Einzelradaufhängung, unabhängige Radaufhängung. *00961*
indicating range, G / Anzeigenbereich. *05320*
indication, G / Anzeige. *05321*
indicator, E → direction indicator. *02369*
indicator, G → gauge. *05322*
indicator lamp, E / Anzeigeleuchte. *03077*
indirect braking, B / indirekte Bremsung. *00962*
indirect gear, A / indirekter Gang. *05324*

indirect injection, K / Saugrohreinspritzung, indirekte Einspritzung. *00963*
indirect steering, F / indirekte Lenkung. *05325*
indoor track, R / Hallenbahn. *08878*
induced air, M → intake air. *05326*
induction, E / Induktion. *00965*
induction air, M → intake air. *05327*
induction engine, M → naturally aspirated engine. *06087*
induction manifold, M → intake manifold. *05330*
induction manifold vacuum, M / Unterdruck im Ansaugkrümmer. *05331*
induction pipe, M → intake manifold. *08328*
induction port, M → inlet port. *05332*
induction side, M / Einlaßseite, Saugseite. *05334*
induction stroke, M → intake stroke. *02598*
induction valve, M → inlet valve. *00968*
induction-type pulse generator, E → pulse generator. *00969*
inductive semiconductor ignition, E → transistorized ignition system. *00970*
inert gas shielded arc welding, W / Schutzgasschweißung. *08879*
inertia, G / Massenträgheit, Trägheit. *05339*
inertia reel belt, I → inertia reel seat belt. *00972*
inertia reel divice, I, (seat belt) / Verzögerungsaufrolleinrichtung. *05341*
inertia reel seat belt, I, inertia reel belt / Automatikgurt. *10129*
inertia-drive starting motor, E → Bendix-type starter. *00971*
inflammability, G → flammability. *05342*
inflatable, G / aufblasbar. *05344*
inflate, F / aufpumpen. *05345*
inflation, F → tyre inflating pressure. *05346*
inflation pressure, F → tyre inflating pressure. *00973*

inflation pressure gauge, F → tyre gauge. *00974*
inflation table, F / Luftdrucktabelle. *05348*
inflator, W → air pump. *05349*
infrared, G / Infrarot. *05350*
inhibiting additive, K, inhibitor / Inhibitor, Additiv. *05351*
inhibitor, K → inhibiting additive. *05353*
initital, G / anfänglich. *05354*
injection, K → fuel injection. *00975*
injection advance, K / Voreinspritzung. *00976*
injection advance curve, K / Verstellkurve des Spritzverstellers. *05355*
injection advance mechanism, K → injection timing mechanism. *00977*
injection computer, K, (electronic fuel injection) / Steuergerät. *05356*
injection control housing, K / Spritzverstellergehäuse. *05357*
injection control hub, K / Spritzverstellernabe. *05358*
injection engine, M / Einspritzmotor. *00978*
injection hose, K / Einspritzschlauch. *05359*
injection jet test stand, W / Einspritzdüsen-Prüfgerät, Düsenprüfgerät. *00979*
injection lag, K / Einspritzverzug. *05362*
injection line, K → delivery pipe. *05363*
injection metering pump, K → injection pump. *05364*
injection mold, G, (plastic) / spritzgeformt. *05365*
injection nozzle, K, injector, injector nozzle, nozzle, fuel injection nozzle, (fuel injection) / Einspritzdüse, Spritzdüse. *0980*
injection oil engine, M → diesel engine. *00982*
injection period, K / Einspritzdauer. *05369*
injection pressure, G / Einspritzdruck. *05370*
injection pump, K, injection

injection pump drive

metering pump, fuel injection pump / Einspritzpumpe. *00983*
injection pump drive, K / Einspritzpumpenantrieb. *05371*
injection pump governor, F / Einspritzpumpenregler. *06439*
injection pump mounting flange, K / Einspritzpumpenbefestigungsflansch. *05372*
injection time, K / Einspritzzeit. *05373*
injection timer, K → injection timing mechanism. *00987*
injection timing, K → injection timing mechanism. *05374*
injection timing collar, K → injection timing sleeve. *00988*
injection timing curve, K / Einspritzverstellungskurve, Spritzverstellerkurve. *05376*
injection timing mechanism, K, injection advance mechanism, injection timer, timing advance device, timing device, injection timing / Einspritzverstellung, Spritzversteller. *00989*
injection timing sleeve, K, injection timing collar / Spritzverstellermuffe. *00990*
injection-pump calibrating test stand, W → fuel pump test bench. *00985*
injection-pump test bench, W → fuel pump test bench. *00986*
injector, K → injection nozzle. *00991*
injector bushing, K, (injection nozzle) / Düsenmantel. *05378*
injector nozzle, K → injection nozzle. *00992*
injury, T / Verletzung. *05379*
inlet, G, intake / Einlaß. *05380*
inlet cam, M, intake cam / Einlaßnocken. *00993*
inlet camshaft, M, intake camshaft / Einlaßnockenwelle. *00994*
inlet connection, M, (radiator, water pump) / Einlaufstutzen. *05382*
inlet depression, M, intake depression / Einlaßunterdruck. *05383*
inlet duct, M → inlet port. *05384*
inlet horn, M, inlet trumpet / Einlaßtrichter, Ansaugtrichter. *05386*
inlet housing, M, (exhaust gas turbine) / Einlaufgehäuse. *05388*
inlet line, M → intake manifold. *05389*
inlet manifold, M → intake manifold. *00995*
inlet passage (rotary engine), M / Einlaßkanal (Kreiskolbenmotor). *05390*
inlet pipe, K, (exhaust system) / vorderes Auspuffrohr. *05392*
inlet pipe, M → intake manifold. *05391*
inlet port, M, induction port, inlet duct, (cylinder head/four stroke engine) / Einlaßkanal, Ansaugkanal. *05393*
inlet trumpet, M → inlet horn. *05397*
inlet tube, M → inlet pipe. *05398*
inlet valve, M, (cylinder head) / Einlaßventil, Saugventil. *05399*
inlet-over-exhaust, M, i.o.e. / wechselgesteuert. *02470*
inner diameter, G → internal diameter. *05406*
inner door panel, C, inside door panel / Türinnenblech. *05408*
inner panel, C / Innenblech. *05428*
inner spring, M, (valve gear) / innere Ventilfeder, zweite Ventilfeder. *05409*
inner sun visor, I → visor. *05910*
inner tube, F → tube. *05411*
inner wing, C / Innenkotflügel. *10115*
input cylinder, M → clutch master cylinder. *05413*
input oil-pump, A, input pump, (automatic transmission) / Primärölpumpe. *05414*
input pump, A → input oil-pump. *05415*
input rotor, A → impeller. *05416*
input torque, A / Eingangsdrehmoment. *05418*
inside adjustable outside mirror, C / Außenrückspiegel, von innen einstellbar. *05420*
inside band brake, B / Innenbandbremse. *05421*
inside bevel ring, M, (compression ring) / Ring mit Innenfase. *05422*
inside door panel, C → inner door panel. *05423*
inside fittings, I, furniture, interior trim / Innenausstattung, Innenverkleidung. *04863*
inside mirror, I → interior mirror. *05427*
inside rear mirror, I → interior mirror. *05429*
inside rear-view mirror, I → interior mirror. *05431*
inside shoe brake, B, internal expanding brake / Innenbackenbremse, Expansionsbremse. *02279*
inside shoulder, F, (tyre) / Innenschulter. *05434*
inspect, G / prüfen, kontrollieren. *05435*
inspection, W / Inspektion. *05437*
inspection hole, G / Schauloch. *05439*
inspection hole cover, G / Schaulochdeckel. *05440*
installation, G / Einbau. *05441*
instalment, H / Rate. *09269*
instruction, W / Ausbildung. *10424*
instructions for use, T / Gebrauchsanweisung, Gebrauchsanleitung. *05445*
instrument, G / Instrument. *05448*
instrument board, I → dashboard. *01004*
instrument cluster, G / Instrumentengruppe, Kombiinstrument. *05450*
instrument error, G / Instrumentenfehler. *05452*
instrument panel, I → dashboard. *02051*
instruments, I / Armaturen. *02050*
insulate, E / isolieren. *02287*
insulating body, E → spark plug insulator. *05454*
insulating material, G / Isoliermaterial, Dämmstoff. *05456*
insulation tape, W / Isolierband. *02286*
insulator, E → spark plug insulator. *01600*
insulator nose, E / Isolatorfuß. *01007*

insurance

insurance, H / Versicherung. *02953*
insurance policy, H / Versicherungspolice. *09375*
insurance rate, H → premium. *05848*
intake, M, draw in / ansaugen. *07292*
intake, G → inlet. *06063*
intake air, M, induction air, induced air / Ansaugluft. *05080*
intake air heater, M / Ansaugluftvorwärmer. *05467*
intake air temperature, M / Ansauglufttemperatur. *05468*
intake cam, M → inlet cam. *05469*
intake camshaft, M → inlet camshaft. *05471*
intake cross-section, M / Ansaugquerschnitt. *05472*
intake depression, M → inlet depression. *05473*
intake hose, M / Ansaugschlauch, Luftsaugschlauch. *05474*
intake line, M / Ansaugleitung, Einlaßleitung. *05476*
intake manifold, M, inlet manifold, induction manifold, inlet line, induction pipe, inlet pipe / Ansaugkrümmer, Saugrohr, Ansaugrohr. *05477*
intake muffler, K → silencer filter. *01009*
intake noise, M / Ansauggeräusch. *05478*
intake opposite exhaust, M / Einlaß gegen Auslaß. *02619*
intake pipe, M → intake line, inlet line. *05479*
intake port, M → inlet port. *02614*
intake pressure, M / Ansaugdruck. *05480*
intake resistance, M / Saugwiderstand. *05481*
intake side, M, suction side / Ansaugseite. *05482*
intake silencer, M → silencer filter. *01011*
intake stroke, M, induction stroke, suction stroke / Ansaugtakt, Einlaßtakt, Ansaughub, Einlaßhub. *02597*
intake trumpet, M, inlet trumpet, inlet horn / Ansaugtrichter. *05483*

intake valve, M → inlet valve. *01013*
integral body, C, unitary construction, frameless body, unitized construction, unitary chassis / selbsttragende Karosserie, selbsttragender Aufbau. *01014*
integral cylinder head, M / angegossener Zylinderkopf. *05486*
integral head rest, I / integrierte Kopfstütze. *05487*
integrity, G / Unversehrtheit. *04842*
intercity bus, H, intercity motor bus / Überlandbus. *05488*
intercity motor bus, H → intercity bus. *05489*
intercooler, M, (supercharged engine) / Zwischenkühler, Ladeluftkühler. *05490*
interference, E, (radio) / Störung. *05492*
interference elimination, E → interference suppression. *05494*
interference protection, E → interference suppression. *05495*
interference suppression, E, interference protection, interference elimination, (ignition) / Entstörung. *05493*
interior mirror, I, inside mirror, inside rear mirror, inside rearview mirror / Innenspiegel, Innenrückspiegel. *02282*
interior trim, I → inside fittings. *10210*
interlock ball, A, (manual transmission) / Rastkugel. *05503*
interlock plug, A, (manual transmission) / Riegelstopfen. *05504*
intermediate beam, E / Lichtstellung zwischen Fern- und Abblendlicht. *05505*
intermediate bearing, F, (propeller shaft) / Zwischenlager. *05506*
intermediate gear, A → reduction gear. *07371*
intermediate shaft, A → countershaft. *07378*
intermediate size, G / Zwischengröße. *05509*
intermittent wiper, E → interval wiper. *05526*
internal combustion engine, M,

inverted handlebar lever

combustion engine, i.c.e / Verbrennungsmotor, Explosionsmotor. *01017*
internal diameter, G, inner diameter / Innendurchmesser. *05512*
internal expanding brake, B → inside shoe brake. *10360*
internal expanding clutch-type disc brake, B / Vollscheibenbremse. *01018*
internal gear, A → annulus. *00750*
internal gearing, G / Innenverzahnung. *05514*
internal mix air cap, L, (spray gun) / Innenmischdüse. *08141*
internal ventilation, K, (float chamber) / Innenbelüftung. *05517*
internally ventilated disc brake, B, ventilated disc brake / innenbelüftete Scheibenbremse. *05516*
interphone, E / Gegensprechanlage. *08880*
interrupt, G / unterbrechen. *05518*
interruptor cam, E → contact breaker cam. *01022*
intersect, G / kreuzen, schneiden. *05519*
intersecting road, T → crossroad. *05521*
intersection, T → crossing. *05522*
interstate traffic, T, interurban traffic / Überlandverkehr. *05524*
interurban traffic, T → interstate traffic. *05525*
interval wiper, E, intermittent wiper, pausing wiper / Intervall-Scheibenwischer, intermittierende Scheibenwischer. *01016*
intoxicated driving, T → drunken driving. *05527*
invalid carriage, H, disabled vehicle / Invalidenfahrzeug, Versehrtenfahrzeug, Krankenfahrstuhl. *05528*
invent, W / erfinden. *08881*
invention, W / Erfindung. *08882*
inventor, W / Erfinder. *08883*
inventory, H / Lagerbestand. *08884*
inverted handlebar lever, Z, inverted lever / Innenzughebel. *09890*

inverted lever

inverted lever, Z → inverted handlebar lever. *10367*
inverted scavenging, M → loop scavenging. *02612*
inverting stage, E / Umkehrstufe. *01024*
investment, H / Investition. *02889*
investment consultant, H / Anlageberater. *03932*

J

jack, W, jacking device / Wagenheber. *02364*
jacking device, W → jack. *05537*
jacking point, C / Wagenheberaufnahme, Wagenheberansatzpunkt. *03052*
jackknifing, T / Querstellen des Anhängers. *05540*
jam, G / blockieren, klemmen, festklemmen. *02078*
jamming of piston, M → piston seizure. *05543*
jar, G / shake. *05548*
jaw clutch, A → claw clutch. *05549*
jerk, G, jolt / Ruck. *05550*
jerrican, G, jerry can / Kanister, Reservekanister. *03376*
jerry can, G → jerrican. *05856*
jet, G / Strahldüse, Düse. *03987*
jet bore, K / Düsenbohrung. *05554*
jet carrier, K / Düsenstock. *05555*
jet cone, K / Strahlkegel. *01029*
jet holder, K / Düsenhalter,

K

K $, H, (10K = 10000 $) / 1000 $. *09204*
K-Jetronic fuel injection, K, continuous-injection system / K-Jetronic-Einspritzanlage. *01039*
kerb, T → curbstone. *03863*
kerb weight, G → curb weight. *09537*
kerf, F, (tyre) / Schlitz, Einschnitt. *05573*
Kettenkrad, Z / Kettenkrad. *09901*
key, G / Schlüssel. *05575*
key, G, wedge / Keil. *05576*
key bolt, G / Keilbolzen. *05577*

involute gearing, G / Evolventenverzahnung. *05531*
iodene headlamp, E / Jodscheinwerfer. *10547*
iron, G / Eisen. *10299*
iron core, E / Eisenkern. *01025*
iron horse, Z / Stahlroß. *08885*
iron-nickel accumulator, E → alkaline accumulator. *01026*

Düsenträger. *01154*
jet lever, K / Düsenhebel. *01030*
jet needle, K, (carburetor) / Düsennadel. *05556*
jet orifice, K / Düsenaustrittsöffnung. *05557*
jet pressure, K / Düsendruck. *05558*
jet size, K / Düsenkaliber. *05559*
jig, W / Spannvorrichtung. *10338*
join, G / verbinden. *05560*
join panels by an overlap, W / Bleche überlappend zusammensetzen. *09973*
joint, G / Dichtwirkung. *04559*
joint, G, link / Verbindung, Gelenk, Fuge. *03980*
jolt, G → jerk. *05561*
jounce, F, compression, (wheel suspension) / Einfederung, Radeinfederung. *05562*
journal, G / Lagerzapfen, Zapfen. *05564*
journal, F, bearing neck / Achs-

key fob, T / Schlüsselanhänger. *05578*
key groove, G, keyway / Keilnut. *02780*
keyway, G → key groove. *02781*
kick, Z, lean over / in Schräglage gehen. *08625*
kick back, E → misfire. *10255*
kick stand, Z, prop stand / Kippständer. *08626*
kick starter, Z / Kickstarter. *08627*
kick-down, A, forced downshift, (automatic transmission) / Kick-Down, Übergas. *04746*
kidney belt, Z, kidney protector /

king pin set

irregular, G / unregelmäßig. *05532*
IRS, H → independent rear suspension. *02446*
isolator, L, barrier paint / Trenngrund, Isolator. *08211*
isothermal, G / isothermisch. *05533*

hals. *01036*
journal bush, F → steering pivot bush. *03931*
journey, T / Reise. *09361*
jump leads, E → battery booster. *03222*
jump out, A, (gear) / herausspringen. *05567*
jump seat, I → folding seat. *05566*
jumper cable, E → battery booster cable. *01031*
junior hacksaw, W / Bügelsäge. *10159*
junk, H, scrap / Schrott. *02314*
junk yard, H, scrap yard, breaker's yard / Schrottplatz, Autofriedhof, Autoverwertung. *02945*
juvenile bicycle, Z / Jugendrad. *08886*

Nierengurt. *08628*
kidney protector, Z → kidney belt. *08887*
kinematic shimmy, F / kinematisches Flattern. *05581*
king pin, F → steering pivot pin. *02840*
king pin bush, F → steering pivot bush. *05588*
king pin bushing, F → steering pivot bush. *05589*
king pin inclination, F, king pin set, inclination / Achsschenkelspreizung, Spreizung. *03996*
king pin set, A → king pin incli-

nation. *01536*
king pin support, F → steering pivot pin. *10247*
kit, W, assembly kit / Bausatz. *08888*
kit car, H / Baukastenwagen. *09346*
knee pad, Z / Kniekissen. *09868*
knee-guard, Z / Knieschutz. *08629*
kneeler sidecar outfit, Z, (motorcycle racing) / Kneeler. *09902*
Knight engine, M → sleeve valve engine. *09187*

L

L-head cylinder, M / Zylinder mit einseitig stehend angeordneten Ventilen. *10422*
L-head engine, M → side valve engine. *05695*
label, G, tag / Etikett, Schild. *05608*
labelling, G / Beschriftung. *05610*
lace, G / Schnürband. *08890*
lacing system, G / Schnürsystem. *08891*
lack, G / Mangel. *05611*
lack of parking space, T / Parkraumnot. *05613*
lacquer, L → nitrocellulose lacquer. *08120*
ladder type frame, C / Leiterrahmen. *05615*
laden weight, G / Gesamtgewicht. *05616*
lady's cup, R / Damenpokal. *09329*
lady's frame, Z / Damenrahmen. *08892*
lag, G, delay, retardation / Verzögerung, Verzug. *05617*
laid-back bicycle, Z / Sesselrad. *08893*
lambda dissector, K, oxygen sensor / Lambdasonde. *09237*
laminated, G / mehrschichtig. *05612*
laminated gasket, M, (cylinder head gasket) / Mehrschichtendichtung. *05619*
laminated safety glass, C, multilayer glass / Verbundglas, Verbund-Sicherheitsglas, Mehrschichtenglas. *01043*
laminated spring, F → leaf spring. *05620*

knob, G → button. *05603*
knock, M, detonate / klopfen. *08889*
knock inhibitor, K → anti-knock additive. *05606*
knock resistance, K → anti-knock quality. *01041*
knock suppressor, K → anti-knock additive. *05602*
knock-rating, K → anti-knock quality. *01040*
knocking resistance, K → anti-

lamp, E / Leuchte, Lampe. *05621*
lamp bulb, E → bulb. *05624*
land, M → piston land. *01274*
landau bar, C, landau iron / Sturmstange. *02333*
landau iron, C → landau bar. *02334*
lane, T, track / Fahrspur. *05627*
lane change, T, traffic lane change / Fahrspurwechsel, Fahrtstreifenwechsel. *05629*
lap, G / Überlappung. *05630*
lap, R / Runde. *05631*
lap belt, I / Beckengurt, Hüftgurt. *05632*
lap of honour, R / Ehrenrunde. *09279*
lap weld, W, (welding) / Überlappnaht. *10021*
lap-ended piston ring, M / überlappter Kolbenring. *02689*
lap-sash belt, I → three-point safety belt. *05634*
lashing hook, G, (truck) / Verzurrhaken. *05635*
latch, G / Klinke, Riegel, Schnappriegel. *04193*
latch mechanism, G / Schließmechanismus, Verriegelungsmechanismus. *05641*
latched, G / verriegelt. *05638*
lateral inclination, Z / Seitenlage. *08631*
lateral stand, Z / Seitenständer. *08632*
lateral tie bar, F → torque stabiliser. *05647*
lateral tie rod, F → torque stabiliser. *05648*

knock quality. *01042*
knuckle, G / Gelenk. *02239*
knuckle ball pivot, G / Kugelzapfen. *05591*
knuckle belt, G / Kugelbolzen. *05592*
knurled head screw, G / Rändelkopfschraube. *05593*
knurled nut, G / Rändelmutter. *05594*

lateral track bar, F → torque stabiliser. *05649*
lathe, W, turning machine / Drehbank. *05650*
lay-by, T / Halteplatz. *09370*
lay-up, H / Stillegung. *09599*
lay-up resin, G, (glassfiber) / Kunstharz für Handlaminierverfahren. *10190*
layer, F → ply. *05652*
laying-up, W, (glassfiber) / Handlaminieren. *10191*
layout, G / Auslegung. *05653*
LDC, M → lower dead center. *10614*
layshaft, A → countershaft. *07375*
lead, G / Blei. *05656*
lead, R / führen. *05659*
lead, E → cable. *04312*
lead battery, E / Bleibatterie. *05660*
lead loading, W → body soldering. *09462*
lead pipe, E, (cabling) / Leitungsrohr. *05666*
lead solder, W → body lead. *09459*
lead time, G / Vorlaufzeit. *05667*
leaded fuel, K / verbleiter Kraftstoff. *05661*
leadfree fuel, K → unleaded fuel. *05662*
leading axle, F / Führungsachse. *05664*
leading axle front wheel, Z / gezogenes Vorderrad. *09872*
leading brake shoe, B, leading shoe / Auflaufbacke. *01046*
leading link forks, Z → Earles forks. *10357*

195

leading product, H / Spitzenprodukt. *08894*
leading shoe, B → leading brake shoe. *05665*
leaf, F → spring leaf. *02222*
leaf spring, F, laminated spring / Blattfeder. *01048*
leak, G, (oil) / verlieren. *08895*
leak, G, leakage / Leck, Undichtigkeit. *05670*
leak-off, K → leakage fuel. *05674*
leakage, G → leak. *05672*
leakage fuel, K, leak-off, (injection nozzle) / Leckkraftstoff. *05673*
lean mixture, K, poor mixture, rare mixture / mageres Gemisch. *01049*
lean over, Z → kick. *10392*
leather, G / Leder. *05676*
leather belt, G / Lederriemen. *08896*
leather jacket, Z / Lederjacke. *08633*
leather overall, Z / Lederkombination. *08634*
leather rim, I, (steering wheel rim) / Lederkranz. *05679*
leather seat, I / Ledersitz. *10213*
leather trouser, Z / Lederhose. *08635*
leatherette, G → imitation leather. *05678*
left-hand bend, T / Linkskurve. *05680*
left-hand drive, A, left-hand steering, (vehicle) / Linkslenkung. *05681*
left-hand steering, G → left-hand drive. *05682*
left-hand thread, G / Linksgewinde. *08897*
left-hand traffic, T / Linksverkehr. *05683*
left-handed, G → counterclockwise. *02582*
leg shield, Z / Beinschutzschild. *08899*
leg-guard, Z / Beinschild. *08636*
leg-work, Z / Beinarbeit. *08898*
legible, G / lesbar. *08900*
length, G / Länge. *05684*
lens, E, (lamp) / Streuscheibe. *05687*

letter of credit, H / Kreditbrief. *09251*
letter of intend, H / Absichtserklärung. *09250*
lettering, C / Schriftzug. *10139*
letters patent, W / Patenturkunde. *05688*
level control system, F, levelling system / Niveauregulierung. *05689*
level crossing, T → railway crossing. *05690*
level sensor, G / Flüssigkeitsstandsensor. *05692*
levelling system, F → level control system. *05691*
lever, G, stalk / Hebel. *02262*
lever arm, G / Hebelarm. *05693*
lever type damper, F, lever type shock absorber / Hebelstoßdämpfer. *05694*
lever type shock absorber, F → lever type damper. *09478*
liability insurance, H → third party insurance. *05696*
licence, H → registration. *03601*
licence number, H, registration number / Zulassungsnummer, amtliches Kennzeichen. *05698*
licence plate, C, number plate / Nummernschild, Kennzeichen, Kennzeichenschild. *01051*
licence plate bracket, C / Nummernschildhalter. *05701*
licence plate illumination, E / Nummernschildbeleuchtung. *05702*
licence plate lamp, E / Nummernschildleuchte, Kennzeichenleuchte. *01053*
lid, G / Deckel. *04937*
lifespan, H → running life. *08392*
lifetime lubrication, G / Dauerschmierung. *08903*
lift, G / anheben, heben. *05704*
liftgate, C / untenangeschlagene Heckklappe. *05707*
lifting eye, G → lifting lug. *09507*
lifting hoist, W → hoist. *03786*
lifting lug, G, lifting eye / Aufhängeöse. *05709*
lifting platform, W, vehicle lift / Hebebühne. *04686*
lifting tackle, W, hoist tackle, pulley-block / Flaschenzug. *05152*

light, E / Licht. *05714*
light, G / leicht. *05715*
light alloy, G → light metal. *05716*
light beam, E, light ray, luminous beam / Lichtstrahl. *05718*
light efficiency, E / Lichtausbeute. *05719*
light fuel, K, benzine / Leichtbenzin. *05720*
light intensity, E / Lichtstärke. *05724*
light metal, G, light metal alloy, light alloy / Leichtmetall, Leichtmetallegierung. *05725*
light metal alloy, G → light metal. *01055*
light metal wheel, F / Leichtmetallfelge. *05726*
light motorcycle, Z / Leichtkraftrad, leichtes Motorrad. *08904*
light off, K, (catalyst) / anspringen. *05727*
light ray, E → light beam. *05728*
light transmittance, E / Lichtdurchlässigkeit. *05729*
light truck, H / leichter Lkw. *05731*
light-alloy piston, M, light-metal piston / Leichtmetallkolben. *01057*
light-metal piston, M → light-alloy piston. *09698*
lighting, E → illumination. *05721*
lightweight motorcycle, Z / Leichtmotorrad. *09911*
limit, G / Obergrenze. *08905*
limited-slip differential, A, lockable differential gear, differential lock / Ausgleichssperre, Sperrdifferential, Differentialsperre, Ausgleichsgetriebesperre. *01058*
limo, H → limousine. *09350*
limousine, H, limo, (7- or 9-seater) / Limousine. *05733*
line, G / Leitung. *05734*
line, I, (passenger compartment) / auskleiden. *05735*
line a bearing, W → bush a bearing. *02711*
line of products, W / Baureihe. *08906*
line the brake, W / Bremse belegen. *02085*
linear engine, M / Linearmotor. *08638*

liner, M → cylinder liner. *05737*
liner, G → sleeve. *03899*
lining, I / Verkleidung. *10319*
link, F, suspension link / Lenker, Achsstrebe. *05739*
link, G → joint. *04213*
link arm, F / Traghebel. *10485*
link chain, G / Gliederkette. *05742*
link pin, G, chain pin / Kettenverschlußbolzen, Sicherungsbolzen. *02759*
link strut, F, strut, suspension link strut / Lenkerstange. *05744*
linkage, G / Gestänge. *04732*
linkage brake, B / Gestängebremse. *05741*
lip, G, (rubber) / Dichtlippe. *10202*
liquefy, G / verflüssigen. *05745*
liquid gas, K → liquid petroleum gas. *08381*
liquid petroleum gas, W, LPG, liquid gas, (compressed gas) / Flüssiggas. *10017*
liquid pressurized type cooling, M / Überdruckflüssigkeitskühlung. *05749*
liquid spring, G / Ölfeder. *05750*
list price, H / Neuwert. *02898*
liter output, M, output per unit of displacement, power output per liter / Hubraumleistung, Literleistung. *01061*
live axle, F → rigid axle. *10291*
livestock transporter, H / Viehwagen. *05751*
load, G / Last, Belastung. *05752*
load carrying capacity, G / Tragfähigkeit. *05753*
load distributing, G / kraftverteilend. *05754*
loaded-to-empty vehicle weight ratio, G / Verhältnis von Fahrzeugleergewicht zu Fahrzeuggesamtgewicht. *05755*
loading area, H → loading space. *05756*
loading ramp, G / Laderampe, Ladebrücke. *05757*
loading space, C, loading area, cargo space, payload space / Laderaum, Ladefläche. *01263*
local traffic, T / Nahverkehr, Ortsverkehr. *05759*
locating pin, G / Paßstift. *10494*

lock, G / abschließen, absperren. *05766*
lock, G / Schloß, Sperre, Verriegelung, Sicherung. *05762*
lock, G → secure. *09552*
lock, F → steering stop. *07240*
lock ball, G / Sperrkugel. *05771*
lock barrel, G → lock cylinder. *05773*
lock cylinder, G, lock barrel / Schloßzylinder. *05772*
lock nut, G, counter nut, check nut / Kontermutter, Gegenmutter, selbstsichernde Mutter. *03466*
lock pillar, C → B-pillar. *09391*
lock pin, A, (manual transmission) / Sperrstift. *05780*
lock plate, C / Schließblech, Schloßplatte. *02536*
lock ring, G → circlip. *02556*
lock valve, G / Sperrventil. *05784*
lock washer, G / Sicherungsscheibe. *05785*
lock-to-lock, F / Lenkanschlagbereich. *10550*
lockable, G / abschließbar. *05770*
lockable differential gear, A → limited-slip differential. *01065*
locked steering, F / blockierte Lenkung. *05774*
locking lever, G / Feststellhebel. *05775*
locking pawl, G, ratchet, pawl / Sperrklinke. *05776*
lockring, F, (road wheel) / Verschlußring. *05781*
logbook (GB), H / Kraftfahrzeugbrief, Fahrzeugbrief; Brief. *02971*
logo, G / Firmenzeichen, Logo. *08908*
long distance beam, E → high beam. *01069*
long distance haulage, T → long distance traffic. *05788*
long distance traffic, T, long distance haulage / Fernverkehr. *05787*
long distance trial, R → Langstreckenfahrt. *09867*
long durability, G / Langlebigkeit. *08912*
long stroke engine, M / Langhubmotor, Langhuber. *05792*
long wheel base, F, lwb / langer

Radstand. *02453*
long-distance racing, R → endurance racing. *08910*
long-distance test, W / Langstreckentest. *08911*
long-nosed circlip pliers, W / langschenklige Spitzzange. *10463*
long-range driving lamp, E → long range headlamp. *01068*
long-range headlamp, E, long range driving lamp, spot lamp / Weitstrahler, Suchscheinwerfer. *01066*
long-shackle lock, T / Bügelschloß. *08913*
long-term conservation, W / Langzeitkonservierung, Einmotten. *03007*
longitudinal axis, C / Längsachse. *05789*
loop scavenging, M, inverted scavenging, two-stroke reverse scavenging, reverse scavenging, (twostroke) / Umkehrspülung. *01070*
loops, C, (truck) / Planengestell. *05794*
loose chippings, T / Rollsplit. *08914*
loose connection, E / Wackelkontakt. *05795*
loose paint, L, flaking paint / abgeblätterter Lack. *08258*
loosen, W, (screw) / lockern. *08915*
loosen, W → detach. *09126*
lorry, H → truck. *07713*
loss, G / Verlust. *04844*
loss in efficiency, G / Leistungsverlust. *08916*
loss of compression, G / Druckverlust. *02683*
loss of resale value, H / Wertverlust. *05801*
lost motion, F → steering free travel. *05802*
lost motion of steering, F → steering free travel. *05803*
lost-wax casting, W / Feinguß. *08917*
loudspeaker, E → speaker. *05804*
louver, C → louvre. *05805*
louvre, C, louver / Luftschlitz. *09963*

low bake enamel, L / Kunstharz-Einbrennlack. *08206*
low bake paint, L / Einbrennlack. *08222*
low bake spray booth, L / Einbrennkabine. *08223*
low beam, E, dipped beam, passing light, dimmed beam, lower beam, meeting beam, anti-dazzle light, anti-glare light, dimmed light, dim beam, passing beam / Abblendlicht. *01071*
low centre of gravity, G / tiefliegender Schwerpunkt. *08640*
low compression engine, M / Niederdruckmotor. *02484*
low mount, C / Niederrahmen. *02146*
low pressure area, L, (spray gun) / Niederdruckteil. *08145*
low pressure tyre, F / Niederdruckreifen. *09917*
low range, A, traction gear, (transmission) / Geländegang. *05814*
low ratio steering, F → direct steering. *05815*
low section tyre, F / Niederquerschnittsreifen. *05816*
low tension cable, E / Niederspannungskabel. *05817*
low tension ignition, E / Niederspannungszündung. *05818*
low tension magneto ignition, E / Niederspannungs-Magnetzündung. *09913*
low tension winding, E → primary winding. *01074*
low volume production run, W, small scale production run / Kleinserienproduktion. *09779*
low-bed trailer, H / Tieflader-Anhänger. *05806*
low-bed truck, H / Tieflader-Lkw. *05807*
low-octane petrol, K → regular grade. *01072*
lower beam, E → low beam. *05808*
lower crankcase, M → crankcase bottom half. *01075*
lower dead center, M, LDC, bottom dead center, BDC / unterer Totpunkt, UT. *01076*
lower speed range, M / unterer Drehzahlbereich. *05809*
lower the motorcycle stand, Z / Motorrad abbocken. *08641*
lower transverse link, F, lower wishbone, (wheel suspension) / unterer Querlenker. *05811*
lower wishbone, F → lower transverse link. *05812*
LPG, G → liquid petroleum gas. *10018*
lube oil, W → lubrication oil. *01080*
lubricant, G / Schmiermittel. *04966*
lubricant gun, W → grease gun. *01078*
lubricate, W / abschmieren, schmieren, ölen. *05820*
lubrication, W / Schmierung. *05819*
lubrication chart, W / Abschmierplan, Schmierplan. *05825*
lubrication fitting, W → grease nipple. *01081*
lubrication interval, W / Abschmierintervall. *05826*
lubrication nipple, W → grease nipple. *01082*
lubrication oil, G, lube oil / Schmieröl. *01077*
lubrication pump, M → oil pump. *02156*
lug, G / Öse. *05827*
lug, F → cleat. *05828*
luggage, T, baggage / Gepäck. *03212*
luggage boot, C, luggage compartment, luggage space, trunk, boot / Kofferraum, Gepäckraum. *02107*
luggage compartment, C → luggage boot. *05830*
luggage rack, C, grid, rack / Gepäckbrücke, Gepäckträger. *02240*
luggage space, C → luggage boot. *05831*
luminous beam, E → light beam. *08918*
luminous dial, G / Leuchtzifferblatt. *05832*
lurch, Z → buck. *08642*
lwb, H → long wheel base. *02452*

M

machine, G / Maschine. *05833*
machine screw, G / Maschinenschraube. *02520*
machine tool, W / Werkzeugmaschine. *05861*
magnesium alloy, G / Magnesiumlegierung. *05863*
magnetic clutch, A / Magnetkupplung. *05836*
magnetic powder clutch, A / Magnetpulverkupplung. *01087*
magneto, E / Magnet. *10289*
magneto drive, E / Magnetantrieb. *10290*
magneto filter, E, magneto separator / Magnetabscheider, Magnetfilter. *01085*
magneto ignition, E / Magnetzündung. *01088*
magneto separator, E → magneto filter. *09699*
magnifying glass, W / Vergrößerungsglas. *08256*
main air reservoir, B, main air tank, (air brake) / Hauptluftbehälter. *05838*
main air tank, B → main air reservoir. *05839*
main bearing, M, base bearing, (crankcase) / Hauptlager, Kurbelwellenlager. *02706*
main bearing bolt, M / Hauptlagerdeckelschraube, Kurbelwellenlagerschraube, Hauptlagerschraube. *05865*
main bearing cap, M / Hauptlagerdeckel, Kurbelwellenlagerdeckel. *05870*
main bearing shell, M, (crankcase) / Hauptlagerschale, Kurbelwellenlagerschale. *05872*
main brake cylinder, B → brake

main cable assembly   maximal permissible inflation pressure

master cylinder. *01090*
main cable assembly, E → main cable harness. *09440*
main cable harness, E, main cable assembly / Hauptkabelsatz. *05874*
main cable harness, E → main cable assembly. *05875*
main chamber, M, main combustion chamber, (engine) / Hauptkammer, Hauptbrennraum. *05876*
main chassis beam, C / Rahmenhauptträger. *09485*
main combustion chamber, M → main chamber. *05880*
main components, W → principal parts. *09758*
main dealer, H / Vertragshändler. *10138*
main discharge jet tube, K → emulsion tube. *01091*
main drive, A / Hauptantrieb. *05881*
main fan housing, M / Hauptkühlgebläsegehäuse. *10456*
main frame tube, C / Hauptrahmenrohr. *08644*
main headlamp, E / Hauptscheinwerfer. *05882*
main jet, K, main metering jet, (carburetor) / Hauptdüse, Volllastdüse. *05883*
main jet carrier, K, main jet holder / Hauptdüsenträger, Hauptdüsenstock. *05885*
main jet holder, K → main jet carrier. *05886*
main jet system, K / Hauptdüsensystem, Hauptvergasersystem. *01092*
main journal, M, (crankshaft) / Hauptlagerzapfen. *05888*
main metering jet, K → main jet. *05889*
main muffler, K, main silencer / Auspuff-Hauptschalldämpfer, Hauptschalldämpfer. *01096*
main oil gallery, M, (engine lubrication) / Hauptöllleitung. *05891*
main power cut-off, E → main switch. *05900*
main reduction gear, A / Hauptvorgelege. *05894*

main road, T, main street / Hauptstraße, Hauptverkehrstraße. *05895*
main shaft, M → third motion shaft. *01097*
main silencer, K → main muffler. *05897*
main spring, G / Hauptfeder. *05898*
main street, T → main road. *05899*
main switch, E, main power cut-off / Batteriehauptschalter. *05893*
main tank, K / Haupttank. *05906*
mains electricity, E / Netzstrom. *10012*
maintenance, W / Wartung, Instandhaltung. *05901*
maintenance instructions, W / Wartungsvorschriften. *05903*
maintenance jobs, W, service operations / Wartungsarbeiten. *05905*
maintenance manual, W → service manual. *08920*
major thrust face, M, (piston/engine) / Druckseite. *05907*
make, G → marque. *05139*
make-up mirror, I, vanity mirror, (sun visor) / Make-up Spiegel. *05911*
maker's plate, C → identification plate. *05230*
male plug, G, plug, (plug and socket connection) / Stecker. *05912*
mallet, W / Handfäustel. *00861*
manifold air injection, K / Lufteinblasung in den Auspuffkrümmer. *05913*
manometer, G, pressure gauge / Manometer, Druckmesser, Druckanzeige. *05914*
manual, W → handbook. *08378*
manual gearbox, A → manual transmission. *05920*
manual length adjustment, I, (seat belt) / manuelle Sitzgurtverstellung. *05923*
manual shift, A / handbetätigter Schaltvorgang. *05924*
manual shifting, Z → hand change control. *08646*
manual throttle, M → hand throttle. *05925*
manual transmission, A, manual

gearbox / Handschaltgetriebe. *04894*
manufacturer, W / Hersteller. *05926*
manufacturing, W / Herstellung, Fertigung. *06004*
manufacturing costs, W, productions costs / Herstellungskosten. *05927*
map holder, T / Kartenhalter. *08921*
map light, E, map reading light, reading light / Leseleuchte, Leselampe; Leselicht. *05928*
map pocket, T / Kartentasche. *05930*
map reading light, I → map light. *05931*
mark, G / Marke, Markierung. *05932*
marker light, E → side light. *01548*
market, H / Markt. *02926*
market research, H / Marktforschung. *05935*
market value, H / Marktwert. *02896*
marque, H, make, brand / Marke, Fabrikat. *06161*
marshal, R / Hilfsposten, Helfer. *09310*
mascot, C → radiator mascot. *03064*
masked headlamp, E / Tarnscheinwerfer. *05936*
masking off, L, (painting) / Abkleben. *08273*
masking paper, L / Abdeckpapier. *10103*
masking tape, L / Klebeband. *08275*
mass, G / Masse. *05937*
mass production, W, series production / Großserienfertigung, Großserienproduktion. *05938*
master brake cylinder, B → brake master cylinder. *01102*
master cylinder, B → brake master cylinder. *05940*
mat, G, (glassfiber) / Matte. *10187*
material, G / Material. *08923*
material damage, T / Sachschaden. *05942*
maximal permissible inflation

199

maximum authorized axle weight

pressure, F / maximal zulässiger Reifendruck. *05945*
maximum authorized axle weight, G / zulässige Achslast. *09542*
maximum authorized payload, G / zulässige Nutzlast. *09538*
maximum axle weight, G / Achslast. *09540*
maximum divergence, G / Maximalabweichung. *08924*
maximum engine speed, M / maximale Motordrehzahl. *05943*
maximum load, G / Höchstlast. *05944*
maximum manufacturer's axle weight, G / Achslast nach Angabe des Herstellers. *09541*
maximum manufacturer's payload, G / Nutzlast nach Angabe des Herstellers. *09539*
maximum payload, G / Nutzlast. *07803*
maximum permissible weight, G, design gross weight / zulässiges Gesamtgewicht. *05947*
maximum torque, M / maximales Drehmoment. *05948*
maximum total weight, G / Gesamtgewicht des Fahrzeuges. *04348*
maximum total weight authorized, G / zulässiges Gesamtgewicht des Fahrzeuges. *04272*
maximum weight of road train, G, (truck and trailer) / Gesamtgewicht von Zügen. *09544*
McPherson axle, F / McPherson-Achse. *05949*
McPherson strut, F / McPherson-Federbein, Achsschenkelfederbein, Federbein. *01103*
mean piston speed, M / mittlere Kolbengeschwindigkeit. *05953*
mean value, G, average value / Mittelwert, Durchschnitt. *05951*
means of communication, T / Verkehrsmittel. *05954*
measure, G / messen. *05957*
measure, G / Maß. *05956*
measured value, G / Meßwert. *08925*
measurement techniques, G / Meßtechnik. *08926*

measuring error, G / Meßfehler. *05958*
measuring unit, G, measure / Maßeinheit. *10517*
mechanic, W / Mechaniker, Autoschlosser. *05959*
mechanical, G / mechanisch. *05961*
mechanical brake, B / mechanische Bremse. *02141*
mechanical governor, K, (injection pump) / mechanischer Regler. *05962*
mechanical jack, T / mechanischer Wagenheber. *05963*
mechanics, G / Mechanik. *10300*
meeting beam, E → low beam. *01106*
melt-range, W / Schmelzbereich. *10051*
metal, G / Metall. *08927*
metal heat insulator, Z / Wärmeschutzblech. *08647*
metal inertgas, G → MIG. *10059*
metal-asbestos cylinder head gasket, M / Metall-Asbest-Zylinderkopfdichtung. *01107*
metallic effect, L / Metallglanzeffekt. *08224*
metallic finish, L → metallic paint. *01108*
metallic paint, L, metallic finish / Metallic-Lackierung. *08928*
meter zone, T / Parkuhrenbereich. *09372*
micro blistering, L → blistering. *08253*
micrometer, W, micrometer gauge / Mikrometer, Mikrometerschraube, Bügelmeßschraube. *10472*
micrometer gauge, W → micrometer. *10570*
microprozessor, G / Mikroprozessor. *08929*
MIG, W, metal inertgas / Schutzgas. *10058*
MIG-welding, W / MIG-Schutzgasschweißen. *10060*
mileage, T / Kilometerzahl. *08930*
mileage recorder, G, mileage indicator, mileage meter / Kilometerzähler. *05964*
miles per gallon, G, mpg / Meilen

mixture control screw

pro Gallone. *02466*
miles per hour, G, mph / Meilen pro Stunde. *02468*
military sidecar outfit, Z / Wehrmachtsgespann. *09953*
mill, W / fräsen. *08931*
miller, W, milling machine / Fräsmaschine. *08855*
milling machine, W → miller. *08933*
mineral oil, G / Mineralöl, Erdöl. *01109*
mini grinder, W, (grinding and cutting) / Trennschleifer, Flex. *09993*
minimum offer, H / Mindestgebot. *02941*
minimum requirements, G / Mindestanforderungen. *05968*
minimum speed, T / Mindestgeschwindigkeit. *05969*
minimum tread thickness, F / Mindestprofiltiefe. *01110*
minimum value, H / Mindestwert. *08934*
Ministry of Transport, H, MOT / Verkehrsministerium. *05970*
minor injury, T / leichte Verletzung. *05972*
mint condition, H / erstklassiger Zustand, neuwertiger Zustand. *03670*
mirror, G / Spiegel. *01100*
mirror control, I / Einstellhebel für den Rückspiegel. *05973*
misalignment, Z / Fluchtlinienabweichung. *08648*
misfire, E, kick back, backfire, ignition failure / Fehlzündung. *02820*
misting, G, fog, (glazing) / beschlagen. *05974*
mixing chamber, K, vapourizing chamber / Mischkammer, Saugkanal, Vergaserdurchlaß. *01113*
mixing proportion, K → mixture ratio. *01116*
mixing ratio, K → mixture ratio. *01117*
mixing tube, K → emulsion tube. *05975*
mixture, G / Mischung. *05976*
mixture, K / Gemisch. *06336*
mixture control screw, K → idle

200

mixture method lubrication

mixture control screw. *09641*
mixture method lubrication, M, oil in gasoline lubrication / Gemischschmierung, Frischölschmierung. *01118*
mixture ratio, K, air-fuel ratio, mixing ratio, mixing proportion / Kraftstoff-Luft-Mischungsverhältnis. *01120*
mobile concrete mixer, H / Transportbetonmischer. *05979*
mock-up, W / Attrappe. *05980*
model, H, type / Modell, Typ. *05982*
model line, H, model range / Modellreihe. *05984*
model range, H → model line. *05985*
model year, H / Modelljahr. *08937*
modified engine, H / getunter Motor. *05989*
modify, G / verändern. *05307*
modular unit, W / Baueinheit. *08935*
mokick, Z / Mokick. *08649*
molded, G → shaped. *09524*
molding, C, coverstrip / Abdeckleiste. *05991*
molten metal, W / geschmolzenes Metall. *10029*
moment of inertia, G / Trägheitsmoment, Massenträgheitsmoment. *05993*
monitor, T / Überwachungsgerät. *05995*
monkey wrench, W → adjustable spanner. *05996*
monocoque, C / Monocoque. *05997*
monolever, Z, single sided swing arm / Einarmschwinge. *08650*
monoposto, H, single seater, (racing car) / Monoposto, Einsitzer. *05998*
monoshock, Z / Zentralfederbein. *08651*
moped, Z / Moped. *06000*
MOT, H, (Ministry of Transport) / Fahrzeugprüfung in England entsprechend dem deutschen TÜV. *02480*
moto-cross, R / Motocross. *08938*
motor badge, C / Markenzeichen. *10398*

motor car, H → motor vehicle. *06024*
motor carrier, H, carrier / Fuhrunternehmer, Transporteur. *06025*
motor cycle, Z → motorcycle. *10389*
motor highway, T → express highway. *10241*
motor show, H / Autosalon, Fahrzeugausstellung. *06017*
motor truck, H → truck. *05797*
motor vehicle, H, motor car / Kraftfahrzeug, Kraftwagen. *06020*
motor-assisted bicycle, Z, motor-driven cycle, bicycle with auxiliary engine / Fahrrad mit Hilfsmotor, Motorfahrrad. *06001*
motor-driven cycle, Z → motor-assisted bicycle. *06013*
motorcycle, Z, motor cycle, bike / Motorrad, Kraftrad, Zweirad, Krad. *03878*
motorcycle dealer, Z / Motorradhändler. *08653*
motorcycle helmet, Z, crash helmet, helmet / Sturzhelm, Motorradhelm, Helm. *03825*
motorcycle jack, Z / Hebebock. *08654*
motorcycle licence, Z / Motorradführerschein. *08655*
motorcycle magazine, Z / Motorradfachzeitschrift. *08656*
motorcycle rider, Z → motorcyclist. *08319*
motorcycle trailer, Z / Motorradanhänger. *08659*
motorcycle with sidecar, Z, combination, sidecar outfit / Motorradgespann, Gespann. *08555*
motorcyclist, Z, motorcycle rider, rider, bike rider, biker / Motorradfahrer. *06011*
motorhome, H, caravan, camper / Wohnwagen, Wohnmobil. *03354*
motorized bicycle, Z / Mofa. *10518*
motorized bicycle rider, Z / Mofafahrer. *08661*
mottling, L, (metallic lacquer) / Streifenbildung, Wolkenbildung. *08289*
mountain bike, Z / Geländerad.

multi-grade oil

08939
mounting, G, fastening, attachment / Befestigung, Aufhängung. *02070*
mounting bracket, G, bracket / Halterung, Anbauvorrichtung. *02252*
mousetrap-carburetor, Z, (Amal-Typ) / Mousetrap-Vergaser. *09916*
movable pedals, G / verstellbare Pedale. *06027*
mpg, G → miles per gallon. *08397*
mph, G → miles per hour. *08398*
mud, T, sludge / Schlamm, Matsch, Schmutz. *06028*
mud and snow tyre, F / Matsch- und-Schnee-Reifen, M+S Reifen. *06030*
mud flap, C, fender flap / Spritzlappen, Schmutzfänger. *06032*
mud pan, C / Motorschutz. *06034*
mudgard profile, Z → mudgard design. *08666*
mudguard, C, fender, wing / Kotflügel. *02111*
mudguard, Z / Schutzblech. *08663*
mudguard decoration, Z / Schutzblechfigur. *08664*
mudguard design, Z, mudguard section / Schutzblechprofil. *08665*
mudguard frontwing, C / Vorderkotflügel. *09959*
muffler, K → exhaust silencer. *01121*
multi-chamber engine, M, (rotary engine) / Mehrkammermotor. *06035*
multi-conductor plug, G, (plug and socket connection) / Mehrfachsteckverbindung. *06036*
multi-cylinder engine, M / Mehrzylindermotor. *02502*
multi-cylinder injection pump, K, in-line pump / Reiheneinspritzpumpe. *01122*
multi-disc clutch, A → multi-plate clutch. *01123*
multi-fuel engine, M / Mehrstoff-Dieselmotor. *01124*
multi-grade oil, G, multiple-viscosity oil / Mehrbereichsöl. *01125*

201

multi-hole nozzle, K, multi-orifice nozzle, multiple-jet nozzle / Mehrlocheinspritzdüse, Viellocheinspritzdüse. *01126*
multi-layer glass, C → laminated safety glass. *01127*
multi-orifice nozzle, K → multi-hole nozzle. *01128*
multi-piece compression ring, M / mehrteiliger Kompressionsring. *06038*
multi-piece nozzle body, K, (injection nozzle) / mehrteiliger Düsenkörper. *06039*
multi-piece oil ring, M / mehrteiliger Ölabstreifring, Lamellenring. *06040*
multi-plate clutch, A, multi-disc clutch, multiple-disc clutch, multiple plate clutch, plate clutch

/ Mehrscheibenkupplung, Lamellenkupplung. *01129*
multi-pulse charging, E / Mehrimpulsaufladung. *01135*
multi-purpose, G / Mehrzweck. *10301*
multi-purpose grease, G / Mehrzweckfett. *01136*
multi-purpose lamp, E / Mehrzweckleuchte. *06044*
multi-purpose vehicle, H / Mehrzweckfahrzeug. *06045*
multi-tone horn, E → multi-toned horn. *01137*
multi-toned horn, E, multi-tone horn, multi-trumpet horn / Mehrklanghorn, Fanfarenhorn, Elektrofanfare. *06046*
multi-trumpet horn, E → multi-toned horn. *09447*

multiple circuit brake system, B / Mehrkreisbremsanlage. *06042*
multiple jet carburetor, K / Mehrdüsenvergaser. *06043*
multiple-disc clutch, A → multiple-plate clutch. *01131*
multiple-jet nozzle, K → multi-hole nozzle. *01132*
multiple-plate clutch, A → multiple-plate clutch. *01133*
multiple-viscosity oil, K → multigrade oil. *01134*
museum, H / Museum. *02884*
mushroom tappet, M / Pilzstößel. *01138*
mushroom valve, M, poppet valve / Tellerventil, Pilzventil, Kegelventil. *02801*

N

n/s, H → nearside. *02438*
nail, G / Nagel. *07392*
narrow tyre, F / Schmalreifen. *08942*
national championship, R / Landesmeisterschaft. *09293*
natural circulation water cooling, M, thermo syphon water cooling / Thermosiphon-Kühlung, Selbstumlaufkühlung, Wärmeumlaufkühlung. *01139*
natural gas, G / Erdgas. *06085*
naturally aspirated engine, M, unsupercharged engine, induction engine / Saugmotor. *01911*
nearside, T, n/s / in Fahrtrichtung links. *02443*
neck, G / Stutzen, Ansatz. *06088*
neck of the spray gun cup, L / Stutzen des Spritzbechers. *08170*
neck rest, I → head rest. *06091*
needle, G / Nadel. *06092*
needle bearing, M → needle roller bearing. *01142*
needle cage, G / Nadelkäfig. *06094*
needle control, K, (injection pump) / Nadelregelung. *06093*
needle jet, K / Nadeldüse. *06096*
needle roller bearing, Z, needle bearing / Nadellager. *09836*
negative camber, F / negativer

Sturz. *01145*
negative caster, F / Vorlauf. *06097*
negative plate, E / Minusplatte, negative Platte. *01146*
negative pressure, G → partial vacuum. *06101*
negative terminal, E / Minuspol, negativer Pol. *06099*
net, G / netto. *06102*
net, G / Netz. *06103*
net engine power, M / Nettomotorleistung. *06104*
net weight, G / Nettogewicht. *06105*
neutral position, A → idle position. *10520*
neutralization, R / Neutralisierung. *09324*
new fitted brake shoe, W / neu belegte Bremsbacken. *10492*
nickel, G / Nickel. *10404*
nickel alloy, G / Nickellegierung. *08943*
nickel chromium steel, G / Chromnickelstahl. *08945*
nickel plated, G / vernickelt. *09192*
nickel plating, G / Vernickelung. *02144*
nickel-cadmium battery, E / Nickel-Kadmium-Batterie. *08944*

nife-accumulator, E → alkaline accumulator. *01147*
nipple, G / Nippel. *06106*
nipple screwing-up key, W / Nippelspannschlüssel. *08947*
nitro lacquer, L → nitrocellulose lacquer. *08209*
nitrocellulose lacquer, L, cellulose, lacquer, nitro lacquer / Nitrozelluloselack, Nitrolack. *01148*
nitrocellulose thinner, L, cellulose thinner / Nitroverdünnung. *08251*
nitrogen, G / Stickstoff. *06108*
nitrogen oxide, G / Stickoxyd. *06109*
no delivery, K, zero delivery / Nullförderung. *01150*
no limit, H, (auction) / ohne Mindestgebot. *02942*
no parking, T / Parkverbot. *06122*
no waiting, T / Halteverbot. *06127*
noble metal engine catalyst, K / Edelmetallkatalysator. *06112*
noise, G / Geräusch, Lärm. *06113*
noise filter, K → silencer filter. *01151*
noise level, G / Lärmpegel. *08948*
noise level limit, G / Geräuschpegelgrenze. *06115*

nominal diameter

nominal diameter, G / Nennweite, Nenndurchmesser. *05407*
nominal output, G / Nennleistung. *06116*
non-belted, T → unbelted. *06117*
non-detergent oil, G → straight oil. *10372*
non-locking retractor, I, (seat belt) / nicht sperrende Aufrollvorrichtung. *06118*
non-powered, G / nicht angetrieben. *06119*
non-return throttle, M / Rückschlagdrosselklappe. *06120*
non-return valve, B, check valve / Rückschlagventil. *01152*
non-rusting, G / nicht rostend. *06121*
non-setting jointing paste, W / nicht aushärtende Dichtpaste. *10475*
non-skid, G / Gleitschutz. *02247*
non-skid tyre, Z / Gleitschutzreifen. *09876*

non-standard, H / nicht serienmäßig. *02319*
normal driving position, T / normale Fahrposition. *06123*
nose, C → front end. *06124*
notchback, C / Stufenheck. *09446*
novice rider, R / Nachwuchsfahrer. *09915*
nozzle, E, (cable end) / Lötspitze. *05367*
nozzle, G / Sprühdüse, Düse. *03982*
nozzle, K → injection nozzle. *05368*
nozzle body, K / Düsenkörper. *01153*
nozzle cleaning reamer, W / Düsenreinigungsnadel. *10052*
nozzle holder spindle, K, pressure spindle / Druckbolzen. *01155*
nozzle needle, K, (fuel injection) / Einspritzdüsennadel. *01156*
nozzle opening pressure, K, valve opening pressure, nozzle valve opening pressure / Düsenöffnungsdruck, Einspritzdruck. *01158*
nozzle spring, K / Druckfeder. *01160*
nozzle tester, W / Düsenprüfvorrichtung. *06128*
nozzle tip, K, (fuel injection) / Düsenkopf, Düsenspitze. *06129*
nozzle valve opening pressure, K → nozzle opening pressure. *01161*
number plate, C → license plate. *02150*
numerically evaluable, G / zahlenmäßig erfaßbar. *08949*
nut, G / Mutter. *03117*
nut lock, G / Schraubensicherung. *06131*
nylon, G / Nylon. *08950*

O

o-ring, G, o-ring seal / O-Ring. *06231*
o-ring seal, G → o-ring. *06232*
o/d, A → overdrive. *02471*
o/s, H → offside. *02437*
OBO, H → or best offer. *09198*
occasional seat, I, (folding seat in the passenger compartment) / Notsitz. *09424*
occasional seat, C, dickey seat, rumble seat / Notsitz, Schwiegermuttersitz. *02147*
octane index, K → octane number. *06146*
octane number, K, octane rating, octane index, octane value / Oktanzahl, OZ. *01162*
octane rating, K → octane number. *01163*
octane requirement, K / Oktanbedarf. *06147*
octane value, K → octane number. *09746*
off-colour, L, off-shade, (fault of paint) / Verfärbung, Farbtonabweichung. *08307*
off-road motorcycle, Z, cross

country bike / Geländemotorrad. *09825*
off-road race, R, enduro race / Enduro-Rennen. *09843*
off-road vehicle, H → cross-country vehicle. *06150*
off-set radius, F → swivelling radius. *01164*
off-shade, L → off colour. *09668*
off-side, T, o/s / in Fahrtrichtung rechts. *02442*
OHC, M → overhead camshaft. *09181*
OHV, M → overhead valve. *06153*
OHV engine, M → overhead-type engine. *01165*
oil, G / Öl. *02153*
oil, W / einölen. *08173*
oil additive, G / Öladditiv, Ölzusatz. *06156*
oil aging, G / Ölalterung. *06158*
oil baffle, M → oil deflector. *06160*
oil bath air cleaner, M → oil bath air filter. *10448*
oil bath air filter, M → oil bath air cleaner. *01166*

oil dipstick

oil carbon, K → oil carbon deposit. *06162*
oil carbon deposit, K, carbon residue, carbon deposit, oil carbon, oil deposit / Ölkohle, Ölruß, Ölkohlebelag, Ölkruste. *01168*
oil change, W / Ölwechsel. *02158*
oil circulation, M / Ölumlauf. *06163*
oil cleaner, G / Ölreiniger. *06164*
oil consumption, M / Ölverbrauch. *01172*
oil control ring, M → oil ring. *06165*
oil cooler, M / Ölkühler. *01173*
oil deflector, M, oil baffle / Ölablenkblech, Ölleitblech, Ölschwallblech. *06166*
oil delivery pump, M → oil pressure pump. *04054*
oil deposit, K → oil carbon deposit. *06167*
oil dilution, G / Ölverdünnung. *01174*
oil dipper rod, M → crankcase oil dipstick. *01176*
oil dipstick, M → crankcase oil dipstick. *01177*

203

oil drain plug

oil drain plug, M → oil sump plug. *02734*
oil duct, M → oil pipe. *06169*
oil filler, M, oil filler neck, oil filler inlet / Öleinfüllstutzen. *06171*
oil filler inlet, M → oil filler. *06175*
oil filler neck, M → oil filler. *09717*
oil film, G / Ölfilm. *06176*
oil filter, M / Ölfilter, Schmierölfilter. *01179*
oil foam, M / Ölschaum. *06177*
oil gun, W → oil suction gun. *01181*
oil in gasoline lubrication, K → mixture method lubrication. *01182*
oil level dipstick, M → crankcase oil dipstick. *01183*
oil level gauge, M → crankcase oil dipstick. *01184*
oil level rod, M → crankcase oil dipstick. *01185*
oil life, G / Öllebensdauer. *06178*
oil line, M → oil pipe. *06183*
oil mist, K / Öldunst. *06180*
oil pan, M → oil sump. *02544*
oil pipe, M, oil line, oil duct / Ölleitung. *06182*
oil pressure control, M / Öldruckregelung. *06184*
oil pressure gauge, M / Ölmanometer. *01188*
oil pressure indicator lamp, M, oil pressure warning lamp / Öldruckkontrolleuchte, Öldruckkontrollicht. *01189*
oil pressure pump, M, oil delivery pump, pressure pump / Druckölpumpe. *06185*
oil pressure relieve valve, M / Ölüberdruckventil, Überdruckventil, Druckregelventil. *10467*
oil pressure switch, M / Öldruckschalter. *01191*
oil pressure warning lamp, M → oil pressure indicator lamp. *01192*
oil pump, M, lubrication pump / Ölpumpe. *02155*
oil pump screen, M → oil pump strainer. *01193*
oil pump strainer, M, oil pump screen / Ölgrobfilter, Ölpumpensieb. *01194*
oil purification, K / Ölreinigung. *06187*

oil resistance, G / Ölbeständigkeit. *06188*
oil ring, G → oil seal ring. *10536*
oil ring, M, oil scraper ring, oil control ring, scraper ring / Ölabstreifring, Ölabstreifer. *04985*
oil scraper nose, M / Ölabstreifnase. *06189*
oil scraper ring, M → oil ring. *01196*
oil seal, M / Labyrintdichtung. *09909*
oil seal ring, G, oil ring / Simmerring, Wellendichtring. *05986*
oil sealing, G / Ringdichtung. *04472*
oil separator, M, oil trap / Ölabscheider, Entöler. *06190*
oil slinger, M → oil thrower ring. *06191*
oil sludge, M / Ölschlamm. *01198*
oil strainer, M / Ölsieb. *06192*
oil suction gun, W, oil gun / Öleinfüllpistole. *01199*
oil sump, M, oil pan, crank pit, crankcase pit, crankcase sump / Ölwanne, Kurbelwanne. *00435*
oil sump plug, M, oil drain plug / Ölablaßschraube, Ölablaßstopfen. *01202*
oil supply bore, M / Ölbohrung. *06194*
oil tank, M, (dry sump lubrication) / Öltank. *06195*
oil temperature, G / Öltemperatur. *06196*
oil thermometer, G / Ölthermometer. *01204*
oil thrower ring, M, oil slinger / Ölschleuderring, Spritzring. *06197*
oil tight, G / öldicht. *06199*
oil trap, M → oil separator. *06201*
oil way, M / Ölkanal. *10471*
oil with additives, G, doped oil / legiertes Öl. *03241*
oiliness, G / Schmierfähigkeit, Lubrizität. *01205*
old car dealer, H / Oldtimer-Händler. *02929*
old paint, L / Altlack. *08257*
old style coach paint, L / alter Kutschenlack. *08197*
oldtimer, H / Oldtimer. *02871*
omnibus, H → bus. *06203*

opposed-piston engine

on tow, T / im Schlepp. *09211*
on-board tool kit, W / Bordwerkzeug. *08668*
on-off, I, (switching position) / Ein-Aus. *08951*
oncoming traffic, T, opposing traffic / Gegenverkehr. *06204*
one-finger lever, G / Einfingerhebel. *08669*
one-hole nozzle, K → single-hole nozzle. *01208*
one-shot lubrication, K → centralized lubrication. *02375*
one-spoke steering wheel, I / Einspeichenlenkrad. *06049*
one-way clutch, A → free engine clutch. *01209*
one-way street, T / Einbahnstraße. *06206*
one-way traffic, T / Einbahnverkehr. *06207*
one-way valve, G / Einwegventil. *06208*
ONO, H → or nearest offer. *09202*
opacimeter, W / Trübungsmeßgerät. *06209*
opacity, K / Trübung. *04445*
open frame, Z / Durchstiegsrahmen. *08952*
open-chamber diesel engine, M → solid injection diesel engine. *01210*
opening angle, M, (valve/engine) / Öffnungswinkel. *06210*
opening of the spanner, W / Maulweite des Schraubenschlüssels. *10516*
opening of the valve, M / Ventilöffnung. *02808*
opening pressure, K, (injection nozzle) / Abspritzdruck. *06211*
operating agents, K / Betriebsstoffe. *06212*
operating lever, G / Bedienungshebel. *01211*
operation, G / Betätigung. *06213*
operator, T / Fahrzeugführer. *06214*
opposed, G / gegenläufig. *08954*
opposed engine, M → flat engine. *05176*
opposed-four cylinder engine, Z → flat-four engine. *10354*
opposed-piston engine, M /

opposed-twin engine

Gegenkolbenmotor. *02236*
opposed-twin engine, Z → flat-twin engine. *10352*
opposing traffic, T → oncoming traffic. *06218*
optical horn, E → headlight flasher. *06220*
optional equipment, H, options, extras / Sonderzubehör, Extras, Zusatzausstattung. *04496*
options, H → optional equipment. *06224*
or best offer, H, OBO / oder gegen bestes Gebot. *09201*
or nearest offer, H, ONO / oder gegen nächstes Gebot. *09203*
orange peel effect, L, (spray pattern) / Orangenhaut, Apfelsinenhaut. *08285*
orbital sander, W / Winkelschleifer. *09992*
orbiting piston engine, M / Kreiskolbenmotor, KKM. *02392*
ordinary gloss paint, L / gewöhnlicher Pinselhochglanzlack. *08198*
organizer, R / Veranstalter. *06225*
orifice, G, (jet) / Mündung, Öffnung, Loch. *06226*
orifice nozzle, M / Lochdüse. *01214*
original condition, H → genuine condition. *09592*
original equipment, H / Erstausrüstung. *06229*
oscillation, G, vibration / Schwingung. *06233*
oscilloscope, W / Oszilloskop, Zündungsoszillograf. *01215*
otto engine, M → spark ignition engine. *07086*
out-of-date, G / überaltert. *06244*
outboard scrub radius, F / negativer Lenkrollradius. *06234*
outer dead centre, M → upper dead center. *01217*
outer door panel, C, door skin / Türaußenblech, Türhaut. *06237*
outer turning lock, F / Spurwendekreis. *06238*
outlet, G / Auslaß. *06239*
outlet valve, K → exhaust valve. *01220*
output, G → performance. *06328*

output cylinder, A → clutch slave cylinder. *01221*
output per unit of displacement, M → liter output. *01222*
output shaft, F → axle shaft. *08376*
output shaft, A → gearbox main shaft. *04896*
outside mirror, C, driving mirror, side mirror / Außenspiegel. *04726*
outside shoe brake, B → external cheek brake. *06246*
over-restoration, H / Überrestaurierung. *09949*
over-square engine, M / überquadratischer Motor. *09702*
overall height, G / Gesamthöhe. *06247*
overall length, G / Gesamtlänge. *06248*
overall width, G / Gesamtbreite. *06249*
overboot, Z / Überstiefel. *08955*
overcharge, E, (battery) / überladen. *06250*
overdrive, A, O/D, (transmission) / Schnellgang, Ferngang, Overdrive, Schongang. *01224*
overflow oil line connection, K / Leckölanschluß. *01228*
overflow pipe, K / Überströmleitung. *01229*
overflow valve, K / Überströmventil. *01230*
overglove, Z / Überhandschuhe. *08957*
overhang, G / Überhang, Ausladung. *06252*
overhaul, W / überholen, überarbeiten. *06254*
overhead camshaft, M, OHC / obenliegende Nockenwelle. *02152*
overhead space, I, headroom / Kopffreiheit. *06257*
overhead valve, M, caged valve, drop valve, OHV / obengesteuertes Ventil, hängendes Ventil, obenhängendes Ventil. *02151*
overhead valve engine, M → overhead-type engine. *01234*
overhead valves, M / kopfgesteuert. *06256*
overhead welding, W / Überkopfschweißen. *10043*

oxygen sensor

overhead-type engine, M, OHV engine, overhead valve engine, valve-in-the-head engine / obengesteuerter Motor, OHV-Motor, Motor mit hängenden Ventilen. *01231*
overheating, G / Überhitzung. *06258*
overinflation, F, (tyre) / Überdruck. *06259*
overlap, G / überlappen. *06260*
overload, G / Überlastung. *06261*
overrider, C → bumper guard. *09190*
overrun brake, B / Auflaufbremse. *01235*
overrunning clutch, Z, roller-type overrunning clutch / Klemmenrollenfreilaufkupplung. *10257*
overshoe, Z / Überschuh. *08958*
oversize, G / Übergröße. *06263*
overspeed, M / überdrehen. *06264*
overspeed governor, M, speed governor / Drehzahlbegrenzer, Drehzahlregler. *06265*
overspray, L / Überspritznebel. *08301*
oversteer, F / übersteuern. *01239*
overstress, G, excessive stress / Überbeanspruchung. *06268*
overtake, T → pass. *06308*
overturn, T, (vehicle) / überschlagen. *06271*
ovolization, M / Unrundwerden. *02665*
owner, H / Besitzer, Halter. *02913*
owner's manual, W / Bedienungsanleitung, Betriebsanleitung. *05919*
owner-driver, T / Herrenfahrer. *02266*
owner-driver saloon, H / Selbstfahrer-Limousine. *03037*
oxy-acetylene welding, W / Autogenschweißen, Gasschmelzschweißen. *10048*
oxygen, W, (compressed gas) / Sauerstoff. *10014*
oxygen bottle, W / Sauerstoffflasche. *06276*
oxygen engine, M / Wasserstoffmotor. *10557*
oxygen sensor, K → lambda dissector. *09675*

P

P.I., (petrol-injection) K → fuel injection. *02432*
p/s, H → power-assisted steering. *02476*
p/w, E → power windows. *02474*
pace car, R / Schrittmacher-Wagen. *09213*
pacer, R, (motorcycle race) / Schrittmacher. *08959*
package net, T / Gepäcknetz. *06278*
package tray, I → backlight shelf. *09616*
packing, G / Verpackung. *08960*
packing, G → packing gland. *09556*
packing gland, G, gland, packing, / Stopfbuchse. *07289*
padded, G / wattiert. *06281*
padded dashboard, I / gepolstertes Armaturenbrett. *06280*
padded layer, Z, (saddle) / Polsterlager. *08961*
padding, G / Wattierung. *06282*
paddock, R / Fahrerlager. *09282*
padlock, Z / Vorhängeschloß. *08962*
paint, L / lackieren. *06284*
paint, L, enamel, varnish / Lack. *06283*
paint coating, L, coat of paint / Lackschicht. *06285*
paint colour, L → colour of paint. *09647*
paint faults, L / Lackfehler. *08287*
paint leakage, L / Lacktropfen. *08286*
paint pot, L, (spray gun) / Farbbecher. *08136*
paint residue, L / Farbrückstand. *08164*
paint shop, L / Lackiererei. *08132*
paint stripper, L / Lackabbeizer. *08309*
paint stripping, L / Lack abbeizen. *08308*
paintwork, L / Lackierung. *06286*
pan, G / Wanne, Schale. *06287*
panel, C / Abdeckblech. *02076*
panel beating, W, sheet metal working / Blechbearbeitung. *06450*
panhard rod, F → torque sta-

biliser. *07681*
panic braking, T, emergency stop, violent braking / Notbremsung, Gewaltbremsung. *06291*
pannier bag, Z / Gepäcktasche. *08963*
paper filter, G / Papierfilter. *06293*
parallel springing, F / gleichseitige Federung. *06294*
parallel wipers, E / parallellaufende Scheibenwischer. *06295*
park, T / parken. *06296*
park braking system, B → hand brake. *01241*
parking area, T → parking place. *03411*
parking brake, B → hand brake. *04418*
parking disc, T / Parkscheibe. *06298*
parking garage, T / Parkhaus. *06299*
parking lane, T / Parkspur. *06300*
parking light, E / Standlicht, Parklicht, Parkleuchte. *01242*
parking lock, A / Parksperre. *01245*
parking meter, T, parkometer / Parkuhr. *06301*
parking place, T, parking area, car park (official area) / Parkplatz. *03410*
parkometer, H → parking meter. *06302*
part, G / Teil. *08964*
part no., H → spare part number. *09570*
part out, W → break for spares. *09502*
part restoration, H / Teilrestaurierung. *03049*
part subject to wear, G / Verschleißteil. *08965*
partial comprehensive insurance, H / Teilkaskoversicherung. *02977*
partial load, M / Teillast. *01246*
partial vacuum, G, depression, pressure below atmospheric, negative pressure / Unterdruck. *02680*
partition, M, (oil sump) / Schott,

Querwand, Trennwand. *02735*
parts list, W → spare parts list. *02218*
pass, T, overtake / überholen. *06270*
passageway, L, (spray gun) / Farbkanal. *08166*
passenger, T / Fahrzeuginsasse. *06145*
passenger car, H, passenger vehicle / Personenkraftwagen, Pkw, Personenwagen, Pw. *06309*
passenger compartment, C / Fahrgastzelle, Fahrgastraum. *03149*
passenger vehicle, H → passenger car. *06310*
passing beam, E → low beam. *01247*
passing lane, E → Überholspur. *06311*
passing light, E → low beam. *10254*
patch, F, (tyre) / Flicken, Pflaster. *03259*
patching cement, W / Vulkanisierlösung. *08966*
patching set, W / Flickzeug. *08967*
patent, W / Patent. *08968*
patent application, W / Patentanmeldung. *06317*
patent key, W / Patentschlüssel. *08969*
patented, W / patentiert. *06318*
patentee, W / Patentinhaber. *08970*
pattern, F, (tyre) / Profilmuster, Reifen. *06319*
pattern adjustment valve, L → spreader adjustment valve. *09662*
pausing wiper, E → intermittent wiper. *06777*
pavement, T / Straßenbelag. *03191*
pawl, G → locking pawl. *08971*
pay down, G / Ratenzahlung. *10313*
payload, G / Zuladung. *08972*
payload space, C → loading space. *01249*
peak output, G / Höchstleistung. *06008*
pedal, G, foot pedal / Pedal, Fußhebel. *01250*

pedal assembly

pedal assembly, G / Pedalanordnung. *03050*
pedal cover, G, pedal pad / Pedalbelag. *06322*
pedal layout, I / Pedalerie. *10493*
pedal pad, G → pedal cover. *06323*
pedal rubber, G / Pedalgummi. *06324*
pedal shaft, B / Fußhebelwelle. *02233*
pedal-type brake valve, B → treadle brake valve. *01252*
pedestrian, T / Fußgänger. *06326*
penalty point, R / Strafpunkt. *09276*
pencil-type glow plug, E → sheathed-element glow plug. *01253*
penetration, G / Eindringung. *06327*
perforate, W → drill. *02654*
perforated, G / gelocht. *08973*
perforation, G / Lochung. *08974*
performance, G, output / Leistung. *06245*
performance data, G / Leistungsdaten. *06329*
periphery, G / Umkreis. *08975*
permanently lubricated, G / selbstschmierend. *06330*
permissable, G, permitted / zulässig. *06331*
permitted, G → permissible. *06332*
petroil, K → two-stroke mixture. *07762*
petroil mixture, K → two-stroke mixture. *06335*
petrol, K → fuel. *01254*
petrol engine, M → spark ignition engine. *07087*
petrol injection, K → fuel injection. *02396*
petrol pump, T, gasoline pump / Tanksäule. *04623*
petrol station, T → service station. *10590*
petrol tank, K → fuel tank. *01255*
phaeton, H → tourer. *02341*
phantom view, W / Schnittmodellzeichnung. *06337*
phase, G / Phase, Takt. *02602*
phase shifter, E / Phasenverschieber. *01256*

phosphate, L / phosphatieren. *01257*
pick-up, H / Kleinlastwagen. *06338*
piece, G / Stück. *08977*
pigment, L / Pigment, Farbpigment. *08123*
pillion, Z / Soziussitz, Sozius. *08672*
pillion pad, Z → bum pad. *10375*
pillion rider, Z → co-rider. *08312*
pilot bushing, G / Führungsbuchse. *02733*
pilot hole, G / Befestigungsloch. *10185*
pilot run, W / Nullserie, Vorserie. *06339*
pin, G → bolt. *01038*
pinching, G → squeezing. *09547*
pinholing, L / Luftbläschenbildung, Nadellochbildung. *08300*
pinion, G / Ritzel. *01258*
pinion, A → gear wheel. *02373*
pinion gear, A / Planetenrad. *06342*
pinion puller, W / Ritzelabzieher. *08978*
pinstripes, L → coachlines. *03044*
pintle, K, (injection nozzle) / Düsenzapfen. *06343*
pintle nozzle, K / Einspritzzapfendüse. *01259*
pipe, I, (upholstery) / Pfeife. *10412*
pipe, G, tube / Rohr. *06344*
pipe clamp, G / Rohrschelle. *06345*
piston, M, gudgeon / Kolben. *01260*
piston acceleration, M / Kolbenbeschleunigung. *06346*
piston barrel, M / Kolbenkörper. *06347*
piston body, M → piston skirt. *02669*
piston boss, M / Kolbenauge, Kolbenbolzenauge. *01263*
piston boss bushing, M / Kolbenbuchse, Kolbenbolzenbuchse. *02686*
piston charged engine, Z / Ladepumpenrennmotor. *09827*
piston clearance, M, piston play / Kolbenspiel, Kolbenpassung, Kolbenluft. *02688*
piston crown, M → piston top. *03876*

piston ring flutter

piston damper, M / Kolbendämpfer. *01266*
piston depth, M, depth of piston / Kolbenhöhe. *06349*
piston diameter, M / Kolbendurchmesser. *01267*
piston displacement, M → displacement. *01268*
piston engine, M / Hubkolbenmotor. *01269*
piston gouging, M / Kolbenkippen. *01271*
piston groove, M, piston ring groove, piston ring slot / Kolbenringnut. *01272*
piston head, M → piston top. *01273*
piston head thickness, M / Kolbenbodenstärke. *05072*
piston land, M, land / Kolbensteg, Steg, Kolbenringsteg. *05625*
piston material, M / Kolbenwerkstoff. *01275*
piston pin, M, wrist pin, gudgeon pin / Kolbenbolzen. *01276*
piston pin bore, M / Kolbenbolzenbohrung. *06350*
piston pin bushing, M, wrist pin bushing / Kolbenbolzenbüchse. *06341*
piston pin circlip, M → piston pin retainer. *09684*
piston pin retainer, M, piston pin snap ring, piston pin circlip / Kolbenbolzensicherung. *01278*
piston pin snap ring, M → piston pin retainer. *09683*
piston play, M → piston clearance. *06057*
piston pressure, M / Kolbendruck. *06352*
piston pump, M / Kolbenpumpe. *01281*
piston ring, M / Kolbenring. *01282*
piston ring clamp, M → piston ring compressor. *01283*
piston ring compressor, M, piston ring clamp / Kolbenringspannband, Kolbenringspanner. *01284*
piston ring expander, M / Kolbenringfeder. *06353*
piston ring flutter, M / Kolbenringflattern. *01286*

piston ring gap, M, piston ring joint / Kolbenringstoß. *01287*
piston ring groove, M → piston groove. *01288*
piston ring joint, M → piston ring gap. *06354*
piston ring lock, M, piston ring peg, piston ring pin, piston ring stop / Kolbenringsicherung. *06355*
piston ring peg, M → piston ring lock. *09687*
piston ring pin, M → piston ring lock. *09688*
piston ring pliers, W / Kolbenringzange, Spreizzange. *01289*
piston ring slot, M → piston groove. *01291*
piston ring sticking, M, ring clogging / Kolbenringkleben. *01476*
piston ring stop, M → piston ring lock. *09689*
piston ring zone, M / Kolbenringzone, Kolbenringtragkörper. *01292*
piston rod, M → connecting rod. *01294*
piston seizure, M, jamming of piston, seizing of piston, seized piston / Kolbenfresser, Kolbenklemmer. *01270*
piston size, M / Kolbengröße. *06357*
piston skirt, M, piston body, skirt / Kolbenmantel, Kolbenschaft, Kolbenhemd. *01261*
piston slack, M / Kolbenschlag. *06358*
piston stroke, M → stroke travel. *01296*
piston top, M, upper face of piston, piston crown, piston head / Kolbenboden. *01297*
piston top land, M, heat dam, fire land / Feuersteg, Bodensteg, oberster Kolbensteg. *04605*
piston valve engine, M, (two-stroke) / schlitzgesteuerter Motor. *06361*
pit, R / Box. *06362*
pit, W / Grube. *10537*
pit lane, R → pit road. *09431*
pit road, R, pit lane / Boxenstraße. *06365*

pit stop, R / Boxenstop. *06366*
pitch, F, (vehicle dynamics) / Nicken. *06364*
pitch, A → tooth pitch. *06363*
pitman arm, F → steering drop arm. *07228*
pivot, G / Drehpunkt. *05583*
pivot, G → bolt. *07385*
pivot pin, F → steering pivot pin. *01299*
pivot pin bush, F → king pin bush. *01300*
plain bearing, G, slide bearing / Gleitlager. *01306*
plain nut, G / Flachmutter. *08979*
plain-skirt piston, M → solid-skirt piston. *01307*
planet carrier, A / Planetenradträger. *01308*
planetary gear, A → planetary transmission. *02429*
planetary transmission, A, planetary gear, crypto gear / Planetengetriebe, Umlaufgetriebe. *01309*
plant, W → factory. *06367*
plant engineering, W / Anlagentechnik. *08980*
plaque, G → badge. *06369*
plaster, G / Gips. *09342*
plastic, G / Kunststoff. *06370*
plastic body, C → fiberglass body. *10243*
plastic spreader, W / Kunststoffspatel. *10123*
plastigage, W / Plastigage-Synthetikfaden. *01311*
plate, G / Platte. *02523*
plate, G, (metal) / Schild. *09197*
plate bar, G / Unterlegplatte. *08981*
plate clutch, A → multi-plate clutch. *02303*
plate-bearing thrust, A → release lever plate. *01312*
platform, G / Plattform. *08982*
platform body, H / Pritschenaufbau. *06374*
play, G, clearance, scope / Spiel, Luft. *06058*
plexiglass, G / Plexiglas. *08983*
pliers, W / Zange. *06375*
plough, H, plow / Pflug. *06376*
plow, H → plough. *06377*

plug, G / Stopfen, Verschlußschraube, Verschlußstopfen. *00011*
plug, G → male plug. *09496*
plug, E → spark plug. *06381*
plug and socket connection, G / Steckverbindung. *06383*
plug brush, W / Kerzenbürste. *06384*
plug gap, E → electrode gap. *01313*
plug socket, E / Steckdose. *09497*
plug spanner, W → spark plug socket wrench. *06391*
plunger control arm, K → plunger flange. *01314*
plunger flange, K, plunger control arm, plunger vane, (injection pump) / Kolbenfahne, Kolbenlenkarm. *01315*
plunger rear suspension, Z / Teleskop-Hinterradfederung. *09900*
plunger spring, K, (injection pump) / Kolbenfeder. *06393*
plunger suspension, Z / Geradwegfederung. *09870*
plunger vane, K → plunger flange. *01317*
ply, F, layer, (tyre) / Lage, Kordlage. *06394*
ply-rating, F / Lagenzahl, PR-Zahl. *01318*
plywood, G / Sperrholz. *06398*
pneumatic, G / pneumatisch. *06399*
pneumatic brake, B / Druckluftbremse. *06400*
pneumatic clutch control, A / pneumatische Kupplungsbetätigung. *06401*
pneumatic governor, M → suction governor. *01319*
pneumatic springing, F / Luftfederung. *06402*
point, E → contact breaker point. *00410*
pointed radiator, M, v-shaped radiator / Spitzkühler. *02325*
pointed tail, C → boat tail. *03068*
pointer, G / Zeiger. *06403*
poke, G / durchstoßen. *08168*
pole, E → electrode. *02167*
pole position, R / vorderste Startposition. *06050*

pole shoe, E, (battery) / Polschuh. *06404*
pole trailer, H / Langgutanhänger. *06405*
police, T / Polizei. *06407*
police car, H / Polizeiauto. *09351*
policeman, T → constable. *06406*
polish, W / polieren. *06408*
polished aluminium finish, G / poliertes Aluminium. *08673*
polishing paste, L / Polierpaste. *01320*
pollutant emission, K / Schadstoffemission. *08984*
pollution, G / Schadstoffausstoß. *06410*
polyester filler, L / Polyesterspachtel. *10100*
polyester spray filler, L / Polyester-Spritzfüller. *08238*
poor mixture, K → lean mixture. *01321*
poor opacity, L, (fault of paint) / mangelnde Deckfähigkeit. *08306*
pop-rivet, G / Popniete. *10732*
poppet valve, M → mushroom valve. *06412*
popping, L → solvent pop. *09651*
port, G / Schlitz, Kanal. *06414*
port liner, M, (cylinder head) / Kanalbuchse. *06417*
port of embarcation, H / Ausfuhrhafen. *09256*
portable, G / tragbar. *06416*
position light, E / Positionslicht. *06418*
positive camber, F / positiver Sturz. *01322*
positive caster, F → caster. *08359*
positive control foot change, Z / Fußschaltung mit Ratschenmechanismus. *09862*
positive plate, E / Plusplatte, positive Platte. *01323*
positive pole, E / Pluspol. *06422*
post vintage thoroughbred, H, PVT, (post 1929) / reinrassiger Klassiker nach der Vintage-Zeit. *03029*
post war vehicle, H / Nachkriegswagen. *02870*
Post-Vintage motorcycle, Z / Veteranenmotorrad bis 1945. *10387*

pot joint, G / Topfgelenk. *06424*
pothole, T → chuck-hole. *06423*
pour point, K / Stockpunkt. *01325*
pour point improver, K / Stockpunktverbesserer. *06425*
power, G, force, energy / Kraft, Energie, Leistung. *06426*
power assistance, G → booster. *10527*
power assisted brake system, B → power brake. *01326*
power assisted braking system, B → power brake. *01327*
power assisted steering, F, power steering, p/s, servo steering / Servolenkung, Lenkhilfe. *01328*
power axle, A → driving axle. *06432*
power booster, B / Bremskraftverstärker. *06433*
power brake, B, power assisted brake system, power assisted braking system, servo brake, brake power unit, brake power assist / Servobremse, Vollbremse, Hilfskraftbremse. *01532*
power curve, M / Leistungskurve. *06434*
power decrease, M, power loss / Leistungsabfall. *06435*
power glide, T / Drift. *06436*
power increase, M / Leistungsanstieg. *06437*
power loss, M → power decrease. *06438*
power output per liter, M → liter output. *01330*
power plant, M → power unit. *02495*
power sander, W / Schwingschleifer. *10169*
power steering, F → power-assisted steering. *01331*
power steering fluid, A / Lenkhilfpumpenöl. *00984*
power stroke, M → ignition stroke. *01332*
power unit, M, power plant / Triebwerk. *02494*
power wheel, F / angetriebenes Rad. *06442*
power window, E, p/w / elektrischer Fensterheber, automatischer Fensterheber. *02475*

power window motor, E / Fensterhebermotor. *06443*
power-to-weight ratio, G / Leistungsgewicht. *06441*
practice, G / Training. *06444*
pre-assembled, W / vormontiert. *08985*
pre-combustion chamber, M → antechamber. *01336*
pre-combustion chamber engine, M → antechamber compression ignition engine. *01337*
pre-filter, K, primary filter, (diesel engine) / Vorfilter, Vorreiniger. *01339*
pre-ignition, E → premature ignition. *02420*
pre-muffler, K / Vorschalldämpfer, Auspuff-Vorschalldämpfer. *01349*
Pre-vintage-era, H / Vor-Vintage-Ära. *03018*
prechamber, M → antechamber. *01334*
prechamber engine, M → antechamber compression ignition engine. *01335*
precision work, W / Feinarbeit. *08986*
precombustion chamber, M → antechamber. *06445*
precompression, M / Vorverdichtung. *06446*
predetermined breaking point, W / Sollbruchstelle. *08987*
preheat, G / vorwärmen. *06447*
premature ignition, E, pre-ignition, advance ignition / Frühzündung. *01344*
premium, H, insurance rate / Versicherungsprämie, Prämie. *02954*
premium, K → high-octane fuel. *01347*
premium-grade gasoline, K → high-octane fuel. *01348*
preselector gearbox, A → Vorwählgetriebe. *02363*
press-stud clip, G, push-button, dot fastener / Druckknopf. *10203*
pressed sheet steel frame, G / Stahlblech-Preßrahmen. *08988*
pressed steel frame, Z / Preßstahlfahrwerk. *09783*
pressing, W, (sheet metal work-

pressure

ing) / Preßteil, Ziehteil. *06448*
pressure, G / Druck. *01350*
pressure accumulator, G / Druckspeicher. *06451*
pressure balance, G / Druckausgleich. *06452*
pressure below atmosphere, M → partial vacuum. *02682*
pressure control, G → pressure regulator. *10302*
pressure control valve, G / Drucksteuerventil. *06453*
pressure differential, G, difference of pressure / Druckunterschied, Druckgefälle. *02645*
pressure drop, G / Druckabfall. *06454*
pressure feed, K / Zwangsversorgung. *02380*
pressure feed, L, (spray gun) / Druckbecher. *08147*
pressure feed gun, L / Druckbecherpistole. *08134*
pressure feed tank, G / Druckbehälter. *06455*
pressure gauge, G → manometer. *10535*
pressure governor, B / Bremsdruckregler, Druckregler. *01351*
pressure grease fitting, G → grease nipple. *01353*
pressure hose, G / Druckschlauch. *06456*
pressure limiting valve, G / Druckbegrenzungsventil. *06457*
pressure lubrication, M, forced-feed lubrication / Druckschmierung, Druckumlaufschmierung, Preßschmierung. *02204*
pressure oil pipe, G / Drucköllleitung. *06458*
pressure pipe tube, K / Druckrohrstutzen. *01356*
pressure plate, A, clutch pressure plate / Kupplungsdruckplatte, Druckplatte, Druckscheibe, Anpreßplatte. *01357*
pressure plate, A → clutch disc. *10230*
pressure pump, M → oil pressure pump. *06459*
pressure reducing valve, G / Druckminderventil. *06460*
pressure regulator, G → pressure control. *06461*
pressure relief valve, G / Überdruckventil. *01361*
pressure spindle, K → nozzle holder spindle. *01362*
pressure spring, G, compression spring, tension spring / Druckfeder, Spannfeder. *06462*
pressure switch, G / Druckschalter. *06468*
pressure valve, K → delivery valve. *00482*
pressure vessel, G / Druckkessel. *06464*
pressurized shock absorber, F → gas pressure shock absorber. *06470*
prestige car, H / Prestige-Auto. *03021*
price, H → buying price. *09603*
price, H → selling price. *02897*
primary barrel, K → first stage. *06465*
primary circuit, E / Primärstromkreis. *01367*
primary coil, E → primary winding. *06466*
primary cup, B / Primärmanschette. *09163*
primary filter, M → pre-filter. *01369*
primary winding, E, primary coil, low tension winding / Primärwicklung, primäre Spule. *01371*
prime coat, L, undercoat / Grundierung. *06471*
primer, L / Grundlackierung. *06472*
primer filler, L, (coat of paint) / Füllprimer. *08232*
primer surfacer, L / Haftgrund. *09650*
priming tap, Z, (cylinder head) / Zischhahn, Einspritzhahn. *09840*
principal parts, W, main components / Hauptbauteile. *08176*
priority, T, priority of way / Vorfahrt. *06474*
priority of way, T → priority. *09360*
private competitor, R / privater Rennfahrer. *09374*
private person, H / Privatmann. *02932*

protective covering

prize giving, R / Preisverleihung. *09327*
prize money, R / Preisgeld. *09307*
procedure, G / Verfahren. *06475*
processing industry, W / Veredelungsindustrie. *08990*
product line, H / Lieferprogramm. *08991*
production car, H / Serienwagen. *06477*
production car race, R / Serienwagenrennen. *09332*
production control, W / Fertigungskontrolle. *08989*
production costs, W → manufacturing costs. *06478*
production engine, H / Serienmotor. *06479*
production line, W / Fließband. *06481*
production period, W / Produktionszeit. *02952*
professional, W / Profi. *08186*
profiled aluminium alloy, G / Profilaluminium. *08992*
prop shaft, A → propeller shaft. *00263*
prop stand, Z → kick stand. *08993*
propeller shaft, A, prop shaft, drive line / Kardanwelle, Gelenkwelle. *01373*
propeller shaft center bearing, A / Gelenkwellenmittellager. *06482*
propeller shaft housing, A, drive shaft housing, propeller shaft tube / Kardanrohr, Gelenkwellenrohr, Kardanstützrohr. *01375*
propeller shaft intermediate bearing, A / Gelenkwellenzwischenlager. *06483*
propeller shaft tube, A → propeller shaft housing. *01378*
propeller shaft tunnel, I → transmission tunnel. *06485*
property damage insurance, H → third party insurance. *06487*
proposal, G / Vorschlag. *06488*
proprietary engine, W / Einbaumotor. *09782*
protecting hose, G / Schutzschlauch. *06491*
protective clothing, Z / Schutzkleidung. *08994*
protective covering, E, (cable) /

protective film

Isolierschlauch, Bougierrohr. *05455*
protective film, L / Schutzfilm. *08129*
protective slag, W, (welding) / Schlackenschutzschicht. *10030*
prototype, W / Prototyp. *06492*
proved, G / bewährt. *08996*
proving ground, W → test site. *06493*
pry spoon, W / Hebeleisen. *10071*
pudding basin-type helmet, Z / Halbschalenhelm. *09882*
pull, G / Zug. *06496*
pull off the drum brake, W / Bremstrommel abziehen. *10488*
pull switch, E / Zugschalter. *06503*
pull the engine off the gearbox, W / den Motor vom Getriebe abflanschen. *10437*
pull up, T / vorfahren. *06504*
pull-back spring, G, retracting spring / Rückzugfeder, Rückholfeder, Rückstellfeder. *06497*
pull-out ash tray, I / herausziehbarer Aschenbecher. *06502*
pulley, G / Riemenscheibe. *01379*

pulley, Z, (dynamo) / Laufrädchen. *08998*
pulley-block, W → lifting tackle. *08999*
pulling handle, G / Zuggriff. *06500*
pullman saloon, H / Pullman-Limousine. *06501*
pulse generator, E, induction type pulse generator / Zündimpulsgeber, Induktionsgeber, Steuergenerator. *01380*
pulse-shaping circuit, E / Impulsformer. *01383*
pump, G / Pumpe. *02170*
pump, G / pumpen. *06505*
pump circulated cooling, M / Pumpenumlaufkühlung. *01384*
pump cylinder, K / Pumpenzylinder. *01385*
pump delivery, G / Pumpenförderleistung. *06506*
pump plunger, K / Pumpenkolben. *01386*
punch, W / Körner. *10473*
punch, W, (spoke holes) / stanzen. *02656*
punch mark, W / Körnermarkierung. *10474*
puncture, F → flat spot. *06507*
purchase, H / erwerben. *09243*
pure, G / rein. *06508*
purge, G, (adsorbent) / Reinigung. *06509*
purification, G / Auffrischung. *06511*
purify, G / auffrischen. *06512*
pursuit racing, R / Verfolgungsrennen. *09001*
push, G / Stoß. *09189*
push button, G → press-stud clip. *06513*
push rod, M → valve push rod. *01387*
push rod tube, M / Stößelschutzrohr. *10461*
putty knife, W / Spachtelmesser. *10278*
PVT, H → post vintage thoroughbred. *03028*

Q

quadrajet, K → four-barrel carburetor. *01388*
qualify, G / qualifizieren. *06517*
qualifying run, R / Qualifikationslauf. *06518*
quality, G / Qualität. *06519*
quality control, W / Qualitätskontrolle. *06520*
quarelling paint types, L, incompatible paint types / unverträgliche Lacksorten. *08214*
quarter light, C → quarter window. *09396*

quarter vent, C, vent window, vent, ventipane, ventilator window, hinged window, slipper window (AUS) / Ausstellfenster. *04007*
quarter window, C, quarter light / Dreiecksfenster. *05140*
quarter-elliptic spring, F, (leaf spring,) / Viertelelliptikfeder, Viertelfeder. *06521*
quick, G / schnell. *06526*
quick charger, W → battery quick charger. *06528*

quick coupler, E → connector. *06530*
quick gripping device, W / Schnellspanner. *08674*
quick release, G / Schnellverschluß. *09003*
quick-fixing device, W / Schnellbefestigung. *09002*
quill, G → hollow shaft. *06529*

R

race, R / Rennen. *03008*
race against the clock, R, race against time, time race / Rennen gegen die Zeit. *08675*
race against time, R → race against the clock. *08403*
race course, R → racing circuit. *09005*

race track, R → racing circuit. *09186*
racing car, H / Rennwagen. *02182*
racing circuit, R, racing track, race course, race track / Rennstrecke. *06532*
racing driver, R / Rennfahrer. *09295*

racing formula, R / Rennformel. *06534*
racing frame, Z / Rennrahmen. *09007*
racing fuel, K / Rennkraftstoff. *06535*
racing headquarter, R / Rennleitung. *09331*

racing mechanic, R / Rennmechaniker. *09294*
racing oil, G / Rennöl. *06536*
racing screen, R / Rennscheibe. *09333*
racing stable, R / Rennstall. *08676*
racing team, R / Rennteam. *08677*
racing track, R → racing circuit. *06537*
rack, G / Zahnstange. *06538*
rack, C → luggage rack. *06539*
rack and pinion jack, T / Zahnstangenwagenheber. *06541*
rack and pinion steering, F / Zahnstangenlenkung. *01389*
rack pinion, G / Zahnstangenritzel. *06542*
radar trap, T → speed trap. *09185*
radial, G / radial. *06543*
radial engine, M / Sternmotor. *02501*
radial tyre, F, belted tyre, radial-ply tyre / Gürtelreifen, Radialreifen. *01391*
radial-ply tyre, F → radial tyre. *01390*
radiant heat, G / Strahlungswärme. *06544*
radiating fin, M → cooling rib. *01393*
radiation, G / Strahlung. *06545*
radiator, M / Kühler, Wasserkühler. *01394*
radiator block, M → radiator core. *01395*
radiator core, M, radiator block / Kühlerblock, Kühlerkern. *01396*
radiator emblem, C / Kühleremblem. *02117*
radiator flap, M / Kühlerklappe. *06547*
radiator grille, C, front grille, grille / Kühlergrill, Kühlergitter. *02116*
radiator guard, M / Kühlerschutz. *06549*
radiator inlet connection, M / Kühlereinlaufstutzen. *01398*
radiator lower tank, M / unterer Wasserkasten. *06554*
radiator mascot, C, hood ornament, mascot / Kühlerfigur. *02114*
radiator outlet connection, M,

coolant drain cock / Kühlerwasserauslaufstutzen, Kühlwasserausfluß. *01399*
radiator protecting plate, C / Kühlerschutzblech. *06550*
radiator sealing compound, W / Kühlerdichtungsmittel. *06551*
radiator shell, C / Kühlermaske. *09966*
radiator slats, M / Kühlerrippen. *09967*
radiator strut, M / Kühlerverstrebung. *06553*
radiator tank, M / Wasserkasten, Wassersammelkasten. *01402*
radiator thermometer, M / Kühlerthermometer. *09335*
radiator top tank, M, upper tank / oberer Wasserkasten, Wassersammelkasten. *01404*
radio, I → car radio. *03417*
radio control, G, remote control, tele control / Fernsteuerung, drahtlose Funkfernsteuerung, Fernbedienung, Fernschaltung. *06555*
radio shielding, E / Radioentstörung. *06556*
radio telephone, E / Funktelefon. *06557*
radio tuning control, E → tuning control. *06558*
radio volume control, E / Lautstärkenregler. *06559*
radius arm, F → torque rod. *08325*
rag, G / Lappen. *08167*
rag top, H → cabriolet. *03039*
railway crossing, T, railway level crossing, level crossing / Bahnübergang. *06565*
railway gate, T / Eisenbahnschranke. *06566*
railway level crossing, T → railway crossing. *06567*
rain channel, C → rain groove. *10184*
rain groove, C, rain trough, rain channel / Regenrinne. *06568*
rain gutter, C / Regenleiste. *06570*
rain trough, C → rain groove. *06569*
rally, R / Rallye. *02176*
rally driver, R / Rallyefahrer. *09296*

ram box, C → engine air box. *06572*
ramp, T / Rampe. *06573*
random orbit sander, W / Flächenschleifer. *10097*
random test, W, spot check / Stichprobe. *06574*
range, G / Reichweite. *06575*
range of revolution, G → speed range. *07130*
rapid glow plug, E / R-Glühkerze. *01407*
rapid wear, G / schnelle Abnutzung. *06576*
rare mixture, K → lean mixture. *01408*
rasp, W / Raspel. *09010*
ratchet, W / Ratsche, Knarre. *09553*
ratchet, G → locking pawl. *06577*
ratchet brake, B, (hand brake) / Ratschenbremse. *06578*
ratio, G / Verhältnis. *06581*
ratio of compression, M → compression ratio. *02609*
rattle, G / klappern. *06582*
rattle of chain, M / Kettengeräusch. *02779*
re-metal, W, (piston, bearing) / ausgießen. *02712*
reaction, T / Reaktion. *06584*
reaction time, T, Schrecksekunde / Reaktionszeit. *01410*
reading light, E → map light. *06586*
ready for use, G, serviceable / betriebsbereit. *06588*
ream, W / reiben mit der Reibahle. *02659*
ream, W / Reibahle. *09750*
ream, M → bore. *06589*
rear, C → tail. *06593*
rear axle, F, back axle / Hinterachse. *02268*
rear axle assembly, F / Hinterachskörper, Hinterachsbrücke. *01412*
rear axle cover, F / Hinterachsgehäusedeckel, Hinterachsbrückendeckel. *01414*
rear axle drive, F / Hinterachsantrieb. *06591*
rear axle flared tube, F / Hinterachstrichter. *01416*

**rear axle radius rod, F / Hinter-
achsschubstange.** *01417*
rear axle ratio, F / Hinterachs-
übersetzung. *01418*
rear axle shaft, A, differential
shaft, differential side shaft /
Hinterachswelle. *01419*
rear axle strut, F / Hinterachs-
strebe, Schubstrebe. *01420*
rear bench, I, rear seat bench /
Rücksitzbank. *04722*
rear brake, B / Hinterradbremse.
09011
rear bumper, C / Heckstoßstange.
10099
rear bumper system, C / hinteres
Stoßfängersystem. *06592*
rear derailleur protector, Z /
Schaltwerkschutz. *09013*
rear end, C → tail. *10266*
rear engine, M / Heckmotor. *01422*
rear fog lamp, E → fog tail lamp.
09450
rear fork swinging arm, Z →
swinging arm rear suspension.
09014
rear hook, G / Heckbügel. *09015*
rear light, E / Heckleuchte. *04710*
rear light, E, tail lamp / Schluß-
licht, Rücklicht, Schlußleuchte,
Rückleuchte. *01423*
rear lighting system, E / Heckbe-
leuchtung. *10545*
rear loudspeaker, E, (radio) / hin-
terer Lautsprecher. *06595*
rear mirror, I → rear-view mirror.
06597
rear opening, C → tail gate. *09384*
rear package tray, I → backlight
shelf. *09615*
rear panel, C → tailboard. *09412*
rear piston, M / hinterer Kolben.
01427
rear saddle strut, Z, rear saddle
support / Sattelstützbügel. *09016*
rear saddle support, Z → rear
saddle strut. *09017*
rear seat, I, back seat / Rücksitz,
Fondsitz. *06600*
rear seat bench, I → rear bench.
04724
rear seat hump, Z / Sitzbank-
höcker. *09018*
rear section, G / Heckpartie. *09019*

rear spoiler, C, tailgate spoiler /
Heckspoiler. *06603*
rear subframe, C / hinterer Hilfs-
rahmen. *09976*
rear suspension, F / Hinterradauf-
hängung. *06604*
rear tread, F / Spurweite hinten.
06607
rear wheel, F / Hinterrad. *02269*
rear wheel arch, C / hinterer Rad-
kasten. *10091*
rear wheel drive, A / Hinterradan-
trieb. *02270*
rear wind, T / Rückenwind. *06608*
rear window, C, backlight / Rück-
fenster, Heckscheibe. *05081*
rear window heater, E / Heck-
scheibenbeheizung. *01430*
rear wing, C / Heckkotflügel.
09961
rear-engined car, H / Heckmotor-
fahrzeug. *06594*
rear-view mirror, I, rear mirror /
Rückspiegel. *03175*
**rearmost and downmost seating
position**, I / hinterste und unter-
ste Sitzposition. *06598*
rebate, H → discount. *09183*
rebore, M → nachbohren, auf-
bohren. *01431*
rebound, G / Rückprall. *06612*
rebuilding, F, recapping, retread-
ing / Runderneuerung. *01433*
rebuilt engine, H / überholter
Motor. *06613*
recall, W → recall campaign.
06614
recall campaign, W, recall / Rück-
rufaktion, Rückruf. *06615*
recapping, F → rebuilding. *01434*
receipt, H / Quittung. *09248*
recirculating ball steering, F /
Kegelumlauflenkung. *01435*
reclining seat, I / Liegesitz. *06616*
recommend, H / empfehlen. *06617*
recondition, W / Überholung.
10466
record, R / Rekord. *10327*
record breaker, R / Rekord-
brecher. *09313*
record lap, R / Rekordrunde.
09312
recovery vehicle, H, wrecker / Ab-
schleppfahrzeug. *08100*

recycling, W / Wiederverwen-
dung. *10340*
red cross, T / Rotes Kreuz. *06618*
red lead primer, L / Bleimennige-
grundierung. *08125*
reducer, L → solvent. *10264*
reduction, G / Verminderung.
06619
reduction gear, A, intermediate
gear, auxiliary reduction gear,
(transmission) / Vorgelege.
05507
reduction ratio, G, step-down
ratio / Untersetzungsverhältnis,
Untersetzung. *06620*
refill, G / auffüllen. *06621*
refinish paint, L / Reparaturlack.
08205
reflection, G / Spiegelung. *06623*
reflector, E, bull's eye / Rück-
strahler, Katzenauge. *00231*
reflector, E → headlamp reflector.
01436
refrigerant, G → cooling liquid.
06624
refuel, K → fuel. *08839*
refund, H / Rückvergütung. *09265*
register, H / Interessengemein-
schaft. *02911*
registration, H, licence / Zulas-
sung, Straßenzulassung. *06626*
registration number, H →
licence number. *06628*
registration office, H / Zulas-
sungsstelle. *02981*
registration procedures, H / Zu-
lassungsmodalitäten. *02963*
regrind, W / nachschleifen. *10519*
reground crankshaft, W / nach-
geschliffene Kurbelwelle. *10470*
regular gasoline, K → regular
grade fuel. *01439*
regular grade fuel, K, low-octane
petrol, regular gasoline / Nor-
malbenzin. *01440*
regularity trial, R / Gleichmäßig-
keitsprüfung. *09774*
regulate, G / regeln, regulieren.
06629
regulation, H / Bestimmung.
06631
regulator, E → voltage regulator.
07929
reinforce, G / verstärken. *06634*

reinforced fiberglass body   **rider**

reinforced fiberglass body, C → fiberglass body. *09177*
relative steering angle, F / Spurdifferenzwinkel. *01441*
relative wind, T / Fahrtwind. *09020*
relay, E / Relais. *06635*
relay control, E / Relaissteuerung. *06636*
release, G / Entriegelung. *04384*
release bearing cup, A → clutch release bearing. *03568*
release clutch, A → friction clutch. *06637*
release device, Z → cable release. *09021*
release fork, A → clutch fork. *01445*
release lever, G / Entriegelungsgriff. *04385*
release lever, A → clutch release lever. *09148*
reliability, G / Zuverlässigkeit. *06638*
relief piston, K / Entlastungskölbchen. *01447*
relief valve, M → oil pressure relief valve. *01448*
reline, G, (brake/clutch) / neu belegen. *06639*
remote control, G → radio control. *09521*
remove, W / ausbauen. *02099*
renew, G / erneuern. *06641*
rent-a-car service, T → car rental service. *06642*
rented car, H → hire car. *05144*
repair, W / Reparatur. *02183*
repair, W / reparieren. *06643*
repair handbook, W → repair manual. *06644*
repair manual, W, repair handbook / Reparaturhandbuch. *02184*
repair on a shoestring, W / Schnellreparatur. *05538*
repair panel, W / Reparaturblech. *09977*
replace, G, change / auswechseln, wechseln. *06645*
replacement engine, H, exchange engine / Austauschmotor, AT Motor. *02508*
replacement inner tube, F / Ersatzschlauch. *09842*

requirements, G / Anforderungen. *06646*
resale, H / Weiterverkauf. *02890*
resale value, H / Wiederverkaufswert. *06647*
research, W / Forschung. *06648*
research octane number, K / Research-Oktan-Zahl, ROZ. *01452*
reserve, G, spare / Reserve, Ersatz. *06649*
reserve tank, T / Reservebehälter. *06650*
reset, G / Rückstellknopf, Rückstellung. *07706*
resin, G / Harz. *06652*
resin stripper, L / Harzabbeizer. *10181*
resistance, G, resistor / Widerstand. *06653*
resistor, G → resistance. *06654*
resonance, G / Resonanz. *06655*
respirator, T → breathing apparatus. *06656*
respray, L / nachlackieren. *08250*
rest, I / Lehne. *06657*
restoration costs, H / Restaurierungskosten. *02931*
restoration insurance, H / Restaurierungsversicherung. *02979*
restoration to original specifications, H → restoration to original standard. *09591*
restoration to original standard, H, restoration to original specifications / originalgetreue Restaurierung. *02895*
restore, W / restaurieren. *02188*
restraining strap, G / Spannband. *06658*
restriction, G / Einschränkung. *06659*
retainer, G / Klemme. *06660*
retaining strap, F, (wheel suspension) / Fangband. *05732*
retardation, G → lag. *06661*
retarded ignition, E, delayed firing / Spätzündung, Nachzündung. *05643*
retarder, B / Retarder. *00416*
retracting headlight, E / versenkbare Scheinwerfer, Schlafaugen, Klappscheinwerfer. *01454*
retracting spring, G → pull back spring. *02196*

retreading, F → rebuilding. *01457*
return current, E → reverse current. *01458*
return pulley, G / Umlenkrolle. *06662*
rev counter, G → revolution counter. *06663*
reverse current, E, return current / Rückstrom. *01459*
reverse current cutout, E → cutout relay. *01460*
reverse gear, A, reverse speed / Rückwärtsgang. *06666*
reverse gear spindle, A → reverse idler gear shaft. *01461*
reverse idler gear shaft, A, reverse gear spindle, reverse idler shaft, reverse shaft / Rücklaufwelle, Rücklaufachse. *01462*
reverse idler shaft, A → reverse idler gear shaft. *01463*
reverse lamp, E → reversing lighting. *06667*
reverse scavenging, M → loop scavenging. *01464*
reverse shaft, A → reverse idler gear shaft. *06668*
reverse speed, A → reverse gear. *06669*
reversible, G / umkehrbar. *06670*
reversing clutch, A / Umkehrkupplung. *06671*
reversing gearbox, A / Umkehrgetriebe. *06672*
reversing lighting, E, reverse lamp / Rückfahrscheinwerfer, Rückfahrleuchte. *01465*
revise, G / revidieren. *06673*
revolution, G / Tourenzahl, Umdrehung. *02342*
revolution counter, G, rev counter, tachometer / Drehzahlmesser, Tourenzähler. *01467*
revolutions per minute, G, rpm / Umdrehungen pro Minute, U/min, Drehzahl. *02720*
rib, G → strut. *04734*
ribbed radiator, M, finned radiator, gilled radiator / Lamellen-Kühler, Rippenkühler. *01470*
rich mixture, K / fettes Gemisch. *01471*
rider, Z → motorcyclist. *06676*

214

riding comfort

riding comfort, T / Fahrkomfort. *09022*
right-hand bend, T / Rechtskurve. *06677*
right-hand traffic, T / Rechtsverkehr. *06679*
right-hand-steering, F / Rechtslenkung. *06678*
rigid, G / starr. *06680*
rigid axle, F, beam axle, solid axle, live axle / Starrachse. *03227*
rim, F / Felge. *01473*
rim band, F / Felgenband. *06681*
rim base, F, base of rim / Felgenbett. *01474*
rim tool, W / Felgenabziehhebel. *09471*
rim width, F, (rim/wheel) / Maulweite. *10419*
rim wrench, W / Radmutternschlüssel. *06682*
ring, G / Ring, Öse. *06683*
ring clogging, M →piston ring sticking. *06685*
ring gear, A → differential crown wheel. *00510*
ring groove, M, (piston) / Ringnut. *06689*
ring spanner, W / Ringschlüssel. *09023*
rivet, G / Niete. *06690*
rivet, G / nieten. *06691*
riveted frame, F / genieteter Rahmen. *06692*
road, T → street. *06693*
road accident, T → traffic accident. *09354*
road adherence, T, road holding / Straßenlage, Bodenhaftung. *09024*
road building, T / Straßenbau. *06694*
road ditch, T, ditch / Straßengraben. *06695*
road holding, T → road adherence. *09025*
road hole, T → chuck-hole. *06698*
road map, T / Straßenkarte. *06699*
road race, R, road racing / Straßenrennen. *09026*
road racing, R → road race. *09027*
road shock, T / Fahrbahnstoß. *09865*
road sign, T / Straßenschild. *09336*

roadster, H / Roadster. *06701*
roar, M, (engine) / aufbrüllen. *06703*
rocker, M → rocker arm. *01477*
rocker arm, M, rocker lever, rocker, valve lever, valve rocker / Kipphebel, Schwinghebel, Schlepphebel, Ventilkipphebel. *03991*
rocker arm bracket, M / Kipphebelbock. *06704*
rocker arm bush, M / Kipphebelbuchse. *06710*
rocker clearance, M → valve clearance. *07848*
rocker lever, M → rocker arm. *01479*
rocker panel, C → door sill. *08243*
rocker spacing spring, M / Kipphebelstützfeder. *06711*
rod, G → bar. *02244*
rod, M → connecting rod shank. *06714*
roll angle, F / Rollwinkel, Wankwinkel. *06715*
roll bar, F → anti-roll bar, (wheel suspension). *06718*
roll bar, I → safety roll bar. *06716*
rolled steel, W / Walzstahl. *06721*
roller, W / Rolle, Walze. *06722*
roller bearing, M, bearing roller / Rollenlager. *02731*
roller blind, I / Rolljalousie. *00672*
roller chain, M, block chain / Rollenkette, Hebezugkette. *02754*
roller dynamometer, W / Rollenprüfstand. *06725*
roller roof, C / Rolldach. *06726*
roller tappet, M / Rollenstößel. *01481*
roller-type overrunning clutch, Z → overrunning clutch. *01482*
rolling resistance, F / Rollwiderstand. *06700*
roof, C / Dach. *03381*
roof rack, C / Dachträger. *10397*
Roots-blower, M, Roots-type supercharger, Roots-compressor / Roots-Gebläse, Roots-Verdichter. *01483*
Roots-compressor, M → Roots-blower. *06727*
Roots-type supercharger, M → Roots-blower. *09742*

rubber handlebar grip

rope, G / Seil. *03344*
rope drum, G / Seiltrommel. *06728*
rope winch, W, cable winch / Seilwinde. *06729*
rotary engine, M → rotary piston engine. *06731*
rotary piston, M / Drehkolben. *01485*
rotary piston engine, M, rotary engine / Drehkolbenmotor, DKM, Rotationskolbenmotor. *02391*
rotary pump, G → centrifugal pump. *06734*
rotary switch, G / Drehschalter. *06736*
rotary valve, M / Drehschieber. *02805*
rotation, G / Umdrehung, Umlauf. *06738*
rotational velocity, G / Drehgeschwindigkeit. *07142*
rotor, E / Rotor, Läufer. *01490*
rotor, B → brake disc. *06740*
rotor arm, E → distributor rotor. *04158*
rough running, M / harter Lauf. *06741*
roundabout, T, traffic roundabout / Kreisverkehr. *09369*
route, T / Route, Strecke, Kurs. *06742*
rpm, G → revolutions per minute. *09562*
rub, L / abreiben, reiben. *08260*
rub rail, C / Scheuerleiste, Seitenleiste. *06760*
rubber, G / Gummi. *06745*
rubber band suspension, Z / Gummibandfederung. *09879*
rubber bellow, G, rubber boot / Gummibalg. *06746*
rubber boot, G → rubber bellows. *06747*
rubber bush, G / Gummibuchse. *06748*
rubber cap, E, (spark plug) / Regenschutzkappe. *09028*
rubber cement, W / Gummidichtkitt. *06749*
rubber grip, Z → rubber handlebar grip. *10504*
rubber handlebar grip, Z, rubber grip / Gummihandgriff. *09029*

215

rubber headlamp gasket, E / Scheinwerfergummidichtung. *10186*
rubber hose, G / Gummischlauch. *06752*
rubber mounting, G / Gummilager. *02564*
rubber mounting of the engine, M / Gummilagerung des Motors. *02554*
rubber seal, G / Gummidichtung. *06753*
rubber sleeve, G / Gummimanschette. *06754*
rubber spring, G / Gummifeder. *06755*
rubber strip, C / Gummileiste. *06756*
rubber suspension, F / Gummifederung. *06757*
rubber tyre, F → solid tyre. *06758*
rubber universal joint, F, fabric joint, hardy disc / Gummikreuzgelenk, Hardyscheibe. *01493*
rubber valve, F, rubber-covered valve, (tyre) / Gummiventil. *06759*
rubber-covered valve tyre, F →

rubber valve. *06751*
rubbing block, W, sanding block / Schleifklotz. *08271*
rumble seat, C → dickey seat. *09423*
rumble seat, C → occasional seat. *02149*
run, L, hanger, (spray pattern) / Läufer, Nase, Träne, Lackläufer. *08283*
run bearing, M → run out bearing. *02716*
run out bearing, M, run bearing / ausgelaufenes Lager. *01496*
run-down battery, E, drained battery / entladene Batterie. *06762*
run-in oil, A, (hypoid-gear) / Einlauföl. *01497*
runner, I / Türarmlehne. *10193*
running board, C, step board / Trittbrett, Einstiegsblech. *02343*
running condition, H / fahrbereit. *05419*
running in, T → breaking-in. *09382*
running life, G, service life, lifespan / Lebensdauer. *06763*
running-in, T → breaking in. *10558*

runny paint, L / flüssige Farbe. *08131*
rupture, G → fracture. *06764*
rush hour, T / Hauptverkehrszeit. *06765*
rust, L / Rost. *02193*
rust breakthrough, L, rust penetration / Durchrostung. *09454*
rust converter, L, rust killer / Rostumwandler. *01498*
rust killer, L → rust converter. *10082*
rust penetration, L → rust breakthrough. *10261*
rust protection, L / Rostschutz. *06768*
rust remover, L / Entroster. *06769*
rust scab, L / Rostblase. *10166*
rust treatment, L / Rostbehandlung. *10078*
rustproof, L / rostbeständig. *06766*
rustproof treatment, L / Rostschutzbehandlung. *06767*

S

s/c, H → supercharged. *02435*
s/c (short chassis), H → short wheel base. *02436*
s/r, H → sun roof. *02478*
saddle, Z / Sattel. *06791*
saddle bag, Z / Packtasche. *09032*
saddle hoop, Z / Sattelbügel. *09033*
saddle tank, Z / Satteltank. *09925*
saddle tank coil spring, Z, (front forks, cylinder head) / Schraubenfeder. *09809*
SAE-grade, K / SAE-Viskositätsklasse. *01499*
safe, G / sicher. *06792*
safety, G / Sicherheit. *06793*
safety belt, I → seat belt. *02321*
safety bumper, C / Sicherheitsstoßfänger. *06794*
safety glass, C / Sicherheitsglas. *02320*
safety lane, R / Sicherheitsspur. *09288*
safety mask, W / Schutzmaske.

10007
safety passenger cell, C / Sicherheits-Fahrgastzelle, Sicherheitskabine. *01500*
safety regulations, G / Sicherheitsvorschriften. *06795*
safety roll bar, C, roll bar / Überrollbügel. *06797*
safety valve, G / Sicherheitsventil. *06186*
sag, L, sagging, (paint fault) / Vorhang. *08282*
sagging, L → sag. *09671*
sale, H / Verkauf. *02877*
sales contract, H / Kaufvertrag. *09247*
sales figure, H / Verkaufserlös. *02873*
sales manager, H / Verkaufsleiter. *06799*
sales price, H, price, selling price / Verkaufspreis, Preis. *02970*
salesman, H / Verkäufer (als An-

gestellter). *06798*
saloon, H, sedan / Limousine, Innenlenker. *02135*
saloon-type sidecar, Z / geschlossener Seitenwagen. *09873*
sample, G / Probe, Muster. *06800*
sand blast cleaning, W, sandblast / Sandstrahlen. *10160*
sand casting, W, sand-mould casting / Sandguß. *06803*
sand cratches, L / Schleifspuren. *08292*
sand down, L → flat. *09665*
sand-mould casting, W → sand casting. *10262*
sandblast, W → sandblast cleaning. *09034*
sandblasting equipment, W / Sandstrahlgebläse. *06802*
sanding block, W → rubbing block. *09764*
sandpaper, L → abrasive paper. *08246*

sandwich body

sandwich body, C / Karosserie in Sandwichbauweise. *06804*
sandwich construction, W / Mehrschichten-Bauweise. *10399*
sash belt, I, (seat belt) / Schultergurt. *06805*
saturation, G / Sättigung. *06806*
saw, W / sägen. *06807*
scale, G / Skala. *06808*
scale, W, (welding) / Zunder. *10046*
scales, W / Waage. *06809*
scavenge, M, (two-stroke engine) / spülen. *02610*
scavenging, M / Spülung. *02611*
scavenging period, M / Spülperiode, Spülphase. *01502*
scavenging pump, M / Spülpumpe. *06811*
scavenging stroke, M, (two-stroke engine) / Spültakt. *02608*
schedule, G → chart. *06812*
school bus, H / Schulbus. *06813*
scissors type jack, W / Scherenwagenheber. *06814*
scooter, Z / Motorroller, Roller. *06815*
scope, G / Anwendungsbereich. *06817*
scope, G → play. *06061*
score, R / Start- und Ziellinie. *09286*
score mark, G / Verschleißspur, Riefe. *06818*
scrap yard, H → junk yard. *02947*
scraper, W / Spachtel. *10277*
scraper ring, M → oil ring. *06821*
scratch, G / Schramme. *06822*
screen, E, (ignition) / abschirmen. *06825*
screen, G → strainer. *06823*
screen, C → windscreen. *06824*
screen frame, C / Windschutzscheibenrahmen. *09264*
screen rail, C / Windschutzscheibeneinfassung. *09265*
screw, G / Schraube. *03120*
screw and nut steering, F, worm and nut steering / Spindellenkung, Schraubenlenkung. *06828*
screw driver, W / Schraubendreher. *09035*
screw driver for recessed-head screws, W / Kreuzschlitzschraubendreher. *09136*

screw on, W, bolt on / schrauben. *06827*
screw pillar type jack, T / Schraubwagenheber. *06831*
screw-push starter, E / Schubschraubtriebanlasser, Schubschraubtriebstarter. *01503*
scuffing, G, chafing / scheuern. *06832*
scuttle, C / Windlauf. *09962*
seal, G / Wellendichtung, Dichtung. *03059*
seal, G → sealing ring. *09510*
sealed beam headlamp, E / Sealed-Beam-Scheinwerfer. *01505*
sealer, L / Versiegelung. *08241*
sealing, G / Dichtung. *06834*
sealing compound, G / Dichtmittel. *01506*
sealing ring, G, sealing washer, seal / Dichtring. *06836*
sealing spray, W, (tyres) / Dichtungsspray. *09037*
sealing washer, G → sealing ring. *06837*
seam, G / Naht. *06838*
seam welding, W / Nahtschweißung. *06841*
seamless, G / nahtlos. *06840*
search light, E, spot light / Suchscheinwerfer. *02335*
seat, I / Sitz. *03114*
seat adjustment, I / Sitzverstellung. *06842*
seat anchorage, I / Sitzverankerung. *06844*
seat back, I, seat back rest, back of seat, back rest / Rückenlehne. *03115*
seat back rest, I → seat back. *06845*
seat belt, I, safety belt / Sitzgurt, Sicherheitsgurt. *04079*
seat belt adjustment, I / Sitzgurtverstellung. *06846*
seat belt mounting eye, I → anchor point. *09622*
seat belt mounting point, I → anchor point. *09621*
seat belt warning buzzer, E / Sitzgurtwarnsummer. *06847*
seat belt warning light, E / Sitzgurtwarnleuchte. *06848*

secondary winding

seat bench, I / Sitzbank. *06849*
seat bucket, I, seat pan / Sitzschale. *06850*
seat cover, I / Schonbezug. *09620*
seat cover, I / Sitzbezug. *06851*
seat cover cloth, I / Sitzbezugstoff. *09619*
seat guide rail, I / Sitzlaufschiene. *06853*
seat heating, E / Sitzheizung. *10400*
seat pan, I → seat bucket. *06854*
seat spring, I / Sitzfeder. *06855*
seat with half a back, Z, half-back seat / Sitz mit Halbrückenlehne. *09039*
seat-tank unit, Z / Sitzbank-Tank-Einheit. *09038*
seating area, G / Sitzfläche. *09040*
seating height, G / Sitzhöhe. *09041*
seating position, T / Sitzposition. *09042*
second gear, A / zweiter Gang. *06859*
second primer, L / zweiter Grundlack. *06860*
second-hand car, H, used car / Gebrauchtwagen. *02893*
second-hand part, H / Gebraucht-Ersatzteil. *10154*
secondary air, K, (carburetor) / Nebenluft. *00048*
secondary barrel, K, (carburetor) / zweite Stufe. *06857*
secondary brake shoe, B → trailing brake shoe. *01507*
secondary circuit, E, high tension circuit / Sekundärstromkreis, Sekundärkreis. *01508*
secondary coil, E → secondary winding. *06858*
secondary cup, B / Sekundärmanschette. *09164*
secondary gear, M / Steuerrad. *02749*
secondary oil, G / Sekundäröl, Zweit-Raffinat mit chemischen Zusätzen. *09922*
secondary shaft, A → countershaft. *07376*
secondary venturi, K / Vorzerstäuber, Nebenlufttrichter. *01511*
secondary winding, E, secondary coil, high tension winding / Se-

217

kundärwicklung, sekundäre Spule. *01513*
section, G / Ausschnitt. *06861*
sectioned and dropped, H → sectioned and lowered. *09586*
sectioned and lowered, H, sectioned and dropped / Karosserie und Fahrwerk tiefergelegt. *09585*
secure, G, lock / sichern. *06863*
security bolt, Z → tyre security bolt. *10374*
sedan, H → saloon. *02136*
sediment, G, deposit / Ablagerung, Bodensatz, Schlamm. *06864*
sediment bowl, M, sediment chamber / Schlammraum. *02738*
sediment chamber, M → sediment bowl. *02739*
segment, E, (commutator) / Lamelle. *06868*
segment, G / Segment. *06516*
segment of gear teeth, A → gear segment. *01515*
seize, G / festfressen. *02225*
seized piston, M → piston seizure. *09686*
seizing of piston, M → piston seizure. *06870*
selector control, A, (automatic transmission) / Getriebewählhebel. *06871*
selector fork, A → shift fork. *01516*
self-acting, G → automatic. *06872*
self-adhesive rubbing pad, W / selbstklebender Gummistreifen. *10144*
self-adjusting, G / selbstnachstellend, selbsteinstellend. *06873*
self-cancelling, G / selbstrückstellend. *06875*
self-cleaning, G / selbstreinigend. *06876*
self-cleaning temperature, E, burn-off temperature / Selbstreinigungstemperatur, Freibrenngrenze. *01517*
self-grip wrench, W / Gripzange. *10442*
self-induction, E / Selbstinduktion, Eigeninduktion. *01519*
self-locking, G / selbstsperrend. *06878*

self-sealing, G / selbstdichtend. *06879*
self-tapping screw, G / Schraube mit selbstschneidendem Gewinde. *10133*
seller, H / Verkäufer (als Privatmann). *03006*
selling price, H → sales price. *02968*
semaphore indicator, E, trafficator / Winker. *02368*
semi-automatic transmission, A / halbautomatisches Getriebe. *06880*
semi-diesel engine, M, hot bulb engine / Glühkopfmotor, Halbdieselmotor. *01523*
semi-elliptic spring, F, half-elliptic spring / Halbelliptikfeder. *02250*
semi-finished product, W → half-finished product. *08851*
semi-floating axle, F / halbfliegende Achse, Halbschwingachse, Halbschwebeachse. *01524*
semi-trailer, H / Aufleger, Hänger. *09366*
semi-trailing arm, F / Schräglenker, Diagonallenker. *01527*
semiconductor, E / Halbleiter. *06881*
semiconductor ignition, E → electronic ignition. *10238*
semitrailer, H / Sattelauflieger. *06882*
sender, G / Geber. *07670*
sensor, G / Sensor, Fühler. *06883*
sensor for brake lining wear indicator, B / Fühler für Bremsbelagverschleißanzeige. *01529*
separate chassis, C / separates Chassis. *02885*
separation, C / Fond-Trennscheibe. *03025*
separation, E / Teilung. *06885*
separator, E / Separator, Abscheider. *01530*
sequence, G / Reihenfolge. *06887*
serial number, C / Seriennummer, Fabriknummer. *06888*
series, W / Serie. *06890*
series production, W → mass production. *06891*
series resistor, E / Vorschalt-

widerstand. *06892*
serrated, G / zackenförmig, schrägverzahnt. *06893*
service, W / warten. *02190*
service, W / Kundendienst. *06895*
service brake, B / Betriebsbremse. *06896*
service life, G → running life. *06897*
service manual, W, maintenance manual / Kundendiensthelft, Wartungshandbuch. *06898*
service operations, W → maintenance jobs. *09770*
service station, W / Kundendienstwerkstätte. *06899*
service station, T, petrol station, gas station, filling station / Tankstelle. *04879*
service station attendant, T, attendant / Tankwart. *09191*
serviceable, G → ready for use. *09509*
servo brake, B → power brakes. *09171*
servo steering, F → power assisted steering. *01535*
servo unit, G → booster. *10526*
set, G / Satz. *06901*
set of springs, F, spring pile, (leaf spring) / Federpaket. *06905*
setting, G / Einstellung. *04948*
settings, G / Rückstände. *06906*
shackle, G / Lasche. *06907*
shackle pin, F → spring bolt. *09472*
shaft, G / Welle. *06909*
shaft and bevel drive engine, Z, bevel drive engine / Königswellenmotor. *09814*
shaft bearing, G / Wellenlager. *06910*
shake, G, jar / rütteln. *06911*
shallow dent, W / leichte Beule. *10096*
shank, G, stem / Schaft. *06912*
shape, G / Form. *06913*
shaped, G, molded / geformt. *06914*
sharp turn, T / scharfe Kurve. *06915*
shatterproof glass, C / splitterfreies Glas. *06916*
shear force, G / Scherkraft, Schubkraft. *06917*

sheathed-element glow plug, E, pencil type glow plug / Glühstiftkerze, einpolige Stabglühkerze. *01537*
sheet metal, G → steel sheet. *06920*
sheet metal cutter, W, cutter / Blechschere, Knabberschere. *09999*
sheet metal stamping, W / Blechpreßteil. *06921*
sheet metal working, W → panel beating. *10063*
sheet-steel, W, steel plate / Stahlblech. *06922*
shelf, I / Ablageschale. *06924*
shell, C → body shell. *09233*
shell, G → housing. *06923*
shift, A, (transmission) / schalten. *06926*
shift, A, shifting operation / Schaltvorgang. *06927*
shift control, A, shift mechanism / Gangschaltung. *06928*
shift dog, A / Schaltklaue. *06930*
shift down, A / herunterschalten. *06931*
shift fork, A, selector fork, control fork, gear control fork, gear shift fork, gear selector fork, gear shifting fork / Schaltgabel. *01539*
shift indicator, A, (automatic transmission) / Ganganzeige. *06932*
shift knob, A → gear shift lever knob. *06936*
shift lever, A → gear shift lever. *01540*
shift linkage, A → gear shift linkage. *06937*
shift mechanism, A → shift control. *00838*
shift pattern, A → gear shift pattern. *06938*
shift point, A, (transmission) / Schaltzeitpunkt. *07247*
shift up, T → upshift. *06939*
shifter rod, A, gear selector rod, gear shift bar, sliding selector shaft, gear shift rod / Schaltstange. *01541*
shifting ball, A / Schaltkugel. *06933*
shifting camshaft, M / verschiebbare Nockenwelle. *02785*

shifting clutch, A / Schaltkupplung. *06934*
shifting gate, A → gear shifting gate. *06935*
shifting lever bracket, A / Schalthebelhalterung. *09047*
shifting operation, A → shift. *06392*
shim, G, spacer / Ausgleichscheibe, Anlaufscheibe, Distanzstück. *09504*
shimmy, F / Flattern. *01542*
shin-guard, Z, shin-pad / Schienbeinschutz. *09048*
shin-pad, Z → shin-guard. *09049*
shipper, H → shipping agent. *09598*
shipping, H → transportation. *06940*
shipping agent, H, shipper / Spediteur, Speditionsgesellschaft, Spedition. *09264*
shipping charges, H / Transportkosten. *06942*
shipping papers, H / Transportpapiere. *06943*
shipping weight, H / Transportgewicht. *06944*
shock absorber, F, damper, dashpot cushion, dashpot / Stoßdämpfer, Dämpfer. *04014*
shock absorber bracket, F, damper bracket / Stoßdämpferbock. *06945*
shock absorber fluid, F, damper oil / Stoßdämpferöl. *06946*
shock absorber mount, F, damper mounting / Stoßdämpferlager. *06947*
shock absorber strut, F → damper strut. *06948*
shoe, B → brake shoe. *06949*
shoe brake, B, block brake / Backenbremse. *00146*
short chassis, H → short wheel base. *02441*
short circuit, E → short-cut. *06952*
short stroke engine, M / Kurzhubmotor. *06953*
short wheel base, H, swb, s/c, short chassis / kurzer Radstand. *02451*
short-cut, E, short-circuit / Kurzschluß. *02124*

shorted-turn tester, W, (electric) / Windungsschlußprüfer. *01546*
shoulder, T, verge / Seitenstreifen, Bankett. *06954*
showing good agility in bends, T / kurvenfreudig. *09050*
showroom condition, H / wie aus dem Schaufenster, ladenneu. *03048*
shrink, G / schrumpfen. *06956*
shrink fit, G / Schrumpfsitz. *06957*
shrink on, G / aufschrumpfen. *06958*
shrinking beater, W / Einziehhammer. *10075*
shut off, T / Motor abstellen. *06959*
shuttle bus, T / Pendelbus, Zubringerbus. *09364*
side clearance, M, (piston) / Flankenspiel. *10468*
side curtain, C / Steckscheibe. *04006*
side cutter, W / Seitenschneider. *09053*
side door, C / Seitentür. *06962*
side frame rail, C / seitlicher Längsträger. *06963*
side impact, T / Seitenaufprall. *06964*
side lamp, E → side light. *02317*
side light, E, side lamp, marker light, corner marker lamp / Begrenzungsleuchte, Begrenzungslicht. *03528*
side member, C / Rahmenlängsträger, Längsholm, Längsträger. *05878*
side mirror, C → outside mirror. *06967*
side panel, C, side section / Seitenwand, Seitenteil. *06969*
side panel frame, C / Seitenwandrahmen. *06970*
side pipes, K / Sidepipes, seitlich herausragende Auspuffrohre. *03041*
side road, T / Seitenstraße. *06971*
side section, C → side panel. *09415*
side sway, T / Schräglage. *09054*
side valve, M → vertical valve. *09724*
side valve engine, M, L-head engine, valve-in-block engine / seitengesteuerter Motor, Stoß-

219

side valves

stangenmotor. *02504*
side valves, M / seitlich stehende Ventile. *06973*
side view, G / Seitenansicht. *06975*
side wind, T, cross wind / Seitenwind. *06978*
side window, C / Seitenfenster. *04817*
side-draft carburetor, K → horizontal draft carburetor. *01547*
side-mounted radiator, M → hip-mounted radiator. *06968*
sidecar, Z / Seitenwagen, Beiwagen. *06960*
sidecar manufacturer, Z / Seitenwagenhersteller. *09821*
sidecar outfit, Z → motorcycle with sidecar. *09052*
sidewalk, T / Gehweg, Bürgersteig. *06976*
sidewall, F / Reifenflanke. *01549*
sign board, T / Hinweisschild. *10329*
sign post, T / Wegweiser. *10330*
signal horn, E → horn. *05177*
silencer filter, M / Ansaugdämpfer, Ansauggeräuschdämpfer. *01550*
silent chain, M / geräuschlose Kette. *02761*
silent gear, A / geräuschloser Getriebegang. *09209*
sill, C, (trunk) / Ladekante. *06979*
sill, C → door sill. *06790*
sill drain hole, C / Wasserablaufloch. *10090*
simplex brake, B / Simplexbremse. *01552*
simplex chain, G / Simplexkette. *06982*
single chamber brake cylinder, B / Einkammerbremszylinder. *06984*
single conductor plug, E / Einfachstecker. *06986*
single core cable, E / einadriges Kabel. *06987*
single lever carburetor, Z / Einhebelvergaser. *09838*
single pole, E / einpolig. *06992*
single seat, I / Einzelsitz. *06993*
single seater, T → monoposto. *06995*
single sided swing arm, Z →

monolever. *10391*
single spring seat, Z, cantilever spring saddle / Schwingsattel. *09929*
single tyres, H / Einfachbereifung. *06996*
single wheel drive, A / Einzelradantrieb. *06997*
single-acting, G / einfachwirkend. *06983*
single-acting shock absorber, F / einfachwirkender Stoßdämpfer. *01553*
single-cast cylinder, M / einzeln gegossene Zylinder. *02209*
single-circuit brake system, B / Einkreisbremsanlage. *06985*
single-cylinder engine, M / Einzylindermotor. *02210*
single-disc clutch, A / Einscheibenkupplung. *06989*
single-hand operation, I, (seatbelt) / Einhandbedienung. *06990*
single-hole nozzle, K, one-hole nozzle / Einlochdüse. *01555*
single-pipe brake system, B / Einleitungs-Bremsanlage. *01556*
single-pivot swing axle, F / Eingelenk-Pendelachse. *06991*
single-pulse charging, E / Einzelpulsaufladung. *01558*
single-tube shock absorber, F / Einrohrstoßdämpfer. *01559*
sinkage, L, contouring, flat spots blushing, (fault of paint) / Einsinken, Abzeichnungen. *08305*
sintered metal, W / Sintermetall. *06998*
sipes, G / Feinprofilierung, Lamellierung. *06999*
six-cylinder engine, M / Sechszylindermotor. *07000*
six-light saloon, H / sechsfenstrige Limousine. *09421*
sixwheeler, H / Dreiachsfahrzeug. *07001*
size, G / Größe, Umfang. *07002*
sketch, G / Skizze. *07004*
ski rack, T / Skihalter. *07008*
skid depth, F → tread depth. *07005*
skid mark, T / Bremsspur. *07006*
skid-control system, B → anti-block system. *01561*
skiff, H / Torpedo, schlanke

slipper window

Tourenwagen-Karosserie. *03033*
skin abrasion, T / Hautabschürfung. *07007*
skirt, M → piston skirt. *07012*
slack, G / Totgang, freies Spiel. *07013*
slacken, W → detach. *10438*
sleeve, G, liner / Büchse, Hülse. *03121*
sleeve, M → cylinder liner. *02630*
sleeve valve engine, M, sliding sleeve engine, Knight engine / Schiebermotor, Drehschiebermotor, Hülsenschiebermotor, Knight-Motor. *02308*
slick, F / Slick, profilloser Rennreifen. *07016*
slide-bearing, M → plain bearing. *01562*
sliding armature starter, E / Schubankeranlasser, Schubankerstarter. *01563*
sliding door, C / Schiebetür. *07019*
sliding gear starter motor, E, coaxial-type starting motor / Schubtriebanlasser, Schubtriebstarter. *01565*
sliding joint, F → slip joint. *07020*
sliding roof, H / Schiebedach. *05004*
sliding seat, I / verstellbarer Sitz. *07021*
sliding selector shaft, A → shifter rod. *01567*
sliding selector shaft locking mechanism, A / Schaltstangenarretierung. *01568*
sliding sleeve engine, M → sleeve valve engine. *02507*
sliding tube suspension, F / Teleskopfederung. *09086*
sliding window, C / Schiebefenster. *07022*
slip, G / Schlupf. *07023*
slip joint, F, sliding joint / Schiebegelenk, Gleitgelenk. *01569*
slip ring, G / Schleifring. *07028*
slip-on cover, I, tie-on cover / Überziehbezug, Schonbezug. *10211*
slipper clutch, A → friction clutch. *07025*
slipper window, C → quarter vent. *09789*

slipper-type piston

slipper-type piston, M / Slipper-Kolben, Gleitschuhkolben. *09933*
slippery, G / rutschig. *07026*
slipping, G / Rutschen. *01573*
slipping clutch, A / schleifende Kupplung. *02121*
slope, T, downgrade / Gefälle. *07030*
slotted bolt, G / Schlitzschraube. *07032*
slow, G / langsam. *10560*
slow down, F → decelerate. *07033*
slow running adjustment, K → idle adjustment. *01574*
slow running jet, K → idle jet. *01575*
sludge, G → mud. *07035*
small ad, H / Kleinanzeige. *02891*
small bore piston, M / Kolben für kleine Bohrung. *02668*
small end, M → connecting rod small end. *06079*
small end bushing, M → connecting rod small end bush. *01576*
small scale production rung, W → low volume prouction run. *10276*
smithery, W, smithy / Schmiede. *09056*
smithy, W → smithery. *09057*
smog, G / Smog. *07036*
smoke, G / Rauch, Qualm. *07037*
smoke limit, M, (diesel engine) / Rauchgrenze. *07040*
smokeless, G / rauchfrei. *07039*
smoking, M, (diesel engine) / Rauchen. *07041*
smooth running, M / runder Motorlauf, gleichförmiger Lauf. *07042*
snap ring, G → circlip. *02753*
snap-on cap, G / Schnappverschluß. *07043*
snorkel, G / Schnorchel. *07044*
snow blower, H / Schneefräse. *07045*
snow chain, F, tyre chain / Schneekette, Radkette. *07544*
snow plough, H / Schneepflug. *07048*
snow tyre, F → winter tyre. *07049*
snowmobile, H / Motorschlitten. *07047*
snug, G / Nase. *07050*

socket, E, (bulb) / Fassung. *02289*
socket, G, (plug and socket connection) / Steckdose. *07051*
socket, W / Stecknuß. *10481*
socket spanner, W, socket wrench / Steckschlüssel. *09058*
socket wrench, W → socket spanner. *09059*
soft paint, L / weicher Lack. *08263*
soft rubber, G / Weichgummi. *07053*
soft top, C → hood. *02356*
soft tyre, F / Reifen mit niedrigem Luftdruck. *07054*
soft verge, T / weiches Bankett. *10331*
solder, W / weichlöten, löten. *07056*
solder, W / Lot, Weichlot. *10450*
solder end to end, W / stumpf löten. *09060*
solder nipple, G / Lötnippel. *09061*
solder paint, W / Verzinnungspaste. *10124*
solder-on part, G, soldering part / Anlötteil. *09062*
soldered on, G / angelötet. *09064*
soldering eye, G / Lötöse. *09065*
soldering part, G → solder-on part. *09063*
solenoid, E, solenoid coil / Magnetspule. *07057*
solenoid coil, E → solenoid. *07058*
solenoid switch, E / Magnetschalter, Magnetanlaßschalter, Einrückrelais, elektromagnetischer Anlaßschalter. *01579*
solenoid valve, G / Magnetventil. *07059*
Solex carburetor, K / Solex-Vergaser. *01578*
solid axle, F → rigid axle. *07061*
solid injection diesel engine, M, direct injection diesel engine, open-chamber diesel engine / Dieselmotor mit Strahleinspritzung, Direkteinspritzmotor. *01582*
solid rubber tyre, F → solid tyre. *07063*
solid tyre, F, solid rubber tyre, rubber tyre / Vollgummireifen. *02362*
solid-skirt piston, M, full-skirt

spark control

piston, plain-skirt piston / Vollschaftkolben, Glattschaftkolben. *01584*
solo seat, Z / Einzelsitzbank. *09066*
solution level, E → acid level. *01586*
solvent, L, thinner, reducer / Lösungsmittel, Verdünner. *07064*
solvent pop, L, popping / Kochbläschen. *08293*
sound, G / Schall. *07065*
sound deadener, L → body deadener. *07066*
sound level, G / Schallpegel, Lärmpegel. *04488*
sound projector, E, (horn) / Schalltrichter. *07067*
souped-up engine, H → hotted-up engine. *09579*
source of errors, W / Fehlerquelle. *09067*
space, G / Abstand. *10304*
space, G / Raum. *07068*
space frame, C → tubular space frame. *07069*
spacer, G → shim. *07384*
spacer ring, G, distance ring / Abstandsring. *07072*
spacer tube, G / Distanzrohr. *02789*
spanner, W, wrench / Schraubenschlüssel, Maulschlüssel. *09136*
spare, G / Ersatz. *07074*
spare part, W / Ersatzteil. *02217*
spare part number, H, part no. / Ersatzteilnummer. *07076*
spare parts list, W, parts list / Ersatzteilliste. *02186*
spare parts situation, H / Ersatzteillage. *02904*
spare tyre, F → spare wheel. *07077*
spare wheel, F, spare tyre / Ersatzrad, Reserverad. *02216*
spark, G / Funke. *07082*
spark adjustment, W → ignition setting. *06779*
spark advance, E → advance ignition. *01587*
spark advance curve, E → advance characteristic. *01588*
spark arrester, M → flame trap. *07081*
spark control, E → ignition control. *07083*

221

spark duration

spark duration, E / Funkendauer. *01589*
spark ignition engine, M, gasoline engine, patrol engine, Otto engine / Ottomotor, Benzinmotor. *00007*
spark lag, E → ignition delay. *07088*
spark plug, E, ignition plug, plug, sparking plug / Zündkerze, Kerze. *01593*
spark plug body, E → spark plug shell. *01594*
spark plug connector, E, spark plug socket / Zündkerzenstecker. *07089*
spark plug electrode, E / Zündkerzenelektrode. *07093*
spark plug erosion, E / Zündkerzenabbrand. *07090*
spark plug face, E / Zündkerzengesicht. *07097*
spark plug fouling, E / Zündkerzenschaden. *06387*
spark plug gap, E, spark plug opening, electrode gap / Elektrodenabstand, Funkenstrecke, Zündabstand. *00646*
spark plug gap, E → electrode gap. *01591*
spark plug gap gauge, W → spark plug gap tool. *01597*
spark plug gap tool, W, spark plug gap gauge / Zündkerzenlehre. *01605*
spark plug gasket, E / Zündkerzendichtung. *01607*
spark plug head, E / Zündkerzenkopf. *07099*
spark plug housing, E → spark plug shell. *07100*
spark plug insert, E / Zündkerzeneinschraubbüchse. *07101*
spark plug insulator, E, insulating body, insulator / Isolator, Isolierkörper, Kerzenstein. *01005*
spark plug lead deposit, E / Bleiablagerung an der Zündkerze. *07105*
spark plug nipple, E / Kabelanschlußgewinde an der Zündkerze. *07106*
spark plug opening, E → spark plug gap. *07107*

spark plug seat, E / Zündkerzensitz. *07110*
spark plug shell, E, spark plug body, spark plug housing / Zündkerzengehäuse. *07111*
spark plug socket, E → spark plug connector. *07112*
spark plug socket wrench, W, spark plug spanner, plug spanner / Zündkerzenschlüssel, Kerzenschlüssel. *07113*
spark plug spanner, W → spark plug socket wrench. *07114*
spark plug terminal, E / Zündkerzenklemme. *07115*
spark plug test bench, W / Zündkerzenprüfvorrichtung. *07116*
spark plug testing and cleaning unit, W / Zündkerzen-Prüf- und Reinigungsgerät. *01610*
spark plug thread, E / Zündkerzengewinde. *07117*
spark plug wire, E / Zündkerzenkabel, Zündleitung. *07118*
sparking plug, E → spark plug. *01612*
speaker, E, loudspeaker, (radio) / Lautsprecher. *07119*
special body, H / Spezialkarosserie, Sonderaufbau. *07120*
special magazine, H / Spezialzeitschrift. *02902*
special tool, W / Spezialwerkzeug. *10120*
specialist, H / Fachmann. *08798*
specialized workshop, W / Fachwerkstatt. *02905*
specification, W / Stückliste. *06306*
specifications, G / Vorschriften. *07123*
specifications, G → technical data. *09561*
specified, G / vorgeschrieben. *07124*
speculator, H / Spekulant. *02939*
speed, M, (engine speed) / Drehzahl. *04533*
speed, T → velocity, driving speed. *10265*
speed governor, M → overspeed governor. *07126*
speed limit, T / zulässige Höchstgeschwindigkeit. *05946*

split bushing

speed range, M, range of revolution / Drehzahlbereich. *02722*
speed reducing ratio, A → transmission reduction. *01620*
speed reduction, A → transmission reduction. *01621*
speed trap, T, radar trap / Radarfalle. *07131*
speedo, T → speedometer. *09560*
speedometer, T, speedo / Tachometer, Geschwindigkeitsmesser. *01622*
speedometer accuracy, T / Tachometergenauigkeit. *07127*
speedometer cable, A / Tachometerwelle, Tachometerantrieb. *08820*
speedway, R / Rennbahn. *07132*
speedway-race, R, dirt-track race / Speedway-Rennen, Dirt-Track Rennen. *09934*
spherical combustion chamber, M / Kugelbrennraum. *01624*
spider, H / Spider. *09594*
spigot, G → swivel. *07133*
spike, F, (tyre) / Spike. *07134*
spiked tyre, F / Spikereifen. *07138*
spill valve, G / Überlaufventil. *07139*
spilt oil, W / verschüttetes Öl. *10003*
spin, T, (tyre) / durchdrehen. *07140*
spindle, G / Spindel. *07141*
spiral spring, G / Spiralfeder. *07143*
spirit level, W / Wasserwaage. *10161*
splash, G / spritzen. *07144*
splash lubrication, Z / Tauchschmierung, Schleuderschmierung. *09941*
splay, F → camber. *07145*
splined shaft, M → fluted shaft. *02705*
splines, G / Keilnutverzahnung, Zahnwellenprofil. *07147*
split, G / geteilt. *07153*
split axle, F → axle shaft. *02249*
split bearing, G / geteiltes Lager. *07148*
split brake system, B → double circuit braking system. *07151*
split bushing, G / geteilte Lagerbuchse. *07152*

split pin, G, cotter / Splint. *03757*
split the two halves of the crankcase, W / Trennen der Gehäusehälften. *10465*
split-single engine, M → double piston engine. *02493*
split-skirt piston, M / Schlitzmantelkolben. *02672*
splutter, L, (spray gun) / spucken. *08143*
spoiler, C / Spoiler. *07155*
spoke, F / Speiche. *04776*
spoke lock, Z / Speichenschloß. *09070*
spoke tension, F / Speichenspannung. *09072*
spoke tightener, W / Speichenspanner. *07158*
spoke wheel, F → spoked wheel. *07160*
spoke wrench, W / Speichenschlüssel. *09073*
spoke-protector, F / Speichenschutzscheibe. *09071*
spoked wheel, F, spoke wheel, wire spoke wheel / Speichenrad. *07157*
spoking, W / einspeichen. *09074*
sponge rubber, G → foam rubber. *07161*
sponsorship, R / Sponsorschaft. *09323*
spool valve, M / Steuerventil. *02807*
spoon, W / Löffeleisen, Richtlöffel. *10068*
sporting-type motorcycle, Z, sports model / Sportmaschine. *09781*
sports car, H / Sportwagen. *02327*
sports model, Z → sporting-type motorcycle. *10381*
spot check, G → random test. *07162*
spot light, E → search light. *02336*
spot repair, W / Ausbesserung. *08182*
spot sandblaster, W / Sandstrahlpistole. *10088*
spot welder, W / Punktschweißgerät. *09986*
spot welding, W / Punktschweißung. *07165*
spray, L → spray paint. *08159*

spray booth, L / Lackierkabine. *08183*
spray fog, L / Spritznebel. *10505*
spray gun, L / Spritzpistole. *10591*
spray hole, K / Düsenöffnung. *01626*
spray pattern, L / Spritzbild. *08169*
spray putty, L / Spritzspachtel. *08126*
spray-paint, L, spray / spritzen. *08311*
spraying hand, L / Spritzhand. *08174*
spreader, W / Spatel. *10095*
spreader adjustment valve, L, pattern adjustment valve, (spray gun) / Spritzbreiteneinstellventil. *08178*
spreader valve, L, (spray gun) / Sprühventil. *08150*
spreading rust, L / Rostfraß. *10083*
spring, G / Feder. *02220*
spring actuated, G / federbetätigt. *07166*
spring beating spoon, W / Federhammerlöffel. *10073*
spring bolt, F, spring shackle pin, shackle pin, (leaf spring) / Federbolzen. *07167*
spring buffer, F / Federpuffer. *07168*
spring clip, G / Federklammer. *10197*
spring cotter, F / Federsplint. *07169*
spring eye, F / Federauge. *02221*
spring fracture, G / Federbruch. *07170*
spring hook, G / Federhaken. *07175*
spring leaf, F, leaf, (leaf spring) / Federblatt. *05669*
spring load, F / Federbelastung. *07172*
spring pile, F → set of spring. *07174*
spring pin, G / Federstift. *09516*
spring seat, G / Federteller. *02224*
spring shackle pin, F → spring bolt. *02223*
spring travel, G / Federweg. *07176*
spring washer, G, corrugated washer / Federscheibe, Federunterlegscheibe. *02531*

springing, G / Federung. *07325*
sprint race, R / Sprintrennen. *09275*
sprocket, M → chain wheel. *02763*
sprung frame, Z / Schwingrahmen. *09928*
sprung rear wheel transmission unit, Z / Triebsatzschwinge. *09946*
square bolt, G / Vierkantschraube. *07177*
square engine, M / quadratischer Motor, Motor mit gleichem Hub und gleicher Bohrung. *02499*
square nut, G / Vierkantmutter. *07178*
square-four motorcycle, Z / Vierzylindermotorrad mit quadratischen Zylindern. *09935*
squeak, C, (rubbing bodywork) / Quietschgeräusch. *10143*
squeezing, G, pinching / Quetschung. *07180*
squish area, M, (cylinder head) / Quetschfläche. *06525*
stabilization stage, E / Stabilisierungsstufe. *01628*
stabilizer, F → anti roll bar. *10217*
stabilizer bar, F → anti roll bar. *10218*
staff, G / Stab. *07184*
stainless steel, G / rostfreier Stahl, nicht rostender Stahl. *07185*
stainless steel exhaust system, K / Auspuffanlage aus rostfreiem Stahl. *07186*
stake, G, (truck) / Spiegel. *09555*
stalk, G → lever. *05061*
stall, M / Motor abwürgen. *07187*
standard, G / Norm. *07189*
standard (-type), H, stock / serienmäßig. *02318*
standard model, H, basic model / Grundmodell. *07191*
standardization, G / Normung. *07190*
standing mile, R / Meile mit stehendem Start. *09317*
standing start, R / stehender Start. *09077*
star connection, E, wye connection, Y-connection / Sternschaltung, Drehstrom-Sternschaltung. *01629*

star pinion

star pinion, A → differential bevel gear. *01631*
start, R / Start. *08808*
start, M, start up / anlassen, anspringen, starten. *07193*
start up, M → start. *07208*
starter, E, starter motor, cranking motor / Anlasser, Starter, Anlaßmotor. *01632*
starter button, E, starter push-button / Anlaßdruckknopf, Starter-Druckknopf. *02044*
starter cable, E / Anlasserkabel. *07196*
starter carburetor, K / Startvergaser, Anlaßvergaser. *01636*
starter clutch, M → cranking jaw. *08326*
starter jet, K, (carburetor) / Startdüse. *07197*
starter key, E / Anlasserschlüssel. *07198*
starter motor, E → starter. *01635*
starter pinion, E / Anlasserritzel, Starterritzel. *01639*
starter relay, E / Starterrelais. *07202*
starter ring gear, M, flywheel ring gear / Anlaßzahnkranz, Schwungradzahnkranz, Starterzahnkranz. *01641*
starter shaft, E / Anlasserwelle. *01644*
starter solenoid, E / Anlaßmagnet. *07206*
starter switch, E / Anlasserschalter. *07203*
starter test bench, W / Anlasserprüfstand, Starterprüfstand. *01645*
starter-generator-ignition unit, E → combined lighting and starting generator. *01638*
starter-push-button, E → starter button. *07200*
starting aid, M / Starthilfe. *07204*
starting butterfly valve, K → choke. *07205*
starting crank, T, crank handle, cranking handle / Andrehkurbel. *01647*
starting dog, M → cranking jaw. *00445*
starting grid, R / Startlinie. *09271*

starting money, R / Startgeld. *09273*
starting torque, M / Anzugsdrehmoment, Anlaßmoment. *01648*
static, G / statisch. *07209*
static cap, E, (radio) / Entstörkappe. *07207*
station wagon, H → utility car. *09178*
stator, E / Ständer. *01650*
stauffer grease, G / Staufferfett. *01651*
stayer, R, (motorcycle) / Steher. *09078*
stayer race, R, (motorcycle) / Steherrennen. *09079*
steady state vibration, F / eingeschwungene Schwingung. *07210*
steam car, H / Dampfwagen. *02098*
steam cleaning, W / Dampfstrahlreinigen. *10080*
steel, G / Stahl. *07211*
steel belted tyre, F / Stahlgürtelreifen. *07212*
steel body, C / Stahlkarosserie. *07213*
steel disc wheel, F / Stahlfelgen. *10209*
steel hammer, W / Stahlhammer. *10098*
steel panelling, Z / Blechverkleidung. *10351*
steel plate, W → sheet-steel. *07214*
steel sheet, G, sheet metal / Stahlblech. *06919*
steel springing, F, (wheel suspension) / Stahlfederung. *07215*
steer, F, (vehicle) / lenken, steuern. *07216*
steer angle, F / Lenkeinschlag. *07219*
steerable, F / lenkbar. *07218*
steered wheel, F / gelenktes Rad. *07220*
steering, F / Lenkung. *01652*
steering arm, F → steering drop arm. *02422*
steering axle, F / Lenkachse. *07221*
steering column, F, steering post / Lenksäule. *02130*
steering column change, F, column change, column gear shift, column shift / Lenkradschaltung. *07222*

steering pivot bush

steering column jacket, F / Lenkrohr. *01654*
steering column lock, F / Lenkradschloß. *07224*
steering connection rod, F, connecting rod / Lenkverbindungsstange. *07225*
steering damper, A / Lenkungsdämpfer. *07226*
steering damper, Z / Flatterbremse. *09853*
steering drop arm, F, drop steering lever, steering gear arm, drop arm, steering arm, pitman arm, steering gear, steering lever / Lenkhebel, Lenkstockhebel. *00611*
steering free travel, F, steering play, lost motion, lost motion of steering / Lenkspiel, Totgang am Lenkrad. *01656*
steering gaiter, F / Lenkmanschette. *09476*
steering gear, F, steering unit / Lenkgetriebe. *01657*
steering gear, F → steering drop arm. *07230*
steering gear arm, F → steering drop arm. *01658*
steering geometry, F / Lenkgeometrie. *07233*
steering idler arm, F → idler arm. *07234*
steering joint, F / Lenksäulengelenk. *07235*
steering knuckle, F, stub axle, spindle, steering swivel, steering stub axle, steering stub, steering knuckle spindle / Achsschenkel. *01659*
steering knuckle bush, F → steering pivot bush. *01660*
steering knuckle pin, F → steering pivot pin. *01035*
steering knuckle spindle, F → steering knuckle. *01661*
steering lever, F → steering drop arm. *01662*
steering offset, F → swivelling radius. *07236*
steering pin, F → steering pivot pin. *03928*
steering pivot bush, F, steering knuckle bush, journal bush,

224

steering pivot pin   **stubborn fixing**

steering swivel bush, king pin bush, king pin bushing / Achsschenkelbuchse. *02864*
steering pivot pin, F, steering knuckle pin, king pin support, steering swivel pin, king pin, steering pin, pivot pin, steering swivel bolt, swivel pin / Achsschenkelbolzen, Vorderradlenkzapfen. *01032*
steering play, F → steering free travel. *01665*
steering post, F → steering column. *01670*
steering reduction ratio, F / Lenkübersetzungsverhältnis. *01671*
steering response, F / Lenkreaktion des Fahrzeugs, Lenkverhalten. *07237*
steering rod, F / Lenkspurstange, Spurstange. *07238*
steering spindle gearing, F / Lenkspindellager. *05810*
steering stop, F, lock, (steering system) / Lenkanschlag, Anschlag. *05768*
steering stub, F → steering knuckle. *01672*
steering stub axle, F → steering knuckle. *01673*
steering swivel, F → steering knuckle. *01674*
steering swivel arm, F → track rod arm. *01675*
steering swivel bolt, F → steering pivot pin. *01676*
steering swivel bush, F → steering pivot bush. *03929*
steering swivel pin, F → steering pivot pin. *01678*
steering system, F / Lenkanlage. *07241*
steering tie rod, F → tie bar. *01679*
steering track rod, F → tie bar. *01680*
steering unit, F → steering gear. *01681*
steering wheel, F / Lenkrad, Steuerrad. *01682*
steering wheel diameter, F / Lenkraddurchmesser. *07242*
steering wheel hub cap, I, hub cab / Lenkrad-Nabenabdeckung, Nabenabdeckung. *05202*

steering wheel rim, F / Lenkradkranz. *07243*
steering wheel spider, F / Lenkradspeichenkreuz. *07244*
steering worm, F, (stearing gear) / Lenkschnecke. *07246*
stem, Z / Lenkervorbau. *09081*
stem, G → shank. *07247*
step board, C → running board. *07249*
step-down ratio, G → reduction ratio. *07251*
step-up, G / Übersetzung. *07252*
step-up ratio, G / Übersetzungsverhältnis. *10555*
stick, G / aneinander kleben. *08387*
sticking of piston rings, M → clogging of piston rings. *09733*
sticky valves, M / klebende Ventile. *02809*
stock, H → standard (-type). *03046*
stone guard, C / Steinschlagschutz. *06552*
stop lamp, E → stop light. *01685*
stop light, E, brake light, stop lamp / Stoplicht, Bremslicht, Bremsleuchte. *01687*
stop pin, G / Anschlagstift. *07255*
stop sign, T / Stopschild. *09359*
stop watch, R → timer. *07257*
stopper, G / Verschlußstopfen. *07254*
stopping distance, B → braking distance. *05224*
stopping time, T / Bremszeit. *07256*
storage battery, E → battery. *01693*
store, H → depot. *07258*
stowage ace, Z / Staufach. *08946*
stowed, G / aufgerollt. *07259*
straight ahead tracking, F / Geradeauslauf. *07260*
straight eight, M → in-line engine. *03895*
straight oil, G, non-detergent oil / Premiumöl, Einbereichsöl ohne Zusätze. *09921*
straight-eight engine, M, eightin-line engine / Achtzylinder-Reihenmotor. *02040*
straightening equipment, W → body jig. *07261*
strain, G / Belastung, Spannung.

07262
strain gauge, W / Dehnmeßstreifen. *07264*
strainer, G, screen / Sieb. *06193*
strand, G / Litze. *07265*
strangler, K → choke. *01694*
strangler butterfly, K → choke. *07267*
strap, G → belt. *07269*
straw barrier, R / Strohbarriere. *09289*
streamlined, H / stromlinienförmig. *07272*
street, T, road / Straße. *07273*
street lighting, T / Straßenbeleuchtung. *07274*
street machine, Z / Straßenmaschine. *09082*
stress panel, C / Versteifungsblech. *10094*
stretched limousine, H / verlängerte Limousine. *09349*
stretcher, T → barrow. *08390*
striker, C, (door) / Schließplatte. *07276*
strip, G / Streifen. *07277*
strip, G → dismantle. *07278*
strobe light, W → timing lamp. *07279*
stroke, M → stroke travel. *01695*
stroke capacity, M → displacement. *10235*
stroke of piston, M → stroke travel. *02594*
stroke travel, M, stroke, travel, stroke of piston, piston stroke / Hub, Kolbenhub, Kolbentakt, Takt. *01698*
stroke-bore ratio, M / Hub-Bohrungs-Verhältnis. *01696*
Stromberg carburetor, K / Stromberg-Vergaser. *01701*
struck the arc, W / Zünden des Lichtbogens. *10036*
structural component, W / tragendes Teil. *09455*
strut, G, rib, support / Strebe. *04733*
strut, F → link strut. *07284*
strutting, G / Verstrebung. *07285*
stub axle, F → steering knuckle. *01702*
stub shaft, G / Achsstumpf. *07286*
stubborn fixing, W / festgerostete

225

stud

Schraube. *10146*
stud, G, stud bolt / Stehbolzen, Stift, Stiftschraube. *02547*
stud bolt, G → stud. *02548*
styling, W / Styling, Formgebung. *07290*
styrofoam, G / Styropor. *08795*
SU-carburetor, K / SU-Vergaser. *01703*
subframe, C / Hilfsrahmen, Zwischenrahmen. *01704*
suction carburetor, K → constant pressure carburetor. *03696*
suction chamber, K / Vergaserglocke. *01707*
suction connection, G / Sauganschluß. *07293*
suction feed gun, L / Saugbecherpistole. *08133*
suction governor, K, vacuum governor, pneumatic governor / Membranregler, Unterdruckregler. *01708*
suction pipe, G / Saugrohr. *07294*
suction pump, M, (lubrication) / Saugpumpe. *07295*
suction screen, K / Ansaugfilter. *02045*
suction side, M → intake side. *02539*
suction stroke, M → intake stroke. *01710*
suction valve, G / Saugventil. *01712*
sump, M → wet sump. *02157*
sun, A → sun gear. *07298*
sun gear, A, sun, sun wheel, (planetary gear train) / Sonnenrad. *07297*
sun roof, H, s/r / Sonnenverdeck. *02479*
sun screen, I → visor. *07300*
sun shield, C → sun visor. *09626*
sun visor, C, sun shield, (outside the car) / Schute. *09625*
sun wheel, A → sun gear. *01714*
super-grade petrol, K → high-octane fuel. *01719*
supercharge, M / laden, auflanden. *03985*
supercharged, M, s/c / aufgeladen, mit Kompressor. *02440*
supercharged engine, M / Ladermotor, Auflademotor, Kompressormotor. *01715*
supercharger, M / Kompressor, Lader, Auflader, Verdichter. *01717*
supercharging, M / Aufladung. *07302*
supercharging pressure, M, charging pressure, (supercharging pressure control) / Ladedruck. *07303*
supercharging pressure control, M → boost pressure control. *09695*
supercharging pressure limiter, M / Ladedruckbegrenzer. *07305*
supercharging ratio, M / Aufladeverhältnis. *07306*
superclassic, H / Superclassic. *02880*
superelevated bend, T, banking / überhöhte Kurve. *07308*
supervise, G / überwachen. *07309*
supplement, G / Zusatz. *07310*
supplementary brake system, B / Zusatzbremsanlage. *07311*
supplier, W / Lieferant, Zulieferer. *06006*
supply, G → feed. *07312*
supply pressure, K → delivery pressure. *07314*
supply pump, G / Förderpumpe. *07315*
support, G / Unterstützung. *07316*
support, G → bracket. *07389*
support, G → strut. *04735*
support tube, C / Stützrohr. *07320*
supporting arm, F / Tragarm. *07317*
supporting axle, C / Tragachse. *07318*
supporting loop, I / Halteschlaufe. *07319*
suppress, E, (ignition) / entstören. *07321*
suppression capacitor, E / Entstörkondensator. *09442*
suppressor, E / Entstörer, Entstörmittel. *01720*
surface, G / Oberfläche. *07322*
surface ignition, E → glow ignition. *07324*
surface rust, L / Oberflächenrost. *10165*

swirl speed

surface to be joint, G / Paßfläche. *10182*
surfacer, L / Haftvermittler. *09649*
suspension, F, wheel suspension / Radaufhängung, Aufhängung. *01725*
suspension compressor, F / Kompressor für Federung. *07326*
suspension hardening, F / Federungsverhärtung. *07327*
suspension link, F → link. *08348*
suspension link bearing, F / Lenkerlager. *07329*
suspension link joint, F / Lenkeranlenkung. *07330*
suspension link strut, F → link strut. *07331*
suspension of driver's licence, T → cancellation of driver's licence. *10335*
suspension types, F / Radaufhängungsarten. *07333*
swage line, C, (bodywork design) / Hüftschwung. *09957*
swap meet, H → autojumble. *09590*
sway, F, (body) / Seitenneigung. *07334*
sway bar, F → anti-roll bar. *07337*
swb, H → short wheel base. *02450*
sweeper, H / Kehrmaschine. *07339*
swept volume, M → displacement. *01729*
swing axle, F, floating axle / Schwingachse, Pendelachse. *01730*
swinging arm rear suspension, Z → rear fork swinging arm. *09856*
swirl, G → turbulence. *07340*
swirl chamber, M, turbulence chamber, turbulence combustion chamber, turbulence space, whirl chamber, (diesel engine) / Wirbelkammer, Kolbenwirbelkammer. *01732*
swirl chamber diesel engine, M, turbulence chamber engine, whirl chamber diesel engine / Wirbelkammer-Dieselmotor. *01734*
swirl duct, M / Drallkanal, Dralleinlaßkanal. *01735*
swirl speed, M / Wirbelgeschwindigkeit. *07342*

swirl type combustion chamber,
M / Wirbelkammerbrennraum.
07343
switch, G / Schalter. *02298*
switch off, G / ausschalten. *02057*
switch on, G / einschalten. *07346*
swivel, G, spigot / Zapfen. *05587*
swivel axle, F / Achsschenkeldrehachse. *07349*
swivel joint, A → universal joint. *07350*
swivel pin, F → steering pivot pin. *01737*
swivel window, C / Schwenkfenster. *07351*
swivelling radius, F, offset radius, wheel offset, steering offset / Lenkrollhalbmesser, Rollradius. *01738*
symmetric, G / symmetrisch. *07352*

symmetrical low beam, E / symmetrisches Abblendlicht. *01740*
synchrograph, W / Synchrograph. *01741*
synchromesh, A, (manual transmission) / Synchronisierung. *07353*
synchromesh body, A, synchronizing assembly / Synchronkörper, Gleichlaufkörper. *07354*
synchromesh cone, A / Synchronkegel, Gleichlaufkonus, Reibkonus. *01742*
synchromesh gear, A → synchromesh gearbox. *01747*
synchromesh gearbox, A, synchromesh gear, synchromesh transmission / Synchrongetriebe, Gleichlaufgetriebe. *01745*
synchromesh transmission, A → synchromesh gearbox. *01748*

synchronize, A / synchronisieren. *07355*
synchronizer sleeve, A, synchronizing slide collar / Synchronschiebemuffe, Schiebemuffe, Klauenring. *01749*
synchronizing assembly, A → synchromesh body. *01752*
synchronizing slide collar, A → synchronizer sleeve. *01754*
synthetic, G / synthetisch. *07356*
synthetic enamel, L, synthetic resin enamel / Kunstharzlack. *01755*
synthetic resin enamel, L → synthetic enamel. *08196*
syringe hydrometer, W → acid tester. *01756*
system, G / System, Anlage. *07357*

T

T-head cylinder, M / Zylinder mit beidseitig stehend angeordneten Ventilen. *02628*
T-slot piston, M / T-Schlitzkolben. *07719*
tab washer, G / Sicherungsblech. *09506*
table, G → chart. *07399*
tach-dwell meter, W → dwell-angle tester. *01757*
tachograph, T / Fahrtenschreiber, Tachograph. *07400*
tachometer, G → revolution counter. *07402*
tacking, W, (welding) / Anpunkten. *10039*
tag, G → label. *07403*
tail, C, rear, rear end / Fahrzeugheck, Heck. *07404*
tail gate, C, rear opening / Heckklappe, Hecktür. *07408*
tail lamp, E → rear light. *01758*
tailboard, C, rear panel / Rückwand. *07406*
tailboard frame, C / Rückwandrahmen. *07407*
tailgate spoiler, C → rear spoiler. *10131*
tailpipe, K / Auspuffendrohr. *07110*

taking the flag, R / Sieg erringen. *09316*
tandem axle, F / Tandemachse, Doppelachse. *07414*
tandem axle suspension, F / Doppelachsfederung. *07416*
tandem master cylinder, B → dual master cylinder. *07417*
tandem rear axle, F, dual rear axle / Tandemhinterachse. *07419*
tank, K → fuel tank. *02338*
tank gauge, K, (fuel tank) / Vorratsgeber. *07420*
tap, G → cock.
tape, G / Band. *10305*
tapered, G / kegelförmig, konisch. *07421*
tapered bearing, G / Kegellager. *07423*
tappet, M → valve lifter. *01760*
tappet adjuster, M / Stößeleinsteckstück. *10460*
tappet clearance, M → valve clearance. *07849*
tappet guide, M → valve lifter guide. *02791*
tar stain, G / Teerfleck. *07425*
target, G / Ziel. *07424*
tax, H, duty, (excise) / Steuer. *04302*

tax on net value added, H → VAT. *02986*
taxi, H → cab. *03342*
TCI, E → transistorized ignition system. *01761*
TDC, M → top dead center. *01762*
TDC-generator, E, TDC-sensor / OT-Geber. *07427*
TDC-sensor, E → TDC-generator. *07428*
team, R / Team. *09083*
team-mate, R, co-driver / Copilot. *07429*
team-prize, R / Mannschaftspreis. *09328*
tear, G → crack. *10183*
technical data, G, specifications / technische Daten. *07430*
technical monument, H / Technisches Denkmal. *03017*
TEL, K → tetraethyl lead. *01763*
tele control, G → radio control. *09343*
telescopic damper, F, telescopic shock absorber / Teleskopstoßdämpfer. *09085*
telescopic fork, Z / Teleskopgabel. *07432*
telescopic shock absorber, F → telescopic damper. *07431*

227

telethermometer

telethermometer, G / Fernthermometer. *07434*
tell-tale, G → gauge. *04840*
tell-tale lamp, E → warning lamp. *07435*
temperature, G / Temperatur. *07436*
tempered glass, C → tempered safety glass. *07440*
tempered safety glass, C, tempered glass / Sekurit-Glas, Hartglas, Einschicht-Sicherheitsglas. *01764*
template, G / Schablone. *07442*
temporary, G / vorübergehend. *03970*
temporary suspension of driver's licence, T / vorübergehender Führerscheinentzug. *07332*
tensile force, G → towing force. *07443*
tension, G / Spannung. *07444*
tension rod, G / Zuganker. *07449*
tension roller, G / Spannrolle. *05247*
tension spring, G → pressure spring. *07450*
tensioner, M → chain tensioner. *07445*
tensioner blade, M, (camshaft drive) / Spannschiene. *07447*
tensioning pulley, M, (camshaft drive) / Spannrolle. *07448*
term, G / Begriff. *07452*
terminal, E / Anschlußklemme. *07453*
terminal, T / Busbahnhof. *08363*
test, G → examination. *07454*
test bed, W, testing stand, test bench, test rig, test stand / Motorenprüfstand, Prüfstand. *02566*
test bench, W → test bed. *07458*
test conditions, G / Prüfbedingungen. *07459*
test department, W, test field / Versuchsabteilung. *07460*
test dummy, G → dummy. *07462*
test evaluation, W / Testauswertung. *07464*
test field, W → test department. *07465*
test nozzle holder, W / Prüfdüsenhalter. *01766*

test ride, H / Probefahrt. *02915*
test rig, W → test bed. *07466*
test site, W, proving ground / Versuchsgelände, Testgelände. *07467*
test stand, W → test bed. *07468*
testing stand, W → test bed. *02567*
tetraethyl lead, K, TEL / Bleitetraäthyl, Tetraäthylblei. *01767*
tetramethyl lead, K, TML / Bleitetramethyl. *01769*
textile upholstery, I, cloth upholstery / Stoffpolsterung. *07470*
theft insurance, H / Diebstahlversicherung. *02996*
theft protection, G, thief protection, anti-theft device / Diebstahlsicherung. *07471*
thermal afterburning, K / thermische Nachverbrennung. *07472*
thermal conductivity, G / Wärmeleitfähigkeit. *07473*
thermal expansion, G / Wärmeausdehnung. *07474*
thermal reactor, K / thermischer Reaktor. *07475*
thermal slot, M, (piston) / Kolbenschlitz. *07476*
thermal value, E → heat range. *01770*
thermo-relay, E / Hitzdrahtrelais. *01772*
thermosiphon water cooling, M → natural circulation water cooling. *01773*
thermostat, G / Thermostat, Temperaturregler. *01774*
thief protection, G → theft protection. *07479*
thinner, L → solvent. *10263*
third motion shaft, A → gearbox main shaft. *01776*
third party insurance, H, liability insurance, property damage insurance / Haftpflichtversicherung. *02975*
thread, G / Gewinde, Gewindegang. *02246*
thread pitch, G / Gewindesteigung. *09527*
thread reach, G / Gewindeeinschraubtiefe. *07480*
threaded hole, G / Gewindebohrung. *10449*

throttle control

three cylinder radial engine, Z / Dreizylinder-Sternmotor. *09824*
three port engine, Z, (twostroke engine) / Dreikanalmotor. *09834*
three quarter floating axle, F / Dreiviertelachse. *01785*
three wheeled vehicle, H → threewheeler. *07489*
three-armed flange, F, (universal joint) / Dreiarmflansch. *07481*
three-barrel carburetor, K / Dreifachvergaser. *07482*
three-bearing crankshaft, M / dreifach gelagerte Kurbelwelle. *07483*
three-bed catalyst, K / Dreibett-Katalysator. *07484*
three-cylinder engine, M / Dreizylindermotor. *07485*
three-phase, E, triphase / dreiphasig. *10267*
three-phase current, E / Drehstrom, Dreiphasenstrom. *01863*
three-phase dynamo, E / three-phase generator. *07487*
three-phase generator, E, three-phase dynamo / Drehstromgenerator, Drehstromlichtmaschine. *01777*
three-piece cylinder head, M / dreiteiliger Zylinderkopf. *07488*
three-point mounting, F → three-point suspension. *01779*
three-point safety belt, I, lap-sash belt / Dreipunktgurt. *01780*
three-point suspension, M, three point mounting / Dreipunktaufhängung, Dreipunktlagerung. *01781*
three-port two-stroke engine, M / Dreikanal-Zweitaktmotor, Motor mit Querstromspülung. *01783*
threewheeler, H, three wheeled vehicle, tricycle, tricar / Dreiradwagen, Threewheeler. *02202*
throat, K → emulsion tube. *07490*
throttle adjustment, W → throttle setting. *09753*
throttle body, K / Drosselklappengehäuse. *07492*
throttle control, K / Drosselklappensteuerung. *07493*

throttle control cable — **tooth**

throttle control cable, K → accelerator cable. *07494*
throttle control lever, K, throttle lever / Drosselklappenhebel. *01786*
throttle control linkage, K / Drosselklappengestänge. *01787*
throttle dashpot, K / Drosselklappendämpfer. *07496*
throttle housing, K / Drosselklappenstutzen. *07497*
throttle lever, K → throttle control lever. *07498*
throttle opening angle, K / Drosselklappenöffnungswinkel. *07499*
throttle ring, K / Drosselring. *07500*
throttle setting, W, throttle adjustment / Drosselklappeneinstellung. *07501*
throttle shaft, K / Drosselklappenwelle. *07502*
throttle slide, K / Drosselschieber, Flachschieber. *07503*
throttle stop screw, K, idle stop screw, throttle valve stop screw, idle speed adjustment screw / Drosselklappenanschlagschraube, Leerlauf-Anschlagschraube. *01788*
throttle valve, K, butterfly valve / Drosselklappe. *01790*
throttle valve stop screw, K → throttle stop screw. *01791*
throttling pintle nozzle, K / Drosselzapfendüse, Drosseldüse. *01792*
thrust, G / Schub, Axialschub. *07505*
thrust ball, G → torque ball. *07507*
thrust ball bearing, A / Kugeldrucklager, Axialkugellager. *01796*
thrust bearing, G / Drucklager, Axialdrucklager. *02203*
thrust release bearing, A → clutch release bearing. *07509*
thrust rod, F → torque rod. *07510*
tickle, K, (floatchamber) / Fluten. *09855*
tickler, K, (carburetor) / Tupfer. *09948*

tie bar, F, steering tie rod, steering track rod, track rod, tie rod, drag link / Spurstange, Lenkspurstange, Lenkschubstange. *01797*
tie bar end, F, radius arm / Schubstangenkopf. *07512*
tie rod, F → tie bar. *04167*
tie-on cover, I → slip-on cover. *10212*
TIG, G, Tungsten-Inert Gas / WIG, Wolfram-Inert-Gas. *10061*
TIG-welding, W / WIG-Schweißen. *10062*
tighten, W / fest anziehen. *06869*
tightening torque, G / Anzugsdrehmoment, Anziehdrehmoment. *07515*
tiller steering, F / Hebellenkung. *02263*
tilt, G / Neigung, Kipplage. *07518*
tilt adjust mechanism, G / Neigungsverstellmechanismus. *07517*
tilt steering column, F, height-adjustable steering column / verstellbare Lenksäule. *07520*
tilting, G → foldable. *07519*
time delay relay, E, time lag relay / Verzögerungsrelais. *07521*
time lag relay, E → time delay relay. *07524*
time race, R → race against the clock. *09087*
time recorder, R / Zeitschreiber. *07525*
timekeeper, R / Zeitnehmer. *09297*
timer, R, stop watch / Stoppuhr. *09089*
timer core, E → trigger wheel. *01799*
timing, W → ignition setting. *07527*
timing advance, E → centrifugal advance mechanism. *10227*
timing advance device, K → injection timing mechanism. *01801*
timing camshaft casing, M, timing gear case / Nockenwellenantriebsgehäuse, Steuergehäuse. *01804*
timing case cover, M → camshaft timing gear cover. *02775*
timing chain, M → camshaft timing chain. *07529*

timing device, K → injection timing mechanism. *01803*
timing gear case, M → timing camshaft casing. *07530*
timing lamp, W, timing strobe, timing light, strobe light / Stroboskop, Zündeinstellstroboskop. *01805*
timing light, W → timing lamp. *01807*
timing mark, M → flywheel timing mark. *07532*
timing pointer hole, M, (flywheel) / Schauloch. *02777*
timing strobe, W → timing lamp. *01808*
tinted fuel, K / gefärbter Kraftstoff. *07534*
tinted glass, C / getöntes Glas. *07535*
tip lever, W / Reifenmontierhebel. *07536*
tipp-up seat, I → folding seat. *07539*
tire, F → tyre. *02411*
title (US), H / Kraftfahrzeugbrief, Fahrzeugbrief, Brief. *10406*
title / logbook transfer, H / Eigentumsübertragung. *09221*
TML, K → tetramethyl lead. *01809*
toe, F / Spur, Spurwinkel, Radspur. *07563*
toe in, F / Vorspur. *01810*
toe out, F / Nachspur. *01811*
toggle switch, E, tumbler switch / Kippschalter, Wippschalter. *07566*
toll, T, fee / Straßenbenutzungsgebühr, Maut. *07568*
toll road, T / gebührpflichtige Autostraße. *07569*
tonneau cover, C / Cockpit-Abdeckung. *10396*
too rich mixture, K / überfettes Gemisch. *07573*
tool, W, implement / Werkzeug, Gerät. *05302*
tool box, W / Werkzeugkasten. *02367*
tool for cutting out sheet steel, W / Blechschneidewerkzeug. *09989*
tool kit, W / Werkzeugausrüstung. *07572*
tooth, G, cog / Zahn. *07574*

229

tooth meshing, G / Zahneingriff. *07578*
tooth pitch, G, pitch / Zahnteilung. *07579*
toothed belt, G → cogged belt. *07575*
toothed chain, G / Zahnkette. *07576*
toothed quadrant, A → gear segment. *01812*
toothed rim, G / Zahnkranz. *07577*
toothed wheel, A → gear wheel. *03587*
top, C → hood. *10285*
top centre, M → upper dead centre. *01813*
top dead center, M, upper dead center, TDC / oberer Totpunkt, OT. *01914*
top fabric, C → hood fabric. *04503*
top heavy, G / kopflastig. *07585*
top piston ring, M, top ring / oberster Kolbenring. *09715*
top ring, M → top piston ring. *07587*
top speed, T / Höchstgeschwindigkeit. *07589*
topcoat, L → final coat. *09672*
torque, G / Drehmoment. *02723*
torque arm, F → torque rod. *03976*
torque ball, G, thrust ball / Schubkugel. *07591*
torque converter, A, converter / Drehmomentwandler, Strömungswandler, hydrodynamisches Getriebe, Wandler. *01817*
torque converter transmission, A / Wandlergetriebe. *07592*
torque curve, M / Drehmomentkurve. *07593*
torque loss, M / Drehmomentverlust. *07594*
torque ratio, M / Wandlungsgrad. *07595*
torque reactor strut, F → torque rod. *07596*
torque rod, F, torque arm, compression strut, torque strut, axle strut, thrust rod, torque reactor strut, radius arm / Schubstrebe, Achsstrebe, Schubstange, Schwingstrebe. *02724*
torque specifications, W / Drehmomentwerte, Anzugswerte.

10564
torque stabiliser, F, lateral tie rod, lateral tie bar, lateral track bar, torsion bar stabilizer, track bar, transverse tie bar, transverse tie rod, panhard rod / Drehstabstabilisator, Panhardstab. *01820*
torque strut, F → torque rod. *03654*
torque wrench, W / Drehmomentschlüssel. *01821*
torsion, G, twist / Torsion, Verdrehung, Verwindung. *07597*
torsion bar, F / Drehstab, Torsionsstab. *07338*
torsion bar spring, F, torsion spring / Drehstabfeder, Torsionsfeder. *01823*
torsion bar stabilizer, F → torque stabilizer. *07602*
torsion bar suspension, F / Drehstabfederung. *07603*
torsion spring, F → torsion bar spring. *07601*
torsional resistance, G, torsional rigidity / Verwindungssteifigkeit. *07599*
torsional rigidity, G → torsional resistance. *07600*
total displacement, M / Gesamthubraum. *07604*
total loss, T, (accident) / Totalschaden. *09371*
total respray, L, full respray / Komplettlackierung. *08181*
total roadholding performance, T / Gesamtfahreigenschaften. *07605*
touch-up lacquer, L / Tupflack. *01824*
tourer, H, phaeton, touring car / Tourenwagen, Phaeton. *02339*
touring car, H → tourer. *02340*
touring model, Z → touring motorcycle. *10383*
touring motorcycle, Z, touring model / Tourenmaschine, Tourenmotorrad. *09780*
tow, T → haul. *07606*
tow bar, T / Abschleppstange. *07607*
towaway, T → haul. *04241*
towed weight, G / Anhängelast. *09543*

towing bracket, C / Anhänger-Zugvorrichtung. *07390*
towing eye, C, towing lug / Abschleppöse. *01825*
towing force, G, tensile force / Zugkraft. *07608*
towing hook, C / Zughaken. *07609*
towing lug, C → towing eye. *01826*
towing rope, T / Abschleppseil. *07610*
toxic, G / giftig. *07612*
toxic spray of paint, L / giftiger Spritznebel. *10104*
track, G / Spur. *10307*
track, G → chain. *07613*
track, T → lane. *09429*
track, F → tread. *01827*
track arm, F → track rod arm. *01828*
track bar, F → torque stabiliser. *07684*
track rod, F → tie bar. *01829*
track rod arm, F, steering swivel arm, track arm, drop lever / Spurstangenhebel, Lenkarm, Lenkstangenhebel. *01830*
track width, F → tread. *01832*
track-racing, R / Bahnrennen. *09091*
tractor, H / Zugmaschine. *05150*
trade, H / Handel. *09245*
trade mark, H / Warenzeichen, Schutzmarke. *07621*
trade number plate, H / rotes Kennzeichen. *09790*
trade-in, H, (used car) / Inzahlungnahme. *09212*
traffic accident, T, road accident / Verkehrsunfall. *07624*
traffic congestion, T → traffic jam. *07628*
traffic control, T / Verkehrsüberwachung. *09368*
traffic count, T / Verkehrszählung. *07625*
traffic density, T / Verkehrsdichte. *07626*
traffic jam, T, traffic congestion / Verkehrsstau, Stau. *07627*
traffic lane change, T → lane change. *07630*
traffic light, T, traffic signal / Verkehrsampel, Ampel. *07632*

traffic noise

traffic noise, T / Verkehrslärm. *07634*
traffic roundabout, T → roundabout. *07635*
traffic rule, T / Verkehrsregel. *07636*
traffic safety, T / Verkehrssicherheit. *07637*
traffic sign, T / Verkehrszeichen. *07638*
traffic signal, T → traffic light. *07639*
traffic warden, T / Verkehrsüberwacher. *09356*
trafficator, E → semaphore indicator. *01834*
trail, F → caster. *07640*
trail ride, Z, green lane ride / Geländefahrt. *09866*
trailer, H / Gepäckanhänger, Anhänger. *09869*
trailer axle, F / Anhängerachse. *07641*
trailer brake, F / Anhängerbremse. *07642*
trailer brake coupling, B, hose coupling / Anhängerbremskupplung. *07643*
trailer brake valve, B / Anhängerbremsventil. *01835*
trailer plug box, C / Anhängersteckdose. *07645*
trailing arm suspension, F / Schräglenker-Hinterachse. *10477*
trailing axle, F → dummy axle. *07646*
trailing brake shoe, B, trailing shoe / Sekundärbacke, ablaufende Backe, Ablaufbacke. *01836*
trailing link, F, trailing arm, length link, (wheel suspension) / Längslenker. *07647*
trailing shoe, B → trailing brake shoe. *07648*
train of gears, G / Zahnradsatz. *07651*
trainee, W / Auszubildender. *10423*
tram, H, tramway / Straßenbahn. *07652*
tramway, H → tram. *07653*
trans slot piston, M / Querschlitzkolben. *07673*
transaxle, F / Transaxle, Achseinheit mit Getriebe, Kupplung und Differential. *07654*
transducer, W, (diagnostic system) / Übertragungsgerät. *06469*
transfer, H / Überweisung. *02909*
transfer box, A, transfer case / Verteilergetriebe, Vorschaltgetriebe. *07656*
transfer case, A → transfer box. *07658*
transfer duct, M → transfer port. *07659*
transfer port, M, transfer duct / Überströmschlitz, Überströmkanal. *01838*
transfer pump, K → fuel pump. *01839*
transformer, G / Transformator. *07660*
transistor, E / Transistor. *07662*
transistor box, E / Transistorschaltgerät. *07664*
transistor ignition, E → transistorized ignition system. *07665*
transistorized coil ignition, E → transistorized ignition system. *01840*
transistorized ignition system, E, transistorized coil ignition, TCI, inductive semiconductor ignition, transistor ignition / Transistorzündanlage, TSZ, Transistor-Spulen-Zündanlage. *01841*
transistorized regulator, E / Transistorregler, elektronischer Regler. *01844*
transmisison control, A → gear shift lever. *07667*
transmission, A → gearbox. *03981*
transmission brake, A / Getriebebremse, Kardanbremse. *02245*
transmission oil, A → gear oil. *07668*
transmission ratio, A, gear ratio / Getriebeübersetzung. *00509*
transmission reduction, A, gear reduction, speed reducing ratio, speed reduction / Getriebeuntersetzung. *01848*
transmission shaft, A → gearbox input shaft. *02049*
transmission shock absorber, A / Antriebsstoßdämpfer. *10347*
transmission suspension, A / Getriebeaufhängung. *07669*
transmission tunnel, I, propeller shaft tunnel, gearbox tunnel, drive shaft tunnel / Getriebetunnel, Kardantunnel, Mitteltunnel. *04899*
transport, G → transportation. *07671*
transport insurance, H / Transportversicherung. *02978*
transportation, H, shipping, transport / Transport. *02959*
transverse, G, cross / quer, transversal. *07674*
transverse engine, M / Quermotor, querstehender Motor. *01849*
transverse link, F → control arm. *07678*
transverse member, C → cross member. *09484*
transverse spring, F / Querfeder. *02171*
transverse tie bar, F → torque stabiliser. *08364*
transverse tie rod, F → torque stabiliser. *07685*
travel, M → stroke travel. *02592*
tread, F, track width, track, wheel track / Spurweite. *06606*
tread, F, tyre contact / Lauffläche, Laufstreifen, Protektor, Latsch, Reifenaufstandsfläche. *01852*
tread bracing, F / Laufflächenverstärkung. *07686*
tread compound, F / Laufflächenmischung. *07687*
tread depth, F, skid depth / Profiltiefe, Laufflächentiefe. *07692*
tread depth gauge, W / Profiltiefenmesser. *07694*
tread design, F, tread pattern / Laufflächenprofil. *03195*
tread element, F / Profilstollen. *07695*
tread groove, F, groove / Profilrille. *07696*
tread pattern, F → tread design. *07697*
treadle brake valve, B, pedal-type brake valve / Trittplatten-Bremsventil. *01855*
trembler, E → contact breaker. *07699*
trial, R / Trial, Geschicklichkeits-

trial

sport mit Motorrädern im Gelände. *09944*
trial, G → experiment. *07700*
trial machine, R / Trialmaschine. *09096*
trial rider, R / Trialfahrer. *09094*
trial time racing, R / Trial-Zeitfahren. *09095*
triangular stand, W / Dreiecksbock. *10019*
tricar, H → threewheeler. *10315*
tricycle, H → threewheeler. *08372*
trigger, G, (spray gun) / Abzugsbügel. *08140*
trigger box, E / Steuergerät, Transistorteil. *01856*
trigger pulse generator, E / Triggerimpulsgeber. *07701*
trigger wheel, E, timer core / Blendenrotor, Impulsgeberrad. *01859*
trim, C → decorative parts. *02169*
trim panels, I / Auskleidung, Verkleidungspappe. *07703*
trim strip, C, decorative strip / Zierleiste. *10137*
trip meter, T, trip odometer, trip recorder / Tageskilometerzähler, Kurzstreckenzähler. *07705*
trip odometer, T → trip meter. *07707*
trip recorder, T → trip meter. *07708*
triphase, E → three-phase. *07486*
triplex chain, M / Triplexkette. *07704*
trolley bus, H / Oberleitungsbus, Obus. *07709*
trolley jack, W / Rangierwagenheber. *10443*
trophy, R, cup / Pokal. *09303*
trouble, G → fault. *07710*
trouble shooting, W / Störungssuche, Fehlersuche. *09767*
truck, H, motor truck, lorry / Lastkraftwagen, Lastwagen, Lkw, Lastkraftfahrzeug. *07712*
truck engine, Z / Bahnmotor. *09805*
true-running, F, (tyre) / rundlaufend. *07715*
trumpet, E → horn. *00905*
trunk, C → detachable boot. *02060*
trunk, C → luggage boot. *07716*

trunk carrier, C → boot carrier. *02243*
trunk mat, I / Kofferraumteppich. *09226*
tube, F, inner tube, (tyre) / Schlauch, Luftschlauch. *02309*
tube, G → pipe. *07720*
tubed tyre, F / Schlauchreifen. *07721*
tubeless tyre, F / schlauchloser Reifen. *01867*
tubing, G / Rohrleitung. *09777*
tubular axle, F / Rohrachse. *07723*
tubular double cradle frame, Z → double loop frame. *07724*
tubular frame, C / Rohrrahmen. *07725*
tubular space frame, C, space frame / Gitterrohrrahmen. *07726*
tulip shaped body, H / tulpenförmige Tourenwagen-Karosserie. *03031*
tumbler switch, G → toggle switch. *07728*
tune, W / einstellen, tunen. *02208*
tune-up, W → tuning. *09754*
tune-up guide, W / Tuninghandbuch. *02185*
tune-up specification, W / Einstellwerte. *10562*
tuning, W, tune-up / Einstellen des Motors. *01869*
tuning control, E, radio tuning control, (radio) / Senderwahl. *07731*
tunnel, C / Tunnel. *07732*
tunnel fee, T / Tunnelbenutzungsgebühr. *07733*
turbine blade, K / Turbinenschaufel. *07734*
turbine impeller, M / Turbine. *02511*
turbine wheel, A / Turbinenrad, Läufer-Sekundärschale. *01870*
turbocharger, K / Turbolader. *04439*
turbocharger compressor, K / Turboladerverdichter, Turboladergebläse. *07737*
turbulence, G, swirl / Wirbelung, Verwirbelung. *02648*
turbulence chamber, M → swirl chamber. *01872*
turbulence chamber engine, M → swirl chamber diesel engine. *01873*
turbulence combustion chamber, M → swirl chamber. *01874*
turbulence space, M → swirl chamber. *01875*
turn, G / Windung. *08043*
turn, T → bend. *07739*
turn signal, E → direction indicator. *01876*
turning clearance circle, F, vehicle clearance circle / Wendekreis. *07741*
turning machine, W → lathe. *07743*
turnpike, T / Autobahnkreuz. *09380*
turns ratio, E, (ignition coil) / Windungszahlverhältnis. *01877*
twin, M / Zweizylinder. *02381*
twin belt drive, A / Doppelriemenantrieb. *07744*
twin cam, M → twin overhead camshafts. *07745*
twin carburetor, K / Zwei-Vergaser-Anlage. *01878*
twin choke carburetor, K → dual carburetor. *07747*
twin headlamps, E / Doppelscheinwerfer. *07748*
twin loop frame, Z → featherbed frame. *10363*
twin overhead camshaft, M, twin cam / zwei obenliegende Nockenwellen. *07749*
twin piston engine, M → double piston engine. *07750*
twin plug ignition, E → dual ignition. *09830*
twin port head, Z, double port head / Doppelport-Zylinderkopf. *09829*
twin pressure gauge, W → dual air pressure gauge. *01882*
twin seat, Z / Doppelsitzbank. *09099*
twin tyres, F → dual tyres. *07751*
twin wheel, F → dual wheel. *07752*
twin-filament bulb, E → bilux bulb. *01879*
twin-line brake, B / Zweileitungsbremse. *01880*
twin-row chain, G → duplex chain. *09513*

twin-wishbone rear axle

twin-wishbone rear axle, F / Doppelquerlenker-Hinterachse. *07753*
twist, G → torsion. *07754*
twist grip, Z / Drehgriff. *09097*
twist grip control, Z / Drehgriffschaltung, Wickelgriffschaltung. *09833*
twist grip throttle control, Z / Gasdrehgriff. *09100*
two circuit braking system, B → double circuit braking system. *01883*
two-color paintwork, L / Zweifarbenlackierung. *07755*
two-contact regulator, E, double contact regulator / Zweikontaktregler. *01884*
two-door, C / zweitürig. *04767*
two-door saloon, H, two-door sedan / zweitürige Limousine. *07756*
two-door sedan, H → two-door saloon. *07757*
two-pack paint, L / Zweikomponenten-Acryllack, Zweikomponentenlack. *08207*
two-phase carburetor, K, two-stage carburetor / Stufenvergaser, Registervergaser. *01885*
two-speed wiper, E / Zweistufenwischer, Zweigeschwindigkeitswischer. *07758*
two-spoke steering wheel, F / Zweispeichenlenkrad. *07759*
two-stage carburetor, K → two-phase carburetor. *07761*
two-stroke engine, M, two-stroke cycle engine / Zweitaktmotor, Zweitakter. *01889*
two-stroke mixture, K, petroil mixture, petroil / Zweitaktge-

misch, Gemisch. *06333*
two-stroke-cycle engine, M → two-stroke engine. *01888*
two-stroke reverse scavenging, M → loop scavenging. *10253*
two-system contact breaker, E, double lever contact breaker / Zweifach-Zündunterbrecher. *01891*
two-way-valve, M → double check valve. *07763*
two-wheel tractor, H / Einachsschlepper. *07764*
two-wheel trailer, H / Einachsanhänger. *07765*
twoseater, H, 2str / Zweisitzer. *02459*
type, H → model. *02533*
type approval, H / Typzulassung, allgemeine Betriebszulassung, ABE. *10316*
type designation, H / Typenbezeichnung. *07766*
tyre, F, tire / Reifen, Decke, Pneu. *01892*
tyre adhesion, F / Reifenhaftung. *07540*
tyre bead, F, clincher tyre, beaded edge / Reifenwulst, Wulst. *02371*
tyre blow-out, F, air loss / Luftverlust. *07543*
tyre carcass, F → carcass. *01894*
tyre carrier, F / Reifenhalter. *02181*
tyre chain, T → snow chain. *07046*
tyre contact, F → tread. *10268*
tyre dimension, F → tyre size. *07556*
tyre fitting, W / Reifenmontage. *07548*
tyre gauge, W, tyre pressure gauge / Reifendruckprüfer. *01895*

underbody protection

tyre inflating pressure, F, inflation pressure, tyre pressure, inflation / Reifenluftdruck, Reifendruck. *01896*
tyre inflation bottle, W / Reifenfüllflasche. *01898*
tyre mounting machine, W / Reifenaufziehmaschine. *09101*
tyre pressure, F → tyre inflation pressure. *01899*
tyre pressure gauge, F → tyre gauge. *07549*
tyre pump, W → air pump. *02138*
tyre puncture, F → flat spot. *07550*
tyre repair kit, W, tyre repair oufit / Reifenflickzeug. *07551*
tyre repair outfit, W → tyre repair kit. *07552*
tyre section width, F / Reifenbreite. *09102*
tyre security bolt, Z, security bolt / Reifenhalter. *09923*
tyre service, H / Reifendienst. *07554*
tyre side wall, F / Reifenseitenwand. *09103*
tyre size, F, tyre dimension / Reifengröße, Reifendimension. *02180*
tyre squeal, T / Reifenquietschen. *09104*
tyre tread, F / Reifenlauffläche. *07558*
tyre valve, F / Reifenventil, Schlauchventil. *07560*
tyre wear, F / Reifenverschleiß. *07562*
tyres, F / Bereifung. *07553*

U

U-bolt, F, (leaf spring) / Federbügel, Federbride. *07768*
U-slot piston, M / U-Schlitzkolben. *07824*
U-turn, T / Kehrtwendung, Wendung. *07827*
UDC, M → upper dead center. *01900*
unbalanced, G / nicht ausge-

wuchtet. *02702*
unbelted, T, non-belted / nicht angeschnallt. *07771*
unburnt fuel, K / unverbrannter Kraftstoff. *07772*
uncomfortable, G / unbequem. *07774*
undamaged, G / unbeschädigt. *07775*

undamped, G / ungedämpft. *07776*
under-square engine, M / unterquadratischer Motor. *09701*
underbody coating, L → underbody protection. *07777*
underbody protection, L, undercoating material, underfloor protection, underbody coating,

233

underseal, undersealing / Unterbodenschutz. *01904*
underbonnet light, E / Motorraumbeleuchtung. *07778*
undercarriage, C → chassis. *07779*
undercoat, L Ä primecoat. *08227*
undercoating material, L → underbody protection. *01905*
undercut the mica insulation, W / Kollektorlamellen einsägen. *09443*
underdrive, A / Kriechgang. *07780*
underfloor engine, M / Unterflurmotor. *02565*
underfloor protection, L → underbody protection. *01906*
underhood area, H / unter der Motorhaube, im Motorraum. *03045*
underinflated tyre, F / Reifen mit zu niedrigem Luftdruck. *07782*
underinflation, F / zu geringer Luftdruck. *07783*
underlubrication, W / mangelnde Schmierung. *07784*
underseal, L → underbody protection. *07785*
undersealing, L → underbody protection. *01907*
undersize, G / Untergröße, Untermaß. *07786*
undersizing, F, (tyre) / Unterbereifung. *07788*
understeer, F / untersteuern. *01908*
uneven, G / ungleichmäßig. *07789*
unhook the spring, W / Feder aushängen. *10489*
uniformity, G / Gleichförmigkeit. *07790*
union nut, G → coupling nut. *07791*
unit, G, assembly / Aggregat, Einheit. *07792*
unitary chassis, C → integral body. *10163*

unitary construction, C → integral body. *02293*
unitized construction, C → integral body. *07794*
universal coupling, F → universal joint. *01910*
universal drive, A → universal joint transmission. *07796*
universal joint, A, universal coupling, cardan universal joint, swivel joint, cardan joint / Kardangelenk, Kreuzgelenk, Universalgelenk. *00262*
universal joint transmission, A / Kardanantrieb. *02291*
universal spanner, W → adjustable spanner. *07801*
unleaded fuel, K, leadfree fuel / bleifreies Benzin, unverbleites Benzin. *05663*
unload, G, (vehicle) / entladen, abladen. *07802*
unscrew, W / herausschrauben. *09106*
unsprung mass, G / ungefederte Masse. *07804*
unstable, G / labil, instabil. *07805*
unsupercharged engine, M → naturally aspirated engine. *05329*
untrue, G → distorted. *04153*
up-stroke of piston, M / Aufwärtshub des Kolbens. *02595*
updraft carburetor, K, updraught carburetter / Steigstromvergaser. *01912*
updraught carburetter, K → updraft carburetor. *01913*
upholstered, G / gepolstert. *08344*
upholstry, I, cushioning / Polsterung. *02168*
upper beam, E → high beam. *01782*
upper dead center, M → top dead center. *02590*
upper edge, G / Oberkante. *07808*

upper face of piston, M → piston top. *07809*
upper speed range, M / oberer Drehzahlbereich. *07810*
upper steering shaft, F / oberer Lenkspindelteil. *07811*
upper tank, M → radiator top tank. *01916*
upper transverse link, F, upper wishbone / oberer Querlenker, oberer Dreieckslenker. *07812*
upper wishbone, F → upper transverse link. *07813*
upright handlebars, Z / nach oben gezogener Lenker. *09107*
upshift, A, shift up / hochschalten. *07815*
upside-down fork, Z / Upsidedown-Gabel. *09108*
upswept exhaust, K, uptake exhaust / hochgezogener Auspuff. *07816*
upswept frame, F / gekröpfter Rahmen. *02238*
uptake exhaust, K → upswept exhaust. *07817*
urgent, G / dringend. *07820*
usable luggage capacity, C / nutzbares Kofferraumvolumen. *07821*
use, G / Verwendung. *09110*
used car, H → second hand car. *07822*
used oil, W / Altöl. *07823*
utility car, H, break, estate car, station wagon / Kombiwagen. *02108*
utility vehicle, H → commercial vehicle. *09240*
utilization, G / Nutzung. *07825*

V

V-belt, G / Keilriemen. *01974*
V-belt drive, G / Keilriemenantrieb. *03813*
V-belt pulley, G / Keilriemenscheibe. *07902*
V-belt slip, G / Keilriemenschlupf. *07903*
V-engine, M, V-shaped cylinder / V-Motor, V-Anordnung der Zylinder. *02351*
V-shaped, G / V-förmig. *07932*
V-shaped radiator, M → pointed radiator. *02326*
V-toothed gear, A → herringbone gearing. *01990*
vacation trip, T → holiday trip. *09363*
vacuum, G / Vakuum. *07829*

vacuum advance

vacuum advance, E, vacuum ignition adjustment, vacuum operated timing gear, vacuum timing control / Unterdruckzündverstellung. *01917*
vacuum booster, B, vacuum brake booster / Unterdruck-Bremskraftverstärker. *01924*
vacuum brake booster, B → vacuum booster. *07834*
vacuum brake hose, B / Unterdruckbremsschlauch. *07835*
vacuum cleaner, W / Staubsauger. *08247*
vacuum connection, G / Unterdruckanschluß. *07836*
vacuum feed, K / Unterdruckförderung. *02347*
vacuum governor, K → suction governor. *09639*
vacuum hose, K / Unterdruckleitung. *01918*
vacuum ignition adjustment, E → vacuum advance. *01920*
vacuum operated timing gear, E → vacuum advance. *01921*
vacuum pump, B / Vakuumpumpe. *01922*
vacuum servo brake, B / Vakuum-Servo-Bremse. *01923*
vacuum shift cylinder, A, (transmission) / Saugluftschaltzylinder. *07838*
vacuum switch, G / Unterdruckschalter. *07839*
vacuum timing control, E → vacuum advance. *01926*
valanced mudguard, Z / Schutzblech mit Seitenteilen, seitlich heruntergezogenes Schutzblech. *10584*
value, H / Wert. *02899*
value added tax, H → VAT. *09588*
valve, M / Ventil. *01927*
valve actuation, M / Ventilbetätigung. *07841*
valve adjusting screw, M, valve adjusting stud / Ventileinstellschraube. *07842*
valve adjusting stud, M → valve adjusting screw. *07844*
valve adjustment, W → valve setting. *01928*
valve arrangement, M / Ventilanordnung. *07850*
valve barrel, F / Schlauchventileinsatz. *07852*
valve bouncing, M / Ventilschnarren. *07853*
valve box, M / Ventilgehäuse. *02815*
valve cage, M / Ventilkorb. *07854*
valve cap, F / Ventilkappe. *07855*
valve carrier, M / Ventilträger. *07856*
valve chamber, M, valve housing / Ventilkammer. *02810*
valve clearance, M, valve play, rocker clearance, tappet clearance / Ventilspiel. *02354*
valve clearance adjustment, M, valve setting. *07857*
valve collar, M → valve ring. *07858*
valve collet, M → valve cone. *09745*
valve cone, M, valve poppet, valve collet, valve keeper / Ventilkegel, Ventilkegelstück. *07860*
valve core, M / Ventileinsatz. *02813*
valve cotter, M → valve spring key. *07861*
valve cover, M, cylinder head cover, cylinder cover / Ventildeckel, Ventilabdeckung, Kipphebeldeckel, Zylinderkopfhaube. *02400*
valve diameter, M / Ventildurchmesser. *07865*
valve disc, M → valve head. *01930*
valve extension, F, (tyre) / Ventilverlängerung. *07866*
valve face, M / Ventilsitzfläche. *07867*
valve face width, M / Ventilsitzbreite. *07868*
valve flap, G / Ventilklappe. *07869*
valve gear, M, valve train / Ventiltrieb. *09710*
valve grinder, W → valve refacer. *01932*
valve grinding, W / Ventileinschleifen. *02825*
valve grinding paste, W / Ventilschleifpaste. *07871*
valve guide, M / Ventilführung. *01933*

valve poppet

valve guide bush, M / Ventilführungsbuchse. *07872*
valve head, M, valve disc / Ventilteller. *01934*
valve holder, M / Ventilhalter. *01935*
valve hole, M / Ventilloch. *07873*
valve housing, M → valve chamber. *02811*
valve inlet, M / Ventileinlaß. *07875*
valve insert, M → valve seat insert. *07876*
valve keeper, M → valve cone. *09725*
valve lag, M / Ventilverzögerung. *07877*
valve lap, M, valve overlap / Ventilüberdeckung, Ventilüberschneidung. *01938*
valve lever, M → rocker arm. *07879*
valve lift, M, valve opening, valve stroke, valve travel / Ventilhub. *02352*
valve lifter, Z, (handlebar control) / Ventilaus heber, Ventilheber, Dekompressionshebel. *09950*
valve lifter, M, valve plunger, valve tappet, tappet / Ventilstößel, Nockenstößel, Stößel. *01965*
valve lifter guide, M, tappet guide / Ventilstößelführung. *02796*
valve neck, M / Ventilkehle. *07882*
valve needle, K → float needle. *01940*
valve noise, M / Ventilklappern. *07883*
valve oil seal, M → valve stem seal. *09728*
valve opening, M → valve lift. *07885*
valve opening period, M / Ventilöffnungsdauer. *07886*
valve outlet, M / Ventilauslaß. *07887*
valve overlap, M → valve lap. *07888*
valve play, M → valve clearance. *07847*
valve plunger, M → valve lifter. *02787*
valve poppet, M → valve cone. *07890*

235

valve port — **vibration**

valve port, M / Ventilkanal. *07891*
valve push rod, M, push rod / Ventilstößelstange, Ventilstoßstange, Stößelstange. *01943*
valve push rod cover, M / Ventilstößelverkleidung. *00018*
valve refacer, W, valve grinder / Ventilschleifmaschine. *01944*
valve refacing, W → valve reseating. *09769*
valve relief, M / Ventilaussparung. *07892*
valve reseating, W, valve refacing / Ventilsitzfräsen. *01946*
valve ring, M, valve collar / Ventilring. *07893*
valve rocker, M → rocker arm. *01947*
valve rod, M → valve shaft. *01948*
valve rotator, M / Ventildrehvorrichtung. *01949*
valve seat, M / Ventilsitz. *01950*
valve seat grinding set, W / Ventilsitzfräser-Satz. *01951*
valve seat insert, M, valve insert / Ventilsitzring. *02818*
valve set radio, E / Röhrenradio. *10495*
valve setting, W, valve adjustment, valve clearance adjustment / Ventileinstellung, Ventilspieleinstellung. *01953*
valve shaft, M → valve stem. *01964*
valve shank, M → valve stem. *09727*
valve specifications, W / Ventil-Einstellwerte. *10563*
valve spring, M / Ventilfeder. *01960*
valve spring cap, M → valve spring cover. *01961*
valve spring cover, M, valve spring cap / Ventilfederteller. *02795*
valve spring key, M, valve cotter / Ventilkeil. *02793*
valve spring lifter, M / Ventilfederheber. *01962*
valve spring retainer, M / Ventilfederplatte, Ventilfederteller. *01963*
valve stem, M, valve shank, valve shaft / Ventilschaft, Ventilspindel. *01955*
valve stem seal, M, valve oil seal / Ventilschaftabdichtung, Ventilabdichtung. *01957*
valve stroke, M → valve lift. *07895*
valve tappet, M → valve lifter. *07880*
valve timing, deg., W / Steuerzeiten in Grad. *07897*
valve train, M → valve gear. *09711*
valve travel, M → valve lift. *07896*
valve-in-block engine, M → side valve engine. *07874*
valve-in-the-head engine, M → overhead-type engine. *01937*
valve-opening pressure, K → nozzle-opening pressure. *01941*
valve-tappet clearance, M / Ventilstößelspiel. *02786*
valveless engine, M / ventilloser Motor. *02506*
van, H → delivery car. *07898*
vane, G → bezel. *01860*
vanity mirror, I → make-up mirror. *08396*
vaporizer, G, evoparator / Verdampfer. *07900*
vaporizing chamber, K → mixing chamber. *01968*
vapour lock, B, (brake pipe) / Dampfblase. *10393*
vapour lock, K / Dampfblasenbildung. *01969*
variable transmission, A / stufenloses Getriebe. *01970*
varnish, L → paint. *08121*
VAT, H, value added tax, tax on net value added / Mehrwertsteuer, MWSt. *02985*
Vee-eight engine, M, V8 engine / Achtzylinder-V-Motor, V8-Motor. *02042*
vegetable oil, G → Pflanzenöl. *01975*
vehicle, H / Fahrzeug. *09111*
vehicle, L → binder. *08187*
vehicle clearance circle, F → turning clearance circle. *07904*
vehicle dynamics, F → Fahrzeugdynamik. *10601*
vehicle equipment, H / Fahrzeugausrüstung. *07905*
vehicle identification number, C, VIN, VIN code / Typencode am Fahrgestell. *07906*
vehicle lift, W → lifting platform. *09112*
vehicle velocity, T / Fahrzeuggeschwindigkeit. *09525*
vehicle yaw, F → yaw. *07907*
velocity, G, speed / Geschwindigkeit. *07908*
velocity stack, Z / Ansaugtrichter. *10346*
velour pile seat, I / Stoffbezug. *10170*
vent, C / Lüftungsklappe. *09214*
vent, C → quarter vent. *07909*
vent screw, B → bleeder screw. *01977*
vent tube, G / Entlüftungsrohr. *07914*
vent valve, G / Belüftungsventil. *04669*
vent window, C → quarter vent. *06048*
ventilated disc brake, B → internally ventilated disc brake. *07910*
ventilated oil ring, M, piston / Ölschlitzring. *07911*
ventilation, G, venting / Belüftung, Entlüftung. *04668*
ventilator, G → fan. *01978*
ventilator window, C → quarter vent. *07913*
venting, G → ventilation. *04671*
ventipane, C → quarter vent. *07912*
venturi, K → emulsion tube. *01979*
venturi tube, K → emulsion tube. *02842*
verge, T → shoulder. *10336*
vertical, G / senkrecht, stehend. *05858*
vertical engine, M / stehender Motor. *02498*
vertical valve, M, side valve / stehendes Ventil. *07918*
vertical-down weld, W / Fallnaht. *10041*
vertical-up weld, W / Steignaht. *10040*
Veteran car, H, (traditional classification) / Fahrzeug vor der Vintage-Äara. *09605*
Veteran motorcycle, Z / Veteranenmotorrad bis 1914. *09789*
vibration, G → oscillation. *04412*

vibration damper   **wear resistant**

vibration damper, G / Schwingungsdämpfer. *10522*
vibration free, G / schwingungsfrei. *07920*
vice, W, vise / Schraubstock. *09114*
vice jaw, W / Schraubstockbacke. *10478*
victory, R / Sieg. *09300*
view, G → visibility. *07921*
VIN, C → vehicle identification number. *09572*
VIN code, C → vehicle identification number. *09219*
Vintage car, H / Vintage-Kategorie. *02868*
Vintage motorcycle, Z / Veteranenmotorrad bis 1930. *10386*
vinyl, G → imitation leather. *10501*
vinyl seating, I / Kunstlederbezug. *10215*

vinyl top, C / Kunstlederdach. *10324*
violent braking, B → panic braking. *07922*
viscose radiator fan, M / Viskose-Lüfter. *01984*
viscosity, G / Viskosität. *07923*
viscous, G / zähflüssig. *07924*
vise, W → vice. *09115*
visibility, G, vision, view / Sicht. *07925*
vision, G → visibility. *07926*
visor, Z, (helmet) / Visier. *08712*
visor, I, inner sun visor, sun screen, (inside the car) / Sonnenblende. *02323*
volt-ampere tester, W / Volt-Ampère-Tester. *01985*
voltage, E / Spannung. *07927*
voltage break-down, E / Spannungszusammenbruch. *07928*
voltage regulator, E, control box, regulator, (generator) / Spannungsregler, Regler. *00632*
voltmeter, E / Voltmeter. *01986*
volume, G / Volumen, Rauminhalt. *07930*
volumetric efficiency, M / volumetrischer Wirkungsgrad, Zylinderfüllungsgrad. *01987*
volute casing, K / Spiralgehäuse. *01989*
vulcanisation, G, cure, vulcanise, curing / Vulkanisierung. *07933*
vulcanise, G → vulcanisation. *07934*

W

walking speed, T / Schrittgeschwindigkeit. *07936*
wall, G / Wand. *07937*
Wall of Death rider, Z / Steilwandfahrer. *09939*
wall thickness, G / Wandstärke. *07938*
wallet, G / Werkzeugtasche. *09117*
Wankel engine, M / Wankelmotor. *07939*
warehouse, H / Warenlager. *09116*
warm air blower, M / Warmluftgebläse. *07940*
warm-up-lap, R / Aufwärmrunde. *09280*
warming up, M / anwärmen. *07941*
warming up period, M / Warmlaufzeit. *07942*
warning board, T, danger signal / Warnschild. *07943*
warning flasher, E, emergency flasher / Warnblinker. *05051*
warning lamp, E, tell-tale lamp / Warnleuchte. *07946*
warning sign, T / Warnzeichen. *07947*
warning triangle, T / Warndreieck. *07945*
warp, G / verziehen. *09118*
warranty, H → guarantee. *07948*
washboard road, T / Waschbrettstraße, wellige Straße. *07949*
washer, G / Beilagscheibe, Unterlegscheibe. *07070*
washer, E → windshield washer unit. *07951*
water circulation, M / Wasserumlauf. *07954*
water cooled, G / wassergekühlt. *10308*
water cooling, M / Wasserkühlung. *01991*
water drain cock, M / Wasserablaßhahn, Kühlwasserablaßhahn. *07957*
water fade, B / Bremsschwund infolge Wasser. *07959*
water film, T / Wasserschicht. *07960*
water filter, M / Kühlwasserfilter. *07961*
water heated, G / wasserbeheizt. *07962*
water hose, M / Kühlwasserschlauch. *07963*
water inlet flange, M / Kühlwassereinlaufstutzen. *07965*
water jacket, M / Kühlwassermantel. *07966*
water outlet, M / Wasseraustritt. *07967*
water outlet flange, M / Kühlwasserauslaufstutzen, Kühlwasserausfluß. *07968*
water pipe, M / Kühlwasserleitung. *07969*
water pump, M / Wasserpumpe, Kühlwasserpumpe. *01992*
water pump bearing, M / Wasserpumpenlager. *07971*
water pump grease, G / Wasserpumpenfett. *01993*
water pump impeller, M / Wasserpumpenrotor. *07972*
water-cooled engine, M / wassergekühlter Motor. *07955*
water-drain channel, C / Ablaufblech. *07956*
watering system, T, (test track) / Bewässerungsanlage. *07964*
waterproof, G / wasserdicht. *07970*
wax and grease remover, L → grease remover. *09659*
wax coating, L / Wachsbeschichtung. *07974*
wax injection and treatment, L / Hohlraumkonservierung mit Wachs. *10089*
wear, G / Verschleiß, Abnutzung. *07975*
wear resistant, G / abriebfest. *07977*

237

weather conditions

weather conditions, T / Witterungsbedingungen. *07978*
wedge profile, G, wedge shape / Keilform. *07981*
wedge shape, G → wedge profile. *10273*
wedge shaped combustion chamber, M / keilförmiger Brennraum. *07980*
weight distribution, G / Gewichtsverteilung. *07984*
weight transfer, G / Gewichtsverlagerung. *07985*
weld, W / schweißen. *07986*
weld joint, W, weld seam / Schweißnaht. *07988*
weld on, W / anschweißen. *09121*
weld puddle, W / Schmelzbad. *10037*
weld seam, W → weld joint. *07989*
weld thin metals, W / Dünnblechschweißen. *09988*
weld type, W / Schweißnahtart. *10025*
weld up, W / verschweißen. *09122*
welder, W / Schweißgerät. *09983*
welding defect, W / Schweißfehler. *09123*
welding flame, W / Schweißflamme. *09124*
welding installation, W / Schweißanlage. *09125*
wet cylinder liner, M, wet cylinder sleeve / nasse Zylinderlaufbuchse, nasse Zylinderbuchse. *01994*
wet cylinder sleeve, M → wet cylinder liner. *07990*
wet flatting paper, L, wet-and-dry sanding paper / Naßschleifpapier. *08266*
wet multi-disc clutch, A / Mehrscheiben-Ölbadkupplung. *07992*
wet single-disc clutch, A / Ölbad-Einscheibenkupplung. *07993*
wet sump, M, sump / Ölsumpf. *07994*
wet sump lubrication, M / Naßsumpfschmierung, Ölsumpfschmierung. *07995*
wet-and-dry sanding paper, L → wet flatting paper. *10274*
wet-out, W, (glassfiber) / tränken. *10192*

wet-type air filter, M / Naßluftfilter. *01995*
wheel, F / Rad. *01996*
wheel alignment, F / Achsgeometrie. *10117*
wheel alignment, W / Radvermessung, Spureinstellung. *07997*
wheel alignment specifications, W / Fahrwerk-Einstellwerte. *10565*
wheel alignment unit, W / Achsmeßgerät, Spurmeßgerät. *00055*
wheel aperture, C → wheel opening. *09409*
wheel arch, C, wheel well, wheel house / Radkasten, Radlauf, Radhaus. *02173*
wheel balancing, F / Radauswuchten. *07999*
wheel balancing equipment, W / Radauswuchtmaschine. *08000*
wheel base, F, axle base / Radstand, Achsabstand. *01998*
wheel bearing, F / Radlager. *08001*
wheel bearing clearance, F / Radlagerspiel. *08002*
wheel bolt, F → hub bolt. *08003*
wheel camber, F → camber. *02000*
wheel cap, F → axle cap. *02001*
wheel caster, F → caster. *00269*
wheel center hole, F / Radmittenbohrung. *08005*
wheel changing, W / Radwechsel. *08006*
wheel chock, T, chock / Bremsschuh, Unterlegkeil. *03478*
wheel clearance, F / Radfreiheit. *08008*
wheel cover, F → axle cap. *08009*
wheel cylinder, B → brake wheel cylinder. *00210*
wheel disc, F / Radkörper, Radschüssel. *02003*
wheel house, C → wheel arch. *08011*
wheel hub, F / Radnabe. *00909*
wheel hub cab, F → axle cab. *02006*
wheel inbalance, F / Radunwucht. *08013*
wheel joint, F / Radgelenk. *08014*
wheel load, F / Radlast. *08015*
wheel load distribution, F / Radlastverteilung. *08016*
wheel loader, H / Radlader. *08017*

wind noise

wheel locking limit, F / Radblockiergrenze. *08018*
wheel mounting, F / Radbefestigung. *08019*
wheel offset, F → swivelling radius. *08020*
wheel opening, C, wheel aperture / Radausschnitt. *08021*
wheel rake, F → camber. *02007*
wheel shaft, F → axle shaft. *02009*
wheel shimmy, F / Radflattern. *08022*
wheel size, F / Radgröße. *08023*
wheel slip, F, creep / Radschlupf, Reifenschlupf, Schlupf. *08024*
wheel spin, T / Durchdrehen der Räder. *08026*
wheel suspension, F → suspension. *02011*
wheel track, F → tread. *02012*
wheel well, C → wheel arch. *08028*
whirl chamber, M → swirl chamber. *02013*
whirl chamber diesel engine, M → swirl chamber diesel engine. *02014*
white bronze, G → white metal. *08031*
white metal, G, babbitt, white bronze / Weißmetall. *03209*
white wall tyre, F, ww / Weißwandreifen. *02464*
wholesale, H / Großhandel. *08032*
wholesale price, H / Großhandelspreis. *08033*
wickerwork sidecar body, Z / Korbseitenwagen. *09905*
wide base rim, F / Breitfelge. *08034*
wide base tyre, F / Breitreifen. *08035*
wide beam headlamp, E → wide beam headlight. *08036*
wide beam headlight, E, wide beam headlamp, wide range headlamp, broad beam headlight / Breitstrahlscheinwerfer, Breitstrahler. *02015*
wide range headlamp, E → wide beam headlight. *08037*
winch, W / Winde. *08039*
wind, G / Wind. *08041*
wind noise, T / Windgeräusch. *08044*

238

wind tunnel

wind tunnel, W / Windkanal. *08064*
winding, G / Wicklung. *08042*
window, C / Fenster. *08045*
window blind, C / Fensterjalousie. *08047*
window control, C → window crank. *08052*
window crank, C, window control / Fensterkurbel. *08050*
window curtain, I / Fenstervorhang. *08053*
window frame, C / Fensterrahmen. *08054*
window glass, C, window pane / Fensterscheibe, Scheibe. *04931*
window glass channel, C → glass channel. *09413*
window guide, C / Fensterführung. *08056*
window lift, C / Fensterheber. *10287*
window opening, C / Fensteröffnung. *08058*
window pane, C → window glass. *06782*
window regulator, C / Fensterkurbelapparat. *10199*
window stop, C / Fensteranschlag. *08060*
windscreen, C, windshield, screen / Windschutzscheibe. *04717*
windscreen pillar, C → A-pillar. *08061*
windscreen side pillar, C → windscreen pillar. *08062*
windscreen wiper, E → windshield wiper. *02017*
windshield, C → windscreen. *04736*
windshield hazing, E, (wiper) / Schleierbildung auf der Windschutzscheibe. *05052*
windshield streaking, E / Schlierenbildung auf der Windschutzscheibe. *07271*
windshield washer unit, E, washer / Scheibenwaschanlage, Scheibenwascher. *02018*
windshield wiper, E, wiper, windscreen wiper / Scheibenwischer. *02019*
wing, C / Flügel. *02112*

wing, C → mudguard. *09402*
wing beading, C, (between inner-panel/wing panel) / Deckleiste. *10155*
wing nut, G, fly nut / Flügelmutter. *03055*
wing-mounted aerial, E / Kotflügelantenne. *10206*
winter tyre, F, snow tyre / Winterreifen. *02020*
wipe pattern, E / Wischfeld. *04322*
wiper, C → windshield wiper. *08066*
wiper arm, E / Wischerarm, Scheibenwischerarm. *08067*
wiper blade, E / Wischerblatt, Scheibenwischerblatt. *08069*
wiper motor, E / Scheibenwischermotor. *02021*
wiping cycle, E / Wischzyklus, Wischerspiel. *08071*
wiping frequency, E / Wischgeschwindigkeit. *08073*
wire, G / Draht. *08074*
wire, E → core. *09432*
wire brush, W / Drahtbürste. *09127*
wire cable, G / Drahtseil. *05853*
wire circlip, G → wire retaining ring. *08075*
wire diameter, G / Drahtdurchmesser. *08076*
wire gauze, G / Drahtgeflecht. *08077*
wire insertion, F, (tyres) / Drahteinlage. *09128*
wire retaining ring, G, wire circlip / Drahtsprengring. *02022*
wire spoke, F / Drahtspeiche, Radspeiche. *08078*
wire spoke wheel, F → spoked wheel. *03438*
wired-on tyre, F / Drahtreifen. *09832*
wiring, E / Verkabelung, elektrische Schaltung. *08081*
wiring diagram, E / Schaltplan. *10567*
witness, T / Zeuge. *08084*
wood chisel, W / Stecheisen. *10084*
wood gas generator, K / Holzgasanlage. *02272*
wooden rim, F / Holzkranz. *08085*
wooden spoke, F / Holzspeiche.

wrecker

02273
Woodruff key, M / Paßfeder, Halbmondkeil. *02748*
work up, W / aufarbeiten. *09131*
work-bench, W → workmate. *09129*
working capacity, G / Speicherkapazität. *08086*
working cycle, E → ignition stroke. *02023*
working stroke, M → ignition stroke. *02606*
working time, W / Betriebsdauer. *09133*
workmanship, W / Handwerkstechnik. *08158*
workmate, W, work-bank / Werkbank. *09998*
works, W → factory. *08087*
works racer, Z, factory racing motorcycle / Werksrenner. *09788*
works rider, W / Werksfahrer. *09134*
workshop, W / Werkstatt. *02365*
workshop clothing, W / Werkstattkleidung. *09135*
workshop drawing, W / Werkstattzeichnung. *08088*
workshop manual, W, car shop manual / Werkstatthandbuch. *03425*
world champion, R / Weltmeister. *09291*
world record, R / Weltrekord. *10328*
worm, G / Schnecke. *08089*
worm and nut steering, F → screw and nut steering. *02025*
worm and sector steering, F / Schneckenlenkung, Roßlenkung. *02026*
worm drive, A / Schneckentrieb. *08092*
worm gear, A / Schneckengetriebe, Schneckenrad. *08093*
worn, G, worn out / verschlissen, abgenutzt. *08095*
worn bore, M, (piston) / verschlissene Laufbahn. *10469*
worn out, G → worn. *08096*
worn tyre, F → bald tyre. *08098*
wreck, G / Wrack. *08099*
wrecker, H → recovery vehicle. *09566*

239

wrecking service, W / Abschleppdienst. *08101*
wrench, W → spanner. *07073*
wrinkling, L, (paint coating) / Risse. *08219*
wrist pin, M → piston pin. *02027*

X / Y / Z

x-frame, C / X-Rahmen. *08105*
x-ray, G / Röntgenstrahl. *08106*

Y-connection, E → star connection. *02029*
yaw, F, vehicle yaw, (vehicle dynamics) / Gieren. *08108*
yaw behavior, F / Gierverhalten. *08109*
yoke cross member, F / Gabelquerträger. *08112*
Youngtimer, H, (collectors car not older than 15 to 20 years) / Youngtimer. *02876*

wrist pin bushing, G → piston pin bushing. *09535*
wrong adjustment, W, wrong setting, incorrect setting / falsche Einstellung. *08103*
wrong setting, W → wrong adjustment. *08104*
ww, F → white wall tyres. *03946*
wye connection, E → star connection. *02028*

zebra crossing, T → crosswalk. *08115*
Zener diode, E / Z-Diode, Zenerdiode. *02030*
Zenith carburetor, K / Zenith-Vergaser. *02032*
zero, G / Null. *08116*
zero delivery, K → no delivery. *02033*
zinc, G / Zink. *10543*
zinc-coat, G / Zinkbeschichtung. *08117*
zinc-coated, G / verzinkt. *08118*
zipper, G / Reißverschluß. *08119*

Automotive Dictionary
including Motorcycles

English • German

Keywords English-German
in systematical order

Drivetrain, gearbox, clutch (A)

angle transmission / Winkelgetriebe *00069*
annulus / Hohlrad *05513*
automatic gearbox / automatisches Getriebe *02063*
ball and socket gear shifting / Kugelschaltung *02113*
bellhousing / Kupplungsglocke *10446*
belt drive / Riemenantrieb *02191*
centrifugal clutch / Fliehkraftkupplung *00283*
claw clutch / Klauenkupplung *03523*
close ratio gearbox / enggestuftes Getriebe *03537*
clutch / Kupplung *00318*
clutch bearing / Kupplungsführungslager *03546*
clutch brake / Kupplungsbremse *03547*
clutch cable / Kupplungsseilzug *00319*
clutch coil spring / Kupplungsschraubenfeder *03548*
clutch cone / Kupplungskegel *03549*
clutch cover / Kupplungsdeckel *00321*
clutch diaphragm spring / Kupplungstellerfeder *03553*
clutch disc / Kupplungsscheibe *00603*
clutch dog / Kupplungsklaue *03557*
clutch fading / Kupplungsschwund *03559*
clutch fork / Kupplungsausrückgabel *00326*
clutch gear / Antriebszahnrad der Antriebswelle *00328*
clutch grabbing / Kupplungsrupfen *00844*
clutch housing / Kupplungsgehäuse *03562*
clutch hub / Kupplungsnabe *03563*
clutch inspection hole / Kupplungskontrolloch *00330*
clutch lining / Kupplungsbelag *00331*

clutch master cylinder / Kupplungshauptzylinder *00332*
clutch operating linkage / Kupplungsgestänge *00335*
clutch pedal / Kupplungspedal *00338*
clutch pedal clearance / Kupplungspedalspiel *00339*
clutch release bearing / Kupplungsdrucklager *01442*
clutch release lever / Kupplungsausrückhebel *00344*
clutch release mechanism / Kupplungsausrückmechanismus *00343*
clutch release shaft / Kupplungsausrückwelle *03569*
clutch slave cylinder / Kupplungsnehmerzylinder *00336*
clutch slip / Kupplungsschlupf *03570*
clutch spring / Kupplungsdruckfeder *00348*
clutch weight / Kupplungsfliehgewicht *03572*
coil spring clutch / Schraubenfederkupplung *03574*
collapsible gear shift lever / zusammenschiebbarer Schalthebel *03594*
cone clutch / Konuskupplung *00386*
constant mesh / Dauereingriff *00402*
constant mesh countershaft / Vorgelegegetriebe mit Dauereingriff *03695*
countershaft / Vorgelegewelle *00430*
dashboard gear change / Krückstockschaltung *04023*
declutch / auskuppeln *01901*
diaphragm clutch / Membranfederkupplung *00491*
differential / Ausgleichsgetriebe *00502*
differential bevel gear / Ausgleichskegelrad *00516*
differential brake / Ausgleichsgetriebebremse *04097*

differential case / Ausgleichsgehäuse *00506*
differential crown wheel / Tellerrad *01475*
differential filler plug / Ausgleichsgetriebe-Einfüllschraube *04101*
differential oil / Ausgleichsgetriebeöl *04104*
differential pinion shaft / Ausgleichsradachse *04106*
differential side gear / Achswellenrad *00521*
differential spur gear / Ausgleichstirnrad *04107*
direct drive / direkter Gang *00538*
disc clutch / Scheibenkupplung *04137*
disc filter / Plattenspaltfilter *00560*
disengage the clutch / Kupplung ausrücken *04144*
double disc clutch / Zweischeibenkupplung *04209*
double plate dry clutch / Zweischeibentrockenkupplung *00592*
drive chain / Antriebskette *10295*
drive train / Antriebseinheit *09223*
drive wheel / Antriebsrad *00602*
dry clutch / Trockenkupplung *04267*
dry single-disc clutch / Einscheibentrockenkupplung *01554*
electromagnetic clutch / elektromagnetische Kupplung *04335*
engage the clutch / einkuppeln *04358*
engaging lever / Einrückhebel *00662*
final drive / Achsantrieb *04595*
final drive ratio / Achsuntersetzung *04596*
first gear / erster Gang *03264*
five-speed gearbox / Fünfgang-Getriebe *04633*
flexible coupling / elastische Kupplung *04662*
floor shift / Mittelschaltung *04688*
fluid clutch / hydraulische Kupplung *00749*
fluid gear / Flüssigkeitsgetriebe

09149
forward gear / Vorwärtsgang 04761
four speed gearbox / Vierganggetriebe 04775
free engine clutch / Freilaufkupplung 00777
free wheel / Freilauf 04791
free wheel lock / Freilaufsperre 04793
friction clutch / Reibkupplung 00781
friction drive / Reibradantrieb 04803
friction facing / Reibbelag 04802
friction gear / Reibradgetriebe 02402
front wheel drive / Frontantrieb 00786
gate change / Kulissenschaltung 04882
gear / Gang 04625
gear drive / Zahnradantrieb 08604
gear oil / Getriebeöl 00822
gear segment / Zahnsegment 00826
gear shift lever / Schalthebel 00837
gear shift lever bracket / Schaltbock 04902
gear shift lever housing / Schalthebelgehäuse 04903
gear shift lever knob / Schalthebelknopf 04904
gear shift linkage / Schaltgestänge 04905
gear shift pattern / Schaltschema 04906
gear shift sleeve / Schaltmuffe 04909
gear shifting gate / Schaltkulisse 00832
gear wheel / Zahnrad 02372
gearbox / Getriebe 00833
gearbox case / Getriebegehäuse 07666
gearbox cover / Getriebedeckel 04889
gearbox first motion shaft / Getriebeingangswelle 10445
gearbox flange / Getriebeflansch 04891
gearbox input shaft / Getriebeantriebswelle 05417

gearbox main shaft / Getriebehauptwelle 04895
gearbox position / Getriebelage 04898
graphite release bearing / Schleifringausrücker 00846
H-shift pattern / H-Schaltschema 05199
halfshaft joint housing / Antriebsgelenkgehäuse 05016
helical bevel gear / Schrägzahnkegelrad 05104
helical gear / Schrägzahnrad 05102
helical gear transmission / Klauengetriebe 00884
herringbone gearing / Pfeilerzahnung 00887
high gear / oberster Gang 05120
hydraulic clutch control / hydraulische Kupplungsbetätigung 05208
hypoid oil / Hypoidgetriebeöl 00922
hypoid-gear / Hypoidgetriebe 00919
idle position / Neutral-Stellung 05244
idler shaft / Vorgelegeachse 05254
impeller / Pumpenrad 05298
indirect gear / indirekter Gang 05324
input oil-pump / Primärölpumpe 05414
input torque / Eingangsdrehmoment 05418
interlock ball / Rastkugel 05503
interlock plug / Riegelstopfen 05504
jump out / herausspringen 05567
kick-down / Kick-Down 04746
left-hand drive / Linkslenkung 05681
limited-slip differential / Ausgleichssperre 01058
lock pin / Sperrstift 05780
low range / Geländegang 05814
magnetic clutch / Magnetkupplung 05836
magnetic powder clutch / Magnetpulverkupplung 01087
main drive / Hauptantrieb 05881
main reduction gear / Hauptvorgelege 05894
manual shift / handbetätigter

Schaltvorgang 05924
manual transmission / Handschaltgetriebe 04894
multi-plate clutch / Mehrscheibenkupplung 01129
overdrive / Schnellgang 01224
parking lock / Parksperre 01245
pinion gear / Planetenrad 06342
planet carrier / Planetenradträger 01308
planetary transmission / Planetengetriebe 01309
pneumatic clutch control / pneumatische Kupplungsbetätigung 06401
power steering fluid / Lenkhilfpumpenöl 00984
preselector gearbox / Vorwählgetriebe 02363
pressure plate / Kupplungsdruckplatte 01357
propeller shaft / Kardanwelle 01373
propeller shaft center bearing / Gelenkwellenmittellager 06482
propeller shaft housing / Kardanrohr 01375
propeller shaft intermediate bearing / Gelenkwellenzwischenlager 06483
rear axle shaft / Hinterachswelle 01419
rear wheel drive / Hinterradantrieb 02270
reduction gear / Vorgelege 05507
reverse gear / Rückwärtsgang 06666
reverse idler gear shaft / Rücklaufwelle 01462
reversing clutch / Umkehrkupplung 06671
reversing gearbox / Umkehrgetriebe 06672
run-in oil / Einlauföl 01497
second gear / zweiter Gang 06859
selector control / Getriebewählhebel 06871
semi-automatic transmission / halbautomatisches Getriebe 06880
shift / Schaltvorgang 06927
shift / schalten 06926
shift control / Gangschaltung 06928

243

shift dog / Schaltklaue *06930*
shift down / herunterschalten *06931*
shift fork / Schaltgabel *01539*
shift indicator / Ganganzeige *06932*
shift point / Schaltzeitpunkt *07347*
shifter rod / Schaltstange *01541*
shifting ball / Schaltkugel *06933*
shifting clutch / Schaltkupplung *06934*
shifting lever bracket / Schalthebelhaltung *09047*
silent gear / geräuschloser Getriebegang *09209*
single wheel drive / Einzelradantrieb *06997*
single-disc clutch / Einscheibenkupplung *06989*
sliding selector shaft locking mechanism / Schaltstangenarretierung *01568*
slipping clutch / schleifende Kupplung *02121*
speedometer cable / Tachometerwelle *08820*
steering damper / Lenkungsdämpfer *07226*
sun gear / Sonnenrad *07297*

synchromesh / Synchronisierung *07353*
synchromesh body / Synchronkörper *07354*
synchromesh cone / Synchronkegel *01742*
synchromesh gearbox / Synchrongetriebe *01745*
synchronize / synchronisieren *07355*
synchronizer sleeve / Synchronschiebemuffe *01749*
thrust ball bearing / Kugeldrucklager *01796*
torque converter / Drehmomentwandler *01817*
torque converter transmission / Wandlergetriebe *07592*
transfer box / Verteilergetriebe *07656*
transmission brake / Getriebebremse *02245*
transmission ratio / Getriebeübersetzung *00509*
transmission reduction / Getriebeuntersetzung *01848*
transmission shock absorber / Antriebsstoßdämpfer *10347*
transmission suspension / Getriebeaufhängung *07669*
turbine wheel / Turbinenrad *01870*
twin belt drive / Doppelriemenantrieb *07744*
underdrive / Kriechgang *07780*
universal joint / Kardangelenk *00262*
universal joint transmission / Kardanantrieb *02291*
upshift / hochschalten *07815*
vacuum shift cylinder / Saugluftschaltzylinder *07838*
variable transmission / stufenloses Getriebe *01970*
wet multi-disc clutch / Mehrscheiben-Ölbadkupplung *07992*
wet single-disc clutch / Ölbad-Einscheibenkupplung *07993*
worm drive / Schneckenantrieb *08092*
worm gear / Schneckengetriebe *08093*

Brakes (B)

adjuster screw / Nachstellschraube *10490*
air pressure brake / Druckluft-Bremsanlage *00050*
air reservoir / Luftbehälter *00051*
anti-block system / Antiblockiersystem *00076*
antifreeze pump / Frostschutzpumpe *00083*
band brake / Bandbremse *03217*
bleeder nipple / Entlüfungsnippel *10491*
bleeder screw / Entlüftungsschraube *00145*
bleeding / Entlüften *10394*
bottom valve / Bodenventil *09162*
brake / Bremse *00156*
brake anchor plate / Bremsträger *00158*
brake band / Bremsband *02083*

brake bleeder unit / Druckentlüfter *00163*
brake block / Bremsklotz *01047*
brake buffer / Bremsanschlag *03270*
brake cable / Bremsseil *02089*
brake cable assembly / Bremsseilzug *03271*
brake caliper / Bremssattel *00165*
brake cam / Bremsnocken *00167*
brake cam bushing / Bremsnockenlager *03272*
brake clearance / Bremslüftspiel *00169*
brake cylinder / Bremszylinder *02090*
brake cylinder cup / Bremsmanschette *09152*
brake disc / Bremsscheibe *00172*
brake drum / Bremstrommel *00173*
brake drum hub / Bremstrommelnabe *04264*
brake fading / Bremsschwund *00213*
brake fluid / Bremsflüssigkeit *00175*
brake fluid reservoir / Bremsflüssigkeitsbehälter *00180*
brake horse power / Bremsleistung *01003*
brake hose / Bremsschlauch *00183*
brake lever / Bremshebel *02087*
brake line / Bremsleitung *00186*
brake lining / Bremsbelag *00187*
brake linkage / Bremsgestänge *03054*
brake master cylinder / Hauptbremszylinder *00191*
brake master cylinder outlet /

Hauptbremszylinderausgang *05941*
brake pad / Scheibenbremsbelag *08725*
brake pad warning light / Bremsbelagverschleißanzeige *00190*
brake pedal / Fußbremshebel *00194*
brake pedal depressor / Bremspedalspanner *00197*
brake pedal free travel / Fußbremshebel-Leerweg *00198*
brake pipe / Bremsleitung aus Metall *02088*
brake pipe fitting / Bremsnippel *09159*
brake piston / Bremskolben *09155*
brake power distributor / Bremskraftverteiler *00199*
brake return spring / Bremsbackenrückzugfeder *00201*
brake shoe / Bremsbacke *00204*
brake warming / Bremsenerhitzung *03278*
brake warning lamp / Bremsenkontrolleuchte *03279*
brake wheel cylinder / Radbremszylinder *09166*
braking area / Bremsfläche *03280*
braking deceleration / Bremsverzögerung *03281*
braking distance / Bremsweg *00212*
braking effect / Bremswirkung *03282*
braking energy / Bremsenergie *03283*
braking power / Bremskraft *03284*
braking torque / Bremsmoment *03287*
cable brake / Seilzugbremse *03011*
caliper brake / Felgenbremse *08492*
cylinder cover / Zylinderdeckel *00464*
decelerate / abbremsen *04032*
diagonal twin circuit braking system / Diagonal-Zweikreisbremsanlage *00490*
direct braking / Direktbremsung *00537*
disc brake / Scheibenbremse *00558*
disc chamber / Bremsscheibentopf *04136*
double circuit braking system / Zweikreisbremse *00585*
double circuit protection valve / Zweikreisschutzventil *00586*
double shoe brake / Doppelbackenbremse *04217*
dragging brake / schleifende Bremse *08767*
drum brake / Trommelbremse *00615*
dual master cylinder / Tandem-Hauptbremszylinder *00622*
duplex brake / Duplexbremse *00624*
eddy-current brake / Wirbelstrombremse *00635*
end connection / Endverbindung *04352*
equalizer lever / Ausgleichhebel *04417*
expansion port / Ausgleichsbohrung *00704*
external contracting band brake / Außenbandbremse *04490*
external shoe brake / Außenbackenbremse *04491*
fixed caliper / Festsattel *04634*
fixed caliper disc brake / Festsattelscheibenbremse *00729*
floating caliper / Schwimmsattel *04673*
floating caliper brake / Schwimmsattelscheibenbremse *00742*
fluid brake / Öldruckbremse *00747*
foot brake / Fußbremse *02232*
four wheel brake / Vierradbremse *02361*
front piston / vorderer Kolben *00785*
hand brake / Handbremse *00858*
hand brake booster / Handbremsverstärker *05022*
hand brake lever / Handbremshebel *02254*
hand brake warning lamp / Handbremswarnleuchte *05025*
heat fade / Bremsschwund durch Überhitzung *05091*
hinged caliper / Pendelsattel *05134*
hydraulic brake hose / hydraulischer Bremsschlauch *05207*
hydraulic brake system / hydraulische Bremse *00748*
hydroboost / hydraulischer Bremskraftverstärker *05214*
inboard brake / innenliegende Bremse *05310*
indirect braking / indirekte Bremsung *00962*
inside band brake / Innenbandbremse *05421*
inside shoe brake / Innenbackenbremse *02279*
internal expanding clutch-type disc brake / Vollscheibenbremse *01018*
internally ventilated disc brake / innenbelüftete Scheibenbremse *05516*
leading brake shoe / Auflaufbacke *01046*
linkage brake / Gestängebremse *05741*
main air reservoir / Hauptluftbehälter *05838*
mechanical brake / mechanische Bremse *02141*
multiple circuit brake system / Mehrkreisbremsanlage *06042*
non-return valve / Rückschlagventil *01152*
overrun brake / Auflaufbremse *01235*
pedal shaft / Fußhebelwelle *02233*
pneumatic brake / Druckluftbremse *06400*
power booster / Bremskraftverstärker *06433*
power brake / Servobremse *01532*
pressure governor / Bremsdruckregler *01351*
primary cup / Primärmanschette *09163*
ratchet brake / Ratschenbremse *06578*
rear brake / Hinterradbremse *09011*
retarder / Retarder *00416*
secondary cup / Sekundärmanschette *09164*
sensor for brake lining wear indicator / Fühler für Bremsbelagverschleißanzeige *01529*
service brake / Betriebsbremse *06896*
shoe brake / Backenbremse *00146*

245

simplex brake / Simplexbremse *01552*
single-chamber brake cylinder / Einkammerbremszylinder *06984*
single-circuit brake system / Einkreisbremsanlage *06985*
single-pipe brake system / Einleitungs-Bremsanlage *01556*
supplementary brake system / Zusatzbremsanlage *07311*
trailer brake coupling / Anhängerbremskupplung *07643*

trailer brake valve / Anhängerbremsventil *01835*
trailing brake shoe / Sekundärbacke *01836*
treadle brake valve / Trittplatten-Bremsventil *01855*
twin-line brake / Zweileitungsbremse *01880*
vacuum booster / Unterdruck-Bremskraftverstärker *01924*
vacuum brake hose / Unterdruckbremsschlauch *07835*

vacuum pump / Vakuumpumpe *01922*
vacuum servo brake / Vakuum-Servo-Bremse *01923*
vapour lock / Dampfblase *10393*
water fade / Bremsschwund infolge Wasser *07959*

 Bodywork, glazing (C)

A-pillar / A-Säule *03178*
aerodynamic / aerodynamisch *03130*
aerodynamic drag / Luftwiderstand *03132*
air deflector / Leitblech *03148*
air duct / Lufteinlaßschlitz *09230*
all-steel body / Ganzstahl-Karosserie *02235*
angle bracket / Stützwinkel *03170*
B-pillar / B-Säule *03266*
ball type towing attachment / Kugelkopfhängevorrichtung *03216*
beading fluting / Sicke *10158*
belt line / Gürtellinie *03230*
body / Karosserie *02292*
body fitting / Karosseriebeschlag *10125*
body in white / Rohbaukarosserie *03253*
body platform / Bodengruppe *09970*
body shell / Karosseriekörper *09234*
bodyshell stiffness / Steifigkeit der Karosserie *09975*
bonnet / Motorhaube *00901*
bonnet catch / Motorhaubenverriegelung *03257*
bonnet stay / Motorhaubenständer *03258*
bonnet strap / Haubenriemen *02259*
boot carrier / Gepäckhalter *02242*
boot lid / Kofferraumdeckel *02106*
boot lid hinge / Kofferraum-

deckelscharnier *03262*
boot lid lock / Kofferraumdeckelschloß *03263*
box section / Kastenquerschnitt *08459*
box section chassis / Kastenrahmen *08460*
bracing / Versteifung *03268*
bump / Beule *04060*
bumper / Stoßfänger *02332*
bumper blade / Stoßstangenblatt *09420*
bumper bow / Stoßstangenbügel *09417*
bumper center section / Stoßstangenmittelteil *03312*
bumper guard / Stoßstangenhorn *03313*
bumper height / Stoßstangenhöhe *03314*
bumper rubber strip / Stoßstangengummileiste *03315*
bumper side parts / Stoßstangenseitenteil *03316*
bumper suspension / Stoßstangenaufhängung *03317*
C-pillar / C-Säule *03780*
cab / Fahrerhaus *03343*
cab tilting system / Fahrerhauskippvorrichtung *03347*
carrying capacity / Ladefähigkeit *03421*
center tubular chassis / Zentralrohrrahmen *03443*
chassis / Fahrgestell *02174*
chassis frame / Fahrgestellrahmen *03463*

chassis member / Rahmenträger *06564*
chassis number / Fahrgestellnummer *10270*
child-proof door lock / Türschloß mit Kindersicherung *03474*
chrome letters / Chrombuchstaben *10401*
chrome molding / Chromleiste *09969*
cockpit / Cockpit *10395*
console / Konsole *03692*
convex window / gewölbte Scheibe *03728*
corner plate / Eckblech *03746*
corrugated sheet / Wellblech *03753*
cowl / Spritzwand *02328*
crank operated window / Kurbelfenster *08049*
cross member / Rahmenquerträger *07679*
crush zone / Knautschzone *03860*
cylinder lock / Zylinderschloß *03894*
decorative parts / Zierteile *08751*
deflector / Prallblech *04037*
dent / Delle *04061*
dickey seat / Schwiegermuttersitz *09422*
dimming cap / Abblendhaube *04111*
door / Tür *04173*
door arrester / Türhalter *04174*
door bolt / Türverriegelungsbolzen *04177*
door closing device / Türschließ-

anlage *04180*
door fitting / Türbeschlag *04182*
door frame / Türrahmen *04183*
door handle / Türgriff *04184*
door handle push button / Türgriffdrucktaste *10200*
door hinge / Türscharnier *10118*
door hinge pillar / Türscharniersäule *04188*
door joint / Türspalt *04191*
door latch / Türschloß *10198*
door pull / Türzuzieher *04198*
door reinforcement / Türversteifung *04176*
door seal / Türdichtung *04199*
door sill / Türschweller *04200*
drain / Dachrinne *04230*
drawbar / Deichsel *04235*
drumming noise / Dröhngeräusch *08245*
dual side mounts / rechts und links auf den Trittbrettern montierte Ersatzräder *03024*
elevated frame / Hochrahmen *04340*
engine air box / Motorlufthutze *03139*
engine bay / Motorraum *02142*
engine bay side panel / Motorraum-Seitenwand *09979*
engine cross member / Motorquerträger *04395*
engine protection plate / Motorschutzblech *02571*
eyelet / Planenöse *04499*
fabric body / Sperrholzkarosserie mit Kunstlederbespannung *09981*
fabric hood / Stoffverdeck *04502*
false front / Kühlerattrappe *04521*
fast back tail / Fließheck *04536*
fiberglass body / GFK-Karosserie *08199*
fin / Leitflügel *04591*
flag pole / Fahnenstange *04641*
flared wheel arches / Kotflügelverbreiterung *04650*
flitch panel / Zwischenblech *09978*
floor bearer / Bodenblechaufnahme *10162*
floor mounting / Verankerungspunkt am Bodenblech *10730*
floor pan / Bodenblech *04687*
foldable radiator mascot / umklappbare Kühlerfigur *04715*

folding door / Falttür *04725*
four door / viertürig *04766*
frame drop / Rahmenkröpfung *04784*
frame extension / Rahmenverlängerung *04785*
frame overhang / Rahmenüberhang *04788*
front apron / Frontschürze *09958*
front door / Vordertür *04811*
front end / Karosserievorbau *04812*
front spoiler / Frontspoiler *10134*
front wall / Vorderwand *04819*
glass channel / Scheibenführungsschiene *04928*
glazing / Verglasung *04716*
ground clearance / Bodenabstand *00853*
guide rail / Laufschiene *05003*
gullwing door / Flügeltür *05005*
gusset plate / Knotenblech *10114*
hatchback / Schrägheck *09445*
headlamp bracket / Scheinwerferstütze *02307*
heat absorbing glass / wärmedämmendes Glas *05076*
height of chassis above ground / Rahmenhöhe *05101*
high stress area / hochbeanspruchter Bereich *09980*
hitch / Anhängerkupplung *05149*
hood / Cabrioletverdeck *03273*
hood bow / Verdecksspiegel *05169*
hood covering / Verdeckbezug *05170*
hood fabric / Verdeckstoff *07580*
hood frame / Verdeckrahmen *05172*
identification plate / Typenschild *02346*
inner door panel / Türinnenblech *05408*
inner panel / Innenblech *05428*
inner wing / Innenkotflügel *10115*
inside adjustable outside mirror / Außenrückspiegel, von innen einstellbar *05420*
integral body / selbsttragende Karosserie *01014*
jacking point / Wagenheberaufnahme *03052*
ladder type frame / Leiterrahmen *05615*

laminated safety glass / Verbundglas *01043*
landau bar / Sturmstange *02333*
lettering / Schriftzug *10139*
licence plate / Nummernschild *01051*
licence plate bracket / Nummernschildhalter *05701*
liftgate / untenangeschlagene Heckklappe *05707*
loading space / Laderaum *01063*
lock plate / Schließblech *02536*
longitudinal axis / Längsachse *05789*
loops / Planengestell *05794*
louvre / Luftschlitz *09963*
low mount / Niederrahmen *02146*
luggage boot / Kofferraum *02107*
luggage rack / Gepäckbrücke *02240*
main chassis beam / Rahmenhauptträger *09485*
main frame tube / Hauptrahmenrohr *08644*
molding / Abdeckleiste *05991*
monocoque / Monocoque *05997*
motor badge / Markenzeichen *10398*
mud flap / Spritzlappen *06032*
mud pan / Motorschutz *06034*
mudguard / Kotflügel *02111*
mudguard frontwing / Vorderkotflügel *09959*
notchback / Stufenheck *09446*
occasional seat / Notsitz *02147*
outer door panel / Türaußenblech *06237*
outside mirror / Außenspiegel *04726*
panel / Abdeckblech *02076*
passenger compartment / Fahrgastzelle *03149*
quarter vent / Ausstellfenster *04007*
quarter window / Dreiecksfenster *05140*
radiator emblem / Kühleremblem *02117*
radiator grille / Kühlergrill *02116*
radiator mascot / Kühlerfigur *02114*
radiator protecting plate / Kühlerschutzblech *06550*

radiator shell / Kühlermaske *09966*
rain groove / Regenrinne *06568*
rain gutter / Regenleiste *06570*
rear bumper / Heckstoßstange *10099*
rear bumper system / hinteres Stoßfängersystem *06592*
rear spoiler / Heckspoiler *06603*
rear subframe / hinterer Hilfsrahmen *09976*
rear wheel arch / hinterer Radkasten *10091*
rear window / Rückfenster *05081*
rear wing / Heckkotflügel *09961*
roller roof / Rolldach *06726*
roof / Dach *03381*
roof rack / Dachträger *10397*
rub rail / Scheuerleiste *06760*
rubber strip / Gummileiste *06756*
running board / Trittbrett *02343*
safety bumper / Sicherheitsstoßfänger *06794*
safety glass / Sicherheitsglas *02320*
safety passenger cell / Sicherheits-Fahrgastzelle *01500*
safety roll bar / Überrollbügel *06797*
sandwich body / Karosserie in Sandwichbauweise *06804*
screen frame / Windschutzscheibenrahmen *09964*
screen rail / Windschutzscheibeneinfassung *09965*
scuttle / Windlauf *09962*
separate chassis / separates Chassis *02885*
separation / Fond-Trennscheibe *03025*
serial number / Seriennummer *06888*
shatterproof glass / splitterfreies Glas *06916*
side curtain / Steckscheibe *04006*
side door / Seitentür *06962*
side frame rail / seitlicher Längsträger *06963*
side member / Rahmenlängsträger *05878*
side panel / Seitenwand *06969*
side panel frame / Seitenwandrahmen *06970*
side window / Seitenfenster *04817*

sill / Ladekante *06979*
sill drain hole / Wasserablaufloch *10090*
sliding door / Schiebetür *07019*
sliding window / Schiebefenster *07022*
spoiler / Spoiler *07155*
squeak / Quietschgeräusch *10143*
steel body / Stahlkarosserie *07213*
stone guard / Steinschlagschutz *06552*
stress panel / Versteifungsblech *10094*
striker / Schließplatte *07276*
subframe / Hilfsrahmen *01704*
sun visor / Schute *09625*
support tube / Stützrohr *07320*
supporting axle / Tragachse *07318*
swage line / Hüftschwung *09957*
swivel window / Schwenkfenster *07351*
tail / Fahrzeugheck *07404*
tail gate / Heckklappe *07408*
tailboard / Rückwand *07406*
tailboard frame / Rückwandrahmen *07407*
tempered safety glass / Sekurit-Glas *01764*
tinted glass / getöntes Glas *07535*
tonneau cover / Cockpit-Abdeckung *10396*
towing bracket / Anhänger-Zugvorrichtung *07390*
towing eye / Abschleppöse *01825*
towing hook / Zughaken *07609*
trailer plug box / Anhängersteckdose *07645*
trim strip / Zierleiste *10137*
tubular frame / Rohrrahmen *07725*
tubular space frame / Gitterrohrrahmen *07726*
tunnel / Tunnel *07732*
two-door / zweitürig *04767*
usable luggage capacity / nutzbares Kofferraumvolumen *07821*
vehicle identification number / Typencode am Fahrgestell *07906*
vent / Lüftungsklappe *09214*
vinyl top / Kunstlederdach *10324*
water-drain channel / Ablaufblech *07956*
wheel arch / Radkasten *02173*

wheel opening / Radausschnitt *08021*
window / Fenster *08045*
window blind / Fensterjalousie *08047*
window crank / Fensterkurbel *08050*
window frame / Fensterrahmen *08054*
window glass / Fensterscheibe *04931*
window guide / Fensterführung *08056*
window lift / Fensterheber *10287*
window opening / Fensteröffnung *08058*
window regulator / Fensterkurbelapparat *10199*
window stop / Fensteranschlag *08060*
windscreen / Windschutzscheibe *04717*
wing / Flügel *02112*
wing beading / Deckleiste *10155*
x-frame / X-Rahmen *08105*

Electrical and electronic systems, ignition (E)

acid density / Säurekonzentration *00019*
acid level / Säurespiegel *00021*
adapter / Adapter *03100*
adjustment of ignition timing / Zündzeitpunkteinstellung *06780*
advance characteristic / Frühzündkurve *00032*
advance ignition / Zündverstellung in Richtung früh *09680*
aerial / Antenne *03129*
air conditioning / Klimaanlage *02473*
alkaline accumulator / alkalische Batterie *00057*
alternator / Wechselstromlichtmaschine *00060*
alternative current / Wechselstrom *10605*
ammeter / Ampèremeter *00064*
ampere-hour / Ampèrestunde *00065*
amplifier / Verstärker *10528*
arcing / Funkenbildung *03181*
armature / Anker *00096*
asymmetric low beam / asymmetrisches Abblendlicht *00097*
ballast resistor / Vorwiderstand *00119*
battery / Batterie *00120*
battery acid / Batteriesäure *00123*
battery box / Batteriegehäuse *00126*
battery discharge indicator / Batterieladeanzeige *08708*
battery ground lead / Batteriemassekabel *03221*
battery ignition / Batteriezündung *00134*
battery powered / batteriebetrieben *08709*
battery voltage / Batteriespannung *00136*
bayonet socket / Bajonettfassung *03225*
Bendix-type starter / Bendix-Anlasser *00138*
bilux bulb / Biluxlampe *00139*
bimetal strip / Bimetallstreifen *00144*

blowout / durchbrennen *03248*
brake light switch / Stoplichtschalter *00185*
breaker triggered induction semiconductor ingnition / kontaktgesteuerte Transistor-Spulenzündung *00219*
breaker triggering / Kontaktsteuerung *00221*
breakerless ignition system / unterbrecherlose Zündanlage *03296*
breakerless inductive semiconductor ignition / kontaktlos gesteuerte Transistor-Spulenzündung *00222*
breakerless triggering / kontaktlose Steuerung *00223*
bulb / Glühlampe *04329*
buzzer / Summer *03336*
cable / Kabel *05657*
capacitor-discharge ignition system / Hochspannungs-Kondensatorzündung *00249*
car radio / Autoradio *03413*
carbide generator / Entwickler *02215*
carbon brush / Kohlebürste *00228*
CD-ignition system / Zündanlage mit Unterbrecher und Kondensator *03432*
ceiling lamp / Deckenleuchte *03433*
cell bridge / Zellenverbinder *00272*
center electrode / Zündkerzen-Mittelelektrode *03436*
centrifugal advance mechanism / Fliehkraftversteller *00277*
ceramic insulation / Keramikisolation *03451*
charging control lamp / Ladekontrolleuchte *00300*
charging stage / Ladeteil *00307*
cigarette lighter / Zigarettenanzünder *03485*
clap-hands type wipers / gegenläufige Scheibenwischer *03521*
claw-pole generator / Klauenpolgenerator *00316*
clutch monitor lamp / Kupplungs Kontrolleuchte *00334*

collecting cable / Sammelkabel *03598*
collector ring / Schleifring *00357*
colour coded cable / Kabel mit Farbkodierung *03602*
combined ignition and steering lock / Lenkschloß mit Zündanlaßschalter *00358*
combined lighting and starting generator / Anlaßlichtmaschine *00359*
commutator / Kollektor *06867*
condensate shield / Kondenssperre *00382*
condenser / Kondensator *00383*
connect / verbinden *03673*
connector / Steckverbindung *03689*
connector lug / Kabelschuh *03057*
contact breaker / Unterbrecher *00404*
contact breaker cam / Unterbrechernocken *00407*
contact breaker gap / Unterbrecherabstand *03295*
contact breaker point / Unterbrecherkontakt *00409*
contact breaker resistance / Unterbrecherwiderstand *04874*
contact breaker spring / Unterbrecherfeder *03713*
contact gap / Kontaktabstand *00411*
contact lever / Unterbrecherhebel *03714*
contactless transistorized ignition / kontaktlose Transistorzündung *00414*
control current / Steuerstrom *00419*
core / Ader *06771*
current / Strom *03868*
current consumption / Stromverbrauch *08744*
current supply / Stromversorgung *08746*
cutout relay / Rückstromschalter *00459*
dash lamp / Instrumentenbeleuchtung *02283*

delta connection / Dreiecksschaltung 00485
diffusion / Streuung 04108
dim / abblenden 04110
diode housing / Diodengehäuse 00528
dip switch / Abblendschalter 04742
direct current / Gleichstrom 04121
direct current dynamo / Gleichstromlichtmaschine 04125
direction indicator / Fahrtrichtungsanzeiger 00543
discharge / entladen 04138
distributor cap / Verteilerkappe 00565
distributor cap segment / Verteilersegment 00568
distributor curve / Zündverstellkurve 04156
distributor rotor / Verteilerfinger 00574
distributor shaft / Verteilerwelle 00576
distributor terminal / Verteilerklemme 04159
distributorless semiconductor ignition / vollelektronische Batteriezündung 00581
door speaker / Türlautsprecher 10196
double pole glow plug / zweipolige Drahtglühkerze 00593
driver stage / Treiber 00608
dry battery / Trockenbatterie 04266
dual ignition / Doppelzündung 02198
dual intensity light / Zweipegellicht 04278
dual purpose lamp / Zweizweck-Leuchte 04281
dual tone horn / Zweiklanghupe 04285
dwell angle / Schließwinkel 00627
dwell angle control / Schließwinkelsteuerung 00628
dwell period / Schließzeit 00632
dynamo armature / Lichtmaschinenanker 04303
dynamo charging indicator / Ladekontrolle 04304
dynamo governor / Regler 02177
dynamo-magneto / Lichtmagnetzünder 02132

eddy-current speedometer / Wirbelstromtachometer 04319
electric / elektrisch 04327
electric circuit / Stromkreis 03511
electric rear window defroster / heizbare Heckscheibe 04332
electric starter / elektrischer Anlasser 02212
electric system / Elektrik 08778
electric tension / elektrische Spannung 08779
electrical equipment / elektrische Anlage 02211
electrically driven / elektrisch angetrieben 08780
electrically operated / elektrisch betrieben 08781
electrode / Elektrode 02214
electrode burning / Elektrodenabbrand 00644
electrode wear / Elektrodenverschleiß 04334
electronic ignition / elektronische Zündung 04339
electronically controlled ignition sytem / elektronisch gesteuerte Zündanlage 08782
electronics / Elektronik 08783
electrostatic / elektrostatisch 08785
emergency flasher system / Warnblinkanlage 00658
face electrode / Stirnelektrode 04508
feed / einspeisen 08802
field coil / Feldwicklung 04563
fixed contact / Unterbrecheramboß 04638
fixed magneto / Standmagnet 09936
flash rate / Blinkfrequenz 04654
flash signal / Blinkzeichen 08811
flash up / aufleuchten 08812
flash-over / Funkenüberschlag 08810
flat battery / leere Batterie 02068
flip-flop connection / Kippschaltung 00736
flyweight / Fliehgewicht 00753
fog lamp / Nebelscheinwerfer 00762
fog tail lamp / Nebelschlußleuchte 00764
front auxiliary lamps / Zusatzscheinwerfer 10207

fuel level tell-tale / Kraftstoffreserve-Warnleuchte 04839
fuse / Sicherung 00809
fuse designation / Sicherungskennzeichnung 04862
generator / Lichtmaschine 02133
generator belt / Lichtmaschinenantriebsriemen 04913
generator bracket / Lichtmaschinenträger 10288
generator drive / Lichtmaschinenantrieb 04916
generator pulley / Lichtmaschinenriemenscheibe 04917
generator yoke / Lichtmaschinengehäuse 04920
glare / blenden 04926
glow ignition / Glühzündung 04942
glow plug / Glühkerze 00843
glow plug control / Glühüberwacher 00878
glow plug filament / Glühspirale 04943
glow plug resistor / Glühkerzenwiderstand 00879
glow plug starting switch / Glühkerzenschalter 00880
ground / Masse 04307
ground connection / Massenanschluß 04309
halogen fog lamp / Halogen-Nebelscheinwerfer 05018
halogen headlamp / Halogenscheinwerfer 00857
hand lamp / Handlampe 05032
headlamp / Scheinwerfer 00868
headlamp adjustment / Scheinwerfereinstellung 05054
headlamp bulb / Scheinwerferglühlampe 00870
headlamp cleaning unit / Scheinwerferwischer 05057
headlamp glass / Scheinwerferglas 05062
headlamp illumination pattern / Lichtkegelbild 10548
headlamp insert / Scheinwerfereinsatz 05065
headlamp reflector / Scheinwerferspiegel 05066
headlamp shell / Scheinwerfertopf 02306

headlight flasher / Lichthupe *00871*
heat range / Wärmewert *00874*
heated rear window / beheizbare Heckscheibe *03210*
high beam / Fernlicht *00889*
high beam indicator / Fernlichtkontrolle *05117*
high tension ignition / Hochspannungszündung *05128*
high tension ignition cable / Hochspannungszündkabel *00894*
high tension magneto ignition / Hochspannungs-Magnetzündung *09914*
high voltage / Hochspannung *08874*
horn / Hupe *00904*
horn bulb / Hupenball *02278*
horn button / Hupenknopf *05178*
horn relay / Hupenrelais *05180*
horn ring / Hupenring *05181*
horn switch / Hupenschalter *05182*
horn trumpet / Hupentrichter *05183*
ignition / Zündung *09499*
ignition cable / Zündkabel *05263*
ignition change-over / Zündumschaltung *05265*
ignition circuit / Zündstromkreis *05266*
ignition coil / Zündspule *00939*
ignition control / Zündverstellung *02379*
ignition current / Zündstrom *05268*
ignition cut out / Zündstromunterbrecher *05269*
ignition cut out control / Kurzschlußschalter *09908*
ignition dead center / Zündtotpunkt *05270*
ignition delay / Zündverzug *00941*
ignition distributor / Zündverteiler *00942*
ignition interlock / Zündsperre *05272*
ignition interval / Zündungsintervall *05274*
ignition key / Zündschlüssel *05275*
ignition lock / Zündschloß *05278*
ignition order / Zündfolge *00946*
ignition point / Zündzeitpunkt *04612*

ignition pressure / Zünddruck *04615*
ignition spark / Zündfunke *05280*
ignition switch / Zündschalter *00953*
ignition system / Zündanlage *05283*
ignition system fault / Fehler in der Zündanlage *05284*
ignition timing mark / Zündzeitpunktmarkierung *09722*
ignition timing range / Zündverstellbereich *05286*
ignition transformer / Zündtransformator *00956*
ignition vane switch / Magnetschranke *00958*
ignition voltage / Zündspannung *00728*
illuminate / beleuchten *05288*
illumination / Beleuchtung *04941*
indicator lamp / Anzeigeleuchte *03077*
induction / Induktion *00965*
insulate / isolieren *02287*
insulator nose / Isolatorfuß *01007*
interference / Störung *05492*
interference suppression / Entstörung *05493*
intermediate beam / Lichtstellung zwischen Fern- und Abblendlicht *05505*
interphone / Gegensprechanlage *08880*
interval wiper / Intervall-Scheibenwischer *01016*
inverting stage / Umkehrstufe *01024*
iodene headlamp / Jodscheinwerfer *10547*
iron core / Eisenkern *01025*
lamp / Leuchte *05621*
lead battery / Bleibatterie *05660*
lead pipe / Leitungsrohr *05666*
lens / Streuscheibe *05687*
licence plate illumination / Nummernschildbeleuchtung *05702*
licence plate lamp / Nummernschildleuchte *01053*
light / Licht *05714*
light beam / Lichtstrahl *05718*
light efficiency / Lichtausbeute *05719*
light intensity / Lichtstärke *05724*

light transmittance / Lichtdurchlässigkeit *05729*
long-range headlamp / Weitstrahler *01066*
loose connection / Wackelkontakt *05795*
low beam / Abblendlicht *01071*
low tension cable / Niederspannungskabel *05817*
low tension ignition / Niederspannungszündung *05818*
low tension magneto ignition / Niederspannungs-Magnetzündung *09913*
magneto / Magnet *10289*
magneto drive / Magnetantrieb *10290*
magneto filter / Magnetabscheider *01085*
magneto ignition / Magnetzündung *01088*
main cable harness / Hauptkabelsatz *05874*
main headlamp / Hauptscheinwerfer *05882*
main switch / Batteriehauptschalter *05893*
mains electricity / Netzstrom *10012*
map light / Leseleuchte *05928*
masked headlamp / Tarnscheinwerfer *05936*
misfire / Fehlzündung *02820*
multi-pulse charging / Mehrimpulsaufladung *01135*
multi-purpose lamp / Mehrzweckleuchte *06044*
multi-toned horn / Mehrklanghorn *06046*
negative plate / Minusplatte *01146*
negative terminal / Minuspol *06099*
nickel-cadmium battery / Nickel-Kadmium-Batterie *08944*
nozzle / Lötspitze *05367*
overcharge / überladen *06250*
parallel wipers / parallellaufende Scheibenwischer *06295*
parking light / Standlicht *01242*
phase shifter / Phasenverschieber *01256*
plug socket / Steckdose *09497*
pole shoe / Polschuh *06404*
position light / Positionslicht *06418*

251

positive plate / Plusplatte *01323*
positive pole / Pluspol *06422*
power window / elektrischer Fensterheber *02475*
power window motor / Fensterhebermotor *06443*
premature ignition / Frühzündung *01344*
primary circuit / Primärstromkreis *01367*
primary winding / Primärwicklung *01371*
protective covering / Isolierschlauch *05455*
pull switch / Zugschalter *06503*
pulse generator / Zündimpulsgeber *01380*
pulse-shaping circuit / Impulsformer *01383*
radio shielding / Radioentstörung *06556*
radio telephone / Funktelefon *06557*
radio volume control / Lautstärkenregler *06559*
rapid glow plug / R-Glühkerze *01407*
rear light / Schlußlicht *01423*
rear light / Heckleuchte *04710*
rear lighting system / Heckbeleuchtung *10545*
rear loudspeaker / hinterer Lautsprecher *06595*
rear window heater / Heckscheibenbeheizung *01430*
reflector / Rückstrahler *00231*
relay / Relais *06635*
relay control / Relaissteuerung *06636*
retarded ignition / Spätzündung *05643*
retracting headlight / versenkbare Scheinwerfer *01454*
reverse current / Rückstrom *01459*
reversing lighting / Rückfahrscheinwerfer *01465*
rotor / Rotor *01490*
rubber cap / Regenschutzkappe *09028*
rubber headlamp gasket / Scheinwerfergummidichtung *10186*
run-down battery / entladene

Batterie *06762*
screen / abschirmen *06825*
screw-push starter / Schubschraubtriebanlasser *01503*
sealed beam headlamp / Sealed-Beam-Scheinwerfer *01505*
search light / Suchscheinwerfer *02335*
seat belt warning buzzer / Sitzgurtwarnsummer *06847*
seat belt warning light / Sitzgurtwarnleuchte *06848*
seat heating / Sitzheizung *10400*
secondary circuit / Sekundärstromkreis *01508*
secondary winding / Sekundärwicklung *01513*
segment / Lamelle *06868*
self-cleaning temperature / Selbstreinigungstemperatur *01517*
self-induction / Selbstinduktion *01519*
semaphore indicator / Winker *02368*
semiconductor / Halbleiter *06881*
separator / Separator *01530*
series resistor / Vorschaltwiderstand *06892*
sheathed-element glow plug / Glühstiftkerze *01537*
short-cut / Kurzschluß *02124*
side light / Begrenzungsleuchte *03528*
single conductor plug / Einfachstecker *06986*
single core cable / einadriges Kabel *06987*
single pole / einpolig *06992*
single-pulse charging / Einzelpulsaufladung *01558*
sliding armature starter / Schubankeranlasser *01563*
sliding gear starter motor / Schubtriebanlasser *01565*
socket / Fassung *02289*
solenoid / Magnetspule *07057*
solenoid switch / Magnetschalter *01579*
sound projector / Schalltrichter *07067*
spark duration / Funkendauer *01589*
spark plug / Zündkerze *01593*

spark plug connector / Zündkerzenstecker *07089*
spark plug electrode / Zündkerzenelektrode *07093*
spark plug erosion / Zündkerzenabbrand *07090*
spark plug face / Zündkerzengesicht *07097*
spark plug fouling / Zündkerzenschaden *06387*
spark plug gap / Elektrodenabstand *00646*
spark plug gasket / Zündkerzendichtung *01607*
spark plug head / Zündkerzenkopf *07099*
spark plug insert / Zündkerzeneinschraubbüchse *07101*
spark plug insulator / Isolator *01005*
spark plug lead deposit / Bleiablagerung an der Zündkerze *07105*
spark plug nipple / Kabelanschlußgewinde an der Zündkerze *07106*
spark plug seat / Zündkerzensitz *07110*
spark plug shell / Zündkerzengehäuse *07111*
spark plug terminal / Zündkerzenklemme *07115*
spark plug thread / Zündkerzengewinde *07117*
spark plug wire / Zündkerzenkabel *07118*
speaker / Lautsprecher *07119*
stabilization stage / Stabilisierungsstufe *01628*
star connection / Sternschaltung *01629*
starter / Anlasser *01632*
starter button / Anlaßdruckknopf *02044*
starter cable / Anlasserkabel *07196*
starter key / Anlasserschlüssel *07198*
starter pinion / Anlasserritzel *01639*
starter relay / Starterrelais *07202*
starter shaft / Anlasserwelle *01644*
starter solenoid / Anlaßmagnet *07206*

starter switch / Anlasserschalter 07203
static cap / Entstörkappe 07207
stator / Ständer 01650
stop light / Stoplicht 01687
suppress / entstören 07321
suppression capacitor / Entstörkondensator 09442
suppressor / Entstörer 01720
symmetrical low beam / symmetrisches Abblendlicht 01740
TDC-generator / OT-Geber 07427
terminal / Anschlußklemme 07453
thermo-relay / Hitzdrahtrelais 01772
three-phase / dreiphasig 10267
three-phase current / Drehstrom 01863
three-phase generator / Drehstromgenerator 01777
time-delay relay / Verzögerungsrelais 07521
toggle switch / Kippschalter 07566
transistor / Transistor 07662
transistor box / Transistorschaltgerät 07664
transistorized ignition system / Transistorzündanlage 01841
transistorized regulator / Transistorregler 01844

trigger box / Steuergerät 01856
trigger pulse generator / Triggerimpulsgeber 07701
trigger wheel / Blendenrotor 01859
tuning control / Senderwahl 07731
turns ratio / Windungszahlverhältnis 01877
twin headlamps / Doppelscheinwerfer 07748
two-contact regulator / Zweikontaktregler 01884
two-speed wiper / Zweistufenwischer 07758
two-system contact breaker / Zweifach-Zündunterbrecher 01891
underbonnet light / Motorraumbeleuchtung 07778
vacuum advance / Unterdruckzündverstellung 01917
valve set radio / Röhrenradio 10495
voltage / Spannung 07927
voltage break-down / Spannungszusammenbruch 07928
voltage regulator / Spannungsregler 00632
voltmeter / Voltmeter 01986
warning flasher / Warnblinker 05051

warning lamp / Warnleuchte 07946
wide beam headlight / Breitstrahlscheinwerfer 02015
windshield hazing / Schleierbildung auf der Windschutzscheibe 05052
windshield streaking / Schlierenbildung auf der Windschutzscheibe 07271
windshield washer unit / Scheibenwaschanlage 02018
windshield wiper / Scheibenwischer 02019
wing-mounted aerial / Kotflügelantenne 10206
wipe pattern / Wischfeld 04322
wiper arm / Wischerarm 08067
wiper blade / Wischerblatt 08069
wiper motor / Scheibenwischermotor 02021
wiping cycle / Wischzyklus 08071
wiping frequency / Wischgeschwindigkeit 08073
wiring / Verkabelung 08081
wiring diagram / Schaltplan 10567
Zener diode / Z-Diode 02030

 Suspension, steering, wheels, tyres (F)

abrasion / Abrieb 03075
Ackermann steering / Lenktrapez 00031
adjustable anti-roll bar / einstellbarer Stabilisator 03109
adjustable damper / einstellbarer Stoßdämpfer 03111
alignment / Ausrichtung 03159
all-purpose tyre / Allzweckreifen 03161
all-wheel steering / Allradlenkung 03163
angle of lock / Einschlagwinkel der Vorderräder 00067
anti-roll bar / Stabilisator 00092
aquaplaning / Aquaplaning 00095
artillery wheels / Artillerieräder 02052
axle / Achse 00109

axle cap / Radzierkappe 00113
axle load distribution / Achslastverteilung 03207
axle shaft / Achswelle 02854
axle tramping / Achsstrampeln 10549
balance weight / Auswuchtgewicht 08701
balancing / Auswuchtung 00117
bald tyre / abgefahrener Reifen 03214
ball neck / Kugelhals 03215
balljoint front suspension / Kugelgelenk-Vorderradaufhängung 10484
baloon tyre / Ballonreifen 08703
bead core / Wulstkern 00137
bend of spoke / Speichenknick 08422

blowout / platzen 03249
bump camber change / Sturzänderung bei Einfederung 03307
bump rubber / Gummianschlag 03318
bump toe-in / Vorspurvergrößerung bei Volleinfederung 03320
bump toe-out / Nachspurvergrößerung bei Volleinfederung 03321
camber / Radsturz 00241
camber angle / Radsturzwinkel 00244
camber stiffness / Sturzsteifigkeit 03351
cantilever spring / Auslegefeder 02053
carcass / Karkasse 00260
caster / Nachlauf 06419

253

caster angle / Nachlaufwinkel *03429*
center member / Radnabenteil *03437*
center pivot / Drehschemel *02199*
center split rim / mittengeteilte Felge *03442*
center wheel lock / Zentralverschluß *02376*
centrifugal caster / Nachlaufmoment *03447*
cleat / Stollen *03530*
clincher rim / Wulstfelge *08547*
collapsible safety steering column / zusammenschiebbare Sicherheitslenksäule *00356*
collapsible spare tyre / Faltreifen *03595*
Columbia rear axle / Zweigang-Hinterachse *09210*
combination stalk / Lenksäulenschalter *09545*
control arm / Querlenker *03718*
coupling ball / Kupplungskugel *03769*
coupling device / Anhängerkupplung *03768*
cross / Kreuzkopf *03836*
cross bar pattern / Querstollenprofil *03838*
cross-country tread / Geländeprofil *03840*
cross-country tyre / Geländereifen *03839*
cross-divided rim / quergeteilte Felge *03842*
cross-groove pattern / Querrillenprofil *03846*
cross-ply tyre / Diagonalreifen *00456*
curbstone chafing / Randsteinscheuern *03864*
damper strut / Dämpferbein *04020*
de-Dion-axle / De-Dion-Achse *00476*
deflate / Luft ablassen *04036*
demountable rim / abnehmbare Felge *02035*
designation of tyre / Reifenbezeichnung *04069*
diagonal casing / Diagonalkarkasse *04077*
diagonal swing axle / Schräglenkerachse *04078*

direct steering / direkte Lenkung *04130*
directional stability / Richtungsstabilität *04128*
double acting shock absorber / doppeltwirkender Stoßdämpfer *00583*
double reduction rear axle / Hinterachse mit doppelter Untersetzung *00594*
double universal joint / Doppelgelenk *02197*
double-jointed driveshaft / Doppelgelenkachse *10476*
drive shaft / Antriebswelle *01370*
driving axle / Antriebsachse *04249*
dropped axle / gekröpfte Achse *04261*
dual tyres / Zwillingsbereifung *04283*
dual wheel / Zwillingsrad *04286*
dummy axle / Schleppachse *04287*
dust cap / Staubkappe *08582*
dust gaiter / Staubschutzbalg *04298*
eccentric bush / Exzenterbuchse *10486*
elliptic spring / Elliptikfeder *02213*
fifth wheel / Schlepprad *04565*
fine-cut tyre thread / Feinstprofil *09849*
flake / abblättern *04643*
flange / Felgenhorn *04699*
flanged rim / Hochschulterfelge *09887*
flexing / Walkung *04665*
fork axle / Gabelachse *00770*
fork joint / Gabelgelenk *00771*
four wheel drive / Vierradantrieb *02359*
free spring / Gleitfeder *04790*
friction shock absorber / Reibungsstoßdämpfer *02179*
front axle / Vorderachse *00783*
front axle shaft / Vorderachswelle *04809*
front wheel / Vorderrad *10497*
full floating axle / Steckachse *00808*
gaiter / Faltenbalg *04868*
gas pressure shock absorber / Gasdruckstoßdämpfer *04878*
guide plate / Gleitplatte *05002*
halfshaft joint / Antriebsgelenk

05015
hard steering / schwergängige Lenkung *10551*
heel and toe wear / sägezahnförmige Abnutzung *05100*
helper spring / Hilfsfeder *05109*
high pressure tyre / Hochdruckreifen *05127*
hole circle / Lochkreis *05156*
homokinetic joint / homokinetisches Gelenk *00897*
hub / Nabe *00910*
hub bolt / Radnabenbolzen *05200*
hump type rim / Humpfelge *05204*
hydragas suspension / Hydragasfederung *05203*
hydraulic shock absorber / hydraulischer Stoßdämpfer *00915*
hydro-pneumatic shock absorber / hydropneumatischer Stoßdämpfer *05219*
hydrolastic suspension / Hydrolastikfederung *05216*
hypoid drive / Hypoidachsantrieb *05220*
idler arm / Lenkzwischenhebel *05249*
impact absorber / Pralltopf *05294*
inboard coil spring / innenliegende Schraubenfeder *05311*
inboard scrub radius / positiver Lenkrollradius *05312*
independent front suspension / Einzelradaufhängung vorne *02445*
independent rear suspension / Einzelradaufhängung hinten *02447*
independent wheel suspension / Einzelradaufhängung *00961*
indirect steering / indirekte Lenkung *05325*
inflate / aufpumpen *05345*
inflation table / Luftdrucktabelle *05348*
injection pump governor / Einspritzpumpenregler *06439*
inside shoulder / Innenschulter *05434*
intermediate bearing / Zwischenlager *05506*
jounce / Einfederung *05562*
journal / Achshals *01036*
kerf / Schlitz *05573*

kinematic shimmy / kinematisches Flattern *05581*
king pin inclination / Achsschenkelspreizung *03996*
leading axle / Führungsachse *05664*
leaf spring / Blattfeder *01048*
level control system / Niveauregulierung *05689*
lever type damper / Hebelstoßdämpfer *05694*
light metal wheel / Leichtmetallfelge *05726*
link / Lenker *05739*
link arm / Traghebel *10485*
link strut / Lenkerstange *05744*
lock-to-lock / Lenkanschlagbereich *10550*
locked steering / blockierte Lenkung *05774*
lockring / Verschlußring *05781*
long wheel base / langer Radstand *02453*
low pressure tyre / Niederdruckreifen *09917*
low section tyre / Niederquerschnittsreifen *05816*
lower transverse link / unterer Querlenker *05811*
maximal permissible inflation pressure / maximal zulässiger Reifendruck *05945*
McPherson axle / McPherson-Achse *05949*
McPherson strut / McPherson-Federbein *01103*
minimum tread thickness / Mindestprofiltiefe *01110*
mud and snow tyre / Matsch-und-Schnee-Reifen *06030*
narrow tyre / Schmalreifen *08942*
negative camber / negativer Sturz *01145*
negative caster / Vorlauf *06097*
outboard scrub radius / negativer Lenkrollradius *06234*
outer turning lock / Spurwendekreis *06238*
overinflation / Überdruck *06259*
oversteer / übersteuern *01239*
parallel springing / gleichseitige Federung *06294*
patch / Flicken *03259*
pattern / Profilmuster *06319*

pitch / Nicken *06364*
ply / Lage *06394*
ply-rating / Lagenzahl *01318*
pneumatic springing / Luftfederung *06402*
positive camber / positiver Sturz *01322*
power wheel / angetriebenes Rad *06442*
power-assisted steering / Servolenkung *01328*
quarter-elliptic spring / Vierteleliptikfeder *06521*
rack and pinion steering / Zahnstangenlenkung *01389*
radial tyre / Gürtelreifen *01391*
rear axle / Hinterachse *02268*
rear axle assembly / Hinterachskörper *01412*
rear axle cover / Hinterachsgehäusedeckel *01414*
rear axle drive / Hinterachsantrieb *06591*
rear axle flared tube / Hinterachstrichter *01416*
rear axle radius rod / Hinterachsschubstange *01417*
rear axle ratio / Hinterachsübersetzung *01418*
rear axle strut / Hinterachsstrebe *01420*
rear suspension / Hinterradaufhängung *06604*
rear tread / Spurweite hinten *06607*
rear wheel / Hinterrad *02269*
rebuilding / Runderneuerung *01433*
recirculating ball steering / Kegelumlauflenkung *01435*
relative steering angle / Spurdifferenzwinkel *01441*
replacement inner tube / Ersatzschlauch *09842*
retaining strap / Fangband *05732*
right-hand-steering / Rechtslenkung *06678*
rigid axle / Starrachse *03227*
rim / Felge *01473*
rim band / Felgenband *06681*
rim base / Felgenbett *01474*
rim width / Maulweite *10419*
riveted frame / genieteter Rahmen *06692*

roll angle / Rollwinkel *06715*
rolling resistance / Rollwiderstand *06700*
rubber suspension / Gummifederung *06757*
rubber universal joint / Gummikreuzgelenk *01493*
rubber valve / Gummiventil *06759*
screw and nut steering / Spindellenkung *06828*
semi-elliptic spring / Halbelliptikfeder *02250*
semi-floating axle / halbfliegende Achse *01524*
semi-trailing arm / Schräglenker *01527*
set of springs / Federpaket *06905*
shimmy / Flattern *01542*
shock absorber / Stoßdämpfer *04014*
shock absorber bracket / Stoßdämpferbock *06945*
shock absorber fluid / Stoßdämpferöl *06946*
shock absorber mount / Stoßdämpferlager *06947*
sidewall / Reifenflanke *01549*
single-acting shock absorber / einfachwirkender Stoßdämpfer *01553*
single-pivot swing axle / Eingelenk-Pendelachse *06991*
single-tube shock absorber / Einrohrstoßdämpfer *01559*
slick / Slick *07016*
sliding tube suspension / Teleskopfederung *09086*
slip joint / Schiebegelenk *01569*
snow chain / Schneekette *07544*
soft tyre / Reifen mit niedrigem Luftdruck *07054*
solid tyre / Vollgummireifen *02362*
spare wheel / Ersatzrad *02216*
spike / Spike *07134*
spiked tyre / Spikereifen *07138*
spoke / Speiche *04776*
spoke tension / Speichenspannung *09072*
spoke-protector / Speichenschutzscheibe *09071*
spoked wheel / Speichenrad *07157*
spring bolt / Federbolzen *07167*
spring buffer / Federpuffer *07168*
spring cotter / Federsplint *07169*

spring eye / Federauge *02221*
spring leaf / Federblatt *05669*
spring load / Federbelastung *07172*
steady state vibration / eingeschwungene Schwingung *07210*
steel belted tyre / Stahlgürtelreifen *07212*
steel disc wheel / Stahlfelgen *10209*
steel springing / Stahlfederung *07215*
steer / lenken *07216*
steer angle / Lenkeinschlag *07219*
steerable / lenkbar *07218*
steered wheel / gelenktes Rad *07220*
steering / Lenkung *01652*
steering axle / Lenkachse *07221*
steering column / Lenksäule *02130*
steering column change / Lenkradschaltung *07222*
steering column jacket / Lenkrohr *01654*
steering column lock / Lenkradschloß *07224*
steering connection rod / Lenkverbindungsstange *07225*
steering drop arm / Lenkhebel *00611*
steering free travel / Lenkspiel *01656*
steering gaiter / Lenkmanschette *09476*
steering gear / Lenkgetriebe *01657*
steering geometry / Lenkgeometrie *07233*
steering joint / Lenksäulengelenk *07235*
steering knuckle / Achsschenkel *01659*
steering pivot bush / Achsschenkelbuchse *02264*
steering pivot pin / Achsschenkelbolzen *01032*
steering reduction ratio / Lenkübersetzungsverhältnis *01671*
steering response / Lenkreaktion des Fahrzeugs *07237*
steering rod / Lenkspurstange *07238*
steering spindle gearing / Lenkspindellager *05810*
steering stop / Lenkanschlag *05768*

steering system / Lenkanlage *07241*
steering wheel / Lenkrad *01682*
steering wheel diameter / Lenkraddurchmesser *07242*
steering wheel rim / Lenkradkranz *07243*
steering wheel spider / Lenkradspeichenkreuz *07244*
steering worm / Lenkschnecke *07246*
straight ahead tracking / Geradeauslauf *07260*
supporting arm / Tragarm *07317*
suspension / Radaufhängung *01725*
suspension compressor / Kompressor für Federung *07326*
suspension hardening / Federungsverhärtung *07327*
suspension link bearing / Lenkerlager *07329*
suspension link joint / Lenkeranlenkung *07330*
suspension types / Radaufhängungsarten *07333*
sway / Seitenneigung *07334*
swing axle / Schwingachse *01730*
swivel axle / Achsschenkeldrehachse *07349*
swivelling radius / Lenkrollhalbmesser *01738*
tandem axle / Tandemachse *07414*
tandem axle suspension / Doppelachsfederung *07416*
tandem rear axle / Tandemhinterachse *07419*
telescopic damper / Teleskopstoßdämpfer *09085*
three quarter floating axle / Dreiviertelachse *01785*
three-armed flange / Dreiarmflansch *07481*
tie bar / Spurstange *01797*
tie bar end / Schubstangenkopf *07512*
tiller steering / Hebellenkung *02263*
tilt steering column / verstellbare Lenksäule *07520*
toe / Spur *07563*
toe in / Vorspur *01810*
toe out / Nachspur *01811*
torque rod / Schubstrebe *02724*

torque stabiliser / Drehstabstabilisator *01820*
torsion bar / Drehstab *07338*
torsion bar spring / Drehstabfeder *01823*
torsion bar suspension / Drehstabfederung *07603*
track rod arm / Spurstangenhebel *01830*
trailer axle / Anhängerachse *07641*
trailer brake / Anhängerbremse *07642*
trailing arm suspension / Schräglenker-Hinterachse *10477*
trailing link / Längslenker *07647*
transaxle / Transaxle *07654*
transverse spring / Querfeder *02171*
tread / Spurweite *06606*
tread / Lauffläche *01852*
tread bracing / Laufflächenverstärkung *07686*
tread compound / Laufflächenmischung *07687*
tread depth / Profiltiefe *07692*
tread design / Laufflächenprofil *03195*
tread element / Profilstollen *07695*
tread groove / Profilrille *07696*
true-running / rundlaufend *07715*
tube / Schlauch *02309*
tubed tyre / Schlauchreifen *07721*
tubeless tyre / schlauchloser Reifen *01867*
tubular axle / Rohrachse *07723*
turning clearance circle / Wendekreis *07741*
twin-wishbone rear axle / Doppelquerlenker-Hinterachse *07753*
two-spoke steering wheel / Zweispeichenlenkrad *07759*
tyre / Reifen *01892*
tyre adhesion / Reifenhaftung *07540*
tyre bead / Reifenwulst *02371*
tyre blow-out / Luftverlust *07543*
tyre carrier / Reifenhalter *02181*
tyre inflating pressure / Reifenluftdruck *01896*
tyre section width / Reifenbreite *09102*
tyre side wall / Reifenseitenwand *09103*
tyre size / Reifengröße *02180*

tyre tread / Reifenlauffläche 07558
tyre valve / Reifenventil 07560
tyre wear / Reifenverschleiß 07562
tyres / Bereifung 07553
U-bolt / Federbügel 07768
underinflated tyre / Reifen mit zu niedrigem Luftdruck 07782
underinflation / zu geringer Luftdruck 07783
undersizing / Unterbereifung 07788
understeer / untersteuern 01908
upper steering shaft / oberer Lenkspindelteil 07811
upper transverse link / oberer Querlenker 07812
upswept frame / gekröpfter Rahmen 02238
valve barrel / Schlauchventileinsatz 07852
valve cap / Ventilkappe 07855
valve extension / Ventilverlängerung 07866
vehicle dynamics / Fahrzeugdynamik 10601
wheel / Rad 01996

wheel alignment / Achsgeometrie 10117
wheel balancing / Radauswuchten 07999
wheel base / Radstand 01998
wheel bearing / Radlager 08001
wheel bearing clearance / Radlagerspiel 08002
wheel center hole / Radmittenbohrung 08005
wheel clearance / Radfreiheit 08008
wheel disc / Radkörper 02003
wheel hub / Radnabe 00909
wheel inbalance / Radunwucht 08013
wheel joint / Radgelenk 08014
wheel load / Radlast 08015
wheel load distribution / Radlastverteilung 08016
wheel locking limit / Radblockiergrenze 08018
wheel mounting / Radbefestigung 08019
wheel shimmy / Radflattern 08022
wheel size / Radgröße 08023

wheel slip / Radschlupf 08024
white wall tyre / Weißwandreifen 02464
wide base rim / Breitfelge 08034
wide base tyre / Breitreifen 08035
winter tyre / Winterreifen 02020
wire insertion / Drahteinlage 09128
wire spoke / Drahtspeiche 08078
wired-on tyre / Drahtreifen 09832
wooden rim / Holzkranz 08085
wooden spoke / Holzspeiche 02273
worm and sector steering / Schneckenlenkung 02026
yaw / Gieren 08108
yaw behavior / Gierverhalten 08109
yoke cross member / Gabelquerträger 08112

 General terms and parts (G)

acetylene / Azetylen 10016
acetylene lamp / Azetylenlampe 02065
acid / Säure 03094
acid corrosion / Säurefraß 03095
acid resistance / Säurebeständigkeit 03097
acidproof / säurefest 03096
additive / Additiv 03104
adhesive grease / Adhäsionsfett 00310
adjustable / verstellbar 03107
adjusting nut / Einstellmutter 01028
adjustment hardware / Einstellbeschläge 03123
air / Luft 08394
air bubble / Luftblase 03146
air cooled / luftgekühlt 02137
air cooling / Luftkühlung 00043
air humidity / Luftfeuchtigkeit 03151
air pollution / Luftverschmutzung

03155
air tight / luftdicht 03158
Allen screw / Inbusschraube 08680
alloyed steel / legierter Stahl 08682
aluminium / Aluminium 10553
aluminium alloy / Aluminium-Legierung 00013
aluminium casting / Aluminium-Guß 00012
aluminium foil / Aluminiumfolie 08683
analog indicator / Analoganzeiger 08684
angle / Winkel 03169
angled / abgewinkelt 08685
angular contact roller bearing / Schrägrollenlager 05316
anti-damp coating / Antibeschlagbeschichtung 08686
asbestos line / Asbestschnur 09801
asbestos tape / Asbestband 03190
atomizer / Zerstäuber 08692
automatic / automatisch 03196

automotive / auf das Kraftfahrzeug bezogen 08698
auxiliaries / Nebenaggregate 03199
available / erhältlich 08696
badge / Plakette 02118
balance / Gleichgewicht 04420
ball / Kugel 08702
ball bearing / Kugellager 00118
band leather / Kernleder 08705
bar / Stange 06712
bare metal / blankes Metall 10167
beeper / Piepton 08713
belt / Riemen 04655
bent / abgeknickt 08714
bevel / abschrägen 08715
bezel / Blende 10127
bibcock / Ablaßhahn 00015
block pedal / Blockpedal 08720
bolt / Bolzen 04178
booster / Verstärker 05023
bow / Bügel 08457
bowden cable / Bowdenzug 00153

257

brace / verstreben *08723*
bracket / Halter *05155*
brass / Messing *03292*
breakable / zerbrechlich *10298*
bronze / Bronze *08370*
bronze bushing / Bronzebuchse *08371*
brush / Bürste *02092*
bumper bolt / Kotflügelschraube *10149*
burn / brennen *03323*
bush / Buchse *02091*
bush roller chain / Hülsenkette *08464*
button / Knopf *03334*
buzz / summen *08729*
bypass / Bypass *03339*
cable casing / Kabelmantel *08472*
cable clip / Kabelschelle *06778*
calibration / Kalibrierung *03348*
cam / Nocken *02784*
cam contour / Nockenform *03357*
cam disc / Nockenscheibe *03358*
cam dwell / Nockenerhebung *03359*
can / Dose *03377*
cap / Abdeckkappe *08733*
capacity / Fassungsvermögen *08732*
carbide lighting / Karbidbeleuchtung *09806*
carbon dioxide / Kohlendioxid *03384*
carrying strap / Trageriemen *08734*
cartridge / Patrone *03426*
casting / Guß *03164*
castle nut / Kronenmutter *03855*
catch pan / Auffangschale *03431*
cement / Klebstoff *03434*
center of gravity / Schwerpunkt *03439*
centralized lubrication / Zentralschmierung *00274*
centrifugal blower / Zentrifugalgebläse *03446*
centrifugal pump / Kreiselpumpe *03448*
chain / Kette *10306*
chain alignment / Kettenflucht *08100*
chain cog / Kettenkranz *08503*
chain drive / Kettenantrieb *02770*
chain gearing / Kettenüberset-

zung *02771*
chain guard / Kettenschutz *08505*
chain guide / Kettenführung *08506*
chain guide roller / Kettenführungsrolle *08508*
chain idler roller / Kettenspannrolle *08509*
chain line / Kettenlinie *08510*
chain link / Kettenglied *08511*
chain pitch / Kettenteilung *03490*
chain pulley / Kettenrolle *03491*
chain tension / Kettenspannung *08515*
chain wheel and crank set / Kettenradgarnitur *08520*
chain wheel disc / Kettenschutzscheibe *08521*
chainless / kettenlos *08524*
chart / Tabelle *03461*
check / Überprüfung *03505*
check point / Kontrollpunkt *03468*
chrome / Chrom *02096*
chrome-plated / verchromt *03480*
chrome-plated plastic / verchromter Kunststoff *03481*
chrome-plating / Verchromung *03483*
circlip / Sicherungsring *00315*
circulation / Kreislauf *03514*
clamp / Klemmstück *04940*
claw / Klaue *03522*
clean / reinigen *03526*
cleanliness / Sauberkeit *08152*
clock / Uhr *03533*
clockwise / im Uhrzeigersinn *02579*
closed / geschlossen *00563*
closed circuit / geschlossener Kreislauf *03536*
closing spring / Schließfeder *03539*
cloth filter / Tuchfilter *03541*
coach bolt / Flachrund-Schloßschraube *10148*
coal / Kohle *03574*
coat / Überzug *03577*
cock / Hahn *10292*
cock / Niet *10204*
coefficient of expansion / Ausdehnungskoeffizient *02695*
coefficient of friction / Reibungskoeffizient *02696*
cogged belt / Zahnriemen *03584*
combination switch / Mehrfach-

schalter *03608*
combustible / brennbar *03614*
combustion / Verbrennung *03616*
comparison / Vergleich *03621*
compensate / ausgleichen *03623*
complete vehicle dry weight / Leergewicht des trockenen Fahrzeuges *04030*
complete vehicle kerb weight / Leergewicht des betriebsfähigen Fahrzeuges *04031*
component / Bauteil *03628*
compress / verdichten *06067*
compressed air distributor / Druckluftverteiler *03631*
compressed air hose / Druckluftschlauch *03630*
compressed air reservoir / Druckluftbehälter *03633*
concave mirror / Konkavspiegel *03662*
condensation / Kondensierung *03666*
conical spring / Kegelfeder *03672*
connecting flange / Anschlußflansch *03688*
connecting hose / Verbindungsschlauch *03687*
connecting tube / Anschlußstutzen *03686*
connection / Anschluß *02048*
consumption / Verbrauch *03702*
container / Behälter *09258*
control / Steuerung *04325*
control cable / Betätigungsseil *08560*
control knob / Bedienungsknopf *03720*
control lever / Betätigungshebel *00424*
convex mirror / Konvexspiegel *03727*
cooling rib / Kühlrippe *03887*
copper / Kupfer *10403*
copper plating / Verkupferung *10405*
cork gasket / Korkdichtung *03744*
corroded / korrodiert *03751*
corroded screw / korrodierte Schraube *03001*
counterclockwise / Drehung entgegen den Uhrzeigersinn *02581*
coupling nut / Überwurfmutter *03771*

cover / Abdeckung *03774*
cover lid / Verschlußdeckel *03775*
crack / Riß *03783*
cracking / Rißbildung *03785*
crude oil / Rohöl *03856*
cup washer / Unterlegrosette *10201*
curb weight / Leergewicht *03865*
current of air / Luftzug *08745*
cut / Schnitt *09452*
cut / schneiden *10582*
cycle / Kreis *03879*
damage / Schaden *04012*
declined / geneigt *10293*
defrost / enteisen *04041*
defroster / Defroster *04043*
density / Dichte *04059*
destroy / zerstören *04073*
detergent additive / Detergentzusatz *00487*
development / Entwicklung *08756*
deviation / Ablenkung *08759*
device / Gerät *08758*
dial / Zifferblatt *04083*
diameter / Durchmesser *04085*
diaphragm / Membrane *04086*
direction / Richtung *04127*
direction of rotation / Drehrichtung *02585*
dirt / Schmutz *08302*
disconnect / abhängen *04140*
dismantle / zerlegen *04146*
display / Anzeigefenster *08763*
distilled water / destilliertes Wasser *04152*
distorted / verzogen *07807*
dog sleeve / Klauenmuffe *04169*
dome of the bolt / Schraubenkopf *10150*
double acting / doppelt wirkend *04205*
dowel / Stift *02524*
dowel bolt / Zentrierstift *02750*
drain plug / Ablaßschraube *02034*
drawing / Zeichnung *04239*
driving dog / Mitnehmer *04251*
dumping system / Kippvorrichtung *04290*
duplex chain / Duplexkette *09512*
dust / Staub *08213*
dust cover / Staubschutz *04295*
dustproof / staubdicht *08770*
eccentric / exzentrisch *04315*
eccentric angle / Exzenterwinkel

04317
effective / wirksam *04321*
efficiency / Wirkungsgrad *04323*
elastic / gefedert *08776*
elastic / Gummiband *08775*
elastic strap / Gummigurt *08774*
emblem / Abzeichen *08786*
embossed / erhaben *08787*
emergency condition / Notfall *04341*
endless chain / endlose Kette *08586*
energy dissipating / energieaufnehmend *04357*
entrance / Einstieg *04414*
epoxy / Epoxid *08792*
equipment / Ausrüstung *04326*
evaporate / verdunsten *08193*
evaporation / Verdunstung *04424*
event / Veranstaltung *08793*
excess weight / Übergewicht *04431*
excessive pressure / Überdruck *04429*
exchangeable / austauschbar *08794*
exit / Ausgang *09508*
experience / Erfahrung *08184*
experiment / Versuch *04478*
explosion hazard / Explosionsgefahr *04481*
extension / Verlängerung *04786*
exterior / äußerer *04487*
extreme pressure lubricant / Hochdruck-Schmiermittel *00710*
extruded / gespritzt *08800*
eye ball socket / Kugeldüse *04498*
fabric / Tuch *02358*
fail / ausfallen *04517*
failure / Ausfall *04519*
fan / Ventilator *00713*
fastener / Verschluß *04731*
fastening screw / Befestigungsschraube *02555*
fault / Fehler *04378*
feed / Zufuhr *04546*
felt / Filz *04554*
felt joint / Filzdichtung *02522*
fiber / Faser *10402*
fiberglass reinforcement / Glasfaserverstärkung *04562*
filter / Filter *03527*
filter bowl / Filtertopf *04579*
filter cartridge / Filterpatrone *00723*

filter screen / Filtersieb *04885*
fin / Rippe *04590*
fine filter / Feinfilter *04597*
finned / verrippt *04600*
fire brigade / Feuerwehr *09215*
fire risk / Brandgefahr *04609*
fireproof / feuersicher *04608*
fit bolt / Paßschraube *04629*
fittings / Beschlagteile *04630*
fix / befestigen *08809*
flame / Flamme *04645*
flammability / Feuergefährlichkeit *04646*
flange / Flansch *10153*
flap / Klappe *04367*
flat / flach *04656*
flat bar / Flacheisen *08813*
flat belt / Flachriemen *09852*
flat key / Flachkeil *08814*
flat mirror / Planspiegel *04659*
flexible / elastisch *04663*
flexible cable / biegsame Welle *08819*
floating / Schwimmen *02575*
flow / strömen *04690*
flow direction / Strömungsrichtung *04692*
flow loss / Strömungsverlust *04693*
flow over / überfließen *04694*
flow pattern / Strömungsbild *04695*
foam / Schaum *04701*
foam filled / ausgeschäumt *04703*
foam rubber / Schaumgummi *04706*
foil / Folie *04711*
foldable / klappbar *04712*
foolproof / narrensicher *04738*
force of explosion / Explosionskraft *02679*
forced circulation / Zwangsumlauf *04745*
forged / geschmiedet *04751*
fork / Gabel *04752*
formula / Formel *04759*
four-way cock / Vierwegehahn *04778*
fracture / Bruch *04780*
freezing point / Gefrierpunkt *04794*
frequency / Frequenz *04797*
friction / Reibung *04800*
friction heat / Reibungswärme *04804*

259

fully automatic / vollautomatisch *04861*
fumes / Dämpfe *10010*
galvanized / galvanisiert *04869*
gap / Spalt *04871*
gasket / Flachdichtung *03058*
gauge / Lehre *04865*
gel-coat / Gel-Schicht *10188*
gel-coat resin / Gelierharz *10189*
glass / Glas *04927*
glass fabric / Glasfasergewebe *08845*
glassfiber / Glasfaser *04560*
glue / kleben *04944*
grade / Steigung *04951*
granulat / Granulat *04956*
graph / Schaubild *04957*
graphite bearing / Graphitlager *04958*
graphite grease / graphitiertes Fett *04960*
graphite lubrication / Graphitschmiermittel *04961*
graphite ring / Graphitring *04962*
gravity / Schwerkraft *04963*
grease / Schmierfett *01084*
grease cap / Fettkappe *04967*
grease cup / Fettbüchse *04968*
grease nipple / Schmiernippel *00851*
grease resistance / Fettbeständigkeit *04969*
grease retainer / Fettabdichtung *04970*
grey iron / Gußeisen *04964*
grip / Griff *04939*
grommet / Klammer *10145*
groove / Nut *04980*
groove root / Nutgrund *04988*
groove side / Nutflanke *04989*
groove width / Nutbreite *04990*
grooved / genutet *02798*
gross combination weight rating / zulässiges Zuggesamtgewicht *04992*
gross vehicle weight / Fahrzeuggesamtgewicht *04993*
guide / Führung *05000*
hair crack / Haarriß *05006*
hand grip / Handgriff *05028*
hand lever / Handhebel *05037*
handicap / Nachteil *05031*
handicapped / behindert *08856*
handiness / Handlichkeit *08857*

handle with care / Vorsicht zerbrechlich *05038*
handling / Bedienung *05039*
hard brazing solder / Hartlot *08859*
hard foam / Hartschaum *08858*
hard rubber / Hartgummi *04314*
hardened steel / gehärteter Stahl *08863*
health hazard / Gesundheitsrisiko *08210*
heat / Wärme *05074*
heat accumulation / Wärmestau *05077*
heat dissipation / Wärmeabführung *05078*
heat insulation / Wärmedämmung *05092*
heat resistance / Wärmebeständigkeit *05093*
heat treatment / Wärmebehandlung *05094*
heavy duty oil / Hochleistungsöl *05096*
helical / spiralförmig *08864*
helical spring / Schraubenfeder *05106*
hexagon bolt / Sechskantschraube *05114*
hexagon nut / Sechskantmutter *05113*
hexagonal / sechskantig *08871*
hide / Lederhaut *08393*
high pressure / Hochdruck *05125*
hinge / Scharnier *02300*
hinge arm / Scharnierhebel *05132*
hinge pin / Scharnierbolzen *08338*
hollow screw / Hohlschraube *02271*
hollow shaft / Hohlwelle *05157*
homokinetic / homokinetisch *05158*
honeycomb / Wabe *05164*
hook / Haken *05173*
horizontal / waagerecht *05174*
horse hair / Roßhaar *05184*
hose / Schlauch *05175*
hose clip / Schlauchschelle *02310*
hose connection / Schlauchverbindung *05193*
hose reel / Schlauchtrommel *05195*
hot spot / überhitzte Stelle *05196*
housing / Gehäuse *03205*
housing cover / Gehäusedeckel *05198*
hp / PS *05185*
hydration of coal / Kohlehydrierung *05206*
hydraulic fluid / Hydraulikflüssigkeit *05210*
hydrocarbon / Kohlenwasserstoff *05215*
identification / Bezeichnung *05225*
idler / Zwischenrad *05245*
idler shaft / Zwischenwelle *05253*
imbalance / Unwucht *05290*
imitation leather / Kunstleder *05292*
impact resistance / Schlagfestigkeit *05295*
impeller / Laufrad *05296*
impeller shaft / Laufradwelle *05299*
improve / verbessern *05306*
inaccessible / unzugänglich *05308*
inaccuracy / Ungenauigkeit *05309*
indicating range / Anzeigenbereich *05320*
indication / Anzeige *05321*
inertia / Massenträgheit *05339*
inflatable / aufblasbar *05344*
infrared / Infrarot *05350*
initital / anfänglich *05354*
injection mold / spritzgeformt *05365*
injection pressure / Einspritzdruck *05370*
inlet / Einlaß *05380*
inspect / prüfen *05435*
inspection hole / Schauloch *05439*
inspection hole cover / Schaulochdeckel *05440*
installation / Einbau *05441*
instrument / Instrument *05448*
instrument cluster / Instrumentengruppe *05450*
instrument error / Instrumentenfehler *05452*
insulating material / Isoliermaterial *05456*
integrity / Unversehrtheit *04842*
intermediate size / Zwischengröße *05509*
internal diameter / Innendurchmesser *05512*
internal gearing / Innenverzahnung *05514*

interrupt / unterbrechen *05518*
intersect / kreuzen *05519*
involute gearing / Evolventenverzahnung *05531*
iron / Eisen *10299*
irregular / unregelmäßig *05532*
isothermal / isothermisch *05533*
jam / blockieren *02078*
jerk / Ruck *05550*
jerrican / Kanister *03376*
jet / Strahldüse *03987*
join / verbinden *05560*
joint / Verbindung *03980*
joint / Dichtwirkung *04559*
journal / Lagerzapfen *05564*
key / Keil *05576*
key / Schlüssel *05575*
key bolt / Keilbolzen *05577*
key groove / Keilnut *02780*
knuckle / Gelenk *02239*
knuckle ball pivot / Kugelzapfen *05591*
knuckle belt / Kugelbolzen *05592*
knurled head screw / Rändelkopfschraube *05593*
knurled nut / Rändelmutter *05594*
label / Etikett *05608*
labelling / Beschriftung *05610*
lace / Schnürband *08890*
lacing system / Schnürsystem *08891*
lack / Mangel *05611*
laden weight / Gesamtgewicht *05616*
lag / Verzögerung *05617*
laminated / mehrschichtig *05612*
lap / Überlappung *05630*
lashing hook / Verzurrhaken *05635*
latch / Klinke *04193*
latch mechanism / Schließmechanismus *05641*
latched / verriegelt *05638*
lay-up resin / Kunstharz für Handlaminierverfahren *10190*
layout / Auslegung *05653*
lead / Blei *05656*
lead time / Vorlaufzeit *05667*
leak / Leck *05670*
leak / verlieren *08895*
leather / Leder *05676*
leather belt / Lederriemen *08896*
left-hand thread / Linksgewinde *08897*
legible / lesbar *08900*

length / Länge *05684*
level sensor / Flüssigkeitsstandsensor *05692*
lever / Hebel *02262*
lever arm / Hebelarm *05693*
lid / Deckel *04937*
lifetime lubrication / Dauerschmierung *08903*
lift / anheben *05704*
lifting lug / Aufhängeöse *05709*
light / leicht *05715*
light metal / Leichtmetall *05725*
limit / Obergrenze *08905*
line / Leitung *05734*
link chain / Gliederkette *05742*
link pin / Kettenverschlußbolzen *02759*
linkage / Gestänge *04732*
lip / Dichtlippe *10202*
liquefy / verflüssigen *05745*
liquid spring / Ölfeder *05750*
load / Last *05752*
load carrying capacity / Tragfähigkeit *05753*
load distributing / kraftverteilend *05754*
loaded-to-empty vehicle weight ratio / Verhältnis von Fahrzeugleergewicht zu Fahrzeuggesamtgewicht *05755*
loading ramp / Laderampe *05757*
locating pin / Paßstift *10494*
lock / abschließen *05766*
lock / Schloß *05762*
lock ball / Sperrkugel *05771*
lock cylinder / Schloßzylinder *05772*
lock nut / Kontermutter *03466*
lock valve / Sperrventil *05784*
lock washer / Sicherungsscheibe *05785*
lockable / abschließbar *05770*
locking lever / Feststellhebel *05775*
locking pawl / Sperrklinke *05776*
logo / Firmenzeichen *08908*
long durability / Langlebigkeit *08912*
loss / Verlust *04844*
loss in efficiency / Leistungsverlust *08916*
loss of compression / Druckverlust *02683*
low centre of gravity / tiefliegen-

der Schwerpunkt *08640*
lubricant / Schmiermittel *04966*
lubrication oil / Schmieröl *01077*
lug / Öse *05827*
luminous dial / Leuchtzifferblatt *05832*
machine / Maschine *05833*
machine screw / Maschinenschraube *02520*
magnesium alloy / Magnesiumlegierung *05863*
main spring / Hauptfeder *05898*
male plug / Stecker *05912*
manometer / Manometer *05914*
mark / Marke *05932*
mass / Masse *05937*
mat / Matte *10187*
material / Material *08923*
maximum authorized axle weight / zulässige Achslast *09542*
maximum authorized payload / zulässige Nutzlast *09538*
maximum axle weight / Achslast *09540*
maximum divergence / Maximalabweichung *08924*
maximum load / Höchstlast *05944*
maximum manufacturer's axle weight / Achslast nach Angabe des Herstellers *09541*
maximum manufacturer's payload / Nutzlast nach Angabe des Herstellers *09539*
maximum payload / Nutzlast *07803*
maximum permissible weight / zulässiges Gesamtgewicht *05947*
maximum total weight / Gesamtgewicht des Fahrzeuges *04348*
maximum total weight authorized / zulässiges Gesamtgewicht des Fahrzeuges *04272*
maximum weight of road train / Gesamtgewicht von Zügen *09544*
mean value / Mittelwert *05951*
measure / messen *05957*
measure / Maß *05956*
measured value / Meßwert *08925*
measurement techniques / Meßtechnik *08926*
measuring error / Meßfehler *05958*
measuring unit / Maßeinheit *10517*

261

mechanical / mechanisch *05961*
mechanics / Mechanik *10300*
metal / Metall *08927*
microprozessor / Mikroprozessor *08929*
mileage recorder / Kilometerzähler *05964*
miles per gallon / Meilen pro Gallone *02466*
miles per hour / Meilen pro Stunde *02468*
mineral oil / Mineralöl *01109*
minimum requirements / Mindestanforderungen *05968*
mirror / Spiegel *01100*
misting / beschlagen *05974*
mixture / Mischung *05976*
modify / verändern *05307*
moment of inertia / Trägheitsmoment *05993*
mounting / Befestigung *02070*
mounting bracket / Halterung *02252*
movable pedals / verstellbare Pedale *06027*
multi-grade oil / Mehrbereichsöl *01125*
multiconductor plug / Mehrfachsteckverbindung *06036*
multipurpose / Mehrzweck *10301*
multipurpose grease / Mehrzweckfett *01136*
nail / Nagel *07392*
natural gas / Erdgas *06085*
neck / Stutzen *06088*
needle / Nadel *06092*
needle cage / Nadelkäfig *06094*
net / Netz *06103*
net / netto *06102*
net weight / Nettogewicht *06105*
nickel / Nickel *10404*
nickel alloy / Nickellegierung *08943*
nickel chromium steel / Chromnickelstahl *08945*
nickel plated / vernickelt *09192*
nickel plating / Vernickelung *02144*
nipple / Nippel *06106*
nitrogen / Stickstoff *06108*
nitrogen oxide / Stickoxyd *06109*
noise / Geräusch *06113*
noise level / Lärmpegel *08948*
noise level limit / Geräuschpegelgrenze *06115*
nominal diameter / Nennweite *05407*
nominal output / Nennleistung *06116*
non-powered / nicht angetrieben *06119*
non-rusting / nicht rostend *06121*
non-skid / Gleitschutz *02247*
nozzle / Sprühdüse *03982*
numerically evaluable / zahlenmäßig erfaßbar *08949*
nut / Mutter *03117*
nut lock / Schraubensicherung *06131*
nylon / Nylon *08950*
o-ring / O-Ring *06231*
oil / Öl *02153*
oil additive / Öladditiv *06156*
oil aging / Ölalterung *06158*
oil cleaner / Ölreiniger *06164*
oil dilution / Ölverdünnung *01174*
oil film / Ölfilm *06176*
oil life / Öllebensdauer *06178*
oil resistance / Ölbeständigkeit *06188*
oil sealing / Ringdichtung *04472*
oil temperature / Öltemperatur *06196*
oil thermometer / Ölthermometer *01204*
oil with additives / legiertes Öl *03241*
oil-seal ring / Simmerring *05986*
oil-tight / öldicht *06199*
oiliness / Schmierfähigkeit *01205*
one-finger lever / Einfingerhebel *08669*
one-way valve / Einwegventil *06208*
operating lever / Bedienungshebel *01211*
operation / Betätigung *06213*
opposed / gegenläufig *08954*
orifice / Mündung *06226*
oscillation / Schwingung *06233*
out-of-date / überaltert *06244*
outlet / Auslaß *06239*
overall height / Gesamthöhe *06247*
overall length / Gesamtlänge *06248*
overall width / Gesamtbreite *06249*
overhang / Überhang *06252*

overheating / Überhitzung *06258*
overlap / überlappen *06260*
overload / Überlastung *06261*
oversize / Übergröße *06263*
overstress / Überbeanspruchung *06268*
packing / Verpackung *08960*
packing gland / Stopfbuchse *07289*
padded / wattiert *06281*
padding / Wattierung *06282*
pan / Wanne *06287*
paper filter / Papierfilter *06293*
part / Teil *08964*
part subject to wear / Verschleißteil *08965*
partial vacuum / Unterdruck *02680*
pay down / Ratenzahlung *10313*
payload / Zuladung *08972*
peak output / Höchstleistung *06008*
pedal / Pedal *01250*
pedal assembly / Pedalanordnung *03050*
pedal cover / Pedalbelag *06322*
pedal rubber / Pedalgummi *06324*
penetration / Eindringung *06327*
perforated / gelocht *08973*
perforation / Lochung *08974*
performance / Leistung *06245*
performance data / Leistungsdaten *06329*
periphery / Umkreis *08975*
permanently lubricated / selbstschmierend *06330*
permissable / zulässig *06331*
phase / Phase *02602*
piece / Stück *08977*
pilot bushing / Führungsbuchse *02733*
pilot hole / Befestigungsloch *10185*
pinion / Ritzel *01258*
pipe / Rohr *06344*
pipe clamp / Rohrschelle *06345*
pivot / Drehpunkt *05583*
plain bearing / Gleitlager *01306*
plain nut / Flachmutter *08979*
plaster / Gips *09342*
plastic / Kunststoff *06370*
plate / Platte *02523*
plate / Schild *09197*
plate bar / Unterlegplatte *08981*
platform / Plattform *08982*

play / Spiel 06058
plexiglass / Plexiglas 08983
plug / Stopfen 00011
plug and socket connection / Steckverbindung 06383
plywood / Sperrholz 06398
pneumatic / pneumatisch 06399
pointer / Zeiger 06403
poke / durchstoßen 08168
polished aluminium finish / poliertes Aluminium 08673
pollution / Schadstoffausstoß 06410
pop-rivet / Popniete 10132
port / Schlitz 06414
portable / tragbar 06416
pot joint / Topfgelenk 06424
power / Kraft 06426
power-to-weight ratio / Leistungsgewicht 06441
practice / Training 06444
preheat / vorwärmen 06447
press-stud clip / Druckknopf 10203
pressed sheet steel frame / Stahlblech-Preßrahmen 08988
pressure / Druck 01350
pressure accumulator / Druckspeicher 06451
pressure balance / Druckausgleich 06452
pressure control valve / Drucksteuerventil 06453
pressure differential / Druckunterschied 02645
pressure drop / Druckabfall 06454
pressure feed tank / Druckbehälter 06455
pressure hose / Druckschlauch 06456
pressure limiting valve / Druckbegrenzungsventil 06457
pressure oil pipe / Drucköllleitung 06458
pressure reducing valve / Druckminderventil 06460
pressure relief valve / Überdruckventil 01361
pressure spring / Druckfeder 06462
pressure switch / Druckschalter 06468
pressure vessel / Druckkessel 06464

procedure / Verfahren 06475
profiled aluminium alloy / Profilaluminium 08992
proposal / Vorschlag 06488
protecting hose / Schutzschlauch 06491
proved / bewährt 08996
pull / Zug 06496
pull-back spring / Rückzugfeder 06497
pulley / Riemenscheibe 01379
pulling handle / Zuggriff 06500
pump / pumpen 06505
pump / Pumpe 02170
pump delivery / Pumpenförderleistung 06506
pure / rein 06508
purge / Reinigung 06509
purification / Auffrischung 06511
purify / auffrischen 06512
push / Stoß 09189
qualify / qualifizieren 06517
quality / Qualität 06519
quick / schnell 06526
quick release / Schnellverschluß 09003
racing oil / Rennöl 06536
rack / Zahnstange 06538
rack pinion / Zahnstangenritzel 06542
radial / radial 06543
radiant heat / Strahlungswärme 06544
radiation / Strahlung 06545
radio control / Fernsteuerung 06555
rag / Lappen 08167
range / Reichweite 06575
rapid wear / schnelle Abnutzung 06576
ratio / Verhältnis 06581
rattle / klappern 06582
ready for use / betriebsbereit 06588
rear hook / Heckbügel 09015
rear section / Heckpartie 09019
rebound / Rückprall 06612
reduction / Verminderung 06619
reduction ratio / Untersetzungsverhältnis 06620
refill / auffüllen 06621
reflection / Spiegelung 06623
regulate / regeln 06629
reinforce / verstärken 06634

release / Entriegelung 04384
release lever / Entriegelungsgriff 04385
reliability / Zuverlässigkeit 06638
reline / neu belegen 06639
renew / erneuern 06641
replace / auswechseln 06645
requirements / Anforderungen 06646
reserve / Reserve 06649
reset / Rückstellknopf 07706
resin / Harz 06652
resistance / Widerstand 06653
resonance / Resonanz 06655
restraining strap / Spannband 06658
restriction / Einschränkung 06659
retainer / Klemme 06660
return pulley / Umlenkrolle 06662
reversible / umkehrbar 06670
revise / revidieren 06673
revolution / Tourenzahl 02342
revolution counter / Drehzahlmesser 01467
revolutions per minute / Umdrehungen pro Minute 02720
rigid / starr 06680
ring / Ring 06683
rivet / Niete 06690
rivet / nieten 06691
rope / Seil 03344
rope drum / Seiltrommel 06728
rotary switch / Drehschalter 06736
rotation / Umdrehung 06738
rotational velocity / Drehgeschwindigkeit 07142
rubber / Gummi 06745
rubber bellow / Gummibalg 06746
rubber bush / Gummibuchse 06748
rubber hose / Gummischlauch 06752
rubber mounting / Gummilager 02564
rubber seal / Gummidichtung 06753
rubber sleeve / Gummimanschette 06754
rubber spring / Gummifeder 06755
running life / Lebensdauer 06763
safe / sicher 06792
safety / Sicherheit 06793
safety regulations / Sicherheits-

263

vorschriften *06795*
safety valve / Sicherheitsventil *06186*
sample / Probe *06800*
saturation / Sättigung *06806*
scale / Skala *06808*
scope / Anwendungsbereich *06817*
score mark / Verschleißspur *06818*
scratch / Schramme *06822*
screw / Schraube *03120*
scuffing / scheuern *06832*
seal / Wellendichtung *03059*
sealing / Dichtung *06834*
sealing compound / Dichtmittel *01506*
sealing ring / Dichtring *06836*
seam / Naht *06838*
seamless / nahtlos *06840*
seating area / Sitzfläche *09040*
seating height / Sitzhöhe *09041*
secondary oil / Sekundäröl *09922*
section / Ausschnitt *06861*
secure / sichern *06863*
sediment / Ablagerung *06864*
segment / Segment *06516*
seize / festfressen *02225*
self-adjusting / selbstnachstellend *06873*
self-cancelling / selbstrückstellend *06875*
self-cleaning / selbstreinigend *06876*
self-locking / selbstsperrend *06878*
self-sealing / selbstdichtend *06879*
self-tapping screw / Schraube mit selbstschneidendem Gewinde *10133*
sender / Geber *07670*
sensor / Sensor *06883*
separation / Teilung *06885*
sequence / Reihenfolge *06887*
serrated / zackenförmig *06893*
set / Satz *06901*
setting / Einstellung *04948*
settings / Rückstände *06906*
shackle / Lasche *06907*
shaft / Welle *06909*
shaft bearing / Wellenlager *06910*
shake / rütteln *06911*
shank / Schaft *06912*
shape / Form *06913*
shaped / geformt *06914*
shear force / Scherkraft *06917*
shim / Ausgleichscheibe *09504*

shrink / schrumpfen *06956*
shrink fit / Schrumpfsitz *06957*
shrink on / aufschrumpfen *06958*
side view / Seitenansicht *06975*
simplex chain / Simplexkette *06982*
single-acting / einfachwirkend *06983*
sipes / Feinprofilierung *06999*
size / Größe *07002*
sketch / Skizze *07004*
slack / Totgang *07013*
sleeve / Büchse *03121*
slip / Schlupf *07023*
slip ring / Schleifring *07028*
slippery / rutschig *07026*
slipping / Rutschen *01573*
slotted bolt / Schlitzschraube *07032*
slow / langsam *10560*
smog / Smog *07036*
smoke / Rauch *07037*
smokeless / rauchfrei *07039*
snap-on cap / Schnappverschluß *07043*
snorkel / Schnorchel *07044*
snug / Nase *07050*
socket / Steckdose *07051*
soft rubber / Weichgummi *07053*
solder nipple / Lötnippel *09061*
solder-on part / Anlötteil *09062*
soldered on / angelötet *09064*
soldering eye / Lötöse *09065*
solenoid valve / Magnetventil *07059*
sound / Schall *07065*
sound level / Schallpegel *04488*
space / Abstand *10304*
space / Raum *07068*
spacer ring / Abstandsring *07072*
spacer tube / Distanzrohr *02789*
spare / Ersatz *07074*
spark / Funke *07082*
specifications / Vorschriften *07123*
specified / vorgeschrieben *07124*
spill valve / Überlaufventil *07139*
spindle / Spindel *07141*
spiral spring / Spiralfeder *07143*
splash / spritzen *07144*
splines / Keilnutverzahnung *07147*
split / geteilt *07153*
split bearing / geteiltes Lager *07148*

split bushing / geteilte Lagerbuchse *07152*
split pin / Splint *03757*
spring / Feder *02220*
spring actuated / federbetätigt *07166*
spring clip / Federklammer *10197*
spring fracture / Federbruch *07170*
spring hook / Federhaken *07175*
spring pin / Federstift *09516*
spring seat / Federteller *02224*
spring travel / Federweg *07176*
spring washer / Federscheibe *02531*
springing / Federung *07325*
square bolt / Vierkantschraube *07177*
square nut / Vierkantmutter *07178*
squeezing / Quetschung *07180*
staff / Stab *07184*
stainless steel / rostfreier Stahl *07185*
stake / Spriegel *09555*
standard / Norm *07189*
standardization / Normung *07190*
static / statisch *07209*
stauffer grease / Staufferfett *01651*
steel / Stahl *07211*
steel sheet / Stahlblech *06919*
step-up / Übersetzung *07252*
step-up ratio / Übersetzungsverhältnis *10555*
stick / aneinander kleben *08387*
stop pin / Anschlagstift *07255*
stopper / Verschlußstopfen *07254*
stowed / aufgerollt *07259*
straight oil / Premiumöl *09921*
strain / Belastung *07262*
strainer / Sieb *06193*
strand / Litze *07265*
strip / Streifen *07277*
strut / Strebe *04733*
strutting / Verstrebung *07285*
stub shaft / Achsstumpf *07286*
stud / Stehbolzen *02547*
styrofoam / Styropor *08795*
suction connection / Sauganschluß *07293*
suction pipe / Saugrohr *07294*
suction valve / Saugventil *01712*
supervise / überwachen *07309*
supplement / Zusatz *07310*
supply pump / Förderpumpe

07315
support / Unterstützung *07316*
surface / Oberfläche *07322*
surface to be joint / Paßfläche *10182*
switch / Schalter *02298*
switch off / ausschalten *02057*
switch on / einschalten *07346*
swivel / Zapfen *05587*
symmetric / symmetrisch *07352*
synthetic / synthetisch *07356*
system / System *07357*
tab washer / Sicherungsblech *09506*
tape / Band *10305*
tapered / kegelförmig *07421*
tapered bearing / Kegellager *07423*
tar stain / Teerfleck *07425*
target / Ziel *07424*
technical data / technische Daten *07430*
telethermometer / Fernthermometer *07434*
temperature / Temperatur *07436*
template / Schablone *07442*
temporary / vorrübergehend *03970*
tension / Spannung *07444*
tension rod / Zuganker *07449*
tension roller / Spannrolle *05247*
term / Begriff *07452*
test conditions / Prüfbedingungen *07459*
theft protection / Diebstahlsicherung *07471*
thermal conductivity / Wärmeleitfähigkeit *07473*
thermal expansion / Wärmeausdehnung *07474*
thermostat / Thermostat *01774*
thread / Gewinde *02246*
thread pitch / Gewindesteigung *09527*
thread reach / Gewindeeinschraubtiefe *07480*
threaded hole / Gewindebohrung *10449*
thrust / Schub *07505*
thrust bearing / Drucklager *02203*
TIG / WIG *10061*
tightening torque / Anzugsdrehmoment *07515*
tilt / Neigung *07518*

tilt adjust mechanism / Neigungsverstellmechanismus *07517*
tooth / Zahn *07574*
tooth meshing / Zahneingriff *07578*
tooth pitch / Zahnteilung *07579*
toothed chain / Zahnkette *07576*
toothed rim / Zahnkranz *07577*
top heavy / kopflastig *07585*
torque / Drehmoment *02723*
torque ball / Schubkugel *07591*
torsion / Torsion *07597*
torsional resistance / Verwindungssteifigkeit *07599*
towed weight / Anhängelast *09543*
towing force / Zugkraft *07608*
toxic / giftig *07612*
track / Spur *10307*
train of gears / Zahnradsatz *07651*
transformer / Transformator *07660*
transverse / quer *07674*
trigger / Abzugsbügel *08140*
tubing / Rohrleitung *09777*
turbulence / Wirbelung *02648*
turn / Windung *08043*
unbalanced / nicht ausgewuchtet *02702*
uncomfortable / unbequem *07774*
undamaged / unbeschädigt *07775*
undamped / ungedämpft *07776*
undersize / Untergröße *07786*
uneven / ungleichmäßig *07789*
uniformity / Gleichförmigkeit *07790*
unit / Aggregat *07792*
unload / entladen *07802*
unsprung mass / ungefederte Masse *07804*
unstable / labil *07805*
upholstered / gepolstert *08344*
upper edge / Oberkante *07808*
urgent / dringend *07820*
use / Verwendung *09110*
utilization / Nutzung *07825*
V-belt / Keilriemen *01974*
V-belt drive / Keilriemenantrieb *03813*
V-belt pulley / Keilriemenscheibe *07902*
V-belt slip / Keilriemenschlupf *07903*
V-shaped / V-förmig *07932*

vacuum / Vakuum *07829*
vacuum connection / Unterdruckanschluß *07836*
vacuum switch / Unterdruckschalter *07839*
valve flap / Ventilklappe *07869*
vaporizer / Verdampfer *07900*
vegetable oil / Pflanzenöl *01975*
velocity / Geschwindigkeit *07908*
vent tube / Entlüftungsrohr *07914*
vent valve / Belüftungsventil *04669*
ventilation / Belüftung *04668*
vertical / senkrecht *05858*
vibration damper / Schwingungsdämpfer *10522*
vibration free / schwingungsfrei *07920*
viscosity / Viskosität *07923*
viscous / zähflüssig *07924*
visibility / Sicht *07925*
volume / Volumen *07930*
vulcanisation / Vulkanisierung *07933*
wall / Wand *07937*
wall thickness / Wandstärke *07938*
wallet / Werkzeugtasche *09117*
warp / verziehen *09118*
washer / Beilagscheibe *07070*
water cooled / wassergekühlt *10308*
water heated / wasserbeheizt *07962*
water pump grease / Wasserpumpenfett *01993*
waterproof / wasserdicht *07970*
wear / Verschleiß *07975*
wear resistant / abriebfest *07977*
wedge profile / Keilform *07981*
weight distribution / Gewichtsverteilung *07984*
weight transfer / Gewichtsverlagerung *07985*
white metal / Weißmetall *03209*
wind / Wind *08041*
winding / Wicklung *08042*
wing nut / Flügelmutter *03055*
wire / Draht *08074*
wire cable / Drahtseil *05853*
wire diameter / Drahtdurchmesser *08076*
wire gauze / Drahtgeflecht *08077*
wire retaining ring / Drahtsprengring *02022*

working capacity / Speicherkapazität *08086*
worm / Schnecke *08089*
worn / verschlissen *08095*
wreck / Wrack *08099*

x-ray / Röntgenstrahl *08106*
zero / Null *08116*
zinc / Zink *10543*
zinc-coat / Zinkbeschichtung *08117*

zinc-coated / verzinkt *08118*
zipper / Reißverschluß *08119*

 Trade, purchase, classification (H)

accessories / Zubehör *03089*
added value / Wertzuwachs *03003*
advertisement / Anzeige *02936*
agent / Agent *09261*
agricultural tractor / Ackerschlepper *03136*
ambulance / Rettungswagen *03165*
amphibious vehicle / Schwimmwagen *02315*
antique automobile / antikes Automobil *02866*
archive / Archiv *02916*
auction / Auktion *02925*
auction company / Auktionshaus *02934*
authority / Behörde *09249*
autojumble (GB) / Teilemarkt *03023*
bank account / Bankverbindung *02907*
barrel sided body / nach oben eingewölbte Tourenwagen-Karosserie *03032*
bits and pieces / Einzelteile *09217*
boat tail / Spitzheck *02324*
brass era vehicle / Automobil aus der Kutschwagenzeit *03027*
building site truck / Baustellenfahrzeug *03304*
burglary insurance / Einbruchversicherung *02994*
bus / Bus *03329*
buy / kaufen *09244*
buyer / Käufer *03005*
buyer's guide / Kaufberater *10530*
buying decision / Kaufentscheidung *02888*
buying price / Einkaufspreis *02967*
cab / Taxi *03341*
cabin scooter / Kabinenroller *08730*
cabriolet / Cabriolet *02923*

calculate / kalkulieren *02892*
car collection / Fahrzeugsammlung *02917*
car owner / Kraftfahrzeughalter *03408*
car without documents (US) / Wagen ohne Papiere *02930*
car without U5 document (GB) / Wagen ohne Papiere *09606*
chopped / Dach niedriger gelegt *09583*
chopped and channeled / Dach niedriger gelegt und Karosserie modifiziert *09584*
city bus / Stadtbus *03516*
city car / Stadtwagen *03518*
classic car / Klassischer Wagen *02104*
classic car event / Oldtimerveranstaltung *02912*
club / Club *08384*
coach / Reisebus *03573*
collectible car / Sammlerwagen *02105*
collector / Sammler *02886*
collector's item / Liebhaberstück *02940*
combination / Zug *03606*
commercial vehicle / Nutzfahrzeug *03620*
competition vehicle / Wettbewerbsfahrzeug *03626*
complaint / Reklamation *03627*
concours condition / Bestzustand für Schönheitswettbewerbe *03047*
condition / Zustand *03668*
confirmation / Bestätigung *09253*
consumer / Verbraucher *03700*
consumer information / Verbraucherinformation *03701*
contract / Vertrag *09246*
cost proposal / Kostenvoranschlag *03754*
cost-performance ratio / Preis-Leistungsverhältnis *09381*
costs / Aufwendungen *02964*
coupé / Coupé *02922*
cradle / Versandkäfig *09257*
crawler loader / Raupenlader *03829*
cross-country vehicle / Geländefahrzeug *05551*
custom / Zollabgabe *02983*
customs / Zollbehörde *02984*
customs clearance / Verzollung *02961*
dark horse / Schnäppchen *09222*
date of delivery / Lieferdatum *04028*
deal / handeln *09334*
dealer / Händler *02928*
dealer network / Händlernetz *09238*
dealership / Händlerschaft *09580*
degression / Abschreibung *04064*
delivery car / Lieferwagen *04051*
delivery scooter / Lastenroller *08753*
demonstration car / Vorführwagen *04058*
deposit / Anzahlung *09266*
depot / Lagerraum *04063*
distributor / Großhändler *08764*
discount / Rabatt *06609*
domestic car / einheimisches Fahrzeug *04172*
double-decker / Doppeldecker *04207*
dozer / Raupenfahrzeug *04224*
dream car / Traumwagen *02906*
dream condition / Traumzustand *02957*
dual cowl phaeton / Tourenwagen mit zwei Cockpits *09224*
dump truck / Kipper *04289*
duty-payed / verzollt *05850*
earthmoving vehicles / Erdbewegungsmaschinen *04313*

266

electric car / Elektrofahrzeug *00640*
emergency vehicle / Noteinsatzfahrzeug *04343*
enclosures / Anlagen *04351*
endorsement of log book/title / Entwerten des Kfz-Briefes *03969*
European Common Market / Europäische Wirtschaftsgemeinschaft *02990*
exhibit on loan / Leihgabe für Museum *03009*
exhibition space / Ausstellungsfläche *08796*
exotic car / Exote *02944*
expert / Gutachter *02949*
expertise / Gutachten *02948*
export / Ausfuhr *09255*
factory air conditioning / serienmäßig ab Werk eingebaute Klimaanlage *03051*
factory-new / fabrikneu *08801*
fake bid / Scheingebot *02937*
family car / Familienauto *03019*
favourite car / Lieblingsauto *02903*
fee / Vergütung *02960*
fire insurance / Feuerversicherung *02993*
fire-fighting vehicle / Feuerwehrfahrzeug *04603*
flee-market / Flohmarkt *02927*
folding roof / Faltdach *04727*
for hire / zu mieten *02879*
for sale / zu verkaufen *02878*
foreign car / ausländisches Fahrzeug *04748*
fork lift / Gabelstapler *04757*
forward control vehicle / Frontlenker *04760*
four door saloon / viertürige Limousine *04768*
four light saloon / vierfenstrige Limousine *03035*
four seater / Viersitzer *04773*
foursome coupe / zweisitziges Coupé mit Gelegenheit, zwei weitere Personen unterzubringen *03036*
freehold / freibleibend *09252*
freight / Fracht *04795*
freight charges / Frachtkosten *04796*
full comprehensive insurance / Vollkaskoversicherung *04853*
garbage collector / Müllwagen *04877*
genuine condition / Originalzustand *02894*
genuine spare part / Original-Ersatzteil *02951*
german institution according to the MOT / Technischer Überwachungsverein *02910*
Gran Turismo / sportlicher Reisewagen *03067*
grey market / grauer Markt *08849*
grit sprayer / Sandstreuer *04979*
guarantee / Garantie *02933*
hardtop / Hardtop *02455*
heavy duty truck / Schwerlastwagen *05098*
hire car / Mietwagen *05142*
hire purchase / Ratenkauf *09268*
horse box / Pferdeanhänger *05188*
hotted-up engine / frisierter Motor *05990*
import / Einfuhr *09254*
import formalities / Einfuhrformalitäten *02962*
imported vehicle / Importfahrzeug *05305*
inch / Zoll *03967*
instalment / Rate *09269*
insurance / Versicherung *02953*
insurance policy / Versicherungspolice *09375*
intercity bus / Überlandbus *05488*
invalid carriage / Invalidenfahrzeug *05528*
inventory / Lagerbestand *08884*
investment / Investition *02889*
investment consultant / Anlageberater *03932*
junk / Schrott *02314*
junk yard / Schrottplatz *02945*
K $ / 1000 $ *09204*
kit car / Baukastenwagen *09346*
lay-up / Stillegung *09599*
leading product / Spitzenprodukt *08894*
letter of credit / Kreditbrief *09251*
letter of intend / Absichtserklärung *09250*
licence number / Zulassungsnummer *05698*
light truck / leichter Lkw *05731*
limousine / Limousine *05733*
list price / Neuwert *02898*
livestock transporter / Viehwagen *05751*
logbook (GB) / Kraftfahrzeugbrief *02971*
loss of resale value / Wertverlust *05801*
low-bed trailer / Tieflader-Anhänger *05806*
low-bed truck / Tieflader-Lkw *05807*
main dealer / Vertragshändler *10138*
market / Markt *02926*
market research / Marktforschung *05935*
market value / Marktwert *02896*
marque / Marke *06161*
minimum offer / Mindestgebot *02941*
minimum value / Mindestwert *08934*
Ministry of Transport / Verkehrsministerium *05970*
mint condition / erstklassiger Zustand *03670*
mobile concrete mixer / Transportbetonmischer *05979*
model / Modell *05982*
model line / Modellreihe *05984*
model year / Modelljahr *08937*
modified engine / getunter Motor *05989*
monoposto / Monoposto *05998*
MOT / Fahrzeugprüfung in England entsprechend dem deutschen TÜV *02480*
motor carrier / Fuhrunternehmer *06025*
motor show / Autosalon *06017*
motor vehicle / Kraftfahrzeug *06020*
motorhome / Wohnwagen *03354*
multipurpose vehicle / Mehrzweckfahrzeug *06045*
museum / Museum *02884*
no limit / ohne Mindestgebot *02942*
non-standard / nicht serienmäßig *02319*
old car dealer / Oldtimer-Händler *02929*
oldtimer / Oldtimer *02871*
optional equipment / Sonderzubehör *04496*

or best offer / oder gegen bestes Gebot *09201*
or nearest offer / oder gegen nächstes Gebot *09203*
original equipment / Erstausrüstung *06229*
over-restoration / Überrestaurierung *09949*
owner / Besitzer *02913*
owner-driver saloon / Selbstfahrer-Limousine *03037*
part restoration / Teilrestaurierung *03049*
partial comprehensive insurance / Teilkaskoversicherung *02977*
passenger car / Personenkraftwagen *06309*
passenger car / Pw (CH) *09611*
pick-up / Kleinlastwagen *06338*
platform body / Pritschenaufbau *06374*
plough / Pflug *06376*
pole trailer / Langgutanhänger *06405*
police car / Polizeiauto *09351*
port of embarcation / Ausfuhrhafen *09256*
post vintage thoroughbred / reinrassiger Klassiker nach der Vintage-Zeit *03029*
post war vehicle / Nachkriegswagen *02870*
Pre-vintage-era / Vor-Vintage-Ära *03018*
premium / Versicherungsprämie *02954*
prestige car / Prestige-Auto *03021*
private person / Privatmann *02932*
product line / Lieferprogramm *08991*
production car / Serienwagen *06477*
production engine / Serienmotor *06479*
pullman saloon / Pullman-Limousine *06501*
purchase / erwerben *09243*
racing car / Rennwagen *02182*
rear-engined car / Heckmotorfahrzeug *06594*
rebuilt engine / überholter Motor *06613*
receipt / Quittung *09248*

recommend / empfehlen *06617*
recovery vehicle / Abschleppfahrzeug *08100*
refund / Rückvergütung *09265*
register / Interessengemeinschaft *02911*
registration / Zulassung *06626*
registration office / Zulassungsstelle *02981*
registration procedures / Zulassungsmodalitäten *02963*
regulation / Bestimmung *06631*
replacement engine / Austauschmotor *02508*
resale / Weiterverkauf *02890*
resale value / Wiederverkaufswert *06647*
restoration costs / Restaurierungskosten *02931*
restoration insurance / Restaurierungsversicherung *02979*
restoration to original standard / originalgetreue Restaurierung *02895*
roadster / Roadster *06701*
running condition / fahrbereit *05419*
sale / Verkauf *02877*
sales contract / Kaufvertrag *09247*
sales figure / Verkaufserlös *02873*
sales manager / Verkaufsleiter *06799*
sales price / Verkaufspreis *02970*
salesman / Verkäufer (als Angestellter) *06798*
saloon / Limousine *02135*
school bus / Schulbus *06813*
second-hand car / Gebrauchtwagen *02893*
second-hand part / Gebraucht-Ersatzteil *10154*
sectioned and lowered / Karosserie und Fahrwerk tiefergelegt *09585*
seller / Verkäufer (als Privatmann) *03006*
semi-trailer / Auflieger *09366*
semitrailer / Sattelauflieger *06882*
shipping agent / Spediteur *09264*
shipping charges / Transportkosten *06942*
shipping papers / Transportpapiere *06943*
shipping weight / Transportge-

wicht *06944*
short wheel base / kurzer Radstand *02451*
showroom condition / wie aus dem Schaufenster *03048*
single tyres / Einfachbereifung *06996*
six-light saloon / sechsfenstrige Limousine *09421*
sixwheeler / Dreiachsfahrzeug *07001*
skiff / Torpedo *03033*
sliding roof / Schiebedach *05004*
small ad / Kleinanzeige *02891*
snow blower / Schneefräse *07045*
snow plough / Schneepflug *07048*
snowmobile / Motorschlitten *07047*
spare part number / Ersatzteilnummer *07076*
spare parts situation / Ersatzteillage *02904*
special body / Spezialkarosserie *07120*
special magazine / Spezialzeitschrift *02902*
specialist / Fachmann *08798*
speculator / Spekulant *02939*
spider / Spider *09594*
sports car / Sportwagen *02327*
standard (-type) / serienmäßig *02318*
standard model / Grundmodell *07191*
steam car / Dampfwagen *02098*
streamlined / stromlinienförmig *07272*
stretched limousine / verlängerte Limousine *09349*
sun roof / Sonnenverdeck *02479*
superclassic / Superclassic *02880*
sweeper / Kehrmaschine *07339*
tax / Steuer *04302*
technical monument / Technisches Denkmal *03017*
test ride / Probefahrt *02915*
theft insurance / Diebstahlversicherung *02996*
third party insurance / Haftpflichtversicherung *02975*
threewheeler / Dreiradwagen *02202*
title (US) / Kraftfahrzeugbrief *10406*

268

title / logbook transfer / Eigentumsübertragung *09221*
tourer / Tourenwagen *02339*
tractor / Zugmaschine *05150*
trade / Handel *09245*
trade mark / Warenzeichen *07621*
trade number plate / rotes Kennzeichen *09790*
trade-in / Inzahlungnahme *09212*
trailer / Gepäckanhänger *09869*
tram / Straßenbahn *07652*
transfer / Überweisung *02909*
transport insurance / Transportversicherung *02978*
transportation / Transport *02959*
trolley bus / Oberleitungsbus *07709*
truck / Lastkraftwagen *07712*
tulip shaped body / tulpenförmige Tourenwagen-Karosserie *03031*

two-door saloon / zweitürige Limousine *07756*
two-wheel tractor / Einachsschlepper *07764*
two-wheel trailer / Einachsanhänger *07765*
twoseater / Zweisitzer *02459*
type approval / Typzulassung *10316*
type designation / Typenbezeichnung *07766*
tyre service / Reifendienst *07554*
underhood area / unter der Motorhaube *03045*
utility car / Kombiwagen *02108*
value / Wert *02899*
VAT / Mehrwertsteuer *02985*
vehicle / Fahrzeug *09111*
vehicle equipment / Fahrzeugausrüstung *07905*

Veteran car / Fahrzeug vor der Vintage-Äara *09605*
Vintage car / Vintage-Kategorie *02868*
warehouse / Warenlager *09116*
wheel loader / Radlader *08017*
wholesale / Großhandel *08032*
wholesale price / Großhandelspreis *08033*
Youngtimer / Youngtimer *02876*

 Interior (I)

aftmost driving position / hinterste Fahrposition *03133*
air bag / Luftsack *03098*
air belt / Luftgurt *03138*
anchor point / Sitzgurtverankerungspunkt *03168*
arm rest / Armstütze *03185*
ash tray / Aschenbecher *03189*
backlight shelf / Hutablage *03211*
belt retractor / Aufrollautomatik *03231*
belt strap / Gurtband *07979*
bench / Bank *03232*
berth / Schlafkoje *03234*
blind / Jalousie *03246*
bucket seat / Schalensitz *03302*
carpet / Teppich *03590*
center arm rest / Mittelarmstütze *04714*
center console / Mittelkonsole *03435*
child car seat / Kindersitz *03473*
cloth / Stoff *03540*
coat hook / Kleiderhaken *03579*
coir mat / Kokosmatte *03589*
combined arm rest-handle / Armstütze mit Türgriff kombiniert *03613*
courtesy light / Innenbeleuchtung *02280*

curtain / Vorhang *03869*
dashboard / Armaturenbrett *00470*
dashboard top roll / Armaturenbrettoberteil *09968*
dipping mirror / abblendbarer Rückspiegel *04115*
door covering / Türverkleidung *04181*
driver's seat / Fahrersitz *02408*
econometer / Bordcomputer *00634*
ergonomic / körpergerecht *04423*
fixed seat / fest eingebauter Sitz *04640*
floor / Fußboden *04680*
floor carpet / Bodenteppich *04682*
floor carpeting / Fußraumauskleidung *04683*
folding seat / Klappsitz *02103*
four-spoke steering wheel / Vierspeichenlenkrad *04777*
front compartment / vorderer Fahrgastraum *04810*
front driving seating position / vorderste Fahrposition *09627*
full harness seat belt / Hosenträgergurt *04858*
glove box / Handschuhkasten *02257*

grab handle / Türziehgriff *04949*
hardware / Beschläge *05047*
head rest / Kopfstütze *03112*
headlining / Dachhimmel *02267*
inertia reel device / Verzögerungsaufrolleinrichtung *05341*
inertia reel seat belt / Automatikgurt *10129*
inside fittings / Innenausstattung *04863*
instruments / Armaturen *02050*
integral head rest / integrierte Kopfstütze *05487*
interior mirror / Innenspiegel *02282*
lap belt / Beckengurt *05632*
leather rim / Lederkranz *05679*
leather seat / Ledersitz *10213*
line / auskleiden *05735*
lining / Verkleidung *10319*
make-up mirror / Make-up Spiegel *05911*
manual length adjustment / manuelle Sitzgurtverstellung *05923*
mirror control / Einstellhebel für den Rückspiegel *05973*
non-locking retractor / nicht sperrende Aufrollvorrichtung *06118*

occasional seat / Notsitz *09424*
on-off / Ein-Aus *08951*
one-spoke steering wheel / Einspeichenlenkrad *06049*
overhead space / Kopffreiheit *06257*
padded dashboard / gepolstertes Armaturenbrett *06280*
pedal layout / Pedalerie *10493*
pipe / Pfeife *10412*
pull-out ash tray / herausziehbarer Aschenbecher *06502*
rear bench / Rücksitzbank *04722*
rear seat / Rücksitz *06600*
rear-view mirror / Rückspiegel *03175*
rearmost and downmost seating position / hinterste und unterste Sitzposition *06598*
reclining seat / Liegesitz *06616*
rest / Lehne *06657*
roller blind / Rolljalousie *00672*
runner / Türarmlehne *10193*
sash belt / Schultergurt *06805*
seat / Sitz *03114*
seat adjustment / Sitzverstellung

06842
seat anchorage / Sitzverankerung *06844*
seat back / Rückenlehne *03115*
seat belt / Sitzgurt *04079*
seat belt adjustment / Sitzgurtverstellung *06846*
seat bench / Sitzbank *06849*
seat bucket / Sitzschale *06850*
seat cover / Schonbezug *09620*
seat cover / Sitzbezug *06851*
seat cover cloth / Sitzbezugstoff *09619*
seat guide rail / Sitzlaufschiene *06853*
seat spring / Sitzfeder *06855*
shelf / Ablageschale *06924*
single seat / Einzelsitz *06993*
single-hand operation / Einhandbedienung *06990*
sliding seat / verstellbarer Sitz *07021*
slip-on cover / Überziehbezug *10211*
steering wheel hub cap / Lenkrad-Nabenabdeckung *05202*

supporting loop / Halteschlaufe *07319*
textile upholstery / Stoffpolsterung *07470*
three-point safety belt / Dreipunktgurt *01780*
transmission tunnel / Getriebetunnel *04899*
trim panels / Auskleidung *07703*
trunk mat / Kofferraumteppich *09226*
upholstry / Polsterung *02168*
velour pile seat / Stoffbezug *10170*
vinyl seating / Kunstlederbezug *10215*
visor / Sonnenblende *02323*
window curtain / Fenstervorhang *08053*

Fuel system, exhaust, exhaust gases (K)

accelerator cable / Gasseilzug *03086*
accelerator control linkage / Gasgestänge *03087*
accelerator pump / Beschleunigungspumpe *03080*
adjusting sleeve / Regelhülse *00024*
adsorbent / Adsorptionsmittel *06510*
air correction jet / Ausgleichluftdüse *00044*
altitude correction module / Höhenkorrektor *00063*
anti-knock additive / Antiklopfmittel *00085*
anti-knock quality / Klopffestigkeit *00090*
anti-pollution device / Abgasreinigungsanlage *03276*
automatic injection governor / automatischer Einspritzregler *00099*

auxiliary fuel tank / Kraftstoffreservebehälter *03200*
benzene / Benzol *03233*
bypass bore / Bypassbohrung *00237*
carburation / Vergasung *00254*
carburetor / Vergaser *00257*
carburetor adapter / Vergaserzwischenstück *03390*
carburetor air / Vergaserluft *03392*
carburetor cover / Vergaserdeckel *03396*
carburetor de-icing / Vergaserenteisung *03397*
carburetor fire / Vergaserbrand *03398*
carburetor float / Vergaserschwimmer *03399*
carburetor housing / Vergasergehäuse *03400*
carburetor jet / Vergaserdüse *03401*

catalytic converter / Katalysator *06111*
catalytic converter closed loop / Katalysator mit Lambdaregelung *09673*
catalytic converter open loop / Katalysator ohne Lambdaregelung *09674*
centrifugal supercharger / Turbokompressor *00287*
cetane number / Cetanzahl *00293*
choke / Starterklappe *00310*
cloud point / Trübungspunkt *03543*
coking / Ölkohlebildung *03591*
cold start device / Kaltstartvorrichtung *03593*
combustible mixture / brennbares Gemisch *03615*
constant pressure carburetor / Gleichdruckvergaser *01706*
consumption indicator / Verbrauchsanzeige *00403*
control rod / Reglerstange *00425*

delivery pipe / Einspritzleitung *00479*
delivery plunger / Förderkolben *04052*
delivery pressure / Förderdruck *04053*
delivery valve / Druckventil *00700*
diesel fuel / Dieselkraftstoff *00497*
diesel smoke / Dieselqualm *04091*
direct injection / direkte Einspritzung *00540*
distributor injection pump / Verteilereinspritzpumpe *00572*
downdraft carburetor / Fallstromvergaser *00596*
drop test / Tropfenprobe *04262*
dry-type air cleaner / Trockenluftfilter *00617*
dual carburetor / Doppelvergaser *00620*
dual exhaust / Doppelauspuff *04277*
dual throat downdraft carburetor / Doppelfallstromvergaser *00623*
economizer jet / Spardüse *04318*
edge-type filter / Stabfilter *00637*
electronic fuel injection / elektronische Kraftstoffeinspritzung *04336*
emission / Emission *03973*
emission control / Abgasreinigung *04324*
emulsion tube / Mischrohr *00660*
engine primer / Einspritzanlasser *04404*
enrichment jet / Anreicherungsdüse *04413*
equalizing tank / Ausgleichsbehälter *04419*
evaporative emission system / Kraftstoffverdunstung *04425*
exhaust / Auspuff *04433*
exhaust cycle / Auspufftakt *04437*
exhaust decarbonisation / Auspuffreinigung *00682*
exhaust gas analysis / Abgaskontrolle *00686*
exhaust gas composition / Abgaszusammensetzung *04441*
exhaust gas recirculation / Abgasrückführung *04446*
exhaust gas recirculation pipe / Abgasrückführungsleitung *04448*

exhaust gas recirculation valve / Abgasrückführungsventil *04449*
exhaust gas turbine / Abgasturbine *04451*
exhaust gases / Auspuffgase *00678*
exhaust hose / Auspuffschlauch *04456*
exhaust manifold / Auspuffkrümmer *00690*
exhaust pipe / Auspuffrohr *02056*
exhaust silencer / Abgasschalldämpfer *00694*
exhaust stroke / Auspuffhub *00697*
exhaust support / Auspuffhalterung *04460*
exhaust system / Auspuffanlage *00698*
exhaust turbocharger / Abgasturbolader *00699*
explosive mixture / Explosionsgemisch *00708*
fast idle / schneller Leerlauf *04540*
feed line / Zulaufleitung *04548*
filler cap / Tankdeckel *00719*
filler inlet / Einfüllstutzen *04566*
filler inlet compartment lid / Tankklappe *04569*
filler neck / Einfüllstutzenansatz *09633*
filler neck restriction / Verengung am Einfüllstutzen *09514*
filler pipe / Einfüllschlauch *09632*
first stage / erste Stufe *04628*
fishtail / Fischschwanz
fixed choke carburetor / Festdüsenvergaser *04637*
float / Schwimmer *00737*
float chamber / Schwimmerkammer *00739*
float needle / Schwimmernadel *00740*
float needle valve / Schwimmernadelventil *00741*
float pivot pin / Schwimmerachse *04675*
float valve / Schwimmerventil *04678*
flood / absaufen *00744*
foam inhibitor / Schaumbremse *04704*
four-barrel carburetor / Vierfachvergaser *04772*
fuel / tanken *06622*

fuel / Kraftstoff *00788*
fuel additive / Kraftstoffzusatz *04823*
fuel capacity / Tankvolumen *04826*
fuel cock / Kraftstoffhahn *08602*
fuel consumption / Kraftstoffverbrauch *04827*
fuel delivery / Kraftstofförderung *04828*
fuel drain cock / Kraftstoffablaßhahn *04829*
fuel filter / Kraftstoffhauptfilter *00791*
fuel indicator / Kraftstoffanzeige *04831*
fuel injection / Kraftstoffeinspritzung *02395*
fuel jet / Kraftstoffdüse *04837*
fuel level / Kraftstoffstand *04838*
fuel loss / Kraftstoffverlust *04836*
fuel pipe / Kraftstoffleitung *02073*
fuel pump / Kraftstoffpumpe *00797*
fuel pump diaphragm / Kraftstoffpumpenmembran *00798*
fuel pump tappet / Kraftstoffpumpenstößel *00799*
fuel strainer / Kraftstoffsieb *08842*
fuel system / Kraftstoffanlage *00802*
fuel tank / Kraftstoffbehälter *00804*
fuel tank lock / Tankschloß *04849*
fuel vapour separator / Kraftstoffdampfabscheider *04851*
full throttle / Vollgas *04860*
gas pedal / Gaspedal *00812*
governor / Regler *04946*
half throttle / Halbgas *05017*
hand primer / Handpumpvorrichtung *05041*
hand pump / Handförderpumpe *00863*
hand throttle / Handgas *02255*
helical groove / Steuerkante *00885*
high octane fuel / Superbenzin *00890*
honeycomb catalyst / Wabenkörper-Katalysator *05165*
horizontal draft carburetor / Flachstromvergaser *00902*
idle / Leerlauf *05232*
idle adjusting screw / Leerlaufbe-

271

grenzungsschraube *05235*
idle adjustment / Leerlaufeinstellung *00931*
idle air adjusting screw / Leerlaufluftschraube *00923*
idle cut-off valve / Leerlaufabschaltventil *05239*
idle feed orifice / Leerlaufbohrung *05261*
idle fuel system / Leerlaufsystem *00924*
idle jet / Leerlaufdüse *00925*
idle jet carrier / Leerlaufdüsenträger *05240*
idle mixture / Leerlaufgemisch *05242*
idle mixture control screw / Gemischeinstellschraube *05977*
idle position / Leerlaufstellung *05243*
idle speed / Leerlaufdrehzahl *05256*
idle stabilization / Leerlaufstabilisierung *05259*
indirect injection / Saugrohreinspritzung *00963*
inhibiting additive / Inhibitor *05351*
injection advance / Voreinspritzung *00976*
injection advance curve / Verstellkurve des Spritzverstellers *05355*
injection computer / Steuergerät *05356*
injection control housing / Spritzverstellergehäuse *05357*
injection control hub / Spritzverstellernabe *05358*
injection hose / Einspritzschlauch *05359*
injection lag / Einspritzverzug *05362*
injection nozzle / Einspritzdüse *00980*
injection period / Einspritzdauer *05369*
injection pump / Einspritzpumpe *00983*
injection pump drive / Einspritzpumpenantrieb *05371*
injection pump mounting flange / Einspritzpumpenbefestigungsflansch *05372*

injection time / Einspritzzeit *05373*
injection timing curve / Einspritzverstellungskurve *05376*
injection timing mechanism / Einspritzverstellung *00989*
injection timing sleeve / Spritzverstellermuffe *00990*
injector bushing / Düsenmantel *05378*
inlet pipe / vorderes Auspuffrohr *05392*
internal ventilation / Innenbelüftung *05517*
jet bore / Düsenbohrung *05554*
jet carrier / Düsenstock *05555*
jet cone / Strahlkegel *01029*
jet holder / Düsenhalter *01154*
jet lever / Düsenhebel *01030*
jet needle / Düsennadel *05556*
jet orifice / Düsenaustrittsöffnung *05557*
jet pressure / Düsendruck *05558*
jet size / Düsenkaliber *05559*
K-Jetronic fuel injection / K-Jetronic-Einspritzanlage *01039*
lambda dissector / Lambdasonde *09337*
leaded fuel / verbleiter Kraftstoff *05661*
leakage fuel / Leckkraftstoff *05673*
lean mixture / mageres Gemisch *01049*
light fuel / Leichtbenzin *05720*
light off / anspringen *05727*
main jet / Hauptdüse *05883*
main jet carrier / Hauptdüsenträger *05885*
main jet system / Hauptdüsensystem *01092*
main muffler / Auspuff-Hauptschalldämpfer *01096*
main tank / Haupttank *05906*
manifold air injection / Lufteinblasung in den Auspuffkrümmer *05913*
mechanical governor / mechanischer Regler *05962*
mixing chamber / Mischkammer *01113*
mixture / Gemisch *06336*
mixture ratio / Kraftstoff-Luft-Mischungsverhältnis *01120*
multi-cylinder injection pump / Reiheneinspritzpumpe *01122*

multi-hole nozzle / Mehrlocheinspritzdüse *01126*
multi-piece nozzle body / mehrteiliger Düsenkörper *06039*
multiple jet carburetor / Mehrdüsenvergaser *06043*
needle control / Nadelregelung *06093*
needle jet / Nadeldüse *06096*
no delivery / Nullförderung *01150*
noble metal engine catalyst / Edelmetallkatalysator *06112*
nozzle body / Düsenkörper *01153*
nozzle holder spindle / Druckbolzen *01155*
nozzle needle / Einspritzdüsennadel *01156*
nozzle opening pressure / Düsenöffnungsdruck *01158*
nozzle spring / Druckfeder *01160*
nozzle tip / Düsenkopf *06129*
octane number / Oktanzahl *01162*
octane requirement / Oktanbedarf *06147*
oil carbon deposit / Ölkohle *01168*
oil mist / Öldunst *06180*
oil purification / Ölreinigung *06187*
opacity / Trübung *04445*
opening pressure / Abspritzdruck *06211*
operating agents / Betriebsstoffe *06212*
overflow oil line connection / Leckölanschluß *01228*
overflow pipe / Überströmleitung *01229*
overflow valve / Überströmventil *01230*
pintle / Düsenzapfen *06343*
pintle nozzle / Einspritzzapfendüse *01259*
plunger flange / Kolbenfahne *01315*
plunger spring / Kolbenfeder *06393*
pollutant emission / Schadstoffemission *08984*
pour point / Stockpunkt *01325*
pour point improver / Stockpunktverbesserer *06425*
pre-filter / Vorfilter *01339*
pre-muffler / Vorschalldämpfer *01349*

pressure feed / Zwangsversorgung *02380*
pressure pipe tube / Druckrohrstutzen *01356*
pump cylinder / Pumpenzylinder *01385*
pump plunger / Pumpenkolben *01386*
racing fuel / Rennkraftstoff *06535*
regular grade fuel / Normalbenzin *01440*
relief piston / Entlastungskölbchen *01447*
research octane number / Research-Oktan-Zahl *01452*
rich mixture / fettes Gemisch *01471*
SAE-grade / SAE-Viskositätsklasse *01499*
secondary air / Nebenluft *00048*
secondary barrel / zweite Stufe *06857*
secondary venturi / Vorzerstäuber *01511*
side pipes / Sidepipes *03041*
single-hole nozzle / Einlochdüse *01555*
Solex carburetor / Solex-Vergaser *01578*
spray hole / Düsenöffnung *01626*
stainless steel exhaust system / Auspuffanlage aus rostfreiem Stahl *07186*
starter carburetor / Startvergaser *01636*
starter jet / Startdüse *07197*
Stromberg carburetor / Stromberg-Vergaser *01701*
SU-carburetor / SU-Vergaser *01703*
suction chamber / Vergaserglocke *01707*

suction governor / Membranregler *01708*
suction screen / Ansaugfilter *02045*
tailpipe / Auspuffendrohr *07410*
tank gauge / Vorratsgeber *07420*
tetraethyl lead / Bleitetraäthyl *01767*
tetramethyl lead / Bleitetramethyl *01769*
thermal afterburning / thermische Nachverbrennung *07472*
thermal reactor / thermischer Reaktor *07475*
three-barrel carburetor / Dreifachvergaser *07482*
three-bed catalyst / Dreibett-Katalysator *07484*
throttle body / Drosselklappengehäuse *07492*
throttle control / Drosselklappensteuerung *07493*
throttle control lever / Drosselklappenhebel *01786*
throttle control linkage / Drosselklappengestänge *01787*
throttle dashpot / Drosselklappendämpfer *07496*
throttle housing / Drosselklappenstutzen *07497*
throttle opening angle / Drosselklappenöffnungswinkel *07499*
throttle ring / Drosselring *07500*
throttle shaft / Drosselklappenwelle *07502*
throttle slide / Drosselschieber *07503*
throttle stop screw / Drosselklappenanschlagschraube *01788*
throttle valve / Drosselklappe *01790*
throttling pintle nozzle / Drossel-

zapfendüse *01792*
tickle / Fluten *09855*
tickler / Tupfer *09948*
tinted fuel / gefärbter Kraftstoff *07534*
too rich mixture / überfettes Gemisch *07573*
turbine blade / Turbinenschaufel *07734*
turbocharger / Turbolader *04439*
turbocharger compressor / Turboladerverdichter *07737*
twin carburetor / Zwei-Vergaser-Anlage *01878*
two-phase carburetor / Stufenvergaser *01885*
two-stroke mixture / Zweitaktgemisch *06333*
unburnt fuel / unverbrannter Kraftstoff *07772*
unleaded fuel / bleifreies Benzin *05663*
updraft carburetor / Steigstromvergaser *01912*
upswept exhaust / hochgezogener Auspuff *07816*
vacuum feed / Unterdruckförderung *02347*
vacuum hose / Unterdruckleitung *01918*
vapour lock / Dampfblasenbildung *01969*
volute casing / Spiralgehäuse *01989*
wood gas generator / Holzgasanlage *02272*
Zenith carburetor / Zenith-Vergaser *02032*

 # Paintwork, surface treatment, rust prevention (L)

abrasive paper / Schleifpapier *08264*
acrylic lacquer / Acryl-Lack *00023*
aerosol can / Spraydose *08314*
air brushing / Spritztechnik *10416*
air cap / Luftdüse *08139*

air transformer / Lufttransformator *08138*
airway / Luftkanal *08165*
atomizing air / Zerstäuberluft *08149*
binder / Bindemittel *08127*
bits in the gloss coat / Flecken im

Lack *08278*
bleeding / Ausbluten *08291*
blistering / Bläschenbildung *08290*
blockage / Verstopfung *08163*
blooming / Eintrübung *08295*
body deadener / Antidröhnmittel *03250*

breathing mask / Atemschutzmaske *08221*
brush-painting / Pinsellackierung *10105*
bubbling paint / rostunterwanderter Lack *10081*
car polish / Autopflegemittel *03412*
car sprayer / Autolackierer *08144*
cellulose stopper / Nitrofeinspachtel *10101*
chip resistant primer / steinschlagfeste Dickschichtgrundierung *08242*
clear-cover base / farbloser Decklack *08226*
coachlines / Zierlinien *03043*
coarse grade / grobe Körnung *08269*
colour key / Farbskala *03603*
colour of paint / Farbton *08262*
compound the paint / Lack aufpolieren *08202*
contrasting colours / Kontrastfarben *03716*
correct degree of runniness / richtige Spritzviskosität *08194*
corrosion / Korrosion *03954*
cracking and checking / Risse und Sprünge *08296*
cratering / Silikonkrater *08297*
crazing / Runzeln *08218*
decal / Abziehbild *08750*
deep film / Schichtdicke *08235*
defective spray pattern / Störung des Spritzbildes *08280*
depth of paint / Lackdicke *08203*
dirt contamination / Stippen *08303*
dried / getrocknet *08192*
dry / trocknen *08215*
dry flatting paper / Trockenschleifpapier *08267*
drying chamber / Trockenkammer *04269*
drying tunnel / Trockentunnel *04270*
dull paint / stumpfer Lack *08255*
duotone line / Übergang von Zweifarbenlacken *08276*
durable finish / alterungsbeständiges Finish *08220*
edge of the paint / Lackrand *08272*
electroplate / Galvano *08784*

emulsion paint / Emulsionsfarbe *08248*
epoxy resin / Epoxydharz *04416*
eruptions in the paint / Kraterbildungen im Lack *08254*
etch primer / Haftprimer *08230*
excessive spray fog / übermäßige Spritznebelbildung *08281*
external mix air cap / Außenmischdüse *08142*
faded paint / matter Lack *10208*
feather edge / Übergang *08277*
filler / Spachtel *01722*
final coat / Decklack *04594*
finely ground powder / feingemahlenes Pulver *08189*
flakes of aluminium / Aluminiumflitter *08225*
flat / anschleifen *08190*
flow of air / Luftstrom *08135*
flue brush / Reinigungsbürste *08172*
fluid adjustment screw / Materialmengenregulierschraube *08179*
fluid tip / Farbdüse *08155*
fluorescent paint / Leuchtfarbe *10507*
gloss / Glanz *04935*
gravity feed / Fließbecher *08148*
grease remover / Silikonentferner *08259*
grit size / Papierkörnung *08268*
grooving / Rillenbildung *08270*
guide coat / Kontrastschicht *08274*
gun body / Pistolengehäuse *08175*
hand sprayer / Handspritze *10092*
hard chrome plating / Hartverchromung *05042*
harden by oxidation / härten durch Oxidation *08216*
highly polished / hochglanzpoliert *08875*
hold of paint / Haftvermögen der Farbe *08231*
internal mix air cap / Innenmischdüse *08141*
isolator / Trenngrund *08211*
loose paint / abgeblätterter Lack *08258*
low bake enamel / Kunstharz-Einbrennlack *08206*
low bake paint / Einbrennlack *08222*
low bake spray booth / Einbrenn-

kabine *08223*
low pressure area / Niederdruckteil *08145*
masking off / Abkleben *08273*
masking paper / Abdeckpapier *10103*
masking tape / Klebeband *08275*
metallic effect / Metallglanzeffekt *08224*
metallic paint / Metallic-Lackierung *08928*
mottling / Streifenbildung *08289*
neck of the spray gun cup / Stutzen des Spritzbechers *08170*
nitrocellulose lacquer / Nitrozelluloselack *01148*
nitrocellulose thinner / Nitroverdünnung *08251*
off colour / Verfärbung *08307*
old paint / Altlack *08257*
old style coach paint / alter Kutschenlack *08197*
orange peel effect / Orangenhaut *08285*
ordinary gloss paint / gewöhnlicher Pinselhochglanzlack *08198*
overspray / Überspritznebel *08301*
paint / lackieren *06284*
paint / Lack *06283*
paint coating / Lackschicht *06285*
paint faults / Lackfehler *08287*
paint leakage / Lacktropfen *08286*
paint pot / Farbbecher *08136*
paint residue / Farbrückstand *08164*
paint shop / Lackiererei *08132*
paint stripper / Lackabbeizer *08309*
paint stripping / Lack abbeizen *08308*
paintwork / Lackierung *06286*
passageway / Farbkanal *08166*
phosphate / phosphatieren *01257*
pigment / Pigment *08123*
pinholing / Luftbläschenbildung *08300*
polishing paste / Polierpaste *01320*
polyester filler / Polyesterspachtel *10100*
polyester spray filler / Polyester-Spritzfüller *08238*
poor opacity / mangelnde Deckfähigkeit *08306*
pressure feed / Druckbecher *08147*

pressure feed gun / Druckbecherpistole *08134*
prime coat / Grundierung *06471*
primer / Grundlackierung *06472*
primer filler / Füllprimer *08232*
primer surfacer / Haftgrund *09650*
protective film / Schutzfilm *08129*
quarelling paint types / unverträgliche Lacksorten *08214*
red lead primer / Bleimennigegrundierung *08125*
refinish paint / Reparaturlack *08205*
resin stripper / Harzabbeizer *10181*
respray / nachlackieren *08250*
rub / abreiben *08260*
run / Läufer *08283*
runny paint / flüssige Farbe *08131*
rust / Rost *02193*
rust breakthrough / Durchrostung *09454*
rust converter / Rostumwandler *01498*
rust prevention / Rostschutz *06768*
rust remover / Entroster *06769*
rust scab / Rostblase *10166*
rust treatment / Rostbehandlung *10078*
rustproof / rostbeständig *06766*
rustproof treatment / Rostschutzbehandlung *06767*
sag / Vorhang *08282*
sand cratches / Schleifspuren *08292*
sealer / Versiegelung *08241*
second primer / zweiter Grundlack *06860*
sinkage / Einsinken *08305*
soft paint / weicher Lack *08263*
solvent / Lösungsmittel *07064*
solvent pop / Kochbläschen *08293*
splutter / spucken *08143*
spray booth / Lackierkabine *08183*
spray fog / Spritznebel *10505*
spray gun / Spritzpistole *10591*
spray pattern / Spritzbild *08169*
spray putty / Spritzspachtel *08126*
spray-paint / spritzen *08311*
spraying hand / Spritzhand *08174*
spreader adjustment valve / Spritzbreiteneinstellventil *08178*
spreader valve / Sprühventil *08150*
spreading rust / Rostfraß *10083*
suction feed gun / Saugbecherpistole *08133*
surface rust / Oberflächenrost *10165*
surfacer / Haftvermittler *09649*
synthetic enamel / Kunstharzlack *01755*
total respray / Komplettlackierung *08181*
touch-up lacquer / Tupflack *01824*
toxic spray of paint / giftiger Spritznebel *10104*
two-color paintwork / Zweifarbenlackierung *07755*
two-pack paint / Zweikomponenten-Acryllack *08207*
underbody protection / Unterbodenschutz *01904*
wax coating / Wachsbeschichtung *07974*
wax injection and treatment / Hohlraumkonservierung mit Wachs *10089*
wet flatting paper / Naßschleifpapier *08266*
wrinkling / Risse *08219*

 Engine, cooling, heating (M)

activated carbon ring / Aktivkohlering *03099*
actuating cam / Antriebsnocken *02799*
additional air / Zusatzluft *03102*
additional air valve / Zusatzluftventil *03103*
air cell diesel engine / Luftspeicherdieselmotor *00026*
air filter / Luftfilter *00046*
air-cooled engine / luftgekühlter Motor *03147*
all-steel cast piston / Stahlguß-Kolben *02675*
alloy barrel with liner / Alfin-Zylinder *09795*
aluminium-chromium-cylinder / Aluminium-Chrom-Zylinder *02624*
ancillary / Anbauteil *10453*
angle of valve seat / Ventilsitzwinkel *00068*
angularity of connecting rod / Winkelstellung der Pleuelstange *02698*
antechamber / Vorkammer *00071*
antechamber compression ignition engine / Vorkammermotor *00073*
anti-vibration spring / Geräuschdämpferfeder *02572*
at low speeds / bei niedriger Drehzahl *08691*
automatic inlet valve / automatisches Einlaßventil *10349*
axial bearing / Axiallager *00106*
balancer / Ausgleichsmasse auf Schwungrad *09708*
bearing bushing / Lagerbuchse *02728*
bearing cap / Lagerdeckel *02635*
bearing shell / Lagerschale *02727*
bearing support / Lagerstützschale *02732*
bent shaft / verdrehte Welle *02703*
bevel seated valve / Kegelsitzventil *02794*
bimetal piston / Bimetallkolben *00142*
block engine / Blockmotor *02079*
blower / Gebläse *09741*
boost pressure control / Ladedruckregler *07304*
break-in oil / Einfahröl *03298*
breather port / Nachlaufbohrung *00225*
bronze head / Bronzekopf *09818*
burner tube / Brennrohr *03325*
burning time / Brennzeit *03328*
cam control / Nockensteuerung *03352*
cam dwell period / Nockenerhebungszeit *03360*

camshaft / Nockenwelle *00245*
camshaft bearing / Nockenwellenlager *02783*
camshaft bush / Nockenwellenbuchse *03362*
camshaft casing / Nockenwellengehäuse *03363*
camshaft cover / Nockenwellendeckel *03364*
camshaft drive / Nockenwellenantrieb *00247*
camshaft drive noise / Nockenwellenantriebsgeräusch *03368*
camshaft gear wheel / Nockenwellenrad *02765*
camshaft sprocket / Nockenwellenkettenrad *03370*
camshaft thrust bearing / Nockenwellenaxialsicherung *03371*
camshaft timing / Nockenwellensteuerung *03374*
camshaft timing chain / Nockenwellenantriebskette *03375*
camshaft timing gear cover / Nockenwellenantriebsgehäusedeckel *02773*
centrifugal air cleaner / Schleuderluftfilter *00280*
centrifugal water pump / Zentrifugalwasserpumpe *03450*
chain tensioner / Kettenspanner *02766*
chain wheel / Kettenrad *08512*
charge pump / Ladepumpe *03502*
circulating lubrication / Umlaufschmierung *03513*
clogging of piston rings / Verkleben der Kolbenringe *03535*
closing of the valve / Ventil schließen *02817*
combustion chamber / Brennraum *00362*
combustion chamber deposit / Brennraumablagerung *03617*
combustion chamber shape / Brennraumform *03618*
combustion chamber wall / Brennraumwand *03619*
compressed gap / Stoßspiel *03634*
compression / Verdichtung *02640*
compression chamber / Kompressionsraum *00368*
compression heat / Verdichtungswärme *03640*
compression ignition / Kompressionszündung *03641*
compression lobe / kalter Bogen *03645*
compression pressure / Kompressionsdruck *02647*
compression ratio / Kompressionsverhältnis *00373*
compression ring / Kompressionsring *00375*
compression ring groove / Kompressionsringnut *03647*
compression stroke / Kompressionshub *00377*
compressor inlet / Verdichtereinlauf *03660*
compressor outlet / Verdichterauslauf *03661*
connecting rod / Pleuelstange *00388*
connecting rod bearing / Pleuellager *00389*
connecting rod bearing cap / Pleueldeckel *03679*
connecting rod big end / Pleuelstangenfuß *00391*
connecting rod journal / Pleuellagerzapfen *00393*
connecting rod shank / Pleuelschaft *00395*
connecting rod small end / Pleuelstangenkopf *00396*
connecting rod small end bush / Pleuelbuchse *01277*
coolant / Kühlmittel *03737*
coolant drain plug / Kühlmittelablaßschraube *03731*
coolant hose / Kühlmittelschlauch *03732*
coolant level / Kühlmittelstand *03733*
coolant level indicator / Kühlmittelstandanzeige *03734*
coolant pipe / Kühlmittelleitung *03736*
coolant pump / Kühlmittelpumpe *09736*
cooling / Kühlung *10574*
cooling water / Kühlwasser *02120*
copper-asbestos gasket / Kupferasbestdichtung *00429*
counterbalanced crankshaft / ausgewuchtete Kurbelwelle *02700*
counterweight / Gegengewicht *03761*
crank arm / Kurbelarm *03788*
crankcase / Kurbelgehäuse *00432*
crankcase bottom half / Kurbelgehäuseunterteil *09691*
crankcase breather / Kurbelgehäuseentlüfter *06066*
crankcase compression / Kurbelgehäusekompression *02741*
crankcase explosion / Kurbelkastenexplosion *02740*
crankcase oil dipstick / Ölmeßstab *00438*
crankcase scavenging / Kurbelgehäusespülung *03795*
crankcase top half / Kurbelgehäuseoberteil *00442*
crankgear / Kurbeltrieb *03799*
cranking jaw / Andrehklaue *00444*
cranking speed / Anlaßgeschwindigkeit *02746*
crankshaft / Kurbelwelle *00447*
crankshaft angle / Kurbelwellenwinkel *03804*
crankshaft counterweight / Kurbelwellengegengewicht *03805*
crankshaft journal / Kurbelwellenzapfen *00449*
crankshaft main bearing / Kurbelwellenhauptlager *03809*
crankshaft pinion / Kurbelwellenritzel *03810*
crankshaft position / Kurbelstellung *03811*
crankshaft pulley / Kurbelwellenriemenscheibe *10439*
crankshaft throw / Kurbelwellenkröpfung *03814*
crankshaft thrust bearing / Kurbelwellenpaßlager *03815*
crankshaft timing gear / Kurbelwellenrad *02764*
crankshaft vibrations / Kurbelwellenschwingungen *03818*
crankweb / Kurbelwange *00454*
crescent oil pump / Mondsichelpumpe *03833*
crossflow scavenging / Querstromspülung *02620*
crosshead / Kreuzkopf *09482*
crosshead end of connecting rod / Kreuzkopfende der Pleuel-

stange *02697*
curved piston top / gewölbter Kolbenboden *03875*
cutout of the engine / Motorenaussetzer *03873*
cylinder / Zylinder *00462*
cylinder arrangement / Zylinderanordnung *03883*
cylinder base / Zylinderfuß *02637*
cylinder block / Zylinderblock *00001*
cylinder block and crankcase / Zylinderkurbelgehäuse *03884*
cylinder bore / Zylinderbohrung *02081*
cylinder bore wear / Zylinderverschleiß *03885*
cylinder gasket / Zylinderfußdichtung *10457*
cylinder head / Zylinderkopf *00463*
cylinder head bolt / Zylinderkopfschraube *02538*
cylinder head gasket / Zylinderkopfdichtung *00465*
cylinder head lower face / Zylinderkopfunterseite *03889*
cylinder jacket / Zylindermantel *02631*
cylinder liner / Zylinderlaufbüchse *00467*
cylinder wear / Zylinderabnutzung *02663*
dead center / Totpunkt *02586*
dead center position / Totpunktlage *02588*
deflector / Kolbennase *09713*
deflector piston / Nasenkolben *00477*
depth of combustion chamber / Brennraumtiefe *04066*
desmo valve gear / desmodromische Ventilsteuerung *09826*
detachable cylinder head / abnehmbarer Zylinderkopf *02036*
diaphragm control / Membransteuerung *04087*
diaphragm unit / Membranblock *04094*
diesel engine / Dieselmotor *00495*
diesel knock / Dieselnageln *04089*
dipstick marking / Ölmeßstabmarkierung *04120*
displacement / Hubraum *00563*

distribution gear / Stirnrad *02768*
divided crankcase / geteiltes Kurbelgehäuse *04163*
dome head cylinder / Zylinder mit halbkugelförmigen Brennraum *02623*
dome head piston / Kolben mit gewölbtem Boden *02674*
dope engine / Alkoholmotor *09796*
double check valve / Zweiwegeventil *04206*
double piston engine / Doppelkolbenmotor *02492*
downward movement of piston / Abwärtsbewegung des Kolbens *02596*
dry cylinder liner / trockene Laufbuchse *00616*
dry sump lubrication / Trockensumpfschmierung *02344*
eccentric shaft / Exzenterwelle *02790*
edge of piston head / Kolbenbodenkante *04320*
electric motor / Elektromotor *04331*
end play / Axialspiel *04354*
engine / Motor *09738*
engine accessories / Motorenzubehör *02545*
engine block / Motorblock *00665*
engine bolt / Motorbolzen *02553*
engine brake / Motorbremse *00667*
engine brake flap / Motorbremsklappe *04368*
engine coolant / Motorkühlmittel *04372*
engine data / Motordaten *04373*
engine dimensions / Motorabmessungen *04374*
engine front mounting / vordere Motoraufhängung *02551*
engine gearbox unit / Motor-Getriebeblock *02560*
engine hours / Motorbetriebsstunden *04386*
engine identification number / Motornummer *02512*
engine load / Motorbelastung *04389*
engine lubrication / Motorschmierung *04391*
engine lug / Motoraufhängung *02557*

engine mounting in rubber / Motorgummilagerung *02546*
engine oil / Motoröl *00670*
engine oil cooler / Motorölkühler *04397*
engine oil pressure / Motoröldruck *04398*
engine oil temperature / Motoröltemperatur *04399*
engine plate / Motorschild *04402*
engine power / Motorleistung *04403*
engine rotation / Motordrehrichtung *02718*
engine speed / Motordrehzahl *00672*
engine timing / Motorsteuerung *04409*
engine torque / Motordrehmoment *00674*
engine tune-up specifications / Motoreinstelldaten *04411*
engine-cylinder block / Motor mit einteiligem Zylinderblock *02489*
exhaust cam / Auslaßnocken *00681*
exhaust camshaft / Auslaßnockenwelle *06242*
exhaust port / Auslaßkanal *04440*
exhaust valve / Auslaßventil *10233*
exhaust valve cap / Auslaßventilaufsatz *04465*
exhaust valve guide / Auslaßventilführung *04467*
exhaust valve seat / Auslaßventilsitz *04468*
exhaust valve spring / Auslaßventilfeder *04470*
expander / Andrückfeder *04471*
expansion stroke / Arbeitshub *02600*
explosion pressure / Verbrennungsdruck *04482*
external teeth / Außenverzahnung *02744*
F-head cylinder / Zylinder mit übereinander angeordneten Ventilen *02633*
fan belt / Lüfterriemen *04522*
fan blade / Lüfterflügel *04523*
fan bracket / Lüfterbock *04524*
fan clutch / Lüfterkupplung *04525*
fan cowl / Lüfterhaube *04526*

277

fan drive shaft / Lüfterwelle 04527
fan housing / Gebläsegehäuse 10451
fan wheel / Lüfterrad 00717
flame trap / Flammsieb 04648
flash hole / Zündkanal 04653
flashpoint / Flammpunkt 00731
flat engine / Boxermotor 00733
flat spot / Beschleunigungsloch 04660
flat top piston / Flachkolben 02673
flat-bottom tappet / Tellerstößel 00732
flat-four engine / Vierzylinderboxermotor 04657
flat-four engine / 4-Zylinderboxermotor 10353
flat-radiator / Flachkühler 03038
flat-twin engine / Zweizylinderboxermotor 09794
floating device / Schwimmeinrichtung 02573
floating piston pin / schwimmend gelagerter Kolbenbolzen 00743
floating saddle / schwimmende Aufhängung 02574
fluted shaft / Keilwelle 02704
flywheel / Schwungrad 00755
flywheel flange / Schwungradflansch 04698
flywheel starter ring gear / Schwungradkranz 02743
flywheel timing mark / Schwungradmarkierung 00759
forced valve closure / Zwangssteuerung 09954
forged piston / Schmiedekolben 02676
forked connecting rod / Gabelpleuelstange 04755
four-cylinder engine / Vierzylindermotor 02490
four-stroke / Viertakt 02488
four-stroke engine / Viertaktmotor 02487
four-stroke process / Viertaktverfahren 00775
free gap / Maulweite 04789
full load / Vollast 00807
full-flow oil filter / Hauptstromölfilter 00806
gap / Stoßöffnung 04872
gear pump / Zahnradpumpe 00823
gilled-tube radiator / Rippenrohrkühler 04924
groove insert / Kolbenringträger 04986
grooved face type ring / Winkelring 04983
half keystone ring / einseitiger Trapezring 05011
hard-faced valve / Panzerventil 00864
head center / Bodenmitte 05053
heat exchanger / Wärmetauscher 05084
heat riser pipes / Warmluftentnahmerohr 10455
heater / Heizung 02265
heater blower / Heizgebläse 05083
heater flap / Heizklappe 10441
heating flange / Heizflansch 00882
hemispherical combustion chamber / hemisphärischer Brennraum 05111
high cam / hochliegende Nockenwelle 10418
high compression engine / hochkomprimierter Motor 02485
high efficiency engine / Motor mit hohem Wirkungsgrad 05119
high pressure lubrication / Hochdruckschmierung 05126
high speed oil engine / schnelllaufender Dieselmotor 02509
high-performance engine / Hochleistungsmotor 05095
hinged type connecting rod / Pleuelstange mit Scharnierkopf 02699
hip-mounted radiator / seitlicher Kühler 05141
honeycomb radiator / Wabenkühler 00899
horizontal cylinder / liegender Zylinder 02134
horizontal engine / liegender Motor 10326
horseshoe radiator / Hufeisenkühler 02275
hot bulb / Glühkopf 00907
hot-water heater / Warmwasserheizung 05197
hydraulic valve tappet / Hydro-Stößel 00916
ignition stroke / Verbrennungshub 00950
imperfect combustion / unvoll-
ständige Verbrennung 05301
in line engine / Reihenmotor 00014
inclined valve / schräggestelltes Ventil 02802
induction manifold vacuum / Unterdruck im Ansaugkrümmer 05331
induction side / Einlaßseite 05334
injection engine / Einspritzmotor 00978
inlet cam / Einlaßnocken 00993
inlet camshaft / Einlaßnockenwelle 00994
inlet connection / Einlaufstutzen 05382
inlet depression / Einlaßunterdruck 05383
inlet horn / Einlaßtrichter 05386
inlet housing / Einlaufgehäuse 05388
inlet passage (rotary engine) / Einlaßkanal (Kreiskolbenmotor) 05390
inlet port / Einlaßkanal 05393
inlet valve / Einlaßventil 05399
inlet-over-exhaust / wechselgesteuert 02470
inner spring / innere Ventilfeder 05409
inside bevel ring / Ring mit Innenfase 05422
intake / ansaugen 07292
intake air / Ansaugluft 05080
intake air heater / Ansaugluftvorwärmer 05467
intake air temperature / Ansauglufttemperatur 05468
intake cross-section / Ansaugquerschnitt 05472
intake hose / Ansaugschlauch 05474
intake line / Ansaugleitung 05476
intake manifold / Ansaugkrümmer 05477
intake noise / Ansauggeräusch 05478
intake opposite exhaust / Einlaß gegen Auslaß 02619
intake pressure / Ansaugdruck 05480
intake resistance / Saugwiderstand 05481
intake side / Ansaugseite 05482
intake stroke / Ansaugtakt 02597

278

intake trumpet / Ansaugtrichter 05483
integral cylinder head / angegossener Zylinderkopf 05486
intercooler / Zwischenkühler 05490
internal combustion engine / Verbrennungsmotor 01017
knock / klopfen 08889
L-head cylinder / Zylinder mit einseitig stehend angeordneten Ventilen 10422
laminated gasket / Mehrschichtendichtung 05619
lap-ended piston ring / überlappter Kolbenring 02689
light-alloy piston / Leichtmetallkolben 01057
linear engine / Linearmotor 08638
liquid pressurized type cooling / Überdruckflüssigkeitskühlung 05749
liter output / Hubraumleistung 01061
long stroke engine / Langhubmotor 05792
loop scavenging / Umkehrspülung 01070
low compression engine / Niederdruckmotor 02484
lower dead center / unterer Totpunkt 01076
lower speed range / unterer Drehzahlbereich 05809
main bearing / Hauptlager 02706
main bearing bolt / Hauptlagerdeckelschraube 05865
main bearing cap / Hauptlagerdeckel 05870
main bearing shell / Hauptlagerschale 05872
main chamber / Hauptkammer 05876
main fan housing / Hauptkühlgebläsegehäuse 10456
main journal / Hauptlagerzapfen 05888
main oil gallery / Hauptöllleitung 05891
major thrust face / Druckseite 05907
maximum engine speed / maximale Motordrehzahl 05943
maximum torque / maximales

Drehmoment 05948
mean piston speed / mittlere Kolbengeschwindigkeit 05953
metal-asbestos cylinder head gasket / Metall-Asbest-Zylinderkopfdichtung 01107
mixture method lubrication / Gemischschmierung 01118
multi-chamber engine / Mehrkammermotor 06035
multi-cylinder engine / Mehrzylindermotor 02502
multi-fuel engine / Mehrstoff-Dieselmotor 01124
multipiece compression ring / mehrteiliger Kompressionsring 06038
multipiece oil ring / mehrteiliger Ölabstreifring 06040
mushroom tappet / Pilzstößel 01138
mushroom valve / Tellerventil 02801
natural circulation water cooling / Thermosiphon-Kühlung 01139
naturally aspirated engine / Saugmotor 01911
net engine power / Nettomotorleistung 06104
non-return throttle / Rückschlagdrosselklappe 06120
oil circulation / Ölumlauf 06163
oil consumption / Ölverbrauch 01172
oil cooler / Ölkühler 01173
oil deflector / Ölablenkblech 06166
oil filler / Öleinfüllstutzen 06171
oil filter / Ölfilter 01179
oil foam / Ölschaum 06177
oil pipe / Ölleitung 06182
oil pressure control / Öldruckregelung 06184
oil pressure gauge / Ölmanometer 01188
oil pressure indicator lamp / Öldruckkontrollleuchte 01189
oil pressure pump / Drucköllpumpe 06185
oil pressure relieve valve / Ölüberdruckventil 10467
oil pressure switch / Öldruckschalter 01191
oil pump / Ölpumpe 02155
oil pump strainer / Ölgrobfilter

01194
oil ring / Ölabstreifring 04985
oil scraper nose / Ölabstreifnase 06189
oil seal / Labyrintdichtung 09909
oil separator / Ölabscheider 06190
oil sludge / Ölschlamm 01198
oil strainer / Ölsieb 06192
oil sump / Ölwanne 00435
oil sump plug / Ölablaßschraube 01202
oil supply bore / Ölbohrung 06194
oil tank / Öltank 06195
oil thrower ring / Ölschleuderring 06197
oil way / Ölkanal 10471
opening angle / Öffnungswinkel 06210
opening of the valve / Ventilöffnung 02808
opposed-piston engine / Gegenkolbenmotor 02236
orbiting piston engine / Kreiskolbenmotor 02392
orifice nozzle / Lochdüse 01214
over-square engine / überquadratischer Motor 09702
overhead camshaft / obenliegende Nockenwelle 02152
overhead valve / obengesteuertes Ventil 02151
overhead valves / kopfgesteuert 06256
overhead-type engine / obengesteuerter Motor 01231
overspeed / überdrehen 06264
overspeed governor / Drehzahlbegrenzer 06265
ovolization / Unrundwerden 02665
oxygen engine / Wasserstoffmotor 10557
partial load / Teillast 01246
partition / Schott 02735
piston / Kolben 01260
piston acceleration / Kolbenbeschleunigung 06346
piston barrel / Kolbenkörper 06347
piston boss / Kolbenauge 01263
piston clearance / Kolbenspiel 02688
piston damper / Kolbendämpfer 01266
piston depth / Kolbenhöhe 06349

piston diameter / Kolbendurchmesser *01267*
piston engine / Hubkolbenmotor *01269*
piston gouging / Kolbenkippen *01271*
piston groove / Kolbenringnut *01272*
piston head thickness / Kolbenbodenstärke *05072*
piston land / Kolbensteg *05625*
piston material / Kolbenwerkstoff *01275*
piston pin / Kolbenbolzen *01276*
piston pin bore / Kolbenbolzenbohrung *06350*
piston pin bushing / Kolbenbolzenbüchse *06341*
piston pin retainer / Kolbenbolzensicherung *01278*
piston pressure / Kolbendruck *06352*
piston pump / Kolbenpumpe *01281*
piston ring / Kolbenring *01282*
piston ring compressor / Kolbenringspannband *01284*
piston ring expander / Kolbenringfeder *06353*
piston ring flutter / Kolbenringflattern *01286*
piston ring gap / Kolbenringstoß *01287*
piston ring lock / Kolbenringsicherung *06355*
piston ring zone / Kolbenringzone *01292*
piston seizure / Kolbenfresser *01270*
piston size / Kolbengröße *06357*
piston skirt / Kolbenmantel *01261*
piston slack / Kolbenschlag *06358*
piston top / Kolbenboden *01297*
piston top land / Feuersteg *04605*
piston-boss bushing / Kolbenbuchse *02686*
piston-valve engine / schlitzgesteuerter Motor *06361*
pointed radiator / Spitzkühler *02325*
port liner / Kanalbuchse *06417*
power curve / Leistungskurve *06434*
power decrease / Leistungsabfall *06435*
power increase / Leistungsanstieg *06437*
power unit / Triebwerk *02494*
precompression / Vorverdichtung *06446*
pressure lubrication / Druckschmierung *02204*
pump circulated cooling / Pumpenumlaufkühlung *01384*
push rod tube / Stößelschutzrohr *10461*
radial engine / Sternmotor *02501*
radiator / Kühler *01394*
radiator core / Kühlerblock *01396*
radiator flap / Kühlerklappe *06547*
radiator guard / Kühlerschutz *06549*
radiator inlet connection / Kühlereinlaufstutzen *01398*
radiator lower tank / unterer Wasserkasten *06554*
radiator outlet connection / Kühlerwasserauslaufstutzen *01399*
radiator slats / Kühlerrippen *09967*
radiator strut / Kühlerverstrebung *06553*
radiator tank / Wasserkasten *01402*
radiator thermometer / Kühlerthermometer *09335*
radiator top tank / oberer Wasserkasten *01404*
rattle of chain / Kettengeräusch *02779*
rear engine / Heckmotor *01422*
rear piston / hinterer Kolben *01427*
rebore / nachbohren *01431*
ribbed radiator / Lamellen-Kühler *01470*
ring groove / Ringnut *06689*
ring sticking / Kolbenringkleben *01476*
roar / aufbrüllen *06703*
rocker arm / Kipphebel *03991*
rocker arm bracket / Kipphebelbock *06704*
rocker arm bush / Kipphebelbuchse *06710*
rocker spacing spring / Kipphebelstützfeder *06711*
roller bearing / Rollenlager *02731*
roller chain / Rollenkette *02754*
roller tappet / Rollenstößel *01481*
Roots-blower / Roots-Gebläse *01483*
rotary piston / Drehkolben *01485*
rotary piston engine / Drehkolbenmotor *02391*
rotary valve / Drehschieber *02805*
rough running / harter Lauf *06741*
rubber mounting of the engine / Gummilagerung des Motors *02554*
run out bearing / ausgelaufenes Lager *01496*
scavenge / spülen *02610*
scavenging / Spülung *02611*
scavenging period / Spülperiode *01502*
scavenging pump / Spülpumpe *06811*
scavenging stroke / Spültakt *02608*
secondary gear / Steuerrad *02749*
sediment bowl / Schlammraum *02738*
semi-diesel engine / Glühkopfmotor *01523*
shifting camshaft / verschiebbare Nockenwelle *02785*
short stroke engine / Kurzhubmotor *06953*
side clearance / Flankenspiel *10468*
side valve engine / seitengesteuerter Motor *02504*
side valves / seitlich stehende Ventile *06973*
silencer filter / Ansaugdämpfer *01550*
silent chain / geräuschlose Kette *02761*
single-cast cylinder / einzeln gegossene Zylinder *02209*
single-cylinder engine / Einzylindermotor *02210*
six-cylinder engine / Sechszylindermotor *07000*
sleeve valve engine / Schiebermotor *02308*
slipper-type piston / Slipper-Kolben *09933*
small bore piston / Kolben für kleine Bohrung *02668*
smoke limit / Rauchgrenze *07040*
smoking / Rauchen *07041*

smooth running / runder Motorlauf *07042*
solid injection diesel engine / Dieselmotor mit Strahleinspritzung *01582*
solid-skirt piston / Vollschaftkolben *01584*
spark ignition engine / Ottomotor *00007*
speed / Drehzahl *04533*
speed range / Drehzahlbereich *02722*
spherical combustion chamber / Kugelbrennraum *01624*
split-skirt piston / Schlitzmantelkolben *02672*
spool valve / Steuerventil *02807*
square engine / quadratischer Motor *02499*
squish area / Quetschfläche *06525*
stall / Motor abwürgen *07187*
start / anlassen *07193*
starter ring gear / Anlaßzahnkranz *01641*
starting aid / Starthilfe *07204*
starting torque / Anzugsdrehmoment *01648*
sticky valves / klebende Ventile *02809*
straight-eight engine / Achtzylinder-Reihenmotor *02040*
stroke travel / Hub *01698*
stroke-bore ratio / Hub-Bohrungs-Verhältnis *01696*
suction pump / Saugpumpe *07295*
supercharge / laden *03985*
supercharged / aufgeladen *02440*
supercharged engine / Ladermotor *01715*
supercharger / Kompressor *01717*
supercharging / Aufladung *07302*
supercharging pressure / Ladedruck *07303*
supercharging pressure limiter / Ladedruckbegrenzer *07305*
supercharging ratio / Aufladeverhältnis *07306*
swirl chamber / Wirbelkammer *01732*
swirl chamber diesel engine / Wirbelkammer-Dieselmotor *01734*
swirl duct / Drallkanal *01735*
swirl speed / Wirbelgeschwindigkeit *07342*

swirl type combustion chamber / Wirbelkammerbrennraum *07343*
T-head cylinder / Zylinder mit beidseitig stehend angeordneten Ventilen *02628*
T-slot piston / T-Schlitzkolben *07719*
tappet adjuster / Stößeleinsteckstück *10460*
tensioner blade / Spannschiene *07447*
tensioning pulley / Spannrolle *07448*
thermal slot / Kolbenschlitz *07476*
three-bearing crankshaft / dreifach gelagerte Kurbelwelle *07483*
three-cylinder engine / Dreizylindermotor *07485*
three-piece cylinder head / dreiteiliger Zylinderkopf *07488*
three-point suspension / Dreipunktaufhängung *01781*
three-port two-stroke engine / Dreikanal-Zweitaktmotor *01783*
timing camshaft casing / Nockenwellenantriebsgehäuse *01804*
timing pointer hole / Schauloch *02777*
top dead center / oberer Totpunkt *01914*
top piston ring / oberster Kolbenring *09715*
torque curve / Drehmomentkurve *07593*
torque loss / Drehmomentverlust *07594*
torque ratio / Wandlungsgrad *07595*
total displacement / Gesamthubraum *07604*
trans slot piston / Querschlitzkolben *07673*
transfer port / Überströmschlitz *01838*
transverse engine / Quermotor *01849*
triplex chain / Triplexkette *07704*
turbine impeller / Turbine *02511*
twin / Zweizylinder *02381*
twin overhead camshaft / zwei obenliegende Nockenwellen *07749*
two-stroke engine / Zweitaktmotor *01889*

U-slot piston / U-Schlitzkolben *07824*
under-square engine / unterquadratischer Motor *09701*
underfloor engine / Unterflurmotor *02565*
up-stroke of piston / Aufwärtshub des Kolbens *02595*
upper speed range / oberer Drehzahlbereich *07810*
V-engine / V-Motor *02351*
valve / Ventil *01927*
valve actuation / Ventilbetätigung *07841*
valve adjusting screw / Ventileinstellschraube *07842*
valve arrangement / Ventilanordnung *07850*
valve bouncing / Ventilschnarren *07853*
valve box / Ventilgehäuse *02815*
valve cage / Ventilkorb *07854*
valve carrier / Ventilträger *07856*
valve chamber / Ventilkammer *02810*
valve clearance / Ventilspiel *02354*
valve cone / Ventilkegel *07860*
valve core / Ventileinsatz *02813*
valve cover / Ventildeckel *02400*
valve diameter / Ventildurchmesser *07865*
valve face / Ventilsitzfläche *07867*
valve face width / Ventilsitzbreite *07868*
valve gear / Ventiltrieb *09710*
valve guide / Ventilführung *01933*
valve guide bush / Ventilführungsbuchse *07872*
valve head / Ventilteller *01934*
valve holder / Ventilhalter *01935*
valve hole / Ventilloch *07873*
valve inlet / Ventileinlaß *07875*
valve lag / Ventilverzögerung *07877*
valve lap / Ventilüberdeckung *01938*
valve lift / Ventilhub *02352*
valve lifter / Ventilstößel *01965*
valve lifter guide / Ventilstößelführung *02796*
valve neck / Ventilkehle *07882*
valve noise / Ventilklappern *07883*
valve opening period / Ventilöffnungsdauer *07886*

valve outlet / Ventilauslaß 07887
valve port / Ventilkanal 07891
valve push rod / Ventilstößelstange 01943
valve push rod cover / Ventilstößelverkleidung 00018
valve relief / Ventilaussparung 07892
valve ring / Ventilring 07893
valve rotator / Ventildrehvorrichtung 01949
valve seat / Ventilsitz 01950
valve seat insert / Ventilsitzring 02818
valve spring / Ventilfeder 01960
valve spring cover / Ventilfederteller 02795
valve spring key / Ventilkeil 02793
valve spring lifter / Ventilfederheber 01962
valve spring retainer / Ventilfederplatte 01963
valve stem / Ventilschaft 01955
valve stem seal / Ventilschaftabdichtung 01957
valve-tappet clearance / Ventilstößelspiel 02786
valveless engine / ventilloser Motor 02506
Vee-eight engine / Achtzylinder-V-Motor 02042
ventilated oil ring / Ölschlitzring 07911
vertical engine / stehender Motor 02498
vertical valve / stehendes Ventil 07918
viscose radiator fan / Viskose-Lüfter 01984
volumetric efficiency / volumetrischer Wirkungsgrad 01987
Wankel engine / Wankelmotor 07939
warm air blower / Warmluftgebläse 07940
warming up / anwärmen 07941
warming up period / Warmlaufzeit 07942
water circulation / Wasserumlauf 07954
water cooling / Wasserkühlung 01991
water drain cock / Wasserablaßhahn 07957
water filter / Kühlwasserfilter 07961
water hose / Kühlwasserschlauch 07963
water inlet flange / Kühlwassereinlaufstutzen 07965
water jacket / Kühlwassermantel 07966
water outlet / Wasseraustritt 07967
water outlet flange / Kühlwasserauslaufstutzen 07968
water pipe / Kühlwasserleitung 07969
water pump / Wasserpumpe 01992
water pump bearing / Wasserpumpenlager 07971
water pump impeller / Wasserpumpenrotor 07972
water-cooled engine / wassergekühlter Motor 07955
wedge shaped combustion chamber / keilförmiger Brennraum 07980
wet cylinder liner / nasse Zylinderlaufbuchse 01994
wet sump / Ölsumpf 07994
wet sump lubrication / Naßsumpfschmierung 07995
wet-type air filter / Naßluftfilter 01995
Woodruff key / Paßfeder 02748
worn bore / verschlissene Laufbahn 10469

Racing and rallying (R)

ability race / Geschicklichkeitsrennen 08404
ash-track racing / Aschenbahnrennen 08687
braking parachute / Bremsfallschirm 09306
British racing green / Britisches Renngrün 09326
category victory / Kategorie-Sieg 09301
challenge / Herausforderung 09305
champion / Meister 09290
championship / Meisterschaft 03497
chequered flag / Zielflagge 09277
chicane / Schikane 03472
circuit / Rundstrecke 03510
class winner / Klassensieger 09302
competition / Wettbewerb 03625
competition car / Wettbewerbswagen 09321
competition department / Rennabteilung 09322
competition manager / Rennleiter 09320
course / Strecke 03772
cross-country race / Querfeldeinrennen 08742
cycling track / Radrennbahn 08748
dirt track / Sandbahn 04131
dirt track racing / Sandbahnrennen 08578
disqualification / Disqualifikation 09284
drag strip / Motorradrennstrecke 08766
drag-racing / Beschleunigungsrennen 09831
elimination trial / Ausscheidungsrennen 09330
endurance race / Langstreckenrennen 09315
entrant / Bewerber 09274
entry form / Anmeldeformular 09272
European Championship / Europameisterschaft 09844
false start / Fehlstart 09298
fastest time of day / Tagesbestzeit 10242
final spurt / Endspurt 09299

finish / Ziel *08807*
finishing straight / Zielgerade *09309*
flying mile / Meile mit fliegendem Start *09318*
flying start / fliegender Start *04697*
formula race / Formelrennen *09308*
formula-1 driver / Formel-1-Rennfahrer *08835*
fuel stop / Tank-Stop *09008*
grand stand / Zuschauertribüne *09287*
grass track race / Grasbahnrennen *09816*
handicap / Handicap *05029*
hillclimb / Bergrennen *05131*
indoor track / Hallenbahn *08878*
lady's cup / Damenpokal *09329*
lap / Runde *05631*
lap of honour / Ehrenrunde *09279*
lead / führen *05659*
long distance trial / Langstreckenfahrt *09867*
marshal / Hilfsposten *09310*
moto-cross / Motocross *08938*
national championship / Landesmeisterschaft *09293*
neutralization / Neutralisierung *09324*
novice rider / Nachwuchsfahrer *09915*
off-road race / Enduro-Rennen *09843*
organizer / Veranstalter *06225*
pace car / Schrittmacher-Wagen *09213*
pacer / Schrittmacher *08959*
paddock / Fahrerlager *09282*
penalty point / Strafpunkt *09276*
pit / Box *06362*
pit road / Boxenstraße *06365*

pit stop / Boxenstop *06366*
pole position / vorderste Startposition *06050*
private competitor / privater Rennfahrer *09374*
prize giving / Preisverleihung *09327*
prize money / Preisgeld *09307*
production car race / Serienwagenrennen *09332*
pursuit racing / Verfolgungsrennen *09001*
qualifying run / Qualifikationslauf *06518*
race / Rennen *03008*
race against the clock / Rennen gegen die Zeit *08675*
racing circuit / Rennstrecke *06532*
racing driver / Rennfahrer *09295*
racing formula / Rennformel *06534*
racing headquarter / Rennleitung *09331*
racing mechanic / Rennmechaniker *09294*
racing screen / Rennscheibe *09333*
racing stable / Rennstall *08676*
racing team / Rennteam *08677*
rally / Rallye *02176*
rally driver / Rallyefahrer *09296*
record / Rekord *10327*
record breaker / Rekordbrecher *09313*
record lap / Rekordrunde *09312*
regularity trial / Gleichmäßigkeitsprüfung *09774*
road race / Straßenrennen *09026*
safety lane / Sicherheitsspur *09288*
score / Start- und Ziellinie *09286*
speedway / Rennbahn *07132*
speedway-race / Speedway-Rennen *09934*

sponsorship / Sponsorschaft *09323*
sprint race / Sprintrennen *09275*
standing mile / Meile mit stehendem Start *09317*
standing start / stehender Start *09077*
start / Start *08808*
starting grid / Startlinie *09271*
starting money / Startgeld *09273*
stayer / Steher *09078*
stayer race / Steherrennen *09079*
straw barrier / Strohbarriere *09289*
taking the flag / Sieg erringen *09316*
team / Team *09083*
team-mate / Copilot *07429*
team-prize / Mannschaftpreis *09328*
time recorder / Zeitschreiber *07525*
timekeeper / Zeitnehmer *09297*
timer / Stoppuhr *09089*
track-racing / Bahnrennen *09091*
trial / Trial *09944*
trial machine / Trialmaschine *09096*
trial rider / Trialfahrer *09094*
trial time racing / Trial-Zeitfahren *09095*
trophy / Pokal *09303*
victory / Sieg *09300*
warm-up-lap / Aufwärmrunde *09280*
world champion / Weltmeister *09291*
world record / Weltrekord *10328*

 Traffic, driving, accessories (T)

accelerate / beschleunigen *03078*
accident / Unfall *03090*
accident insurance / Unfallversicherung *03091*
accident rate / Unfallrate *03092*
accomodate / unterbringen *03093*
alcotest / Alkoholprobe *09353*

approach road / Autobahnzubringer *03180*
average speed / Durchschnittsgeschwindigkeit *08697*
barrier / Barriere *03218*
barrow / Krankentrage *03219*
bend / Kurve *03235*

bicycle roof carrier / Fahrraddachträger *08435*
blind curve / unübersichtliche Kurve *03244*
blood test / Blutprobe *03245*
bone fracture / Knochenbruch *03256*

283

brain concussion / Gehirnerschütterung *03269*
branch road / Nebenstraße *03288*
breakaway / ausbrechen *03294*
breakdown / Panne *02159*
breaking-in / Einfahren *03297*
breathing apparatus / Atemgerät *03299*
breathing hose / Atemschlauch *03300*
bruise / Quetschung *03301*
bulb horn / Ballhupe *02066*
bumpy road / Holperstrecke *03322*
bus stop / Bushaltestelle *03332*
calendar of events / Veranstaltungskalender *03012*
cancellation of driver's license / Führerscheinentzug *03378*
car cover / Abdeckhaube *08995*
car rental service / Autovermietung *03418*
change of direction / Richtungswechsel *03498*
chuck-hole / Schlagloch *03484*
climbing ability / Bergsteigefähigkeit *08546*
cloverleaf crossing / Kleeblattkreuzung *03544*
coast / ausrollen *03575*
cobble stone pavement / Kopfsteinpflaster *03582*
collision / Zusammenstoß *03599*
concrete pavement / Betonbelag *03664*
constable / Polizist *03693*
contrary wind / Gegenwind *08735*
cornering / Kurvenfahrt *08561*
country lane / Feldweg *03763*
country road / Landstraße *03764*
cross-country / geländegängig *08741*
crossing / Kreuzung *03847*
crossroad / Querstraße *03848*
crosswalk / Fußgängerübergang *03853*
cruise control / Fahrgeschwindigkeitsregelanlage *03857*
cruising speed / Reisegeschwindigkeit *03858*
curbstone / Bordstein *05572*
danger / Gefahr *04021*
dead end / Sackgasse *03242*
deer pass / Wildwechsel *04035*
detachable boot / Außenkoffer *02059*
direction of travel / Fahrtrichtung *08760*
diversion / Umleitung *04161*
dog-type sprag / Bergstütze *02074*
drift / driften *09338*
drinking water / Trinkwasser *08769*
drive away / anfahren *08327*
driver / Fahrer *02914*
driver behavior / Fahrerverhalten *04244*
driver's licence / Führerschein *04246*
driveway / Fahrbahn *05628*
driving ability / Fahrtüchtigkeit *04248*
driving safety / Fahrsicherheit *04253*
drunken driving / Trunkenheit am Steuer *04265*
dual lane / zweispurig *04214*
dusty road / staubige Straße *04299*
emergency telephone / Notrufsäule *10559*
endorsement / Bußgeldbescheid *09344*
express highway / Autobahn *04484*
fasten seat belt / Gurt anlegen *04537*
fatal accident / tödlicher Unfall *04541*
field of view / Sichtfeld *05323*
first aid kit / Erste-Hilfe-Ausrüstung *04616*
flat spot / Reifenpanne *04661*
fly-over / Überführung *09357*
foam extinguisher / Schaumlöscher *04702*
four-lane / vierspurig *04772*
front seat passenger / Beifahrer *04816*
fuel can / Benzinkanister *04824*
glove / Handschuh *08846*
graded driving licence / Stufenführerschein *08847*
hair pin bend / Haarnadelkurve *05007*
handling / Fahrverhalten *05040*
haul / abschleppen *05049*
heavy traffic / starker Verkehr *05099*
highway / Fernverkehrsstraße *03188*
highway patrol / Autobahnpolizei *09352*
hit / anstoßen *05146*
hit-and-run / Fahrerflucht *05148*
holiday trip / Ferienreise *09362*
hoot / hupen *09218*
hydraulic jack / hydraulischer Wagenheber *05211*
ice-scraper / Eiskratzer *05223*
injury / Verletzung *05379*
instructions for use / Gebrauchsanweisung *05445*
interstate traffic / Überlandverkehr *05524*
jackknifing / Querstellen des Anhängers *05540*
journey / Reise *09361*
key fob / Schlüsselanhänger *05578*
lack of parking space / Parkraumnot *05613*
lane / Fahrspur *05627*
lane change / Fahrspurwechsel *05629*
lay-by / Halteplatz *09370*
left-hand bend / Linkskurve *05680*
left-hand traffic / Linksverkehr *05683*
local traffic / Nahverkehr *05759*
long distance traffic / Fernverkehr *05787*
long-shackle lock / Bügelschloß *08913*
loose chippings / Rollsplit *08914*
luggage / Gepäck *03212*
main road / Hauptstraße *05895*
map holder / Kartenhalter *08921*
map pocket / Kartentasche *05930*
material damage / Sachschaden *05942*
means of communication / Verkehrsmittel *05954*
mechanical jack / mechanischer Wagenheber *05963*
meter zone / Parkuhrenbereich *09372*
mileage / Kilometerzahl *08930*
minimum speed / Mindestgeschwindigkeit *05969*
minor injury / leichte Verletzung *05972*
monitor / Überwachungsgerät *05995*
mud / Schlamm *06028*

nearside / in Fahrtrichtung links *02443*
no parking / Parkverbot *06122*
no waiting / Halteverbot *06127*
normal driving position / normale Fahrposition *06123*
offside / in Fahrtrichtung rechts *02442*
on tow / im Schlepp *09211*
oncoming traffic / Gegenverkehr *06204*
one-way street / Einbahnstraße *06206*
one-way traffic / Einbahnverkehr *06207*
operator / Fahrzeugführer *06214*
overturn / überschlagen *06271*
owner-driver / Herrenfahrer *02266*
package net / Gepäcknetz *06278*
panic braking / Notbremsung *06291*
park / parken *06296*
parking disc / Parkscheibe *06298*
parking garage / Parkhaus *06299*
parking lane / Parkspur *06300*
parking meter / Parkuhr *06301*
parking place / Parkplatz *03410*
pass / überholen *06270*
passenger / Fahrzeuginsasse *06145*
passing lane / Überholspur *06311*
pavement / Straßenbelag *03191*
pedestrian / Fußgänger *06326*
petrol pump / Tanksäule *04623*
police / Polizei *06407*
power glide / Drift *06436*
priority / Vorfahrt *06474*
pull up / vorfahren *06504*
rack and pinion jack / Zahnstangenwagenheber *06541*
railway crossing / Bahnübergang *06565*
railway gate / Eisenbahnschranke *06566*
ramp / Rampe *06573*
reaction / Reaktion *06584*
reaction time / Reaktionszeit *01410*
rear wind / Rückenwind *06608*
red cross / Rotes Kreuz *06618*
relative wind / Fahrtwind *09020*
reserve tank / Reservebehälter *06650*
riding comfort / Fahrkomfort *09022*

right-hand bend / Rechtskurve *06677*
right-hand traffic / Rechtsverkehr *06679*
road adherence / Straßenlage *09024*
road building / Straßenbau *06694*
road ditch / Straßengraben *06695*
road map / Straßenkarte *06699*
road shock / Fahrbahnstoß *09865*
road sign / Straßenschild *09336*
roundabout / Kreisverkehr *09369*
route / Route *06742*
rush hour / Hauptverkehrszeit *06765*
screw pillar type jack / Schraubwagenheber *06831*
seating position / Sitzposition *09042*
service station / Tankstelle *04879*
service station attendant / Tankwart *09191*
sharp turn / scharfe Kurve *06915*
shoulder / Seitenstreifen *06954*
showing good agility in bends / kurvenfreudig *09050*
shut off / Motor abstellen *06959*
shuttle bus / Pendelbus *09364*
side impact / Seitenaufprall *06964*
side road / Seitenstraße *06971*
side sway / Schräglage *09054*
side wind / Seitenwind *06978*
sidewalk / Gehweg *06976*
sign board / Hinweisschild *10329*
sign post / Wegweiser *10330*
ski rack / Skihalter *07008*
skid mark / Bremsspur *07006*
skin abrasion / Hautabschürfung *07007*
slope / Gefälle *07030*
soft verge / weiches Bankett *10331*
speed limit / zulässige Höchstgeschwindigkeit *05946*
speed trap / Radarfalle *07131*
speedometer / Tachometer *01622*
speedometer accuracy / Tachometergenauigkeit *07127*
spin / durchdrehen *07140*
starting crank / Andrehkurbel *01647*
stop sign / Stopschild *09359*
stopping time / Bremszeit *07256*
street / Straße *07273*
street lighting / Straßenbeleuch-

tung *07274*
superelevated bend / überhöhte Kurve *07308*
tachograph / Fahrtenschreiber *07400*
temporary suspension of driver's licence / vorübergehender Führerscheinentzug *07332*
terminal / Busbahnhof *08363*
toll / Straßenbenutzungsgebühr *07568*
toll road / gebührenpflichtige Autostraße *07569*
top speed / Höchstgeschwindigkeit *07589*
total loss / Totalschaden *09371*
total roadholding performance / Gesamtfahreigenschaften *07605*
tow bar / Abschleppstange *07607*
towing rope / Abschleppseil *07610*
traffic accident / Verkehrsunfall *07624*
traffic control / Verkehrsüberwachung *09368*
traffic count / Verkehrszählung *07625*
traffic density / Verkehrsdichte *07626*
traffic jam / Verkehrsstockung *07627*
traffic light / Verkehrsampel *07632*
traffic noise / Verkehrslärm *07634*
traffic rule / Verkehrsregel *07636*
traffic safety / Verkehrssicherheit *07637*
traffic sign / Verkehrszeichen *07638*
traffic warden / Verkehrsüberwacher *09356*
trip meter / Tageskilometerzähler *07705*
tunnel fee / Tunnelbenutzungsgebühr *07733*
turnpike / Autobahnkreuz *09380*
tyre squeal / Reifenquietschen *09104*
U-turn / Kehrtwendung *07827*
unbelted / nicht angeschnallt *07771*
vehicle velocity / Fahrzeuggeschwindigkeit *09525*
walking speed / Schrittgeschwindigkeit *07936*

warning board / Warnschild 07943
warning sign / Warnzeichen 07947
warning triangle / Warndreieck 07945
washboard road / Waschbrettstraße 07949
water film / Wasserschicht 07960
watering system / Bewässerungsanlage 07964
weather conditions / Witterungsbedingungen 07978
wheel chock / Bremsschuh 03478
wheel spin / Durchdrehen der Räder 08026
wind noise / Windgeräusch 08044
witness / Zeuge 08084

 Workshop, manufacture (W)

accident damage / Unfallschaden 10107
acid tester / Säureprüfer 00022
adjustable spanner / Universalschlüssel 03116
air compressor / Druckluftkompressor 08137
air jack / Druckluftwagenheber 03152
air pump / Luftpumpe 03156
air tool / Druckluftwerkzeug 09991
Allen key / Inbusschlüssel 08678
Allen key driver / Schraubendreher für Innensechskantschrauben 08865
arc / Lichtbogen 10027
arc welder / Elektroschweißgerät 09987
arc welding / Elektroschweißen 03183
asbestos dust / Asbeststaub 10487
assemble / zusammenbauen 03192
assembly / Montage 09180
assembly drawing / Montagezeichnung 03194
assembly instruction / Montageanweisung 09345
assembly line / Montageband 08689
assembly of prefabricated parts / Baukastenprinzip 08690
automotive engineering / Kraftfahrzeugtechnik 03198
automotive industry / Kraftfahrzeugindustrie 08694
axle stand / Unterstellbock 10001
bar chart / Balkendiagramm 08706
barrier cream / Schutzcreme 10006
battery booster cable / Starthilfekabel 00124
battery charger / Batterieladegerät 00129

battery quick charger / Batterieschnelladegerät 03223
beater / Richthammer 10064
blow / Hammerschlag 10066
body file / Karosseriefeile 10102
body lead / Karosseriezinn 09457
body press / Karosseriepresse 03254
body puller / Ziehwerkzeug 10121
body repair jig / Karosserierichtbank 10122
body repair shop / Karosseriewerkstatt 08180
body soldering / verzinnen 09461
body spoon / Spitzwerkzeug 10070
bodywork repair / Karosserieinstandsetzung 10106
bolt-cutter / Bolzenschneider 08721
bolt-on panel / geschraubtes Blech 10116
bore / aufbohren 02660
bore out a cylinder / Zylinder ausschleifen 02657
brake adjustment / Bremseneinstellung 00157
brake cylinder paste / Bremszylinderpaste 00171
brake cylinder repair kit / Bremszylinder-Reparatursatz 09156
brake fluid level gauge / Niveaukontrolle der Bremsflüssigkeit 00179
brake lining adhesive / Bremsbelagkleber 03275
brake lining change / Bremsbelagwechsel 03277
brake lining grinder / Bremsbelagschleifmaschine 08189
brake spring pliers / Bremsfederzange 00206
brake system bleeding / Bremsanlagenentlüftung 00209

braking test / Bremstest 03286
braze / hartlöten 03293
break for spares / ausschlachten 09500
buckled panel / Springbeulen im Blech 10057
bumping blade / Treibeisen 10074
bush a bearing / ausbuchsen 02710
butt weld / stumpfschweißen 08728
butt weld / Stumpfnaht 10022
car care / Kraftfahrzeugpflege 03403
carbon-arc brazing / Kohlelichtbogen-Hartlöten 10044
carbon-arc torch / Hartlötbrenner 10045
carburetor adjustment / Vergasereinstellung 03391
cast / gießen 03428
chain cleaner / Kettenreiniger 08502
chain rivet ejector / Kettennietausdrücker 08513
chamois / Fensterleder 03456
changing of tyres / Reifenwechsel 03499
charge / laden 03460
charge the battery / Batterie aufladen 02067
chassis tuning / Fahrgestellabstimmung 09470
chipping hammer / Schlackenhammer 10038
chisel / Meißel 10085
circlip pliers / Sicherungsringzange 10462
CKD unit / Montagesatz 09235
clay model / Tonmodell 09341
cleaning fluid / Reinigungsmittel 10011
clip / klammern 10126
clutch adjustment / Kupplungs-

286

nachstellung *03545*
coachbuilder / Karossier *02294*
coil a wire / Kabel in Windungen aufrollen *10496*
comparison test / Vergleichstest *03622*
compressed gas cylinder / Gasflasche *10013*
compression tester / Kompressionsdruckprüfer *00381*
compressor / Kompressor *08313*
construction of cars / Fahrzeugbau *04071*
conversion kit / Umrüstsatz *08736*
corner weld / Ecknaht *10024*
counterbalance / auswuchten *02701*
crankshaft end-float / Axialspiel an der Kurbelwelle *10454*
crash / Aufprall *03820*
crash behavior / Aufprallverhalten *03823*
crash damaged car / unfallbeschädigtes Fahrzeug *10108*
crash test / Aufprallprüfung *03827*
cropping machine / Abstechmaschine *08740*
cross-section / Schnittzeichnung *10482*
cut-away / Schnittmodell *08160*
cutting lever / Schneidhebel *10053*
cutting out rust parts / Austrennen von Roststellen *10164*
cutting pliers / Drahtzange *03996*
cylinder grinding / Zylinder schleifen *02662*
data sheet / Typenblatt *08749*
decelerometer / Bremsverzögerungsmesser *00474*
degreaser / Entfettungsmittel *04045*
design / Design *04067*
design department / Designabteilung *04070*
detach / lösen *04074*
detail drawing / Detailzeichnung *04075*
development engineer / Entwicklungsingenieur *08757*
dinging operation / Ausbeulen von kleinen Dellen *10267*
disconnect the wire / Kabel lösen *10440*
dissemble / zerlegen *09752*

distortion / Verformung *10531*
distributor test bench / Verteilerprüfgerät *00578*
do-it-yourselfer / Hobbybastler *08154*
dolly / Handfaust *09756*
draft / Entwurf *06489*
draw / ziehen *04234*
drift / Treibdorn *10480*
drill / Bohrer *02658*
drill / bohren *02652*
dual air pressure gauge / Doppeldruckmesser *00618*
dummy / Dummy *03255*
dwell angle tester / Schließwinkelmeßgerät *00629*
edge weld / Stirnnaht *10023*
electric drill machine / Bohrmaschine *05859*
electrode / Elektrode *10031*
electrode diameter / Elektrodendurchmesser *10033*
engine analysis / Motoranalyse *04362*
engine breakdown / Motorschaden *04364*
engine hoist / Motorkran *09755*
engine overhaul / Motorenüberholung *02999*
engine removal / Motorenausbau *10436*
engine strip / Motorzerlegung *10452*
engine test bed / Motorprüfstand *02568*
engineer / konstruieren *08790*
engineering / Technik *08791*
engineering department / Konstruktionsabteilung *09241*
examination / Prüfung *04427*
exploded view / Explosionszeichnung *04480*
eye protection / Augenschutz *10005*
face shield / Gesichtsmaske *10047*
factory / Fabrik *04509*
fatigue test / Belastungsprobe *04542*
feeler gauge / Fühlerlehre *04552*
field test / praktischer Versuch *04564*
file / Feile *08804*
fillet weld / Kehlnaht *10020*
final assembly / Endmontage

09237
fire extinguisher / Feuerlöscher *04602*
fit in / einbauen *08805*
flame cutter / Schneidbrenner *10054*
flaring tool / Bördelwerkzeug *09161*
flux / Flußmittel *10028*
flux coating / Flußmittelumhüllung *10035*
foam cleaner / Reinigungsschaum *10171*
folder / Abkantwerkzeug *09990*
foreman / Meister *10428*
forge / schmieden *08827*
forged blank / Schmiederohling *04750*
fork wrench / Gabelschlüssel *08834*
foundry / Gießerei *04764*
four-way rim wrench / Kreuzschlüssel *03852*
frame damage / Rahmenschaden *09456*
frame press / Rahmenpresse *08836*
fuel pump test bench / Einspritzpumpen-Prüfgerät *00800*
G-cramp / Schraubzwinge *10168*
garage / Reparaturwerkstätte *04875*
gas-welding set / Gas-Autogenschweißgerät *09984*
goggles / Schutzbrille *08310*
grease gun / Fettpresse *00848*
grid dolly / profilierte Handfaust *10076*
grind / schleifen *04974*
grinder / Schleifmaschine *04975*
grinding paste / Schleifpaste *00852*
gudgeon hole hone / Honahle für Kolbenauge *02693*
hacksaw / Metallsäge *10157*
half-finished product / Halbfabrikat *08850*
hand fire extinguisher / Handfeuerlöscher *05027*
hand grinder / Handschleifmaschine *08852*
hand miller / Handfräser *08854*
hand-made / handgefertigt *08853*
handbook / Handbuch *05020*
headlamps aiming / Einstellen der

Scheinwerfer *10544*
heat-shrinking a panel / Einziehen von Blechen *10056*
hide food / Ledernahrung *10214*
high crown spoon / gekröpftes Löffeleisen *10072*
high pressure cleaner / Hochdruckreiniger *08873*
high pressure gas welding outfit / Hochdruck-Autogenschweißgerät *10050*
high-torque nut / Mutter mit hohem Drehmoment angezogen *10002*
hoist / Kran *05713*
hollow cavity insulation / Hohlraumkonservierung *00896*
home mechanic / Heimwerker *08876*
homologation / Homologation *05160*
hone / honen *05163*
horseshoe magneto / Hufeisenmagnet *02276*
hot-forged /, warmgeschmiedet *08877*
hydraulic lifting platform / hydraulische Hebebühne *05209*
hydraulic press / hydraulische Presse *05212*
hydraulic ram / hydraulischer Zugbalken *10110*
ignition setting / Zündzeitpunkteinstellung *00948*
ill-fitting spanner / ungenau passende Schlüssel *10004*
impact driver / Schlagschrauber *10147*
inert gas shielded arc welding / Schutzgasschweißung *08879*
injection jet test stand / Einspritzdüsen-Prüfgerät *00979*
inspection / Inspektion *05437*
instruction / Ausbildung *10424*
insulation tape / Isolierband *02286*
invent / erfinden *08881*
invention / Erfindung *08882*
inventor / Erfinder *08883*
jack / Wagenheber *02364*
jig / Spannvorrichtung *10338*
join panels by an overlap / Bleche überlappend zusammensetzen *09973*
junior hacksaw / Bügelsäge *10159*

kit / Bausatz *08888*
lap weld / Überlappnaht *10021*
lathe / Drehbank *05650*
laying-up / Handlaminieren *10191*
letters patent / Patenturkunde *05688*
lifting platform / Hebebühne *04686*
lifting tackle / Flaschenzug *05152*
line of products / Baureihe *08906*
line the brake / Bremse belegen *02085*
liquid petroleum gas / Flüssiggas *10017*
long-distance test / Langstreckentest *08911*
long-nosed circlip pliers / langschenklige Spitzzange *10463*
long-term conservation / Langzeitkonservierung *03007*
loosen / lockern *08915*
lost-wax casting / Feinguß *08917*
low volume production run / Kleinserienproduktion *09779*
lubricate / abschmieren *05820*
lubrication / Schmierung *05819*
lubrication chart / Abschmierplan *05825*
lubrication interval / Abschmierintervall *05826*
machine tool / Werkzeugmaschine *05861*
magnifying glass / Vergrößerungsglas *08256*
maintenance / Wartung *05901*
maintenance instructions / Wartungsvorschriften *05903*
maintenance jobs / Wartungsarbeiten *05905*
mallet / Handfäustel *00861*
manufacturer / Hersteller *05926*
manufacturing / Herstellung *06004*
manufacturing costs / Herstellungskosten *05927*
mass production / Großserienfertigung *05938*
mechanic / Mechaniker *05959*
melt-range / Schmelzbereich *10051*
micrometer / Mikrometer *10472*
MIG / Schutzgas *10058*
MIG-welding / MIG-Schutzgasschweißen *10060*

mill / fräsen *08931*
miller / Fräsmaschine *08855*
mini grinder / Trennschleifer *09993*
mock-up / Attrappe *05980*
modular unit / Baueinheit *08935*
molten metal / geschmolzenes Metall *10029*
new fitted brake shoe / neu belegte Bremsbacken *10492*
nipple screwing-up key / Nippelspannschlüssel *08947*
non-setting jointing paste / nicht aushärtende Dichtpaste *10475*
nozzle cleaning reamer / Düsenreinigungsnadel *10052*
nozzle tester / Düsenprüfvorrichtung *06128*
oil / einölen *08173*
oil change / Ölwechsel *02158*
oil suction gun / Öleinfüllpistole *01199*
on-board tool kit / Bordwerkzeug *08668*
opacimeter / Trübungsmeßgerät *06209*
opening of the spanner / Maulweite des Schraubenschlüssels *10516*
orbital sander / Winkelschleifer *09992*
oscilloscope / Oszilloskop *01215*
overhaul / überholen *06254*
overhead welding / Überkopfschweißen *10043*
owner's manual / Bedienungsanleitung *05919*
oxy-acetylene welding / Autogenschweißen *10048*
oxygen / Sauerstoff *10014*
oxygen bottle / Sauerstofflasche *06276*
panel beating / Blechbearbeitung *06450*
patching cement / Vulkanisierlösung *08966*
patching set / Flickzeug *08967*
patent / Patent *08968*
patent application / Patentanmeldung *06317*
patent key / Patentschlüssel *08969*
patented / patentiert *06318*
patentee / Patentinhaber *08970*
phantom view / Schnittmodell-

zeichnung *06337*
pilot run / Nullserie *06339*
pinion puller / Ritzelabzieher *08978*
piston ring pliers / Kolbenringzange *01289*
pit / Grube *10537*
plant engineering / Anlagentechnik *08980*
plastic spreader / Kunststoffspatel *10123*
plastigage / Plastigage-Synthetikfaden *01311*
pliers / Zange *06375*
plug brush / Kerzenbürste *06384*
polish / polieren *06408*
power sander / Schwingschleifer *10169*
pre-assembled / vormontiert *08985*
precision work / Feinarbeit *08986*
predetermined breaking point / Sollbruchstelle *08987*
pressing / Preßteil *06448*
principal parts / Hauptbauteile *08176*
processing industry / Veredelungsindustrie *08990*
production control / Fertigungskontrolle *08989*
production line / Fließband *06481*
production period / Produktionszeit *02952*
professional / Profi *08186*
proprietary engine / Einbaumotor *09782*
protective slag / Schlackenschutzschicht *10030*
prototype / Prototyp *06492*
pry spoon / Hebeleisen *10071*
pull off the drum brake / Bremstrommel abziehen *10488*
pull the engine off the gearbox / den Motor vom Getriebe abflanschen *10437*
punch / stanzen *02656*
punch / Körner *10473*
punch mark / Körnermarkierung *10474*
putty knife / Spachtelmesser *10278*
quality control / Qualitätskontrolle *06520*
quick gripping device / Schnellspanner *08674*

quick-fixing device / Schnellbefestigung *09002*
radiator sealing compound / Kühlerdichtungsmittel *06551*
random orbit sander / Flächenschleifer *10097*
random test / Stichprobe *06574*
rasp / Raspel *09010*
ratchet / Ratsche *09553*
re-metal / ausgießen *02712*
ream / Reibahle *09750*
ream / reiben mit der Reibahle *02659*
recall campaign / Rückrufaktion *06615*
recondition / Überholung *10466*
recycling / Wiederverwendung *10340*
regrind / nachschleifen *10519*
reground crankshaft / nachgeschliffene Kurbelwelle *10470*
remove / ausbauen *02099*
repair / reparieren *06643*
repair / Reparatur *02183*
repair manual / Reparaturhandbuch *02184*
repair on a shoestring / Schnellreparatur *05538*
repair panel / Reparaturblech *09977*
research / Forschung *06648*
restore / restaurieren *02188*
rim tool / Felgenabziehhebel *09471*
rim wrench / Radmutternschlüssel *06682*
ring spanner / Ringschlüssel *09023*
rolled steel / Walzstahl *06721*
roller / Rolle *06722*
roller dynamometer / Rollenprüfstand *06725*
rope winch / Seilwinde *06729*
rubber cement / Gummidichtkitt *06749*
rubbing block / Schleifklotz *08271*
safety mask / Schutzmaske *10007*
sand blast cleaning / Sandstrahlen *10160*
sand casting / Sandguß *06803*
sandblasting equipment / Sandstrahlgebläse *06802*
sandwich construction / Mehrschichten-Bauweise *10399*
saw / sägen *06807*

scale / Zunder *10046*
scales / Waage *06809*
scissors type jack / Scherenwagenheber *06814*
scraper / Spachtel *10277*
screw driver / Schraubendreher *09035*
screw driver for recessed-head screws / Kreuzschlitzschraubendreher *09036*
screw on / schrauben *06827*
sealing spray / Dichtungsspray *09037*
seam welding / Nahtschweißung *06841*
self-adhesive rubbing pad / selbstklebender Gummistreifen *10144*
self-grip wrench / Gripzange *10442*
series / Serie *06890*
service / warten *02190*
service / Kundendienst *06895*
service manual / Kundendienstheft *06898*
service station / Kundendienstwerkstätte *06899*
shallow dent / leichte Beule *10096*
sheet metal cutter / Blechschere *09999*
sheet metal stamping / Blechpreßteil *06921*
sheet-steel / Stahlblech *06922*
shorted-turn tester / Windungsschlußprüfer *01546*
shrinking beater / Einziehhammer *10075*
side cutter / Seitenschneider *09053*
sintered metal / Sintermetall *06998*
smithery / Schmiede *09056*
socket / Stecknuß *10481*
socket spanner / Steckschlüssel *09058*
solder / weichlöten *07056*
solder / Lot *10450*
solder end to end / stumpf löten *09060*
solder paint / Verzinnungspaste *10124*
source of errors / Fehlerquelle *09067*
spanner / Schraubenschlüssel *09136*

289

spare part / Ersatzteil *02217*
spare parts list / Ersatzteilliste *02186*
spark plug gap tool / Zündkerzenlehre *01605*
spark plug socket wrench / Zündkerzenschlüssel *07113*
spark plug test bench / Zündkerzenprüfvorrichtung *07116*
spark plug testing and cleaning unit / Zündkerzen-Prüf- und Reinigungsgerät *01610*
special tool / Spezialwerkzeug *10120*
specialized workshop / Fachwerkstatt *02905*
specification / Stückliste *06306*
spilt oil / verschüttetes Öl *10003*
spirit level / Wasserwaage *10161*
split the two halves of the crankcase / Trennen der Gehäusehälften *10465*
spoke tightener / Speichenspanner *07158*
spoke wrench / Speichenschlüssel *09073*
spoking / einspeichen *09074*
spoon / Löffeleisen *10068*
spot repair / Ausbesserung *08182*
spot sandblaster / Sandstrahlpistole *10088*
spot welder / Punktschweißgerät *09986*
spot welding / Punktschweißung *07165*
spreader / Spatel *10095*
spring beating spoon / Federhammerlöffel *10073*
starter test bench / Anlasserprüfstand *01645*
steam cleaning / Dampfstrahlreinigen *10080*
steel hammer / Stahlhammer *10098*
strain gauge / Dehnmeßstreifen *07264*
struck the arc / Zünden des Lichtbogens *10036*
structural component / tragendes Teil *09455*
stubborn fixing / festgerostete Schraube *10146*
styling / Styling *07290*
supplier / Lieferant *06006*

synchrograph / Synchrograph *01741*
tacking / Anpunkten *10039*
test bed / Motorenprüfstand *02566*
test department / Versuchsabteilung *07460*
test evaluation / Testauswertung *07464*
test nozzle holder / Prüfdüsenhalter *01766*
test site / Versuchsgelände *07467*
throttle setting / Drosselklappeneinstellung *07501*
TIG-welding / WIG-Schweißen *10062*
tighten / fest anziehen *06869*
timing lamp / Stroboskop *01805*
tip lever / Reifenmontierhebel *07536*
tool / Werkzeug *05302*
tool box / Werkzeugkasten *02367*
tool for cutting out sheet steel / Blechschneidewerkzeug *09989*
tool kit / Werkzeugausrüstung *07572*
torque specifications / Drehmomentwerte *10564*
torque wrench / Drehmomentschlüssel *01821*
trainee / Auszubildender *10423*
transducer / Übertragungsgerät *06469*
tread depth gauge / Profiltiefenmesser *07694*
triangular stand / Dreiecksbock *10019*
trolley jack / Rangierwagenheber *10443*
trouble shooting / Störungssuche *09767*
tune / einstellen *02208*
tune-up guide / Tuninghandbuch *02185*
tune-up specification / Einstellwerte *10562*
tuning / Einstellen des Motors *01869*
tyre fitting / Reifenmontage *07548*
tyre gauge / Reifendruckprüfer *01895*
tyre inflation bottle / Reifenfüllflasche *01898*
tyre mounting machine / Reifenaufziehmaschine *09101*

tyre repair kit / Reifenflickzeug *07551*
undercut the mica insulation / Kollektorlamellen einsägen *09443*
underlubrication / mangelnde Schmierung *07784*
unhook the spring / Feder aushängen *10489*
unscrew / herausschrauben *09106*
used oil / Altöl *07823*
vacuum cleaner / Staubsauger *08247*
valve grinding / Ventileinschleifen *02825*
valve grinding paste / Ventilschleifpaste *07871*
valve refacer / Ventilschleifmaschine *01944*
valve reseating / Ventilsitzfräsen *01946*
valve seat grinding set / Ventilsitzfräser-Satz *01951*
valve setting / Ventileinstellung *01953*
valve specifications / Ventil-Einstellwerte *10563*
valve timing, deg. / Steuerzeiten in Grad *07897*
vertical-down weld / Fallnaht *10041*
vertical-up weld / Steignaht *10040*
vice / Schraubstock *09114*
vice jaw / Schraubstockbacke *10478*
volt-ampere tester / Volt-Ampère-Tester *01985*
weld / schweißen *07986*
weld joint / Schweißnaht *07988*
weld on / anschweißen *09121*
weld puddle / Schmelzbad *10037*
weld thin metals / Dünnblechschweißen *09988*
weld type / Schweißnahtart *10025*
weld up / verschweißen *09122*
welder / Schweißgerät *09983*
welding defect / Schweißfehler *09123*
welding flame / Schweißflamme *09124*
welding installation / Schweißanlage *09125*
wet-out / tränken *10192*
wheel alignment / Radvermes-

sung *07997*
wheel alignment specifications / Fahrwerk-Einstellwerte *10565*
wheel alignment unit / Achsmeßgerät *00055*
wheel balancing equipment / Radauswuchtmaschine *08000*
wheel changing / Radwechsel *08006*
winch / Winde *08039*
wind tunnel / Windkanal *08064*

wire brush / Drahtbürste *09127*
wood chisel / Stecheisen *10084*
work up / aufarbeiten *09131*
working time / Betriebsdauer *09133*
workmanship / Handwerkstechnik *08158*
workmate / Werkbank *09998*
works rider / Werksfahrer *09134*
workshop / Werkstatt *02365*
workshop clothing / Werkstattkleidung *09135*
workshop drawing / Werkstattzeichnung *08088*
workshop manual / Werkstatthandbuch *03425*
wrecking service / Abschleppdienst *08101*
wrong adjustment / falsche Einstellung *08103*

 Motorcycle, bicycle (Z)

back-pedalling brake / Rücktrittbremse *08410*
bag holder / Taschenhalter *08413*
ball horn / Gummiballhupe *09888*
banana saddle / Choppersattel *08414*
banking sidecar / flexibler Beiwagen *09854*
banking sidecar outfit / Schwenkergespann *09927*
bicycle / Fahrrad *03877*
bicycle attachment engine / Fahrradhilfsmotor *09848*
bicycle bell / Fahrradglocke *08420*
bicycle box / Fahrradkoffer *08421*
bicycle chain / Fahrradkette *08423*
bicycle computer / Fahrradcomputer *08424*
bicycle dealer / Fahrradhändler *08425*
bicycle holder / Fahrradhalter *08428*
bicycle kick stand / Fahrradkippständer *08429*
bicycle lock / Fahrradschloß *08430*
bicycle moto cross / BMX *10290*
bicycle net / Fahrradnetz *08431*
bicycle stand / Fahrradständer *08432*
BMX-cycle / BMX-Rad *08442*
BMX-rider / BMX-Fahrer *08443*
BMX-sport / BMX-Sport *08444*
boot / Stiefel *08446*
bottle holder / Flaschenhalter *08447*
bottom bracket bearing / Tretlager *08448*
bottom bracket cup / Tretlagerschale *08449*
bottom bracket excess end / Tretlagerüberstand *08450*
bottom bracket housing / Tretlagergehäuse *08451*
bottom bracket set / Tretlagersatz *08452*
bottom bracket spindle / Tretlagerwelle *08454*
bow pedal / Sportpedal *08458*
bracket / Ausleger bei Stützrädern *08463*
brake arm / Bremsbügel *08722*
Brooklands can / Brooklands-Topf *09819*
buck / bocken *08727*
bum pad / Rennbrötchen *09930*
cable bearer / Kabelhalter *08467*
cable casing clip / Seilzugklemmenhalter *08471*
cable casing stop / Schaltzugwiderlager *08474*
cable lock / Seilschloß *08466*
cable pulley clip / Seilrollenrohrschelle *08481*
cable release / Bremsentspanner *08482*
cable release carrier / Bremsspannerhalter *08483*
cable saver / Seilzugschutz *08484*
cable starter / Seilzugstarter *08485*
cast spoke wheel / Gußspeichenrad *08493*
center stand / Mittelständer *08498*
central cable brake / Mittelzugbremse *08494*
central lock / Zentralenschloß *08495*

chain case / Kettenkasten *08501*
chainstay end / Gabelende *08525*
chainstays / Hinterradgabel *08526*
charging piston / Ladepumpe *09807*
chest protector / Brustschutz *08528*
childrens bicycle / Kinderfahrrad *08529*
chin-guard / Kinnschutz *08533*
chin-piece / Kinnbügel *08534*
chin-strap / Kinnriemen *08537*
choke lever / Lufthebel *09893*
chug / knattern *08538*
click / Schaltklinke *08542*
click shifter / Klickschalter *08543*
click-stop device / Rastvorrichtung *08544*
climb off the bike / vom Motorrad absteigen *08545*
clutch lever / Kupplungshebel *09895*
co-rider / Sozius *08549*
coat protection net / Schutznetz *08553*
coat protector / Mantelschoner *08554*
competition racing cycle / Wettbewerbsrennrad *08556*
composite wheel / Verbundrad *08557*
compulsory helmet wear / Helmtragepflicht *08558*
cork lined clutch / Kork-Kupplung *09906*
cornering ability / Kurvenlage *08562*
cornering behaviour / Kurven-

verhalten *08563*
cradle frame / geschlossener Rahmen *09871*
cramp the front wheel / Vorderrad einschlagen *08568*
crank shortener / Pedalversetzer *08566*
crash bar / Sturzbügel *08738*
cross-spoked wheel / Kreuzspeichenrad *08570*
crosser / Cross-Maschine *08743*
cyclist / Radfahrer *03882*
detend control / Rasterschaltung *08574*
diecast wheel / Druckgußrad *08576*
double butted end spoke / Doppeldickendspeiche *08579*
double joint swinging arm / Doppelgelenkschwinge *08580*
double loop frame / Doppelschleifenrahmen *04215*
double tube frame / Doppelrohrrahmen *08581*
drip feed control / Tropfschmierung *09885*
drop out axle / Steckachse *09937*
dust-guard / Staubschutz *08583*
dynamo bracket / Dynamohalter *08773*
dynamo pulley / Laufrolle *08771*
Earles forks / Earles-Gabel *09837*
ECE-standard for helmets / ECE-Norm für Helme *08584*
elbow guard / Ellbogenschützer *08585*
enclosed valve / gekapseltes Ventil *09785*
endurance race machine / Langstrecken-Rennmaschine *08587*
enduro rider / Enduro-Fahrer *08588*
every-day-motorcyle trailer / Motorrad-Anhängerkarren *09797*
expansion chamber / Expansionstopf *09846*
featherbed frame / Federbettrahmen *09847*
fitness cycle / Trimmrad *08806*
flat handlebar / flacher Lenker *08593*
flat tank / Stecktank *09938*
folding bicycle / Klapprad *08825*
foot board / Fußbrett *09859*
foot change control / Fußschaltung *09861*
foot clutch / Fußkupplung *09860*
foot rest / Fußraste *08596*
foot rest rubber / Fußrastengummi *09898*
forecar attachment / Vorsteckwagen *09952*
fork bridge / Gabelbrücke *08829*
fork girder / Gabelscheide *09863*
fork head / Gabelkopf *08830*
fork stabilizer / Gabelstabilisator *08597*
fork stem / Gabelschaft *08831*
fork width / Gabelweite *08833*
free-wheel back-pedalling brake / Freilaufrücktrittbremse *08837*
friction roller dynamo / Reibrollendynamo *08772*
friction roller engine / Reibrollenmotor *08600*
friction-type gear-shift / Friktionsschaltung *08601*
front forks / Vorderradgabel *09808*
full fairing / Vollverkleidung *08840*
gear indicator / Ganganzeige *09864*
girder forks / Parallelogrammgabel *09918*
guide / Führungsbügel *08607*
hair pin valve spring / Haarnadel-Ventilfeder *09880*
hand change control / Handschaltung *09883*
hand operated plunger oilpump / Handöler *09884*
handlebar / Lenkstange *08616*
handlebar control / Lenkerarmatur *09889*
handlebar impact boss / Lenkerprallplatte *08611*
handlebar padding / Lenkerpolster *08613*
handlebar rubber grip / Lenkergummi *08899*
handlebar shifter / Lenkerschalter *08614*
handlebar stem / Lenkerschaft *08615*
heavy-weight motorcycle / schweres Motorrad *08617*
heel operated brake / Hackenbremse *09881*
helmet inner shell / Helminnenschale *08618*
helmet lock / Helmsicherung *08619*
helmet outer shell / Helmaußenschale *08620*
high cycle / Hochrad *08872*
high performance roadster / Supersportmaschine *09940*
hold the balance / Gleichgewicht halten *08624*
horizontal spring girder forks / Pendelgabel *09920*
hot tube ignition / Glührohrzündung *09877*
ignition retard lever / Zündhebel *09894*
inverted handlebar lever / Innenzughebel *09890*
iron horse / Stahlroß *08885*
juvenile bicycle / Jugendrad *08886*
Kettenkrad / Kettenkrad *09901*
kick / in Schräglage gehen *08625*
kick stand / Kippständer *08626*
kick starter / Kickstarter *08627*
kidney belt / Nierengurt *08628*
knee pad / Kniekissen *09868*
knee-guard / Knieschutz *08629*
kneeler sidecar outfit / Kneeler *09902*
lady's frame / Damenrahmen *08892*
laid-back bicycle / Sesselrad *08893*
lateral inclination / Seitenlage *08631*
lateral stand / Seitenständer *08632*
leading axle front wheel / gezogenes Vorderrad *09872*
leather jacket / Lederjacke *08633*
leather overall / Lederkombination *08634*
leather trouser / Lederhose *08635*
leg shield / Beinschutzschild *08899*
leg-guard / Beinschild *08636*
leg-work / Beinarbeit *08898*
light motorcycle / Leichtkraftrad *08904*
lightweight motorcycle / Leichtmotorrad *09911*
lower the motorcycle stand / Motorrad abbocken *08641*
metal heat insulator / Wärmeschutzblech *08647*
military sidecar outfit /

Wehrmachtsgespann *09953*
misalignment / Fluchtlinienabweichung *08648*
mokick / Mokick *08649*
monolever / Einarmschwinge *08650*
monoshock / Zentralfederbein *08651*
moped / Moped *06000*
motor-assisted bicycle / Fahrrad mit Hilfsmotor *06001*
motorcycle / Motorrad *03878*
motorcycle dealer / Motorradhändler *08653*
motorcycle helmet / Sturzhelm *03825*
motorcycle jack / Hebebock *08654*
motorcycle licence / Motorradführerschein *08655*
motorcycle magazine / Motorradfachzeitschrift *08656*
motorcycle trailer / Motorradanhänger *08659*
motorcycle with sidecar / Motorradgespann *08555*
motorcyclist / Motorradfahrer *06011*
motorized bicycle / Mofa *10518*
motorized bicycle rider / Mofafahrer *08661*
mountain bike / Geländerad *08939*
mousetrap-carburetor / Mousetrap-Vergaser *09916*
mudguard / Schutzblech *08663*
mudguard decoration / Schutzblechfigur *08664*
mudguard design / Schutzblechprofil *08665*
needle roller bearing / Nadellager *09836*
non-skid tyre / Gleitschutzreifen *09876*
off-road motorcycle / Geländemotorrad *09825*
open frame / Durchstiegsrahmen *08952*
overboot / Überstiefel *08955*
overglove / Überhandschuhe *08957*
overrunning clutch / Klemmenrollenfreilaufkupplung *10257*
overshoe / Überschuh *08958*
padded layer / Polsterlager *08961*
padlock / Vorhängeschloß *08962*
pannier bag / Gepäcktasche *08963*

pillion / Soziussitz *08672*
piston charged engine / Ladepumpenrennmotor *09827*
plunger rear suspension / Teleskop-Hinterradfederung *09900*
plunger suspension / Geradwegfederung *09870*
positive control foot change / Fußschaltung mit Ratschenmechanismus *09862*
Post-Vintage motorcycle / Veteranenmotorrad bis 1945 *10387*
pressed steel frame / Preßstahlfahrwerk *09783*
priming tap / Zischhahn *09840*
protective clothing / Schutzkleidung *08994*
pudding basin-type helmet / Halbschalenhelm *09882*
pulley / Laufrädchen *08998*
racing frame / Rennrahmen *09007*
rear derailleur protector / Schaltwerkschutz *09013*
rear fork swinging arm / *09014*
rear saddle strut / Sattelstützbügel *09016*
rear seat hump / Sitzbankhöcker *09018*
rubber band suspension / Gummibandfederung *09879*
rubber handlebar grip / Gummihandgriff *09029*
saddle / Sattel *06791*
saddle bag / Packtasche *09032*
saddle hoop / Sattelbügel *09033*
saddle tank / Satteltank *09925*
saddle tank coil spring / Schraubenfeder *09809*
saloon-type sidecar / geschlossener Seitenwagen *09873*
scooter / Motorroller *06815*
seat with half a back / Sitz mit Halbrückenlehne *09039*
seat-tank unit / Sitzbank-Tank-Einheit *09038*
shaft and bevel drive engine / Königswellenmotor *09814*
shin-guard / Schienbeinschutz *09048*
sidecar / Seitenwagen *06960*
sidecar manufacturer / Seitenwagenhersteller *09821*
single lever carburetor / Einhebelvergaser *09838*

single spring seat / Schwingsattel *09929*
solo seat / Einzelsitzbank *09066*
splash lubrication / Tauchschmierung *09941*
spoke lock / Speichenschloß *09070*
sporting-type motorcycle / Sportmaschine *09781*
sprung frame / Schwingrahmen *09928*
sprung rear wheel transmission unit / Triebsatzschwinge *09946*
square-four motorcycle / Vierzylindermotorrad mit quadratischen Zylindern *09935*
steel panelling / Blechverkleidung *10351*
steering damper / Flatterbremse *09853*
stem / Lenkervorbau *09081*
stowage ace / Staufach *08946*
street machine / Straßenmaschine *09082*
telescopic fork / Teleskopgabel *07432*
three cylinder radial engine / Dreizylinder-Sternmotor *09824*
three port engine / Dreikanalmotor *09834*
touring motorcycle / Tourenmaschine *09780*
trail ride / Geländefahrt *09866*
truck engine / Bahnmotor *09805*
twin port head / Doppelport-Zylinderkopf *09829*
twin seat / Doppelsitzbank *09099*
twist grip / Drehgriff *09097*
twist grip control / Drehgriffschaltung *09833*
twist grip throttle control / Gasdrehgriff *09100*
tyre security bolt / Reifenhalter *09923*
upright handlebars / nach oben gezogener Lenker *09107*
upside-down fork / Upside-down-Gabel *09108*
valanced mudguard / Schutzblech mit Seitenteilen *10584*
valve lifter / Ventilausheber *09950*
velocity stack / Ansaugtrichter *10346*
Veteran motorcycle / Veteranenmotorrad bis 1914 *09789*

Vintage motorcycle / Veteranenmotorrad bis 1930 *10386*
visor / Visier *08712*
Wall of Death rider / Steilwandfahrer *09939*

wickerwork sidecar body / Korbseitenwagen *09905*
works racer / Werksrenner *09788*

Appendix

Appendix

1 Deutsche Maße und Gewichte / German measures and weights

Längenmaße		Linear measures	
1 mm	*Millimeter*	millimetre	= 0.001 093 6 yard
			= 0.003 280 9 foot
			= 0.039 370 79 inch
1 cm	*Zentimeter*	centimetre	
1 dm	*Dezimeter*	decimetre	
1 m	*Meter*	metre	= 1.0936 yard
			= 3.2809 feet
			= 39.37079 inches
1 km	*Kilometer*	kilometre	= 1093.637 yards
			= 3280.8693 feet
			= 39370.79 inches
			= 0.62138 mile
Flächenmaße		Square measure	
1 mm² (qmm)	*Quadratmillimeter*	square millimetre	= 0.000001196 square yard
			= 0.0000107641 square foot
			= 0.00155 square inch
1 cm² (qcm)	*Quadratzentimeter*	square centimetre	
1 dm² (qdm)	*Quadratdezimeter*	square decimetre	
1 m² (qm)	*Quadratmeter*	square metre	= 1.1960 square yard
			= 10.7641 sqaure feet
			= 1550 square inches
Raummaße (Flüssigkeiten)		Measures of liquid capacity	
1 l	*Liter*	litre	= 1.7607 pint (Brit.) 2.113 (Am.)
			= 0.2201 gallon (Brit.) 0.2642 (Am.)
1 hl	*Hektoliter*	hectolitre	= 22.009 gallons (Brit.) 26.420 (Am.)
Raummaße (fest)		Measure of dry capacity	
1 cm³ (ccm)	*Kubikzentimeter*	cubic centimetre	= 0.061 cubic inch
1 dm³ (cdm)	*Kubikdezimeter*	cubic decimetre	= 61.0253 cubic inches
1 m³ (cbm)	*Kubikmeter*	cubic metre	= 1.3079 cubic yard
			= 35.3156 cubic feet
Gewichte		Weights	
1 mg	*Milligramm*	milligramme	= 0.0154 grain (troy)
1 g	*Gramm*	gramme	= 15.4324 grains (troy)
1 kg	*Kilogramm (Kilo)*	kilogramme	= 35.27 ounces (avdp.)
			= 38.70 ounces (troy)
			= 2.2046 pounds (avdp.)
			= 2.6792 pounds (troy)
1 Ztr.	*Zentner*	centner	= 50 kilogrammes
			= 110.23 pounds (avdp.)
			= 0.9842 hundred weight (Brit.)
			= 1.1023 hundred weight (Am.)
1 t	*Tonne*	ton	= 0.984 long ton (Brit.)
			= 1.1023 short ton (Am.)

… Appendix

2 Britische und amerikanische Maße und Gewichte / British and American measures and weights

Linear measures		Längenmaße	
1 in	*inch*	Zoll	= 12 lines = 25,4 mm
1 ft	*foot*	Fuß	= 12 inches = 30,48 cm
1 yd	*yard*	Yard	= 3 feet = 91,44 cm
1 mi	*(statute) mile*	Meile	= 1760 yard = 1,609 km
Square measures		Flächenmaße	
1 sq.in	*square inch*	Quadratzoll	= 6,452 cm^2 (qcm)
1 sq.ft	*square foot*	Quadratfuß	= 144 square inches = 929,029 cm^2 (qcm) = 0,0929 m^2 (qm)
1 sq.yd	*square yard*	Quadratyard	= 9 square feet = 8361,26 cm^2 (qcm) = 0,8361 m^2 (qm)
1 sq.m	*square mile*	Quadratmeile	= 640 acres = 259 ha = 2,59 km^2 (qkm)
British measures of capacity		Britische Raummaße	
1 pt	*pint*	Pint	= 0,568 l
1 gal	*gallon*	Gallone	= 4 quarts = 4,5459 l
1 bar	*barrel*	Faß	= 36 gallons = 163,656 l
American measures of capacity		Amerikanische Raummaße	
1 pt	*pint*	Pint	= 0,4732 l
1 gal	*gallon*	Gallone	= 4 quarts = 3,7853 l
1 bar	*barrel*	Faß	= 31,5 gallons = 119,228 l
1 bar	*barrel petroleum*	Faß	= 42 gallons = 158,97 l
Cubic capacity		Kubik-Raummaße	
1 cu.in	*cubic inch*	Kubikzoll	= 16,387 cm^3 (ccm)
1 cu.ft	*cubic foot*	Kubikfuß	= 1728 cubic inches = 0,02832 m^3 (cbm)
1 cu.yd	*cubic yard*	Kubikyard	= 27 cubic feet = 0,7646 m^3 (cbm)
Weights		Gewichte	
1 oz	*ounce (avoirdupois)*	Unze	= 28,35 g
1 oz	*ounce (troy)*	Unze	= 31,1035 g
1 lb	*pound (avoirdupois)*	Pfund	= 16 ounces = 453,59 g
1 lb	*pound (troy)*	Pfund	= 12 ounces = 373,2418 g
1 cwt	*hundredweight*	Zentner	= 112 pounds (Brit.) = 50,802 kg = 100 pounds (Am.) = 45,359 kg
1 t	*(long ton)*	Tonne	= 1016,05 kg (Brit.)
1 t	*(short ton)*	Tonne	= 907,185 kg (Am.)

3. Umrechnungsformeln und Tabellen / Conversion formulas and tables

3.1 Umrechnung Dezimalzoll – Millimeter / Conversion decimal inch – millimetres

	1"	2"	3"	4"	5"
1" (inch)	25,40 mm	50,80 mm	76,20 mm	101,60 mm	127,00 mm
0,1" (inch)	2,540 mm	5,080 mm	7,620 mm	10,160 mm	12,700 mm
0,01" (inch)	0,254 mm	0,508 mm	0,762 mm	1,016 mm	1,270 mm
0,001" (inch)	0,0254 mm	0,0508 mm	0,0762 mm	0,1016 mm	0,127 mm

	6"	7"	8"	9"	10"
1" (inch)	152,4 mm	177,80 mm	203,20 mm	228,60 mm	254,00 mm
0,1" (inch)	15,240 mm	17,780 mm	20,320 mm	22,860 mm	25,400 mm
0,01" (inch)	1,524 mm	1,778 mm	2,032 mm	2,286 mm	2,540 mm
0,001" (inch)	0,1524 mm	0,1778 mm	0,2032 mm	0,2286 mm	0,254 mm

Appendix

3.2 Umrechnung Zollbrüche in Millimeter / Conversion of fractions of an inch in millimetres

Zollbrüche fractions of an inch		mm	Zollbrüche fractions of an inch		mm
0	0	0	1/2	.5	12,700 0
1/64	.015 625	0,396 9	33/64	.515 625	13,096 9
1/32	.031 25	0,793 8	17/32	.531 25	13,493 8
3/64	.046 875	1,190 6	35/64	.546 875	13,890 6
1/16	.062 5	1,587 5	9/16	.562 5	14,287 5
5/64	.078 125	1,984 4	37/64	.578 125	14,684 4
3/32	.093 75	2,381 2	19/32	.593 75	15,081 2
7/64	.109 375	2,778 1	39/64	.609 375	15,478 1
1/8	.125	3,175 0	5/8	.625	15,875 0
9/64	.140 625	3,571 9	41/84	.640 625	16,271 9
5/32	.156 25	3,968 8	21/32	.656 25	16,668 8
11/64	.171 875	4,365 6	43/64	.671 875	17,065 6
3/16	.187 5	4,762 5	11/16	.687 5	17,462 5
13/64	.203 125	5,159 4	45/64	.703 125	17,859 4
7/32	.218 75	5,556 2	23/32	.718 25	18,256 2
15/64	.234 375	5,953 1	47/64	.734 375	18,653 1
1/4	.25	6,350 0	3/4	.75	19,050 0
17/64	.265 625	6,746 9	49/64	.765 625	19,446 9
9/32	.281 25	7,143 8	25/32	.781 25	19,843 8
19/64	.296 875	7,540 6	51/64	.796 875	20,240 6
5/16	.312 5	7,937 5	13/16	.812 5	20,637 5
21/64	.328 125	8,334 4	53/64	.828 125	21,034 4
11/32	.343 75	8,731 2	27/32	.843 75	21,431 2
23/64	.359 375	9,128 1	55/64	.859 375	21,828 1
3/8	.375	9,525 0	7/8	.875	22,225 0
25/64	.390 625	9,921 9	57/64	.890 625	22,621 9
13/32	.406 25	10,318 8	29/32	.906 25	23,018 8
27/64	.412 875	10,715 6	59/64	.921 875	23,415 6
7/16	.437 5	11,112 5	15/16	.937 5	23,812 5
29/64	.453 125	11,509 4	61/64	.953 125	24,209 4
15/32	.468 75	11,906 2	31/32	.968 75	24,606 2
31/64	.484 375	12,303 1	63/64	.984 375	25,003 1

Appendix

3.3 Umrechnung von Arbeit und Energie / Conversion of kinetic and potential energy

Einheit / unit	mkp	ft. Lb	kWh	PSh
1 mkp	1	7,233	$2,7241 \times 10^{-4}$	$3,7037 \times 10^{-6}$
1 ft. Lb	0,1383	1	$0,3766 \times 10^{-6}$	$0,5120 \times 10^{-6}$
1 kWh	$367,1 \times 10^3$	$2,655 \times 10^6$	1	1,36
1 PSh	270×10^3	$1,953 \times 10^6$	0,7355	1

3.4 Umrechnung von Leistung / Conversion of power

Einheit / unit	$\frac{mkp}{s}$	kW	PS	hp	$\frac{kcal}{h}$
$1 \frac{mkp}{s}$	1	$9,8066 \times 10^{-3}$	0,01333	0,01315	8,431
1 kW	102,0	1	1,360	1,341	859,84
1 PS	75	0,7353	1	0,9863	632,4
1 hp	76,04	0,7457	1,014	1	641,2
$1 \frac{kcal}{h}$	0,1186	$1,1630 \times 10^{-3}$	$1,581 \times 10^{-3}$	$1,560 \times 10^{-3}$	1

3.5 Umrechnung SAE / DIN-PS – kW / Conversion SAE / DIN hp – kW

1 SAE-PS (SAE hp) = 0,953 DIN-PS (DIN hp) = 0,7 kW
1 DIN-PS (DIN hp) = 1,049 SAE-PS (SAE hp) = 0,736 kW

Appendix

3.6 Umrechnung von Drücken / Conversion of pressure

Einheit / unit	$\dfrac{N}{m^2}$	$\dfrac{kp}{m^2}$ (mm WS)	$\dfrac{kp}{cm^2}$ (at)	$\dfrac{kp}{mm^2}$	at	$\dfrac{Lb}{sq \cdot ft}$	$\dfrac{Lb}{sq \cdot in}$
$1\,\dfrac{kp}{m^2} = 1$ mm WS (4° C)	9,807	1	10^{-4}	—	—	0,2048	—
$1\,\dfrac{kp}{cm^2} = 1$ at	98067	10^4	1	10^{-2}	0,96784	2048	14,22
$1\,\dfrac{kp}{mm^2}$	—	10^6	10^2	1	96,784	—	1422
1 at	101325	10332,3	1,03323	—	1	2116	14,7
$1\,\dfrac{Lb}{sq \cdot ft}$	47,88	4,882	—	—	—	1	—
$1\,\dfrac{Lb}{sq \cdot in}$	6894,8	703,1	0,07031	—	0,068	144	1
1 bar	—	—	—	—	—	—	14,5

3.7 Umrechnung von Kräften / Conversion of forces

Einheit / unit	kp	N	Lb
1 kp	1	9,80665	2,2046
1 N (Newton) = kg × $\dfrac{m}{s^2}$	0,101972	1	0,22481
1 Lb = $\dfrac{ft}{s^2}$	0,453592	4,44822	1

3.8 Umrechnung von Geschwindigkeit / Conversion of velocity

Einheit / unit	m / s	km / h	ft / sec	mph
1 m / s	1	3,600	3,281	2,2371
1 km / h	0,278	1	0,9113	0,6214
1 ft / sec	0,3048	1,0973	1	0,6819
1 mile per hr	0,4470	1,6093	1,4665	1

Appendix

3.9 Umrechnung von Kraftstoff-Verbrauch / Conversion of fuel consumption

Liter pro 100 km	= 282,54 : m.p.g. (GB)
	= 235,24 : m.p.g. (US)

m.p.g.	= 282,54 : Liter pro 100 km (GB)
	= 235,24 : Liter pro 100 km (US)

litres per 100 kms	= 282.54 : m.p.g. (GB)
	= 235.24 : m.p.g. (US)

m.p.g.	= 282.54 : litres per 100 kms (GB)
	= 235.24 : litres per 100 kms (US)

3.10 Umrechnung Kubikzoll in cm^3 Hubraum und umgekehrt / Conversion cubic-inches in cm^3 engine capacity and vice versa

cu. in × 16,367 = cm^3 Hubraum
cm^3 Hubraum : 16,367 = cu. in Hubraum

cu. in × 16.367 = cm^3 capacity
cm^3 capacity : 16.367 = cu. in capacity

3.11 Umrechnung von Drehmomentwerten / Conversion of torque

Einheit / unit	Nm	mkp	Lb ft	in Lb
1 Nm	1	0,102	0,737	8,850
1 mkp	9,806	1	7,233	86,796
1 Lb ft	1,356	0,138	1	—
1 in Lb	0,113	0,011	0,083	1

Appendix

3.12 Umrechnung von Temperaturen / Conversion of temperatures

°C Celsius (Centigrades)	°K Kelvin	°F Fahrenheit
+ 250	523	+ 482
200	473	392
100	373	212
50	323	122
10	283	50
0	273	32
− 10	263	14
− 17.8	255,2	0
− 40	233	− 40
− 273	0	− 459

Um Fahrenheit-Grade in Celsius-Grade umzurechnen, muß man 32 abziehen, mit 5 multiplizieren und durch 9 teilen.

Um Celsius-Grade in Fahrenheit-Grade umzurechnen, muß man mit 9 multiplizieren, durch 5 teilen und 32 abziehen.

To convert Fahrenheit to Centigrade:
Deduct 32, multiply by 5, divide by 9.

To convert Centigrade to Fahrenheit:
Multiply by 9, divide by 5, add 32.

3.13 Umrechnung gebräuchlicher Unter- und Übermaße Zoll − Millimeter / Conversion of usual under- and oversizes inch − millimetre

.005" = 0,1270 mm	.050" = 1,2700 mm
.010" = 0,2540 mm	.060" = 1,5240 mm
.015" = 0,3810 mm	.070" = 1,7780 mm
.020" = 0,5080 mm	.080" = 2,0320 mm
.030" = 0,7620 mm	.090" = 2,2860 mm
.040" = 1,0160 mm	.100" = 2,5400 mm
.045" = 1,1430 mm	

Appendix

3.14 Umrechnung gebräuchlicher Bolzendurchmesser Zoll – Millimeter / Conversion of usual pin diameters inch – millimetres

.499"	= 12,6746 mm	.919"	= 23,3426 mm
.613 5"	= 15,5829 mm	.990"	= 25,1460 mm
.708"	= 17,9832 mm	1.109"	= 28,1686 mm
.797"	= 20,2438 mm	1.249 5"	= 31,7373 mm
.850"	= 21,5900 mm	1.300"	= 33,0200 mm
.855"	= 21,7170 mm	1.499"	= 38,0746 mm
.864 5"	= 21,9583 mm	1.999"	= 50,7746 mm

3.15 Umrechnung von Materialstärken / Conversion of material thickness

Zoll (Dezimal) Inches (decimal)	Millimeter millimetres	British Standard Wire Gauge	American Wire Gauge	Zoll (Bruchdarstellung) Inches (fractions)	Zoll (Dezimal) Inches (decimal)	Millimeter millimetres	British Standard Wire Gauge	American Wire Gauge	Zoll (Bruchdarstellung) Inches (fractions)
0.0201	0.511		24		0.0938	2.381			3/32
0.0220	0.559	24			0.0984	2.500			
0.0253	0.643		22		0.1019	2.588		10	
0.0280	0.711	22			0.1040	2.643	12		
0.0313	0.794			1/32	0.1094	2.778			7/64
0.0320	0.813	21	20		0.1181	3.000			
0.0360	0.914	20			0.1250	3.175			1/8
0.0394	1.000				0.1280	3.250	10		
0.0403	1.024		18		0.1285	3.264		8	
0.0469	1.191			3/64	0.1378	3.500			
0.0480	1.219	18			0.1406	3.572			9/64
0.0508	1.290		16		0.1563	3.969			5/32
0.0591	1.500				0.1575	4.000			
0.0625	1.588			1/16	0.1600	4.064	8		
0.0640	1.626	16			0.1620	4.115		6	
0.0641	1.628		14		0.1719	4.366			11/64
0.0781	1.984			5/64	0.1772	4.500			
0.0787	2.000				0.1875	4.763			3/16
0.0800	2.032	14			0.1920	4.877	6		
0.0808	2.052		12		0.1969	5.000			

Appendix

3.16 Umrechnung Schraubenschlüssel-Maulweiten / Conversion of spanner openings

Amerikan. AF-Schlüssel / American AF standard width	Dezimalzoll / decimal inch	nächste metrische Weite / nearest metrical width
4BA	0,248"	7 mm
2BA	0,320"	8 mm
$7/16$"	0,440"	11 mm
$1/2$"	0,500"	13 mm
$9/16$"	0,560"	14 mm
$5/8$"	0,630"	16 mm
$11/16$"	0,690"	18 mm
$3/4$"	0,760"	19 mm
$13/16$"	0,820"	21 mm
$7/8$"	0,880"	22 mm
$15/16$"	0,940"	24 mm
1"	1,000"	26 mm

Whitworth	Dezimalzoll / decimal inch	nächste AF-Schlüsselweite / nearest AF width
$3/16$"	0,450"	$7/16$"
$1/4$"	0,530"	$1/2$"
$5/16$"	0,604"	$9/16$"
$3/8$"	0,720"	$11/16$"
$7/16$"	0,830"	$13/16$"
$1/2$"	0,930"	$7/8$"
$9/16$"	1,020"	1"

Whitworth	Dezimalzoll / decimal inch	nächste metrische Weite / nearest metrical width
$3/16$"	0,450"	12 mm
$1/4$"	0,530"	14 mm
$5/16$"	0,604"	15 mm
$3/8$"	0,720"	18 mm
$7/16$"	0,830"	21 mm
$1/2$"	0,930"	24 mm
$9/16$"	1,020"	26 mm

Appendix

4 Gebräuchliche Abkürzungen im deutschen Sprachraum / Commonly used abbreviations in German speaking countries

A	Ampère	FP	Festpreis
ABS	Anti-Blockiersystem	Fz.	Fahrzeug
ADAC	Allgemeiner Deutscher Automobil-Club	GFK	glasfaserverstärkter Kunststoff
		gg.	gegen
AHK	Anhängerkupplung	h	Stunde
ASC	Allgemeiner Schnauferl Club	Hd.	Hand
Ang.	Angebot	hl	Hektoliter
ASU	Abgas-Sonderuntersuchung	Imp.	Import
AT-	Austausch-	i.T.	in Teilen
ATM	Austauschmotor	Kar.	Karosserie
at	Atmosphäre	KAT	Katalysator
atü	Atmosphären-Überdruck	KBA	Kraftfahrt-Bundesamt
AvD	Automobilclub von Deutschland	kcal	Kilokalorie
a.W.	ab Werk	KD	Kundendienst
BA	Betriebsanleitung	Kfz	Kraftfahrzeug
BDI	Bundesverband der Deutschen Industrie	kg	Kilogramm
		kgm	Kilogrammeter
BdM	Bundesverband der Motorradfahrer	KKM	Kreiskolbenmotor
BF	Berufsfeuerwehr	km	Kilometer
BGS	Bundesgrenzschutz	km/h	Kilometer pro Stunde
Bj.	Baujahr	kp	Kilopond
BüA	Breite über alles	kpm	Kilopondmeter
BW	Bundeswehr	KW	Kurbelwelle
cbm	Kubikmeter	kW	Kilowatt
ccm	Kubikzentimeter	kWh	Kilowattstunde
cdm	Kubikdezimeter	Kzchn.	Kennzeichen
cm	Zentimeter	l	Liter
DAT	Deutsche Automobil-Treuhand	Lkw	Lastkraftwagen
DAVC	Deutscher Automobil-Veteranenclub	LüA	Länge über alles
DEKRA	Deutscher Kraftfahrzeug-Überwachungs-Verein	m	Meter
		met.	metallisch
DIN	Deutsche Industrie Norm	mg	Milligramm
div.	diverse	min	Minute
dm	Dezimeter	mkg	Meterkilogramm
DSK	Deutscher Sportfahrer-Kreis	mkp	Meterkilopond
DTC	Deutscher Touring Automobilclub	mm	Millimeter
DTW	Deutsche Tourenwagen Meisterschaft	MWSt.	Mehrwertsteuer
		Nm	Newtonmeter
EFH	elektrische Fensterheber	Nr.	Nummer
ELW	Einsatzleitwagen	NW	Nockenwelle
Ers.	Ersatz	Obus	Oberleitungs-Omnibus
EZ	Erstzulassung	OSK	Oberste Nationale Sportkommission
FF	Freiwillige Feuerwehr	OT	oberer Totpunkt
Fg.	Fahrgestell	PSh	PS pro Stunde

306

Appendix

Pkw	Personenkraftwagen	V	Volt
Pw	Personenwagen (CH)	VB	Verhandlungsbasis
qcm	Quadratzentimeter	VBI	Verband beratender Ingenieure
qdm	Quadratdezimeter	VDA	Verband der Deutschen Automobilindustrie
qkm	Quadratkilometer		
qm	Quadratmeter	VDI	Verein Deutscher Ingenieure
rest.	restauriert	VDIK	Verband der Importeure von Kraftfahrzeugen
Rep.	Reparatur		
RHB	Reparaturhandbuch	VdM	Verband der Motorjournalisten
s	Sekunde	VHS	Verhandlungssache
sek	Sekunde	VS	Verhandlungssache
SoKfz	Sonderkraftfahrzeug	W	Watt
SSD	Stahlschiebedach	wg.	wegen
su.	suche	WHB	Werkstatthandbuch
t	Tonne	WM	Weltmeisterschaft
teilw.	teilweise	zerl.	zerlegt
THW	Technisches Hilfswerk	ZKF	Zentralverband Karosserie- und Fahrzeugtechnik
TLZ	Teilzahlung		
TÜV	Technischer Überwachungs-Verein	ZdK	Zentralverband des Kfz.-Handwerks
U/min	Umdrehungen pro Minute	Zust.	Zustand
UT	unterer Totpunkt	ZV	Zentralverriegelung

5 Gebräuchliche Abkürzungen im englischen Sprachraum / Commonly used abbreviations in English speaking countries

A.A.A.	American Automobile Association	cw	clockwise
A.A.C.A.	Antique Automobile Club of America	cwt	hundredweight
ABS, abs	anti-blocking system	cyl.	cylinder
AC, ac	alternative current	DC, dc	direct current
a/c	air conditioning	dg	degree
ACV	armoured command carrier	DHC, dhc	double overhead camshaft
AIT	Alliance Internationale de Tourisme	DT	dual tyres
A.M.A.	Automobile Manufacturers' Association	DIY	do-it-yourself
		E.C.	exhaust valve closes
amp	ampere	E.O.	exhaust valve opens
APC	armoured personnel carrier	ESV	Experimental Safety Vehicle
ASA	American National Standard Association	ex-demo	ex-demonstrator car
		F	Fahrenheit
ATF	automatic transmission fluid	FC	forward control
auto	automatic gearbox	FHC, fhc	fixed head coupe
aux	auxiliary	FIA	Fédération Internationale
av	average		de l'Automobile
AWG	American wire gauge	FISA	Fédération Internationale de
bar	barrel		Sport Automobile
BDC	bottom dead center	FIVA	Fédération Internationale des
BBDC	before bottom dead center		Véhicules anciennes
B.E.S.A.	British Engineering Standards' Association	fs	full specification
		fsh	full service history
BHP, bhp	break horsepower	ft	foot
BRDC	British Racing Drivers' Club	FTD	fastest time of the day
BRG	British racing green	FWB, fwb	front wheel brakes
BSWG	British standard wire gauge	FWD, fwd	front wheel drive, four wheel drive
BTDC	before top dead center	FWS, fws	four wheel steering
BWG	British wire gauge	gal	gallon
C	centigrades Celsius	GCW	gross combination weight
cc	cubic centimetres	GMW	Guild of Motoring Writers
ccw	counterclockwise	GPW	General Purpose Vehicle
CID, cid	cubic inch displacement	GRP	glassfiber-reinforced plastic
CKD	completely knocked down	GVW	gross vehicle weight
COE	dab over engine	gw	gross weight
comp.	competition	h/c	hire car
CR, cr	compression ratio	HD	heavy duty
CSI	Commission Sportive Internationale	h.e.	high efficiency
C.L.	center line	HO	horizontally-opposed
c.l.	centralized lubrication	HP, hp	horsepower
CASS	cassette player	h/p	hire purchase
cu.ft	cubic foot	hr	hour
cu.in	cubic inch(es)	h.r.	heat resistance
cu.yd	cubic yard	h.t.	high tension

Appendix

HT, ht	hardtop	psi	pounds per sq.in
HVA	hydraulic valve adjustment	pt	pint
hyd	hydraulic	PTO	power take-off
I.C.	inlet closes	pw	power windows
ICE, i.c.e.	internal combustion engine	rad/cass	radio & cassette recorder
IFS	independent front suspension	RAC	Royal Automobile Club
in	inch	r/c	radio control
IO, I.O.	inlet opens	RDS	radio data system
IOE, ioe	inlet over exhaust	RCT	Royal Corps of Transport
IRS	independant rear suspension	reg.no.	registration number
ISO	International Standardization Organisation	r.h.	right hand
		RHD	right hand drive
K	Kelvin	RPM, rpm	revolutions per minute
kW	kilowatt	SAE	Society of Automotive Engineers
Lb	pound	SASE	self-addressed & stamped envelope
LC, l/c	long chassis	sal	saloon
LDC	lower dead center	SC	sidecar
LHD	left hand drive	s/c	supercharged, short chassis
limo	limousine	sec	second
l.o.a.	length over all	SCCA	Sports Car Club of America
LWB	long wheelbase	sed	sedan
l.t.	low tension	SFC	specific fuel consumption
m/c	motor cycle	SMMT	Society of Motor Manufacturers and Trade
Mfg.	manufacturing		
Mfr.	manufacturer	spec	specification
mi	mile	sq.ft	square foot
MOT	Ministry of Transport, MOT-test	sq.in	square inch
mpg	miles per gallon	sq.m	square mile
mph	miles per hour	sq.yd	square yard
MPS	mean piston speed	s/r	sun roof
n/a	not available, not applicable	std	standard
n.e.	negative earth	sv	side valve
net	netto	SWB	short wheelbase
n.h.p.	nominal horsepower	t	ton
Nm	Newton-meter	T&T	taxed and M.O.T. tested
no.	number	TC, tc	twin cam
NOS	new original spares	TDC, tdc	top dead center
n/s	nearside	t/c	turbocharger
OD	overdrive	UDC	upper dead center
OBO, o.b.o.	or best offer	V	volt
o.e.	optional extra	VAT	value added tax
OHC, ohc	overhead camshaft	VCC	Veteran Car Club of Great Britain
OHV, ohv	overhead valves	vel.	velocity
ONO, o.n.o.	or nearest offer	vgc	very good condition
o/s	offside	v.max	top speed
OTS	open tourer sports	VSCC	Vintage Sports Car Club
oz	ounce	w/..	with..
pa	power antenna	W	watt
PAB, pab	power assisted brakes	WB, wb	wheelbase
PAS, pas	power assisted steering	w/o	without
pb	power brakes	w/w	white wall tyres
pdl	power door locks	w.o.a.	width over all
p.o.a.	price on application	yd	yard
ps	power steering		

Notizen

Notes

SCHRADER MOTOR-TECHNIK: UNENTBEHRLICHE RATGEBER

In der Reihe SCHRADER-MOTOR-TECHNIK geben Fachleute auf dem Gebiet der Fahrzeug-Restaurierung ihre Erfahrungen weiter, fundiert und bis ins kleinste Detail durchgearbeitet. Jeder der bisher erschienenen Bände enthält ca. 250 bis 300 Seiten mit Hunderten von Fotos und Zeichnungen. Jeder Handgriff wird genau beschrieben, alle Arbeiten sind auch für den Amateur nachvollziehbar. Kaufhinweise, die historische Entwicklung, tabellarische Übersichten über alle technischen Daten, auch Lack- und Polster-Kombinationen, ergänzen den Inhalt.